中国国家标准汇编

579

GB 29807～29814

（2013年制定）

中国标准出版社　编

中国标准出版社

北　京

图书在版编目(CIP)数据

中国国家标准汇编:2013年制定.579:GB 29807～29814/中国标准出版社编.—北京:中国标准出版社,2014.9
ISBN 978-7-5066-7660-1

Ⅰ.①中… Ⅱ.①中… Ⅲ.①国家标准-汇编-中国-2013 Ⅳ.①T-652.1

中国版本图书馆CIP数据核字(2014)第187785号

中国标准出版社出版发行
北京市朝阳区和平里西街甲2号(100029)
北京市西城区三里河北街16号(100045)

网址 www.spc.net.cn
总编室:(010)64275323 发行中心:(010)51780235
读者服务部:(010)68523946
中国标准出版社秦皇岛印刷厂印刷
各地新华书店经销

*

开本 880×1230 1/16 印张 39.5 字数 1 210 千字
2014年9月第一版 2014年9月第一次印刷

*

定价 220.00 元

出 版 说 明

1.《中国国家标准汇编》是一部大型综合性国家标准全集。自1983年起，按国家标准顺序号以精装本、平装本两种装帧形式陆续分册汇编出版。它在一定程度上反映了我国建国以来标准化事业发展的基本情况和主要成就，是各级标准化管理机构，工矿企事业单位，农林牧副渔系统，科研、设计、教学等部门必不可少的工具书。

2.《中国国家标准汇编》收入我国每年正式发布的全部国家标准，分为"制定"卷和"修订"卷两种编辑版本。

"制定"卷收入上一年度我国发布的、新制定的国家标准，顺延前年度标准编号分成若干分册，封面和书脊上注明"20××年制定"字样及分册号，分册号一直连续。各分册中的标准是按照标准编号顺序连续排列的，如有标准顺序号缺号的，除特殊情况注明外，暂为空号。

"修订"卷收入上一年度我国发布的、被修订的国家标准，视篇幅分设若干分册，但与"制定"卷分册号无关联，仅在封面和书脊上注明"20××年修订-1，-2，-3，……"字样。"修订"卷各分册中的标准，仍按标准编号顺序排列(但不连续)；如有遗漏的，均在当年最后一分册中补齐。需提请读者注意的是，个别非顺延前年度标准编号的新制定的国家标准没有收入在"制定"卷中，而是收入在"修订"卷中。

读者配套购买《中国国家标准汇编》"制定"卷和"修订"卷则可收齐由我社出版的上一年度我国制定和修订的全部国家标准。

3.由于读者需求的变化，自1996年起，《中国国家标准汇编》仅出版精装本。

4.2013年我国制修订国家标准共1 979项。本分册为"2013年制定"卷第579分册，收入国家标准GB 29807～29814的最新版本。

中国标准出版社

2014年8月

目　　录

ICS 35.240.99
L 67

中华人民共和国国家标准

GB/T 29807—2013

信息技术 学习、教育和培训 学习对象元数据XML绑定规范

Information technology—Learning, education and training—XML binding specification for learning object metadata

2013-11-12 发布

2014-05-01 实施

中华人民共和国国家质量监督检验检疫总局
中国国家标准化管理委员会 发布

前　言

本标准按照 GB/T 1.1—2009 给出的规则起草。

请注意本文件的某些内容可能涉及专利。本文件的发布机构不承担识别这些专利的责任。

本标准由全国信息技术标准化技术委员会(SAC/TC 28)提出并归口。

本标准起草单位:清华大学、中国电子技术标准化研究院。

本标准主要起草人:郑莉、史元春、沈中南、向欣、李玉山、余云涛。

信息技术　学习、教育和培训 学习对象元数据 XML 绑定规范

1　范围

本标准规定了 GB/T 21365—2008 中定义的学习对象元数据的 XML 语言描述语法。

本标准适用于学习系统的开发人员对 GB/T 21365—2008 标准的研发和使用。

2　规范性引用文件

下列文件对于本文件的应用是必不可少的。凡是注日期的引用文件，仅注日期的版本适用于本文件。凡是不注日期的引用文件，其最新版本(包括所有的修改单)适用于本文件。

GB/T 7408　数据元和交换格式　信息交换　日期和时间表示法(GB/T 7408—2005，ISO 8601:2000，IDT)

GB 13000　信息技术　通用多八位编码字符集(UCS)(ISO/IEC 10646.1:1993，IDT)

GB/T 18793—2002　信息技术　可扩展置标语言(XML)1.0

GB/T 21364—2008　信息技术　学习、教育和培训　基于规则的 XML 绑定技术

GB/T 21365—2008　信息技术　学习、教育和培训　学习对象元数据

3　术语和定义

GB/T 21364—2008 和 GB/T 21365—2008 界定的术语和定义适用于本文件。

4　XML 使用约定

4.1　XML 说明

GB/T 21365—2008 定义了一个层次结构的概念模型，层次结构的模型可以方便的表示包含许多元素和子元素的数据。XML 非常适合表示层次结构的模型。XML 文档就是层次结构的，它由元素组成，元素可以有自身的内容和属性。本章约定了 XML 文档内容的一些使用规则。

4.2　元素名称

每一个元素都有一个名称，称为“标记名”。XML 标记名是大小区分的。本规范对于标记名的使用遵循如下的规则：

所有标记名遵循 GB/T 18793—2002 中的元素命名规则。

标记名不得以大写、小写或大小写混合的“XML”作为前 3 个字母。

本标准仅使用小写字母的标记名和元素名。

元素名不得使用 GB/T 18793—2002 中的保留字，如：

DOCTYPE

ELEMENT

ATTLIST
ENTITY
本标准中已定义的标记名不得重新定义。

4.3 有效字符集

元数据实例的字符是 GB 13000 字汇，本标准不规定 XML 文件编码方式。

4.4 属性的使用

在本标准中，属性用来表示元数据实例中词汇的结构和来源信息，而不用于表示资源的信息。本标准仅在某些地方以某种方式使用两个属性："xml:lang"属性和"type"属性。

- **xml:lang:**

该属性指明用何种语言表达元素的内容，它只能够作为〈langstring〉元素的属性。该属性的值可以是用两个字符表示的语种代码，跟上用两个字符表示的国家代码（如果有的话）。

示例：

```
〈otherplatformrequirements〉
  〈langstring xml:lang="en-US"〉Will not run in browser.〈/langstring〉
〈/otherplatformrequirements〉
```

注：词汇表类型（在〈source〉和〈value〉元素中）中〈langstring〉元素的"xml:lang"属性值应为"x-none"。例如：

```
〈role〉
  〈source〉
    〈langstring xml:lang="x-none"〉LOMv1.0〈/langstring〉
  〈/source〉
  〈value〉
    〈langstring xml:lang="x-none"〉作者〈/langstring〉
  〈/value〉
〈/role〉
```

- **type:**

该属性指明〈location〉元素中用于表示学习资源位置的字符串类型。它的值为"URI"和"TEXT"中的一个，表示字符串是描述资源位置的语句或是因特网上的某一个地址，如 URL。

示例：

```
〈technical〉
  〈format/〉
  〈size〉1032353〈/size〉
  〈location type="URI"〉http://www.example.com〈/location〉
〈/technical〉
```

4.5 列表

4.5.1 列表概述

GB/T 21365—2008 在层次结构的多个级别中使用了列表。列表指元素内容的多次重复出现。在 XML 文档中通过将包含的元素重复多次来实现。

示例：

```
〈? xml version="1.0" encoding="UTF-8"?〉
〈! DOCTYPE record [
〈! ELEMENT general (language * )〉
〈! ELEMENT language (#PCDATA)〉
```

```
]〉
〈record〉
  〈general〉
    〈language〉en_US〈/language〉
    〈language〉fr_FR〈/language〉
  〈/general〉
〈/record〉
```

上面的例子中重复使用了〈language〉元素，因而，〈language〉是重复内容“en_US”和“fr_FR”的包含元素。在内容模型中重复元素的表示方法遵循 GB/T 18793—2002 标准。星号(*)表示 XML 实例化过程中〈language〉元素可以重复任意次或不出现。列表主要分为两种类型：有序的和无序的。

4.5.2 有序列表

在 XML 结构中，列表元素在特定位置重复出现多次就是有序列表，这些元素在 XML 文档中的位置说明它们是有序的。在下面的 XML 片断示例中，〈educational〉元素包含了由〈learningresourcetype〉构成的有序列表。

示例：

```
〈educational〉
  〈learningresourcetype〉
    〈source〉
      〈langstring xml:lang="x-none"〉LOMv1.0〈/langstring〉
    〈/source〉
    〈value〉
      〈langstring xml:lang="x-none"〉试题〈/langstring〉
    〈/value〉
  〈/learningresourcetype〉
  〈learningresourcetype〉
    〈source〉
      〈langstring xml:lang="x-none"〉LOMv1.0〈/langstring〉
    〈/source〉
    〈value〉
      〈langstring xml:lang="x-none"〉试卷〈/langstring〉
    〈/value〉
  〈/learningresourcetype〉
〈/educational〉
```

4.5.3 无序列表

在 XML 结构中，列表元素在特定位置重复出现多次就是无序列表，元素的顺序无关紧要。

示例：

```
〈general〉
  〈language〉en_US〈/language〉
  〈language〉fr_FR〈/language〉
〈/general〉
```

在此例中，〈language〉元素的每一次重复都生成一个新定义的“language”实例。

GB/T 21365—2008 中定义了元素列表的顺序属性。

4.6 名称空间

XML 允许用户定义自己的元素标签名。很明显，如果在某一个文档中使用了包含相同元素的不同的 DTD,就会出现问题。

使用名称空间通常有两种方法：

——用来指明用于机器解释的特定编码方案；

——用来作为唯一性和可能定义(语义)的引用。

这两种方法并不是互斥的。名称空间是作为元素名或属性名的前缀来使用的。

示例：

〈dc:subject〉

前缀 dc:是一个限定词,且应在文档中的其他位置定义。本标准的样例默认不使用命名空间,如果使用,建议使用“itletcn”。名称空间应指向模式文件以供验证。要指向一个本地的模式文件,模式和 XML 实例应在同一目录中,且以下面的形式出现：

〈lom xmlns ="http://www.celtsc.edu.cn/schema/lom"

xmlns:xsi="http://www.w3.org/2001/XMLSchema-instance"

xsi:schemaLocation="http://www.celtsc.edu.cn/schema/lom celtsc_metadata_xml.xsd "〉

如果要在线验证 XML 实例,名称空间的引用应该采用下面的形式：

〈lom xmlns ="http://www.celtsc.edu.cn/schema/lom"

xmlns:xsi=" http://www.w3.org/2001/XMLSchema-instance"

xsi:schemaLocation="http://www.celtsc.edu.cn/schema/lom
http://www.celtsc.edu.cn/schema/lom/celtsc_metadata_xml.xsd/download"〉

5 XML 绑定详细描述

5.1 绑定说明

这一部分使用了一种简单的方法来描述 XML 格式。本标准中提供的实现这种抽象格式的 DTD 和 XSD 仅供参考。

按照 GB/T 21365—2008 的描述,最低峰值是指保证某一实现能够处理个数超过最低峰值的列表和长度超过最低峰值的字符串。

5.2 〈lom〉元素

描述：学习对象的一些通用信息。

大小：〈lom〉元素是 XML 实例的根元素,在一个元数据 XML 实例中,〈lom〉要求出现且只能出现一次。

属性：

xmlns——表示学习对象元数据的名称空间。

子元素：

〈general〉

〈lifecycle〉

〈metametadata〉

〈technical〉

〈educational〉

〈rights〉

〈relation〉

〈annotation〉

〈classification〉

5.3 〈general〉元素

5.3.1 根元素

描述:学习对象的一些通用信息。

大小:〈general〉元素在顶级〈lom〉元素中要求出现且只能出现一次。

属性:

无。

子元素:

〈identifier〉

〈title〉

〈language〉

〈description〉

〈keyword〉

〈coverage〉

〈structure〉

〈aggregationlevel〉

5.3.2 〈identifier〉元素

5.3.2.1 根元素

描述:学习对象的标号,该标号全球唯一。

大小:〈identifier〉元素在〈general〉元素中要求出现一次或一次以上,在〈general〉元素中,它的最低峰值是10。

属性:

无。

子元素:

〈catalog〉

〈entry〉

示例:

```
〈general〉
  〈identifier〉
    〈catalog〉ISBN〈/catalog〉
    〈entry〉
      〈langstring〉0-226-10389-7〈/langstring〉
    〈/entry〉
  〈/identifier〉
〈/general〉
```

5.3.2.2 〈catalog〉元素

描述:所属标识方案或编目方案的名称或指示符。一种命名方案。

大小:〈catalog〉元素在〈identifier〉元素中要求出现且只能出现一次。

属性:

无。

子元素：

无。

5.3.2.3 〈**entry**〉元素

描述：在标识或编目方案中用于标识此学习对象的标识符。一个和名域相关的字符串。

大小：〈entry〉元素在〈identifier〉元素中要求出现且只能出现一次。

属性：

无。

子元素：

〈langstring〉(〈langstring〉元素在〈entry〉元素中可以出现一次或一次以上，但是每一个〈langstring〉中的 xml:lang 属性应互不相同。)

5.3.3 〈**title**〉元素

描述：学习对象的名称。

大小：〈title〉元素在〈general〉元素中要求出现且只能出现一次。

属性：

无。

子元素：

〈langstring〉(〈langstring〉元素在〈title〉元素中可以出现一次或一次以上，但是每一个〈langstring〉中的 xml:lang 属性应互不相同。)

示例：

```
〈general〉
  〈title〉
    〈langstring xml:lang="en"〉Title 1 in English〈/langstring〉
    〈langstring xml:lang="zh"〉中文标题 1〈/langstring〉
  〈/title〉
〈/general〉
```

5.3.4 〈**language**〉元素

描述：同目标用户交流时学习对象所主要使用的人类语言。

大小：〈language〉元素在〈general〉元素中要求出现一次或一次以上，在〈general〉元素中，它的最低峰值是 10。

属性：

无。

子元素：

无。

示例：

```
〈general〉
  〈language〉en〈/language〉
  〈language〉zh〈/language〉
〈/general〉
```

5.3.5 〈**description**〉元素

描述：对学习对象内容的文本描述。

大小：〈description〉元素在〈general〉元素中要求出现一次或一次以上，在〈general〉元素中，它的最低峰值是10。

属性：

无。

子元素：

〈langstring〉(〈langstring〉元素在〈description〉元素中可以出现一次或一次以上，但是每一个〈langstring〉中的xml:lang属性应互不相同。)

示例：

```
〈general〉
  〈description〉
    〈langstring xml:lang="en"〉English description〈/langstring〉
    〈langstring xml:lang="zh"〉中文描述〈/langstring〉
  〈/description〉
〈/general〉
```

5.3.6 〈**keyword**〉元素

描述：描述学习对象主题的关键字或短语。本数据元素不应该用于描述别的数据元素所描述的特征。

大小：〈keyword〉元素在〈general〉元素中要求出现一次或一次以上，在〈general〉元素中，它的最低峰值是10。

属性：

无。

子元素：

〈langstring〉(〈langstring〉元素在〈keyword〉元素中可以出现一次或一次以上，但是每一个〈langstring〉中的xml:lang属性应互不相同。)

示例：

```
〈general〉
  〈keyword〉
    〈langstring xml:lang="en"〉metadata〈/langstring〉
    〈langstring xml:lang="nl"〉metadata〈/langstring〉
    〈langstring xml:lang="zh"〉元数据〈/langstring〉
  〈/keyword〉
  〈keyword〉
    〈langstring xml:lang="en"〉learning object〈/langstring〉
    〈langstring xml:lang="nl"〉leerobject〈/langstring〉
    〈langstring xml:lang="zh"〉学习对象〈/langstring〉
  〈/keyword〉
  〈keyword〉
    〈langstring xml:lang="en"〉education〈/langstring〉
  〈/keyword〉
〈/general〉
```

5.3.7 〈**coverage**〉元素

描述：学习对象所涉及的时间、文化和地理区域。

大小：〈coverage〉元素在〈general〉元素中可以不出现、出现一次或出现一次以上，在〈general〉元素中,它的最低峰值是10。

属性:

无。

子元素:

〈langstring〉(〈langstring〉元素在〈coverage〉元素中可以出现一次或一次以上,但是每一个〈langstring〉中的 xml:lang 属性应互不相同。)

示例:

〈general〉
  〈coverage〉
    〈langstring xml:lang="zh"〉明朝时期〈/langstring〉
  〈/coverage〉
〈/general〉

5.3.8 〈**structure**〉元素

描述:学习对象的基本组织结构。

大小:〈structure〉元素在〈general〉元素中可以不出现或出现一次。

属性:

无。

子元素:

〈source〉

〈value〉

GB/T 21365—2008 定义的词汇表(〈source〉元素的值为"LOMv1.0")

原子

集合

网状

层次

线性

示例:

〈general〉
  〈structure〉
    〈source〉
      〈langstring xml:lang="x-none"〉LOMv1.0〈/langstring〉
    〈/source〉
    〈value〉
      〈langstring xml:lang="x-none"〉集合〈/langstring〉
    〈/value〉
  〈/structure〉
〈/general〉

5.3.9 〈**aggregationlevel**〉元素

描述:学习对象在功能上的粒度。

大小:〈aggregationlevel〉元素在〈general〉元素中可以不出现或出现一次。

属性:

无。

子元素：

〈source〉

〈value〉

GB/T 21365—2008 定义的词汇表（〈source〉元素的值为“LOMv1.0”）

1：最小程度上的聚合，即原始的媒体数据或片段。

2：聚合度为 1 的学习对象的集合，如一节课。

3：聚合度为 2 的学习对象的集合，如一门课程。

4：最大粒度的聚合，如为获得某项证书所需的所有课程的集合。

示例：

```
〈general〉
  〈aggregationlevel〉
    〈source〉
      〈langstring xml:lang="x-none"〉LOMv1.0〈/langstring〉
    〈/source〉
    〈value〉
      〈langstring xml:lang="x-none"〉1〈/langstring〉
    〈/value〉
  〈/aggregationlevel〉
〈/general〉
```

5.4 〈lifecycle〉元素

5.4.1 根元素

描述：学习对象的历史和当前状态以及那些对学习对象的发展过程产生作用的实体。

大小：〈lifecycle〉元素在顶级〈lom〉元素中要求出现且只能出现一次。

属性：

无。

子元素：

〈version〉

〈status〉

〈contribute〉

5.4.2 〈version〉元素

描述：学习对象的版本。

大小：〈version〉元素在〈lifecycle〉元素中可以不出现或出现一次。

属性：

无。

子元素：

〈langstring〉（〈langstring〉元素在〈version〉元素中可以出现一次或一次以上，但是每一个〈langstring〉中的 xml:lang 属性应互不相同。）

示例：

```
〈lifecycle〉
  〈version〉
    〈langstring xml:lang="en"〉1.0.alpha〈/langstring〉
  〈/version〉
```

〈/lifecycle〉

5.4.3 〈**status**〉元素

描述:学习对象所处的状态或完成情况。

大小:〈status〉元素在〈lifecycle〉元素中可以不出现或出现一次。

属性:

无。

子元素:

〈source〉

〈value〉

GB/T 21365—2008 定义的词汇表(〈source〉元素的值为“LOMv1.0”)

草案

最终案

修正案

不可用

示例:

〈lifecycle〉
  〈status〉
    〈source〉
      〈langstring xml:lang="x-none"〉LOMv1.0〈/langstring〉
    〈/source〉
    〈value〉
      〈langstring xml:lang="x-none"〉最终案〈/langstring〉
    〈/value〉
  〈/status〉
〈/lifecycle〉

5.4.4 〈**contribute**〉元素

5.4.4.1 根元素

描述:在学习对象的生存周期中为其发展做出贡献(如:创建、编辑、发行等)的实体(人或组织)。

大小:〈contribute〉元素在〈lifecycle〉元素中要求出现一次或一次以上,在〈lifecycle〉元素中,它的最低峰值是30。

属性:

无。

子元素:

〈role〉

〈centity〉

〈date〉

示例:

〈lifecycle〉
  〈contribute〉
    〈role〉
      〈source〉
        〈langstring xml:lang="x-none"〉LOMv1.0〈/langstring〉

```
        〈/source〉
        〈value〉
          〈langstring xml:lang="x-none"〉作者〈/langstring〉
        〈/value〉
      〈/role〉
      〈centity〉
        〈vcard〉
          begin:vcard
          fn:张三 作者
          end:vcard
        〈/vcard〉
      〈/centity〉
      〈date〉
        〈datetime〉2000-12-12〈/datetime〉
        〈description〉
          〈langstring〉日期描述〈/langstring〉
        〈/description〉
      〈/date〉
    〈/contribute〉
  〈/lifecycle〉
```

5.4.4.2 〈role〉元素

描述：贡献的类型。

大小：〈role〉元素在〈contribute〉元素中要求出现且只能出现一次。如果有不同角色的多个贡献者，那么应该重复使用〈contribute〉元素。

属性：

无。

子元素：

〈source〉

〈value〉

GB/T 21365—2008 定义的词汇表（〈source〉元素的值为"LOMv1.0"）

作者

发行商

未定义

发起人

终结者

编辑

总审核人

图形设计

技术实现

内容提供者

技术审核人

教学审核人

脚本编写者

教学设计者

内容专家

5.4.4.3 〈centity〉元素

描述：对学习对象做出贡献的实体(人或组织)的标识及相关信息。相关程度越高的实体越先列出。

大小：〈centity〉元素在〈contribute〉元素中要求出现一次或一次以上，在〈contribute〉元素中，它的最低峰值是40。

属性：

无。

子元素：

〈vcard〉

5.4.4.4 〈date〉元素

描述：贡献者做出贡献的日期。

大小：〈date〉元素在〈contribute〉元素中要求出现且只能出现一次。

属性：

无。

子元素：

〈datetime〉

〈description〉

5.5 〈metametadata〉元素

5.5.1 根元素

描述：元数据实例自身(不是元数据所描述的学习对象)的信息。

大小：〈metametadata〉元素在顶级〈lom〉元素中要求出现且只能出现一次。

属性：

无。

子元素：

〈identifier〉

〈contribute〉

〈metadataschema〉

〈language〉

5.5.2 〈identifier〉元素

5.5.2.1 根元素

描述：元数据实例的标号，该标号全球唯一。

大小：〈identifier〉元素在〈metametadata〉元素中可以不出现、出现一次或出现一次以上，在〈metametadata〉元素中，它的最低峰值是10。

属性：

无。

子元素：

〈catalog〉

〈entry〉

示例：

```
〈metametadata〉
  〈identifier〉
    〈catalog〉ISBN〈/catalog〉
    〈entry〉
      〈langstring〉0-226-10389-7〈/langstring〉
    〈/entry〉
  〈/identifier〉
〈/metametadata〉
```

5.5.2.2 〈catalog〉元素

描述：所属标识方案或编目方案的名称或指示符。一种命名方案。

大小：〈catalog〉元素在〈identifier〉元素中要求出现且只能出现一次。

属性：

无。

子元素：

无。

5.5.2.3 〈entry〉元素

描述：在标识或编目方案中用于标识此学习对象记录的标识符。一个和名域相关的字符串。

大小：〈entry〉元素在〈identifier〉元素中要求出现且只能出现一次。

属性：

无。

子元素：

〈langstring〉(〈langstring〉元素在〈entry〉元素中可以出现一次或一次以上，但是每一个〈langstring〉中的 xml:lang 属性应互不相同。)

5.5.3 〈contribute〉元素

5.5.3.1 根元素

描述：在学习对象元数据实例的生存周期中为其发展做出贡献(如：创建、编辑、发行等)的实体(人或组织)。

大小：〈contribute〉元素在〈metametadata〉元素中要求出现一次或一次以上，在〈metametadata〉元素中，它的最低峰值是 10。

属性：

无。

子元素：

〈role〉

〈centity〉

〈date〉

示例：

```
〈metametadata〉
  〈contribute〉
    〈role〉
      〈source〉
```

```
        〈langstring xml:lang="x-none"〉LOMv1.0〈/langstring〉
      〈/source〉
      〈value〉
        〈langstring xml:lang="x-none"〉创建者〈/langstring〉
      〈/value〉
    〈/role〉
    〈centity〉
      〈vcard〉
        begin:vcard
        fn:Joe Creator
        end:vcard
      〈/vcard〉
    〈/centity〉
    〈date〉
      〈datetime〉2000-12-12〈/datetime〉
      〈description〉
        〈langstring〉日期描述〈/langstring〉
      〈/description〉
    〈/date〉
  〈/contribute〉
〈/metametadata〉
```

5.5.3.2 **〈role〉元素**

描述:贡献的类型,建议在元数据实例中包含创建者的信息。

大小:〈role〉元素在〈contribute〉元素中要求出现且只能出现一次。如果有不用角色的多个贡献者,那么应该重复使用〈contribute〉元素。

属性:

无。

子元素:

〈source〉

〈value〉

GB/T 21365—2008 定义的词汇表(〈source〉元素的值为"LOMv1.0")

创建者

审核人

5.5.3.3 **〈centity〉元素**

描述:对学习对象元数据实例做出贡献的实体(人或组织)的标识及相关信息。相关程度越高的实体越先列出。

大小:〈centity〉元素在〈contribute〉元素中要求出现一次或一次以上,在〈contribute〉元素中,它的最低峰值是 10。

属性:

无。

子元素:

〈vcard〉

5.5.3.4 〈**date**〉元素

描述：贡献者做出贡献的日期。

大小：〈date〉元素在〈contribute〉元素中可以要求出现且只能出现一次。

属性：

无。

子元素：

〈datetime〉

〈description〉

5.5.4 〈**metadataschema**〉元素

描述：用于创建元数据实例的规范的名称和版本，该规范需经过正式认证。

大小：〈metadataschema〉元素在〈metametadata〉元素中要求出现一次或一次以上，在〈metametadata〉元素中，它的最低峰值是10。

属性：

无。

子元素：

无。

示例：

〈metametadata〉

〈metadataschema〉LOMv1.0〈/metadataschema〉

〈/metametadata〉

5.5.5 〈**language**〉元素

描述：描述元数据实例所使用的语言。

大小：〈language〉元素在〈metametadata〉元素中要求出现且只能出现一次。

属性：

无。

子元素：

无。

示例：

〈metametadata〉

〈language〉en〈/language〉

〈/metametadata〉

5.6 〈**technical**〉元素

5.6.1 **根元素**

描述：学习对象的技术要求及其相关特征。

大小：〈technical〉元素在顶级〈lom〉元素中要求出现且只能出现一次。

属性：

无。

子元素：

〈format〉

〈size〉
〈location〉
〈requirement〉
〈installationremarks〉
〈otherplatformrequirements〉
〈duration〉

5.6.2 〈format〉元素

描述:学习对象(及其所有组成成分)在技术上的数据类型。

大小:〈format〉元素在〈technical〉元素中要求出现一次或一次以上,在〈technical〉元素中,它的最低峰值是40。

属性:

无。

子元素:

无。

示例:

〈technical〉
　〈format〉video/mpeg〈/format〉
　〈format〉text/html〈/format〉
〈/technical〉

5.6.3 〈size〉元素

描述:数字化学习对象的大小。用十进制数字'0'到'9'表示,单位是(8位)字节,不是兆字节等。该数据元素表明了学习对象的实际大小。如果学习对象经过压缩,则该数据元素的值是未压缩时的大小。

大小:〈size〉元素在〈technical〉元素中可以不出现或出现一次。

属性:

无。

子元素:

无。

示例:

〈technical〉
　〈size〉568〈/size〉
〈/technical〉

5.6.4 〈location〉元素

描述:用于表明如何获取学习对象的字符串。它可能是一个位置(如URL),或解析出位置的一种方法(如URI)。最可取的位置优先列出。

大小:〈location〉元素在〈technical〉元素中可以不出现、出现一次或出现一次以上,在〈technical〉元素中,它的最低峰值是10。

属性:

type

该属性的可能取值为:

URI——在Internet上有像URL这样的具体地址的资源。

TEXT——对于资源位置的文本描述。

子元素：

无。

示例：

```
〈technical〉
  〈location type="URI"〉http://host/id〈/location〉
〈/technical〉
```

5.6.5 〈**requirement**〉元素

5.6.5.1 根元素

描述：使用学习对象所需要的技术要求。如果有多个要求，那么所有要求都应得到满足，即它们之间的逻辑关系是与关系。

大小：〈requirement〉元素在〈technical〉元素中可以不出现、出现一次或出现一次以上，在〈technical〉元素中，它的最低峰值是40。

属性：

无。

子元素：

〈orcomposite〉

示例：

```
〈technical〉
  〈requirement〉
    〈orcomposite〉
      〈type〉
        〈source〉
          〈langstring xml:lang="x-none"〉LOMv1.0〈/langstring〉
        〈/source〉
        〈value〉
          〈langstring xml:lang="x-none"〉浏览器〈/langstring〉
        〈/value〉
      〈/type〉
      〈name〉
        〈source〉
          〈langstring xml:lang="x-none"〉LOMv1.0〈/langstring〉
        〈/source〉
        〈value〉
          〈langstring xml:lang="x-none"〉Microsoft Internet Explorer〈/langstring〉
        〈/value〉
      〈/name〉
      〈minimumversion〉4.0〈/minimumversion〉
        〈maximumversion〉5.0〈/maximumversion〉
    〈/orcomposite〉
  〈/requirement〉
〈/technical〉
```

5.6.5.2 〈**orcomposite**〉元素

5.6.5.2.1 根元素

描述：多个要求的组合。当任何一个要求被满足时整个组合的要求被满足，即它们之间的逻辑关系是或关系。

大小:〈orcomposite〉元素在〈technical〉元素中可以不出现、出现一次或出现一次以上,在〈technical〉元素中,它的最低峰值是40。

属性:

无。

子元素:

〈type〉

〈name〉

〈minimumversion〉

〈maximumversion〉

5.6.5.2.2 〈type〉元素

描述:使用学习对象所需要的技术,如硬件、软件、网络等。

大小:〈type〉元素在〈orcomposite〉元素中要求出现且只能出现一次。

属性:

无。

子元素:

〈source〉

〈value〉

GB/T 21365—2008 定义的词汇表(〈source〉元素的值为"LOMv1.0")

操作系统

浏览器

5.6.5.2.3 〈name〉元素

描述:使用学习对象所需要的技术的名称。

大小:〈name〉元素在〈orcomposite〉元素中要求出现且只能出现一次。

属性:

无。

子元素:

〈source〉

〈value〉

GB/T 21365—2008 定义的词汇表(〈source〉元素的值为"LOMv1.0")

如果 Technical. Requirement. OrComposite. Type ="操作系统"

PC-DOS

MS-Windows

MacOS

Unix

Multi-OS

无

如果 Technical. Requirement. OrComposite. Type ="浏览器"

任何浏览器

Netscape Communicator

Microsoft Internet Explorer

Opera

Amaya

5.6.5.2.4 〈**minimumversion**〉元素

描述:使用学习对象所需技术的最低版本。

大小:〈minimumversion〉元素在〈orcomposite〉元素中可以不出现或出现一次。

属性:

无。

子元素:

无。

5.6.5.2.5 〈**maximumversion**〉元素

描述:使用学习对象所需技术的最高版本。

大小:〈maximumversion〉元素在〈orcomposite〉元素中可以不出现或出现一次。

属性:

无。

子元素:

无。

5.6.5.2.6 〈**installationremarks**〉元素

描述:对如何安装学习对象的描述。

大小:〈installationremarks〉元素在〈technical〉元素中可以不出现或出现一次。

属性:

无。

子元素:

〈langstring〉(〈langstring〉元素在〈installationremarks〉元素中可以出现一次或一次以上,但是每一个〈langstring〉中的 xml:lang 属性应互不相同。)

示例:

```
〈technical〉
  〈installationremarks〉
    〈langstring〉安装描述在这里〈/langstring〉
  〈/installationremarks〉
〈/technical〉
```

5.6.6 〈**otherplatformrequirements**〉元素

描述:其他关于软件和硬件的需求信息。

大小:〈otherplatformrequirements〉元素在〈technical〉元素中可以不出现或出现一次。

属性:

无。

子元素:

〈langstring〉(〈langstring〉元素在〈otherplatformrequirements〉元素中可以出现一次或一次以上,但是每一个〈langstring〉中的 xml:lang 属性应互不相同。)

示例:

```
〈technical〉
```

```
  〈otherplatformrequirements〉
    〈langstring〉其他软硬件需求信息在这里〈/langstring〉
  〈/otherplatformrequirements〉
〈/technical〉
```

5.6.7 〈**duration**〉元素

描述：在指定的速度下连续运行学习对象所需要的时间。

大小：〈duration〉元素在〈technical〉元素中可以不出现或出现一次。

属性：

无。

子元素：

〈datetime〉

〈description〉

示例：

```
〈technical〉
  〈duration〉
    〈datetime〉00:00:15〈/datetime〉
    〈description〉
      〈langstring〉播放这段剪辑的时间〈/langstring〉
    〈/description〉
  〈/duration〉
〈/technical〉
```

5.7 〈**educational**〉元素

5.7.1 根元素

描述：学习对象在教育和教学方面的一些关键特征。

大小：〈educational〉元素在顶级〈lom〉元素中要求出现且只能出现一次。在〈lom〉元素中，它的最低峰值为100。

属性：

无。

子元素：

〈interactivitytype〉

〈learningresourcetype〉

〈interactivitylevel〉

〈semanticdensity〉

〈intendedenduserrole〉

〈context〉

〈typicalagerange〉

〈difficulty〉

〈typicallearningtime〉

〈description〉

〈language〉

5.7.2 〈**interactivitytype**〉元素

描述：学习对象所支持的互动形式。

大小:〈interactivitytype〉元素在〈educational〉元素中可以不出现或出现一次。

属性:

无。

子元素:

〈source〉

〈value〉

GB/T 21365—2008 定义的词汇表(〈source〉元素的值为"LOMv1.0")

主动型

解说型

混合型

示例:

```
〈educational〉
  〈interactivitytype〉
    〈source〉
      〈langstring xml:lang="x-none"〉LOMv1.0〈/langstring〉
    〈/source〉
    〈value〉
      〈langstring xml:lang="x-none"〉主动型〈/langstring〉
    〈/value〉
  〈/interactivitytype〉
〈/educational〉
```

5.7.3 〈learningresourcetype〉元素

描述:学习对象的具体类型。越主要的类型越先列出。

大小:〈learningresourcetype〉元素在〈educational〉元素中要求出现一次或一次以上,它的最低峰值是10。

属性:

无。

子元素:

〈source〉

〈value〉

GB/T 21365—2008 定义的词汇表(〈source〉元素的值为"LOMv1.0")

媒体素材

试题

试卷

课件

文献资料

教学案例

常见问题解答

资源目录索引

网络课程

示例:

```
〈educational〉
  〈learningresourcetype〉
```

```
    〈source〉
      〈langstring xml:lang="x-none"〉LOMv1.0〈/langstring〉
    〈/source〉
    〈value〉
      〈langstring xml:lang="x-none"〉试题〈/langstring〉
    〈/value〉
  〈/learningresourcetype〉
〈/educational〉
```

5.7.4 〈**interactivitylevel**〉元素

描述:学习对象的交互程度。这里的交互是指学习者对学习对象的行为或其他方面所产生的影响程度。

大小:〈interactivitylevel〉元素在〈educational〉元素中可以不出现或出现一次。

属性:

无。

子元素:

〈source〉

〈value〉

GB/T 21365—2008 定义的词汇表(〈source〉元素的值为"LOMv1.0")

很低

低

中

高

很高

示例:

```
〈educational〉
  〈interactivitylevel〉
    〈source〉
      〈langstring xml:lang="x-none"〉LOMv1.0〈/langstring〉
    〈/source〉
    〈value〉
      〈langstring xml:lang="x-none"〉很高〈/langstring〉
    〈/value〉
  〈/interactivitylevel〉
〈/educational〉
```

5.7.5 〈**semanticdensity**〉元素

描述:学习对象的简练程度。学习对象的语义密度可以通过它的大小、范围或持续时间(自身有时间限制的资源如音频或视频)来衡量。

大小:〈semanticdensity〉元素在〈educational〉元素中可以不出现或出现一次。

属性:

无。

子元素:

〈source〉

〈value〉

GB/T 21365—2008 定义的词汇表(〈source〉元素的值为"LOMv1.0")

很低

低

中

高

很高

示例：

```
〈educational〉
  〈semanticdensity〉
    〈source〉
      〈langstring xml:lang="x-none"〉LOMv1.0〈/langstring〉
    〈/source〉
    〈value〉
      〈langstring xml:lang="x-none"〉很高〈/langstring〉
    〈/value〉
  〈/semanticdensity〉
〈/educational〉
```

5.7.6 〈intendedenduserrole〉元素

描述：该学习对象的主要用户，最重要的优先列出。

大小：〈intendedenduserrole〉元素在〈educational〉元素中可以不出现、出现一次或出现一次以上，在〈educational〉元素中，它的最低峰值是10。

属性：

无。

子元素：

〈source〉

〈value〉

GB/T 21365—2008 定义的词汇表(〈source〉元素的值为"LOMv1.0")

教师

作者

学习者

管理者

示例：

```
〈educational〉
  〈intendedenduserrole〉
    〈source〉
      〈langstring xml:lang="x-none"〉LOMv1.0〈/langstring〉
    〈/source〉
    〈value〉
      〈langstring xml:lang="x-none"〉学习者〈/langstring〉
    〈/value〉
  〈/intendedenduserrole〉
〈/educational〉
```

5.7.7 〈context〉元素

描述：使用学习对象的主要情境。

大小：〈context〉元素在〈educational〉元素中可以不出现、出现一次或出现一次以上，在〈educational〉元素中，它的最低峰值是10。

属性：

无。

子元素：

〈source〉

〈value〉

GB/T 21365—2008 定义的词汇表（〈source〉元素的值为"LOMv1.0"）

中小学校

高等教育

培训

其他

示例：

```
〈educational〉
  〈context〉
    〈source〉
      〈langstring xml:lang="x-none"〉LOMv1.0〈/langstring〉
    〈/source〉
    〈value〉
      〈langstring xml:lang="x-none"〉高等教育〈/langstring〉
    〈/value〉
  〈/context〉
〈/educational〉
```

5.7.8 〈typicalagerange〉元素

描述：典型使用者的年龄范围。

大小：〈typicalagerange〉元素在〈educational〉元素中可以不出现、出现一次或出现一次以上，在〈educational〉元素中，它的最低峰值是5。

属性：

无。

子元素：

〈langstring〉（〈langstring〉元素在〈typicalagerange〉元素中可以出现一次或一次以上，但是每一个〈langstring〉中的xml:lang属性应互不相同。）

示例：

```
〈educational〉
  〈typicalagerange〉
    〈langstring xml:lang="en"〉有三年以上经验的成年飞行员〈/langstring〉
  〈/typicalagerange〉
〈/educational〉
```

5.7.9 〈difficulty〉元素

描述：对于典型的目标用户来说学习对象的难度。

大小：〈difficulty〉元素在〈educational〉元素中可以不出现或出现一次。

属性：

无。

子元素：

〈source〉

〈value〉

GB/T 21365—2008 定义的词汇表(〈source〉元素的值为"LOMv1.0")

很容易

容易

中等

难

很难

示例：

```
〈educational〉
  〈difficulty〉
    〈source〉
      〈langstring xml:lang="x-none"〉LOMv1.0〈/langstring〉
    〈/source〉
    〈value〉
      〈langstring xml:lang="x-none"〉中等〈/langstring〉
    〈/value〉
  〈/difficulty〉
〈/educational〉
```

5.7.10 〈typicallearningtime〉元素

描述：对于典型的目标用户来说，使用该学习对象一般或大约所需要的时间。

大小：〈typicallearningtime〉元素在〈educational〉元素中可以不出现或出现一次。

属性：

无。

子元素：

〈datetime〉

〈description〉

示例：

```
〈educational〉
  〈typicallearningtime〉
    〈datetime〉01:30:00〈/datetime〉
  〈/typicallearningtime〉
〈/educational〉
```

5.7.11 〈description〉元素

描述：对如何使用学习对象的描述。

大小：〈description〉元素在〈educational〉元素中可以不出现、出现一次或出现一次以上，在〈educational〉元素中，它的最低峰值是10。

属性：

无。

子元素：

〈langstring〉(〈langstring〉元素在〈description〉元素中可以出现一次或一次以上，但是每一个〈langstring〉中的 xml：lang 属性应互不相同。)

示例：

〈educational〉
  〈description〉
    〈langstring〉在空中加油训练中使用〈/langstring〉
  〈/description〉
〈/educational〉

5.7.12 〈**language**〉元素

描述：学习对象的典型用户所使用的人类语言。

大小：〈language〉元素在〈educational〉元素中可以不出现、出现一次或出现一次以上，在〈educational〉元素中，它的最低峰值是 10。

属性：

无。

子元素：

无。

示例：

〈educational〉
  〈language〉en〈/language〉
〈/educational〉

5.8 〈**rights**〉元素

5.8.1 根元素

描述：学习对象的知识产权和使用条件等信息。

大小：〈rights〉元素在顶级〈lom〉元素中可以不出现或出现一次。

属性：

无。

子元素：

〈cost〉

〈copyrightandotherrestrictions〉

〈description〉

5.8.2 〈**cost**〉元素

描述：使用学习对象是否需要付费。

大小：〈cost〉元素在〈rights〉元素中可以不出现或出现一次。

属性：

无。

子元素：

〈source〉

〈value〉

GB/T 21365—2008 定义的词汇表(〈source〉元素的值为“LOMv1.0”)

是

否

示例：

```
〈rights〉
  〈cost〉
    〈source〉
      〈langstring xml:lang=”x-none”〉LOMv1.0〈/langstring〉
    〈/source〉
    〈value〉
      〈langstring xml:lang=”x-none”〉否〈/langstring〉
    〈/value〉
  〈/cost〉
〈/rights〉
```

5.8.3 〈copyrightandotherrestrictions〉元素

描述：使用学习对象是否有版权问题和其他限制条件。

大小：〈copyrightandotherrestrictions〉元素在〈rights〉元素中可以不出现或出现一次。

属性：

无。

子元素：

〈source〉

〈value〉

GB/T 21365—2008 定义的词汇表(〈source〉元素的值为“LOMv1.0”)

是

否

示例：

```
〈rights〉
  〈copyrightandotherrestrictions〉
    〈source〉
      〈langstring xml:lang=”x-none”〉LOMv1.0〈/langstring〉
    〈/source〉
    〈value〉
      〈langstring xml:lang=”x-none”〉否〈/langstring〉
    〈/value〉
  〈/copyrightandotherrestrictions〉
〈/rights〉
```

5.8.4 〈description〉元素

描述：对学习对象使用条件的描述。

大小：〈description〉元素在〈rights〉元素中可以不出现或出现一次。

属性：

无。

子元素：

〈langstring〉(〈langstring〉元素在〈description〉元素中可以出现一次或一次以上，但是每一个

〈langstring〉中的 xml:lang 属性应互不相同。)

示例:

```
〈rights〉
  〈description〉
    〈langstring xml:lang="en"〉LOMv1.0〈/langstring〉
  〈/description〉
〈/rights〉
```

5.9 〈**relation**〉元素

5.9.1 根元素

描述:学习对象和其他学习对象(目标学习对象)之间的关系。

大小:〈relation〉元素在顶级〈lom〉元素中可以不出现、出现一次或出现一次以上,它的最低峰值是100。

属性:

无。

子元素:

〈kind〉

〈resource〉

5.9.2 〈**kind**〉元素

描述:关系类型。

大小:〈kind〉元素在〈relation〉元素中要求出现且只能出现一次。

属性:

无。

子元素:

〈source〉

〈value〉

GB/T 21365—2008 定义的词汇表(〈source〉元素的值为"LOMv1.0")

A 是 B 的一部分

B 是 A 的一部分

A 是 B 的某个版本

B 是 A 的某个版本

A 与 B 有相同的格式,B 先于 A

B 与 A 有相同的格式,A 先于 B

A 参考引用了 B

B 参考引用了 A

A 基于 B

B 基于 A

A 需要 B

B 需要 A

示例:

```
〈relation〉
  〈kind〉
```

```
    〈source〉
      〈langstring xml:lang="x-none"〉LOMv1.0〈/langstring〉
    〈/source〉
    〈value〉
      〈langstring xml:lang="x none"〉A 需要 B〈/langstring〉
    〈/value〉
  〈/kind〉
  〈resource〉
    〈identifier〉
      〈catalog〉ISBN〈/catalog〉
      〈entry〉
        〈langstring〉0-226-10389-7〈/langstring〉
      〈/entry〉
    〈/identifier〉
    〈description〉
      〈langstring〉对资源的描述〈/langstring〉
    〈/description〉
  〈/resource〉
〈/relation〉
```

5.9.3 〈resource〉元素

5.9.3.1 根元素

描述:关系所引用的目标学习对象。

大小:〈resource〉元素在〈relation〉元素中要求出现且只能出现一次。

属性:

无。

子元素:

〈identifier〉

〈description〉

5.9.3.2 〈identifier〉元素

5.9.3.2.1 根元素

描述:目标学习对象的标识,该标识全球唯一。

大小:〈identifier〉元素在〈resource〉元素中可以不出现、出现一次或出现一次以上,在〈resource〉元素中,它的最低峰值是10。

属性:

无。

子元素:

〈catalog〉

〈entry〉

5.9.3.2.2 〈catalog〉元素

描述:所属标识方案或编目方案的名称或指示符。一种命名方案。

大小:〈catalog〉元素在〈identifier〉元素中要求出现且只能出现一次。

属性：

无。

子元素：

无。

5.9.3.2.3 〈**entry**〉元素

描述：在标识或编目方案中用于标识目标学习对象记录的标识符。一个和名域相关的字符串。

大小：〈entry〉元素在〈identifier〉元素中要求出现且只能出现一次。

属性：

无。

子元素：

〈langstring〉(〈langstring〉元素在〈entry〉元素中可以出现一次或一次以上，但是每一个〈langstring〉中的 xml:lang 属性应互不相同。)

5.9.3.3 〈**description**〉元素

描述：对目标学习对象的描述。

大小：〈description〉元素在〈resource〉元素中可以不出现、出现一次或出现一次以上，在〈resource〉元素中，它的最低峰值是 10。

属性：

无。

子元素：

〈langstring〉(〈langstring〉元素在〈description〉元素中可以出现一次或一次以上，但是每一个〈langstring〉中的 xml:lang 属性应互不相同。)

5.10 〈**annotation**〉元素

5.10.1 根元素

描述：学习对象在教学使用方面的一些评价，以及这些评论的作者和创作时间。该类别能使教育者共享他们对学习资源的评价和使用建议等。

大小：〈annotation〉元素在顶级〈lom〉元素中可以不出现、出现一次或出现一次以上，在〈lom〉元素中，它的最低峰值是 30。

属性：

无。

子元素：

〈centity〉

〈date〉

〈description〉

5.10.2 〈**centity**〉元素

描述：创建评注的实体(人或组织)。

大小：〈centity〉元素在〈annotation〉元素中可以不出现或出现一次。

属性：

无。

子元素：

〈vcard〉

示例：

〈annotation〉

〈centity〉

〈vcard〉

begin：vcard

org：example organization

end：vcard

〈/vcard〉

〈/centity〉

〈/annotation〉

5.10.3 〈**date**〉元素

描述：创建评注的日期。

大小：〈date〉元素在〈annotation〉元素中可以不出现或出现一次。

属性：

无。

子元素：

〈datetime〉

〈description〉

示例：

〈annotation〉

〈date〉

〈datetime〉2001-04-17〈/datetime〉

〈/date〉

〈/annotation〉

5.10.4 〈**description**〉元素

描述：评注的内容。

大小：〈description〉元素在〈annotation〉元素中要求出现且只能出现一次。

属性：

无。

子元素：

〈langstring〉(〈langstring〉元素在〈description〉元素中可以出现一次或一次以上，但是每一个〈langstring〉中的 xml：lang 属性应互不相同。)

示例：

〈annotation〉

〈description〉

〈langstring xml：lang＝"zh"〉

该模拟课件可与空中加油训练课程配合使用。

〈/langstring〉

〈/description〉

〈/annotation〉

5.11 〈classification〉元素

5.11.1 根元素

描述:学习对象在某一特定分类系统中所处的位置。

大小:〈classification〉元素在顶级〈lom〉元素中要求出现一次或出现一次以上,它的最低峰值是40。

属性:

无。

子元素:

〈purpose〉

〈taxonpath〉

〈description〉

〈keyword〉

5.11.2 〈purpose〉元素

描述:对学习对象进行分类的目的。

大小:〈purpose〉元素在〈classification〉元素中要求出现且只能出现一次。

属性:

无。

子元素:

〈source〉

〈value〉

GB/T 21365—2008 定义的词汇表(〈source〉元素的值为"LOMv1.0")

学科

理念

前需

教学目标

访问限制

教育程度

技能程度

安全程度

能力

示例:

```
〈classification〉
  〈purpose〉
    〈source〉
      〈langstring xml:lang="x-none"〉LOMv1.0〈/langstring〉
    〈/source〉
    〈value〉
      〈langstring xml:lang="x-none"〉教学目标〈/langstring〉
    〈/value〉
  〈/purpose〉
〈/classification〉
```

5.11.3 〈**taxonpath**〉元素

5.11.3.1 根元素

描述：一个特定分类中的路径。

大小：〈taxonpath〉元素在〈calssification〉元素中出现一次或多次，它的最低峰值是15。

属性：

无。

子元素：

〈source〉

〈taxon〉

示例：

〈classification〉
  〈taxonpath〉
    〈source〉
      〈langstring〉DDC〈/langstring〉
    〈/source〉
  〈/taxonpath〉
〈/classification〉

5.11.3.2 〈**source**〉元素

描述：一个特定分类中的路径。

大小：〈source〉元素在〈taxonpath〉元素中出现零次或一次。

属性：

无。

子元素：

〈langstring〉-(〈langstring〉元素可以在〈source〉元素中出现一次或多次。然而，每个langstring都应包含一个不同的xml:lang属性)

5.11.3.3 〈**taxon**〉元素

5.11.3.3.1 根元素

描述：一个特定分类中的路径。一个分类树的路径决定一个分类路径：这是一个从一般到具体分类的路径。

大小：〈taxon〉元素在〈taxonpath〉元素中出现一次或多次。在〈taxonpath〉元素中，它的最低峰值是15。

属性：

无。

子元素：

〈id〉

〈entry〉

示例：

〈classification〉
  〈taxonpath〉
    〈source〉

```
      〈langstring xml:lang="zh"〉一个涵盖很广的分类来源〈/langstring〉
    〈/source〉
    〈taxon〉
      〈entry〉
        〈langstring xml:lang="zh"〉信息科学〈/langstring〉
  〈/entry〉
    〈/taxon〉
        〈taxon〉
      〈entry〉
        〈langstring xml:lang="zh"〉信息处理〈/langstring〉
      〈/entry〉
    〈/taxon〉
    〈taxon〉
      〈entry〉
        〈langstring xml:lang="zh"〉元数据〈/langstring〉
      〈/entry〉
    〈/taxon〉
  〈/taxonpath〉
〈/classification〉
```

5.11.3.3.2 〈**id**〉元素

描述：一个特定类别，可以是任何“正式”的分类。

大小：〈id〉元素在〈taxon〉元素中出现零次或一次。

属性：

无。

子元素：

无。

5.11.3.3.3 〈**entry**〉元素

描述：

大小：〈entry〉元素在〈taxon〉元素中要求出现且只能出现一次。

属性：

无。

子元素：

〈langstring〉-(〈langstring〉元素可以在〈source〉元素中出现 0 次或 1 次。然而，每个 langstring 都应包含一个不同的 xml:lang 属性)

5.11.4 〈**description**〉元素

描述：对学习对象的关于目的的文字描述。

大小：〈description〉元素在〈classification〉元素中出现零次或一次。

属性：

无。

子元素：

〈langstring〉-(〈langstring〉元素可以在〈description〉元素中出现 0 次或 1 次。然而，每个 langstring 都应包含一个不同的 xml:lang 属性)

示例：

```
〈classification〉
  〈description〉
    〈langstring xml:lang="zh"〉电子计算机生成的模拟〈/langstring〉
  〈/description〉
〈/classification〉
```

5.11.5 〈**keyword**〉元素

描述：对学习对象的关键字。和学习对象的目的相关。

大小：〈keyword〉元素在〈classification〉元素中出现零次或多次，在〈classification〉元素中，它的最小峰值是40。

属性：

无。

子元素：

〈langstring〉-(〈langstring〉元素可以在〈keyword〉元素中出现一次或多次。然而，每个langstring都应包含一个不同的 xml:lang 属性)

示例：

```
〈classification〉
  〈keyword〉
    〈langstring xml:lang="zh"〉模拟〈/langstring〉
  〈/keyword〉
〈/classification〉
```

6 全局使用的元素

6.1 自然语言串绑定

描述：自然语言

大小：最小峰值是10。

属性：

xml:lang——元素内容的自然语言种类。对于词汇类型，〈source〉和〈value〉应有一个"x-none"的值。

子元素：

〈langstring〉

示例：

```
〈classification〉
  〈keyword〉
    〈langstring xml:lang="zh"〉模拟〈/langstring〉
  〈/keyword〉
〈/classification〉
```

6.2 日期绑定

6.2.1 概述

描述：定义时间类型的数据格式。

大小：依父元素而定。

属性：

无。

子元素：

〈datetime〉

〈description〉

示例：

```
〈datetime〉00:00:20〈/datetime〉
〈description〉
  〈langstring〉日期的描述〈/langstring〉
〈/description〉
```

6.2.2 〈**datetime**〉元素

描述：GB/T 7408 标准格式的日期。

大小：〈datetime〉元素在父元素中出现零次或一次。

属性：

无。

6.2.3 〈**description**〉元素

描述：对日期的描述

大小：〈description〉元素在父元素中出现零次或一次。

属性：

无。

子元素：

〈langstring〉-(〈langstring〉元素可以在〈description〉元素中出现一次或多次。然而，每个 langstring 都应包含一个不同的 xml:lang 属性)

6.3 词汇绑定

6.3.1 根元素

描述：定义词汇的数据结构。一个词汇类型的数据由两个元素组成：〈source〉描述词汇的来源(例如："LOMv1.0")，〈value〉描述实际词汇项。

大小：依父元素而定。

属性：

无。

子元素：

〈source〉

〈value〉

示例：

```
〈status〉
  〈source〉
    〈langstring xml:lang="x-none"〉LOMv1.0〈/langstring〉
  〈/source〉
  〈value〉
    〈langstring xml:lang="x-none"〉最终案〈/langstring〉
```

〈/value〉
〈/status〉

6.3.2 〈**source**〉元素

描述:定义了值的来源,例如通过 URI。
大小:〈source〉元素在父元素中出现零次或一次。
属性:
无。
子元素:
〈langstring〉

6.3.3 〈**value**〉元素

描述:词汇类型的数据结构。
大小:〈value〉元素在父元素中要求出现且只能出现一次。
属性:
无。
子元素:
〈langstring〉

6.4 vCard 绑定

描述:vCard 定义了电子的"虚拟"商务卡。vCard 可以存储个人信息,例如,姓名、地址、电话、email 地址等。
大小:依父元素而定。
属性:
无。
子元素:
无。

示例:

```
〈vcard〉
  begin:vcard
  fn:张三 学生
  addr:解放路 111 号
  end:vcard
〈/vcard〉
```

7 通用的元素

7.1 概述

在学习对象元数据中有一些通用的结构要使用多次,在实现中,使用这些通用的结构可以使数据存储结构的建立变得方便。下面将详细讨论。

7.2 类型

7.2.1 概述

这些结构一般都以"TYPE"作为后缀。"interactivitytype"虽然有"type"作为后缀,但是它不是一个“类型”结构。GB/T 21365 中定义并在本标准中实现的类型有：

LangStringType

DateType

VocabularyType

7.2.2 LangString 类型

LangStringType 表示一个自然语言或其他可理解的语言描述的字符串。

本标准建议的绑定中，LangStringType 是含“xml:lang”属性的〈langstring〉元素来定义字符串使用的语言：〈langstring xml:lang="en"〉字符串〈/langstring〉。

“xml:lang”属性可以同时包含 GB/T 18793—2002 中规定的语言代码和国家代码。任何含〈langstring〉元素都可以包含多语言串元素。多语言串元素中可以包含多个 langstring 元素，每个 langstring 元素表示一种不同的语言。

注意：元素中的每个〈langstring〉都包含类似的信息，只是语种不同。当 xml:lang 属性用在〈source〉和〈value〉中列出词汇时，xml:lang 应为“x-none”。

示例：

```
〈educational〉
  〈learningresourcetype〉
    〈source〉
      〈langstring xml:lang="x-none"〉LOMv1.0〈/langstring〉
    〈/source〉
    〈value〉
      〈langstring xml:lang="x-none"〉模拟〈/langstring〉
    〈/value〉
  〈/learningresourcetype〉
〈/educational〉
```

7.2.3 DateType 类型

DateType 是格式化的时间。有两个子元素表示两种不同的时间格式。精确时间和时间信息都遵照 GB/T 7408 标准。时间点和延续时间用〈datetime〉表示，而更一般的时间信息用〈description〉元素表示，一个时间类型的数据可以同时包含 DateTime 和 Description 值。

DateType 有如下的逻辑结构：

DateType

datetime

description

LangStringType

DateType 是〈date〉作为一个有两个子元素的元素：〈datetime〉和〈description〉。〈datetime〉遵照 GB/T 7408 中指定的时间格式。

示例：

```
〈datetime〉1999-07-26〈datetime〉
〈datetime〉1999-07-26T12:15:35〈datetime〉
〈datetime〉1999-07-26T12:15:35+01:00〈datetime〉
```

7.2.4 词汇表类型

词汇表用在很多元素中，一个“词汇表”是一组事先定义的值。词汇表有两个子元素。〈source〉表示来源，〈value〉是实际值。如果来源于“LOMv1.0”，那么数据元素的取值应该来自于“LOMv1.0”基本框架中定义的取值列表。如果是其他来源，例如“URI”，那么实际值不对应“LOMv1.0”取值列表，而是对应“来源”列表里的实际值。用户可以使用其他不在词汇表中的值，但是为了易读性，推荐在尽量使用 GB/T 21365 中规定的值。

词汇表有如下的逻辑结构：

```
VocabularyType
  source
    langstring
  value
    langstring
```

为了确保“词汇”不是被当成其他自然语言，推荐用户指定〈langstring〉的属性 xml：lang 为“x-none”。

示例：

```
〈aggregationlevel〉
  〈source〉
    〈langstring xml:lang="x-none"〉LOMv1.0〈/langstring〉
  〈/source〉
  〈value〉
    〈langstring xml:lang="x-none"〉2〈/langstring〉
  〈/value〉
〈/aggregationlevel〉
```

7.3 多语言字符串〈langstring〉

用户可以指定〈langstring〉元素的默认语言种类。赋一个特定语言值给〈metametadata〉元素的〈langstring〉元素。每个〈langstring〉可以用 xml：lang 属性重载语言种类。

注意：默认语言值可以在〈metametadata〉里指定，用〈langstring〉元素定义其他语言值。

7.4 分类路径〈taxonpath〉

〈taxonpath〉的值依分类路径 source 的寻址能力而定。如果〈taxonpath〉的〈source〉没有值或者〈source〉不指向一个逻辑来源。那么〈taxonpath〉元素就要包含分类路径的信息。

注：尽量给〈taxonpath〉的〈source〉赋值。

7.5 〈vcard〉

GB/T 21365 中至少有两个元素需要提供“实体”信息：metametadata.contribute.entity 和 lifecycle.contribute.entity。“实体”用来指明它们的提供者。

“FN”元素（格式化的姓名）用来指定内容的提供者。如果提供者不是个人而是公司，“ORG”值应出现。

示例：

```
〈centity〉
  〈vcard〉
    BEGIN:vCard
    FN:Lotta Data
    END:vCard
  〈/vcard〉
```

〈/centity〉

通常的 XML 编译器把〈vcard〉和〈/vcard〉之间的值作为一个字符串，所以如何使用 vCard 信息，取决于实现者。vCard 规范允许用户像后面的例子所说明的那样使用各种各样的信息集。读者可以通过阅读第 9 章来获得更详细的信息。

7.6 关键字〈keyword〉

GB/T 21365 中出现了 general. keyword 和 classification. keyword 两个元素。一般来说，用来描述学习资源的关键字是多语言串形式的，为了适应这一点，本标准用多个独立的 langstring 元素来表示关键字或者关键字段，而不是用逗号分割的字符串，下面给出一个例子：

注意：用〈keyword〉元素表示多个关键字和关键字段。用多个〈langstring〉元素表示同一关键字的不同语言描述。

示例：

〈keyword〉
　〈langstring xml:lang="en"〉metadata〈/langstring〉
　〈langstring xml:lang="nl"〉metadata〈/langstring〉
　〈langstring xml:lang="zh"〉元数据〈/langstring〉
〈/keyword〉
〈keyword〉
　〈langstring xml:lang="en"〉learning object〈/langstring〉
　〈langstring xml:lang="nl"〉leerobject〈/langstring〉
　〈langstring xml:lang="zh"〉学习对象〈/langstring〉
〈/keyword〉

8 扩展性

8.1 扩展性说明

为了保证元数据的扩展性，GB/T 21365—2008 标准草案规定，在不和原有元素冲突的基础上，XML 元数据可以无限扩展。有两种扩展方式：

1） 用已有的 GB/T 21365—2008 元素定义新的元素。
2） 用域名空间扩展 XML 元素。

两种方式定义如下：

1） GB/T 21365—2008 中定义了一些没有特定上下文的元素，元素的上下文不同，它的定义也就可以不同。只要标准没有变化，这些元素就可以一直使用。
2） 用域名空间扩展 XML 元素。把新的元素加入 XML 的框架。

学习对象数据 XML 绑定定义了处理用户扩展的方法。这个机制依控制文件（DTD，XSD，XDR）不同而不同。控制文件用来开发元数据的应用。

8.2 使用 DTD 扩展

XML DTD 通过规定在元数据出现的地方来定义扩展元素。在本标准的 DTD 文件中，每一个元素的内容模型中都包含了〈extension〉。它使得每个元素都可以包含扩展元素。唯一不能扩展的元素是包含“词汇”类型的元素。〈extension〉元素的用法如下示例。

示例：

〈coverage〉
　〈langstring〉1880-1900〈/langstring〉

〈extension〉
　〈role〉时间范围〈/role〉
〈/extension〉
〈/coverage〉

8.3 使用 XML 模式扩展

XML 模式定义语言(XSD,XDR)并不排斥以上介绍的扩展方式。开发者可以使用 GB/T 21365—2008 元素或在特定域名空间中定义的新元素来扩展元数据。用某一个 GB/T 21365—2008 的元素扩展其他学习对象元数据元素的方法如下示例。

示例:

〈coverage〉
　〈langstring〉1880-1900〈/langstring〉
　〈role〉时间范围〈/role〉
〈/coverage〉

使用域名空间扩展的方法如下示例。

示例:

〈context〉
　〈langstring xml:lang="zh"〉军事训练〈/langstring〉
　〈adl:type〉
　　〈title〉罗马军事战术〈/title〉
　　〈langstring xml:lang="zh"〉
　　　本例子说明了罗马人如何定义现代战争的许多方面。
　　〈/langstring〉
　〈/adl:type〉
〈/context〉

9 vCard

vCard 定义了一套属性,包含了描述一个组织或个人所需要的信息。vCard 的默认字符集是 GB 13000,并可以用"CHARSET"属性来修改这个默认值。例如:GBK 字符集在下面的地址信息中使用:

ADR;CHARSET=GBK:…

一般的 vCard 简单表形式如下:

BEGIN:vcard

Items

END:vcard

Items 是一串用有效的行分割符分割的"行"。例如:7-bit ASCII 中,回车(CR,ASCII 码 13),换行(LF,ASCII 码 10)回车加换行(CRLF),或者"属性分割字符"作为分隔符。属性参数的子串用域分隔符";"分隔,它对应的十进制是 59。item 的一般格式如下:

name:value A;value B CRLF

一个没有子串的 item 的例子是格式化的姓名,FN 是格式化的姓名:

FN:Mr. James Q. Smith,Jr.

有些 Item 可能有多个子串作为属性,比如,一个人的姓名,N,可以包括:姓,名,和其他一些前缀后缀(prefix and a suffix)。这个属性的值是用";"分隔的。依次为:姓,名,附加名(Additional Names),前缀(Name Prefix),名后缀(Name Suffix):

N:Smith;James;Q.;Mr.;Jr

未使用的域空出来,“;”保留:

N:Smith;James;Q.;;Jr

vCard 可以用来表示分组。下面的例子中电话号码属性的评注用来分组:

A. TEL;Home:+0-000-555-1234

A. NOTE:This is my vacation home.

以下是常用的 vCard 有子串的属性,域子串不能用单独的行来表示,以下是为了明了才这么写:

格式化的名字:

FN:文本值

示例:

FN:Dr. Thomas D. Wason,Sr.

名字:

N:姓;

名;

附加名;

前缀;

名后缀

示例:

N:Wason;Thomas;D.;Dr.;Sr

地址:

它依次包括邮址、扩展地址、街道地址、地市、地域、邮编、国家 7 个子串。

示例:

ADR:;;example street;example city;example province;0000;example country

地址分发标签:

示例:

LABEL;QUOTED-PRINTABLE:A Project=0A=

1421 Park Drive=0A=

Raleigh,NC 27605-1727=0A=

注意其中 escaped line feed(=0A=)的使用。属性参数用“:”跟在属性名称后面。

组织:

依次包括:名称、单位(Organization Unit)、附加域。可以根据需要添加附加域:

示例:

ORG:example name;example organization;;

电子邮箱:

EMAIL;邮箱类型:邮箱地址

示例:

EMAIL;INTERNET:example@example.org

电话:

TEL:电话号码

示例:

TEL:+0 000.000.0000

所有前面提到的属性都在下面的示例中出现。

示例:

BEGIN:VCARD

N:Wason;Thomas;D.;Dr.;Sr.

FN:Thomas D. Wason,Ph. D.

ORG:example name;example organization;;
ADR:;;example street;example city;example province;0000;example country
TEL:+0 000.000.0000
EMAIL;INTERNET:example@example.org
LABEL;QUOTED PRINTABLE:A Project=0A=
1421 Park Drive=0A=
Raleigh,NC 27605-1727=0A=
END:VCARD

ICS 35.240.99
L 67

中华人民共和国国家标准

GB/T 29808—2013

信息技术　学习、教育和培训　高等学校管理信息

Information technology—Learning, education and training—Higher education management information

2013-11-12 发布　　2014-05-01 实施

中华人民共和国国家质量监督检验检疫总局
中国国家标准化管理委员会　发布

前　言

本标准按照 GB/T 1.1—2009 给出的规则起草。

请注意本文件的某些内容可能涉及专利。本文件的发布机构不承担识别这些专利的责任。

本标准由全国信息技术标准化技术委员会(SAC/TC 28)提出并归口。

本标准起草单位:清华大学、北京大学、中国人民大学、复旦大学、中山大学、上海交通大学、延边大学、教育部教育管理信息中心、国务院学位委员会办公室、北京希尔信息技术有限公司、中国电子技术标准化研究院。

本标准主要起草人:蒋东兴、沈锡臣、种连荣、顾涛、张计龙、郭清顺、蒋磊宏、金永灿、马亮、吴一、李润娥、陈翼、梁艺军、李贤枢、李兴国、宓詠、肖平、罗念龙、桂艳峰、张治坤、余云涛、佟秋利、卜磊。

引　言

本标准旨在建立适用于中国普通高等学校的管理信息体系，并规范定义各业务领域的数据元素，为高等学校管理信息化建设提供重要指导。使高等学校在数据建模、信息采集、加工处理、数据交换的过程中有统一的标准与规范，最大限度地实现信息优化管理和资源共享，帮助使用者方便、快捷、规范地建立应用系统的数据结构，满足信息系统的建设需求。

本标准构建了一个基本的元数据模型，在此之上将数据元素的各种属性加以描述。统一规范了高等学校管理信息的体系及相应数据元素的定义。对高等学校管理信息的数据元素按职能域划分，设计了包括学生管理、教学管理、教职工管理、科研管理、财务管理、资产与设备管理、办公管理等7个业务管理数据子集和学校概况数据子集，各数据子集按业务环节和流程划分数据类，有些数据类还划分为子类。

本标准以2002年教育部发布的《教育管理信息化标准　第1部分：学校管理信息标准》中有关高等学校的部分为主要基础进行制定。

为规范数据元素值空间的取值范围，在“规范性引用文件”一章中除了引用国家标准代码和行业标准文件外，还引用了教育部作为工作规范正式发布、并多年来实际使用的部分代码文件。根据高校信息管理实际需要编制了一批代码文件，形成本标准的代码集。

信息技术　学习、教育和培训　高等学校管理信息

1　范围

本标准规定了高等学校管理信息的基本体系结构、数据元素的元数据结构，定义了高等学校管理数据元素以及管理信息代码。

本标准适用于普通高等学校管理信息系统的数据结构设计和使用。

2　规范性引用文件

下列文件对于本文件的应用是必不可少的。凡是注日期的引用文件，仅注日期的版本适用于本文件。凡是不注日期的引用文件，其最新版本(包括所有的修改单)适用于本文件。

GB/T 2260　中华人民共和国行政区划代码

GB/T 2261.1　个人基本信息分类与代码　第1部分：人的性别代码

GB/T 2261.2　个人基本信息分类与代码　第2部分：婚姻状况代码

GB/T 2261.3　个人基本信息分类与代码　第3部分：健康状况代码

GB/T 2261.4　个人基本信息分类与代码　第4部分：从业状况(个人身份)代码

GB/T 2659　世界各国和地区名称代码

GB/T 3304　中国各民族名称的罗马字母拼写法和代码

GB/T 3469　文献类型与文献载体代码

GB/T 4657　中央党政机关、人民团体及其他机构代码

GB/T 4658　学历代码

GB/T 4754　国民经济行业分类

GB/T 4761　家庭关系代码

GB/T 4762　政治面貌代码

GB/T 4880.1　语种名称代码　第1部分：2字母代码

GB/T 4881　中国语种代码

GB/T 6565　职业分类与代码

GB/T 6864　中华人民共和国学位代码

GB/T 6865　语种熟练程度和外语考试等级代码

GB/T 7156　文献保密等级代码与标识

GB/T 7408　数据元和交换格式　信息交换　日期和时间表示法

GB/T 8561　专业技术职务代码

GB/T 8563.1　奖励、纪律处分信息分类与代码　第1部分：奖励代码

GB/T 8563.2　奖励、纪律处分信息分类与代码　第2部分：荣誉称号和荣誉奖章代码

GB/T 8563.3　奖励、纪律处分信息分类与代码　第3部分：纪律处分代码

GB/T 12402　经济类型分类与代码

GB/T 12403　干部职务名称代码

GB/T 12406　表示货币和资金的代码

GB/T 12407 职务级别代码

GB/T 12408 社会兼职代码

GB/T 13745 学科分类与代码

GB/T 14946.1—2009 全国干部、人事管理信息系统指标体系与数据结构 第1部分:指标体系分类与代码

GB/T 16835 高等学校本科、专科专业名称代码

DA/T 10 高等学校档案实体分类法

GA 214.12 常住人口管理信息规范 第12部分:宗教信仰代码

GA 324.1 人口信息管理代码 第1部分:户口类别代码

JGJ 125—1999 危险房屋鉴定标准

学位授予和人才培养学科目录,关于印发《学位授予和人才培养学科目录(2011年)》的通知(学位[2011]11号,国务院学位委员会、教育部文件)

专业学位授予和人才培养目录,关于印发《学位授予和人才培养学科目录(2011年)》的通知(学位[2011]11号,国务院学位委员会、教育部文件)

学校(机构)标识码,中华人民共和国教育部中国教育统计网统计标准(http://www.stats.edu.cn)

3 术语和定义

下列术语和定义适用于本文件。

3.1

信息 information

关于客体(如事实、事件、事务、过程或思想,包含概念)的知识,在一定场合中具有特定的意义。

3.2

数据 data

信息的可再解释的形式化表示。它能够被计算机识别、存储和加工处理。

3.3

数据元素 data element

通过定义、标识、表示以及允许值等一系列属性描述的数据单元,在特定的语义环境中是不可再分的最小数据单元。

3.4

元数据 metadata

描述具体的信息资源对象的数据,并能对该对象进行识别和管理,实现信息资源的有效发现与获取。

3.5

数据项 data item

具有独立含义的最小标识单位。

3.6

数据类 data catalog

描述同一对象(业务环节)的相关数据元素的集合。

3.7

数据子类 data subcatalog

数据类所描述的业务环节如可以再分解成若干相对独立的对象,则相对独立对象的相关数据元素的集合。

3.8

数据集 data set

本标准描述的所有数据元素的集合。

3.9

数据子集 data subset

按高等学校职能域(主要管理业务)划分的数据元素的集合。

3.10

代码 code

描述单一对象取值的符号,该符号应具有一定规律性,易于计算机和人识别与处理。

3.11

代码表 code table

单一对象(实体)全部可能的取值以代码形式表达的列表。

3.12

代码集 code set

本标准所制定的标准代码表的集合。

3.13

高等学校管理信息 Higher Education Management Information

HEMI(缩略语)

高等学校主要职能域中管理业务的信息。

4 高等学校管理信息的体系结构

4.1 面向高等学校管理信息的元数据组成

HEMI 的元数据划分成不同的子集。其基本模式由以下 9 个子集组成。其体系结构如图 1 所示,它还表达了数据集与代码集的关联。

——TB(通用/标准数据子集):组合了以下 8 个子集的通用/标准的数据元素定义;

——XX(学校概况数据子集):组合了学校概况数据类的数据元素定义;

——XS(学生管理数据子集):组合了学生管理数据类的数据元素定义;

——JX(教学管理数据子集):组合了教学管理数据类的数据元素定义;

——JG(教职工管理数据子集):组合了教职工管理数据类的数据元素定义;

——KY(科研管理数据子集):组合了科研管理数据类的数据元素定义;

——CW(财务管理数据子集):组合了财务管理数据类的数据元素定义;

——ZC(资产与设备管理数据子集):组合了资产与设备管理数据类的数据元素定义;

——BG(办公管理数据子集):组合了办公管理数据类的数据元素定义。

以上 9 个数据子集及代码集组成了 HEMI 基本架构。其中后 8 个数据子集的数据元素都可以“取用”或“引用”TB 通用/标准数据子集的数据元素定义。

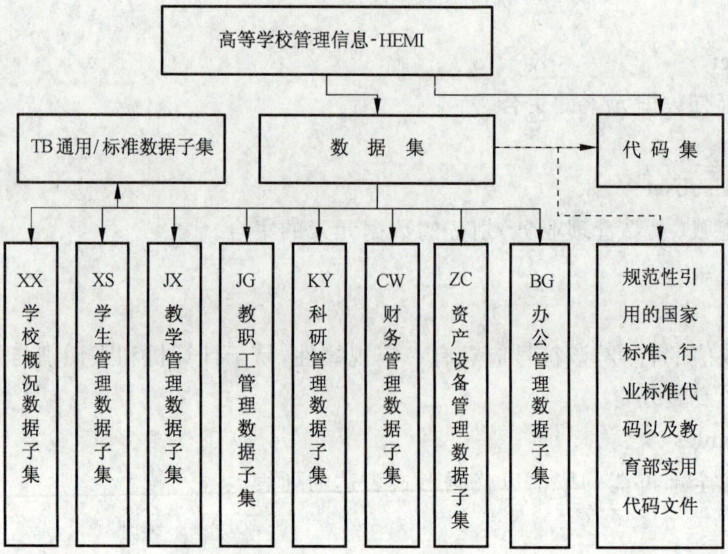

图 1 HEMI 体系结构框图

4.2 数据的层次结构

各管理数据子集按业务环节和流程划分数据类、数据子类、数据项。图 2 表示了这种层次结构关系。

4.3 数据元素的结构

4.3.1 数据项组成

图 2 还给出了数据元素的表示结构(数据项),即 HEMI 基本模式定义了数据元素的元数据结构。元数据结构如下:

——编号:数据项的唯一标识,采用全局统一的四段八位编码(反映了数据的 4 层结构);

——数据项名:由中文简称的汉语拼音首字母大写组成,与中文简称一一对应,宜在实际数据结构中采用;

——中文简称:所用的数据元素的名称,具有语义,面向用户;

——类型:数据项容纳的数据类型,本标准在数据项中简称其为类型(一种属性);

——长度:数据项能容纳的最大字符数(一种属性);

——约束:数据项约束状态的描述,即必备数据项或可选数据项(一种属性);

——值空间:数据项取值的范围与规范(一种属性);

——解释/举例:数据项属性的说明或举例;

——引用编号:明数据项引用该编号的数据项的属性。

以上 9 项组合了各业务数据子集的元数据结构,TB 通用/标准数据子集不存在“约束”和“引用编号”两项。

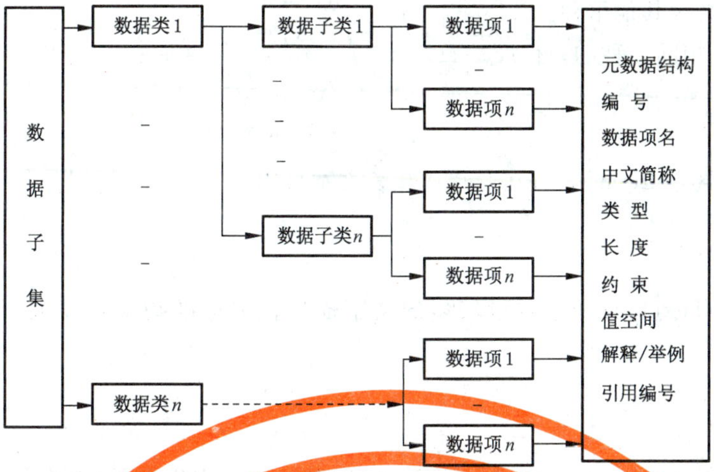

图 2 HEMI 数据层次与元数据结构

4.3.2 数据项名

宜在实际数据结构中采用。取名原则是由“中文简称”每个字的汉语拼音首字母大写组成，且与其一一对应。在同一数据子集中，数据项不得重名。

采取以下方法避免重名数据项：

——改变其中一个“中文简称”；

——优先原则：在同一个数据子集中，先出现的数据项名优先采用，后出现的数据项选其“中文简称”中的某字以汉语拼音全拼显示，并使数据项名的字母最少，使其与前者有区别。

示例 1：“学号”的数据项名为 XH。

示例 2：如已命名 XH 是“学号”的数据项名，则不能再赋予 XH 是“系号”的数据项名。

示例 3：将上例的“系号”改名为“院系所号”，则数据项名为 YXSH，避免重名。

示例 4：“学期”数据项名 XQ 出现在前，不需改动。“校区”数据项名 XQ 出现在后，可改为 XIAOQ 或 XQU，显然应选用 XQU，更加清晰、简练。

4.3.3 数据类型

4.3.3.1 字符型

字符型为 C(—Character)，在信息系统中取用时，可以是可变长度，如 VARCHAR2 (Oracle)或 NVARCHAR(SQL Server)。

日期：采用 GB/T 7408 中的日期完全表示法，字符型，中间不加符号，格式：YYYYMMDD。

时间：采用 GB/T 7408 中的时间完全表示法，字符型，中间不加符号，格式：hhmmss。

示例 1：19970701 表示 1997 年 7 月 1 日。

示例 2：152312 表示 15 h 23 min 12 s。

4.3.3.2 数值型

数值型为 N(—Number)，可参与运算。

4.3.3.3 币值型

币值型为 M(—Money)，默认定义币种为人民币，单位：元(需要时也可定义为万元)；总长度：不定长；小数后长度：4 位；取值范围：数字。当数据项采用默认定义规范时，应将数据类型定为 M。需要时，可根据具体情况定义为其他币种。

在一个系统中,相同币种的单位应一致。

4.3.3.4 二进制类型

二进制类型为B(—Binary),宜在照片或超长文本采用。

4.3.3.5 文本型

文本型为T(—Text),宜用于数量较多的文字描述。本标准约定长度大于200字符时采用文本型T。

4.3.4 约束

可选数据元素O(Optional data element):在数据类/子类中定义,但不要求一定在数据结构的实例中出现的数据元素。

必备数据元素M(Madatory data element):在数据类/子类中定义,应在数据结构的实例中出现的数据元素。

符合以下三条原则的数据项应为必备数据元素(M):

——在该管理数据类或子类中不可或缺的数据项(元素);

——校内跨管理业务域的应用系统之间需要交换、共享的数据项;

——满足上级部门统计要求或交换的数据项。

4.3.5 值空间

数据元素取值的格式、范围与规范。凡是可以代码化的,应采用代码。

4.3.6 编号

数据元素的编号方式表示了数据元素的层次结构及其组成成分。编号由前2位字母和后6位数字组成。前2位字母代表数据子集,第3、4位数字代表数据类,第5、6位数字代表子类,最后2位数字代表子类下数据元素的编号,从小到大顺序排列。编号的示例见表1。

表1 编号、取用编号与引用编号的示例

编　号	数据项名	中文简称	引用编号
XS010701	LXRXM	联系人姓名	TB010001
XS010702	YXSGX	与学生关系	
TB030002	TXDZ	通信地址	
XS010703	LXDH	联系电话	TB030003

示例:在表1中的编号XS010701,其中XS代表学生管理数据子集,它包括多个数据类;XS01代表学生基本数据类,它包含多个数据子类;XS0107代表外地学生在本地联系人数据子类,它包含多个数据元素;编号XS010701代表外地学生在本地的联系人姓名数据元素的编号。

4.3.7 取用编号

当前数据项若“取用”了TB通用/标准数据子集中的数据元素,则编号采用TB通用/标准数据子集中数据元素的编号(见表1编号:TB030002)。取用TB通用/标准数据子集中数据元素的编号后,下一个数据元素的编号接着上一个数据元素的编号编排(见表1编号:XS010703)。

4.3.8 引用编号

为避免数据冗余,在管理数据集的8个业务数据子集中的数据元素可"引用"TB通用/标准数据子集的同义数据元素的格式,被引用的数据元素的编号置入"引用编号"中。

示例:表1中编号为XS010701、XS010703给出了引用编号的示例。

"取用"和"引用"具有广义性,数据集中的数据元素(如JX010006,YXSH,院系所号)需要时可以被当前数据子集取用或引用。根据业务环节的属性,在一些主要业务子集中出现的数据类/子类(如JG0601工资结构子类),需要时可以被其他数据子集(如CW0501工资明细子类)取用或引用。

"取用"和"引用"的数据项其"约束"条件值(M/O)应根据具体情况确定。

4.4 代码设计

4.4.1 通则

为了使数据元素值空间的取值规范、格式一致,数据元素值空间的取值范围应尽可能采用代码。本标准除引用"规范性引用文件"一章中的国家标准代码和行业标准代码文件外,还引用了教育部使用多年并行之有效的部分代码文件,并根据实际需要编制了一批高校管理信息的通用代码文件。

4.4.2 代码集结构

综上所述,本标准的代码集由高校通用的代码文件组成(见第7章)。

图1中HEMI的代码集图示,也示意了规范性引用国家标准和行业标准代码及引用教育部实用代码。

4.4.3 代码表命名格式

代码表命名格式为:字母代码表名 中文代码表名

字母代码表名与中文代码表名之间插入1个空格。汉字拼音字母代码表名是中文代码表名称的汉字拼音首字母大写,两者之间保持一一对应关系。

示例:GATQW 港澳台侨外代码。

4.4.4 代码制定原则

4.4.4.1 唯一性

本文件中有的编码对象可能有多个不同名称(例如校内单位可有单位名称、单位号、单位简称、英文缩写等),可以按不同方式对其进行分类描述,但在一个分类编码中,每一个对象应只有一个代码,一个代码唯一标识一个编码对象。

4.4.4.2 稳定性

代码的编制要有稳定性,应避免含有易变元素的干扰,应经得起时间的考验。

4.4.4.3 规范性

在同一类数据编码中,代码的类型、结构以及代码的编写格式应统一。

4.4.4.4 可扩充性

编码设计要考虑到长远使用(应能满足今后几十年乃致上百年使用),随着办学的规模和学科的发展，在各类编码中应留有适当的空间，以保证新内容的不断增加不至于打乱原有的体系和合理的顺序。

4.4.4.5 一致性

一个代码表描述一个对象属性，不能把不属于同一属性的内容放到一张代码表中。在制定代码表时，应严格保证代码的一致性。

4.4.4.6 实用性

代码要尽可能反映编码对象的特点，有助于记忆，便于填写。

数字编码与字符编码各有特点，不宜采用数字、字符混合编码。采用字符编码的，应根据本标准的相应条款，严格区分大写与小写。对于面向公众使用的代码，宜采用数字形式。

5 扩展性

本标准未包括学校其他方面职能域的数据管理，今后扩展的领域（数据子集）可包含以下几个方面：外事管理（WS）、档案管理（DA）、图书管理（TS）、体育卫生管理（TW）、后勤管理（HQ）、信息化管理（XH）等职能域的数据元素定义，本标准这些为今后扩展这些内容后提供了规范要求。

对于数据子集、数据类/子类和数据项的扩展都应按本标准的命名规范建立。

代码表本身的扩展和新建代码表的代码制定原则及命名规范均要遵循4.4.4。

6 高等学校管理信息：数据集

6.1 TB通用/标准数据子集

6.1.1 TB01标准人员数据类

［描　述］ 定义学生、教职工等人员的常用基本数据项，可以作为标准数据项直接取用。此类的数据项也可以被引用，如"联系人姓名"就可引用本数据类中"姓名"的属性规范。本数据类的特点是多数数据项的取值是稳定的。

［术　语］ "姓名"——在公安户籍管理部门正式登记注册、人事档案中正式记载的中文姓名（包括外国人正式的汉字姓名）。

"姓名拼音"——姓名全称的汉语拼音。（姓的字母全部大写且其后空1个字符，名的首字母大写且连写）。外国人的英文姓名也包含其中。

"籍贯"——祖居或本人出生的地方，现多用于父辈以上的居住地。

［关　联］ 本数据类与XS学生管理数据子集、JG教职工管理数据子集关联密切，它们均取用标准人员数据类描述人员基本信息。

［组　成］ 共由21个数据项组成，见表2。

表2 TB01标准人员数据类表

编号	数据项名	中文简称	类型	长度	/	值空间	解释/举例	/
TB010001	XM	姓名	C	36			例：张振华；买买提明·阿不都热依木	
TB010002	XMPY	姓名拼音	C	60				

表 2（续）

编号	数据项名	中文简称	类型	长度	/	值空间	解释/举例	/
TB010003	CYM	曾用名	C	36			曾经正式使用过的姓名	
TB010004	XBM	性别码	C	1		GB/T 2261.1	1 男性；2 女性	
TB010005	CSRQ	出生日期	C	8			YYYYMMDD	
TB010006	CSDM	出生地码	C	6		GB/T 2260		
TB010007	JG	籍贯	C	20				
TB010008	MZM	民族码	C	2		GB/T 3304	取用 2 位数字代码	
TB010009	GJDQM	国籍/地区码	C	3		GB/T 2659	采用 3 字母代码	
TB010010	SFZJLXM	身份证件类型码	C	1		SFZJLX 身份证件类型代码		
TB010011	SFZJH	身份证件号	C	20			如：公民身份号	
TB010012	HYZTM	婚姻状态码	C	2		GB/T 2261.2	10 未婚；20 已婚	
TB010013	GATQWM	港澳台侨外码	C	2		GATQW 港澳台侨外代码		
TB010014	ZZMMM	政治面貌码	C	2		GB/T 4762	采用简码： 01 中共党员； 04 民革会员	
TB010015	JKZKM	健康状况码	C	1		GB/T 2261.3	采用表 1 中的 1/2/3/6 1 健康或良好； 2 一般或较弱； 3 有慢性病； 6 残疾	
TB010016	XYZJM	信仰宗教码	C	2		GA 214.12		
TB010017	XXM	血型码	C	1		XX 血型代码		
TB010018	ZP	照片	B				近期正面免冠半身照片	
TB010019	XH	学号	C	20				
TB010020	JGH	教工号	C	20				
TB010021	SFZJYXQ	身份证件有效期	C	17			YYYYMMDD-YYYYMMDD 20080512-20110511	

6.1.2 TB02 标准校内单位基本数据类

［描　述］ 校内单位基本数据类定义了有关校内单位的各个基本数据项的属性，便于各业务数据类（子类）中有关校内单位的数据项取用或引用。

［术　语］ “单位号”——学校的院、系、所、部、处、中心及其他各类单位的编号。

“单位号”在学生、教学、科研管理子集中用“院系所号”替代（单位名称改叫院系所名称）。因为在这 3 个领域是面对院系所进行管理，院系所是学校教学、科研的实体单位。

“单位办别”——举办校内单位的类别。如学校举办、中外合资举办等。

［关　联］ 该数据类在各数据子集中均可被引用，全校各类组织机构统一编码管理，在学校概况数据子集中被全面取用。

［组　成］ 本数据类由15个数据项组成，见表3。

表3 TB02标准校内单位基本数据类表

编号	数据项名	中文简称	类型	长度	/	值空间	解释/举例	/
TB020001	DWH	单位号	C	10			学校自行编码	
TB020002	DWMC	单位名称	C	60				
TB020003	DWYWMC	单位英文名称	C	180				
TB020004	DWJC	单位简称	C	12				
TB020005	DWYWJC	单位英文简称	C	8				
TB020006	DWJP	单位简拼	C	6				
TB020007	DWDZ	单位地址	C	180			包括省(自治区、直辖市)/地(市、州)/县(区、旗)/乡(镇)/街(村)/门牌号的详细地址	
TB020008	LSDWH	隶属单位号	C	10		0，或单位号	0表示二级单位，上级单位是学校；若隶属或归口某单位，则填写该单位的单位号	
TB020009	DWLBM	单位类别码	C	1		DWLB 单位类别代码		
TB020010	DWYXBS	单位有效标识	C	1		SFBZ 是否标志代码	1　是(有效)； 0　否(失效)	
TB020011	SXRQ	失效日期	C	8			单位失效日期	
TB020012	SFST	是否实体	C	1		SFBZ 是否标志代码	1　是； 0　否(即虚体)	
TB020013	DWBBM	单位办别码	C	1		DWBB 单位办别代码		
TB020014	JLNY	建立年月	C	6			YYYYMM 单位最初建立的年月	
TB020015	DWFZRH	单位负责人号	C	20			单位负责人教工号	

6.1.3 TB03 通用通讯数据类

［描　述］ 用于单位或个人的通讯数据项的直接取用或作为同义数据项的规范格式引用。例如“办公电话”均可引用本数据类中数据项“电话”的规范格式。

［关　联］ 本数据类与各数据子集均有关联。

［组　成］ 由8个数据项组成，见表4。

表4 TB03 通用通讯数据类表

编号	数据项名	中文简称	类型	长度	/	值空间	解释/举例	/
TB030001	YZBM	邮政编码	C	6		中国邮政编码		
TB030002	TXDZ	通信地址	C	180			包括省(自治区、直辖市)/地(市、州)/县(区、旗)/乡(镇)/街(村)/门牌号的详细地址	

表 4（续）

编号	数据项名	中文简称	类型	长度	/	值空间	解释/举例	/
TB030003	DH	电话	C	30			即电话号码，格式：gggg-qqqq-hhhhhhhh-ffff 4 位国家区号-4 位省市区号-8 位地市号码-4 位分机号	
TB030004	YDDH	移动电话	C	30				
TB030005	CZDH	传真电话	C	30			传真机号码，见上述电话格式	
TB030006	DZXX	电子信箱	C	40			电子邮件地址	
TB030007	ZYDZ	主页地址	C	60				
TB030008	JSTXH	即时通讯号	C	40			如 MSN/QQ 等号码	

6.1.4 TB04 通用时间数据类

［描　述］ 定义与时间有关的常用数据项，包括年月日、时分秒、学年和学期的规范格式。时间可用于各业务数据类(子类)的同义数据项的属性规范。在有些地方也可直接取用。

注 1：日期(Date)和时间(Time)是两个概念，日期指年月日，时间一般指时分秒。

注 2：本标准不支持日期、时间连用方式，如有会议开始日期、时间的定义，应分成两个，即：开始日期、开始时间。

［术　语］ “年度”——按照业务性质和实际需要而规定的有各自起讫日期的 12 个月。高校的财务年度与自然年一致；

“学年度”也称“学年”——为满足教学管理的需求，学校从前一年 9 月 1 日到第二年 8 月 31 日的 12 个月称为学年度或学年。

［关　联］ 时间数据类应用广泛，各数据子集均要取用或引用其数据项的规范作为同义数据项的格式。

［组　成］ 由 6 个数据项组成，见表 5。

表 5　TB04 通用时间数据类表

编号	数据项名	中文简称	类型	长度	/	值空间	解释/举例	/
TB040001	ND	年度(年份、年)	C	4			2008 年度(年份：2008，或 2008 年)	
TB040002	NY	年月	C	6			200604 表示 2006 年 4 月	
TB040003	RQ	日期	C	8		GB/T 7408	格式：YYYYMMDD 如 20060412 表示 2006 年 4 月 12 日	
TB040004	SJ	时间	C	6		GB/T 7408	格式：hhmmss	
TB040005	XN	学年(度)	C	9			格式：YYYY-YYYY 如 2008—2009 学年度	
TB040006	XQM	学期码	C	1		XQ 学期代码	1　秋季学期； 2　春季学期； 3　暑期小学期	

6.2 XX学校概况数据子集

6.2.1 XX01 学校基本数据类

6.2.1.1 XX0101 学校基本数据子类

[描 述] 本数据子类定义了学校的有关属性的基本数据项。

[关 联] 本数据子类与其他数据子集关联不紧密。

[组 成] 本数据子类由13个数据项组成，见表6。

表6 XX0101 学校基本数据子类表

编号	数据项名	中文简称	类型	长度	约束	值空间	解释/举例	引用编号
XX010101	XXDM	学校代码	C	10	M	学校(机构)标识码		
XX010102	XXMC	学校名称	C	60	M		标准中文名称，与公章一致	TB020002
XX010103	XXYWMC	学校英文名称	C	180	M			TB020003
XX010104	XXDZ	学校地址	C	180	M		详细到门牌号	TB020007
TB030001	YZBM	邮政编码	C	6	M		学校所在地邮递区号	
XX010105	XZQHM	行政区划码	C	6	M	GB/T 2260	学校所在地行政区划码	
XX010106	JXNY	建校年月	C	6	M		格式：YYYYMM	TB040002
XX010107	XQR	校庆日	C	60	M		学校的校庆日或校庆的时间段	
XX010108	XXBXLXM	学校办学类型码	C	3	M	XXBXLX 学校办学类型代码		
XX010109	XXJBZM	学校举办者码	C	3	M	XXJBZ 学校举办者代码		
XX010110	XXZGBMM	学校主管部门码	C	3	M	GB/T 4657	中央部门的学校填写	
XX010111	XXZGBMMC	学校主管部门名称	C	60	M			
XX010112	LSYG	历史沿革	T		M		学校发展过程中的重大变化或事件	

6.2.1.2 XX0102 学校当前数据子类

[描 述] 定义了学校有关当前情况的数据项。

[术 语] "法人"——法人是具有民事权利能力和民事行为能力，依法独立享有民事权利和承担民事义务；

"法定代表人"——"依照法律或者法人组织章程规定，代表法人行使职权的负责人，是法人的法定代表人。"(《民法通则》规定)；高等学校校长是高校法人的法定代表人。

[关 联] 本数据子类与其他数据子集关联不密切。

[组 成] 由15个数据项组成，其中有4个是有关通讯的数据项，见表7。

表 7　XX0102 学校当前数据子类表

编号	数据项名	中文简称	类型	长度	约束	值空间	解释/举例	引用编号
XX010201	FDDBRH	法定代表人号	C	20	M		法定代表人教工号	TB010020
XX010202	FRZSH	法人证书号	C	20	M			
XX010203	XZJGH	校长教工号	C	20	M		校长的教工号	TB010020
XX010204	DWFZRH	党委负责人号	C	20	M		学校中共党组织负责人教工号	TB010020
XX010205	XX211GCZK	学校 211 工程状况	C	1	M	SFBZ 是否标志代码	1　是;0　否	
XX010206	ZDXXZK	重点学校状况	C	1	M	SFBZ 是否标志代码	1　是;0　否	
XX010207	YJSYZK	研究生院状况	C	1	M	SFBZ 是否标志代码	设立研究生院状况,1　是;0　否	
XX010208	WLXYZK	网络学院状况	C	1	M	SFBZ 是否标志代码	设立网络学院状况,1　有;0　无	
XX010209	CJXYZK	成教学院状况	C	1	M	SFBZ 是否标志代码	1　有;0　无	
XX010210	XKMLS	学科门类数	N	2	M		学校设立的学科门类数量,单位:个	
XX010211	ZZJGM	组织机构码	C	10	M	中华人民共和国事业法人代码	学校组织机构代码,由八位本体代码和一位校验码组成	
XX010212	LXDH	联系电话	C	30	M			TB030003
TB030005	CZDH	传真电话	C	30	M			
TB030006	DZXX	电子信箱	C	30	M			
TB030007	ZYDZ	主页地址	C	60	M			

6.2.1.3　XX0103 校区基本数据子类

［描　述］　定义了学校的有关校区的数据项。

［关　联］　本数据子类与其他相关数据子集通过“校区号”关联。

［组　成］　由 5 个数据项组成,见表 8。

表 8　XX0103 校区基本数据子类表

编号	数据项名	中文简称	类型	长度	约束	值空间	解释/举例	引用编号
XX010301	XQH	校区号	C	2	M		学校自行编号	
XX010302	XQMC	校区名称	C	30	M			
XX010303	XQDZ	校区地址	C	180	O			TB030002
XX010304	XQYM	校区邮码	C	6	M			TB030001
XX010305	XQFZRH	校区负责人号	C	20	O		校区负责人教工号	TB010020

6.2.2 **XX**02 学校委员会(领导小组)数据类

6.2.2.1 **XX**0201 委员会(领导小组)子类

[描　述] 定义了学校的委员会(领导小组)的数据项。

[关　联] 本数据子类与其他相关数据子集基本没有关联,它通过"XX020101 委员会编号"与"XX0202 委员会成员子类"关联,与其形成包含关系。

[组　成] 由10个数据项组成,见表9。

表9 **XX**0201 委员会(领导小组)子类表

编号	数据项名	中文简称	类型	长度	约束	值空间	解释/举例	引用编号
XX020101	WYHBH	委员会编号	C	8	O		编号各校自编,建议委员会编号与院系单位号统一制定	
XX020102	WYHMC	委员会名称	C	60	O			
XX020103	WYHJC	委员会简称	C	12	O		例:学指委	
XX020104	YWMC	英文名称	C	180	O			
XX020105	WYHZZ	委员会职责	C	200	O		简要说明职责	
XX020106	SFCS	是否常设	C	1	O	SFBZ 是否标志代码	1 是; 0 否	
XX020107	CLRQ	成立日期	C	8	O			TB040003
XX020108	BJHJNY	本届换届年月	C	6	O			TB040002
XX020109	BJDQNY	本届到期年月	C	6	O		本届到期换届年月	TB040002
XX020110	CXRQ	撤销日期	C	8	O			TB040003

6.2.2.2 **XX**0202 委员会(领导小组)成员子类

[描　述] 定义了学校的委员会(领导小组)成员的数据项。

[关　联] 本数据子类与其他相关数据子集基本没有关联,它与XX0201 委员会子类通过"XX020101 委员会编号"关联。

[组　成] 由4个数据项组成,见表10。

表10 **XX**0202 委员会(领导小组)成员子类表

编号	数据项名	中文简称	类型	长度	约束	值空间	解释/举例	引用编号
XX020201	WYJGH	委员教工号(或学号)	C	20	M		个别委员会也有学生参加	TB010020/ TB010019
XX020202	RZM	任职码	C	1	M	WYHRZ 委员会任职代码		
XX020203	RZRQ	任职日期	C	8	M			TB040003
XX020204	MZRQ	免职日期	C	8	M			TB040003

6.2.3 XX03 院系所单位数据类

6.2.3.1 XX0301 院系所单位基本数据子类

［描　述］ 本数据子类定义学校有关院系所部处等单位的基本数据项，该子类数据项均取用TB02—标准校内单位数据类。

［术　语］ “单位号”——学校的院、系、所、部、处、中心及其他各类单位的编号。

“单位号”在学生、教学、科研管理子集中用“院系所号”替代(单位名称改叫院系所名称)。因为在这三方面是面对院系所进行管理，院系所是学校教学、科研的实体单位，一般管理部门习惯“院系所”称谓。

［关　联］ 本数据子类通过“TB020001 单位号”与 XX0302 和 XX0303 子类形成关联，其“TB020001 单位号”在其他数据子集都有应用。

［组　成］ 本数据子类由 15 个数据项组成，见表 11。

表 11 XX0301 院系所单位基本数据子类表

编号	数据项名	中文简称	类型	长度	约束	值空间	解释/举例	引用编号
TB020001	DWH	单位号	C	10	M		学校自行编码	
TB020002	DWMC	单位名称	C	60	M			
TB020003	DWYWMC	单位英文名称	C	180	M			
TB020004	DWJC	单位简称	C	12	M			
TB020005	DWYWJC	单位英文简称	C	8	O			
TB020006	DWJP	单位简拼	C	6	O			
TB020007	DWDZ	单位地址	C	180	O			
TB020008	LSDWH	隶属单位号	C	10	O	0，或单位号	0　表示二级单位，上级单位是学校	
TB020009	DWLBM	单位类别码	C	1	O	DWLB 单位类别代码		
TB020010	DWYXBS	单位有效标识	C	1	M	SFBZ 是否标志代码	1　是(有效)； 0　否(失效)	
TB020011	SXRQ	失效日期	C	8	O			
TB020012	STBS	实体标识	C	1	O	SFBZ 是否标志代码	1　是(实体)； 0　否(虚体)	
TB020013	DWBBM	单位办别码	C	1	O	DWBB 单位办别代码		
TB020014	JLNY	建立年月	C	6	O			
TB020015	DWFZRH	单位负责人号	C	20	O		单位负责人教工号	

6.2.3.2 XX0302 院系所单位变更子类

［描　述］ 定义了学校有关院系所部处等单位发生变更的数据项。

［关　联］ 本数据子类与“XX0301 院系所单位基本数据子类”密切相关，与其他数据子类、数据

类、数据子集没有关联。

［组　成］ 由4个数据项组成，见表12。

表12 XX0302 院系所单位变更子类表

编号	数据项名	中文简称	类型	长度	约束	值空间	解释/举例	引用编号
XX030201	YDWM	原单位名	C	60	O			TB020002
XX030202	BGRQ	变更日期	C	8	O			TB040003
XX030203	SSDWH	所属单位号	C	10	O			TB020001
XX030204	YSSDWH	原所属单位号	C	10	O			TB020001

6.2.3.3 XX0303 院系所单位概况子类

［描　述］ 定义了学校有关院系所中心等教学、科研实体的统计数据项。

［关　联］ 本数据子类与“XX0301 院系所单位基本数据子类”相关密切。

［组　成］ 由16个数据项组成，见表13。

表13 XX0303 院系所单位概况子类表

编号	数据项名	中文简称	类型	长度	约束	值空间	解释/举例	引用编号
XX030301	YXSZBZS	院系所总编制数	N	4	O		院系所总编制数，单位：人	
XX030302	JXBZS	教学编制数	N	4	O		单位教学人员编制数，单位：人	
XX030303	JFBZS	教辅编制数	N	4	O		单位教辅人员编制数，单位：人	
XX030304	DZBZS	党政编制数	N	4	O		单位党政人员编制数，单位：人	
XX030305	GQBZS	工勤编制数	N	4	O		单位工勤人员编制数，单位：人	
XX030306	KYBZS	科研编制数	N	4	O		单位科研人员编制数，单位：人	
XX030307	SCBZS	生产编制数	N	4	O		单位生产人员编制数，单位：人	
XX030308	ZSBZS	直属编制数	N	4	O		单位直属人员编制数，单位：人	
XX030309	QYBZS	企业编制数	N	4	O		由编制部门批准的企业编制人数，单位：人	
XX030310	HTGRS	合同工人数	N	4	O		单位聘用的合同工人数，单位：人	

表 13（续）

编号	数据项名	中文简称	类型	长度	约束	值空间	解释/举例	引用编号
XX030311	LSGRS	临时工人数	N	4	O		单位聘用的临时工人数，单位：人	
XX030312	ZYS	专业数	N	4	O		单位设立的专业数，单位：个	
XX030313	JYSS	教研室数	N	3	O		单位设立的教研室数，单位：个	
XX030314	SYSS	实验室数	N	3	O		单位设立的实验室数，单位：个	
XX030315	GSS	公司数	N	3	O		单位设立的公司数，单位：个	
XX030316	GCS	工厂数	N	3	O		单位设立的工厂数，单位：个	

6.2.4 XX04 班级数据类

［描　述］ 本数据类定义了有关（行政）班级的基本数据项。

［术　语］ “班级”——年级和班的总称。

［关　联］ 该数据类与教学管理数据子集学籍数据类有关联。

［组　成］ 本数据类由 6 个数据项组成，没有子类。见表 14。

表 14　XX04 班级数据类表

编号	数据项名	中文简称	类型	长度	约束	值空间	解释/举例	引用编号
XX040001	BH	班号	C	10	M		学校自编	
XX040002	BJ	班级	C	20	O		学校自编	
XX040003	JBNY	建班年月	C	6	O			
XX040004	BZRJGH	班主任教工号	C	20	O			TB010020
XX040005	BZXH	班长学号	C	20	O			TB010019
XX040006	FDYH	辅导员号	C	20	O		学生辅导员学号或教师教工号	TB010019/TB010020

6.2.5 XX05 学科点数据类

6.2.5.1 XX0501 学科点基本数据子类

［描　述］ 本数据子类定义了学校有关学科点的基本数据项。

［术　语］ “学科”——按照知识的性质划分的门类。在高校指教学、科研等的功能单位，是对高校人才培养、教师教学、科研业务隶属范围的相对界定。

“专业”——一般指高校或中等专业学校根据社会分工需要而划分的学业门类。高校的专业是社会分工、学科知识和教育结构三位一体的组织形态。其中,社会分工是专业存在的基础,学科知识是专业的内核,教育结构是专业表现形式。三者缺一不可,共同构成高校人才培养的基本单位。

学科、专业又是不同范畴的概念,人们往往容易混淆二者的差异。学科和专业的构成是不同的。构成一门独立学科的基本要素主要有三方面:

1) 研究的对象或研究的领域,即独特的、不可替代的研究对象。

2) 理论体系,即特有的概念、原理、命题、规律等所构成的严密的逻辑化的知识系统。

3) 方法论,即学科知识的产生方式。

专业的构成要素主要包括:专业培养目标、课程体系和专业人员。专业是在一定学科知识体系的基础上构成的,离开了学科知识体系,专业也就丧失了其存在的合理性依据。在一个学科,可以组成若干专业;在不同学科之间也可以组成跨学科专业。

"博士后"——博士生毕业后到国家或国(境)外授予的"博士后工作站"做研究工作,继续深造。与博士生不同的是,博士后人员是工作人员,既无学位可取也无学历可言。

[关 联] 本数据子类与研究生、科研和教职工数据子集(数据类)有关联。

[组 成] 本数据子类由15个数据项组成,见表15。

表15 **XX0501 学科点基本数据子类表**

编号	数据项名	中文简称	类型	长度	约束	值空间	解释/举例	引用编号
XX050101	XKDJJ	学科点简介	T		M			
XX050102	XKMLM	学科门类码	C	2	M	学位授予和人才培养学科目录	取其前2位代码	
XX050103	YJXKM	一级学科码	C	4	M	学位授予和人才培养学科目录	取其前4位代码	
XX050104	YJXKSQNY	一级学科授权年月	C	6	M		以先批准授予博/硕士学位、学科年月为准	TB040002
XX050105	EJXKM	二级学科码	C	6	M	学位授予和人才培养学科目录		
XX050106	EJXKSQNY	二级学科授权年月	C	6	M		二级学科授权批准年月	TB040002
XX050107	XKSQM	学科授权码	C	1	M	SYQLB 授予权类别代码		
XX050108	BSDSQNY	博士点授权年月	C	6	M			TB040002
XX050109	SSDSQNY	硕士点授权年月	C	6	M			TB040002
XX050110	BSHZZK	博士后站状况	C	1	M	SFBZ 是否标志代码	1 是; 0 否	
XX050111	GJZDXKZK	国家重点学科状况	C	1	M	SFBZ 是否标志代码	1 是; 0 否	
XX050112	SBJZDXKZK	省部级重点学科状况	C	1	M	SFBZ 是否标志代码	1 是; 0 否	

表 15（续）

编号	数据项名	中文简称	类型	长度	约束	值空间	解释/举例	引用编号
XX050113	XZDXKZK	校重点学科状况	C	1	M	SFBZ 是否标志代码	1 是； 0 否	
XX050114	GJZDXKPZNY	国家重点学科批准年月	C	6	O			TB040002
XX050115	SBZDXKPZNY	省部重点学科批准年月	C	6	O			TB040002

6.2.5.2 **XX0502 学科点统计数据子类**

［描　述］ 本数据子类定义了学校有关学科点的统计数据项。

［关　联］ 本数据子类与研究生、科研、资产设备和教职工数据子集(数据类)有一定的关联。

［组　成］ 由 27 个数据项组成，见表 16。

表 16　**XX0502 学科点统计数据子类表**

编号	数据项名	中文简称	类型	长度	约束	值空间	解释/举例	引用编号
XX050201	SJBSDS	实际博士点数	N	3	M		单位：个	
XX050202	BSSHJS	博士生合计数	N	5	M		单位：人	
XX050203	BDHJS	博导合计数	N	3	M		单位：人	
XX050204	SJSSDS	实际硕士点数	N	3	M		单位：个	
XX050205	SSSHJS	硕士生合计数	N	5	M		单位：人	
XX050206	SDHJS	硕导合计数	N	3	M		硕士生导师数合计，单位：人	
XX050207	BSDHJS	博硕导合计数	N	3	M		博、硕士生导师数合计，单位：人	
XX050208	BSHHJS	博士后合计数	N	3	M		单位：人	
XX050209	GJZDXKS	国家重点学科数	N	3	M		单位：个	
XX050210	SBJZDXKS	省部级重点学科数	N	3	M		单位：个	
XX050211	GJKYJDZXS	国家科研基地/中心数	N	2	M		单位：个	
XX050212	GJGCYJZXS	国家工程研究中心数	N	2	M		单位：个	
XX050213	GJZDSYSS	国家重点实验室数	N	2	M		单位：个	
XX050214	SBJZDSYSS	省部级重点实验室数	N	2	M		单位：个	
XX050215	SBJYJYS	省部级研究院数	N	2	M		省部级研究院(所、中心)数	
XX050216	ZYSYSMJ	专业实验室面积	N	9,2	M		单位：平方米	
XX050217	YQSBZZ	仪器设备总值	M		M		单位：元	
XX050218	WYYSYQSBZZ	万元以上仪器设备总值	M		M		单位：元	
XX050219	WYYSYQSBS	万元以上仪器设备数	N	4	M		单位：个	

表 16(续)

编号	数据项名	中文简称	类型	长度	约束	值空间	解释/举例	引用编号
XX050220	ZWWCSCS	中外文藏书册数	N	6	M		单位:册	
XX050221	ZWWQKZL	中外文期刊种类	N	4	M		单位:种	
XX050222	BXKTZZE	本学科投资总额	M		M		单位:元	
XX050223	YQSBTZE	仪器设备投资额	M		M		单位:元	
XX050224	TSZLTZE	图书资料投资额	M		M		单位:元	
XX050225	QTTZE	其他投资额	M		M		单位:元	
XX050226	ZKYYSS	中科院院士数	N	2	M		单位:人	
XX050227	GCYYSS	工程院院士数	N	2	M		单位:人	

6.3 XS 学生管理数据子集

6.3.1 XS01 学生基本数据类

6.3.1.1 XS0101 学生基本数据子类

[描 述] 定义学生的基本数据项。

[关 联] 本数据子类与学籍数据类关联紧密,其中"TB010119 XH 学号"数据项与所有有关学生的数据类/子类关联(辅助数据类除外)。

[组 成] 由 20 个数据项组成,均是 TB01 标准人员数据类的数据项,见表 17。

表 17 XS0101 学生基本数据子类表

编号	数据项名	中文简称	类型	长度	约束	值空间	解释/举例	引用编号
TB010019	XH	学号	C	20	M			
TB010001	XM	姓名	C	36	M			
TB010002	XMPY	姓名拼音	C	60	M			
TB010003	CYM	曾用名	C	30	O			
TB010004	XBM	性别码	C	1	M			
TB010005	CSRQ	出生日期	C	8	M			
TB010006	CSDM	出生地码	C	6	M			
TB010007	JG	籍贯	C	20	M			
TB010008	MZM	民族码	C	2	M			
TB010009	GJDQM	国籍/地区码	C	3	M			
TB010010	SFZJLXM	身份证件类型码	C	1	M			
TB010011	SFZJH	身份证件号	C	20	M			

表 17（续）

编号	数据项名	中文简称	类型	长度	约束	值空间	解释/举例	引用编号
TB010012	HYZKM	婚姻状况码	C	2	O			
TB010013	GATQWM	港澳台侨外码	C	2	M			
TB010014	ZZMMM	政治面貌码	C	2	O			
TB010015	JKZKM	健康状况码	C	1	M			
TB010016	XYZJM	信仰宗教码	C	2	O			
TB010017	XXM	血型码	C	1	O			
TB010018	ZP	照片	B		M		近期正面免冠半身照	
TB010021	SFZJYXQ	身份证件有效期	C	17			YYYYMMDD- YYYYMMDD 20080512-20110511	

6.3.1.2 **XS0102 学生工作简历子类**

［描　述］ 定义学生的工作经历数据项。

［关　联］ 本数据子类与其他数据类关联不紧密。

［组　成］ 由 8 个数据项组成，见表 18。

表 18　XS0102 学生工作简历子类表

编号	数据项名	中文简称	类型	长度	约束	值空间	解释/举例	引用编号
XS010201	QSRQ	起始日期	C	8	O			TB040003
XS010202	ZZRQ	终止日期	C	8	O			TB040003
XS010203	SZDW	所在单位	C	60	O		所在单位名称	TB020002
XS010204	GZNR	工作内容	C	80	O		从事工作内容	
XS010205	CRDZZW	曾任党政职务	C	40	O			
XS010206	CRZYJSZWM	曾任专业技术职务码	C	3	O	GB/T 8561	如 011　教授	
XS010207	ZMR	证明人	C	36	O		能够证明本人该阶段工作的人员姓名	TB010001
XS010208	JLBZ	简历备注	T		O		简历相关的补充内容	

6.3.1.3 **XS0103 学生来源子类**

［描　述］ 主要定义学生的来源地、工作单位及身份基本数据项。

［术　语］ “定向培养”——国家计划下的招生指标中，按国家有关部门与学生所达成的协议录取（如国防生），其学费等由国家有关部门拨给，毕业授予学位，按协议要求到指定的部门工作（有年数限制）。

"委托培养"——受其他部门或企业的委托,学校培养委托方人员(未参加统一考试录取),结业后不授予学位,回原单位工作。

[关　联] 数据子类与学籍数据类通过"XH 学号"关联。

[组　成] 由 9 个数据项组成,见表 19。

表 19　XS0103 学生来源子类表

编号	数据项名	中文简称	类型	长度	约束	值空间	解释/举例	引用编号
XS010301	YDWMC	原单位名称	C	60	M		入学前所在学校名称或单位名称	TB020002
XS010302	LYGBDQM	来源国别/地区码	C	3	M	GB/T 2659	采用 3 字母代码,如: 中国　CHN; 美国　USA	TB010009
XS010303	LYZBM	来源洲别码	C	1	M	SJGZMC 世界各洲名称代码		
XS010304	XSLYM	学生来源码	C	3	M	XSLY 学生来源代码		
XS010305	JDFSM	就读方式码	C	1	M	JDFS 就读方式代码		
XS010306	DXWPDW	定向/委培单位	C	60	M			TB020002
XS010307	RXQXLM	入学前学历码	C	2	M	GB/T 4658	入学前最后学历码	
XS010308	RXQXWM	入学前学位码	C	3	M	GB/T 6864	入学前最后学位码	
XS010309	XSLYDM	学生来源地码	C	6	M	GB/T 2260		

6.3.1.4　XS0104 政治面貌子类

[描　述] 定义有关学生个人政治面貌的基本数据项。

[关　联] 本数据子类通过"TB010014 ZZMMM 政治面貌码"与"通用/标准数据类"、"XS0101 学生基本数据子类"关联。

[组　成] 本数据子类由 12 个数据项组成,见表 20。

表 20　XS0104 政治面貌子类表

编号	数据项名	中文简称	类型	长度	约束	值空间	解释/举例	引用编号
TB010014	ZZMMM	政治面貌码	C	2	M	GB/T 4762	采用政治面貌简称,如 01　中共党员	
XS010401	CJRQ	参加日期	C	8	M			TB040003
XS010402	CJSZDW	参加所在单位	C	60	O		参加党派时所在单位	TB020002
XS010403	JSR	介绍人	C	36	O			TB010001
XS010404	ZZRQ	转正日期	C	8	O		按照该党派章程规定批准的转正日期	TB040003
XS010405	YCLBM	异常类别码	C	2	M	GB/T 14946.1—2009 附录 A.17		

表 20（续）

编号	数据项名	中文简称	类型	长度	约束	值空间	解释/举例	引用编号
XS010406	YCYY	异常原因	C	80	O		异常的原因说明	
XS010407	YCRQ	异常日期	C	8	M			TB040003
XS010408	ZRRQ	转入日期	C	8	O			TB040003
XS010409	ZRQDW	转入前单位	C	60	O			TB020002
XS010410	ZCRQ	转出日期	C	8	O			TB040003
XS010411	ZCDW	转出单位	C	60	O		转到校外的单位名	TB020002

6.3.1.5 XS0105 家庭通讯方式子类

［描　述］ 定义学生家庭的通讯方式的基本数据项。

［关　联］ 本数据子类与其他数据类没有关联。

［组　成］ 由 5 个数据项组成，见表 21。

表 21 XS0105 家庭通讯方式子类表

编号	数据项名	中文简称	类型	长度	约束	值空间	解释/举例	引用编号
XS010501	JTZZ	家庭住址	C	180	O			TB030002
XS010502	JTYZBM	家庭邮政编码	C	6	O	中国邮政编码	家庭所在地邮递区号	TB030001
XS010503	JTDH	家庭电话	C	30	O			TB030003
XS010504	JTLXR	家庭联系人	C	36	O			TB010001
XS010505	JTDZXX	家庭电子信箱	C	40	O		家庭电邮地址	TB030006

6.3.1.6 XS0106 家庭成员子类

［描　述］ 定义学生的家庭成员基本数据项。

［关　联］ 本数据子类与其他数据类没有关联。

［组　成］ 本数据子类由 6 个数据项组成，见表 22。

表 22 XS0106 家庭成员子类表

编号	数据项名	中文简称	类型	长度	约束	值空间	解释/举例	引用编号
XS010601	GXM	关系码	C	2	O	GB/T 4761	采用两位代码	
XS010602	CYXM	成员姓名	C	36	O			TB010001
XS010603	GZDW	工作单位	C	60	O		家庭成员工作的单位名称	TB020001
XS010604	CYM	从业码	C	2	O	GB/T 2261.4	采用第 4 部分：从业状况(个人身份)代码	
XS010605	ZYJSZWM	专业技术职务码	C	3	O	GB/T 8561		
XS010606	ZWJBM	职务级别码	C	2	O	GB/T 12407		

6.3.1.7 XS0107 外地学生在本地联系人子类

［描 述］ 定义学生在本地联系人的基本数据项。

［关 联］ 本数据子类与其他数据类没有关联

［组 成］ 本数据子类由6个数据项组成,见表23。

表23 XS0107 外地学生在本地联系人子类表

编号	数据项名	中文简称	类型	长度	约束	值空间	解释/举例	引用编号
XS010701	LXRXM	联系人姓名	C	36	O			TB010001
XS010702	YXSGX	与学生关系	C	10	O		亲属关系或监护人关系	
TB030002	TXDZ	通信地址	C	180	O		本地联系人的通信地址	
XS010703	LXDH	联系电话	C	30	O		本地联系人电话	TB030003
TB030001	YZBM	邮政编码	C	6	O		本地联系人联系地址的邮递区号	
TB030006	DZXX	电子信箱	C	40	O		本地联系人电邮	

6.3.1.8 XS0108 住宿子类

［描 述］ 定义学生在校住宿的基本数据项。

［关 联］ 本数据子类与其他数据类没有关联。

［组 成］ 由9个数据项组成,见表24。

表24 XS0108 住宿子类表

编号	数据项名	中文简称	类型	长度	约束	值空间	解释/举例	引用编号
XX010301	XQH	校区号	C	2	O		学校自行编号	
ZC020101	JZWH	建筑物号	C	6	M		学校自行编号	
XS010801	SSFJH	宿舍房间号	C	10	M			
XS010802	CWH	床位号	C	2	O			
XS010803	SSDH	宿舍电话	C	30	M			TB030003
XS010804	RZRQ	入住日期	C	8	O			TB040003
XS010805	QCRQ	迁出日期	C	8	O			TB040003
XS010806	XWZZ	校外住址	C	180	O			TB030002
XS010807	ZCDH	住处电话	C	30	O			TB030003

6.3.1.9 XS0109 户口状况子类

［描 述］ 定义新生入校的户口交办情况基本数据项。

［关 联］ 本数据子类与其他数据类没有关联。

［组 成］ 由8个数据项组成,见表25。

表 25 XS0109 户口状况子类表

编号	数据项名	中文简称	类型	长度	约束	值空间	解释/举例	引用编号
XS010901	HKYSZDZ	户口原所在地址	C	180				TB030002
XS010902	HKYSSM	户口原省市码	C	2	M	GB/T 2260	取其前2位代码。入学前户口所在省市,如 11 北京;23 黑龙江省	
XS010903	RXQHKLBM	入学前户口类别码	C	1	M	GA 324.1		
XS010904	SFXYQRHK	是否需要迁入户口	C	1	M	SFBZ 是否标志代码	1 是; 0 否	
XS010905	HKJBQKM	户口交办情况码	C	1	O		学校自行编码	
XS010906	HKJBRQ	户口交办日期	C	8	O			TB040003
XS010907	HKSFZX	户口是否在校	C	1	M	SFBZ 是否标志代码	1 在校; 0 不在校	
XS010908	HKQCRQ	户口迁出日期	C	8	O			TB040003

6.3.1.10 **XS0110 通讯子类**

[描 述] 定义学生通讯的基本数据项。
[关 联] 本数据子类与其他数据类没有关联。
[组 成] 由6个数据项组成,见表26。

表 26 XS0110 通讯子类表

编号	数据项名	中文简称	类型	长度	约束	值空间	解释/举例	引用编号
TB030001	YZBM	邮政编码	C	6	M			
TB030002	TXDZ	通信地址	C	180	M			
TB030003	DH	电话	C	30	M			
TB030006	DZXX	电子信箱	C	40	M			
TB030007	ZYDZ	主页地址	C	60	O			
TB030008	JSTXH	即时通讯号	C	40	O		MSN/QQ 号	

6.3.2 **XS02 新生数据类**

6.3.2.1 **XS0201 考生子类**

[描 述] 定义考生的基本数据项。
[关 联] 本数据子类与学籍数据类有关联。
[组 成] 本数据子类由23个数据项组成,见表27。

表 27 XS0201 考生子类表

编号	数据项名	中文简称	类型	长度	约束	值空间	解释/举例	引用编号
XS020101	ZKZH	准考证号	C	15	M		目前采用的是9位号	
XS020102	KSH	考生号	C	20	M		目前采用的是14位号	
XS020103	KQM	考区码	C	2	M	GB/T 2260	取其前两位代码	
XS020104	RXNY	入学年月	C	6	M			TB040002
XS020105	YSWGYZM	应试外国语种码	C	2	M	GB/T 4880.1	采用代码第1部分:2字母代码;en 英语,de 德语	
XS020106	BKZYM1	报考专业码1	C	6	O			
XS020107	BKZYM2	报考专业码2	C	6	O			
XS020108	BKZYM3	报考专业码3	C	6	O			
XS020109	BKZYM4	报考专业码4	C	6	O			
XS020110	BKZYM5	报考专业码5	C	6	O			
XS020111	BKZYM6	报考专业码6	C	6	O			
XS020112	KSLXM	考试类型码	C	2	M			
XS020113	BYZXH	毕业中学号	C	10	M		学校自行编号	
XS020114	BYZXYM	毕业中学邮码	C	6	M			TB020001
XS020115	KSTC	考生特长	C	100	O			
XS020116	JLYCC	奖励与惩处	C	200	O			
XS020117	JSHJ	竞赛获奖	C	200	M		各类竞赛获奖信息	
XS020118	SHGZ	社会工作	C	200	O		社会工作等信息	
XS020119	TJJL	体检结论	C	20	O		合格/专业受限	
XS020121	JZBS	家族病史	C	20	O		精神病/癫痫/肿瘤/心脏病	
XS020122	KSJWBS	考生既往病史	C	100	O			
XS020123	SG	身高	N	5,1	O		单位:厘米	

6.3.2.2 XS0202 考生总分子类

［描　述］ 定义考生高考总分和附加分基本数据项。

［术　语］ "附加分"——考生在国内外竞赛中获奖或具有文艺、体育、美术等特长,在高考之前,经高校考核,可自主认定降分录取;另外根据教育部规定,少数民族学生在各地高校均降分录取。所降分数对于考生来说就是高考的附加分。

［关　联］ 本数据子类与其他数据类没有关联。

［组　成］ 由4个数据项组成,见表28。

表 28 XS0202 考生总分子类表

编号	数据项名	中文简称	类型	长度	约束	值空间	解释/举例	引用编号
XS020201	RXZF	入学总分	N	5,1	O		高考总分＋附加分	
XS020202	GKZF	高考总分	N	5,1	O			
XS020203	FJF	附加分	N	5,1	O			
XS020204	FJFLBM	附加分类别码	C	1	O	FJFLB 附加分类别代码	少数民族学生、国内外获奖学生或文体特长生等类别	

6.3.2.3 **XS0203 考生科目成绩子类**

［描　述］ 定义考生在高考时的考试科目及分数。

［关　联］ 本数据子类与考生总分有关联，各科目分数之合为高考总分。

［组　成］ 由 2 个数据项组成，见表 29。

表 29 XS0203 考生科目成绩子类表

编号	数据项名	中文简称	类型	长度	约束	值空间	解释/举例	引用编号
XS020301	KMM	科目码	N	2	M	GKKM 高考科目代码		
XS020302	FS	分数	N	5,1	M			

6.3.2.4 **XS0204 录取子类**

［描　述］ 录取考生的基本数据项。

［术　语］ "学制"——各类学校的各类专业规定的在校学习年限。

［关　联］ 本数据子类与学籍数据类有密切关联。

［组　成］ 由 9 个数据项组成，见表 30。

表 30 XS0204 录取子类表

编号	数据项名	中文简称	类型	长度	约束	值空间	解释/举例	引用编号
XS020401	TZSH	通知书号	C	30	M			
XS020402	LQZY	录取志愿	C	1	O		第几志愿专业录取 1　第 1 志愿录取； 9　调剂专业录取	
XS020403	LQLBM	录取类别码	C	2	M	LQLB 录取类别代码	01　统招； 02　保送	
XS020404	LQYXSH	录取院系所号	C	10	M		学校自行编号	TB020001
XS020405	LQSSZYM	录取省市专业码	C	6	O			

表 30（续）

编号	数据项名	中文简称	类型	长度	约束	值空间	解释/举例	引用编号
XS020406	BXZYH	本校专业号	C	6	M		学校自行编号	
XS020407	XZ	学制	N	3,1	M		取得学历的学习时间，单位:年	
XS020408	SFGFYL	是否公费医疗	C	1	M	SFBZ 是否标志代码	学籍管理部门提供	
XX040001	BH	班号	C	10	M		行政班号	

6.3.2.5　XS0205 新生测验成绩子类

［描　述］ 对新生进校后参加测验的基本数据项。

［关　联］ 本数据子类与“XS07 学籍数据类”有关联。

［组　成］ 由 5 个数据项组成，见表 31。

表 31　XS0205 新生测验成绩子类表

编号	数据项名	中文简称	类型	长度	约束	值空间	解释/举例	引用编号
XS020501	KSKCMC	考试课程名称	C	60	O			
XS020502	KSFSM	考试方式码	C	1	O	KSFS 考试方式代码		
XS020503	FSLKSCJ	分数类考试成绩	N	5,1	O		单位:分	
XS020504	DJLKSCJ	等级类考试成绩	C	1	O		学校自行编码	
XS020505	KSRQ	考试日期	C	8	O			TB040003

6.3.3　XS03 研究生招生数据类

6.3.3.1　XS0301 研究生考生子类

［描　述］ 定义研究生考生的基本数据项。

［术　语］ “学历”——人们在教育机构中接受科学、文化知识训练的学习经历，即指某人曾在哪些学校、哪个专业肄业、结业或毕业。学历以经教育行政部门批准、实施学历教育、有国家认可的文凭颁发权力的学校及其他教育机构所颁发的学历证书为凭证。

“学位”——标志被授予者的受教育程度和学术水平达到规定标准的学术称号。我国学位分学士、硕士、博士 3 个级别。

［关　联］ 本数据子类与学籍数据类有关联。

［组　成］ 由 53 个数据项组成，见表 32。

表 32 XS0301 研究生考生子类表

编号	数据项名	中文简称	类型	长度	约束	值空间	解释/举例	引用编号
XS020101	ZKZH	准考证号	C	15	M			
XS020102	KSH	考生号	C	20	M			
TB010001	XM	姓名	C	36	M			
TB010002	XMPY	姓名拼音	C	60	M			
TB010003	CYM	曾用名	C	36	M			
TB010004	XBM	性别码	C	1				
TB010005	CSRQ	出生日期	C	8	M			
TB010006	CSDM	出生地码	C	6	M			
TB010007	JG	籍贯	C	20	M			
TB010008	MZM	民族码	C	2	M			
TB010009	GJDQM	国籍/地区码	C	3	O			
TB010010	SFZJLXM	身份证件类型码	C	1	M			
TB010011	SFZJH	身份证件号	C	20	M			
TB010021	SFZJYXQ	身份证件有效期	C	17			YYYYMMDD-YYYYMMDD 20080512-20110511	
TB010012	HYZTM	婚姻状态码	C	2	M			
TB010013	GATQWM	港澳台侨外码	C	2	M			
TB010014	ZZMMM	政治面貌码	C	2	M			
TB010015	JKZKM	健康状况码	C	1	M			
TB010016	XYZJM	信仰宗教码	C	2	M			
TB010017	XXM	血型码	C	1	M			
TB010018	ZP	照片	B		M		近期正面免冠半身照	
XS030101	SYDM	生源地码	C	6	M	GB/T 2260		
XS030102	ZHXLM	最后学历码	C	2	M	GB/T 4658		
XS030103	ZHXWM	最后学位码	C	3	M	GB/T 6864		
XS030104	ZHBYXX	最后毕业学校	C	180	M		字长 180，考虑到国外学校名称	
XS030105	ZHBYXXM	最后毕业学校码	C	10	M	学校(机构)标识码		
XS030106	ZHBYZY	最后毕业专业	C	180	M		在专业代码表中找不到的专业名称	
XS030107	ZHBYZYM	最后毕业专业码	C	6	M	学位授予和人才培养学科目录 专业学位授予和人才培养目录 GB/T 16835		
XS030108	ZHBYNY	最后毕业年月	C	6	M			TB040002
XS030109	ZZSQXWM	在职申请学位码	C	1	M	GB/T 6864		
XS030110	HKSZSSM	户口所在省市码	C	2	M	GB/T 2260	取其前 2 位代码，如 11 北京；23 黑龙江省	

表 32（续）

编号	数据项名	中文简称	类型	长度	约束	值空间	解释/举例	引用编号
XS030111	DASZDW	档案所在单位	C	60	M		考生档案所在单位	
XS030112	BKXXM	报考学校码	C	10	M	学校(机构)标识码		
XS030113	BKZYM	报考专业码	C	6	M	学位授予和人才培养学科目录 专业学位授予和人才培养目录		
XS030114	BKYXSH	报考院系所号	C	10	M		学校自行编号	TB020001
XS030115	BKYJFX	报考研究方向	C	40	M			
XS030116	BKDSJGH	报考导师教工号	C	20	M			
XS030117	RXFSM	入学方式码	C	2	M	YJSRXFS 研究生入学方式代码		
XS030118	KSLYM	考生来源码	C	3	M	XSLY 学生来源代码		
XS030119	BKLBM	报考类别码	C	2	M	PYFS 培养方式代码		
XS030120	WGYM	外国语码	C	4	M		应试外国语码,教育部定义	
XS030121	ZZLLM	政治理论码	C	4	M		应试政治理论码,教育部定义	
XS030122	YWK1M	业务课一码	C	4	M		应试业务课一码,统考课由教育部定义,其他课程由招生单位定义	
XS030123	YWK2M	业务课二码	C	4	M		应试业务课二码,统考课由教育部定义,其他课程由招生单位定义	
XS030124	YWK3M	业务课三码	C	4	M		应试业务课三码,统考课由教育部定义,其他课程由招生单位定义	
XS030125	ZKF	准考否	C	1	M	SFBZ 是否标志代码	1 准考; 0 不准考	
XS030126	ZHXLZSH	最后学历证书号	C	20	O			
XS030127	ZHXWZSH	最后学位证书号	C	20	O			
XS030128	SFXYJR	是否现役军人	C	1	O	SFBZ 是否标志代码		
TB030001	YZBM	邮政编码	C	6	M			
TB030002	TXDZ	通信地址	C	180	M			
TB030003	DH	电话	C	30	M			
TB030006	DZXX	电子信箱	C	40	M			

6.3.3.2 **XS0302 研究生入学考试成绩子类**

[描　述] 定义研究生入学考试成绩的基本数据项。

[术　语] “初试权重”——初试成绩占总成绩的比重。初试成绩占总成绩的权重一般在50%~70%之间,由各招生学校自定。

“复试权重”——复试成绩占总成绩的比重。复试成绩占总成绩的权重一般在30%~50%之间,由各招生学校自定。

“总成绩”——总成绩=初试成绩×(1-复试权重)+复试成绩×复试权重,由此计算公式得到各考生总成绩,然后按总成绩由高到低排序,确定拟录取名单。

[关　联] 本数据子类通过“XH 学号”与学籍数据类相关联。

[组　成] 由12个数据项组成,见表33。

表33　XS0302 研究生入学考试成绩子类表

编号	数据项名	中文简称	类型	长度	约束	值空间	解释/举例	引用编号
XS030201	WGY	外国语	N	5,1	M		外国语成绩,单位:分	
XS030202	ZZLL	政治理论	N	5,1	M		政治理论成绩,单位:分	
XS030203	YWK1	业务课一	N	5,1	M		第一门业务课考试成绩,单位:分	
XS030204	YWK2	业务课二	N	5,1	M		第二门业务课考试成绩,单位:分	
XS030205	YWK3	业务课三	N	5,1	M		第三门业务课考试成绩	
XS030206	JSCJ	加试成绩	N	20	M		分数类成绩或等级类成绩	
XS030207	JSKM	加试科目码	C	100	O			
XS030208	FSCJ	复试成绩	N	20	M		分数类成绩或等级类成绩	
XS030209	CSQZ	初试权重	N	5,1	M			
XS030210	FSQZ	复试权重	N	5,1	M			
XS030211	ZCJ	总成绩	N	6,1	M		单位:分	
XS030212	QKWBM	缺考舞弊码	C	1	M	QKWB 缺考舞弊代码		

6.3.3.3 **XS0303 研究生录取子类**

[描　述] 定义录取研究生的基本数据项。

[关　联] 本数据子类通过“XH 学号”与学籍数据类相关联。

[组　成] 由9个数据项组成,见表34。

表 34 XS0303 研究生录取子类表

编号	数据项名	中文简称	类型	长度	约束	值空间	解释/举例	引用编号
XS030301	LQLXM	录取类型码	C	2	M	LQLB 录取类别代码		XS020403
XS030302	SFBLZG	是否保留资格	C	1	M	SFBZ 是否标志代码	1 是;0 否	
XS030303	NBLNS	拟保留年数	N	3,1	M	拟保留入学资格的年数	单位:年	
XS030304	PGZKM	破格状况码	C	1	M	SFBZ 是否标志代码	1 是;0 否	
XS010306	DXWPDW	定向/委培单位	C	60	M			TB020002
XS030305	LQZYM	录取专业码	C	6	M	学位授予和人才培养学科目录 专业学位授予和人才培养目录		
XS020404	LQYXSH	录取院系所号	C	10	M		学校自行编号	
XS030306	LQDSH	录取导师号	C	20	M			
XS030307	ZXJHLBM	专项计划类别码	C	1	O	YJSZXJHLB 研究生专项计划类别代码		

6.3.3.4 **XS0304 研究生调剂录取子类**

［描 述］ 定义研究生调剂录取的基本数据项。

［关 联］ 本数据子类与其他数据类没有关联。

［组 成］ 由 3 个数据项组成,见表 35。

表 35 XS0304 研究生调剂录取子类表

编号	数据项名	中文简称	类型	长度	约束	值空间	解释/举例	引用编号
XS030401	TJXXM	调剂学校码	C	10	M	学校(机构)标识码	拟调剂来或调剂去的考生报考的单位代码	
XS030402	TJLBM	调剂类别码	C	1	M	YJSLQTJLB 研究生录取调剂类别代码		
XS030403	CLSFZY	材料是否转移	C	1	M	SFBZ 是否标志代码	报考材料是否转移,1 已转,0 未转	

6.3.4 XS04 研究生招生辅助数据类

6.3.4.1 **XS0401 研究生招生计划辅助子类**

［描 述］ 定义有关研究生招生计划的基本数据项。

［关 联］ 本数据子类与其他数据类没有关联。

［组 成］ 本数据子类由 13 个数据项组成,见表 36。

表 36 XS0401 研究生招生计划辅助子类表

编号	数据项名	中文简称	类型	长度	约束	值空间	解释/举例	引用编号
XS040101	ZSND	招生年度	C	4	O			TB040001
XS040102	SSJHS	硕士计划数	N	4	O		硕士国家招生计划人数	
XS040103	SSGMS	硕士规模数	N	4	O		硕士招生规模人数	
XS040104	SSDKJHS	硕士单考计划数	N	4	O		硕士单考计划人数	
XS040105	SSTMS	硕士推免数	N	4	O		硕士推荐免试入学计划人数	
XS040106	BSJHS	博士计划数	N	4	O		博士招生计划人数	
XS040107	BSGMS	博士规模数	N	4	O		博士招生规模人数	
XS040108	TQGBS	提前攻博数	N	4	O		硕士在读期间经考核确定攻读博士学位的人数	
XS040109	SBLDS	硕博连读数	N	4	O		硕士入学时即确定攻读博士学位的人数	
XS040110	ZBS	直博数	N	4	O		本科生在学期间经考核确定直接攻读博士学位的人数	
XS040111	DXS	定向数	N	4	O		定向培养人数	
XS040112	WPS	委培数	N	4	O		定向培养人数	
XS040113	QTS	其他数	N	4	O		其他人数	

6.3.4.2 **XS0402 研究生报名点辅助子类**

［描　述］ 定义研究生报名点的基本数据项。

［关　联］ 本数据子类与其他数据类没有关联。

［组　成］ 由 11 个数据项组成，见表 37。

表 37 XS0402 研究生报名点辅助子类表

编号	数据项名	中文简称	类型	长度	约束	值空间	解释/举例	引用编号
XS040201	SSBMDM	硕士报名点码	C	4	O		硕士报名点代码，由各省级招办定义	
XS040202	BMDMC	报名点名称	C	180	O			TB030002
XS040203	BMDSSM	报名点省市码	C	2	O	GB/T 2260	取其前 2 位代码，即报名点所在省市码	
XS040204	SJJSDZ	试卷接收地址	C	180	O		试卷接收单位的通信地址	TB030002
XS040205	JSDYZBM	接收地邮政编码	C	6	O			TB030001
XS040206	KDFZR	考点负责人	C	36	O		考点负责人姓名	TB010001

表 37（续）

编号	数据项名	中文简称	类型	长度	约束	值空间	解释/举例	引用编号
XS040207	KDLXR	考点联系人	C	36	O		考点联系人姓名	TB010001
XS040208	SJJSFZR	试卷接收负责人	C	36	O		试卷接收负责人姓名	TB010001
XS010704	LXDH	联系电话	C	30	O			TB030003
TB030005	CZDH	传真电话	C	30	O			
TB030006	DZXX	电子信箱	C	40	O			

6.3.4.3 XS0403 研究生入学考试课程辅助子类

［描　述］ 定义研究生入学考试课程的基本数据项。

［关　联］ 本数据子类与其他数据类没有关联。

［组　成］ 由 8 个数据项组成，见表 38。

表 38 XS0403 研究生入学考试课程辅助子类表

编号	数据项名	中文简称	类型	长度	约束	值空间	解释/举例	引用编号
XS040301	KCBH	课程编号	C	4	O		招生考试单位自编	
XS040302	KCMC	课程名称	C	40	O			
XS040303	MTYXSH	命题院系所号	C	10	O		考试命题单位的院系所号	TB020001
XS040304	SYZYM	适用专业码	C	6	O	学位授予和人才培养学科目录 专业学位授予和人才培养目录		
XS020505	KSRQ	考试日期	C	8	O			TB040003
XS040305	KSSJDYM	考试时间单元码	C	1	O		学校自行编码	
XS040306	KSKSSJ	考试开始时间	C	6	O		如：083000	TB040004
XS040307	KSJSSJ	考试结束时间	C	6	O		如：113000	TB040004

6.3.4.4 XS0404 研究生入学考试考场辅助子类

［描　述］ 研究生入学考试考场的基本数据项。

［关　联］ 本数据子类与其他数据类没有关联。

［组　成］ 由 6 个数据项组成，见表 39。

表 39 XS0404 研究生入学考试考场辅助子类表

编号	数据项名	中文简称	类型	长度	约束	值空间	解释/举例	引用编号
XS040401	KCH	考场号	C	3	O		学校自编	
XS040402	KCDD	考场地点	C	180	O		考场所在详细地点	

表 39（续）

编号	数据项名	中文简称	类型	长度	约束	值空间	解释/举例	引用编号
XS040403	KCJS	考场教室	C	12	O		考场教室名或号	
XS040404	KCRL	考场容量	N	3	O		单位:人	
XS040405	QSZKZH	起始准考证号	C	15	O		学校自编或统一编号	
XS040406	ZZZKZH	终止准考证号	C	15	O		学校自编或统一编号	

6.3.4.5 **XS0405 研究生考场监考教师辅助子类**

［描 述］ 定义研究生考场监考教师的基本数据项。

［关 联］ 本数据子类与其他数据类没有关联。

［组 成］ 由 5 个数据项组成，见表 40。

表 40 XS0405 研究生考场监考教师辅助子类表

编号	数据项名	中文简称	类型	长度	约束	值空间	解释/举例	引用编号
XS040501	JKRH	监考人号	C	20	O		与考场编号关联	TB010020
XS040502	JKRXM	监考人姓名	C	36	O		可有非本校的监考教师	TB010001
XS040503	JKRDH	监考人电话	C	30	O			TB030003
XS040504	JKRDW	监考人单位	C	60	O			
XS040505	JKRLBM	监考人类别码	C	2	O	JKRLB 监考人类别代码		

6.3.4.6 **XS0406 研究生入学考试复试基本要求子类**

［描 述］ 定义研究生入学考试复试基本要求的数据项。

［关 联］ 本数据子类与其他数据类没有关联。

［组 成］ 本数据子类由 10 个数据项组成，见表 41。

表 41 XS0406 研究生入学考试复试基本要求子类表

编号	数据项名	中文简称	类型	长度	约束	值空间	解释/举例	引用编号
XS040601	XKZYM	学科专业码	C	6	M	学位授予和人才培养学科目录 专业学位授予和人才培养目录		
XS030201	WGY	外国语	N	5,1	M		外国语考试复试要求的分数	
XS030202	ZZLL	政治理论	N	5,1	M		政治理论考试复试要求的分数	

表 41（续）

编号	数据项名	中文简称	类型	长度	约束	值空间	解释/举例	引用编号
XS030203	YWK1	业务课一	N	5,1	M		第一门业务科考试复试要求的分数	
XS030204	YWK2	业务课二	N	5,1	M		第二门业务科考试复试要求的分数	
XS030205	YWK3	业务课三	N	5,1	M		第三门业务科考试复试要求的分数	
XS040602	FSZCJ	复试总成绩	N	6,1	M		总成绩复试要求的分数	
XS040603	LKCJ	联考成绩	N	6,1	M		联考成绩复试要求的分数	
XS040604	KCDM	课程代码	C	4	M		招生考试单位自编	
XS040605	DKLHCJ	单科另划成绩	N	5,1	M		单位:分	

6.3.5 XS05 研究生非学历教育辅助数据类

6.3.5.1 XS0501 以同等学力身份申请学位水平考试、综合考试辅助子类

［描　述］ 定义以同等学力身份申请学位水平考试、综合考试的基本数据项。

［术　语］ “非学历教育”——学生没有学籍记录。

“同等学力”——具有相同的文化程度或学术水平。以同等学力身份申请硕士学位、博士学位是研究生教育的一种特别形式，这些学生没有学籍数据，故属于非学历教育。

［关　联］ 本数据子类与以“XS0502 以同等学力身份申请学位子类”有关联，而与其他数据类没有关联。

［组　成］ 本数据子类由 17 个数据项组成，见表 42。

表 42　XS0501 以同等学力身份申请学位水平考试、综合考试辅助子类表

编号	数据项名	中文简称	类型	长度	约束	值空间	解释/举例	引用编号
XS020101	ZKZH	准考证号	C	15	O			
XS020102	KSH	考生号	C	20	O			
TB010001	XM	姓名	C	36	O			
TB010002	XMPY	姓名拼音	C	60	O			
TB010005	CSRQ	出生日期	C	8	O			
TB010009	GJDQM	国籍/地区码	C	3		GB/T 2659	取用其 3 字母代码，如 CHN 中国，USA 美国，KOR 韩国	
TB010010	SFZJLXM	身份证件类型码	C	1	O			
TB010011	SFZJH	身份证件号	C	20	O			

表 42（续）

编号	数据项名	中文简称	类型	长度	约束	值空间	解释/举例	引用编号
TB010021	SFZJYXQ	身份证件有效期	C	17			YYYYMMDD-YYYYMMDD 20080512-20110511	
TB010004	XBM	性别码	C	1	O			
XS050101	ZGXWM	最高学位码	C	3	O	GB/T 6864		
XS050102	SQXWXXM	申请学位学校码	C	10	O	学校(机构)标识码	拟申请学位学校代码	
XS050103	SQXWZYM	申请学位专业码	C	6	O	学位授予和人才培养学科目录 专业学位授予和人才培养目录	拟申请学位学科专业码	XS040601
XS050104	WYKSKMM	外语考试科目码	C	2	O	GB/T 4880.1	采用代码第1部分：2字母代码； en 英语，de 德语	
XS050105	XKZHKSM	学科综合考试码	C	4	O	学位授予和人才培养学科目录	1)学科综合水平考试科目码； 2)取用代码前四位	
XS050106	WYKSCJ	外语考试成绩	N	5,1	O		单位：分	
XS050107	XKZHCJ	学科综合成绩	N	5,1	O		单位：分	

6.3.5.2 **XS0502 以同等学力身份申请学位辅助子类**

［描　述］ 定义以同等学力身份申请学位的基本数据项。

［关　联］ 本数据子类与“XS0501 以同等学力身份申请学位水平考试、综合考试子类”关联密切，与其他数据类没有关联。

［组　成］ 由 23 个数据项组成，见表 43。

表 43 XS0502 以同等学力身份申请学位辅助子类表

编号	数据项名	中文简称	类型	长度	约束	值空间	解释/举例	引用编号
TB010001	XM	姓名	C	36	O			
TB010002	XMPY	姓名拼音	C	60	O			
TB010009	GJDQM	国籍/地区码	C	3		GB/T 2659	采用3字母代码 CHN 中国，USA 美国，KOR 韩国	
TB010010	SFZJLXM	身份证件类型码	C	1	O	SFZJLX 身份证件类型代码		
TB010011	SFZJH	身份证件号	C	20	O			

表 43（续）

编号	数据项名	中文简称	类型	长度	约束	值空间	解释/举例	引用编号
TB010021	SFZJYXQ	身份证件有效期	C	17			YYYYMMDD-YYYYMMDD 20080512-20110511	
XS050201	SQH	申请号	C	18	O		申请号码	
XS050202	SQRQ	申请日期	C	8	O			TB040003
XS050203	SQRZYZWM	申请人专业职务码	C	3	O	GB/T 8561	申请人专业技术职务码	
XS050103	SQXWZYM	申请学位专业码	C	6	O	学位授予和人才培养学科目录 专业学位授予和人才培养目录	拟申请学位学科专业码	XS040601
XS050204	BZYGZNX	本专业工作年限	C	2	O			
XS050205	XXFSM	学习方式码	C	1	O	GB/T 14946. 1—2009 附录 A.25		
XS050206	LWFSM	论文方式码	C	1	O	GB/T 14946. 1—2009 附录 A.25		
XS050207	WYHGZH	外语合格证号	C	9	O		外语水平考试合格证号	
XS050208	XKHGZH	学科合格证号	C	9	O		学科综合考试合格证号	
XS050209	YSQCS	已申请次数	N	2	O		单位:次	
XS050210	SCSQNY	上次申请年月	C	6	O			TB040002
XS050211	TJRXM	推荐人姓名	C	36	O			TB010001
XS050212	TJRDW	推荐人单位	C	60	O			TB020002
XS050213	TJRZYZWM	推荐人专业职务码	C	3	O	GB/T 8561	推荐人专业技术职务码	
XS050214	TJRDSLBM	推荐人导师类别码	C	1	O	DSLB 导师类别代码		
XS050215	SQXWLBM	申请学位类别码	C	3	O	GB/T 6864		
XS050216	YDWSFTY	原单位是否同意	C	1	O	SFBZ 是否标志代码	1 同意;0 不同意	

6.3.6 XS06 体检、防疫数据类

6.3.6.1 XS0601 体检子类

［描 述］ 定义学生体检的基本数据项。

［关 联］ 本数据子类“体检结果”与“XS07 学籍数据类”有关联。

［组 成］ 由 4 个数据项组成,见表 44。

表 44　XS0601 体检子类表

编号	数据项名	中文简称	类型	长度	约束	值空间	解释/举例	引用编号
XS060101	TJXMLBM	体检项目类别码	C	2	O	TJXMLB 体检项目类别代码		
XS060102	TJJG	体检结果	C	60	O		检查项目结果	
XS060103	TJRQ	体检日期	C	8	O			TB040003
XS060104	TJSM	体检说明	T		O		体检综合说明	

6.3.6.2　XS0602 防疫注射子类

［描　述］　定义学生防疫注射的基本数据项。

［关　联］　本数据子类与其他数据类没有关联。

［组　成］　由 4 个数据项组成，见表 45。

表 45　XS0602 防疫注射子类表

编号	数据项名	中文简称	类型	长度	约束	值空间	解释/举例	引用编号
XS060201	ZSLBM	注射类别码	C	2	O		学校自行编码	
XS060202	ZSRQ	注射日期	C	8	O			TB040003
XS060203	WZSYYM	未注射原因码	C	1	O		学校自行编码	
XS060204	JCHJG	检查后结果	C	10	O			

6.3.7　XS07 学籍数据类

6.3.7.1　XS0701 学籍基本数据子类

［描　述］　定义学生在校有关学业的基本数据项。

［术　语］　“学籍”——在校学生有关学业的记录。

“学分”——按课程的性质、学时数等因素给每门课程规定的学分数。

“学分制”——学生每修完一门课程经考试及格或考核通过便得到相应的学分，学生按教学计划修满规定的学分，方能毕业。

［关　联］　本数据子类与其他所有数据类都有关联。

［组　成］　由 13 个数据项组成，见表 46。

表 46　XS0701 学籍基本数据子类表

编号	数据项名	中文简称	类型	长度	约束	值空间	解释/举例	引用编号
XS070101	YXSH	院系所号	C	10	M		学校自行编号	TB020001
XS070102	ZYM	专业码	C	6	M	学位授予和人才培养学科目录 专业学位授予和人才培养目录 GB/T 16835	本人所属专业码，未分专业不填	

表 46（续）

编号	数据项名	中文简称	类型	长度	约束	值空间	解释/举例	引用编号
XS070103	XKMLM	学科门类码	C	2	M	学位授予和人才培养学科目录 专业学位授予和人才培养目录 GB/T 16835	均取其前两位代码	
XS070104	PYFSM	培养方式码	C	2	M	PYFS 培养方式代码		
XS070105	XSLBM	学生类别码	C	5	M	XSLB 学生类别代码		
XS070106	YJFX	研究方向	C	100	M		研究生研究方向	
XS070107	DSJGH	导师教工号	C	10	M	研究生导师的教工号		
XS070108	HDXLFSM	获得学历方式码	C	1	M	HDXLFS 获得学历方式代码		
XS070109	SFXFZ	是否学分制	C	1	M	SFBZ 是否标志代码		
XS070110	SZNJ	所在年级	C	4	M			
XS070111	PYCCM	培养层次码	C	1	O	PYCC 培养层次代码	博士生/硕士生/本科生/专科生	
XS070112	LDFSM	连读方式码	C	1	O		学校自行编码	
XS070113	XSDQZTM	学生当前状态码	C	2	O	XSDQZT 学生当前状态代码		

6.3.7.2 XS0702 学籍异动子类

［描　述］ 定义学籍异动的相关数据项。

［术　语］ “异动”——处于稳定状态的事务，发生异常变动。学籍异动指学生因为各种原因休学、停学、复学、退学、转学（转系）、流失或死亡等变动。

［关　联］ 本数据子类与“XS0701 学籍基本数据子类”密切关联。

［组　成］ 由12个数据项组成，见表47。

表 47　XS0702 学籍异动子类表

编号	数据项名	中文简称	类型	长度	约束	值空间	解释/举例	引用编号
XS070201	YDLBM	异动类别码	C	2	M	XJYDLB 学籍异动类别代码		
XS070202	YDRQ	异动日期	C	8	M			TB040003
XS070203	YDYYM	异动原因码	C	2	M	XJYDYY 学籍异动原因代码		
XS070204	SPRQ	审批日期	C	8	O			TB040003

表 47（续）

编号	数据项名	中文简称	类型	长度	约束	值空间	解释/举例	引用编号
XS070205	SPWH	审批文号	C	24	O		审批的正式文号，无正式文号不填	
XS070206	YDLY	异动来源	C	60	O		从何地何学校异动转入	
XS070207	YDQX	异动去向	C	60	O		向何地何单位异动转出	
XS070208	YDSM	异动说明	T		O		关于异动的说明	
XS070209	YYXSH	原院系所号	C	10	O			TB020001
XS070210	YZYM	原专业码	C	6	O			XS070102
XS070211	YBH	原班号	C	10	O			
XS070212	YNJ	原年级	C	4	O			

6.3.7.3　**XS0703 辅修专业、双学位子类**

［描　述］　定义学生参加辅修专业及双学位的基本数据项。

［术　语］　“辅修专业”——学有余力的学生除本专业学习之外，经教务部门认定可再攻读的另一个专业。

“二学位”——也有称为双学位，指有的辅修专业结业时授予该专业的学位。

“第二学位”——学生已取得第一个学位，毕业后又经考试合格攻读另一专业以获取第二学位。这两个学位是同级学位，例如都是学士学位。

［关　联］　本数据子类与其他数据类没有关联。

［组　成］　由 5 个数据项组成，见表 48。

表 48　XS0703 辅修专业、双学位子类表

编号	数据项名	中文简称	类型	长度	约束	值空间	解释/举例	引用编号
XS070301	FXZYM	辅修专业码	C	6	O			XS070102
XS070302	FXYXSH	辅修院系所号	C	10	O		学校自行编号	TB020001
XS070303	XW2YXSH	二学位院系所号	C	10	O			TB020001
XS070304	XW2ZYM	二学位专业码	C	6	O			XS070102
XS070305	FXXXM	辅修学校码	C	10	O	学校（机构）标识码		

6.3.7.4　**XS0704 缴纳与减免学费子类**

［描　述］　定义学生在缴纳与减免学费方面的基本数据项。

［关　联］　本数据子类与“XS0704 注册子类”直接关联。

［组　成］　本数据子类由 5 个数据项组成，见表 49。

表 49 XS0704 缴纳与减免学费子类表

编号	数据项名	中文简称	类型	长度	约束	值空间	解释/举例	引用编号
XS070401	JMJE	减免金额	M		M			
XS070402	JMYY	减免原因	C	200	M			
XS070403	JMXN	减免学年	C	9	M			TB040005
XS070404	JFRQ	缴费日期	C	8	M			TB040005
XS070405	JFZKM	缴费状况码	C	1	M	JNXFZK 缴纳学费状况代码		

6.3.7.5 **XS0705 注册子类**

［描 述］ 定义学生注册的基本数据项。

［术 语］ "注册"——学生在学期开始前到学校的教学管理部门(如注册中心)报到、登记备案,一般情况下秋季注册前要先交学费然后注册。

［关 联］ 本数据子类与其他数据类没有关联。

［组 成］ 本数据子类由 7 个数据项组成,见表 50。

表 50 XS0705 注册子类表

编号	数据项名	中文简称	类型	长度	约束	值空间	解释/举例	引用编号
XS070501	ZCZKM	注册状况码	C	1	M	ZCZK 注册状况代码	1 注册;2 报到; 3 未报到	
XS070502	ZCRQ	注册日期	C	8	M			TB040003
XS070503	BDRQ	报到日期	C	8	M			TB040003
XS070504	WZCYY	未注册原因	C	100	M			
XS070505	WZCBDQX	未注册/报到去向	C	40	M			
XS070506	SFQJ	是否请假	C	1	M	SFBZ 是否标志代码	1 是;0 否	
XS070507	WASZCXQM	未按时注册学期码	C	1	M	XQ 学期代码		

6.3.7.6 **XS0706 成绩子类**

［描 述］ 定义学生学习成绩的基本数据项。

［术 语］ "重修"——课程不及格,经教务部门认定可再修一次(参加听课、做作业),参加下一次该课程的考试。

"课序号"——为了区分多个老师开同一门课,或某教师开的某门课程对不同专业学生在不同时间上课而编排的课程顺序号。

［关 联］ 本数据子类与学籍子类关联密切。

［组 成］ 本数据子类由 18 个数据项组成,见表 51。

表 51 XS0706 成绩子类表

编号	数据项名	中文简称	类型	长度	约束	值空间	解释/举例	引用编号
TB040005	XN	学年(度)	C	9	M		YYYY-YYYY	
TB040006	XQM	学期码	C	1	M	XQ 学期代码		
XS020505	KSRQ	考试日期	C	8	M		格式:YYYYMMDD	TB040003
XS070601	KCH	课程号	C	10	M			
XS070602	KXH	课序号	C	2	O			
XS070603	PSCJ	平时成绩	N	5,1	O			
XS020502	KSFSM	考试方式码	C	1	O	KSFS 考试方式代码		
XS070604	KSXZM	考试性质码	C	2	O	KSXZ 考试性质代码		
XS070605	KSLBM	考试类别码	C	1	O	KSLB 考试类别代码		
XS020503	FSLKSCJ	分数类考试成绩	N	5,1	O		单位:分	
XS020504	DJLKSCJ	等级类考试成绩	C	1	O		学校自行编码	
XS070606	KCCJ	课程成绩	N	5,1	M		课程综合成绩	
XS070607	KCDJCJM	课程等级成绩码	C	1	M		学校自行编码	
XS070608	RKJGH	任课教工号	C	20	M			TB010020
XS070609	CXBKBZ	重修补考标志	C	4	M	重修/补考		
XS070610	CJLRRH	成绩录入人号	C	20	M		录入人教工号	TB010020
XS070611	CJLRRQ	成绩录入日期	C	8	M		成绩录入日期	TB040003
XS070612	CJLRSJ	成绩录入时间	C	6	O		格式:hhmmss 成绩录入时间	TB040004

6.3.7.7 **XS0707 出国(境)学习、工作子类**

本数据子类引用 JG 教职工管理数据子集中 JG1002 出国(境)学习、工作子类。

6.3.7.8 **XS0708 奖励子类**

[描 述] 定义学生获得奖励的基本数据项。

[关 联] 本数据子类与"XS0701 学籍子集"关联。

[组 成] 由 11 个数据项组成,见表 52。

表 52 XS0708 奖励子类表

编号	数据项名	中文简称	类型	长度	约束	值空间	解释/举例	引用编号
XS070801	JLMC	奖励名称	C	60	M			
XS070802	JLJBM	奖励级别码	C	2	M	JLJB 奖励级别代码		
XS070803	JLDJM	奖励等级码	C	1	M	JLDJ 奖励等级代码		

表 52（续）

编号	数据项名	中文简称	类型	长度	约束	值空间	解释/举例	引用编号
XS070804	HJLBM	获奖类别码	C	1	M	XSHJLB 学生获奖类别代码		
XS070805	JLYY	奖励原因	C	100	O			
XS070806	JLJE	奖励金额	M		O		单位:元	
XS070807	JLWH	奖励文号	C	24	O		获奖的正式文号,无正式文号不填	
XS070808	JLXND	奖励学年度	C	9	M		格式:YYYY-YYYY	TB040005
XS070809	BJDW	颁奖单位	C	60	M		授予奖励的单位名称	
XS070810	JLLXM	奖励类型码	C	1	O	HJLX 获奖类型代码	1 集体;2 个人综合;3 个人单项	
XS070811	JLFSM	奖励方式码	C	1	O	JLFS奖励方式代码	奖状/荣誉称号/奖金 /实物…	

6.3.7.9 **XS0709 处分子类**

［描　述］ 定义学生受到处分的相关数据项。

［关　联］ 本数据子类与“XS0703 学籍异动子类”有关联。

［组　成］ 由 9 个数据项组成,见表 53。

表 53　XS0709 处分子类表

编号	数据项名	中文简称	类型	长度	约束	值空间	解释/举例	引用编号
XS070901	WJRQ	违纪日期	C	8	O			TB040003
XS070902	WJJK	违纪简况	C	100	O			
XS070903	WJLBM	违纪类别码	C	2	M	WJLB 违纪类别代码		
XS070904	CFMCM	处分名称码	C	1	M	CFMC 处分名称代码		
XS070905	CFYY	处分原因	C	100	O			
XS070906	CFRQ	处分日期	C	8	O			TB040003
XS070907	CFWH	处分文号	C	24	O		处分的正式文号,无正式文号不填	
XS070908	CFCXRQ	处分撤消日期	C	8	M			TB040003
XS070909	CFCXWH	处分撤消文号	C	24	O		撤消的正式文号,无正式文号不填	

6.3.8 XS08 学位、学历数据类

6.3.8.1 XS0801 学位、学历子类

［描　述］ 定义在校学生已获得的学位、学历等受教育基本数据项。

［关　联］ 本数据子类与学籍数据类有关联。

［组　成］ 由 17 个数据项组成，见表 54。

表 54 XS0801 学位、学历子类表

编号	数据项名	中文简称	类型	长度	约束	值空间	解释/举例	引用编号
XS020104	RXNY	入学年月	C	6	M			TB040002
XS020407	XZ	学制	N	3,1	M		取得学历的学习年限，单位：年	
XS050205	XXFSM	学习方式码	C	1	M	GB/T 14946.1—2009 附录 A.25		
XS080101	XLM	学历码	C	2	M	GB/T 4658		
XS080102	SXZY	所学专业	C	60	M		取得学历所学习的专业名称	
XS080103	JSXYNY	结束学业年月	C	6	M			TB040002
XS080104	BYXX	毕(肄)业学校	C	180	M		从事学历教育并获得证书的毕肄业学校或科研单位名称	
XS080105	BYZSH	毕业证书号	C	20	M			
XS080106	BYZYZH	毕业证印制号	C	20	O			
XS080107	HDXWM	获得学位码	C	3	M	GB/T 6864		
XS080108	SXWGBDQM	授学位国别/地区码	C	3	M	GB/T 2659	授予学位单位所在的国家或地区码，用三位字母代码	
XS080109	SXWXXMC	授学位学校名称	C	180	M			
XS080110	SXWXXM	授学位学校码	C	10	M	学校(机构)标识码		
XS080111	HXWMLM	获学位门类码	C	2	M	学位授予和人才培养学科目录	获学位学科门类码，均取用代码前两位	XS070103
XS080112	HXWZYM	获学位专业码	C	6	M	专业学位授予和人才培养目录 GB/T 16835		
XS080113	HXWRQ	获学位日期	C	8	M		以证书签发日期为准	TB040003
XS080114	XWZSH	学位证书号	C	20	M		全国统一编号	

6.3.8.2 XS0802 学位论文子类

［描　述］ 定义有关学位论文的基本数据项。

［关　联］ 本数据子类与其他数据类没有关联。

［组　成］ 本数据子类由 15 个数据项组成，见表 55。

表 55 XS0802 学位论文子类表

编号	数据项名	中文简称	类型	长度	约束	值空间	解释/举例	引用编号
XS080201	LWTM	论文题目	C	60	M			
XS080202	LWYWTM	论文英文题目	C	180	M			
XS080203	LWZTC	论文主题词	C	60	M		(1—5)个主题词,主题词之间用“/”隔开	
XS080204	LWYWZTC	论文英文主题词	C	180	M		(1—5)个主题词,主题词之间用“/”隔开	
XS080205	ZWZY	中文摘要	T		O			
XS080206	YWZY	英文摘要	T		O			
XS080207	LWQSRQ	论文起始日期	C	8	O			TB040003
XS080208	LWZZRQ	论文终止日期	C	8	O			TB040003
XS080209	LWZS	论文字数	N	4,2	O		单位:万字	
XS080210	LWMJM	论文密级码	C	1	O	GB/T 7156		
XS080211	LWLXM	论文类型码	C	2	O	HDLX 活动类型代码		
XS080212	LWXTLYM	论文选题来源码	C	2	O	XMLY 项目来源代码		
XS080213	LWHJJBM	论文获奖级别码	C	2	M	JLJB 奖励级别代码		
XS070803	JLDJM	奖励等级码	C	1	M	JLDJ 奖励等级代码		
XS080214	LWZTFLH	论文中图分类号	C	10	O		按中国图书馆图书分类法进行分类的编号	

6.3.8.3 **XS0803 论文评审子类**

［描　述］ 定义院系评审学生论文评审的基本数据项。

［关　联］ 本数据子类与其他数据类没有关联。

［组　成］ 由 8 个数据项组成,见表 56。

表 56 XS0803 论文评审子类表

编号	数据项名	中文简称	类型	长度	约束	值空间	解释/举例	引用编号
XS080301	PYR	评阅人	C	36	O		评阅人姓名	
XS080302	PYRZWM	评阅人职务码	C	3	O	GB/T 8561	评阅人专业技术职务码	
XS080303	PYRDW	评阅人单位	C	60	O			
XS080304	PYRSFBD	评阅人是否博导	C	1	O	SFBZ 是否标志代码		
XS080305	LWJBPSJL	论文级别评审结论	C	30	O			
XS080306	LWSPPSJL	论文水平评审结论	C	30	O			
XS080307	LWXWYQPSJL	论文学位要求评审结论	C	30	O		论文达到学位要求与否的评审结论	
XS080308	LWPSRQ	论文评审日期	C	8	O			

6.3.8.4 XS0804 论文答辩委员子类

［描 述］ 定义参与学生论文答辩会成员的基本数据项。
［关 联］ 本数据子类与“XS0805 授予学位子类”直接关联。
［组 成］ 由5个数据项组成，见表57。

表57 XS0804 论文答辩委员子类表

编号	数据项名	中文简称	类型	长度	约束	值空间	解释/举例	引用编号
XS080401	DBWYXM	答辩委员姓名	C	36	O			TB010001
XS080402	DBWYZWM	答辩委员职务码	C	3	O	GB/T 8561	答辩委员专业技术职务码	
XS080403	DBWYDW	答辩委员单位	C	60	O			TB020002
XS080404	DBWYSFBD	答辩委员是否博导	C	1	O	SFBZ 是否标志代码		
XS080405	DBWYSFZX	答辩委员是否主席	C	1	O	SFBZ 是否标志代码		

6.3.8.5 XS0805 授予学位子类

［描 述］ 定义学校授予学生学位过程的基本数据项。
［关 联］ 本数据子类与“XS0804 论文答辩委员子类”直接关联。
［组 成］ 本数据子类由10个数据项组成，见表58。

表58 XS0805 授予学位子类表

编号	数据项名	中文简称	类型	长度	约束	值空间	解释/举例	引用编号
XS080501	LWDBRQ	论文答辩日期	C	8	O			TB040003
XS080502	DBHXWJG	答辩会学位结果	C	8	O	同意授学位票数/不同意票数/弃权票数	格式：TT/BB/QQ，答辩会学位表决结果，如05/02/00	
XS080503	DBHBYJG	答辩会毕业结果	C	8	O	同意给予毕业票数/不同意票数/弃权票数	格式：TT/BB/QQ，答辩会毕业表决结果，如07/00/00	
XS080504	FWHMC	分委会名称	C	60	O			
XS080505	FWHBJRQ	分委会表决日期	C	8	O			TB040003
XS080506	FWHBJJG	分委会表决结果	C	8	O	同意授学位票数/不同意票数/弃权票数	格式：TT/BB/QQ，分委会表决结果，如05/00/01	
XS080507	XXWHBJRQ	校学位会表决日期	C	8	O		校学位委员会表决日期	TB040003
XS080508	XXWHBJJG	校学位会表决结果	C	8	O	同意授学位票数/不同意票数/弃权票数	格式：TT/BB/QQ，校学位委员会表决结果，如07/01/00	

表 58(续)

编号	数据项名	中文简称	类型	长度	约束	值空间	解释/举例	引用编号
XS080509	XXWHJLM	校学位会结论码	C	1	O	XXWWYHJL 校学位委员会结论代码	校学位委员会结论码	
XS080510	WSHSYY	未授/缓授原因	C	100	O		校学位委员会决定未授、缓授学位的原因	

6.3.9 XS09 实践活动数据类

6.3.9.1 XS0901 科研成果子类

本数据子类引用 KY 科研管理数据子集:KY03 科技成果数据类的相关数据子类。

6.3.9.2 XS0902 学术论文子类

本数据子类引用 KY 科研管理数据子集:KY03 科技成果数据类的相关数据子类。

6.3.9.3 XS0903 学生研究训练活动子类

[描　述] 定义学生参加研究训练获得的基本数据项。
[术　语] “研究训练”——在很多高校中由学校教务部门组织、由教师指导,本科生自愿参加的科研训练活动。有成绩记录并有学分。
[关　联] 本数据子类与学籍数据类关联密切。
[组　成] 由 12 个数据项组成,见表 59。

表 59 XS0903 学生研究训练活动子类表

编号	数据项名	中文简称	类型	长度	约束	值空间	解释/举例	引用编号
XS090301	XLXMMC	训练项目名称	C	50	O			
XS090302	LXRH	立项人号	C	20	O		教工号/学号	
XS090303	BRJS	本人角色	C	10	M		立项人/参加者	
XS090304	XMCJ	项目成绩	N	5,1	M		百分制	
XS090305	XMHJQK	项目获奖情况	C	100	O		几等奖,奖项名称、奖励等级、获奖日期、学生名次	
XS090306	XMQSRQ	项目起始日期	C	8	O			TB000403
XS090307	XMZZRQ	项目终止日期	C	8	O			TB000403
XS090308	DSPY	导师评语	C	100	O			
XS090309	XF	学分	N	5,1	O			
XS070107	DSJGH	导师教工号	C	20	O		研究生导师的教工号	TD010020
XS090310	FBLWQK	发表论文情况	C	100	O		论文名称、发表处、发表日期、作者排名	
XS090311	HDZLQK	获得专利情况	C	100	O		专利号、专利名称、专利类型、专利获准日期等	

6.3.9.4 XS0904 课外赛事子类

［描　述］ 定义学生参加课外竞赛活动的基本数据项。

［关　联］ 本数据子类与其他数据类没有关联。

［组　成］ 由7个数据项组成，见表60。

表60　XS0904 课外赛事子类表

编号	数据项名	中文简称	类型	长度	约束	值空间	解释/举例	引用编号
XS090401	JSXMMC	竞赛项目名称	C	50	O			
XS090402	XMFZRH	项目负责人号	C	20	O		教工号/学号	
XS090403	JSJB	竞赛级别	C	1	O	JSJB 竞赛级别代码	国际级/国家级/省市级/校级	
XS090404	JSHJQK	竞赛获奖情况	C	200	O		几等奖，奖项名称、奖励名称、奖励等级、获奖日期、学生名次	
XS090405	CSXS	参赛形式	C	10	O		单人/小组	
XS090406	JSRQ	竞赛日期	C	8	O			TB040003
XS090407	JSDD	竞赛地点	C	180	O			TB030002

6.3.9.5 XS0905 军训子类

［描　述］ 定义学生参加军训活动的基本数据项。

［关　联］ 本数据子类与学籍数据类有关联。

［组　成］ 由5个数据项组成，见表61。

表61　XS0905 军训子类表

编号	数据项名	中文简称	类型	长度	约束	值空间	解释/举例	引用编号
XS090501	JXQSRQ	军训起始日期	C	8	O			TB040003
XS090502	JXZZRQ	军训终止日期	C	8	O			TB040003
XS090503	JXBD	军训部队	C	40	O		部队的名称或番号	
XS090504	JXCJM	军训成绩码	C	2	M		学校自行编码	
XS090505	JXDD	军训地点	C	180	O			TB030002

6.3.9.6 XS0906 社会实践活动子类

［描　述］ 定义学生参加社会实践活动的基本数据项。

［关　联］ 本数据子类与学籍数据类有关联。

［组　成］ 由9个数据项组成，见表62。

表 62 XS0906 社会实践活动子类表

编号	数据项名	中文简称	类型	长度	约束	值空间	解释/举例	引用编号
XS090601	SJDW	实践单位	C	60	O		社会实践的接受单位	TB020002
XS090602	SJDD	实践地点	C	180	O		参加社会实践的地点	TB030002
XS090603	SJXM	实践项目	C	60	O		实践项目的名称	
XS090604	SJQSRQ	实践起始日期	C	8	O			TB040003
XS090605	SJZZRQ	实践终止日期	C	8	O			TB040003
XS090606	SJCG	实践成果	T		O		参加社会实践的成果(包括解决的问题、实践报告等)和各种级别的嘉奖,对于社区服务等未作实践报告的实践项目本小类可为空	
XS090607	SJCJM	实践成绩码	C	1	M		学校自行编码	
XS090608	SJLBM	实践类别码	C	2	M	SHSJLX 社会实践类型代码		
XS090609	SJDJM	实践等级码	C	1	O	SHSJDJ 社会实践等级代码	1 校级及以上； 2 院系级及以下	

6.3.9.7 **XS0907 三助活动子类**

［描　述］ 定义学生参加助学、助研、助管方面的基本数据项。

［术　语］ “三助活动”——学校为学生(主要是研究生)在学习期间提供助理教学、助理科研、助理管理等三类实践活动,同时学生参加三助活动可以得到一定的经济补贴。

［关　联］ 本数据子类与其他数据类没有关联。

［组　成］ 由 6 个数据项组成,见表 63。

表 63 XS0907 三助活动子类表

编号	数据项名	中文简称	类型	长度	约束	值空间	解释/举例	引用编号
XS090701	SZLBM	三助类别码	C	1	M	SZLB 三助类别代码		
XS090702	SZDWH	三助单位号	C	10	O		博士生或硕士生兼任三助工作的单位	TB020001
XS090703	SZNR	三助内容	C	80	O		博士生或硕士生兼任三助工作的内容,是三助岗位的具体化	
XS090704	SZQSRQ	三助起始日期	C	8	M			TB040003
XS090705	SZZZRQ	三助终止日期	C	8	M			TB040003
XS090706	SZCJM	三助成绩码	C	1	M		学校自行编码	

6.3.9.8 **XS0908 社会工作子类**

［描　述］ 定义学生担任社会工作方面的基本数据项。
［关　联］ 本数据子类与其他数据类没有关联。
［组　成］ 本数据子类由4个数据项组成,见表64。

表 64　XS0908 社会工作子类表

编号	数据项名	中文简称	类型	长度	约束	值空间	解释/举例	引用编号
XS090801	SHGZBM	社会工作部门	C	60	O		学生担任的社会工作或其他兼职工作的部门	TB020002
XS090802	SHGZZW	社会工作职务	C	20	O		学生干部担任的社会工作或其他兼职工作的职务	
XS090803	GZQSNY	工作起始年月	C	6	O			TB040002
XS090804	GZZZNY	工作终止年月	C	6	O			TB040002

6.3.10 **XS10 经济资助数据类**

6.3.10.1 **XS1001 奖学金子类**

［描　述］ 定义学生获取奖学金方面的基本数据项。
［关　联］ 本数据子类与其他数据类没有关联。
［组　成］ 本数据子类由7个数据项组成,见表65。

表 65　XS1001 奖学金子类表

编号	数据项名	中文简称	类型	长度	约束	值空间	解释/举例	引用编号
XS100101	JXJBH	奖学金编号	C	2	M		学校自行编码	
XS100102	JXJDJ	奖学金等级	C	20	M			
XS100103	JXJLXM	奖学金类型码	C	2	M	JXJLX 奖学金类型代码		
XS100104	JXJE	奖学金额	M		M		单位:元	
XS100105	HJNY	获奖年月	C	6	M			TB040002
XS100106	ZRDWGR	资助单位/个人	C	60	O		授予奖学金的单位或人名	
XS100107	JLZZZJLYM	奖励资助资金来源码	C	1	O	JLZZZJLY 奖励资助资金来源码		

6.3.10.2 **XS1002 助学金子类**

［描　述］ 定义助学金的基本数据项。
［关　联］ 本数据子类与其他数据类没有关联。
［组　成］ 本数据子类由6个数据项组成,见表66。

表 66 XS1002 助学金子类表

编号	数据项名	中文简称	类型	长度	约束	值空间	解释/举例	引用编号
XS100201	ZXJE	助学金额	M		M		单位:元	
XS100202	SFNY	始发年月	C	6	M			TB040002
XS100203	TFNY	停发年月	C	6	M			TB040002
XS100204	TFYY	停发原因	C	80	M		停发原因说明	
XS100205	ZXJMC	助学金名称	C	60	M			
XS100206	ZZDW	资助单位	C	60	M			TB020002

6.3.10.3 **XS1003 助学贷款子类**

［描　述］ 定义学生助学贷款的基本数据项。

［关　联］ 本数据子类与本数据类其他子类有关联。

［组　成］ 由 17 个数据项组成，见表 67。

表 67 XS1003 助学贷款子类表

编号	数据项名	中文简称	类型	长度	约束	值空间	解释/举例	引用编号
XS100301	DKSQNY	贷款申请年月	C	6	M			TB040002
XS100302	DKHTH	贷款合同号	C	20	M			
XS100303	DKZJE	贷款总金额	M		M		单位:元	
XS100304	DKNS	贷款年数	N	3,1	M			
XS100305	DKSHFJE	贷款生活费金额	M		M			
XS100306	DKSHFNS	贷款生活费年数	N	3,1	M			
XS100307	SQHKR	首期还款日	C	8	M			TB040003
XS100308	HKZZR	还款终止日	C	8	M			TB040003
XS100309	JKYTM	借款用途码	C	1	M		学校自行编码 学费/生活费/学费生活费	
XS100310	DKYH	贷款银行	C	60	M			
XS100311	QYR	签约日	C	8	M			TB040003
XS100312	YLL	月利率	N	7,3	M		如 5.175	
XS100313	HKFS	还款方式	C	10	O		一次性偿还/分期偿还	
XS100314	DBFS	担保方式	C	10	M		信用/担保	
XS100315	SFYQ	是否延期	C	1	M	SFBZ 是否标志代码	是否延期还款	
XS100316	YQNX	延期年限	N	3,1	M			
XS100317	HDRQ	获贷日期	C	8	M			TB040003

6.3.10.4 XS1004 临时困难补助子类

［描　述］ 定义学生临时困难补助的基本数据项。

［关　联］ 本数据子类与本数据类其他子类有关联。

［组　成］ 由 4 个数据项组成，见表 68。

表 68 XS1004 临时困难补助子类表

编号	数据项名	中文简称	类型	长度	约束	值空间	解释/举例	引用编号
XS100401	BZSQRQ	补助申请日期	C	8	M			TB040003
XS100403	SQYY	申请原因	C	200	M			
XS100404	BZJE	补助金额	M		M			
XS100405	BZRQ	补助日期	C	8	M			TB040003

6.3.10.5 XS1005 勤工助学子类

［描　述］ 定义学生勤工助学的基本数据项。

［关　联］ 本数据子类与本数据类其他子类有关联。

［组　成］ 由 11 个数据项组成，见表 69。

表 69 XS1005 勤工助学子类表

编号	数据项名	中文简称	类型	长度	约束	值空间	解释/举例	引用编号
XS100501	YRDW	用人单位	C	60	O			TB020002
XS100502	QGZXGW	勤工助学岗位	C	40	O			
XS100503	QGLBM	勤工类别码	C	1	O	QGLB 勤工类别代码		
XS100504	YGZXS	月工作小时	N	4	O			
XS100505	NLJXS	年累计小时	N	5	O			
XS100506	YLJJE	月累计金额	M		O			
XS100507	NLJJE	年累计金额	M		O			
XS100508	FFRQ	发放日期	C	8	M			TB040003
XS100509	QGZXJE	勤工助学金额	M		M			
XS100510	ZXDWLBM	助学单位类别码	C	1	O	DWLB 单位类别代码	校外/院系/部处/后勤	
XS100511	GZXZ	工作性质	C	10	O		固定/临时	

6.3.11 XS11 国(境)外进修生数据类

6.3.11.1 XS1101 进修生基本数据子类

［描　述］ 定义进修学生的基本数据项。

［关　联］　本数据子类通过学号与本数据类其他子集关联。

［组　成］　由21个数据项组成，见表70。

表70　XS1101进修生基本数据子类表

编号	数据项名	中文简称	类型	长度	约束	值空间	解释/举例	引用编号
XS110101	ZWXM	中文姓名	C	36	M			TB010001
XS110102	YWXM	英文姓名	C	60	M			TB010002
TB010004	XBM	性别码	C	1	M			
TB010005	CSRQ	出生日期	C	8	M			
TB010009	GJDQM	国籍/地区码	C	3	M			
XS110103	ZBM	洲别码	C	1	M	SJGZMC 世界各洲名称代码		
XS110104	CSGDQM	出生国/地区码	C	3	O	GB/T 2659	取3字母代码	TB010009
XS110105	CSD	出生地	C	60	O			
XS110106	YDW	原单位	C	60	O			TB020002
XS110107	YZY	原专业	C	40	M			
TB010010	SFZJLXM	身份证件类型码	C	1	M			
TB010011	SFZJH	身份证件号	C	20	M			
TB010021	SFZJYXQ	身份证件有效期	C	17			YYYYMMDD-YYYYMMDD 例:20080512-20110511	
XS110108	JLXKH	居留许可号	C	20	M			
XS110109	JLXKYXQ	居留许可有效期	C	8	M			TB040003
TB010012	HYZTM	婚姻状态码	C	2	O			
TB010013	GATQWM	港澳台侨外码	C	2	M			
TB010015	JKZKM	健康状况码	C	1	O			
TB010016	XYZJM	信仰宗教码	C	2	O			
TB010017	XXM	血型码	C	1	O			
TB010018	ZP	照片	B		M		近期正面免冠半身照	

6.3.11.2　XS1102进修生学籍子类

［描　述］　定义进修学生有关学籍的主要数据项。

［关　联］　本数据子类通过学号与本数据类其他子集关联。

［组　成］　本数据子类由21个数据项组成，见表71。

表 71 XS1102 进修生学籍子类表

编号	数据项名	中文简称	类型	长度	约束	值空间	解释/举例	引用编号
XS110201	SSXK	所属学科	C	10	M			
XS070101	YXSH	院系所号	C	10	M		学校自行编码	TB020001
XS110202	ZY	专业	C	40	M			
XX040001	BH	班号	C	10	M		学校自编	
XS110203	JXSLBM	进修生类别码	C	1	M	GWJXSLB 国（境）外进修生类别代码		
XS110204	JFLYM	经费来源码	C	1	C	GWJXSJFLY 国（境）外进修生经费来源代码	奖学金/奖学金（免学费）/自费/自费（免学费）	
XS110205	JXSSYM	进修生生源码	C	1	M	GWJXSSYLB 国（境）外进修生生源类别代码	民间/官方	
XS110206	CSCDJH	CSC 登记号	C	12	M	中国政府奖学金登记号		
XS110207	SSXM	所属项目	C	40			进修生所属的项目，如 IUP 项目	
XS110208	LHRQ	来华日期	C	8	O			TB040003
XS110209	RXRQ	入校日期	C	8	M			TB040003
XS110210	YJLXRQ	预计离校日期	C	8	M			TB040003
XS110211	BYRQ	毕业日期	C	8	M			TB040003
XS110212	ZXZKM	在校状况码	C	1	M	GWJXSZXZK 国（境）外进修生在校状况代码	在读/结业/毕业	
XS110213	ZYXXM	专业学校码	C	10	M	学校（机构）标识码		
XS110214	SSDQM	省市地区码	C	2	M	GB/T 2260	学校所在省市代码，取前 2 位码。如，11 北京	
XS110215	KXZXF	可选总学分	N	5,1	M		每学期可选课程的总学分	XS090309
XS110216	KXWYXXF	可选外院系学分	N	5,1	O		每学期可选外院系课程的学分	XS090309
XS110217	XKYXFW	选课院系范围	C	50	O		写明学生可选课的院系范围，多个院系号间用分号隔开	
XS110218	SFFMMF	是否发密码封	C	8	O	是/否/已发	标识进修生是否需要发密码封以及是否已经发了密码封	
XS110219	SFFICK	是否发 IC 卡	C	8	O	是/否/已发	标识进修生是否需要发 IC 卡以及是否已经发了 IC 卡	

6.3.11.3 XS1103 进修生课程成绩子类

［描 述］ 定义进修学生学习成绩的主要数据项。

［关 联］ 本数据子类通过学号与本数据类其他子集关联。

［组 成］ 由13个数据项组成,见表72。

表72 XS1103 进修生课程成绩子类表

编号	数据项名	中文简称	类型	长度	约束	值空间	解释/举例	引用编号
TB040005	XN	学年(度)	C	9	M			
TB040006	XQM	学期码	C	1	O			
XS020505	KSRQ	考试日期	C	8	M		YYYYMMDD	TB040003
XS070601	KCH	课程号	C	10	M			
XS070602	KXH	课序号	N	2	O			
XS070608	RKJGH	任课教工号	C	20	O			
XS110301	KCXS	课程学时	N	5,1	O			
XS110302	KSCJ	考试成绩	N	5,1	M		单位:分	
XS110303	KCCJI	考查成绩	C	2	M		学校自行编码	
XS060613	KCXF	课程学分	N	5,1	M			XS090309
XS070610	CJLRRH	成绩录入人号	C	20	M		录入人教工号	TB010020
XS070611	CJLRRQ	成绩录入日期	C	8	M		成绩录入日期	TB040003
XS070612	CJLRSJ	成绩录入时间	C	6	O		成绩录入时间 格式:hhmmss	TB040004

6.3.12 XS12 社团(协会)辅助数据类

［描 述］ 本数据类定义学生社团、协会的一些基本数据项,为管理学生的各种活动组织提供数据规范。

［关 联］ 本数据类与其他数据类没有关联。

［组 成］ 本辅助数据类没有子类,由8个数据项组成,见表73。

表73 XS12 社团(协会)辅助数据类表

编号	数据项名	中文简称	类型	长度	约束	值空间	解释/举例	引用编号
XS120001	STMC	社团名称	C	60	O			
XS120002	STLXM	社团类型码	C	1	O		学校自行编码	
XS120003	STJJ	社团简介	C	100	O			
XS120004	CLRQ	成立日期	C	8	O			
XS120005	GKDWH	挂靠单位号	C	10	O			TB040003
XS120006	STFZRH	社团负责人号	C	20	O		学号或教工号	
XS120007	ZDJSH	指导教师号	C	20	O		教工号	TB010020
XS120008	JSRQI	解散日期	C	8	O			

6.3.13 XS13 毕业生相关数据类

6.3.13.1 XS1301 结束学业子类

［描　述］ 定义学生在结束学业方面的基本数据项。

［关　联］ 本数据子类与其他数据类没有关联。

［组　成］ 本数据子类由 12 个数据项组成，见表 74。

表 74　XS1301 结束学业子类表

编号	数据项名	中文简称	类型	长度	约束	值空间	解释/举例	引用编号
XS080103	JSXYNY	结束学业年月	C	6	M			TB040002
XS130101	JSXYM	结束学业码	C	1	M	GB/T 14946.1—2009 附录 A.27		
XS130102	JSXYYYSM	结束学业原因说明	C	100	O			
XS130103	FLFXM	分流方向码	C	1	M	FLFX 分流方向代码	直硕/直博/外推等	
XS080105	BYZSH	毕业证书号	C	20	M			
XS080114	XWZSH	学位证书号	C	20	M		全国统一编号	
XS130104	JYZSH	结业证书号	C	20	M			
XS130105	BHBYRQ	补行毕业日期	C	8	O			TB040003
XS130106	BHBYYY	补行毕业原因	C	100	O			
XS130107	FXXWZSH	辅修学位证书号	C	20	M			
XS130108	FXZYZSH	辅修专业证书号	C	20	M			
XS130109	FXJYZSH	辅修结业证书号	C	20	M			

6.3.13.2 XS1302 毕业生求职子类

［描　述］ 定义毕业生求职的基本数据项。

［关　联］ 本数据子类与其他数据类没有关联。

［组　成］ 由 12 个数据项组成，见表 75。

表 75　XS1302 毕业生求职子类表

编号	数据项名	中文简称	类型	长度	约束	值空间	解释/举例	引用编号
XS130201	WYSP	外语水平	C	200	O		毕业生外语语种及水平描述	
XS130202	JSJSP	计算机水平	C	200	O		毕业生计算机水平描述	
XS130203	SHGZGK	社会工作概况	C	200	O		毕业生担任社会工作职务描述	
XS130204	TCJAH	特长及爱好	C	200	O		毕业生特长及爱好描述	

表 75（续）

编号	数据项名	中文简称	类型	长度	约束	值空间	解释/举例	引用编号
XS130205	JCQK	奖惩情况	C	200	O		毕业生奖惩情况描述	
XS130206	CJKYQK	参加科研情况	C	200	O		毕业生参加科研情况描述	
XS130207	YXGZDQ	意向工作地区	C	200	O			
XS130208	YXGZHY	意向工作行业	C	200	O			
XS130209	LXDZ	联系地址	C	180	O			TB030002
XS010704	LXDH	联系电话	C	30	O			TB030003
TB030001	YZBM	邮政编码	C	6	O			
TB030006	DZXX	电子信箱	C	40	O		毕业生电子邮箱地址	

6.3.13.3 XS1303 办理离校手续子类

［描　述］ 定义毕业生离校前办理各类手续的基本数据项。

［关　联］ 本数据子类与其他数据类没有关联。

［组　成］ 由 17 个数据项组成，见表 76。

表 76　XS1303 办理离校手续子类表

编号	数据项名	中文简称	类型	长度	约束	值空间	解释/举例	引用编号
XS130301	SFQJXF	是否欠交学费	C	1	M	SFBZ 是否标志代码	结算中心数据	
XS130302	XFQFJE	学费欠费金额	M		M		结算中心数据	
XS130303	QRLHDZ	确认落户地址	C	1	M	SFBZ 是否标志代码	户口办公室数据	
XS130304	HKQCZKM	户口迁出状况码	C	1	M	HKQCZK 户口迁出状况码	待领/已领/缓办/户口不在校(户口办公室数据)	
XS130305	SFYTSS	是否已退宿舍	C	1	M	SFBZ 是否标志代码	物业中心数据	
XS130306	DQJSFY	当前机时费用	M		M		计算中心数据	
XS130307	SFYCLWLZH	是否已处理网络账号	C	1	M	SFBZ 是否标志代码	网络中心数据	
XS130308	SFQYLF	是否欠医疗费	C	1	M	SFBZ 是否标志代码	校医院数据	
XS130309	SFXYBLZZGX	是否需要办理组织关系	C	1	M	SFBZ 是否标志代码	院系党委数据	
XS130310	TSWHHQF	图书未还或欠费	C	4	M	无/欠费/欠书	图书馆数据	
XS130311	SFYGHICK	是否已归还 IC 卡	C	1	M	SFBZ 是否标志代码	注册中心数据	
XS130312	SFYBLXYK	是否已办理校园卡	C	1	O	SFBZ 是否标志代码	注册中心数据	
XS130313	SFYLBDZ	是否已领报到证	C	1	M	SFBZ 是否标志代码		
XS130314	SFYLPQF	是否已领派遣费	C	1	M	SFBZ 是否标志代码	就业中心数据	
XS130315	PQRQ	派遣日期	C	8	M		就业中心数据	TB040003
XS130316	SFYLBYZ	是否已领毕业证	C	1	M	SFBZ 是否标志代码	院系教务数据	
XS130317	BYZLQRQ	毕业证领取日期	C	8	M		院系教务数据	TB040003

6.3.13.4 **XS1304 毕业生就业子类**

［描　述］ 定义毕业生就业的基本数据项。
［关　联］ 本数据子类与其他数据类没有关联。
［组　成］ 由18个数据项组成，见表77。

表77 XS1304 毕业生就业子类表

编号	数据项名	中文简称	类型	长度	约束	值空间	解释/举例	引用编号
XS130401	XYSBH	协议书编号	C	10	O		各校自编	
XS130402	XYQDRQ	协议签订日期	C	8	O			
XS130403	XYNX	协议年限	C	1	O			
XS070503	BDRQ	报到日期	C	8	O			
XS130404	JYLSFSM	就业落实方式码	C	1	O	JYLSFS 就业落实方式代码		
XS130405	BYQXM	毕业去向码	C	1	O	BYQX 毕业去向代码		
XS130406	JSDW	接收单位	C	60	O			
XS130407	DWSZDQHM	单位所在地区划码	C	6	O	GB/T 2260	接收单位所在地区划码	
XS130408	DWZGBM	单位主管部门	C	60	O			
XS130409	SHDWXZM	社会单位性质码	C	2	O	SHDWXZ 社会单位性质代码	采用教职工所编代码	
XS130410	DWJJXZM	单位经济性质码	C	3	O	GB/T 12402		
XS130411	DWTGDDY	单位提供的待遇	T		O			
XS130412	DAJSDZ	档案接收地址	C	180	O			
XS130413	JSDYM	接收地邮码	C	6	O			
XS130414	GZGWXZM	工作岗位性质码	C	1	O	GZGWXZ 工作岗位性质代码		
XS130415	DWHYM	单位行业码	C	4	O	GB/T 4754		
XS130416	BDZH	报到证号	C	11	O			
XS130417	PQF	派遣费	M		O			

6.3.14 **XS14 就业辅助数据类**

6.3.14.1 **XS1301 用人单位需求子类**

［描　述］ 定义用人单位招聘学生需求的基本数据项。
［关　联］ 本数据子类与其他数据类没有关联。
［组　成］ 由16个数据项组成，见表78。

表 78 XS1301 用人单位需求子类表

编号	数据项名	中文简称	类型	长度	约束	值空间	解释/举例	引用编号
XS140101	YRDWBH	用人单位编号	C	8	O		社会用人单位编号,学校自编	
XS140102	YRDWMC	用人单位名称	C	60	O		社会用人单位名称	TB020002
XS140103	XQSYZYM	需求生源专业码	C	6	O	学位授予和人才培养学科目录 专业学位授予和人才培养目录 GB/T 16835		
XS140104	XQSYXLM	需求生源学历码	C	2	O	GB/T 4658	需求生源学历层次码	
XS140105	XQSYTJ	需求生源条件	C	200	O		需求单位对生源的其他要求条件	
XS140106	XQRS	需求人数	N	4	O		单位:人	
XS140107	ZJLXNF	最近联系年份	C	4	O		最近一次联系年份	TB040001
XS140108	ZJJYRS	最近就业人数	N	4	O		最近一次就业人数	
XS140109	DWMS	单位描述	C	200	O		单位基本概况	
XS140110	DWLXDZ	单位联系地址	C	180	O			TB030002
XS140111	DWLXDH	单位联系电话	C	30	O			TB030003
XS140112	DWYM	单位邮码	C	6	O			TB030001
XS140113	LXR	联系人	C	36	O		联系人姓名	TB010001
XS140114	LXRDH	联系人电话	C	30	O			TB030003
XS140115	LXRDZXX	联系人电子信箱	C	40	O		联系人电子邮件信箱地址	TB030006
XS140116	DWZYDZ	单位主页地址	C	60	O		用人单位的主页地址	TB030007

6.3.14.2 XS1402 用人单位网上招聘子类

［描　述］ 定义用人单位网上招聘的基本数据项。

［关　联］ 本数据子类与其他数据类没有关联。

［组　成］ 由 9 个数据项组成,见表 79。

表 79 XS1402 用人单位网上招聘子类表

编号	数据项名	中文简称	类型	长度	约束	值空间	解释/举例	引用编号
XS140101	YRDWBH	用人单位编号	C	8	O		社会用人单位编号,学校自编	
XS140201	ZPNF	招聘年份	C	4	O			TB040001
XS140202	ZPBT	招聘标题	C	100	O			
XS140203	FBRQ	发布日期	C	8	O			TB040003

表 79（续）

编号	数据项名	中文简称	类型	长度	约束	值空间	解释/举例	引用编号
XS140204	JZRQ	截至日期	C	8	O			TB040003
XS140205	ZPNR	招聘内容	T		O			
XS140206	FBFW	发布范围	C	10	O		全部公开/校内公开	
XS140207	ZPLB	招聘类别	C	20	O		一般招聘/公务员及选调生	
XS140208	LJWZ	链接网址	C	60	O			TB030009

6.3.14.3 **XS1403 招聘会子类**

［描　述］ 定义学生招聘会的基本数据项。

［关　联］ 本数据子类与其他数据类没有关联。

［组　成］ 由 12 个数据项组成，见表 80。

表 80　XS1403 招聘会子类表

编号	数据项名	中文简称	类型	长度	约束	值空间	解释/举例	引用编号
XS140301	ZPHBH	招聘会编号	C	10	O		自定	
XS140302	ZPHBT	招聘会标题	C	100	O			
XS140303	ZPHNF	招聘会年份	C	4	O		如 2005	TB040001
XS140304	ZPHLBM	招聘会类别码	C	1	O	ZPHLB 招聘会类别代码	校园专场招聘会/校园集中洽谈会/社会招聘会	
XS140305	GBRQ	公布日期	C	8	O			TB040003
XS140306	JBRQ	举办日期	C	8	O			TB040003
XS140307	JSRIQ	结束日期	C	8	O			TB040003
XS140308	JBDD	举办地点	C	180	O			TB030002
XS120309	ZPYQ	招聘要求	T		O			
XS120310	LXFS	联系方式	C	200	O			
XS120311	HXAP	后续安排	T		O			
XS120312	CJZPDW	参加招聘单位	T		O		单位名称列表	

6.4 JX 教学管理数据子集

6.4.1 JX01 专业信息数据类

［描　述］ 本数据类定义学校专业设置的基本数据项。

［术　语］ “专业号”——学校自编专业（专业方向）代号，内部统计、排序、管理用。

“学科门类”——教育部按照知识的性质划分的门类，本科专业代码中按前 2 位划分，如：01　哲学；02　经济学；03　法学等。

［关　联］ 本数据类与学生管理数据子集关联，与本子集其他数据类密切关联。

[组　成]　本数据类不分子类，由 12 个数据项组成，见表 81。

表 81　JX01 专业信息数据类表

编号	数据项名	中文简称	类型	长度	约束	值空间	解释/举例	引用编号
JX010001	ZYH	专业号	C	6	M		学校自编	
JX010002	ZYMC	专业名称	C	60	M			
JX010003	ZYJC	专业简称	C	20	M			
JX010004	ZYYWMC	专业英文名称	C	180	M			
JX010005	ZYFXH	专业方向号	C	2	O		学校自编	
JX010006	YXSH	院系所号	C	10	O			TB020001
JX010007	XZ	学制	N	3,1	O			
JX010008	XKMLM	学科门类码	C	2	O	学位授予和人才培养学科目录 专业学位授予和人才培养目录 GB/T 16835	取前 2 位码	
JX010009	BZKZYM	本专科专业码	C	6	M	GB/T 16835		
JX010010	YJSZYM	研究生专业码	C	6	M	学位授予和人才培养学科目录 专业学位授予和人才培养目录		
TB020014	JLNY	建立年月	C	6	O			TB040002
JX010011	QSXQ	起始学期	C	1	O	XQ 学期代码		TB040006

6.4.2　**JX02 课程数据类**

[描　述]　本数据类定义教学课程的基本数据项。

[关　联]　本数据类与教学计划、排课、选课等数据类密切关联。

[组　成]　本数据类不分子类，由 9 个数据项组成，见表 82。

表 82　JX02 课程数据类表

编号	数据项名	中文简称	类型	长度	约束	值空间	解释/举例	引用编号
JX020001	KCH	课程号	C	10	M		学校自编	
JX020002	KCMC	课程名称	C	60	M			
JX020003	KCYWMC	课程英文名称	C	180	M			
JX020004	XF	学分	N	5,1	M		修习本课程得到的学分，单位：学分	
JX020005	MZXS	每周学时	N	4,1	M		平均周学时	
JX020006	ZXS	总学时	N	4	M		修习本课程要求的总学时数，单位：学时	

表 82（续）

编号	数据项名	中文简称	类型	长度	约束	值空间	解释/举例	引用编号
JX020007	KCJJ	课程简介	T		M		课程学习的主要内容	
JX020008	JC	教材	T		O		课程使用的教材	
JX020009	CKSM	参考书目	T		O		课程使用的参考书目	

6.4.3 JX03 教学计划数据类

6.4.3.1 JX0301 总体计划子类

［描　述］ 本数据子类定义专业教学计划总体要求的基本数据项。

［关　联］ 本数据子类与课程数据类密切关联。

［组　成］ 本数据子类由 17 个数据项组成，见表 83。

表 83　JX0301 总体计划子类表

编号	数据项名	中文简称	类型	长度	约束	值空间	解释/举例	引用编号
JX030101	JHNJ	计划年级	C	4	M		格式：YYYY	TB040001
JX010001	ZYH	专业号	C	6	M		校内专业号	
JX030102	ZXFYQ	总学分要求	N	5,1	M			
JX030103	ZXSYQ	总学时要求	N	5	M			
JX030104	BXXF	必修学分	N	5,1	M		必修课累计学分	
JX030105	BXXS	必修学时	N	4	M			
JX030106	XXXF	限选学分	N	5,1	O		限定选修课累计学分	
JX030107	XXXS	限选学时	N	4	O			
JX030108	RXXF	任选学分	N	5,1	M		任意选修课累计学分	
JX030109	RXXS	任选学时	N	4	M			
JX030110	JLNY	建立年月	C	6	M		格式：YYYYMM 计划设立年月	TB040002
JX030111	PYMB	培养目标	T		O			
JX030112	JSXS	讲授学时	N	3	O		计划讲授的学时数，单位：学时	
JX030113	SYXS	实验学时	N	3	O		计划要求的实验学时数，单位：学时	
JX030114	XTXS	习题学时	N	3	O		计划要求的习题学时数，单位：学时	
JX030115	SJXS	实践学时	N	3	O			
JX030116	BYSJXS	毕业设计学时	N	3	O			

6.4.3.2 JX0302 计划课程子类

［描　述］ 本数据子类定义教学计划中有关课程的一些基本数据项。

［关　联］ 本数据子类与总体计划子类密切关联。

［组　成］ 本数据子类由 8 个数据项组成，见表 84。

表 84 JX0302 计划课程子类表

编号	数据项名	中文简称	类型	长度	约束	值空间	解释/举例	引用编号
JX030201	KCSXM	课程属性码	C	1	M	KCSX 课程属性代码		
JX030202	SKFSM	授课方式码	C	1	O	SKFS 授课方式代码		
JX030203	YXKC	预修课程	T		O		需预修的课程，多个课程用逗号隔开	
JX030204	KKXQM	开课学期码	C	1	O	XQ 学期代码		TB040006
JX030205	KKXND	开课学年度	C	9	O		格式：YYYY-YYYY	TB020005
JX030206	KSFSM	考试方式码	C	1	O	KSFS 考试方式代码		
JX030207	KKYXSH	开课院系所号	C	10	O		学校自行编码 开设课程的院系所编号	TB020001
JX020004	XF	学分	N	5,1	M		修习课程得到的学分 单位：学分	

6.4.4 JX04 排课数据类

［描　述］ 本数据类定义排课的基本数据项。

［术　语］ “排课”——为分教学班授课课程的编排。

［关　联］ 本数据类与课程、教学计划、选课等数据类密切关联。

［组　成］ 本数据类不分子类，由 24 个数据项组成，见表 85。

表 85 JX04 排课数据类表

编号	数据项名	中文简称	类型	长度	约束	值空间	解释/举例	引用编号
JX040001	KXH	课序号	C	2	M			
JX030207	KKYXSH	开课院系所号	C	10	M		学校自行编码 开设课程的院系所编号	
JX030205	KKXND	开课学年度	C	9	M		课程开设的学年度，例 2005—2006	TB040005
JX030204	KKXQM	开课学期码	C	1	O	XQ 学期代码		TB040006
JX040002	SKSJ	上课时间	C	30	O		每周上课的具体时间，每节课逐一填写	

表 85（续）

编号	数据项名	中文简称	类型	长度	约束	值空间	解释/举例	引用编号
JX040003	JXDD	教学地点	C	20	O		教学活动安排地点	
JX040004	JXZY	教学资源	T		O		教学的辅助工具、设备等资源	
JX040005	KRL	课容量	N	5	O		容纳学生数，单位：人	
JX040006	TKZRS	听课总人数	N	4	O		单位：人	
JX040007	JSSZXQH	教室所在校区号	C	2	O		学校自行编号	
JX040008	XKXQH	选课校区号	C	2	O		学校自行编号	
JX040009	XKRSXD	选课人数限定	N	4	O		单位：人	
JX040010	XKNJ	选课年级	C	4	O			TB040001
JX040011	PKYQ	排课要求	T		O			
JX040012	JSLXM	教室类型码	C	1	O	JSLX 教室类型代码		
JX040013	QSZ	起始周	N	2	O			
JX040014	ZZZ	终止周	N	2	O			
JX040015	JSJGH	教师教工号	C	20	M		授课教师教工号	TB010020
JX040016	JSXM	教师姓名	C	36	O		校外教师填写姓名	
JX040017	KCXZM	课程性质码	C	1	M	KCXZ 课程性质代码		
JX040018	SKBJ	上课班级	C	30	O		行政班名称，含专业、年级，如法学专业 2005 级	XX040002
JX040019	JXBMC	教学班名称	C	30	O		如高等数学 2 班	XX040002
JX040020	JXTZ	教学特征	T		O		主要是医学类课程，有各自的教学特征	
JX040021	KKSM	开课说明	T		O		要说明的事项：如理论课、实验课交错上	

6.4.5 JX05 选课数据类

［描　述］ 本数据类定义选课的基本数据项。

［术　语］ “选课”——按教学计划安排学生选择课程。其中限选课和任选课，学生有选择的自主性。

［关　联］ 本数据类与课程、教学计划、排课等数据类密切关联。

［组　成］ 本数据类不分子类，由 11 个数据项组成，见表 86。

表 86 JX05 选课数据类表

编号	数据项名	中文简称	类型	长度	约束	值空间	解释/举例	引用编号
JX020001	KCH	课程号	C	10	M		课程及活动的编号，学校自编	
JX040001	KXH	课序号	C	2	M			JX040001
JX050001	NJYQ	年级要求	C	80	M			
JX050002	YXYQ	院系要求	C	80	O			
JX050003	ZYYQ	专业要求	C	120	M			
JX050004	XQYQ	校区要求	C	30	O			
JX050005	XKZY	选课志愿	C	1	O		学校自行编码	
JX050006	SFCX	是否重修	C	1	O	SFBZ 是否标志代码	1 是;0 否	
JX050007	XKLCM	选课轮次码	C	1	O		学校自行编码	
JX050008	XKRQ	选课日期	C	8	O			TB040003
JX050009	XKSJ	选课时间	C	6	O		格式:hhmmss	TB040004

6.4.6 JX06 教室管理数据类

6.4.6.1 JX0601 教室基本数据子类

［描　述］ 本数据子类定义教室基本情况的一些基本数据项。

［关　联］ 本数据子类与教室使用数据子类密切关联。

［组　成］ 本数据子类由 11 个数据项组成，见表 87。

表 87 JX0601 教室基本数据子类表

编号	数据项名	中文简称	类型	长度	约束	值空间	解释/举例	引用编号
JX060101	JSH	教室号	C	20	M		各校自编	
JX060102	XQH	校区号	C	2	O		各校自编	
JX060103	JXLH	教学楼号	C	6	O		各校自编	
JX060104	SZLC	所在楼层	C	2	O			
JX060105	JSYT	教室用途	C	20	O			
JX060106	ZWS	座位数	N	4	M			
JX060107	YXZWS	有效座位数	N	4	O			
JX060108	KSZWS	考试座位数	N	4	O			
JX040012	JSLXM	教室类型码	C	1	M	JSLX 教室类型代码		
JX060109	JSMS	教室描述	T		O		教室主要功能等，如有哪些用途、功能	
JX060110	JSGLBM	教室管理部门	C	60	O			

6.4.6.2 JX0602 教室使用数据子类

［描　述］ 本数据子类定义教室使用情况的一些基本数据项。

［关　联］ 本数据子类与教室管理基本数据子类密切关联。

［组　成］ 本数据子类由 5 个数据项组成，见表 88。

表 88 JX0602 教室使用数据子类表

编号	数据项名	中文简称	类型	长度	约束	值空间	解释/举例	引用编号
JX060201	JSZYQKM	教室占用情况码	C	2	O	JSZYQK 教室占用情况代码		
JX060202	SYRQ	使用日期	C	8	M			TB040003
JX060203	SYJC	使用节次	N	2	O			
JX060204	SYRH	使用人号	C	20	O		使用人教工号或学号	
JX060205	SYRSF	使用人身份	C	10	O		教师、管理干部或学生	

6.4.7 JX07 教材数据类

6.4.7.1 JX0701 教材基本数据子类

［描　述］ 本数据子类定义教材基本情况的基本数据项。

［关　联］ 本数据子类与教材编者、获奖教材等子类密切关联。

［组　成］ 本数据子类由 5 个数据项组成，见表 89。

表 89 JX0701 教材基本数据子类表

编号	数据项名	中文简称	类型	长度	约束	值空间	解释/举例	引用编号
JX070101	GJBZSH	国际标准书号	C	30	M		英文缩写：ISBN	
JX070102	JCMC	教材名称	C	80	M			
JX070103	BC	版次	C	30	O			
JX070104	CBS	出版社	C	180	M			
JX070105	BZZZS	编著者总数	C	2	O			

6.4.7.2 JX0702 获奖教材子类

［描　述］ 本数据子类定义获奖教材的基本数据项。

［关　联］ 本数据子类与教材编者、基本数据等子类密切关联。

［组　成］ 本数据子类由 8 个数据项组成，见表 90。

表 90 JX0702 获奖教材子类表

编号	数据项名	中文简称	类型	长度	约束	值空间	解释/举例	引用编号
JX070201	HJJCBH	获奖教材编号	C	6	M		格式:YYYYLL 年份+流水号	
JX070202	HJXM	获奖项目	C	60	M			
JX070203	HJJC	获奖届次	C	20	O			
JX070204	HJRQ	获奖日期	C	8	O			TB040003
JX070205	HJMC	获奖名称	C	60	M			
JX070206	JLJBM	奖励级别码	C	2	O	JLJB 奖励级别代码		
JX070207	JLDJM	奖励等级码	C	1	M	JLDJ 奖励等级代码		
JX070208	PJBM	评奖部门	C	60	O			TB020002

6.4.7.3 JX0703 编者子类

[描 述] 本数据子类定义了教材编者的基本数据项。

[关 联] 本数据子类与教材获奖、基本数据等子类密切关联。

[组 成] 本数据子类由 4 个数据项组成,见表 91。

表 91 JX0703 编者子类表

编号	数据项名	中文简称	类型	长度	约束	值空间	解释/举例	引用编号
JX070301	BZZH	编著者号	C	20	M		教职工填教工号,学生填学号	TB010019
JX070302	BZZXM	编著者姓名	C	36	M		供外单位人员填	TB010001
JX070303	BZZJS	编著者角色	C	3	M	JS 角色代码		
JX070304	BZZDW	编著者单位	C	60	M			TB020002

6.4.8 JX08 教学成果数据类

6.4.8.1 JX0801 教学获奖子类

[描 述] 本数据子类定义教学成果的获奖数据项。

[关 联] 本数据子类与教学成果完成人子类密切关联。

[组 成] 本数据子类由 6 个数据项组成,见表 92。

表 92　JX0801 教学获奖子类表

编号	数据项名	中文简称	类型	长度	约束	值空间	解释/举例	引用编号
JX080101	JXCGBH	教学成果编号	C	6	M		4 位年份+2 位流水号 格式：YYYYLL	
JX080102	JXCGMC	教学成果名称	C	60	M			
JX070206	JLJBM	奖励级别码	C	2	O	JLJB 奖励级别代码		
JX070207	JLDJM	奖励等级码	C	1	M	JLDJ 奖励等级代码		
JX080103	HJNF	获奖年份	C	4	M		2000,表示 2000 年份	TB040001
JX080104	WCRZS	完成人总数	C	2	O			

6.4.8.2　JX0802 完成人子类

［描　述］　本数据子类定义教学成果完成人的基本数据项。

［关　联］　本数据子类与教学成果获奖子类密切关联。

［组　成］　本数据子类由 4 个数据项组成，见表 93。

表 93　JX0802 完成人子类表

编号	数据项名	中文简称	类型	长度	约束	值空间	解释/举例	引用编号
JX080201	WCRH	完成人号	C	20	M		教职工填教工号，学生填学号	TB010020
JX080202	WCRXM	完成人姓名	C	36	M		外单位人员填	TB010001
JX080203	WCRJS	完成人角色	C	3	M	JS 角色代码		
JX080204	WCDW	完成单位	C	60	M			TB020002

6.4.9　JX09 研究生专业培养方案数据类

［描　述］　本数据类定义研究生培养方案的基本数据项。

［术　语］　“培养方案”——是研究生教育工作的具体实施细则，它一般包括培养目标、研究方向、课程设置、学位论文工作、培养方式与方法、教学实践、学术活动等内容。

［关　联］　本数据类与学生管理数据子集、教学管理数据子集中的其他数据类有关联。

［组　成］　本数据类不分子类，由 15 个数据项组成，见表 94。

表 94　JX09 研究生专业培养方案数据类表

编号	数据项名	中文简称	类型	长度	约束	值空间	解释/举例	引用编号
JX090001	PYFAH	培养方案号	C	10	M		学校自编	
JX090002	ZDNF	制定年份	C	4	M		格式：YYYY	TB040001
JX010006	YXSH	院系所号	C	10	O		学校自行编码 专业所属的院系所编号	

表 94（续）

编号	数据项名	中文简称	类型	长度	约束	值空间	解释/举例	引用编号
JX030111	PYMB	培养目标	T		M			
JX090003	YJFX	研究方向	C	100	M			
JX090004	XXNX	学习年限	N	3,1	M			
JX090005	PYFSM	培养方式码	C	2	M	PYFS 培养方式代码		
JX090006	KHHJ	考核环节	T		M			
JX090007	XWLWYQ	学位论文要求	T		M			
JX020009	CKSM	参考书目	T		O			
JX090008	KSZXNJ	开始执行年级	C	4	O		格式：YYYY	
JX090009	ZXNY	执行年月	C	6	O			TB040002
JX090010	ZXFBLWYQ	在校发表论文要求	T		O			
JX090011	SFSBLD	是否硕博连读	C	1	M	SFBZ 是否标志代码		
JX090012	SFZYXW	是否专业学位	C	1	M	SFBZ 是否标志代码		

6.5 JG 教职工管理数据子集

6.5.1 JG01 教职工基本数据类

6.5.1.1 JG0101 教职工基础数据子类

［描　述］ 本数据子类定义教职工的个人基本数据项。

［关　联］ 本数据子类与本子集多个数据类(子类)有密切的关联。

［组　成］ 本数据子类由 31 个数据项组成，见表 95。

表 95 JG0101 教职工基础数据子类表

编号	数据项名	中文简称	类型	长度	约束	值空间	解释/举例	引用编号
TB010020	JGH	教工号	C	20	M		学校自编教职工编号	
TB020001	DWH	单位号	C	10	M		本人所属院系单位号	
TB010001	XM	姓名	C	36	M		例：张振华，买买提明·阿不都热依木	
TB010002	XMPY	姓名拼音	C	60	M		例：ZHANG Zhenhua，Maimaitiming Abudureyimu，Christopher Francis Patten	
TB010003	CYM	曾用名	C	36	O		曾正式使用过的姓名	
TB010004	XBM	性别码	C	1	M			
TB010005	CSRQ	出生日期	C	8	M		出生证签署的并在公安户籍部门正式登记注册、人事档案中记载的年月日	

表 95（续）

编号	数据项名	中文简称	类型	长度	约束	值空间	解释/举例	引用编号
TB010006	CSDM	出生地码	C	6	M			
TB010007	JG	籍贯	C	20	M		填写籍贯中文名称	
TB010008	MZM	民族码	C	2	M	GB/T 3304	取用 2 位数字代码，例：01 汉族，02 蒙古族（外国人不必填写）	
TB010009	GJDQM	国籍/地区码	C	3	M		采用 3 字母代码	
TB010010	SFZJLXM	身份证件类型码	C	1	M		包括身份证、护照等	
TB010011	SFZJH	身份证件号	C	20	M			
TB010021	SFZJYXQ	身份证件有效期	C	17			YYYYMMDD-YYYYMMDD 例：20080512-20110511	
TB010012	HYZKM	婚姻状况码	C	2	M			
TB010013	GATQWM	港澳台侨外码	C	2	M			
TB010015	JKZKM	健康状况码	C	1	M			
TB010016	XYZJM	信仰宗教码	C	2	O			
TB010017	XXM	血型码	C	1	M			
JG010101	ZGXLM	最高学历码	C	2	O	GB/T 4658	本人接受由国家教育行政部门认可的各类学校正式教育并获得有关证书的最高学历	
JG010102	WHCDM	文化程度码	C	2	M	GB/T 4658	本人实际具有的文化水平	
JG010103	CJGZNY	参加工作年月	C	6	M			TB040002
JG010104	LXRQ	来校日期	C	8	M		来校工作的实际报到日期，以人事部门记载为准	TB040003
JG010105	QXRQ	起薪日期	C	8	M		人事部门正式开始计算薪水的日期	TB040003
JG010106	CJNY	从教年月	C	6	M		本人开始从事教育工作的年月	TB040002
JG010107	BZLBM	编制类别码	C	2	M	BZLB 编制类别代码		
JG010108	JZGLBM	教职工类别码	C	2	M	JZGLB 教职工类别代码		
JG010109	RKZKM	任课状况码	C	2	M	RKZK 任课状况代码		
JG010110	DABH	档案编号	C	10	M		存档部门为本人档案确定的管理编号	
JG010111	DAWB	档案文本	T		O		档案的具体内容	
JG010112	DQZTM	当前状态码	C	2	M	JZGDQZT 教职工当前状态代码	两位代码的第一位 0 表示不在职；1 表示在职	

6.5.1.2 JG0102 教职工当前数据子类

［描　述］ 本数据子类定义教职工的个人基本信息中会有变化的部分数据项。

［关　联］ 本数据子类与本数据类的其他子类有密切的关联。

［组　成］ 本数据子类由 19 个数据项组成，见表 96。

表 96 JG0102 教职工当前数据子类表

编号	数据项名	中文简称	类型	长度	约束	值空间	解释/举例	引用编号
TB030001	YZBM	邮政编码	C	6	O		通信地址邮政编码	
TB030002	TXDZ	通信地址	C	180	O			
JG010201	JTZZ	家庭住址	C	180	O		详细地址	TB030002
JG010202	XZZ	现住址	C	180	O		教职工的常住地址	TB030002
JG010203	HKSZD	户口所在地	C	180	O		详细地址	TB030002
JG010204	HKLBM	户口类别码	C	1	O	GA 324.1	户籍部门确认的农业户口或非农业户口	
JG010205	BGDH	办公电话	C	30	O			TB030003
JG010206	ZZDH	住宅电话	C	30	O			TB030003
TB030004	YDDH	移动电话	C	30	O			
TB030005	CZDH	传真电话	C	30	O			
TB030006	DZXX	电子信箱	C	40	M		电子邮件地址	
TB010018	ZP	照片	B		M		近期免冠正面半身照	
TB030007	ZYDZ	主页地址	C	60	O		互联网上的主页地址	
JG010207	TC	特长	C	100	O		本人在某一方面的特殊能力或技能	
JG010208	XQH	校区号	C	2	O		学校自行编号	
JG010209	XKLBM	学科类别码	C	2	O	学位授予和人才培养学科目录	取其前 2 位	
JG010210	YJXKM	一级学科码	C	4	O	学位授予和人才培养学科目录	取其前 4 位代码	
JG010211	EJXKM	二级学科码	C	6	O	学位授予和人才培养学科目录		
JG010212	YJFX	研究方向	C	100	O		从事研究方向的名称	

6.5.1.3 JG0103 学历、学位子类

［描　述］ 本数据子类定义教职工个人的学历、学位等受教育情况的基本数据项。

［关　联］ 本数据子类与本数据类的其他子类有关联。

［组　成］ 本数据子类由 13 个数据项组成，见表 97。

表 97 JG0103 学历、学位子类表

编号	数据项名	中文简称	类型	长度	约束	值空间	解释/举例	引用编号
JG010301	XLM	学历码	C	2	M	GB/T 4658		
JG010302	XLSYRQ	学历授予日期	C	8	M		以学历证书的签发时间为准	TB040003
JG010303	SXZYM	所学专业码	C	6	M	学位授予和人才培养学科目录 专业学位授予和人才培养目录	取得学历所学习的专业	
JG010304	RXNY	入学年月	C	6	M			TB040002
JG010305	XXXSM	学习形式码	C	2	M	GB/T 14946.1—2009 附录 A.25		
JG010306	XXFSM	学习方式码	C	1	M	GB/T 14946.1—2009 附录 A.25		
JG010307	XZ	学制	N	3,1	M		接受学历教育在校学习完成学习的规定年限， 单位：年，保留一位小数	
JG010308	BYNY	毕业年月	C	6	M			TB040002
JG010309	BYYXXDW	毕肄业学校/单位	C	60	M			
JG010310	XWM	学位码	C	3	M	GB/T 6864		
JG010311	XWSYRQ	学位授予日期	C	8	M		以学位证书的签发日期为准	TB040003
JG010312	SYGJDQM	授予国家/地区码	C	3	M			TB010009
JG010313	XWSYDW	学位授予单位	C	60	M		颁发学位证书的单位名称	TB020002

6.5.1.4 **JG0104 简历子类**

引用 XS 学生管理数据子集/XS0101 学生基本数据子类/XS0102 学生工作简历子类。

6.5.1.5 **JG0105 奖励子类**

［描 述］ 本数据子类定义教职工获得奖励或荣誉的基本数据项。
［关 联］ 本数据子类与本数据类的其他子类有关联。
［组 成］ 本数据子类由 14 个数据项组成，见表 98。

表 98 JG0105 奖励子类表

编号	数据项名	中文简称	类型	长度	约束	值空间	解释/举例	引用编号
JG010501	HJXM	获奖项目	C	60	O		获得奖励的项目名称	
JG010502	JLJBM	奖励级别码	C	2	M	JLJB 奖励级别代码		
JG010503	JLDJM	奖励等级码	C	1	M	JLDJ 奖励等级代码		

表 98（续）

编号	数据项名	中文简称	类型	长度	约束	值空间	解释/举例	引用编号
JG010504	HJLBM	获奖类别码	C	1	M	JSHJLB 教师获奖类别代码		
JG010505	JLFSM	奖励方式码	C	1	O	JLFS 奖励方式码	给予荣誉或物质奖励的形式	
JG010506	JLMC	奖励名称	C	60	M			
JG010507	JLMCM	奖励名称码	C	4	O	GB/T 8563.1	采用第1部分:奖励代码	
JG010508	HJYY	获奖原因	T		O		获得该项奖励的原因	
JG010509	JLNR	奖励内容	T		O		获得该项奖励给予的物质数量等的描述	
JG010510	BJDW	颁奖单位	C	60	O		授予奖励的单位名称	TB020002
JG010511	BJRQ	颁奖日期	C	8	M		颁布奖励的日期	TB040003
JG010512	RYCHM	荣誉称号码	C	3	O	GB/T 8563.2	采用第2部分:荣誉称号和荣誉奖章代码	
JG010513	HRYRQ	获荣誉日期	C	8	O		荣誉称号证书的批准日期	TB040003
JG010514	HJJSM	获奖角色码	C	3	M	JS 角色代码	本人在获奖项目中担负的责任和实际作用	

6.5.1.6　**JG0106 惩处子类**

［描　述］　本数据子类定义教职工受到惩处的基本数据项。

［关　联］　本数据子类与本数据类的其他子类有关联。

［组　成］　本数据子类由 10 个数据项组成,见表 99。

表 99　**JG0105 奖励子类表**

编号	数据项名	中文简称	类型	长度	约束	值空间	解释/举例	引用编号
JG010601	CCMC	惩处名称	C	20	M		受到党和国家某级组织或司法部门给予处分的名称	
JG010602	JLCFM	纪律处分码	C	2	O	GB/T 8563.3	采用第3部分：纪律处分代码	
JG010603	CCYY	惩处原因	C	80	O			
JG010604	CCNR	惩处内容	C	80	O		处分包括的具体内容	
JG010605	CCDW	惩处单位	C	60	M		给予处分的组织机构名称	TB020002
JG010606	CCWH	惩处文号	C	24	O		给予处分的文号	
JG010607	CCRQ	惩处日期	C	8	M		给予处分的日期	TB040003
JG010608	CCCXRQ	惩处撤消日期	C	8	M		处分的撤消日期	TB040003
JG010609	CCCXWH	惩处撤消文号	C	24	O		撤消处分的文号	
JG010610	CCCXYY	惩处撤消原因	C	80	O			

6.5.1.7 JG0107 政治面貌子类

引用 XS 学生管理数据子集/XS01 学生基本数据类/XS0104 政治面貌子类。

6.5.1.8 JG0108 家庭成员子类

[描　述] 本数据子类定义教职工家庭成员的基本数据项。
[关　联] 本数据子类与本数据类的其他子类有关联。
[组　成] 本数据子类由 18 个数据项组成，见表 100。

表 100 JG0108 家庭成员子类表

编号	数据项名	中文简称	类型	长度	约束	值空间	解释/举例	引用编号
JG010801	JTGXM	家庭关系码	C	2	O	GB/T 4761	采用两位代码	
TB010001	XM	姓名	C	36	O			
TB010004	XBM	性别码	C	1	O			
TB010005	CSRQ	出生日期	C	8	O			
TB010008	MZM	民族码	C	2	O		例:02　蒙古族	
TB010009	GJDQM	国籍/地区码	C	3	O		采用 3 字母国别/地区代码	
TB010012	HYZKM	婚姻状况码	C	2	O			
TB010013	GATQWM	港澳台侨外码	C	2	O			
TB010014	ZZMMM	政治面貌码	C	2	O			
JG010802	GZDW	工作单位	C	60	O			TB020002
JG010803	ZYM	职业码	C	3	O	GB/T 6565		
JG010804	ZYJSZWM	专业技术职务码	C	3	O	GB/T 8561		
JG030104	ZWJBM	职务级别码	C	2	O	GB/T 12407		
TB030003	DH	电话	C	30	O			
JG010805	QJDM	侨居地码	C	3	O			TB010009
JG010806	JTRK	家庭人口	N	2	O		本人家庭户口人口数	
JG010807	ZNRS	子女人数	N	2	O		本人生育抚养的子女人数	
JG010808	SYRKS	赡养人口数	N	3	O		本人经济上负担赡养的人口数	

6.5.1.9 JG0109 语言能力子类

[描　述] 本数据子类定义教职工掌握语言能力的基本数据项。
[关　联] 本数据子类与本数据类的其他子类有关联。
[组　成] 本数据子类由 5 个数据项组成，见表 101。

表 101 JG0109 语言能力子类表

编号	数据项名	中文简称	类型	长度	约束	值空间	解释/举例	引用编号
JG010901	WGYZM	外国语种码	C	2	O	GB/T 4880.1	采用代码第 1 部分:2 字母代码;en 英语,de 德语	
JG010902	WGYZSLCDM	外国语种熟练程度码	C	1	O	GB/T 6865		
JG010903	ZGYZM	中国语种码	C	3	O	GB/T 4881	用三位数字代码	
JG010904	ZGYZSLCDM	中国语种熟练程度码	C	1	O	GB/T 6865		
JG010905	PTHSPDJM	普通话水平等级码	C	30	O	PTHSPDJ 普通话水平等级代码	参加普通话水平测试所达到的等级代码	

6.5.2 JG02 教学科研数据类

6.5.2.1 JG0201 任课子类

[描 述] 本数据子类定义教职工任课的基本数据项。
[关 联] 本数据子类与教学管理子集有密切的关联。
[组 成] 本数据子类由 8 个数据项组成,见表 102。

表 102 JG0201 任课子类表

编号	数据项名	中文简称	类型	长度	约束	值空间	解释/举例	引用编号
JG020101	RKKCH	任课课程号	C	10	M		学校自行编码 负责授课的课程号	
JG020102	RKKCLBM	任课课程类别码	C	2	M	RKKCLB 任课课程类别代码		
JG020103	RKQSNY	任课起始年月	C	6	M			TB040002
JG020104	RKZZNY	任课终止年月	C	6	M			TB040002
JG020105	RKZXS	任课总学时	N	3	M		教授本门课程的总学时数	
JG020106	RKJSM	任课角色码	C	1	M	RKJS 任课角色代码		
JG020107	SKRS	授课人数	N	4	M		听课的人数	
JG020108	KCLXM	课程类型码	C	2	M	KCLX 课程类型代码		

6.5.2.2 JG0202 教学工作量子类

[描 述] 本数据子类定义教职工教学工作量的基本数据项。
[关 联] 本数据子类与教学管理子集有密切的关联。
[组 成] 本数据子类由 6 个数据项组成,见表 103。

表 103 JG0202 教学工作量子类表

编号	数据项名	中文简称	类型	长度	约束	值空间	解释/举例	引用编号
JG020201	JXLXM	教学类型码	C	2	M	JXLX 教学类型代码		
JG020202	JXNR	教学内容	C	80	M		教学管理部门根据教学计划安排的具体教学内容	
JG020203	JXGZL	教学工作量	N	4	M		单位:学时/年	
JG020204	JXPY	教学评语	T		O		对所从事教学工作的情况评定	
JG020205	JXQSNY	教学起始年月	C	6	M			TB040002
JG020206	JXZZNY	教学终止年月	C	6	M			TB040002

6.5.2.3 JG0203 科研项目子类

引用 KY 科研管理数据子集/KY01 科技项目数据类。

6.5.2.4 JG0204 论著子类

引用 KY 科研管理数据子集/KY03 科技成果数据类/KY0302—KY0305 子类。

6.5.2.5 JG0205 专利子类

引用 KY 科研管理数据子集/KY03 科技成果数据类中的 KY0307—KY0308 子类。

6.5.3 JG03 岗位职务数据类

6.5.3.1 JG0301 党政职务子类

[描 述] 本数据子类定义教职工担任党政领导职务的基本数据项。
[关 联] 本数据子类与教职工基本数据类有一定关联。
[组 成] 本数据子类由 20 个数据项组成,见表 104。

表 104 JG0301 党政职务子类表

编号	数据项名	中文简称	类型	长度	约束	值空间	解释/举例	引用编号
JG030101	ZWMC	职务名称	C	60	M			
JG030102	ZWMCM	职务名称码	C	4	O	GB/T 2403		
JG030103	ZWLBM	职务类别码	C	2	O	ZWLB 职务类别代码		
JG030104	ZWJBM	职务级别码	C	2	M	GB/T 12407		
JG030105	ZWFLM	职位分类码	C	4	O	GB/T 14946.1—2009 附录 A.6		

表 104（续）

编号	数据项名	中文简称	类型	长度	约束	值空间	解释/举例	引用编号
JG030106	RZRQ	任职日期	C	8	M		由某级党委、国家行政机关及其组织、人事管理部门正式任命通知时间，或由某级人民代表大会(或人大常委会)、某级政协及人民团体会议选举通过及决定职务的生效日期	TB040003
JG030107	RZBM	任职部门	C	60	O		任职所对应的部门	TB020002
JG030108	RZFSM	任职方式码	C	1	O	GB/T 14946.1—2009 附录 A.4		
JG030109	RZYY	任职原因	C	80	O			
JG030110	RZWH	任职文号	C	24	O		由上级单位颁发的职务任命书或公告的文件编号	
JG030111	RZPZDW	任职批准单位	C	60	O		批准任职并签发任职通知的组织机构名称	TB020002
JG030112	ZWBDLBM	职务变动类别码	C	2	O	GB/T 14946.1—2009 附录 A.7		
JG030113	DQSFZR	当前是否在任	C	1	M	SFBZ 是否标志代码		
JG030114	ZWPX	职务排序	C	2	O		领导干部在领导班子内排列的顺序号	
JG030115	ZGHCSGZ	主管或从事工作	C	40	O			
JG030116	MZRQ	免职日期	C	8	M		按干部管理权限，由某级党委、国家行政机关及其组织、人事管理部门、人大常委会或人民团体会议批准免去职务生效日期	TB040003
JG030117	MZFSM	免职方式码	C	1	O	GB/T 14946.1—2009 附录 A.9		
JG030118	MZYYM	免职原因码	C	2	O	GB/T 14946.1—2009 附录 A.10		
JG030119	MZWH	免职文号	C	24	O		按干部管理权限，由某级党委、国家行政机关及其组织、人事管理部门、人大常委会或人民团体会议决定颁发的职务免职书或公告的文件编号	
JG030120	MZPZDW	免职批准单位	C	60	O		批准免职并签发免职通知的组织机构名称	TB020002

6.5.3.2 JG0302 管理工作子类

［描　述］ 本数据子类定义教职工担任管理工作的基本数据项。
［关　联］ 本数据子类与教职工基本数据类有一定关联。
［组　成］ 本数据子类由5个数据项组成，见表105。

表 105 JG0302 管理工作子类表

编号	数据项名	中文简称	类型	长度	约束	值空间	解释/举例	引用编号
JG030201	GLGZMC	管理工作名称	C	60	O		由组织、干部、人事部门或部门负责人指派的管理工作名称	
JG030202	GLBM	管理部门	C	60	O		管理工作归属的部门名称	TB020002
JG030203	GLQSNY	管理起始年月	C	6	O		本人从事管理工作的起始年月	TB040002
JG030204	GLZZNY	管理终止年月	C	6	O		本人从事管理工作的终止年月	TB040002
JG030205	GLGZL	管理工作量	N	4	O		单位：小时/年	

6.5.3.3 JG0303 岗位证书子类

［描　述］ 本数据子类定义教职工取得岗位证书的基本数据项。
［关　联］ 本数据子类与教职工基本数据类有一定关联。
［组　成］ 本数据子类由3个数据项组成，见106。

表 106 JG0303 岗位证书子类表

编号	数据项名	中文简称	类型	长度	约束	值空间	解释/举例	引用编号
JG030301	GWZSMC	岗位证书名称	C	40	O		由具有岗位评定资格单位考核并批准的岗位证书名称	
JG030302	BFDW	颁发单位	C	60	O		批准并签发岗位证书的组织机构名称	TB040002
JG030303	BFRQ	颁发日期	C	8	O		批准并签发岗位证书的日期	TB040003

6.5.3.4 JG0304 专业技术职务子类

［描　述］ 本数据子类定义教职工取得专业技术职务资格、受聘专业技术职务的基本数据项。
［关　联］ 本数据子类与教职工基本数据类有一定关联。
［组　成］ 本数据子类由11个数据项组成，见表107。

表 107 JG0304 专业技术职务子类表

编号	数据项名	中文简称	类型	长度	约束	值空间	解释/举例	引用编号
JG030401	RZZGMCM	任职资格名称码	C	3	O	GB/T 8561	例:011 教授	
JG030402	QDZGTJM	取得资格途径码	C	1	O	GB/T 14946.1—2009 附录 A.11	通过专业技术职务任职资格评审委员会评审或参加国家统一专业技术资格考试	
JG030403	PSDW	评审单位	C	60	O		专业技术职务任职资格评审委员会或其授权的组织机构名称	TB020002
JG030404	PDRQ	评定日期	C	8	O		经专业技术职务任职资格评审委员会评审或参加国家统一专业技术资格考试合格而取得的专业技术资格的日期	TB040003
JG030405	PRZWM	聘任职务码	C	3	M	GB/T 8561		
JG030406	PRDW	聘任单位	C	60	O		聘任专业技术职务的具体单位名称	TB020002
JG030407	PRQSRQ	聘任起始日期	C	8	M		专业技术职务聘任通知和聘书所认定的聘任开始日期	TB040003
JG030408	PRZZRQ	聘任终止日期	C	8	M		专业技术职务聘任通知和聘书所认定的聘任终止日期	TB040003
JG030409	PRQKM	聘任情况码	C	2	O	PRQK 聘任情况代码	当前专业技术职务的聘任情况	
JG030410	JPRQ	解聘日期	C	8	O		非正常情况终止聘任的日期	TB040003
JG030411	JPYY	解聘原因	C	80	O		解除聘任专业技术职务的原因	

6.5.3.5 JG0305 研究生导师子类

［描　述］ 本数据子类定义教职工担任研究生导师的基本数据项。

［关　联］ 本数据子类与教职工基本数据类有一定关联。

［组　成］ 本数据子类由 5 个数据项组成，见表 108。

表 108 JG0305 研究生导师子类表

编号	数据项名	中文简称	类型	长度	约束	值空间	解释/举例	引用编号
JG030501	DSLBM	导师类别码	C	1	M	DSLB 导师类别代码		
JG030502	RSDNY	任硕导年月	C	6	O		首次带硕士研究生的年月	TB040002
JG030503	RBDNY	任博导年月	C	6	O		首次带博士研究生的年月	TB040002
JG030504	XWSYDWM	学位授予单位码	C	10	O	学校(机构)标识码		
JG030505	DWMC	单位名称	C	60	O		用于非高校(科研机构)的兼职导师	TB020002

6.5.3.6 JG0306 工人技术等级及职务子类

［描 述］ 本数据子类定义工勤岗位教职工技术等级和技术职务的基本数据项。
［关 联］ 本数据子类与教职工基本数据类有一定关联。
［组 成］ 本数据子类由 5 个数据项组成，见表 109。

表 109 JG0306 工人技术等级及职务子类表

编号	数据项名	中文简称	类型	长度	约束	值空间	解释/举例	引用编号
JG030601	GRJSDJM	工人技术等级码	C	1	O	GB/T 14946.1—2009 附录 A.13	经工人技术考评组织评审并正式批准或经国家统一的职业技能鉴定机构考核合格取得的技术等级名称	
JG030602	GRJSZWM	工人技术职务码	C	1	O	GB/T 14946.1—2009 附录 A.13	正式聘任的工人技术职务名称	
JG030603	GRGZM	工人工种码	C	2	O	HYGZLB 行业工种类别代码		
JG030604	DJFZJG	等级发证机关	C	60	O		工人技术等级发证机关	TB020002
JG030605	DJPDRQ	等级评定日期	C	8	O		技术等级评定日期	TB040003

6.5.4 JG04 教职工考核数据类

6.5.4.1 JG0401 组织考察(考核)子类

［描 述］ 本数据子类定义组织、干部、人事部门考察(考核)干部的基本数据项。
［关 联］ 本数据子类与教职工基本数据类有一定关联。
［组 成］ 本数据子类由 5 个数据项组成，见表 110。

表 110 JG0401 组织考察(考核)子类表

编号	数据项名	中文简称	类型	长度	约束	值空间	解释/举例	引用编号
JG040101	KCLBM	考察(考核)类别码	C	1	O	GB/T 14946.1—2009 附录 A.18		
JG040102	KCRQ	考察(考核)日期	C	8	M		组织、干部、人事部门组派的考察组进行考察(考核)的日期	TB040003
JG040103	KCYJ	考察(考核)意见	T		M		组织、干部、人事部门组派的考察组对德、才、勤、绩诸方面的评价意见	
JG040104	KCJGM	考察(考核)结果码	C	1	M	GB/T 14946.1—2009 附录 A.19	经考核委员会或考察小组审核后，由部门负责人确定的考核结论	
JG040105	KCZZ	考察(考核)组织(及考察人)	C	120	M		组织、干部、人事部门组派的考察组名称及直接参与考核的考察组成员姓名，以及确定考察结论的部门负责人姓名	

6.5.4.2 **JG0402 教职工考核子类**

［描　述］ 本数据子类定义人事部门考察(考核)教职工的基本数据项。

［关　联］ 本数据子类与教职工基本数据类有一定关联。

［组　成］ 本数据子类由10个数据项组成,见表111。

表111 JG0402 教职工考核子类表

编号	数据项名	中文简称	类型	长度	约束	值空间	解释/举例	引用编号
JG040201	JZGKHLBM	教职工考核类别码	C	1	O	GB/T 14946.1—2009 附录A.18		
JG040202	JZGKHRQ	教职工考核日期	C	8	M		业务考评的具体日期	TB040003
JG040203	JZGKHNR	教职工考核内容	C	80	O		业务考核的主要内容	
JG040204	JZGKHDWH	教职工考核单位号	C	10	M		学校自行编号	TB020001
JG040205	DWKHPY	单位考核评语	T		O		业务考核的结论和评语	
JG040206	DWKHJGM	单位考核结果码	C	1	M	GB/T 14946.1—2009 附录A.19		
JG040207	DWKHFZRJGH	单位考核负责人教工号	C	20	O		负责业务考核的人员教工号	TB010020
JG040208	XXKHPY	学校考核评语	T		O			
JG040209	XXKHJGM	学校考核结果码	C	1	O	GB/T 14946.1—2009 附录A.19		
JG040210	XXKHFZRJGH	学校考核负责人教工号	C	20	O			TB010020

6.5.4.3 **JG0403 工人考技考工子类**

［描　述］ 本数据子类定义工勤岗位的工人考技考工的基本数据项。

［关　联］ 本数据子类与教职工基本数据类有一定关联。

［组　成］ 本数据子类由7个数据项组成,见表112。

表112 JG0403 工人考技考工子类表

编号	数据项名	中文简称	类型	长度	约束	值空间	解释/举例	引用编号
JG040301	KGNY	考工年月	C	6	O		参加招工或技术级别考试的年月	TB040002
JG040302	KHGZM	考核工种码	C	2	O	HYGZLB 行业工种类别代码		
JG040303	KGBM	考工部门	C	60	O		主管考试的部门	TB020002
JG040304	JSJB	技术级别	C	20	O		报考的技术级别	
JG040305	KGZSH	考工证书号	C	20	O		考工考技获得的证书号	
JG040306	KGPY	考工评语	T		O		考工考技的评语	
JG040307	KGCJ	考工成绩	C	20	O		分数类或等级类成绩	

6.5.5 JG05 聘用管理数据类

6.5.5.1 JG0501 招聘启事辅助子类

［描　述］ 本数据子类定义学校发布招聘信息的基本数据项。本数据子类是辅助子类，不以教工号为关键字。

［关　联］ 本数据子类与本数据类的其他子类有一定关联。

［组　成］ 本数据子类由 17 个数据项组成，见表 113。

表 113　JG0501 招聘启事辅助子类表

编号	数据项名	中文简称	类型	长度	约束	值空间	解释/举例	引用编号
JG050101	ZPDWH	招聘单位号	C	10	O		学校自行编码 校内单位号	TB020001
JG050102	ZPYY	招聘原因	T		O			
JG050103	ZPGW	招聘岗位	C	100	O			
JG050104	ZPFW	招聘范围	T		O			
JG050105	GWDY	岗位待遇	T		O			
JG050106	YPCX	应聘程序	T		O			
JG050107	LXR	联系人	C	30	O			TB010001
JG050108	LXDH	联系电话	C	30	O			TB030003
JG050109	LXCZ	联系传真	C	30	O			TB030005
JG050110	LXXX	联系信箱	C	40	O			TB030006
JG050111	LXDZ	联系地址	C	180	O			TB030002
JG050112	DWYJ	单位意见	T		O			
JG050113	RSCYJ	人事处意见	T		O			
JG050114	RSCSHRQ	人事处审核日期	C	8	O			TB040003
JG050115	ZPXXFBRQ	招聘信息发布日期	C	8	O			TB040003
JG050116	ZPJZRQ	招聘截止日期	C	8	O			TB040003
JG050117	ZPBZ	招聘备注	T		O			

6.5.5.2 JG0502 应聘管理辅助子类

［描　述］ 本数据子类定义学校从应聘者中择优录用教职工的基本数据项。本数据子类管理范围超过教职工范畴，不以教工号为关键字。

［关　联］ 本数据子类与本数据类的其他子类有一定关联。

［组　成］ 本数据子类由 26 个数据项组成，见表 114。

表 114　JG0502 应聘管理辅助子类表

编号	数据项名	中文简称	类型	长度	约束	值空间	解释/举例	引用编号
JG050201	YPZBH	应聘者编号	C	8	O			
JG050202	YPZXM	应聘者姓名	C	36	O			TB010001
JG050203	YPRQ	应聘日期	C	8	O			TB040003
JG050204	YPGW	应聘岗位	C	100	O			
JG050205	YPZCS	应聘者陈述	T		O		应聘者工作思路及预期目标陈述	
JG050206	TJRYJ	推荐人意见	T		O			
JG050207	TJRXM	推荐人姓名	C	36	O			TB010001
JG050208	TJRQ	推荐日期	C	8	O			TB040003
JG050209	TJRDW	推荐人单位	C	60	O			TB020002
JG050210	YBTJRGX	与被推荐人关系	C	30	O			
JG050211	XNWZJPSYJ	校内外专家评审意见	T		O			
JG050212	XNWZJPSRQ	校内外专家评审日期	C	8	O			TB040003
JG050213	PYDWPSYJ	聘用单位评审意见	T		O		例如:学术委员会评审意见	
JG050214	PYDWPSRQ	聘用单位评审日期	C	8	O			TB040003
JG050215	PYDWPSFZRH	聘用单位评审负责人号	C	20	O			TB010020
JG050216	RSCJBYJ	人事处经办意见	T		O			
JG050217	RSCJBRH	人事处经办人号	C	20	O			TB010020
JG050218	RSCJBRQ	人事处经办日期	C	8	O			TB040003
JG050113	RSCYJ	人事处意见	T		O			
JG050114	RSCSHRQ	人事处审核日期	C	8	O			TB040003
JG050219	XLDYJ	校领导意见	T		O			
JG050220	XLDJGH	校领导教工号	C	20	O			TB010020
JG050221	XLDSHRQ	校领导审核日期	C	8	O			TB040003
JG050222	SFPY	是否聘用	C	1	O	SFBZ 是否标志代码		
JG050223	QDRQ	确定日期	C	8	O			TB040003
JG050224	YPBZ	应聘备注	T		O			

6.5.5.3　JG0503 聘用合同管理子类

［描　述］　本数据子类定义教职工聘用合同的基本数据项。

［关　联］　本数据子类与本数据类的其他子类有一定关联。

［组　成］　本数据子类由 17 个数据项组成,见表 115。

表 115 JG0503 聘用合同管理子类表

编号	数据项名	中文简称	类型	长度	约束	值空间	解释/举例	引用编号
JG050301	PYHTBH	聘用合同编号	C	20	O			
JG050302	PYHTMC	聘用合同名称	C	30	O			
JG050303	PYHTLBM	聘用合同类别码	C	1	O		学校自行编码	
JG050304	PYXZM	聘用性质码	C	15	O	PYXZ 聘用性质代码		
JG050305	GWDC	岗位档次	C	10	O			
JG050306	GWJT	岗位津贴	M		O		单位:元	
JG050307	XYGZ	协议工资	M		O		单位:元	
JG050308	KSRQ	开始日期	C	8	O			TB040003
JG050309	JSRIQ	结束日期	C	8	O			TB040003
JG050310	QYRQ	签约日期	C	8	O			TB040003
JG050311	JFDW	甲方单位	C	60	O			TB020002
JG050312	JFQYR	甲方签约人	C	36	O			TB010001
JG050313	SFXQ	是否续签	C	1	O	SFBZ 是否标志代码		
JG050314	SJZZRQ	实际终止日期	C	8	O			TB040003
JG050315	ZZSM	终止说明	C	120	O			
JG050316	HTNR	合同内容	T		O			
JG050317	HTBZ	合同备注	C	150	O			

6.5.5.4 JG0504 教工来源子类

［描　述］ 本数据子类定义教职工来源的基本数据项。

［关　联］ 本数据子类与本数据类的其他子类以及教职工基本数据类有一定关联。

［组　成］ 本数据子类由 10 个数据项组成,见表 116。

表 116 JG0504 教工来源子类表

编号	数据项名	中文简称	类型	长度	约束	值空间	解释/举例	引用编号
JG010104	LXRQ	来校日期	C	8	M		事部门记载的来校工作的实际报到年月	TB040003
JG050401	LYM	来源码	C	3	M	JZGLY 教职工来源代码		
JG050402	LYDQM	来源地区码	C	6	M	GB/T 2260		
JG050403	LXYY	来校原因	C	80	O			
JG050404	YDWMC	原单位名称	C	60	O			TB020002

表 116（续）

编号	数据项名	中文简称	类型	长度	约束	值空间	解释/举例	引用编号
JG050405	YDZZWM	原党政职务码	C	4	O	GB/T 12403		
JG050406	YJSZWM	原技术职务码	C	3	O	GB/T 8561		
JG050407	YCSXKM	原从事学科码	C	5	O	GB/T 13745	采用一、二级分类代码	
JG050408	YGZZE	原工资总额	M		O		单位:元	
JG050409	YJHLJT	原教护龄津贴	M		O		单位:元	

6.5.5.5 **JG0505 校内异动子类**

［描　述］ 本数据子类定义教职工在校内发生调动、异动的基本数据项。

［关　联］ 本数据子类与本数据类的其他子类以及教职工基本数据类有一定关联。

［组　成］ 本数据子类由 18 个数据项组成，见表 117。

表 117　JG0505 校内异动子类表

编号	数据项名	中文简称	类型	长度	约束	值空间	解释/举例	引用编号
JG050501	XNDCDWH	校内调出单位号	C	10	O		学校自行编号 学校内部调动后原院系所部中心号	TB020001
JG050502	XNDRDWH	校内调入单位号	C	10	O		学校自行编号 学校内部调动后现院系所部中心号	TB020001
JG050503	YDQBZM	异动前编制码	C	2	O	BZLB 编制类别代码		
JG050504	YDHBZM	异动后编制码	C	2	O	BZLB 编制类别代码		
JG050505	BZYDM	编制异动码	C	1	M	BZYD 编制异动代码		
JG050506	BZYDRQ	编制异动日期	C	8	M			TB040003
JG050507	BZYDYY	编制异动原因	C	80	O		本人隶属工作岗位变动的原因	
JG050508	LGRQ	离岗日期	C	8	O			TB040003
JG050509	LGYYM	离岗原因码	C	1	O	LGYY 离岗原因代码		
JG050510	FGGZRQ	返岗工作日期	C	8	O		返回工作岗位的日期	TB040003
JG050511	BXQSRQ	病休起始日期	C	8	O		因病休假的起始日期	TB040003
JG050512	BXZDYY	病休诊断医院	C	60	O		病休诊断的医院名称	TB020002
JG050513	BXZDZM	病休诊断证明	T		O		医院开据的病休诊断证明	
JG050514	HFGZRQ	恢复工作日期	C	8	O		病休恢复工作的日期	TB040003
JG050515	KFZDYY	康复诊断医院	C	60	O		进行康复诊断的医院名称	TB020002
JG050516	KFZDZM	康复诊断证明	T		O		医院开具的康复诊断证明	
JG050517	GZZYRQ	工资转移日期	C	8	O		个人劳资转移日期	TB040003
JG050518	WSDAH	文书档案号	C	10	O		跟异动有关的文件档案编号	

6.5.6 JG06 工资数据类

6.5.6.1 JG0601 工资结构子类

［描　述］ 本数据子类定义教职工工资结构的基本数据项。
［关　联］ 本数据子类与本数据类的其他子类以及教职工基本数据类有一定关联。
［组　成］ 本数据子类由 3 个数据项组成，见表 118。

表 118 JG0601 工资结构子类表

编号	数据项名	中文简称	类型	长度	约束	值空间	解释/举例	引用编号
JG060101	MXXMM	明细项目码	C	2	M		学校自行编码	
JG060102	GZJE	工资金额	M		M		基本工资与职务工资，单位：元	
JG060103	XCRQ	形成日期	C	8	O			TB040003

6.5.6.2 JG0602 工资变动子类

［描　述］ 本数据子类定义教职工工资变动的基本数据项。
［关　联］ 本数据子类与本数据类的其他子类以及教职工基本数据类有一定关联。
［组　成］ 本数据子类由 12 个数据项组成，见表 119。

表 119 JG0602 工资变动子类表

编号	数据项名	中文简称	类型	长度	约束	值空间	解释/举例	引用编号
JG060201	GWDJM	岗位等级码	C	2	O	GB/T 14946.1—2009 附录 A.111、114、117		
JG060202	XJGZJBM	薪级工资级别码	C	2	O	GB/T 14946.1—2009 附录 A.100		
JG060203	GZBDPZRQ	工资变动批准日期	C	8	O		上级主管部门批准变动工资的日期	TB040003
JG060204	GZBDYYM	工资变动原因码	C	2	O	GB/T 14946.1—2009 附录 A.32		
JG060205	GZBDYJWJH	工资变动依据文件号	C	24	O		变动工资时所依据的上级单位的发文号，包括发文机关代字、年号、顺序号	
JG060206	ZJJS	增减级数	N	2	O		工资增加或减少的级差数，正数表示增级，负数表示减级，单位：级	
JG060207	BDJE	变动金额	M		O		工资增加或减少的金额，单位：元	

表 119（续）

编号	数据项名	中文简称	类型	长度	约束	值空间	解释/举例	引用编号
JG060208	BDHGWDJM	变动后岗位等级码	C	2	O	GB/T 14946.1—2009 附录 A.111、114、117		
JG060209	BDHXJGZJBM	变动后薪级工资级别码	C	2	O	GB/T 14946.1—2009 附录 A.100		
JG060210	BDHBZGZE	变动后标准工资额	M		O		工资变动后标准工资额，单位：元	
JG060211	TZQXRQ	调资起薪日期	C	8	O		按文件规定调整工资的执行日期	TB040003
JG060212	PZWJH	批准文件号	C	24	O		工资变动批准文件的文号	

6.5.7 JG07 离校数据类

6.5.7.1 JG0701 离校子类

［描　述］ 本数据子类定义教职工离校的基本数据项。

［关　联］ 本数据子类与本数据类的其他子类以及教职工基本数据类有一定关联。

［组　成］ 本数据子类由 3 个数据项组成，见表 120。

表 120 JG0701 离校子类表

编号	数据项名	中文简称	类型	长度	约束	值空间	解释/举例	引用编号
JG070101	LZRQ	离职日期	C	8	M		离开本校工作的日期	TB040003
JG070102	LXYYM	离校原因码	C	2	M	GB/T 14946.1—2009 附录 A.10		
JG070103	LXQX	离校去向	C	180	O		离开本校工作岗位所去单位或住址	

6.5.7.2 JG0702 离退休子类

［描　述］ 本数据子类定义教职工离、退休的基本数据项。

［关　联］ 本数据子类与本数据类的其他子类以及教职工基本数据类有一定关联。

［组　成］ 本数据子类由 6 个数据项组成，见表 121。

表 121 JG0702 离退休子类表

编号	数据项名	中文简称	类型	长度	约束	值空间	解释/举例	引用编号
JG070201	LTLBM	离退类别码	C	1	M	GB/T 14946.1—2009 附录 A.62		
JG070202	LTQSRQ	离退起始日期	C	8	M		由组织、人事部门批准的离退休日期	TB040003
JG070203	LTHXSJBM	离退后享受级别码	C	3	M	GB/T 12407		
JG070204	LTXFZFDW	离退休费支付单位	C	60	O		离退休后，支付离退休费的单位名称	TB020002
JG070205	LTHGLDW	离退后管理单位	C	60	O		离退后的具体管理单位名称	TB020002
JG070206	YDAZDD	异地安置地点	C	180	O		离退后安置到异地生活的地点	TB030002

6.5.7.3 JG0703 返聘子类

［描　述］ 本数据子类定义离、退休教职工重新被返聘工作的基本数据项。

［关　联］ 本数据子类与本数据类的其他子类以及教职工基本数据类有一定关联。

［组　成］ 本数据子类由 7 个数据项组成，见表 122。

表 122 JG0703 返聘子类表

编号	数据项名	中文简称	类型	长度	约束	值空间	解释/举例	引用编号
JG070301	FPQSRQ	返聘起始日期	C	8	O		离退休后被重新聘任工作的起始日期	TB040003
JG070302	FPZZRQ	返聘终止日期	C	8	O		离退休后被重新聘任工作的终止日期	TB040003
JG070303	FPDWH	返聘单位号	C	10	M		学校自行编号 重新聘任的工作单位	TB020001
JG070304	FPGW	返聘岗位	C	20	O		重新聘任的工作岗位	
JG070305	FPCJ	返聘酬金	M		O		单位：元/月	
JG070306	FPJLY	返聘金来源	C	20	O		返聘资金的经费来源	
JG070307	FPGZL	返聘工作量	N	4	O		单位：小时/年	

6.5.8 JG08 专家管理辅助数据类

6.5.8.1 JG0801 国内专家子类

［描　述］ 本数据子类定义国内来校工作专家的基本数据项。

［关　联］ 本数据子类与其他数据类关联不紧密。

［组　成］　本数据子类由 8 个数据项组成，见表 123。

表 123　JG0801 国内专家子类表

编号	数据项名	中文简称	类型	长度	约束	值空间	解释/举例	引用编号
TB010001	XM	姓名	C	36	O			
TB010004	XBM	性别码	C	1	O			
TB010005	CSRQ	出生日期	C	8	O			
JG080101	ZJLBM	专家类别码	C	2	O	ZJLB 专家类别代码		
JG080102	PZDW	批准单位	C	60	O		批准享受专家称号和待遇的组织机构名称	TB020002
JG080103	PZDWJBM	批准单位级别码	C	3	O	GB/T 14946.1—2009 附录 A.54	批准享受专家称号和待遇的组织机构级别	
JG080104	PZNY	批准年月	C	6	O		批准享受专家称号和待遇的年月	TB040002
JG080105	XSDY	享受待遇	C	40	O		被评为专家后国家给予的待遇	

6.5.8.2　JG0802 国(境)外专家子类

［描　述］　本数据子类定义国外来校工作、来华定居专家的基本数据项。

［关　联］　本数据子类与其他数据类关联不紧密。

［组　成］　本数据子类由 9 个数据项组成，见表 124。

表 124　JG0802 国(境)外专家子类表

编号	数据项名	中文简称	类型	长度	约束	值空间	解释/举例	引用编号
TB010001	XM	姓名	C	36	O			
TB010004	XBM	性别码	C	1	O			
TB010005	CSRQ	出生日期	C	8	O		便于了解专家的年龄	
JG080201	LHDJRQ	来华定居日期	C	8	O		专家来华定居的入境日期	TB040003
JG080202	LZGJDQM	来自国家/地区码	C	3	O		采用国别代码 3 字母代码：USA 美国；	TB010009
JG080203	GWDWYWMC	国(境)外单位英文名称	C	180	O		来华定居工作前在国(境)外的工作单位英文名称	TB020003
JG080204	GWDWZWMC	国(境)外单位中文名称	C	60	O		来华定居工作前在国(境)外的工作单位中文名称	TB020002
JG080205	GWZYJSZW	国(境)外专业技术职务	C	60	O		来华定居工作前在国(境)外获得的专业技术职务	
JG080206	GWXW	国(境)外学位	C	60	O		来华定居工作前在国(境)外获得的学位名称	

6.5.9 JG09 兼职数据类

6.5.9.1 JG0901 社会兼职子类

［描　述］ 本数据子类定义教职工在校外县级以上人大、政协、民主党派、人民团体、工会、共青团、妇联、侨联、科协等社会团体兼职的基本数据项。

［关　联］ 本数据子类与其他数据类关联不紧密。

［组　成］ 本数据子类由 4 个数据项组成，见表 125。

表 125 JG0901 社会兼职子类表

编号	数据项名	中文简称	类型	长度	约束	值空间	解释/举例	引用编号
JG090101	SHJZM	社会兼职码	C	4	O	GB/T 12408	县级以上人大、政协、民主党派、工会、共青团、妇联、侨联、科协的兼职职务	
JG090102	SHJZQSRQ	社会兼职起始日期	C	8	O		兼职职务任命的批准日期	TB040003
JG090103	SHJZZZRQ	社会兼职终止日期	C	8	O		兼职职务的终止日期	TB040003
JG090104	SHJZCZYYM	社会兼职辞职原因码	C	1	O	CQSHJZHXSTTZWYY 辞去社会兼职或学术团体职务原因代码		

6.5.9.2 JG0902 学术团体兼职子类

［描　述］ 本数据子类定义教职工在校外学术团体兼职的基本数据项。

［关　联］ 本数据子类与其他数据类关联不紧密。

［组　成］ 本数据子类由 6 个数据项组成，见表 126。

表 126 JG0902 学术团体兼职子类表

编号	数据项名	中文简称	类型	长度	约束	值空间	解释/举例	引用编号
JG090201	XSTTMC	学术团体名称	C	60	O		兼职的学术团体名称	TB020002
JG090202	XSTTJBM	学术团体级别码	C	1	O	XSTTJB 学术团体级别代码		
JG090203	XSJZZW	学术兼职职务	C	20	O			
JG090204	XSJZQSRQ	学术兼职起始日期	C	8	O		兼任职务的批准日期	TB040003
JG090205	XSJZZZRQ	学术兼职终止日期	C	8	O		兼任职务的终止日期	TB040003
JG090206	XSJZCZYYM	学术兼职辞职原因码	C	1	O	CQSHJZHXSTTZWYY 辞去社会兼职或学术团体职务原因代码		

6.5.9.3 JG0903 企业兼职子类

［描　述］ 本数据子类定义教职工在企业兼职的基本数据项。

［关　联］ 本数据子类与其他数据类关联不紧密。

［组　成］ 本数据子类由 4 个数据项组成，见表 127。

表 127 JG0903 企业兼职子类表

编号	数据项名	中文简称	类型	长度	约束	值空间	解释/举例	引用编号
JG090301	QYMC	企业名称	C	60	O			TB020002
JG090302	QYJZZW	企业兼职职务	C	30	O			
JG090303	QYJZQSRQ	企业兼职起始日期	C	8	O		兼任职务的批准日期	TB040003
JG090304	QYJZZZRQ	企业兼职终止日期	C	8	O		兼任职务的终止日期	TB040003

6.5.10 JG10 学习进修数据类

6.5.10.1 JG1001 国内进修学习子类

［描　述］ 本数据子类定义教职工在职期间在国内进修、学习的基本数据项。

［关　联］ 本数据子类与其他数据类关联不紧密。

［组　成］ 本数据子类由 12 个数据项组成，见表 128。

表 128 JG1001 国内进修学习子类表

编号	数据项名	中文简称	类型	长度	约束	值空间	解释/举例	引用编号
JG100101	JXXZM	进修性质码	C	1	O	GB/T 14946.1—2009 附录 A.24		
JG010306	XXFSM	学习方式码	C	1	O	GB/T 14946.1—2009 附录 A.25		
JG100102	XXQSNY	学习起始年月	C	6	O			TB040002
JG100103	XXZZNY	学习终止年月	C	6	O			TB040002
JG100104	ZXS	总学时	N	3	O		实际学习的累计时间，单位：学时	
JG100105	XXNR	学习内容	C	80	O			
JG100106	JXBMC	进修班名称	C	40	O			
JG100107	ZBDW	主办单位	C	60	O		主办和组织学习的单位名称	TB020002
JG100108	ZBDWXZM	主办单位性质码	C	1	O	SHDWXZ 社会单位性质代码		
JG100109	ZXDW	在学单位	C	60	O		实施培训的单位名称	TB020002
JG100110	ZXDWLBM	在学单位类别码	C	1	O	GB/T 14946.1—2009 附录 A.26		
JG100111	JXJGM	进修结果码	C	1	O	GB/T 14946.1—2009 附录 A.27		

6.5.10.2 JG1002 出国(境)学习工作子类

［描　述］ 本数据子类定义教职工在职期间在国(境)外进修、学习的基本数据项。

［术　语］ "通行证"——即"往来港澳通行证",由中国公安部签发给内地居民往来香港或澳门探亲、旅游或工作的证件。去港澳前,必须取得内地公安部门签发有关来往港澳目的签注(如团队旅游、个人旅游、商务或其他签注等)。

［关　联］ 本数据子类与其他数据类关联不紧密。

［组　成］ 本数据子类由 27 个数据项组成,见表 129。

表 129 JG1002 出国(境)学习工作子类表

编号	数据项名	中文简称	类型	长度	约束	值空间	解释/举例	引用编号
JG100201	CGRQ	出国(境)日期	C	8	O			TB040003
JG100202	CGMDM	出国(境)目的码	C	3	O	CGMD 出国目的代码		
JG100203	CGGBDQM	出国国别/地区码	C	3	O		采用国别代码 3 字母代码,如 CHN 中国	TB010009
JG100204	SQDWYWMC	所去单位英文名称	C	180	O			TB020003
JG100205	SQDWZWMC	所去单位中文名称	C	60	O			TB020002
JG100206	GWDS	国(境)外导师	C	60	O		国(境)外导师姓名	TB010002
JG100207	GWTXDZ	国(境)外通信地址	C	180	O			TB020003
JG100208	PCDW	派出单位	C	60	O		派遣出国(境)学习、工作的国内单位名称	TB020002
JG100209	TZMC	团组名称	C	60	O		出国(境)工作或学习派出团组的具体名称	
JG100210	CGKSYZM	出国考试语种码	C	2	O	GB/T 4880.1	采用代码第 1 部分:2 字母代码;en 英语,de 德语	
JG100211	WYKSCJ	外语考试成绩	N	5,1	O			
JG100212	WYKSFSM	外语考试方式码	C	10	O	WYKSFS 外语考试方式代码		
JG100213	GJLFLYM	国际旅费来源码	C	1	O	GB/T 14946.1—2009 附录 A.28		
JG100214	JWSHFLYM	境外生活费来源码	C	1	O	GB/T 14946.1—2009 附录 A.28		
JG100215	ZCFLYM	注册费来源码	C	1	O	GB/T 14946.1—2009 附录 A.28		
JG100216	QTFYLYM	其他费用来源码	C	1	O	GB/T 14946.1—2009 附录 A.28		
JG100217	ZZXM	资助项目	C	60	O		资助项目的名称	
JG100218	SPDW	审批单位	C	60	O		批准出国(境)并签发审批文件的上级主管部门名称	TB020002

表 129（续）

编号	数据项名	中文简称	类型	长度	约束	值空间	解释/举例	引用编号
JG100219	SPRQ	审批日期	C	8	O		批准出国（境）并签发审批文件的具体日期	TB040003
JG100220	SPWH	审批文号	C	24	O		批准出国（境）学习工作的单位签发的批准文件编号	
JG100221	PZQX	批准期限	C	3	O		批准在国（境）外滞留的期限，单位：月	
JG100222	XXGZNR	学习工作内容	C	80	O		出国（境）学习工作的主要内容	
JG100223	XXGZCJ	学习工作成绩	T		O		出国（境）学习工作的完成情况和主要成绩	
JG100224	YHGRQ	应回国日期	C	8	O			TB040003
JG100225	SHGRQ	实回国日期	C	8	O			TB040003
JG100226	HZHTXZH	护照号/通行证号	C	20	O		通行证即“往来港澳通行证”	
JG100227	ZJYXQ	证件有效期	C	8	O			TB040003

6.5.11 JG11 住房数据类

［描　述］ 本数据类定义教职工住房的基本数据项。

［关　联］ 本数据类与其他数据类关联不紧密。

［组　成］ 本数据类不分子类，由 7 个数据项组成，见表 130。

表 130 JG11 住房数据类表

编号	数据项名	中文简称	类型	长度	约束	值空间	解释/举例	引用编号
JG110001	ZFBH	住房编号	C	6	O		学校自行编号	
JG110002	JCRQ	建成日期	C	8	O			TB040003
JG110003	RZNY	入住年月	C	6	O			TB040002
JG110004	JZMJ	建筑面积	N	8,2	O		取二位小数，单位：平方米	
JG110005	SYMJ	使用面积	N	8,2	O		取二位小数，单位：平方米	
JG110006	FWCQM	房屋产权码	C	2	O	FWCQ 房屋产权代码		
JG110007	QCRQ	迁出日期	C	8	O			TB040003

6.6 KY 科研管理数据子集

6.6.1 KY01 科技项目数据类

6.6.1.1 KY0101 科技项目基本数据子类

［描　述］ 本数据子类定义科研项目的基本数据项。

［关　联］ 本数据子类与科技项目协作单位、人员、经费、合同信息等子类关联。

［组　成］ 本数据子类由37个数据项组成，见表131。

表131　KY0101科技项目基本数据子类表

编号	数据项名	中文简称	类型	长度	约束	值空间	解释/举例	引用编号
KY010101	XMBH	项目编号	C	10	M		学校统一编写的项目序号，建议前4位为立项年份+2位类别号+4位流水号	
KY010102	YXSH	院系所号	C	10	M		项目所属院系所单位编号；各校自编	TB020001
KY010103	XMMC	项目名称	C	60	M			
KY010104	ZXBH	专项编号	C	20	M	国家专项课题专门编号	如863计划等	
KY010105	KSRQ	开始日期	C	8	M		格式：YYYYMMDD	TB040003
KY010106	JXRQ	结项日期	C	8	M			TB040003
KY010107	XMFZRH	项目负责人号	C	20	M		项目负责人教工号	TB010020
KY010108	XMWTDW	项目委托单位	C	60	O			
KY010109	XMLYM	项目来源码	C	2	M	XMLY 项目来源代码		
KY010110	MJM	密级码	C	1	O	GB/T 7156		
KY010111	SHJJXYM	社会经济效益码	C	2	M	SHJJXY 社会经济效益代码		
KY010112	XKLYM	学科领域码	C	5	M	GB/T 13745	取其一、二级分类代码	
KY010113	HZGJDQM	合作国家/地区码	C	3	O	GB/T 2659	采用3位字母国别码	TB010009
KY010114	JHWCQKM	计划完成情况码	C	1	O	JHWCQK 计划完成情况代码		
KY010115	HZXSM	合作形式码	C	1	O	HZXS 合作形式代码		
KY010116	SSJSLY	所属技术领域	C	20	O			
KY010117	XMPZH	项目批准号	C	30	O			
KY010118	XMLBM	项目类别码	C	2	O		学校自行编码	
KY010119	XMJBM	项目级别码	C	3	O	GB/T 14946.1—2009 附录A.29		
KY010120	HDXZM	活动类型码	C	2	O	HDLX 活动类型代码		
KY010121	XMZXZTM	项目执行状态码	C	1	M	XMZXZT 项目执行状态代码		
KY010122	XMJTXS	项目结题形式	C	30	O			
KY010123	SBRQ	申报日期	C	8	M			TB040003

表 131(续)

编号	数据项名	中文简称	类型	长度	约束	值空间	解释/举例	引用编号
KY010124	LXRQ	立项日期	C	8	M			TB040003
KY010125	ZGBM	主管部门	C	60	M			
KY010126	XKMLKJM	学科门类(科技)码	C	1	O	XKMLKJ 学科门类(科技)代码		
KY010127	SSHYM	所属行业码	C	5	O	GB/T 4754		
KY010128	DWJSM	单位角色码	C	1	O		学校自行编码 1 牵头单位; 2 合作单位	
KY010129	SBXMH	申报项目号	C	8	O			
KY010130	YQYJCGJXS	预期研究成果及形式	C	30	O			
KY010131	XMZY	项目摘要	T		O			
KY010132	XDWH	下达文号	C	24	O			
KY010133	KTRQ	开题日期	C	8	O			
KY010134	SHJJMB	社会经济目标	C	30	O			
KY010135	ZTC	主题词	C	30	O			
KY010136	SSZKT	所属主课题	C	60	O			
KY010137	HZXSM	合作形式码	C	1	M	HZXS 合作形式代码	如与国内高校合作	KY010137

6.6.1.2 KY0102 项目协作单位子类

[描　述] 本数据子类定义科研项目协作单位参与科研项目基本情况的数据项。

[关　联] 本数据子类与科技项目协作基本数据、人员、经费、合同信息关联。

[组　成] 本数据子类由 5 个数据项组成,见表 132。

表 132　KY0102 项目协作单位子类表

编号	数据项名	中文简称	类型	长度	约束	值空间	解释/举例	引用编号
KY010201	XZDW	协作单位	C	60	M		项目合作单位的名称	
KY010202	XZDWLXM	协作单位类型码	C	1	O	XZDWLX 协作单位类型代码		
KY010203	TRRL	投入人力	N	5	O		投入的人员数目,单位:人	
KY010204	YJSRS	研究生人数	N	5	O		单位:人	
KY010115	HZFSM	合作方式码	C	1	M		学校自行编码	

6.6.1.3 KY0103 项目经费子类

[描　述] 本数据子类定义科研项目经费情况的数据项。

［关　联］ 本数据子类与科技项目基本数据、人员、协作单位、合同信息等子类关联，与财务管理数据子集密切关联。

［组　成］ 本数据子类由14个数据项组成，见表133。

表133　KY0103项目经费子类表

编号	数据项名	中文简称	类型	长度	约束	值空间	解释/举例	引用编号
KY010301	JHJFZE	计划经费总额	M		M			
KY010302	XMJFLYM	项目经费来源码	C	2	M	XMJFLY 项目经费来源代码		
KY010303	BRRQ	拨入日期	C	8	M			TB040003
KY010304	BKS	拨款数	M		M			
KY010305	ZDXKJF	重点学科经费	M		M			
KY010306	ZDSYSJF	重点实验室经费	M		M			
KY010307	GCYJZXJF	工程研究中心经费	M		M			
KY010308	ZCRQ	支出日期	C	8	M			TB040003
KY010309	KYRYJF	科研人员经费	M		O			
KY010310	YWJF	业务经费	M		O			
KY010311	YQSBJF	仪器设备经费	M		O			
KY010312	GLJF	管理经费	M		O			
KY010313	QTJF	其他经费	M		O			
KY010314	BFXZDWJF	拨付协作单位经费	M		O		支付合作单位的费用	

6.6.1.4　KY0104 项目人员子类

［描　述］ 本数据子类定义科研项目参与人员基本情况的数据项。

［关　联］ 本数据子类与科技项目基本数据、协作单位、项目经费、合同信息关联。

［组　成］ 本数据子类由8个数据项组成，见表134。

表134　KY0104项目人员子类表

编号	数据项名	中文简称	类型	长度	约束	值空间	解释/举例	引用编号
KY010401	RYH	人员号	C	20	M		参与项目人员号（教工填写教工号。学生号填写学号）	
TB010001	XM	姓名	C	36	M		参与项目人员姓名（外单位人员）	
KY010402	ZC	职称	C	20	M			
KY010102	YXSH	院系所号	C	10	M		学校自行编码 参与项目人员的单位号	
TB020002	DWMC	单位名称	C	60	M		参与项目人员的单位(外单位)	

表 134（续）

编号	数据项名	中文简称	类型	长度	约束	值空间	解释/举例	引用编号
KY010403	GZL	工作量	N	6,2	O		个人参与项目的工作量比例,单位:%	
KY010404	MNGZYS	每年工作月数	N	2	O		按折合的全时人月数计算,参照国家自然科学基金的工作量计算方式	
KY010405	JSM	角色码	C	3	M	JS 角色代码		

6.6.1.5　**KY0105 项目合同信息子类**

［描　述］　本数据子类定义科研项目合同信息的数据项。

［关　联］　本数据子类与科技项目基本数据、协作单位、人员、项目经费等子类关联。

［组　成］　本数据子类由 18 个数据项组成,见表 135。

表 135　**KY0105 项目合同信息子类表**

编号	数据项名	中文简称	类型	长度	约束	值空间	解释/举例	引用编号
KY010501	HTBH	合同编号	C	10	M		学校统一编写合同序号,建议前 4 位为合同签订年份+2 位类别号+4 位流水号	
KY010502	HTMC	合同名称	C	100	M			
KY010101	XMBH	项目编号	C	10	M			
KY010503	JF	甲方	C	60	M			
KY010504	YF	乙方	C	60	M			
KY010505	BF	丙方	C	60	O			
KY010506	HTLXM	合同类型码	C	2	O		学校自行编码	
KY010507	HTQDRQ	合同签订日期	C	8	O		合同签署日期	TB040003
KY010508	HTJZRQ	合同截止日期	C	8	O		合同约定终止日期	TB040003
KY010509	HTJE	合同金额	M		M		万元	
KY010510	SFYGD	是否已归档	C	1	O	SFBZ 是否标志代码	1 是,0 否;	
KY010513	QDDD	签订地点	C	180	O			
KY010514	HTKSRQ	合同开始日期	C	8	O		合同开始执行日期	TB040003
KY010515	HTJSRQ	合同结束日期	C	8	O		合同实际终止日期	TB040003
KY010516	KTFLM	课题分类码	C	2	O	HDLX 活动类型代码		
KY010517	MZYYSRQ	免征营业税日期	C	8	O			TB040003
KY010518	RDH	认定号	C	20	O		科学技术行政管理部门对本行政区划的技术合同认定登记编号	
KY010519	RDRQ	认定日期	C	8	O			TB040003

6.6.2 KY02 科研机构数据类

6.6.2.1 KY0201 科研机构基本数据子类

［描　述］ 本数据子类定义科研机构的基本数据项。

［关　联］ 本数据子类与科研协作机构、机构经费、人员、实验室等子类关联。

［组　成］ 本数据子类由 25 个数据项组成，见表 136。

表 136 KY0201 科研机构基本数据子类表

编号	数据项名	中文简称	类型	长度	约束	值空间	解释/举例	引用编号
KY010102	YXSH	院系所号	C	10	M		学校自编	TB020001
KY020101	SPJG	审批机构	C	60	M			
KY020102	SPRQ	审批日期	C	8	M			TB040003
KY020103	CLRQ	成立日期	C	8	M			TB040003
KY020104	GLTZM	管理体制码	C	1	O	GLTZ 管理体制代码		
KY020105	DBRS	定编人数	N	5	O		单位：人	
KY020106	SYRS	实有人数	N	5	O		单位：人	
KY020107	YWGLRYS	业务管理人员数	N	5	O		单位：人	
KY020108	YFMJ	用房面积	N	9,1	O		单位：平方米	
KY020109	GDZC	固定资产	M		M			
KY010112	XKLYM	学科领域码	C	5	O	GB/T 13745	从事研究的学科领域码，取其一、二级分类代码	
KY020111	JGZNLXM	机构职能类型码	C	1	O	JGZNLX 机构职能类型代码		
KY020112	ZCLXM	组成类型码	C	2	O	ZCLX 组成类型代码		
KY020113	YJFX	研究方向	C	100	O			
KY020114	BGDZ	办公地址	C	180	O			
TB030008	DZXX	电子信箱	C	40	O			
KY020115	FZRJGH	负责人教工号	C	20	M			
KY020116	FZRDH	负责人电话	C	30	O			TB030003
KY020117	FZRXM	负责人姓名	C	36	O			TB010001
KY020118	JGJJ	机构简介	T		O			
KY020119	JGMC	机构名称	C	60	M			
KY020120	LXDH	联系电话	C	30	O			TB030003
KY020121	ZGBMH	主管部门号	C	10	O			TB020001
KY020122	ZGBMMC	主管部门名称	C	60	O			TB020002
TB030009	ZYDZ	主页地址	C	60	O			

6.6.2.2 KY0202 科研协作机构子类

［描　述］ 本数据子类定义科研机构的协作机构的数据项。

［关　联］ 本数据子类与科研机构基本数据子类关联。

［组　成］ 本数据子类由 2 个数据项组成，见表 137。

表 137　KY0202 科研协作机构子类表

编号	数据项名	中文简称	类型	长度	约束	值空间	解释/举例	引用编号
KY020201	XWXZDWMC	校外协作单位名称	C	60	M			
KY020202	XNXZDWH	校内协作单位号	C	10	O		学校自行编码	TB020001

6.6.2.3 KY0203 科研机构经费子类

［描　述］ 本数据子类定义科研机构经费情况的数据项。

［关　联］ 本数据子类与科研机构基本数据、机构人员、实验室等子类关联。

［组　成］ 本数据子类由 16 个数据项组成，见表 138。

表 138　KY0203 科研机构经费子类表

编号	数据项名	中文简称	类型	长度	约束	值空间	解释/举例	引用编号
KY010303	BRRQ	拨入日期	C	8	M			TB040003
KY020301	XMJFLYM	项目经费来源码	C	2	M	XMJFLY 项目经费来源代码		
KY020302	BRJFZE	拨入经费总额	M		M			
KY020303	KYSYF	科研事业费	M		M			
KY020304	KYRYGZ	科研人员工资	M		M			
KY010305	ZDXKJF	重点学科经费	M		M			
KY020305	KYXMJF	科研项目经费	M		M			
KY010308	ZCRQ	支出日期	C	8	M			TB040003
KY020306	KYRYJF	科研人员经费	M		M			
KY010310	YWJF	业务经费	M		M			
KY010311	YQSBJF	仪器设备经费	M		M			
KY020307	TSZLJF	图书资料经费	M		M			
KY020308	SJSJ	上缴税金	M		M			
KY020309	GLJF	管理经费	M		M			
KY010313	QTJF	其他经费	M		M			
KY020310	SNJZJF	上年结转经费	M		M			

6.6.2.4 **KY0204 科研机构人员子类**

［描　述］ 本数据子类定义科研机构人员情况的数据项。
［关　联］ 本数据子类与科研机构基本数据、机构经费、实验室等子类关联。
［组　成］ 本数据子类由 3 个数据项组成，见表 139。

表 139　KY0204 科研机构人员子类表

编号	数据项名	中文简称	类型	长度	约束	值空间	解释/举例	引用编号
KY010401	RYH	人员号	C	20	O			
KY010403	GZL	工作量	N	6,2	O		参与科研任务的工作量比例，单位：%	
KY020401	DWLXM	单位类型码	C	1	O	XZDWLX 协作单位类型代码		

6.6.2.5 **KY0205 重点实验室子类(重点实验室、工程研究中心、研究基地、研究中心)**

［描　述］ 本数据子类定义重点实验室、工程研究中心、研究基地、研究中心等重要研究机构基本情况的数据项。
［关　联］ 本数据子类与科研机构基本数据、机构人员、经费等子类关联。
［组　成］ 本数据子类由 11 个数据项组成，见表 140。

表 140　KY0205 重点实验室子类表

编号	数据项名	中文简称	类型	长度	约束	值空间	解释/举例	引用编号
KY010102	YXSH	院系所号	C	10	M			TB020001
KY020501	SYSMC	实验室名称	C	60	M		例：先进材料教育部重点实验室	
KY020502	GLJBM	管理级别码	C	1	M	GLJB 管理级别代码	国家级/国家重点/省部级	
KY020503	SYSJC	实验室简称	C	20	O		先进材料实验室	TB020004
KY020504	SYSYWMC	实验室英文名称	C	180	O		例：Key Laboratory of Advanced Materials，Ministry of Education，China	
KY020505	SYSYWJC	实验室英文简称	C	4	O		AML	
KY020506	PZJLRQ	批准建立日期	C	8	M		YYYYMMDD	TB040003
KY020507	SBZCZZ	设备资产总值	M		O		单位：万元(CNY)	
KY020508	ZZGZRYS	专职工作人员数	N	2	O			
KY020108	YFMJ	用房面积	N	8	O		单位：平方米	
KY020509	ZRJGH	主任教工号	C	20	O		学校自编教职工号	

6.6.3 KY03 科技成果数据类

6.6.3.1 KY0301 科技成果人员子类

［描　述］ 本数据子类定义科技成果完成人员基本情况的数据项。
［关　联］ 本数据子类与科技成果数据类所有子类紧密关联。
［组　成］ 本数据子类个由 4 个数据项组成,见表 141。

表 141 KY0301 科技成果人员子类表

编号	数据项名	中文简称	类型	长度	约束	值空间	解释/举例	引用编号
KY010401	RYH	人员号	C	20	M		参与编写人员编(教职工填教工号,学生填学号)	
KY010405	JSM	角色码	C	3	M	JS 角色代码		
KY030101	ZXZS	撰写字数	N	8	M		单位:字	
KY030102	PMZRS	排名/总人数	C	7			PPP/ZZZ 例:9/112:共 112 排名九	

6.6.3.2 KY0302 科技著作子类

［描　述］ 本数据子类定义科技著作的基本数据项。
［关　联］ 本数据子类与科技成果人员子类、科技项目数据类关联。
［组　成］ 本数据子类由 15 个数据项组成,见表 142。

表 142 KY0302 科技著作子类表

编号	数据项名	中文简称	类型	长度	约束	值空间	解释/举例	引用编号
KY030201	ZZBH	著作编号	C	10	M		学校统一编写的科技著作序号	
KY030202	ZZZWMC	著作中文名称	C	60	M		科技著作的中文全称	
KY030203	ZZYWMC	著作英文名称	C	180	M		科技著作的英文全称	
KY010102	YXSH	院系所号	C	10	O		学校自行编号 所属院系所单位号	TB020001
KY010112	XKLYM	学科领域码	C	5	O	GB/T 13745	取其一、二级代码	
KY010109	XMLYM	项目来源码	C	2	O	XMLY 项目来源代码		
KY030204	LZLBM	论著类别码	C	2	M	LZLB 论著类别代码		
KY030205	ZGYZM	中国语种码	C	3	O	GB/T 4881	采用三位数字代码	
KY030206	YZM	语种码	C	2	O	GB/T 4880.1		
KY030207	CBSMC	出版社名称	C	60	M		出版著作的出版社名称	

表 142（续）

编号	数据项名	中文简称	类型	长度	约束	值空间	解释/举例	引用编号
KY030208	CBSJBM	出版社级别码	C	1	O	CBSJB 出版社级别代码	多个出版社以第一个出版社为准	
KY030209	CBRQ	出版日期	C	8	M		著作出版的日期	TB040003
KY030210	CBH	出版号	C	30	O		出版物相应的 ISBN、ISSN 等标准出版号	
KY030211	ZZZS	著作字数	N	8	M		单位：字	
KY010101	XMBH	项目编号	C	10	O		若是某项目的成果，填写该项目编号，否则为空	

6.6.3.3 KY0303 科技论文基本数据子类

［描　述］ 本数据子类定义科技论文的基本数据项。

［关　联］ 本数据子类与科技成果人员子类、科技项目数据类关联。

［组　成］ 本数据子类由 15 个数据项组成，见表 143。

表 143 KY0303 科技论文基本数据子类表

编号	数据项名	中文简称	类型	长度	约束	值空间	解释/举例	引用编号
KY030301	LWBH	论文编号	C	10	O		各校自编，建议前 4 位为立项年份＋2 位类别号＋4 位流水号	
KY030302	LWZWMC	论文中文名称	C	60	M		论文的中文全称	
KY030303	LWYWMC	论文英文名称	C	180	M		论文的英文全称	
KY010102	YXSH	院系所号	C	10	O		学校自行编码 所属院系所单位编号	TB020001
KY030304	LWLXM	论文类型码	C	2	O	HDLX 活动类型代码		
KY030305	LZLBM	论著类别码	C	2	O	LZLB 论著类别代码		
KY010112	XKLYM	学科领域码	C	5	M	GB/T 13745	取用其一、二级分类代码	
KY010127	XKMLM	学科门类(科技)码	C	1	M	XKMLKJ 学科门类(科技)代码		
KY010109	XMLYM	项目来源码	C	2	O	XMLY 项目来源代码		
KY030205	ZGYZM	中国语种码	C	3	O	GB/T 4881	采用三位数字代码	
KY030207	YZM	语种码	C	2	O	GB/T 4880.1	采用代码第 1 部分：2 字母代码； en 英语，de 德语	

表 143（续）

编号	数据项名	中文简称	类型	长度	约束	值空间	解释/举例	引用编号
KY010101	XMBH	项目编号	C	10	M		若是某项目的成果，填写该项目编号，否则为空	
KY030306	JSLYM	技术领域码	C	2	O		学校自行编码	
KY030307	LZSLQKM	论著收录情况码	C	1	M		学校自行编码	
KY030308	QTSLQK	其他收录情况	C	100	O		文字表述	

6.6.3.4 **KY0304 科技论文发表子类**

［**描　述**］ 本数据子类定义科技论文发表情况的数据项。

［**关　联**］ 本数据子类与科技论文基本数据子类关联。

［**组　成**］ 本数据子类个由 16 个数据项组成，见表 144。

表 144 **KY0304 科技论文发表子类表**

编号	数据项名	中文简称	类型	长度	约束	值空间	解释/举例	引用编号
KY030401	KWMC	刊物名称	C	180	M		发表刊物名称	
KY030402	FBRQ	发表日期	C	8	M			TB040003
KY030211	CBH	出版号	C	30	M		出版物相应的 ISBN、ISSN 等标准出版号	
KY030403	GBDQM	国别/地区码	C	3	M	GB/T 2659	采用 3 位字母国别码，中国 CHN，美国 USA	TB010009
KY030404	KWJBM	刊物级别码	C	2	M	KWJB 刊物级别代码		
KY030405	NH	年号	C	4	M		格式：YYYY 论文发表的年号	
KY030406	JH	卷号	C	10	M		发表论文刊物的卷次号	
KY030407	QH	期号	C	10	M			
KY030408	ZQH	总期号	C	10	O			
KY030409	QSYH	起始页号	N	6	M		论文在发表刊物中的起始页数，单位：页	
KY030410	CBSJB	出版社级别	C	1	O	CBSJB 出版社级别代码		
KY030411	KWBH	刊物编号	C	20	O			
KY030412	KWLX	刊物类型	C	2	O	GB/T 3469		
KY030413	KWZDFSM	刊物装订方式码	C	1	O	KWZD 刊物装订代码		
KY030414	TSKWZTM	图书刊物状态码	C	1	O	TSQKZT 图书期刊状态代码		
KY030301	LWBH	论文编号	C	10	O			

6.6.3.5 KY0305 科技论文报告子类

［描　述］ 本数据子类定义科技论文在学术会议上作报告情况的数据项。
［关　联］ 本数据子类与科技论文基本数据子类关联。
［组　成］ 本数据子类由3个数据项组成，见表145。

表145 KY0305 科技论文报告子类表

编号	数据项名	中文简称	类型	长度	约束	值空间	解释/举例	引用编号
KY030501	HYBH	会议编号	C	8	M		各校自编，建议前4位为立项年份+1位类别号+3位流水号	
KY030502	LWBGXSM	论文报告形式码	C	1	O	LWBGXS 论文报告形式代码		
KY030503	LWJMC	论文集名称	C	60	M			

6.6.3.6 KY0306 鉴定成果子类

［描　述］ 本数据子类定义科技成果鉴定情况的数据项。
［关　联］ 本数据子类与科技成果人员子类、科技项目数据类关联。
［组　成］ 本数据子类个由12个数据项组成，见表146。

表146 KY0306 鉴定成果子类表

编号	数据项名	中文简称	类型	长度	约束	值空间	解释/举例	引用编号
KY030601	JDCGBH	鉴定成果编号	C	8	M		学校统一编排的鉴定成果序号	
KY030602	JDCGMC	鉴定成果名称	C	60	M		鉴定成果详细名称	
KY030603	JDPWH	鉴定批文号	C	24	M		成果取得正式鉴定承认的批文号	
KY010102	YXSH	院系所号	C	10	M		所属院系所单位编号	TB020001
KY010112	XKLYM	学科领域码	C	5	M	GB/T 13745	取其一、二级分类代码	
KY010109	XMLYM	项目来源码	C	2	M	XMLY 项目来源代码		
KY030604	WCXSM	完成形式码	C	1	M	WCXS 完成形式代码		
KY030605	CGLXM	成果类型码	C	3	M	CGLX 成果类型代码		
KY030606	JDDWMC	鉴定单位名称	C	60	M		组织鉴定的单位全称	
KY030607	JDRQ	鉴定日期	C	8	M			TB040003
KY030608	JDJLM	鉴定结论码	C	2	M	JDJL 鉴定结论代码		
KY010101	XMBH	项目编号	C	10	M		若是某项目的成果，填写该项目编号，否则为空	

6.6.3.7 **KY0307 专利成果基本数据子类**

［描　述］ 本数据子类定义科技专利成果基本情况的数据项。

［关　联］ 本数据子类与科技成果人员子类、科技项目数据类关联。

［组　成］ 本数据子类由 23 个数据项组成，见表 147。

表 147 **KY0307 专利成果基本数据子类表**

编号	数据项名	中文简称	类型	长度	约束	值空间	解释/举例	引用编号
KY030701	ZLCGBH	专利成果编号	C	10	M		学校统一编排的专利成果序号，建议前 4 位为专利申请年份＋2 位类别号＋4 位流水号	
KY030702	ZLCGMC	专利成果名称	C	60	M		专利成果详细名称	
KY010102	YXSH	院系所号	C	10	O		所属院系所单位编号	TB020001
KY030703	SQBH	申请编号	C	10	M		申请专利的编号	
KY010112	XKLYM	学科领域码	C	5	O	GB/T 13745	取用其一、二级分类代码	
KY030704	ZLLXM	专利类型码	C	1	M	ZLLX 专利类型代码		
KY030705	PZRQ	批准日期	C	8	M		专利签发日期	TB040003
KY030706	PZXSM	批准形式码	C	1	M	ZLPZX 专利批准形式代码		
KY030707	ZSBH	证书编号	C	20	M		获得专利的证书编号	
KY030708	FLZTM	法律状态码	C	1	M	ZLFLZT 专利法律状态代码		
KY030709	JNZLNFRQ	交纳专利年费日期	C	8	O			TB040003
KY030710	JNJE	交纳金额	M		O		专利交纳的金额，单位：元	
KY030711	SSXMBH	所属项目编号	C	10	M		若是某项目的成果，填写该项目编号，否则为空	
KY030403	GBDQM	国别/地区码	C	3	M	GB/T 2659	采用 3 位字母国别码	TB010009
KY030712	GJZLZFLH	国际专利主分类号	C	20	M			
KY030713	PCTHZLGJDQM	PCT 或专利国家/地区码	C	3	M	GB/T 2659	当类型为 PCT 或外国申请时，采用 3 字母国别、地区码	TB010009
KY030714	SQGGH	授权公告号	C	20	O			
KY030715	SQGGRQ	授权公告日期	C	8	O			TB040003
KY030716	SQMC	申请名称	C	100	M			
KY030717	ZLDLJG	专利代理机构	C	60	O			
KY030718	ZLDLR	专利代理人	C	36	M		专利代理人姓名	
KY030719	ZLQR	专利权人	C	36	M		专利权人姓名	
KY030720	ZLZZRQ	专利终止日期	C	8	M			TB040003

6.6.3.8 KY0308 专利出售子类

［描　述］ 本数据子类定义科技专利成果出售情况的数据项。

［关　联］ 本数据子类与科技成果数据类所有子类紧密关联。

［组　成］ 本数据子类由7个数据项组成，见表148。

表148　KY0308 专利出售子类表

编号	数据项名	中文简称	类型	长度	约束	值空间	解释/举例	引用编号
KY030801	CSRQ	出售日期	C	8	M			TB040003
KY030802	CSJE	出售金额	M		M			
KY030803	CSJEMY	出售金额美元	N	12,2	O		单位：美元	
KY030804	SSDW	受售单位	C	180	O			
KY030805	SZGBDQM	所在国别/地区码	C	3	O	GB/T 2659	采用3位字母国别码，中国CHN，美国USA	TB010009
KY030806	BNSJSR	本年实际收入	M		M		本年度出售专利的人民币实际收入	
KY030807	BNSSMY	本年实收美元	N	12,2	O		本年度出售专利的美元实际收入，单位：美元	

6.6.3.9 KY0309 技术转让基本数据子类

［描　述］ 本数据子类定义科技成果技术转让基本情况的数据项。

［关　联］ 本数据子类与科技成果数据类所有子类紧密关联。

［组　成］ 本数据子类由12个数据项组成，见表149。

表149　KY0309 技术转让基本数据子类表

编号	数据项名	中文简称	类型	长度	约束	值空间	解释/举例	引用编号
KY010501	HTBH	合同编号	C	10	M			
KY010502	HTMC	合同名称	C	100	M			
KY030901	CJJE	成交金额	M		M		转让技术成交金额	
KY030806	BNSJSR	本年实际收入	M		M		本年度转让技术所得实际收入	
KY010102	YXSH	院系所号	C	10	O		所属院系所单位编号	TB020001
KY010112	XKLYM	学科领域码	C	5	O	GB/T 13745	取其一、二级分类代码	
KY030902	QDRQ	签定日期	C	8	M			TB040003
KY020115	FZRJGH	负责人教工号	C	20	O		负责技术转让的人员教职工号	
KY030903	SRFMC	受让方名称	C	180	M			
KY030904	SRFLXM	受让方类型码	C	1	M	SRFLX 受让方类型代码		
KY010111	SHJJXYM	社会经济效益码	C	2	O	SHJJXY 社会经济效益代码		
KY030711	SSXMBH	所属项目编号	C	10	M		若是某项目的成果，填写该项目编号，否则为空	

6.6.3.10 KY0310 获奖成果基本数据子类

［描　述］ 本数据子类定义科技成果获奖情况的基本数据项。

［关　联］ 本数据子类与科技成果数据类所有子类紧密关联。

［组　成］ 本数据子类由12个数据项组成，见表150。

表150 KY0310 获奖成果基本数据子类表

编号	数据项名	中文简称	类型	长度	约束	值空间	解释/举例	引用编号
KY031001	HJCGBH	获奖成果编号	C	10	M		学校统一编排的获奖成果序号	
KY031002	HJCGMC	获奖成果名称	C	60	M		获奖成果名称	
KY031003	SSXMLYM	所属项目来源码	C	2	O	XMLY 项目来源代码		
KY010102	YXSH	院系所号	C	10	O		所属院系所单位编号	TB020001
KY031004	HJRQ	获奖日期	C	8	M			TB040003
KY031005	CGHJLBM	成果获奖类别码	C	2	O	CGHJLB 成果获奖类别代码		
KY031006	KJJLBM	科技奖类别码	C	2	M		学校自行编码	
KY031007	JLDJM	奖励等级码	C	1	M	JLDJ 奖励等级代码		
KY031008	HJJBM	获奖级别码	C	2	M	JLJB 奖励级别代码		
KY010112	XKLYM	学科领域码	C	5	M	GB/T 13745	取其一、二级分类代码	
KY031009	SJDW	授奖单位	C	60	M			TB020002
KY030711	SSXMBH	所属项目编号	C	10	M		若是某项目的成果，填写该项目编号，否则为空	

6.6.4 KY04 学术交流数据类

6.6.4.1 KY0401 学术会议子类

［描　述］ 本数据子类定义学术会议的基本数据项。

［关　联］ 本数据子类与学术交流数据类所有子类紧密关联。

［组　成］ 本数据子类由19个数据项组成，见表151。

表151 KY0401 学术会议子类表

编号	数据项名	中文简称	类型	长度	约束	值空间	解释/举例	引用编号
KY030501	HYBH	会议编号	C	8	M		各校自编，建议前4位为立项年份+1位类别号+3位流水号	
KY040101	HYMC	会议名称	C	60	M			
KY040102	HYYWMC	会议英文名称	C	180	M			
KY040103	HYDD	会议地点	C	180	M			

表 151（续）

编号	数据项名	中文简称	类型	长度	约束	值空间	解释/举例	引用编号
KY040104	HYQSRQ	会议起始日期	C	8	M			TB040003
KY040105	HYZZRQ	会议终止日期	C	8	M			TB040003
KY040106	XKLYM	学科领域码	C	5	M	GB/T 13745	取其一、二级分类代码	
KY010113	HYDJM	会议等级码	C	1	M	HYDJ 学术会议等级代码		
KY040107	HYJBXSM	会议举办形式码	C	1	M	HYJBXS 会议举办形式代码		
KY040108	ZBDWH	主办单位号	C	10	M		所属院系所单位编号	TB020001
KY040109	JBDW	举办单位	C	180	M			
KY030403	GBDQM	国别/地区码	C	3	M	GB/T 2659	采用 3 位字母国别码，中国 CHN，美国 USA	
KY040110	HYRS	会议人数	N	6	M		参加学术会议的人数，单位：人	
KY040111	CJDW	参加单位	T		O		参加单位逐一填写	
KY040112	LXRDH	联系人电话	C	30	O			TB030003
KY040113	LXRJGH	联系人教工号	C	20	O		联系人员教工号	
KY040114	TRJF	投入经费	M		M			
KY040115	TRJFMY	投入经费美元	N	12,2	O		美元：元	
KY040116	ZCRZGH	主持人职工号	C	20	O		主持人教职工号	

6.6.4.2 KY0402 派出人员子类

［描　述］ 本数据子类定义学术交流的派出人员数据项。

［关　联］ 本数据子类与学术交流数据类所有子类紧密关联。

［组　成］ 本数据子类由 6 个数据项组成，见表 152。

表 152 KY0402 派出人员子类表

编号	数据项名	中文简称	类型	长度	约束	值空间	解释/举例	引用编号
KY040201	PCRH	派出人号	C	20	M		教工填教工号，学生填学号	
KY040202	JLLXM	交流类型码	C	2	M	XSJLLX 学术交流类型代码		
KY010112	XKLYM	学科领域码	C	5	M	GB/T 13745	取其一、二级分类代码	
KY030403	GBDQM	国别/地区码	C	3	M	GB/T 2659	采用 3 位字母国别/地区码	
KY040203	JLKSRQ	交流开始日期	C	8	M			TB040003
KY040204	JLJSRQ	交流结束日期	C	8	M			TB040003

6.6.4.3 KY0403 接受人员子类

［描 述］ 本数据子类定义学术交流的接受人员数据项。

［关 联］ 本数据子类与学术交流数据类所有子类紧密关联。

［组 成］ 本数据子类由 8 个数据项组成，见表 153。

表 153 KY0403 接受人员子类表

编号	数据项名	中文简称	类型	长度	约束	值空间	解释/举例	引用编号
KY040301	JSRH	接受人号	C	10	M		接受学术交流人员的编号，学校自编	
KY040302	JSRXM	接受人姓名	C	60	M		外国人姓名	TB010002
TB010004	XBM	性别码	C	1	M	GB/T 2261		
TB010009	GJDQM	国籍/地区码	C	3	M	GB/T 2659	采用 3 位字母国别码： 中国 CHN， 美国 USA	
KY040202	JLLXM	交流类型码	C	2	M	XSJLLX 学术交流类型代码		
KY010112	XKLYM	学科领域码	C	5	M	GB/T 13745	取用其一、二级分类代码	
KY040203	JLKSRQ	交流开始日期	C	8	M			TB040003
KY040204	JLJSRQ	交流结束日期	C	8	M			TB040003

6.7 CW 财务管理数据子集

6.7.1 CW01 账务管理数据类

［描 述］ 本数据类主要体现了为了记录账务数据而所做出的必要定义，通常以预算类学校科目为主。这里不考虑账务专业系统的数据项，比如科目建立日期、建立人等。

［术 语］ “科目”——是对资金运动按其经济内容的性质进行的分类。也叫会计科目，是对会计六大要素的进一步分类，是账户的名称，也是作账和编制报表的主要内容。每个会计科目的名称及所反映的内容都有统一的规定，一般是分级表示的，最大到 5 级，有自己的编号。

“助记符”——科目比较多，其数字代码不容易记忆，所以一般取科目名称汉语拼音每个字的首字母形成助记符。

［关 联］ 本数据类与其他数据子集/数据类没有关联。

［组 成］ 本数据类由 8 个数据项组成，见表 154。

表 154 CW01 账务管理数据类表

编号	数据项名	中文简称	类型	长度	约束	值空间	解释/举例	引用编号
CW010001	KMBH	科目编号	C	15	M		参见国家科目编号规范	
CW010002	KMND	科目年度	C	4	M			TB040001
CW010003	KMMC	科目名称	C	40	M			

表 154（续）

编号	数据项名	中文简称	类型	长度	约束	值空间	解释/举例	引用编号
CW010004	ZKMSXM	总科目属性码	C	1	O	YSLZFLKM 预算类总分类科目代码	此科目属于那个总分类科目	
CW010005	KMJCM	科目级次码	C	1	M	KMJC 科目级次代码	表示这是第几级科目，最大5级	
CW010006	KMLBM	科目类别码	C	1	M	KMLB 科目类别代码		
CW010007	KMFC	科目封存	C	1	M	SFBZ 是否标志代码	科目是否封存(封存后只能查询）	
CW010008	ZJF	助记符	C	20	O		取科目名称汉语拼音每个字的首字母	

6.7.2 CW02 账务数据类

6.7.2.1 CW0201 凭证类型子类

［描　述］ 本数据子类描述凭证类型，对各种账务凭证的数据项做一个基本定义。

［术　语］ “凭证”——凭证又称会计凭证，是指能够用来证明经济业务事项发生、明确经济责任并据以登记账簿、具有法律效力的书面证明。它可以分为两大类：即原始凭证和记账凭证。所谓原始凭证，又称单据，是在经济业务事项发生或者完成时填写的，用来证明经济业务事项已经发生或者完成，以明确经济责任并用作记账原始依据的一种凭证，它是进行会计核算的重要资料。所谓记账凭证，是指会计人员根据审核无误的原始凭证及有关资料，按照经济业务事项的内容和性质加以归类，并确定会计分录，作为登记会计账簿依据的会计凭证。在整个会计核算过程中，会计凭证是第一个关口，如果使用的凭证就是虚假的或者是不合法的，那么整个会计核算就不可能是真实的。发票、收据等会计作账依据并存档的单据属于原始凭证；而支票和转账单是需要提交给商户或银行的单据不属于凭证范畴；记账凭证由会计人员根据原始凭证实时制作，只用于存档，不用来流通。

［关　联］ 本数据子类与其他数据类/数据子类没有关联。

［组　成］ 本数据子类由 4 个数据项组成，见表 155。

表 155　CW0201 凭证类型子类表

编号	数据项名	中文简称	类型	长度	约束	值空间	解释/举例	引用编号
CW020101	LXBH	类型编号	C	2	M		学校自编，例如：现金收款、现金付款、银行收款、银行付款、转账凭证等	
CW020102	LXMC	类型名称	C	20	M			
CW020103	PZBJ	凭证标记	C	1	O		凭证类型的简写字母，如‘Z’代表记账凭证等	
CW020104	XZKM	限制科目	T		O		科目编号之间用‘，’分隔	

6.7.2.2 CW0202 凭证数据子类

［描　述］ 本数据子类描述凭证内容，对特定凭证的内容数据项做出定义。其中 CW020211 至 CW020214 各项不是凭证特性数据项，但可以作为系统设计的重要参考要素，因此这里一并给出。

［关　联］ 通过凭证类型标记关联 CW0201 中的凭证标记，虽然有冗余，但由于是必填的，所以列出。通过"科目编号"关联 CW01，通过"项目编号"关联 CW03，由于是不同类，所以列出。

［组　成］ 本数据子类由 16 个数据项组成，见表 156。

表 156　CW0202 凭证数据子类表

编号	数据项名	中文简称	类型	长度	约束	值空间	解释/举例	引用编号
CW020201	PZBH	凭证编号	C	5	M			
CW020202	FLBJM	分录标记码	C	1	O	FLBJ 分录标记代码		
CW020103	PZBJ	凭证标记	C	1	M			CW020103
CW020203	PZZY	凭证摘要	T		O			
CW010001	KMBH	科目编号	C	15	M			CW010001
CW020204	SSDWH	所属单位号	C	10	M		学校自行编码	TB020001
CW030101	XMBH	项目编号	C	10	M			KY010101
CW020205	JZFXM	记账方向码	C	1	M	JZFX 记账方向代码		
CW020206	PZJE	凭证金额	M		M			
CW020207	SCRQ	生成日期	C	8	M			TB040003
CW020208	ZPH	支票号	C	8	M			
CW020209	PZSM	凭证说明	T		O			
CW020210	ZDRH	制单人号	C	20	O		教工号	TB010020
CW020211	FHRH	复核人号	C	20	O		教工号	TB010020
CW020212	CNRH	出纳人号	C	20	O		教工号	TB010020
CW020213	LJKRH	领/交款人号	C	20	O		教工号	TB010020

6.7.2.3 CW0203 凭证编号子类

［描　述］ 本数据子类通过对时间的定义规定了凭证的时效性。

［关　联］ 通过"凭证编号"关联 CW0202，通过"凭证标志"关联 CW0201 中的凭证标记。

［组　成］ 本数据子类由 4 个数据项组成，见表 157。

表 157　CW0203 凭证编号子类表

编号	数据项名	中文简称	类型	长度	约束	值空间	解释/举例	引用编号
CW020301	KJND	会计年度	C	4	M			TB040001
CW020302	KJQJ	会计期间	C	2	M			
CW020303	PZBZ	凭证标志	C	1	O			CW020103
CW020304	PZRQ	凭证日期	C	8	M			TB040003

6.7.2.4 CW0204 科目余额子类

［描　述］本数据子类对各个科目的发生和累计余额相关数项进行定义。

［关　联］通过“会计年度”关联 CW0203(由于冗余，又在同一类中，所以省略，下同)，通过“科目编号”关联 CW01。

［组　成］本数据子类由 8 个数据项组成，见表 158。

表 158　CW0204 科目余额子类表

编号	数据项名	中文简称	类型	长度	约束	值空间	解释/举例	引用编号
CW010001	KMBH	科目编号	C	15	M		参见科目编号规范	
CW020401	KMRZYF	科目入账月份	C	2	M			
CW020402	KMNCYE	科目年初余额	M		M			
CW020403	KMDYJFFSJE	科目当月借方发生金额	M		M			
CW020404	KMDYDFFSJE	科目当月贷方发生金额	M		M			
CW020405	KMQNJFLJJE	科目全年借方累计金额	M		M			
CW020406	KMQNDFLJJE	科目全年贷方累计金额	M		M			
CW020407	KMQMYE	科目期末余额	M		M		当前科目指标余额	

6.7.3 CW03 项目经费数据类

6.7.3.1 CW0301 项目基本数据子类

［描　述］本数据子类定义了项目的基本数据项，部门也是项目的一种，虽然这些定义是必要的，由于项目定义不是纯粹的财务管理内容，可以在相关的管理数据集中查到，所以这里的数据项全部都是可选的。

［术　语］“会计年度”——是以年度为单位进行会计核算的时间区间，是反映学校财务状况、核算成果的时间界限。通常情况下，一个学校的业务活动，总是连续不断进行的，如果等到单位的经营和业务活动全部结束后才核算财务状况和成果，既不利于单位外部利益关系方了解单位的运行情况，也不能满足学校自身管理的需要。因此，会计上就将连续不断的运行过程人为地划分为若干相等的时段，分段进行结算，分段编制财务会计报告，分段反映单位的财务状况和经营成果。这种分段进行会计核算的时间区间，会计上称为会计期间。以一年为一个会计期间称为会计年度。比如用 2007 代表从 2007 年 1 月 1 日到 2007 年 12 月 31 日的会计核算的时间区间。

［关　联］通过“会计年度”关联 CW0203，通过“科目编号”关联 CW01，通过“项目编号”关联 CW0302 和 CW0303，通过“所属部门”关联学校单位管理。

［组　成］本数据子类由 18 个数据项组成，见表 159。

表 159　CW0301 项目基本数据子类表

编号	数据项名	中文简称	类型	长度	约束	值空间	解释/举例	引用编号
CW030101	XMBH	项目编号	C	10	O		学校统一的项目编号	
CW010001	KMBH	科目编号	C	15	O		参见科目编号规范	
CW020301	KJND	会计年度	C	4	O			TB040001
CW030102	SSBMH	所属部门号	C	10	O		学校自行编号 单位号	TB020001
CW030103	XMMC	项目名称	C	60	O		财务部门提供的每个部门的项目名称	
CW030104	XMLBM	项目类别码	C	2	O		学校自行编码	KY010118
CW030105	KSRQ	开始日期	C	8	O			TB040003
CW030106	WCRQ	完成日期	C	8	O			TB040003
CW030107	ZXZTM	执行状态码	C	1	O	XMZXZT 项目执行状态代码		KY010121
CW030108	YXCZ	允许超支	C	1	O	SFBZ 是否标志代码	1 是;0 否	
CW030109	CZXE	超支限额	M		O			
CW030110	XMFZRH	项目负责人号	C	20	O		教工号	TB010020
CW030111	XMLXRH	项目联系人号	C	20	O		教工号	TB010020
CW030112	XMZY	项目摘要	T		O		该项目的摘要	
CW030113	XMZC	项目支出	M		O		该项目的支出额	
CW030114	XMSR	项目收入	M		O		该项目的收入额	
CW030115	YSJE	预算金额	M		O		该项目的预算金额	
CW030116	YE	余额	M		O		该项目的余额	

6.7.3.2　CW0302 项目经费来源子类

［描　述］　本数据子类定义了项目经费的总体情况数据项，由于可以通过“项目余额子类”生成，所以本子类全部为可选。

［关　联］　通过“会计年度”关联 CW0203，通过“项目编号”关联 CW0301 和 CW0303。

［组　成］　本数据子类由 8 个数据项组成，见表 160。

表 160　CW0302 项目经费来源子类表

编号	数据项名	中文简称	类型	长度	约束	值空间	解释/举例	引用编号
CW030201	JHJFZE	计划经费总额	M		O			
CW030202	JFLYM	经费来源码	C	2	O	XMJFLY 项目经费来源代码		KY010302
CW030203	BRRQ	拨入日期	C	8	O			TB040003

表 160（续）

编号	数据项名	中文简称	类型	长度	约束	值空间	解释/举例	引用编号
CW030204	BKS	拨款数	M		O			
CW030205	ZDXKJF	重点学科经费	M		O			
CW030206	ZDSYSJF	重点实验室经费	M		O			
CW030207	GCYJZXJF	工程研究中心经费	M		O			
CW030208	BFXZJF	拨付协作经费	M		O			

6.7.3.3 CW0303 项目余额子类

［描　述］ 本数据子类对各个项目的发生和累计余额相关数据项进行定义。

［术　语］ “借方”和“贷方”——不同的科目所代表的意义不同，对于资产类科目：贷方是支出，借方是收入；对于别的科目：贷方是收入，借方是支出。

［关　联］ 通过“会计年度”关联 CW0203，通过“项目编号”关联 CW0301 和 CW0302。

［组　成］ 本数据子类由 7 个数据项组成，见表 161。

表 161　CW0303 项目余额子类表

编号	数据项名	中文简称	类型	长度	约束	值空间	解释/举例	引用编号
CW030301	XMRZYF	项目入账月份	C	2	M			
CW030302	XMNCYE	项目年初余额	M		M			
CW020303	XMDYJFFSJE	项目当月借方发生金额	M		M			
CW030304	XMDYDFFSJE	项目当月贷方发生金额	M		M			
CW030305	XMQNJFLJJE	项目全年借方累计金额	M		M			
CW030306	XMQNDFLJJE	项目全年贷方累计金额	M		M			
CW030307	XMQMYE	项目项目期末余额	M		M			

6.7.4 CW04 往来账数据类

6.7.4.1 CW0401 暂存款子类

［描　述］ 本数据子类定义暂存款的变动情况。

［术　语］ “暂存”和“暂借”——“暂存”和“暂借”分属于不同的科目，暂存属于负债类科目，代表人存在这里的款项；暂借属于资产类科目，代表别人借给的款项。

［关　联］ 通过“凭证编号”与凭证数据子类相关联（也可通过凭单摘要进行操作）。

［组　成］ 本数据子类由 8 个数据项组成，见表 162。

表 162 CW0401 暂存款子类表

编号	数据项名	中文简称	类型	长度	约束	值空间	解释/举例	引用编号
CW040101	DKPZH	到款凭证号	C	5	O		财务部门提供的凭证号	CW020201
CW040102	DKRQ	到款日期	C	8	O			TB040003
CW040103	DKLY	到款理由	C	8	O			
CW040104	DKJE	到款金额	M		O			
CW040105	LQRH	领取人号	C	20	O		教工号	TB010020
CW040106	FKJE	付款金额	M		O		单位:元	
CW040107	FKRQ	付款日期	C	8	O			TB040003
CW040108	FKSM	付款说明	T		O			

6.7.4.2 **CW0402 暂借款子类**

［描　述］ 本数据子类定义暂存款的变动数据项。

［关　联］ 通过“借款经手人”与人事管理数据相关联,通过“借款凭证编号”与凭证数据子类相关联。

［组　成］ 本数据子类由 7 个数据项组成,见表 163。

表 163 CW0402 暂借款子类表

编号	数据项名	中文简称	类型	长度	约束	值空间	解释/举例	引用编号
CW040201	JKPZH	借款凭证号	C	5	O		财务部门提供的凭证号	CW020201
CW040202	JKRQ	借款日期	C	8	O		该人借款的时间	TB040003
CW040203	JKLY	借款理由	C	8	O			
CW040204	JKJE	借款金额	M		O		单位:元	
CW040205	JKJSRH	借款经手人号	C	20	O		借款人/经办人的教工号	TB010020
CW040206	SFHX	是否核销	C	1	O	SFBZ 是否标志代码	1 是;0 否	
CW040207	HXRQ	核销日期	C	8	O			TB040003

6.7.5 CW05 教职工个人收入数据类

6.7.5.1 **CW0501 工资明细子类**

［描　述］ 本数据子类一般性地定义了教职工收入、支出各项目的数据项。

［关　联］ 本数据子类是由 JG 教工管理数据子集的“JG0601 工资结构子类”组成,通过“教工号”与教职工缴税数据子类相关联。本子类与 JG 教工管理数据子集的“JG0601 工资结构子类”的区别是后者只有收入,没有支出。

［组　成］ 本数据子类由 4 个数据项组成,见表 164。

表 164　CW0501 工资明细子类表

编号	数据项名	中文简称	类型	长度	约束	值空间	解释/举例	引用编号
TB010020	JGH	教工号	C	20	M			
JG060101	MXXMM	明细项目码	C	2	M		学校自行编码 教职工收入或支出的项目代码	
JG060102	XMJE	项目金额	M		M		基本工资与职务工资等项目金额，单位：元	
XM060103	XCRQ	形成日期	C	8	O			TB040003

6.7.5.2　CW0502 工资总额子类

［描　述］　本数据类定义工资总额数据项：实发合计等于应发合计减扣款合计。

［关　联］　应用时通过相关“项目编号”和“科目编号”与项目经费数据类、账务管理数据类相关联。

［组　成］　本数据子类由 4 个数据项组成，见表 165。

表 165　CW0502 工资总额子类表

编号	数据项名	中文简称	类型	长度	约束	值空间	解释/举例	引用编号
CW050201	YFHJ	应发合计	M		O		单位：元	
CW050202	KKHJ	扣款合计	M		O		单位：元	
CW050203	SFHJ	实发合计	M		O		单位：元	
CW050204	FGZNY	发工资年月	C	6	O			TB040002

6.7.5.3　CW0503 教职工劳务补贴子类

［描　述］　本数据子类定义教职工劳务补贴的数据项，将教职工所有劳务性收入（讲课、翻译等）也统一纳入税务管理，由学校代扣代缴。

［关　联］　通过“教工号”与工资明细子类中的个人所得税以及人事数据相联系。

［组　成］　本数据子类由 6 个数据项组成，见表 166。

表 166　CW0503 教职工劳务补贴子类表

编号	数据项名	中文简称	类型	长度	约束	值空间	解释/举例	引用编号
CW050301	FFRQ	发放日期	C	8	M			TB040003
CW050302	SRMC	收入名称	C	60	M		表示财务部门自编的领取项目名称	
CW050303	FFBMH	发放部门号	C	10	M		学校自行编号	TB020001
CW050304	SQJE	税前金额	M		M			
CW050305	SHJE	税后金额	M		M			
CW050306	SM	说明	T		O		具体钱款分类和数目	

6.7.5.4 CW0504 税率登记子类

［描　述］ 本数据子类定义涉及个人所缴税款的内容及所适用的税率、金额的数据项。

［关　联］ 通过“教工号”与工资明细子类 CW0501 中的个人所得税以及人事数据相联系。

［组　成］ 本数据子类由 7 个数据项组成，见表 167。

表 167　CW0504 税率登记子类表

编号	数据项名	中文简称	类型	长度	约束	值空间	解释/举例	引用编号
CW050401	DJJE	登记金额	M		M			
CW050402	SL	税率(%)	N	2	M			
CW050403	QSRQ	起始日期	C	8	M			TB040003
CW050404	JZRQ	截止日期	C	8	O		0 表示正在执行	TB040003
CW050405	DQYXX	当前有效性	C	1	O	SFBZ 是否标志代码	1　有效;0　无效	
CW050406	SFGN	是否国内	C	1	M	SFBZ 是否标志代码	1　是;0　否	
CW050306	SM	说明	T		O		具体钱款分类和数目	

6.7.5.5 CW0505 教职工缴税子类

［描　述］ 本数据子类定义教职工个人所得税统计信息的数据项。

［关　联］ 通过“教工号”与工资明细子类中的个人所得税以及人事信息相联系。

［组　成］ 本数据子类由 3 个数据项组成，见表 168。

表 168　CW0505 教职工缴税子类表

编号	数据项名	中文简称	类型	长度	约束	值空间	解释/举例	引用编号
CW050501	TJSCRQ	统计生成日期	C	8	O		单位:元	TB040003
CW050502	GZSDSZJ	工资所得税总计	M		O		单位:元	
CW050503	QTSDSZJ	其他所得税总计	M		O		单位:元	

6.7.6 CW06 学生收费数据类

6.7.6.1 CW0601 学生应收明细子类

［描　述］ 本数据子类定义学生收费项目中各项的含义及金额数据项。

［关　联］ 通过“学号”与学生欠费子类和学生管理数据子集相关联系，通过“收费项目编号”关联 CW0603 收费项目子类。

［组　成］ 本数据子类由 7 个数据项组成，见表 169。

表 169 CW0601 学生应收明细子类表

编号	数据项名	中文简称	类型	长度	约束	值空间	解释/举例	引用编号
TB010119	XH	学号	C	20	M			TB010019
CW060301	SFXMBH	收费项目编号	C	2	M			CW060301
CW060101	SFXN	收费学年	C	9	M			TB040005
CW060102	YSJINE	应收金额	M		M			
CW060103	TZJE	调整金额	M		M			
CW060104	TZFSM	调整方式码	C	1	M	XSTZYY 学生收费调整方式代码		
CW060105	TSSM	特殊说明	T		O			

6.7.6.2 CW0602 学生应收合计子类

［描　述］ 本数据子类定义了学生收费项目的合计数据项，与个人无关。

［关　联］ 通过“收费项目编号”和“科目编号”与相关收入类项目和科目相联系，“收费年份(学年)”由于冗余，不在本子类表述。

［组　成］ 本数据子类由 2 个数据项组成，见表 170。

表 170 CW0602 学生应收合计子类表

编号	数据项名	中文简称	类型	长度	约束	值空间	解释/举例	引用编号
CW060201	TZHJ	调整合计	M		O			
CW060202	YSHJ	应收合计	M		O			

6.7.6.3 CW0603 收费项目子类

［描　述］ 本数据子类定义学生收费项目中各数据项。在实际使用中可以根据具体情况考虑增加“备注”等数据项。

［关　联］ 本数据子类与其他数据子集/数据类没有关联。

［组　成］ 本数据子类由 3 个数据项组成，见表 171。

表 171 CW0603 收费项目子类表

编号	数据项名	中文简称	类型	长度	约束	值空间	解释/举例	引用编号
CW060301	SFXMBH	收费项目编号	C	2	M		学校自编	
CW060302	SFXMMC	收费项目名称	C	60	M			
CW060303	SFXMBAPWH	收费项目备案批文号	C	24	O			

6.7.6.4 CW0604 学生欠费子类

［描　述］ 本数据子类定义学生欠交学生项目的内容及金额数据项。在实际使用中可以根据具体情况考虑增加“欠费原因”、“备注”等数据项。

［关　联］ 通过学号与学生收费明细子类相联系，通过“欠费项目编号”关联 CW0603。

［组　成］ 本数据子类由 3 个数据项组成，见表 172。

表 172　CW0604 学生欠费子类表

编号	数据项名	中文简称	类型	长度	约束	值空间	解释/举例	引用编号
CW060401	QFXMBH	欠费项目编号	C	2	M			CW060301
CW060402	QFJE	欠费金额	M		M		学生实际欠费金额	
CW060403	QFXN	欠费学年	C	9	M			TB040005

6.7.6.5 CW0605 学生发放款项子类

［描　述］ 本数据子类定义发放给学生的所有款项（劳务性、奖助贷、退款等）数据项。

［关　联］ 通过“学号”与学生基本数据相联系，通过“类型明细”联系具体的发放原因，可联系细化的“发放类型”。

［组　成］ 本数据子类由 6 个数据项组成，见表 173。

表 173　CW0605 学生发放款项子类表

编号	数据项名	中文简称	类型	长度	约束	值空间	解释/举例	引用编号
CW050301	FFRQ	发放日期	C	8	M			TB040003
CW060501	FFLXM	发放类型码	C	2	M		学校自行编码 学生发放款项的主要项目代码	
CW060502	LXMX	类型明细	C	3	M		学校自编	
CW050304	SQJE	税前金额	M		M			
CW050305	SHJE	税后金额	M		M			
CW050306	SM	说明	T		O			

6.7.7 CW07 票据数据类

6.7.7.1 CW0701 票据管理子类

［描　述］ 本数据子类定义发票管理中领用、收、发各环节所涉及到的数据项。

［关　联］ 通过“发票种类”与 CW0702 票据的标题管理子类相联系。

［组　成］ 本数据子类由 20 个数据项组成，见表 174。

表 174　CW0701 票据管理子类表

编号	数据项名	中文简称	类型	长度	约束	值空间	解释/举例	引用编号
CW070101	PBXH	票本序号	N	4	O			
CW070102	QSPH	启始票号	C	8	O		财务部门提供的发票号	
CW070103	JZH	截止号	C	8	O		财务部门提供的发票号	
CW070201	FPPLM	发票种类码	C	1	O	CWPL 财务票类代码		
CW070104	FPGGM	发票规格码	C	1	O	FWYFPGG 服务业发票规格代码	服务业发票特有，其他可不添	
CW070105	YT	用途	T		O			
CW070106	LYRH	领用人号	C	20	O		领取发票的教工号	TB010020
CW070107	LXFF	联系方法	C	50	O			
CW070108	LYBMH	领用部门号	C	10	O		学校自行编号	TB020001
CW070109	RZKMJXM	入账科目及项目	C	60	O		发票的金额所涉及到的科目及项目	
CW070110	JEXZ	金额限制	M		O		票本中对于每张票的金额限制	
CW070111	LYRQ	领用日期	C	8	O			TB040003
CW070112	GHRQ	归还日期	C	8	O			TB040003
CW070113	YYJZH	已用截止号	C	8	O		财务部门提供的发票号，表示用了多少，0 表示未用	
CW070114	SKJE	实开金额	M		O			
CW070115	YXZS	有效张数	N	3	O			
CW070116	ZFZS	作废张数	N	3	O			
CW070117	JHRH	交回人号	C	20	O		教工号	TB010020
CW070118	YSRH	验收人号	C	20	O		教工号	TB010020
CW070119	PJBZ	票据备注	T		O			

6.7.7.2　CW0702 标题管理子类

［描　述］本数据子类定义发票的种类数据项。可以包括收据等所有票据种类，CWPL 财务票类代码，比较全面地包括了目前高校应用的所有票据。在实际使用中可以根据具体情况考虑增加“备注”等数据项。

［关　联］通过“发票种类码”与 CW0701 票据管理子类相联系。

［组　成］本数据子类由 2 个数据项组成，见表 175。

表 175　CW0702 标题管理子类表

编号	数据项名	中文简称	类型	长度	约束	值空间	解释/举例	引用编号
CW070201	FPZLM	发票种类码	C	1	O	CWPL 财务票类代码		
CW070202	BTMC	标题名称	C	100	O			

6.8 ZC资产与设备管理数据子集

6.8.1 ZC01 学校用地数据类

［描　述］ 本数据类根据用途定义学校用地总体状况的数据项，如房屋占地、体育场占地、绿化占地等等。

［关　联］ 本数据类通过“建筑物号”和“校区号”与其他数据子集关联。

［组　成］ 本数据类不分子类，由7个数据项组成，见表176。

表176 ZC01 学校用地数据类表

编号	数据项名	中文简称	类型	长度	约束	值空间	解释/举例	引用编号
ZC010001	YDBH	用地编号	C	2	M		各校自编	
ZC010002	TDCQM	土地产权码	C	1	M	CQ 产权代码		
ZC010003	TDSYZKM	土地使用状况码	C	1	M	SYZK 使用状况代码		
ZC010004	XQH	校区号	C	2	O		学校自行编码	
ZC010005	ZDYTM	占地用途码	C	2	M	ZDYT 占地用途代码		
ZC010006	ZDMJ	占地面积	N	8	M		单位：平方米	
ZC010007	YDBZ	用地备注	T		O		有关学校用地的其他说明	

6.8.2 ZC02 学校建筑物数据类

6.8.2.1 ZC0201 建筑物基本数据子类

［描　述］ 本数据子类定义建筑物的基本数据项。

［关　联］ 本数据子类与建筑物房间、建筑物修缮子类有关联。

［组　成］ 本数据子类由18个数据项组成，见表177。

表177 ZC0201 建筑物基本数据子类表

编号	数据项名	中文简称	类型	长度	约束	值空间	解释/举例	引用编号
ZC020101	JZWH	建筑物号	C	6	M		学校自编的建筑物编号	
ZC020102	JZWMC	建筑物名称	C	30	M		建筑物的汉字名称	
ZC020103	JZWCQM	建筑物产权码	C	1	M	CQ 产权代码		
ZC020104	SYZKM	使用状况码	C	1	M	SYZK 使用状况代码		
ZC010003	XQH	校区号	C	2	O		学校自行编号	
ZC020105	JZWFLM	建筑物分类码	C	1	M	JZWFL 建筑物分类代码		
ZC020106	JZWJGM	建筑物结构码	C	1	O	JZWJG 建筑物结构代码		
ZC020107	JZWCS	建筑物层数	N	2	O		含地下室，单位：层	

表 177（续）

编号	数据项名	中文简称	类型	长度	约束	值空间	解释/举例	引用编号
ZC020108	JCNY	建成年月	C	8	O			TB040002
ZC020109	JZWTZZE	建筑物投资总额	M		M		单位：元	
ZC020110	JFLYM	经费来源码	C	1	M	JFLY 经费来源代码		
ZC020111	ZJZMJ	总建筑面积	N	10,2	M		单位：平方米	
ZC020112	ZSYMJ	总使用面积	N	10,2	O		单位：平方米	
ZC020113	SFDDKZBZ	是否达到抗震标准	C	1	O	SFBZ 是否标志代码	1 达到当地抗震标准 0 未达到当地抗震标准	
ZC020114	JZWDZ	建筑物地址	C	180	O		建筑物的详细地址	TB020007
ZC020115	JZWZKM	建筑物状况码	C	2	M	JZWZK 建筑物状况代码		
ZC020116	JZWTP	建筑物图片	B		O		建筑物的照片	
ZC020117	JZWPMT	建筑物平面图	B		O		建筑物的建筑平面图	

6.8.2.2 **ZC0202 建筑物房间子类**

［描　述］ 本数据子类定义建筑物房间的基本数据项。

［关　联］ 本数据子类与建筑物基本数据、建筑物修缮子类有关联。

［组　成］ 本数据子类由 14 个数据项组成，见表 178。

表 178 ZC0202 建筑物房间子类表

编号	数据项名	中文简称	类型	长度	约束	值空间	解释/举例	引用编号
ZC020201	FJH	房间号	C	12	M		学校自编，建议前 6 位为建筑物编号，后 6 位为房间在该建筑物内的编号	
ZC020202	FJMC	房间名称	C	30	M		房间的汉字名称	
ZC020203	FJYTM	房间用途码	C	3	M	FJYT 房间用途代码		
ZC020204	FJLC	房间楼层	C	3	O		房间所在的楼层，地上楼层直接用阿拉伯数字表示，地下楼层在阿拉伯数字前加“B”号，如“2”表示地上 2 层，“B2”表示地下 2 层	
ZC020205	FJJZMJ	房间建筑面积	N	8,2	M		取二位小数，单位：平方米	
ZC020206	FJSYMJ	房间使用面积	N	8,2	O		取二位小数，单位：平方米	
ZC020207	FJPMJGT	房间平面结构图	B		O		房间的平面图	
ZC020208	FJSYZTM	房间使用状态码	C	1	O	FJSYZT 房间使用状态代码		

表 178（续）

编号	数据项名	中文简称	类型	长度	约束	值空间	解释/举例	引用编号
ZC020209	FJSYDWH	房间使用单位号	C	10	O		学校自行编号，指使用该房间的院系部处所中心号	TB020001
ZC020210	CZDWMC	承租单位名称	C	40	O		承租单位名称（可能是校外单位）	
ZC020211	ZLQSRQ	租赁起始日期	C	8	O		使用日期类型	TB040003
ZC020212	ZLJSRQ	租赁结束日期	C	8	O		使用日期类型	TB040003
ZC020213	YZJ	月租金	M	12	O		单位：元	
ZC020214	FJBZ	房间备注	T		O		房间的其他说明（如使用者，联系方式等）	

6.8.2.3 ZC0203 建筑物修缮子类

［描　述］ 本数据子类定义有关建筑物修缮的数据项。

［关　联］ 本数据子类与建筑物基本数据、建筑物房间子类有关联。

［组　成］ 本数据子类由 11 个数据项组成，见表 179。

表 179　ZC0203 建筑物修缮子类表

编号	数据项名	中文简称	类型	长度	约束	值空间	解释/举例	引用编号
ZC020101	JZWH	建筑物号	C	6	O			
ZC020201	FJH	房间号	C	12	O			
ZC020301	XSKSRQ	修缮开始日期	C	8	O			TB040003
ZC020302	XSJSRQ	修缮结束日期	C	8	O			TB040003
ZC020303	XSNR	修缮内容	T		O		修缮的主要内容描述	
ZC020304	XSJF	修缮经费	M		M		修缮涉及的经费总额，单位：元	
ZC020305	XSDW	修缮单位	C	60	O		承担修缮任务的单位名称	
ZC020109	JFLYM	经费来源码	C	1	O	JFLY 经费来源代码		
ZC020306	JBRH	经办人号	C	20	O		办理修缮手续及相关事宜的人员教工号	
ZC020307	XSSM	修缮说明	T		O		与修缮相关的情况说明	
ZC020308	XSCZDW	修缮出资单位	C	60	O		修缮资金出资单位名称	

6.8.3 ZC03 设施数据类

［描　述］ 本数据类定义设施管理的数据项。

［术　语］ “设施”——除了地产、房屋、仪器设备、图书之外的其他公共设施，如：道路、桥梁、校门、

院墙、操场、运动器械、交通指挥标志、防空掩体等。

［关　联］ 本数据类与其他数据类无关联。

［组　成］ 本数据类不分子类，由10个数据项组成，见表180。

表180　ZC03设施数据类表

编号	数据项名	中文简称	类型	长度	约束	值空间	解释/举例	引用编号
ZC030001	SSH	设施号	C	6	O		学校自编	
ZC030002	SSCQM	设施产权码	C	1	M	CQ 产权代码		
ZC020104	SYZKM	使用状况码	C	1	M	SYZK 使用状况代码		
ZC030003	XXDWCCM	学校单位层次码	C	1	O	XXDWCC 学校单位层次代码		
ZC030004	SSMC	设施名称	C	60	O			
ZC030005	JSNY	建设年月	C	8	O			TB040002
ZC030006	JSFY	建设费用	M		O		建成设施的总经费，单位：元	
ZC030007	XSNY	修缮年月	C	8	O			TB040002
ZC030008	XSFY	修缮费用	M		O		修缮设施的总经费，单位：元	
ZC030009	SYSFZC	使用是否正常	C	1	O	SFB 是否标志代码	0　不正常 1　正常	

6.8.4　ZC04 实验室管理数据类

6.8.4.1　ZC0401 实验室基本数据子类

［描　述］ 本数据子类定义实验室的基本数据项，这里所指实验室是由实验室设备处管理。

［关　联］ 本数据子类与实验室运行、实验室人员、实验室评估子类有关联。

［组　成］ 本数据子类由12个数据项组成，见表181。

表181　ZC0401 实验室基本数据子类表

编号	数据项名	中文简称	类型	长度	约束	值空间	解释/举例	引用编号
ZC040101	SYSH	实验室号	C	10	M		校内实验室唯一编号，建议与院系所单位统一编号	TB020001
ZC040102	SYSMC	实验室名称	C	60	M			
ZC040103	JLRQ	建立日期	C	8	M			TB040003
ZC040104	JZMJ	建筑面积	N	8,2	O		单位：平方米	
ZC040105	SYMJ	使用面积	N	8,2	O		单位：平方米	
ZC040106	SYSWZ	实验室位置	C	60	O		实验室所在的具体楼号和房间号	TB020007

表 181(续)

编号	数据项名	中文简称	类型	长度	约束	值空间	解释/举例	引用编号
ZC040107	FZRJGH	负责人教工号	C	20	M			
ZC040108	GLJBM	管理级别码	C	1	M	GLJB 管理级别代码		
ZC040109	SYSLBM	实验室类别码	C	1	M	SYSLB 实验室类别代码		
ZC040110	SYSDH	实验室电话	C	30	O			
ZC040111	QCGLYH	器材管理员号	C	20	O		器材管理员教工号	
ZC040112	SYSJS	实验室介绍	T		O		实验室的情况介绍	

6.8.4.2 ZC0402 实验室运行子类

[描　述] 本数据子类定义实验室运行的有关数据项。

[关　联] 本数据子类与实验室基本数据子类有关联。

[组　成] 本数据子类由 8 个数据项组成,见表 182。

表 182 ZC0402 实验室运行子类表

编号	数据项名	中文简称	类型	长度	约束	值空间	解释/举例	引用编号
ZC040201	SYSH	实验室号	C	10	O			TB020001
ZC040202	ND	年度	C	4	O			TB040001
ZC040203	TRE	投入额	M		O			
ZC040204	ZCE	支出额	M		O			
ZC040205	NHDL	年耗电量	N	12,2	O		单位:度(千瓦/时)	
ZC040206	NHSL	年耗水量	N	12,2	O		单位:吨	
ZC040207	WHF	维护费	M		O		学年仪器设备的维修费,不含运行护理费	
ZC040208	YXSM	运行说明	T		O			

6.8.4.3 ZC0403 实验室人员子类

[描　述] 本数据子类定义实验室人员有关的数据项。

[关　联] 本数据子类与实验室基本数据子类有关联。

[组　成] 本数据子类由 5 个数据项组成,见表 183。

表 183 ZC0403 实验室人员子类表

编号	数据项名	中文简称	类型	长度	约束	值空间	解释/举例	引用编号
ZC040201	SYSH	实验室号	C	10	O			TB020001
ZC040202	ND	年度	C	4	O			TB040001
ZC040301	GWZC	岗位职称	C	60	M	GB/T 8561		
ZC040302	GWRS	岗位人数	N	8	M			
ZC040303	SFJZ	是否兼职	C	1	O	SFBZ 是否标志代码		

6.8.4.4 ZC0404 实验室评估子类

［描　述］ 本数据子类定义实验室评估有关的数据项。

［关　联］ 本数据子类与实验室基本数据子类有关联。

［组　成］ 本数据子类由 4 个数据项组成，见表 184。

表 184 ZC0404 实验室评估子类表

编号	数据项名	中文简称	类型	长度	约束	值空间	解释/举例	引用编号
ZC040201	SYSH	实验室号	C	8	O			TB020001
ZC040202	ND	年度	C	4	O		YYYY	TB040001
ZC040401	JLJBM	奖励级别码	C	2	O	JLJB 奖励级别代码	整个实验室的综合奖，不包括各种的单项奖励	
ZC040402	PGJGM	评估结果码	C	2	O	SYSPGQK 实验室评估结果代码	未评估不填写	

6.8.4.5 ZC0405 实验项目子类

［描　述］ 本数据子类定义实验项目有关的数据项。

［关　联］ 本数据子类与其他子类无关联。

［组　成］ 本数据子类由 13 个数据项组成，见表 185。

表 185 ZC0405 实验项目子类表

编号	数据项名	中文简称	类型	长度	约束	值空间	解释/举例	引用编号
ZC040501	SYXH	实验序号	C	15	O		校内实验项目唯一编号	
ZC040502	SYMC	实验名称	C	60	O			
ZC040503	LSKCH	隶属课程号	C	10	O		非教学实验不填	
ZC040504	SYLBM	实验类别码	C	1	O	SYLB 实验类别代码		

表 185(续)

编号	数据项名	中文简称	类型	长度	约束	值空间	解释/举例	引用编号
ZC040505	ZYFLM	专业分类码	C	6	O	学位授予和人才培养学科目录 专业学位授予和人才培养目录 GB/T 16835	本实验项目所属的专业码	
ZC040506	SYYQM	实验要求码	C	1	O	SYYQ 实验要求代码		
ZC040507	SYZLBM	实验者类别码	C	1	O	SYZLB 实验者类别代码		
ZC040508	SYZRS	实验者人数	N	4	O		参加实验的总人数,单位:人	
ZC040509	MZRS	每组人数	N	3	O		每套仪器设备上作实验的人数,非教学实验不填,单位:人	
ZC040510	SYSS	实验时数	N	4	O		完成本实验的时数,单位:小时	
ZC040511	HJJBM	获奖级别码	C	2	O	JLJB 奖励级别代码		
ZC040512	DKJSH	带课教师号	C	20	O			TB010020
ZC040513	SYDD	实验地点	C	60	O			TB020007

6.8.5 ZC05 仪器设备管理数据类

6.8.5.1 ZC0501 仪器设备基本数据子类

[描　述] 本数据子类定义仪器设备的基本数据项。

[关　联] 本数据子类与附件子类构成设备完整定义。

[组　成] 本数据子类由 24 个数据项组成,见表 186。

表 186 ZC0501 仪器设备基本数据子类表

编号	数据项名	中文简称	类型	长度	约束	值空间	解释/举例	引用编号
ZC050101	YQH	仪器号	C	10	M		各校自编。建议前 4 位年号＋2 位类别号＋4 位流水号	
ZC050102	YQMC	仪器名称	C	60	M		产品标牌上的汉字名称,进口产品用英译汉名称,包括仪器、设备、教具和玩具等	
ZC050103	YQYWMC	仪器英文名称	C	180	M			
ZC010002	XXDWCCM	学校单位层次码	C	1	M	XXDWCC 学校单位层次代码		

表 186（续）

编号	数据项名	中文简称	类型	长度	约束	值空间	解释/举例	引用编号
ZC050104	YQCQM	仪器产权码	C	1	M	CQ 产权代码		
ZC020104	SYZKM	使用状况码	C	1	M	SYZK 使用状况代码		
ZC050105	FLM	分类码	C	8	M	高等学校固定资产分类及编码		
ZC050106	YQXH	仪器型号	C	40	M			
ZC050107	CCRQ	出厂日期	C	8	M			TB040003
ZC050108	SCGBDQM	生产国别/地区码	C	3	M	GB/T 2659	仪器的生产国，用 3 位字母代码	TB010009
ZC050109	JFKMM	经费科目码	C	1	M	JFKM 经费科目代码		
ZC050110	GZRQ	购置日期	C	8	M			TB040003
ZC050111	SCCJ	生产厂家	C	180	M		生产厂家的汉字名，进口产品用英译汉名或外文名	
ZC050112	CCH	出厂号	C	30	M		厂家标注在产品上的唯一号	
ZC050113	DJH	单据号	C	16	M		采购凭证单据号或进口产品订货合同号	TB020001
ZC050114	TP	图片	B		M		仪器设备的图片	
ZC050115	YQDD	仪器地点	C	60	M			TB020007
ZC050116	SBFZRH	设备负责人号	C	20	M		设备负责人教工号	
ZC050117	JSZB	技术指标	T		M			
ZC050118	YQPZ	仪器配置	T		M			
ZC050205	JGBZ	价格币种	C	3	O	GB/T 12406		
ZC050119	YQJG	仪器价格	M		O			
ZC050120	YQSM	仪器说明	T		O			
ZC050121	CWZH	财务账号	C	20	O		校内财务账号	
ZC050122	GHS	供货商	C	60	O		供货商的名称	

6.8.5.2 ZC0502 仪器设备附件子类

［描　述］ 本数据子类定义仪器设备附件的数据项。

［关　联］ 本数据子类与仪器设备基本数据子类构成设备完整定义。

［组　成］ 本数据子类由 14 个数据项组成，见表 187。

表 187 ZC0502 仪器设备附件子类表

编号	数据项名	中文简称	类型	长度	约束	值空间	解释/举例	引用编号
ZC050201	FJBH	附件编号	C	6	M		学校自编	
ZC050202	FJSL	附件数量	N	3	M		某仪器设备附件的总数量,单位:个	
ZC050203	FUJMC	附件名称	C	60	M		汉字全称或汉字缩写	
ZC050204	FJXHGG	附件型号规格	C	100	M			
ZC050205	JGBZ	价格币种	C	3	O	GB/T 12406	取用 ZC050205	
ZC050206	FJJG	附件价格	M		O			
ZC050207	FJYWMC	附件英文名称	C	180	O			
ZC050208	RMBZJ	人民币总价	M		O			
ZC050106	CCRQ	出厂日期	C	8	M			
ZC050107	SCGBDQM	生产国别/地区码	C	3	M	GB/T 2659	仪器的生产国/地区码,国别/地区码采用 3 位字母代码	TB010009
ZC050109	GZRQ	购置日期	C	8	M			
ZC050110	SCCJ	生产厂家	C	180	M		生产厂家的汉字名,进口产品用英译汉名或外文名	
ZC050111	CCH	出厂号	C	30	M		厂家标注在产品上的唯一号	
ZC050121	GHS	供货商	C	60	O		供货商的名称	

6.8.5.3 ZC0503 仪器设备管理子类

［描 述］ 本数据子类定义仪器设备管理数据项。

［关 联］ 本数据子类与仪器设备基本数据子类有关联。

［组 成］ 本数据子类由 14 个数据项组成,见表 188。

表 188 ZC0503 仪器设备管理子类表

编号	数据项名	中文简称	类型	长度	约束	值空间	解释/举例	引用编号
ZC050301	XZM	现状码	C	1	M	YQXZ 仪器现状代码		
ZC050302	SYFXM	使用方向码	C	1	M	YQSYFX 仪器使用方向代码		
ZC050303	SYDWH	使用单位号	C	10	O		学校自行编号	
ZC050304	JSRH	经手人号	C	20	O		校内首次办理使用手续人教工号	
ZC050305	LYDW	领用单位	C	60	O		仪器设备校内调动后,新使用单位名称	

表 188（续）

编号	数据项名	中文简称	类型	长度	约束	值空间	解释/举例	引用编号
ZC050306	LYRH	领用人号	C	20	O		仪器设备校内调动后，新使用单位办理领用手续人教工号	
ZC050307	WHRS	维护人数	N	2	O		仪器设备专职操作维护人员数量，兼职按工作量折算为全时人员数时只取整数，单位：人	
ZC050308	SYRSS	使用人时数	N	8	O		单位：人时	
ZC050309	KSSYGS	开设实验个数	N	6	O		单位：个	
ZC050310	KSSYSS	开设实验时数	N	8	O		单位：小时	
ZC050311	JXSS	教学时数	N	8	O		单位：小时	
ZC050312	KYSS	科研时数	N	8	O		单位：小时	
ZC050313	SHXMSS	社会项目时数	N	8	O		单位：小时	
ZC050314	BGRH	保管人号	C	20	O		日常保管人	

6.8.5.4 ZC0504 精密贵重仪器设备使用子类

［**描　述**］ 本数据子类定义精密贵重仪器设备使用的数据项。

［**关　联**］ 本数据子类与仪器设备基本数据子类有关联。

［**组　成**］ 本数据子类由 30 个数据项组成，见表 189。

表 189　ZC0504 精密贵重仪器设备使用子类表

编号	数据项名	中文简称	类型	长度	约束	值空间	解释/举例	引用编号
ZC050401	JXJS	教学机时	N	4	O		一学年在仪器设备上完成教学的学时数，单位：小时	
ZC050402	KYJS	科研机时	N	4	O		一学年在仪器设备上完成科研的学时数，单位：小时	
ZC050403	QTJS	其他机时	N	4	O		一学年在仪器设备上开展非教学、科研工作的学时数，单位：小时	
ZC050404	PXZKS	培训专科生	N	5	O		一学年在仪器设备上培训专科人数，单位：人	
ZC050405	PXBKS	培训本科生	N	5	O		一学年在仪器设备上培训专科人数，单位：人	
ZC050406	PXYJS	培训研究生	N	4	O		一学年在仪器设备上培训研究生人数，单位：人	

表 189(续)

编号	数据项名	中文简称	类型	长度	约束	值空间	解释/举例	引用编号
ZC050407	PXJS	培训教师	N	4	O		一学年在仪器设备上培训教师人数,单位:人	
ZC050408	PXQTR	培训其他人	N	5	O		一学年在仪器设备上培训其他人数,单位:人	
ZC050409	XKSY	新开实验	N	2	O		一学年在仪器设备上新开设的教学实验项目数,单位:人	
ZC050410	GJSY	改进实验	N	3	O		一学年在仪器设备上改进教学实验项目数,单位:个	
ZC050411	JXKYKT	进行科研课题	N	3	O		一学年在仪器设备开展的科研课题、社会服务项目数,单位:个	
ZC050412	WCKYKT	完成科研课题	N	4	O		一学年在仪器设备上已经完成的科研课题、社会服务项目数,单位:个	
ZC050413	GJJJS	国家级奖数	N	2	O		一学年在仪器设备上完成的成果,已经获得科技部、教育部正式奖励的项目数,单位:个	
ZC050414	QTJLS	其他奖励数	N	2	O		一学年在仪器设备上完成的成果获科技部、教育部以外其他级别及部门的正式奖励的项目数,单位:个	
ZC050415	XNCYS	校内测样数	N	5	O		一学年在仪器设备上测试分析校内样品的数量,单位:个	
ZC050416	XWCYS	校外测样数	N	5	O		一学年在仪器设备上为校外单位测试分析样品的数量,单位:个	
ZC050417	YYGNS	原有功能数	N	2	O		仪器设备到货时已具有的功能数,单位:个	
ZC050418	SYGNS	使用功能数	N	3	O		实际使用现有功能的数量,单位:个	
ZC050419	XKFGNS	新开发功能数	N	4	O		新开发的功能数,单位:个	
ZC050420	XN	学年	C	9	O		格式:YYYY-YYYY	TB040005
ZC050421	YYCG	应用成果	T		O			
ZC050422	ZMYH	知名用户	C	200	O			
ZC050423	EDJS	额定机时	C	4	O			
ZC050424	SFBZ	收费标准	C	100	O			

表 189（续）

编号	数据项名	中文简称	类型	长度	约束	值空间	解释/举例	引用编号
ZC050307	WHRS	维护人数	N	2	O			
ZC050425	WXCS	维修次数	C	4	O			
ZC050426	WXFY	维修费用	M		O		维修支出的费用，单位：元	
ZC050427	KGJSRCB	可供机时日程表	C	100	O			
ZC050428	XNCSJE	校内测试金额	M		O		校内单位测试收取的费用，单位：元	
ZC050429	XWCSJE	校外测试金额	M		O		校外单位测试收取的费用，单位：元	

6.8.5.5 **ZC0505 仪器设备报损、报废子类**

［描　述］ 本数据子类定义仪器设备报损、报废的数据项。

［关　联］ 本数据子类与仪器设备基本数据子类有关联。

［组　成］ 本数据子类由 5 个数据项组成，见表 190。

表 190 ZC0505 仪器设备报损、报废子类表

编号	数据项名	中文简称	类型	长度	约束	值空间	解释/举例	引用编号
ZC050501	BSBFRQ	报损报废日期	C	8	M			TB040003
ZC050502	BSBFYY	报损报废原因	C	80	M			
ZC050503	CLJG	处理结果	T		M		对仪器报损报废处理的结果	
ZC020306	JBRH	经办人号	C	20	M		办理仪器报损报废手续人的教工号	
ZC050504	SFSM	损废说明	T		M		与仪器报损报废有关的情况说明	

6.9 BG 办公管理数据子集

6.9.1 BG01 公文处理数据类

6.9.1.1 BG0101 公文数据子类

［描　述］ 本数据子类定义一般公文的基本数据项。

［术　语］ “公文”——行政机关在行政管理过程中形成的具有法定效力和规范体式的文书。

［关　联］ 本数据子类与附件子类共同构成完整公文。

［组　成］ 本数据子类由 11 个数据项组成，见表 191。

表 191 BG0101 公文数据子类表

编号	数据项名	中文简称	类型	长度	约束	值空间	解释/举例	引用编号
BG010101	GWBH	公文编号	C	10	M		学校自编的公文序号(建议4位年号+2位类别号+4位流水号)	
BG010102	GWBT	公文标题	C	200	M		公文的标题名称	
BG010103	GWZTC	公文主题词	C	200	M		公文的主题词,多个主题词用逗号隔开	
BG010104	MJM	密级码	C	1	M	GB/T 7156	5.绝密，4.机密 3.秘密	
BG010105	JJCDM	紧急程度码	C	1	M	JJCD 紧急程度代码	1 紧急，2 加急，3 一般	
BG010106	GWYS	公文页数	N	6	O		公文总页数,单位:页	
BG010107	WJFLM	文件分类码	C	2	M	WJFL 文件分类代码	01 决议,07 公告,08 报告	
BG010108	GWZW	公文正文	T		M		公文的具体内容	
BG010109	GWFJS	公文附件数	N	2	M		公文所带附件的数量,默认为0	
BG010110	GWZTM	公文状态码	C	1	M	GWZT 公文状态代码	待签收/已签收/已拒收/已审批/已办结	
BG010111	GWWH	公文文号	C	24				

6.9.1.2 **BG0102 公文附件子类**

［描　述］ 本数据子类定义公文附件的相关数据项。

［关　联］ 本数据子类与公文数据子类共同构成完整公文。

［组　成］ 本数据子类由 3 个数据项组成,见表 192。

表 192 BG0102 公文附件子类表

编号	数据项名	中文简称	类型	长度	约束	值空间	解释/举例	引用编号
BG010201	FJXH	附件序号	N	2	M			
BG010202	FJBT	附件标题	C	200	M			
BG010203	FJWJM	附件文件名	C	50	M			

6.9.2 BG02 收文处理数据类

6.9.2.1 **BG0201 公文接收处理子类**

［描　述］ 本数据子类定义公文接收处理的有关数据项。

［术　语］ “签收”——签署意见或姓名同意接受公文。

“签发”——签署意见或姓名同意发送公文。

“办理请求”——发文单位对收文单位处理的一些特别要求或说明。

［关　联］ 本数据子类与其他子类关联不密切。
［组　成］ 本数据子类由15个数据项组成，见表193。

表193　BG0201公文接收处理子类表

编号	数据项名	中文简称	类型	长度	约束	值空间	解释/举例	引用编号
BG020101	QSRH	签收人号	C	20	M		签收人教工号	TB010020
BG020102	CFRH	拆封人号	C	20	O		拆封人教工号	TB010020
BG020103	SWDJRH	收文登记人工号	C	20	O		收文登记人教工号	
BG020104	SWRQ	收文日期	C	8	M			TB040003
BG020105	SWLX	收文类型	C	10	M		内收文、外收文	
BG020106	SWWH	收文文号	C	24	M		收文单位编的收文文号	
BG020107	LWWH	来文文号	C	24	M		发文单位编的发文文号	
BG020108	LWDW	来文单位	C	60	M		发文单位的名称	
BG020109	LWFS	来文份数	N	3	M		收到文件的份数，单位：份	
BG020110	BLQQ	办理请求	C	200	O		来文单位的办理请求	
BG030108	QFRH	签发人号	C	20	M		发文单位签发人号	TB010020
BG020111	QFR	签发人	C	36	M		发文单位签发人	TB010001
BG030109	QFRQ	签发日期	C	8	M			TB040003
BG020112	CLQK	处理情况	T		M		填写文件处理的结果，包括领导批示、承办部门等	
BG020113	FYFS	翻印份数	N	4	O			

6.9.2.2　**BG0202收文阅办子类**

［描　述］ 本数据子类定义阅览公文及办理意见的有关的数据项。
［关　联］ 本数据子类与收文处理子类共同构成收文处理数据类。
［组　成］ 本数据子类由7个数据项组成，见表194。

表194　BG0202收文阅办子类表

编号	数据项名	中文简称	类型	长度	约束	值空间	解释/举例	引用编号
BG020201	YBLBM	阅办类别码	C	1	O	YBLB 阅办类别代码		
BG020202	YBJB	阅办级别	C	30	O		文件阅办指定的级别和范围	
BG020203	YBDW	阅办单位	C	60	O		阅办单位名	TB020002
BG020204	YBDWH	阅办单位号	C	10	O		学校自行编号	TB020001
BG020205	YBRH	阅办人号	C	20	M		阅办人教工号	TB010020
BG020206	YBYJ	阅办意见	T		M		文件阅办后填写的相关意见	
BG020207	YBRQ	阅办日期	C	8	M			TB040003

6.9.3 BG03 发文处理数据类

6.9.3.1 BG0301 发文处理子类

［描　述］ 本数据子类定义公文发送处理有关的数据项。

［关　联］ 本数据子类与其他子类关联不密切。

［组　成］ 本数据子类由23个数据项组成，见表195。

表 195　BG0301 发文处理子类表

编号	数据项名	中文简称	类型	长度	约束	值空间	解释/举例	引用编号
BG030101	FWWH	发文文号	C	24	M			
BG030102	SLWWH	上联文文号	C	24	O	已存在的收文/发文文号	与之关联的公文文号	
BG030103	FWLX	发文类型	C	10	M	内发文/外发文		
BG030104	NGRJGH	拟稿人教工号	C	20	O			TB010020
BG030105	NGRQ	拟稿日期	C	8	O			TB040003
BG030106	ZJXGRH	最近修改人号	C	20	O		修改者教工号	TB010020
BG030107	ZJXGRQ	最近修改日期	C	8	O			TB040003
BG030108	QFRJGH	签发人教工号	C	20	M			TB010020
BG030109	QFRQ	签发日期	C	8	M			TB040003
BG030110	FSFW	发送范围	C	60	M		签发文件的指定发送范围	
BG030111	FSFSM	发送方式码	C	1	M	FSFS 发送方式代码	1　印送;3　网络;4　传真	
BG030112	ZSDW	主送单位	C	60	M			
BG030113	CSDW	抄送单位	C	200	M			
BG030114	FWDJRH	发文登记人号	C	20	M		发文登记人教工号	
BG030115	FWDJRQ	发文登记日期	C	8	M			TB040003
BG030116	FWJS	发文件数	N	4	M		发送文件的数量，单位：份	
BG030117	FWRQ	发文日期	C	8	M			TB040003
BG030118	YFDWH	印发单位号	C	10	O			TB020001
BG030119	YFRQ	印发日期	C	8	O			TB040003
BG030120	JSYY	拒收原因	T		O			
BG030121	DZRH	打字人号	C	20	O		文字录入人教工号	TB010020
BG030122	JDRH	校对人号	C	20	O		校对人教工号	TB010020
BG030123	FZFSM	封装方式码	C	1	M	GWFZFS 公文封装方式代码		

6.9.3.2 BG0302 核稿子类

［描　述］ 本数据子类记录公文发送前审核情况，定义了相关数据项。

［关　联］ 本数据子类与其他子类关联不密切。

［组　成］ 本数据子类由4个数据项组成，见表196。

表 196 BG0302 核稿子类表

编号	数据项名	中文简称	类型	长度	约束	值空间	解释/举例	引用编号
BG030201	HGRH	核稿人号	C	20	M		核稿人教工号	TB010020
BG030202	HGDWH	核稿单位号	C	10	M		学校自行编码	TB020001
BG030203	HGYJ	核稿意见	T		M		核对文稿的相关意见	
BG030204	HGRQ	核稿日期	C	8	M			TB040003

6.9.3.3 **BG0303 会签子类**

[描 述] 本数据子类定义公文发送前集体会签的相关数据项。

[关 联] 本数据子类与其他子类关联不密切。

[组 成] 本数据子类由 4 个数据项组成,见表 197。

表 197 BG0303 会签子表

编号	数据项名	中文简称	类型	长度	约束	值空间	解释/举例	引用编号
BG030301	HQRH	会签人号	C	20	M		会签人教工号	TB010020
BG030302	HQDWH	会签单位号	C	10	M		多个单位会签可逐个填写	TB020001
BG030303	HQYJ	会签意见	T		M		会签文件的相关意见	
BG030304	HQRQ	会签日期	C	8	M			TB040003

6.9.3.4 **BG0304 呈批子类**

[描 述] 本数据子类定义公文被批复的相关数据项。

[关 联] 本数据子类与其他子类关联不密切。

[组 成] 本数据子类由 4 个数据项组成,见表 198。

表 198 BG0304 呈批子类表

编号	数据项名	中文简称	类型	长度	约束	值空间	解释/举例	引用编号
BG030401	PFRJGH	批复人教工号	C	20	M			TB010020
BG030402	PFDWH	批复单位号	C	10	M			TB020001
BG030403	PFYJ	批复意见	T		M		文件批复的具体意见	
BG030404	PFRQ	批复日期	C	8	M			TB040003

6.9.4 **BG04 公文保管数据类**

6.9.4.1 **BG0401 文件清退子类**

[描 述] 本数据子类定义公文被清退的相关数据项。

［关　联］ 本数据子类与其他子类关联不密切。

［组　成］ 本数据子类由 4 个数据项组成，见表 199。

表 199　BG0401 文件清退子类表

编号	数据项名	中文简称	类型	长度	约束	值空间	解释/举例	引用编号
BG040101	QTRQ	清退日期	C	8	M			TB040003
BG040102	QTFW	清退范围	C	180	M		文件清退所指定的范围	
BG040103	QTSM	清退说明	T		O		文件清退相关说明或结果	
ZC020306	JBRH	经办人号	C	20	M		经办人教工号	TB010020

6.9.4.2　**BG0402 文件销毁子类**

［描　述］ 本数据子类定义公文被销毁的相关数据项。

［关　联］ 本数据子类与其他子类关联不密切。

［组　成］ 本数据子类由 4 个数据项组成，见表 200。

表 200　BG0402 文件销毁子类表

编号	数据项名	中文简称	类型	长度	约束	值空间	解释/举例	引用编号
BG040201	XHRQ	销毁日期	C	8	M			TB040003
BG040202	SPRH	审批人号	C	20	M		销毁审批人教工号	TB010020
BG040203	XHSM	销毁说明	T		O		销毁文件的相关说明	
ZC020306	JBRH	经办人号	C	20	M		经办人教工号	TB010020

6.9.4.3　**BG0403 文件借阅子类**

［描　述］ 本数据子类定义公文被借阅的相关数据项。

［关　联］ 本数据子类与其他子类关联不密切。

［组　成］ 本数据子类由 5 个数据项组成，见表 201。

表 201　BG0403 文件借阅子类表

编号	数据项名	中文简称	类型	长度	约束	值空间	解释/举例	引用编号
BG040301	JYRJGH	借阅人教工号	C	20	M		借阅人	
BG040302	JYRQ	借阅日期	C	8	M			TB040003
BG040303	JYSPRH	借阅审批人号	C	20	O			TB010020
BG040304	JYJBRH	借阅经办人号	C	20	M		借阅文件的经手人或保管人员的教工号	TB010020
BG040305	JYYY	借阅原因	C	80	O			

6.9.5 BG05 公文归档数据类

6.9.5.1 BG0501 文件归档子类

［描　述］ 本数据子类定义公文被归档情况的数据项。

［术　语］ “全宗”——国家机构、社会组织、个人形成的具有有机联系的文件整体，是档案馆档案的第一层管理单位。

“目录”——按照一定次序编排的、提示档案或其他文献特征的条目，是档案的一种检索、报道工具。目录是目和录的总称。“目”指篇名或书名，“录”是对“目”的说明和编次。前人把“目”与“录”编在一起，谓之“目录”。它是联系文献与用户的桥梁和纽带、是书籍文章的缩影。

“案卷”——由互有联系的若干文件组合而成并放入卷夹、卷皮的档案保管单位。

［关　联］ 本数据子类与档案登记子类关联。

［组　成］ 本数据子类由 6 个数据项组成，见表 202。

表 202 BG0501 文件归档子类表

编号	数据项名	中文简称	类型	长度	约束	值空间	解释/举例	引用编号
BG050101	GDRH	归档人号	C	20	M		归档人教工号	
BG050113	GDRQ	归档日期	C	8	M			TB040003
BG050102	GDBZ	归档备注	T		O		文件归档的相关说明	
BG050201	QZH	全宗号	C	10	M		是单位对全部档案自编的全宗编号，长期固定不变	
BG050203	MLH	目录号	C	5	M		是全宗内每一案卷目录的编号	
BG050204	AJH	案卷号	C	5	M		是案卷目录内每一案卷的编号	

6.9.5.2 BG0502 档案登记数据子类

［描　述］ 本数据子类定义公文在档案中登记的数据项。

［关　联］ 本数据子类与归档子类关联。

［组　成］ 本数据子类由 15 个数据项组成，见表 203。

表 203 BG0502 档案登记数据子类表

编号	数据项名	中文简称	类型	长度	约束	值空间	解释/举例	引用编号
BG050201	QZH	全宗号	C	10	M		学校自编，建议 4 位年号＋2 位类别号＋4 位流水号	
BG050202	DAND	档案年度	C	4	M		档案登记的年度	TB040001
BG050203	MLH	目录号	C	5	M			
BG050204	AJH	案卷号	C	5	M			

表 203（续）

编号	数据项名	中文简称	类型	长度	约束	值空间	解释/举例	引用编号
BG050205	TM	题名	C	120	M		文件的标题名称	
BG050206	ZTC	主题词	C	200	M		多个主题词用逗号隔开	
BG050207	QSRQ	起始日期	C	8	M	GB/T 7408		TB040003
BG050208	JZRQ	截止日期	C	8	M	GB/T 7408	格式：YYYYMMDD	TB040003
BG050209	BGQXM	保管期限码	C	2	M	DABGQX 档案保管期限代码		
BG050210	DAMJM	档案密级码	C	1	O	GB/T 7156		
BG050211	WJZYS	文件总页数	N	6	M		文件的总页数，单位：页	
BG050212	WJFS	文件份数	N	8	M		文件的份数	
BG050213	GDRQ	归档日期	C	8	M	GB/T 7408	格式：YYYYMMDD	TB040003
BG050214	CFWZ	存放位置	C	60	M		文件存放的地点或架号	
BG050215	DAFLM	档案分类码	C	4	M	DA/T 10	DQ 党群，XZ 行政，JX 教学，KY 科学研究	

6.9.6 BG06 网上信息发布数据类

6.9.6.1 BG0601 信息发布子类

［描　述］ 本数据子类定义信息在网上发布的相关数据项。

［关　联］ 本数据子类与栏目子类关联。

［组　成］ 本数据子类由 12 个数据项组成，见表 204。

表 204　BG0601 信息发布子类表

编号	数据项名	中文简称	类型	长度	约束	值空间	解释/举例	引用编号
BG060101	FBH	发布号	C	10	M		学校自编，建议 4 位年号＋2位类别号＋4 位流水号	
BG060102	XXBT	信息标题	C	100	M			
BG060103	FBLMH	发布栏目号	C	2	M			
BG060104	XXNR	信息内容	T		M			
BG060105	FJS	附件数	N	2	M			
BG060106	FBRQ	发布日期	C	8	M			TB040003
BG060107	FBSJ	发布时间	C	6	M			TB040004
BG060108	FBDWH	发布单位号	C	10	M			TB020001
BG060109	FBRJGH	发布人教工号	C	20	O			TB010020
BG060110	FBFW	发布范围	C	200	O		发布范围描述	
BG060111	FBPZRH	发布批准人号	C	20	M			
BG060112	XXZT	信息状态	C	10	M		待审批/已审批	

6.9.6.2 **BG0602 栏目管理子类**

[描　述] 本数据子类定义了网上信息组(栏目)的管理数据项。

[关　联] 本数据子类与信息发布子类关联。

[组　成] 本数据子类由4个数据项组成,见表205。

表205 BG0602 栏目管理子类表

编号	数据项名	中文简称	类型	长度	约束	值空间	解释/举例	引用编号
BG060201	LMM	栏目名	C	50	M			
BG060202	LMH	栏目号	C	2	M			
BG060203	LMNR	栏目内容	C	200	M			
BG060204	SJLMH	上级栏目号	C	2	M			

6.9.7 **BG07 会议管理数据类**

6.9.7.1 **BG0701 会议议题子类**

[描　述] 本数据子类定义有关会议议题的数据项。

[术　语] "会议议题"——按主题组织的会议要讨论的内容。

[关　联] 本数据子类与会议子类关联。

[组　成] 本数据子类由6个数据项组成,见表206。

表206 BG0701 会议议题子类表

编号	数据项名	中文简称	类型	长度	约束	值空间	解释/举例	引用编号
BG070101	TYDWH	提议单位号	C	10	M		提议单位编号	TB020001
BG070102	TYRJGH	提议人教工号	C	20	O		教工号	TB010020
BG010005	JJCDM	紧急程度码	C	1	O	JJCD 紧急程度代码	1　紧急; 2　加急	
BG070103	HYYT	会议议题	C	200	M			
BG070104	YTZW	议题正文	T		M			
BG070105	YTZTM	议题状态码	C	1	O	YTZT 议题状态代码	1　待审批; 2　已上会	

6.9.7.2 **BG0702 会议子类**

[描　述] 本数据子类定义会议信息的数据项。

[关　联] 本数据子类与会议议题子类、会议室子类、会议纪要子类关联。

[组　成] 本数据子类由15个数据项组成。见表207。

表 207 BG0702 会议子类表

编号	数据项名	中文简称	类型	长度	约束	值空间	解释/举例	引用编号
BG070201	HYDD	会议地点	C	50	M			
BG070202	HYMC	会议名称	C	50	M			
BG070203	YTLB	议题列表	T		O			
BG070204	HYZT	会议主题	C	200	M			
BG070205	HYSPRH	会议审批人号	C	20	O		会议审批人教工号	TB010020
BG070206	SPYJ	审批意见	T		O			
BG070207	KSRQ	开始日期	C	8	M			TB040003
BG070208	KSSJ	开始时间	C	6	M		格式:hhmmss	TB040004
BG070209	JSRQ	结束日期	C	8	O			TB040003
BG070210	JSSJ	结束时间	C	6	O		格式:hhmmss	TB040004
BG070211	HYZL	会议种类	C	10	O		例会、专题会	
BG070212	ZCRH	主持人号	C	20	O		教工号	TB010020
BG070213	JLRH	记录人号	C	20	O		教工号	TB010020
BG070214	CXR	出席人	C	200	O		姓名列表用逗号隔开	
BG070215	LXR	列席人	C	200	O		姓名列表用逗号隔开	

6.9.7.3 BG0703 会议室子类

［描　述］ 本数据子类定义会议室的基本数据项。

［关　联］ 本数据子类与会议子类、会议室安排子类关联。

［组　成］ 本数据子类由 7 个数据项组成,见表 208。

表 208 BG0703 会议室子类表

编号	数据项名	中文简称	类型	长度	约束	值空间	解释/举例	引用编号
BG070301	HYSM	会议室名	C	50	M			
BG070302	HYSDD	会议室地点	C	50	M			
BG070303	HYSRL	会议室容量	N	4	M		容纳人数	
BG070304	SBPZ	设备配置	C	100	O		投影仪、音响	
BG070305	ZGDWH	主管单位号	C	10	M		学校自行编码	TB020001
BG070306	LXDH	联系电话	C	30	O			TB030003
BG070307	ZT	状态	C	10	M		可用、维修	

6.9.7.4 BG0704 会议室安排子类

［描　述］ 本数据子类定义有关会议室安排的数据项。

［关　联］ 本数据子类与会议子类、会议室子类关联。

［组　成］ 本数据子类由 10 个数据项组成,见表 209。

表 209 BG0704 会议室安排子类表

编号	数据项名	中文简称	类型	长度	约束	值空间	解释/举例	引用编号
BG070301	HYSM	会议室名	C	50	M			
BG070202	HYMC	会议名称	C	50	M			
BG070207	KSRQ	开始日期	C	8	M			TB040003
BG070208	KSSJ	开始时间	C	6	M			TB040004
BG070209	JSRQ	结束日期	C	8	O			TB040003
BG070210	JSSJ	结束时间	C	6	O			TB040004
BG070401	SYZJGH	使用者教工号	C	20	M			TB010020
BG070402	SYZLXDH	使用者联系电话	C	30	M			TB030003
BG070403	HYSFY	会议室费用	M		O		单位:元	
BG070404	JFGZ	计费规则	C	100	O			

6.9.7.5 **BG0705 会议纪要子类**

［**描　述**］ 本数据子类定义有关会议纪要的数据项。

［**关　联**］ 本数据子类与会议子类关联。

［**组　成**］ 本数据子类由 15 个数据项组成,见表 210。

表 210 BG0705 会议纪要子类表

编号	数据项名	中文简称	类型	长度	约束	值空间	解释/举例	引用编号
BG070202	HYMC	会议名称	C	100	M			
BG070207	KSRQ	开始日期	C	8	M			TB040003
BG070208	KSSJ	开始时间	C	6	M			TB040004
BG070209	JSRQ	结束日期	C	8	O			TB040003
BG070210	JSSJ	结束时间	C	6	O			TB040004
BG070202	HYDD	会议地点	C	180	M			
BG070212	ZCRH	主持人号	C	20	M		主持人教工号	TB010020
BG070501	JYNR	纪要内容	T		M			
BG070502	JYFJS	纪要附件数	N	2	O			
BG070214	CXR	出席人	C	200	M		姓名列表用逗号隔开	
BG070215	LXR	列席人	C	200	M		姓名列表用逗号隔开	
BG070503	QXR	缺席人	C	200	O		姓名列表用逗号隔开	
BG070504	JYZTM	纪要状态码	C	1	M	JYZT 纪要状态代码	整理中/待审批/已分布	
BG070505	JYQCRH	纪要起草人号	C	20	M			TB010020
BG070506	JIYSPRH	纪要审批人号	C	20	M			TB010020

6.9.8 BG08 公章管理数据类

6.9.8.1 BG0801 制章子类

［描　述］ 本数据子类定义公章管理的数据项。

［关　联］ 本数据子类与用印子类关联。

［组　成］ 本数据子类由13个数据项组成，见表211。

表211 BG0801 制章子类表

编号	数据项名	中文简称	类型	长度	约束	值空间	解释/举例	引用编号
BG080101	GZBH	公章编号	C	4	M			
BG080102	GZMC	公章名称	C	60	M			
BG080103	BGDWH	保管单位号	C	10	M		学校自行编号	
BG080104	BGRJGH	保管人教工号	C	20	M			TB010020
BG080105	PZDW	批准单位	C	60	M			
BG080106	PZRJGH	批准人教工号	C	20	M			
BG080107	PZWH	批准文号	C	24	M			
BG080108	PZRQ	批准日期	C	8	O			TB040003
BG080109	SXRQ	生效日期	C	8	O			TB040003
BG080110	ZFPZWH	作废批准文号	C	24	M			
BG080111	ZFRQ	作废日期	C	8	O			TB040003
BG080112	ZFPZRH	作废批准人号	C	20	M			TB010020
BG080113	YZTY	印章图样	B		M			

6.9.8.2 BG0802 用印子类

［描　述］ 本数据子类定义公章使用的数据项。

［关　联］ 本数据子类与制章子类关联。

［组　成］ 本数据子类由11个数据项组成，见表212。

表212 BG0802 用印子类表

编号	数据项名	中文简称	类型	长度	约束	值空间	解释/举例	引用编号
BG080201	YYDJH	用印登记号	C	15	M		YYYY-ZZZZ-LLLLL 年号-印号-流水号	
BG080101	GZBH	公章编号	C	4	M			
BG080202	YYSY	用印事由	C	200	O			
BG080203	SYGLH	事由关联号	C	50	O		发文，放发文号，开介绍信放介绍信号等等	

表 212（续）

编号	数据项名	中文简称	类型	长度	约束	值空间	解释/举例	引用编号
BG080204	YYCS	用印次数	N	5	O		批量用印，如发毕业证时一次用印次数	
BG080205	YYPZRH	用印批准人号	C	20	M			TB010020
BG080206	YYPZRQ	用印批准日期	C	8	O			TB040003
BG080207	YYRQ	用印日期	C	8	O			TB040003
BG080208	YYSQRQ	用印申请日期	C	8	O			TB040003
BG080209	SQRJGH	申请人教工号	C	20	M			TB010020
BG080210	ZXRJGH	执行人教工号	C	20	M			TB010020

6.9.9 BG09 日常办公数据类

6.9.9.1 BG0901 日程子类

［描　述］ 本数据子类定义日程安排数据项。

［关　联］ 本数据子类与其他子类无关联。

［组　成］ 本数据子类由 11 个数据项组成，见表 213。

表 213 BG0901 日程子类表

编号	数据项名	中文简称	类型	长度	约束	值空间	解释/举例	引用编号
BG090101	SXMC	事项名称	C	200	M			
BG090102	SXDD	事项地点	C	180	M			
BG090103	CJR	参加人	C	200	O		参加人姓名列表，用逗号隔开	
BG070207	KSRQ	开始日期	C	8	M			TB040003
BG070208	KSSJ	开始时间	C	6	M			TB040004
BG070209	JSRQ	结束日期	C	8	M			TB040003
BG070210	JSSJ	结束时间	C	6	M			TB040004
BG090104	RCCJRH	日程创建人号	C	20	M		教工号	TB010020
BG090105	RCCJRQ	日程创建日期	C	8	M			TB040003
BG090106	RCCJSJ	日程创建时间	C	6	M		格式：hhmmss	TB040004
BG090107	GKFW	公开范围	C	100	O			

6.9.9.2 BG0902 用车子类

［描　述］ 本数据子类定义公车使用数据项。

［关　联］ 本数据子类与其他子类无关联。

［组　成］ 本数据子类由 13 个数据项组成，见表 214。

表 214 **BG0902** 用车子类表

编号	数据项名	中文简称	类型	长度	约束	值空间	解释/举例	引用编号
BG090201	DJRQ	登记日期	C	8	O			TB040003
BG090202	DJSJ	登记时间	C	6	O			TB040004
BG090203	YCDWH	用车单位号	C	10	O		学校自行编码	TB020001
BG090204	YCRQ	用车日期	C	8	M			TB040003
BG090205	YCSJ	用车时间	C	6	M			TB040004
BG090206	YCSY	用车事由	T		O			
BG090207	CPH	车牌号	C	10	M			
BG090208	SJ	司机	C	36	M		姓名	TB010001
BG090209	YCQD	用车起点	C	180	O		起点地址	
BG090210	YCZD	用车终点	C	180	O		终点地址	
BG090211	XSLC	行驶里程	N	5	O		单位:千米(km)	
BG090212	YCFY	用车费用	M		O		单位:元	
BG090213	YCJFGZ	用车计费规则	C	200	O			

6.9.9.3 **BG0903** 电话簿子类

［描　述］ 本数据子类定义单位电话簿信息的数据项。

［关　联］ 本数据子类与其他子类无关联。

［组　成］ 本数据子类由 4 个数据项组成,见表 215。

表 215 **BG0903** 电话簿子类表

编号	数据项名	中文简称	类型	长度	约束	值空间	解释/举例	引用编号
BG090301	DHXMC	电话项名称	C	60	O		单位、个人及其他	
BG090302	DHXDZ	电话项地址	C	180	O			
BG090303	DHH	电话号	C	30	O			TB030003
BG090304	DHXFBFW	电话项发布范围	C	200	O			

6.9.9.4 **BG0904** 来访接待子类

［描　述］ 本数据子类定义来访接待信息的数据项。

［关　联］ 本数据子类与其他子类无关联。

［组　成］ 本数据子类由 13 个数据项组成,见表 216。

表 216 BG0904 来访接待子类表

编号	数据项名	中文简称	类型	长度	约束	值空间	解释/举例	引用编号
BG090401	LFTBH	来访团编号	C	7	M		YYYYLLL 4 位年号+3 位流水号	
BG090402	LFTZ	来访团长	C	36	M		团长或主要来访者姓名	TB010001
BG090403	LFMD	来访目的	C	200	O			
BG090404	ZRS	总人数	N	3	O			
BG090405	LXRQ	来校日期	C	8	M			TB040003
BG090406	LXSJ	来校时间	C	6	M			TB040004
BG090407	LIXRQ	离校日期	C	8	O			TB040003
BG090408	LIXSJ	离校时间	C	6	O			TB040004
BG090409	JDDWH	接待单位号	C	10	M		接待单位号	TB020001
BG090410	ZJDRH	主接待人号	C	20	O		出面接待领导教工号	TB010020
BG090411	JDRH	接待人号	C	20	O		负责具体事务人教工号	TB010020
BG090412	RCAP	日程安排	T		M			
BG090413	HTNR	会谈内容	T		O			

6.9.9.5 **BG0905 信访子类**

［描 述］ 本数据子类定义信访信息的数据项。

［关 联］ 本数据子类与其他子类无关联。

［组 成］ 本数据子类由 18 个数据项组成，见表 217。

表 217 BG0905 信访子类表

编号	数据项名	中文简称	类型	长度	约束	值空间	解释/举例	引用编号
BG090501	LXBH	来信编号	C	8	M		YYYYLLLL 4 位年号+4 位流水号	
BG090502	GLBH	关联编号	C	40	O		YYYYLLLL 4 位年号+ 4 位流水号 与本信有关的其他信编号列表，用逗号隔开	
BG090503	SXJDRH	收信接待人号	C	20	O			TB010020
BG090504	SDRQ	收到日期	C	8	M			TB040003
BG090505	FYWTLBM	反映问题类别码	C	2	M	FYWTLB 反映问题类别代码	09 党务;10 教学	
BG090506	NRZY	内容摘要	C	200	O			
BG090507	LXNR	来信内容	T		O		电子文件内容	

表 217（续）

编号	数据项名	中文简称	类型	长度	约束	值空间	解释/举例	引用编号
BG090508	LXLFTJM	来信来访途径码	C	1	O		学校自行编码	
BG090509	LXLFR	来信来访人	C	36	O		信访人姓名	
BG090510	LXLFRDW	来信来访人单位	C	60	O			TB020001
BG090511	LXRLXDH	来信人联系电话	C	30	O		来信人联系电话	TB030004
BG090512	LXRDZXX	来信人电子信箱	C	40	O		来信人联系电话	TB030006
BG090513	LXRJSTXH	来信人即时通讯号	C	40			如 MSN/QQ 等号码	TB030008
BG090514	LXRTXDZ	来信人通讯地址	C	180	O		来信人通讯地址	TB030002
BG090515	XFCLQK	信访处理情况	T		O			
BG090516	CLDWH	处理单位号	C	10	O		信访处理的单位号	TB020001
BG090517	DWLXRH	单位联系人号	C	20	O		处理单位联系人教工号	TB010020
BG090518	DWLXDH	单位联系电话	C	30	O		处理单位联系电话	

7 高等学校管理信息:代码集

7.1 BYQX 毕业去向代码

应用范围:描述学生(专科生、本科生、硕士生、博士生)毕业去向的分类。

术　语:"自主创业"——创立企业(包括参与创立企业),或是新企业的所有者、管理者。包括个体经营和合伙经营两种类型。

"自由职业"——以个体劳动为主的一类职业,如作家、自由撰稿人、翻译工作者、中介服务工作者、某些艺术工作者等。

结构组成:2 位代码,9 类毕业去向。

代码	名称	说明
10	派遣	毕业生通过学校与用人单位签定就业协议书,领取就业报到证,到用人单位就业。
20	用人单位接收	毕业生与用人单位已签定劳动合同,或用人单位出具接收函,不就业报到证,到用人单位工作。
30	升学	考取研究生,包括考取第二学士学位、专升本。
40	出国(境)	
50	暂缓就业	一是国家为缓解就业压力而为毕业离校前尚未落实就业单位的毕业生制定的一项政策;二是因病暂缓,一般期限均为二年。
60	灵活就业	包括自主创业、自由职业等。
70	定向委培	享受国家专项奖学金,招生或在校时已与有关单位签订了培养协议,按协议约定和有关政策规定就业(如国防生、少数民族班学生等)。
80	国家地方项目	国家或地方政策性支扶就业项目,如"大学生志愿服务西部计划"、"三支一扶计划"、和"研究生支教团"项目等。
99	其他	

7.2 BZLB 编制类别代码

应用范围:在职教职工编制的类别。

术　　语：“编制”——高校教职工工作岗位或工作单位性质的分类。

“教辅”——教职工从事教学辅助工作，教学实验室的管理工作人员属于此类编制。

结构组成：2位代码，8类编制。

代码	名称
10	教学类
20	行政类
30	教辅类
40	工勤类
50	科研类
60	校办企业类
70	附设机构类
99	其他类

7.3　BZYD 编制异动代码

应用范围：对教职工教学类岗位编制和非教学类岗位编制的等变动。

结构组成：1位代码，3类异动。

代码	名称
1	调至非教学岗位
2	调至教学岗位
9	其他

7.4　CBSJB 出版社级别代码

应用范围：教职工编写教材、学术著作或其他作品(如音像)的出版社的等级。

结构组成：1位代码，3个级别。

代码	名称
1	中央出版社
2	地方出版社
3	国外(境外)出版社

7.5　CFMC 处分名称代码

应用范围：学生受到学校处分的级别。

编码原则：将属于学校给予学生的处分由轻到重排序编码。

结构组成：1位代码，6种类别。

代码	名称
1	警告
2	严重警告
3	记过
4	留校察看
6	开除学籍
9	其他

7.6　CGHJLB 成果获奖类别代码

应用范围：教职工在科研、技术改革方面所获成果的类别。

结构组成:2 位代码,13 种成果获奖类别。

代码	名称
01	科学技术
02	发明
03	自然科学
04	哲学社会科学
05	科技进步
06	优秀教材
07	合理化和技术改造
08	技术展览
09	星火计划
10	教学成果
11	教学软件
12	实验技术成果
99	其他

7.7 CGLX 成果类型代码

应用范围:用于各种成果的类型。

术　　语:“IT 软件”——泛指计算机各类应用程序或其他各类数码设备软件。如有软硬件一体化的 IT 产品(如开发出新的路由器),可归入“IT 产品”。

结构组成:3 位代码,19 类成果。

代码	名称
100	新产品
200	新技术、新工艺
300	理论性研究成果
301	专著
302	编著
303	教材
304	译著
305	工具书
306	参考书
307	古籍整理
308	论文
309	译文
310	调查报告
311	咨询报告
312	音像软件
400	IT 产品
401	音像制品(教学课件)
402	IT 软件
999	其他

7.8 CGMD 出国目的代码

应用范围:对教职工、学生各种出国目的进行分类。

结构组成:3 位代码,57 类出国目的或类别。

代码	名称
01	常驻国外使馆、领事馆
02	常驻国际组织及其代表机构
04	常驻国外其他组织
05	短期派驻国外使馆、领事馆
06	短期派驻国际组织及其他代表机构
08	短期派驻国外其他组织
10	党政代表团出访
11	军事代表团出访
12	经济贸易和财务方面代表团出访与洽谈
13	学术、文艺、体育代表团和其他社会团体出访
14	参加国际性的各类比赛
15	参加交易会和展览会
20	引进技术和设备
21	商务出国
22	实习
23	监造
30	援外技术工作
31	援建工作
32	援外培训工作
33	劳务出口
34	合营工程
36	航空、邮电、海运、公路等国际联运业务
37	随船工作
39	科技合作项目
40	考察
41	领奖
42	参加各种会议
43	进修
44	讲学
45	公派留学
451	国家公派博士后
452	国家公派博士
453	国家公派硕士
454	国家公派本科
455	国家公派进修学习
456	单位公派博士后
457	单位公派博士
458	单位公派硕士
459	单位公派本科
45A	单位公派进修学习
46	自费留学

461	自费博士后
462	自费博士
463	自费硕士
464	自费本科
465	自费进修学习
47	自费公派留学
60	旅游
61	探亲
62	会友
63	结婚
64	继承财产
65	就业
66	定居
70	特殊任务
80	换发护照
99	其他原因出国

7.9 CQ 产权代码

应用范围:学校资产产权的分类。

结构组成:1 位代码,3 种类别。

代码	名称
1	学校独立产权
2	产权非学校但独立使用
3	产权非属学校共同使用

7.10 CQSHJZHXSTTZWYY 辞去社会兼职或学术团体职务原因代码

应用范围:辞去社会兼职或学术团体职务原因的分类,适用于学校所有人员。

结构组成:1 位代码,9 种类别。

代码	名称
1	任职期满
2	工作调动
3	换届改选
4	离退休
5	健康原因
6	辞职
7	免职
8	处分
9	其他

7.11 CWPL 财务票类代码

应用范围:归纳了学校能够提供财务票据的种类。

结构组成:1 位代码,6 种类别。

代码	名称
1	统一票据
2	银钱收据
3	捐赠收据
4	校内收据
5	资金往来收据
6	服务业发票

7.12 DABGQX 档案保管期限代码

应用范围:档案文件仍在学校保管期限的分类。

术　　语:"长期"——保管期限为16年至50年左右。

"短期"——保管期限为15年以下。

结构组成:2位代码,9类期限。

代码	名称	字母代码
1	永久	Y
2	长期	C
21	30年	
22	25年	
3	短期	D
31	15年	
32	10年	
33	5年	
34	3年	

7.13 DSLB 导师类别代码

应用范围:对教师指导研究生的资格(或形式)的分类。

术　　语:"博士生导师"——仅指导博士研究生,不指导硕士研究生的导师。

"博士硕士生导师"——既指导博士研究生,又指导硕士研究生的导师。

"兼职"——跨学科或非本校教师担任研究生导师,在有的学校也称为双聘导师。

结构组成:1位代码,7种导师类别。

代码	名称
1	博士生导师
2	硕士生导师
3	博士硕士生导师
4	兼职博士生导师
5	兼职硕士生导师
6	兼职博士硕士生导师
9	其他

7.14 DWBB 单位办别代码

应用范围:对校内单位的举办类别进行分类。

结构组成:1位代码,5种类别。

代码	名称	代码	名称
1	直属(校办)	4	民办
2	中外合作办	9	其他
3	校企合办		

7.15 DWLB 单位类别代码

应用范围:校内单位按在学校中职能、性质的分类。

术　　语:“公共服务部门”——图书馆、档案馆、分析测试中心、计算/网络/信息/电教/教育技术中心等学术支撑单位。

编码原则:本代码按学校的主要职能:教学、科研、学术支撑、党务和行政等的分类排序原则,这在高校管理信息中具有普遍意义,如学校的单位编码顺序就可以按此排序编码。

结构组成:1 位代码,9 种类别。

代码	名称	代码	名称
1	教学院系	6	附属单位
2	科研机构	7	后勤部门
3	公共服务	8	校办产业
4	党务部门(含团委、工会)	9	其他
5	行政机构		

7.16 FJFLB 附加分类别代码

应用范围:高等学校招生时,对少数考生特殊降分录取的类别,不含免试、保送情况。

术　　语:“附加分”——对少数品学兼优的考生,或在国内外竞赛中获奖,或有文艺特长、美术特长、体育特长,在高考之前,高校经考核,可自主认定其降分录取;另外根据教育部规定,少数民族学生在各地高校均降分录取。这些降分对于学生来说就是高考的附加分。附加分数因人、类别、学校不同而各异。

结构组成:1 位代码,7 种类别。

代码	名称
1	少数民族
2	竞赛获奖
3	文艺特长
4	美术特长
5	体育特长
6	品学兼优
9	其他自主认定

7.17 FJSYZT 房间使用状态代码

应用范围:房间目前的使用状况。

结构组成:1 位代码,4 种状态。

代码	名称
1	本校使用
2	外单位租赁
3	空闲
4	不能使用

7.18 FJYT 房间用途代码

应用范围：房屋用途分类。

结构组成：3 位层次编码，第 1 位表示大类，第 2 位表示中类，第 3 位表示小类。

代码	名称
1	教学及辅助用房
111	教室
121	实验室、实习场所
122	专用科研用房
131	图书馆
141	体育馆
151	会堂
199	其他教学及辅助用房
2	行政办公用房
211	教师办公室
299	其他行政办公用房
3	生活用房
311	学生宿舍（公寓）
312	教工宿舍
321	食堂
322	学生食堂
323	教工食堂
341	生活福利及附属用房
399	其他生活用房
4	教工住宅
9	其他用房

7.19 FLBJ 分录标记代码

应用范围：学校一般应用多借多贷，因学校、行业不同略有不同。

结构组成：1 位代码，3 种标记。

代码	名称
1	一借多贷
2	一贷多借
3	多贷多借

7.20 FLFX 分流方向代码

应用范围：学生未来毕业或学业结束时的分流类别，与毕业去向不同。

结构组成：1 位代码，9 种方向。

代码	名称	说明
1	直硕	直接攻读硕士生
2	直博	直接攻读博士生
3	直硕博	直接连读硕士、博士生
4	外推读研	

5	保留研究生学籍	少数学生在就业(一般是指留校或定向生到定向单位)工作时,保留其研究生学籍,工作几年后可继续参加研究生学习。
6	出国(境)	
7	就业	
8	待就业	
9	其他	

7.21 FSFS 发送方式代码

应用范围:归纳了公文向外发送的各种方式。

结构组成:1 位代码,7 种方式。

代码	名称
1	印送
2	传抄
3	网络
4	传真
5	电话
6	电报
9	其他

7.22 FWCQ 房屋产权代码

应用范围:描述教职工(学生)或其他工作人员个人住宿及产权情况。

结构组成:2 位代码,11 种规格。

代码	名称
01	自购福利住房
02	自购经济实用住房
03	自购商品住房
04	自建住房
05	租住本校公有住房
06	租住外单位公有住房
07	租住私有住房
08	集体宿舍
09	本校暂借
10	外单位暂借
99	其他

7.23 FWYFPGG 服务业发票规格代码

应用范围:归纳了学校发票的两种规格。

结构组成:1 位代码,2 种规格。

代码	名称
1	卷
2	本

7.24 FYWTLB 反映问题类别代码

应用范围:信访反映的问题归类,基本涵盖学校管理各方面。

结构组成:2 位代码,24 类问题。

代码	名称
01	学生
02	招生
03	教学
04	就业
05	科研
06	人事
07	外事
08	财务
09	后勤
10	房产
11	设备
12	伙食
13	行政
14	党务
15	宣传
16	纪检
17	统战
18	保卫
19	统计
20	产业
21	信息网络
22	校园环境
98	综合
99	其他

7.25 GWFZFS 公文封装方式代码

应用范围:公文封装方式分类。

结构组成:1 位代码,8 种方式。

代码	名称
1	粘封
2	缝封
3	轧封
4	捆轧
5	印存
6	纸封
7	铅封
9	其他

7.26 GATQW 港澳台侨外代码

应用范围：描述高等学校教职工和学生具有某种海外关系(或国籍)的类别。

术　　语："华侨"——长期在海外居住生活、未加入外国国籍的中国人。

结构组成：2 位代码，15 种类别。

代码	名称	说明
01	香港同胞	
02	香港同胞亲属	亲属：父母、子女、兄弟姐妹
03	澳门同胞	
04	澳门同胞亲属	亲属：父母、子女、兄弟姐妹
05	台湾同胞	
06	台湾同胞亲属	亲属：父母、子女、兄弟姐妹
11	华侨	长期在海外居住生活的中国人
12	侨眷	华侨在国内配偶、子女
13	归侨	归国华侨
14	归侨子女	
21	归国留学人员	从国外留学归国工作的中国人
31	非华裔中国人	加入中国籍的非中国血统人士
41	外籍华裔人	加入外国籍的中国血统人士
51	外国人	非华裔外国人
99	其他	

7.27 GKKM 高考科目代码

应用范围：描述高等学校招生考试的科目分类。

结构组成：2 位代码，13 种类别。

代码	名称
01	语文
02	数学
03	外语
04	物理
05	化学
06	生物
07	政治
08	历史
09	地理
10	综合
11	文科综合
12	理科综合
99	其他

7.28 GLJB 管理级别代码

应用范围：实验室的管理级别。

结构组成：1 位代码，6 种类别。

代码	名称	说明
1	国家级	国家实验室
2	国家重点	国家重点实验室、国家工程研究中心
3	省部级	省部级重点实验室
4	学校级	校级实验室
5	院系级	院系所级实验室
9	其他	

7.29 GLTZ 管理体制代码

应用范围：校内单位的行政管理所属分类。

结构组成：1 位代码，4 种类别。

代码	名称
1	校(院)属
2	系(含校下属学院)属
3	附属独立法人单位属
9	其他

7.30 GWJXSJFLY 国(境)外进修生经费来源代码

应用范围：对国(境)外进修生经费来源进行了分类。

术　　语："奖学金(免学费)"——免学费条件下而有奖学金。

"自费(免学费)"——免学费条件下而自费来校学习。

结构组成：1 位代码，4 种类别。

代码	名称
1	奖学金
2	奖学金(免学费)
3	自费
4	自费(免学费)

7.31 GWJXSLB 国(境)外进修生类别代码

应用范围：国(境)外进修生来校学习的身份分类。

结构组成：1 位代码，5 种类别。

代码	名称	简称	英文名称
1	普通进修生	普进	General Student
2	高级进修生	高进	Senior Student
3	研究学者	学者	Reseaching Scholar
4	语言进修生	语言	Language Student
5	短期进修班学生	短期	Shortdated Student

7.32 GWJXSSYLB 国(境)外进修生生源类别代码

应用范围：国(境)外进修生生源两种类别。

结构组成：1 位代码，2 种类别。

代码	名称	说明
1	民间	个人或通过非政府组织等其他途径来校学习。

2	官方	政府部门派遣来校学习。

7.33 GWJXSZXZK 国(境)外进修生在校状况代码

应用范围:国(境)外进修生在校状况分类。

结构组成:1位代码,3种类别。

代码	名称
1	在读
2	结业
3	毕业

7.34 GWZT 公文状态代码

应用范围:公文在办公流程中当前的几种办理状态。

结构组成:1位代码,9种类别。

代码	名称
1	待签收
2	已签收
3	已拒收
4	审批中
5	已审批
6	待签发
7	已签发
8	处理中
9	已办结

7.35 GZGWXZ 工作岗位性质代码

应用范围:毕业生在就业单位中的工作岗位性质分类。

结构组成:1位代码,8种类别。

代码	名称
1	科研
2	教学
3	设计
4	管理
5	生产
6	行政
7	后勤
9	其他

7.36 HDLX 活动类型代码

应用范围:研究活动的类型划分。

结构组成:2位代码,12种类型。

代码	名称
10	基础研究
20	应用研究

代码	名称
21	应用基础研究
22	应用技术研究
23	应用基础与应用技术研究
24	应用理论研究
30	试验发展
31	开发研究
32	基本数据积累
40	R&D 成果应用
50	其他科技服务
99	其他

7.37 HDXLFS 获得学历方式代码

应用范围:学生获得学历的方式。

术　　语:"直接授予"——学历教育学生毕业时根据修读情况获得相应的学历证书。

结构组成:1 位代码,3 种类别。

代码	名称
1	直接授予
2	参加学历文凭考试
9	其他

7.38 HJLX 获奖类型代码

应用范围:归纳学生获奖主体的类型。

结构组成:1 位代码,3 种类型。

代码	名称
1	集体
2	个人综合
3	个人单项

7.39 HKQCZK 户口迁出状况码

应用范围:学生毕业时办理户口(迁出)的几种状态。

结构组成:1 位代码,4 种状态。

代码	名称
1	待领
2	已领
3	缓办
4	户口不在校

7.40 HYGZLB 行业工种类别代码

应用范围:教职工中工人编制人员的行业工种类别。

结构组成:2 位代码,13 种类别。

代码	名称
01	机械加工类
02	电工电器工程类

03	建筑工程类
04	仪器仪表工程类
05	水暖通风工程类
06	机动车驾驶类
07	家具维修类
08	宣传广告标本制作类
09	餐饮服务类
10	商贸服务类
11	护理保健类
12	花木养殖类
99	其他

7.41 HYJBXS 会议举办形式代码

应用范围:学术会议的举办形式。

结构组成:1 位代码,6 种形式。

代码	名称
1	本校独立举办
2	与外单位合办
3	主办
4	协办
5	承办
9	其他

7.42 HZXS 合作形式代码

应用范围:项目的合作形式分类。

结构组成:1 位代码,7 种方式。

代码	名称
1	与国外合作
2	与国内高校合作
3	与国内研究机构合作
4	与在华外商独资企业合作
5	与国内其他企业合作
6	独立完成
9	其他

7.43 JDFS 就读方式代码

应用范围:在读学生的住宿方式。

结构组成:1 位代码,4 种类别。

代码	名称
1	走读
2	住校
3	借宿
9	其他

7.44 JDJL 鉴定结论代码

应用范围:科研项目等成果的鉴定结论。

结构组成:2 位代码,11 种结论。

代码	名称
11	国际首创
12	国际领先
13	国际水平
14	国际先进
21	国内首创
22	国内领先
23	国内先进
31	能投入生产应用
41	省(部)先进
51	军内先进
99	一般水平

7.45 JFKM 经费科目代码

应用范围:各类用途的经费科目。

结构组成:1 位代码,7 种类别。

代码	名称
1	教育事业费
2	科研专款及基金
3	基建设备费
4	自筹经费
5	世界银行贷款
6	捐款
9	其他

7.46 JFLY 经费来源代码

应用范围:学校经费来源的类别。

结构组成:1 位代码,6 种类别。

代码	名称
1	财政拨款
2	贷款
3	自筹资金
4	捐助
5	集资
9	其他

7.47 JGZNLX 机构职能类型代码

应用范围:科研机构职能的分类,与《DWLB 单位类别代码》描述机构行政类别不同。

结构组成:1 位代码,6 种类型。

代码	名称
1	基础研究
2	应用研究
3	试验发展
4	技术开发
5	应用理论研究
6	综合机构

7.48 JHWCQK 计划完成情况代码

应用范围:科研项目计划完成情况。

结构组成:1位代码,5类情况。

代码	名称
1	提前完成
2	如期执行
3	未完成计划
4	撤消或未进行
5	正在进行

7.49 JJCD 紧急程度代码

应用范围:以电报办理紧急程度作参考的公文处理紧急程度描述。

结构组成:1位代码,6级程度。

代码	名称
1	特提
2	特急
3	加急
4	平急
5	急件
9	其他

7.50 JKRLB 监考人类别代码

应用范围:研究生招生考试考场监督人员的职责分类。

结构组成:1位代码,5种类别。

代码	名称
1	主考
2	副主考
3	一般监考人员
4	巡考人员
9	其他

7.51 JLDJ 奖励等级代码

应用范围:对学生奖励的等级进行分类。

编码原则:获奖等级按由高到低排序。

结构组成:1位代码,7种类别。

代码	名称
1	特等
2	一等
3	二等
4	三等
5	四等
6	未评等级
9	其他

7.52 JLFS 奖励方式代码

应用范围:描述各级、各类奖励的方式。

结构组成:1 位代码,5 种方式。

代码	名称
1	奖状
2	荣誉称号
3	奖金
4	实物
9	其他

7.53 JLJB 奖励级别代码

应用范围:奖励授予部门的行政级别(60、70 除外)进行排序。

编码原则:奖励授予部门的行政级别按层次结构划分,由国家到乡镇。

结构组成:2 位代码,20 个级别。

代码	名称
10	国家级
20	省、部委级
21	教育部
22	中央其他部委
23	省(自治区、直辖市)级
30	省部门级、地(市、州)级
31	省级教育行政部门
32	省级其他部门
33	地(市、州)级
40	地(市、州)部门级、县(区、旗)级
41	地级教育行政部门
42	地级其他部门
43	县级
50	县部门级、乡(镇)级
51	县级教育行政部门
52	县级其他部门
53	乡(镇)级
60	学校级
70	国际

99	其他

7.54 JLZZZJLY 奖励资助资金来源码

应用范围:奖励资助金来源。

结构组成:1位代码,8种来源。

代码	名称
1	中央财政
2	省级财政
3	市级财政
4	县级财政
5	学校事业收入提取
6	企事业单位、社会或个人捐赠
7	金融机构
9	其他

7.55 JNXFZK 缴纳学费状况代码

应用范围:描述了学生缴纳学费的状况。

结构组成:1位代码,4种状况。

代码	名称
1	未缴
2	已缴清
3	免缴
4	部分缴纳

7.56 JS 角色代码

应用范围:教职工(学生)在科研项目、著作、机构、获奖成果等7个方面中的角色(位置排序)。

结构组成:3位代码,7个大类共108种角色。

代码	名称
100	独立完成人
110	项目主持人
120	项目主要负责人
121	项目第一负责人
122	项目第二负责人
123	项目第三负责人
129	项目一般负责人
130	项目主要参加者
131	项目第一参加者
132	项目第二参加者
133	项目第三参加者
136	项目普通参加者
200	独著人
210	主编
211	第一主编

212	第二主编
213	第三主编
219	普通主编
220	副主编
221	第一副主编
222	第二副主编
223	第三副主编
224	第四副主编
225	第五副主编
229	普通副主编
230	作者
231	第一作者
232	第二作者
233	第三作者
234	第四作者
235	第五作者
236	共同第一作者
237	通讯作者
238	共同通讯作者
239	普通作者
240	编写者
241	第一编写者
242	第二编写者
243	第三编写者
244	第四编写者
245	第五编写者
249	普通编写者
250	译者
251	第一译者
252	第二译者
253	第三译者
254	第四译者
255	第五译者
259	其他译者
310	机构负责人
311	机构第一负责人
312	机构第二负责人
313	机构第三负责人
319	机构一般负责人
320	机构参加者
321	机构第一参加者
322	机构第二参加者
323	机构第三参加者

324	机构第四参加者
325	机构第五参加者
329	机构普通参加者
410	获奖成果负责人
412	获奖成果第二负责人
413	获奖成果第三负责人
419	获奖成果一般负责人
420	获奖成果参加人
421	获奖成果第一参加者
422	获奖成果第二参加者
423	获奖成果第三参加者
424	获奖成果第四参加者
425	获奖成果第五参加者
429	获奖成果普通参加者
510	专利成果负责人
511	专利成果第一负责人
512	专利成果第二负责人
513	专利成果第三负责人
519	专利成果一般负责人
520	专利成果参加人
521	专利成果第一参加者
522	专利成果第二参加者
523	专利成果第三参加者
524	专利成果第四参加者
525	专利成果第五参加者
529	专利成果普通参加者
610	鉴定成果负责人
611	鉴定成果第一负责人
612	鉴定成果第二负责人
613	鉴定成果第三负责人
619	鉴定成果一般负责人
620	鉴定成果参加人
621	鉴定成果第一参加者
622	鉴定成果第二参加者
623	鉴定成果第三参加者
624	鉴定成果第四参加者
625	鉴定成果第五参加者
629	鉴定成果其他通参加者
710	转让成果负责人
711	转让成果第一负责人
712	转让成果第二负责人
713	转让成果第三负责人
719	转让成果一般负责人

720	转让成果参加人
721	转让成果第一参加者
722	转让成果第二参加者
723	转让成果第三参加者
724	转让成果第四参加者
725	转让成果第五参加者
729	转让成果普通参加者

7.57 JSHJLB 教师获奖类别代码

应用范围:教职工获奖的分类。

结构组成:1 位代码,9 种类别。

代码	名称
1	教学工作
2	科研工作
3	专业技术
4	工作业绩
5	科技竞赛
6	体育比赛
7	文艺比赛
8	公益事业
9	其他

7.58 JSJB 竞赛级别代码

应用范围:授予学生奖励的行政等级。

编码原则:获奖等级按由高到低排序。

结构组成:1 位代码,6 种级别。

代码	名称
1	国际级
2	国家级
3	省(区、市)部级
4	校级
5	行业或企业级
9	其他

7.59 JSLX 教室类型代码

应用范围:教室管理中对教室的分类。

结构组成:1 位代码,7 种类别。

代码	名称
1	多媒体教室
2	语音室
3	实验室
4	计算机房
5	普通教室

6	专用教室
9	其他

7.60 JSZYQK 教室占用情况代码

应用范围:教室管理中的教室占用情况。

结构组成:1位代码,7种情况。

代码	名称
1	讲课
2	讲座
3	考试
4	实验
5	社团活动
6	空闲
9	其他

7.61 JXJLX 奖学金类型代码

应用范围:奖学金的各种类型。

结构组成:2位代码,23种类别。

代码	名称
01	国家奖助类
02	综合优秀类
03	学业优秀类
04	科技创新类
05	学术竞赛优胜类
06	艺术杰出类
07	体育优胜类
08	社会实践优秀类
09	社会工作优秀类
10	自立自强逆境成才类
11	杰出志愿者类
12	学习进步突出类
13	少数民族优秀学生类
14	港澳台侨优秀学生类
15	优秀新生类
30	来华留学生奖学金
31	中国政府奖学金
32	外国汉语教师短期研修奖学金
33	HSK 优胜者奖学金
34	中华文化研究奖学金
35	长城奖学金
36	优秀生奖学金
99	其他

7.62 JXLX 教学类型代码

应用范围:教师从事教学工作的各种类型。

结构组成:2 位代码,16 种类型。

代码	名称
11	讲课
12	编写教材
13	辅导
21	带实验
22	带实习
23	带设计
24	带社会实践
25	指导论文
31	带军训
32	带学工
33	带学农
41	班主任
42	指导员
43	政治辅导员
51	指导研究生
99	其他

7.63 JYLSFS 就业落实方式代码

应用范围:归纳了学生就业的几种落实方式。

术　　语:“挂职”——就业前根据国家需要先到某些地区、单位挂职锻炼,到约定年限后再就业。

“定向”——有国家指标的定向培养的学生,毕业后到指定单位工作(有约定年限)。

“委培”——学校受外校或企业的委托培养学生,学生毕业后回原单位工作。

结构组成:1 位代码,8 种类别。

代码	名称
1	应聘
2	挂职
3	定向
4	委培
5	创业
6	出国(境)工作
7	博士后
9	其他

7.64 JYZT 纪要状态代码

应用范围:描述会议纪要的几种状态。

结构组成:1 位代码,3 种状态。

代码	名称
1	整理中

2	待审批
3	已分发

7.65 JZFX 记账方向代码

应用范围:表明凭证的记账方向。

结构组成:1 位代码,2 种类别。

代码	名称
1	借方
2	贷方

7.66 JZGDQZT 教职工当前状态代码

应用范围:教职工当前状态的分类。

结构组成:2 位代码,17 种状态。

代码	名称
01	退休
02	离休
03	死亡
04	返聘
05	调出
06	辞职
07	离职
08	开除
09	下落不明
11	在职
12	延聘
13	待退休
14	长病假
15	因公出国
16	停薪留职
17	待岗
99	其他

7.67 JZGLB 教职工类别代码

应用范围:教职工的人员类别。

结构组成:2 位代码,19 种类别。

代码	名称
10	校本部教职工
11	专任教师
12	教辅人员
13	行政人员
14	工勤人员
19	其他校本部教职工
20	科研机构人员

30	校办企业职工
40	其他附设机构人员
50	聘请校外教师
51	来自高校以外科研、事业单位
52	来自校外企业
53	国外聘请
54	来自其他高校
59	其他兼任(职)教师
60	其他人员
61	附属中小学幼儿园教职工
62	集体所有制人员
99	其他教职工

7.68 JZGLY 教职工来源代码

应用范围:教职工入校工作时的身份属性分类。

结构组成:3 位代码,36 种类别。

代码	名称
10	录用应届毕业生
11	应届本科生
111	本校应届本科生
112	外校应届本科生
12	应届硕士生
121	应届硕士生
122	应届硕士生
13	应届博士生
131	本校应届博士生
132	外校应届博士生
14	国内博士后
15	国外博士/博士后
16	其他应届生
20	军队转业、复员
21	军转干部安置
22	复员军人安置
30	调入
31	系统内高校调入
32	系统内其他单位调入
321	地方教育系统调入
33	系统外调入
331	中央其他部门调入
332	地方其他部门调入
40	引进人才
41	院士
42	特聘教授

43	杰出人才
44	优秀人才
45	录用学成归国人员
46	其他引进人才
49	外国专家
50	社会招聘
51	社会招聘专业技术人员
52	其他社会招聘人员
53	社会招聘工勤人员
99	其他进校人员

7.69 JZWFL 建筑物分类代码

应用范围:描述建筑物的用途大类。

结构组成:1 位代码,4 类情况。

代码	名称
1	房屋建筑
2	围墙
3	校门
9	其他

7.70 JZWJG 建筑物结构代码

应用范围:建筑物的结构分类。

结构组成:1 位代码,6 种分类。

代码	名称
1	土木结构
2	砖木结构
3	砖混结构
4	框架结构
5	钢结构
9	其他

7.71 JZWZK 建筑物状况代码

应用范围:建筑物的(安全)状况。

术　　语:"危房"——根据 JGJ 125—1999,按下列等级划分:

a 级——无危险点:结构承载力基本满足正常使用要求,未发现危险点;b 级——有危险点:结构承载力基本满足正常使用要求,个别结构构件处于危险状态,但不影响主体结构,基本满足正常使用要求;c 级——局部危险:部分承重结构承载力不能满足正常使用要求,局部出现危险,构成局部危房;d 级——整体危险:承重结构承载力不能满足正常使用要求,房屋整体出现险情,结构整栋危房。

结构组成:2 位代码,8 种情况。

代码	名称
10	正常
20	危房

21	a 级危房
22	b 级危房
23	c 级危房
24	d 级危房
30	正在施工
99	其他

7.72 KCLX 课程类型代码

应用范围：所选排的课程的类型。

结构组成：2 位代码，10 种类型。

代码	名称
11	本校博士生课
12	本校硕士生课
13	本校本科生课
14	本校专科生课
21	外校博士生课
22	外校硕士生课
23	外校本科生课
24	外校专科生课
50	国外学校课程
99	其他

7.73 KCSX 课程属性代码

应用范围：所选排课程对学生学业的属性。

结构组成：1 位代码，9 种属性。

代码	名称	说明
1	必修	
2	限选	
3	任选	
4	辅修	
5	实践	
6	双必	为第二学位(专业)所开设的必修课。
7	双选	为第二学位(专业)所开设的选修课。
8	通选	
9	其他	

7.74 KCXZ 课程性质代码

应用范围：所选排的课程的性质。

结构组成：1 位代码，3 种类别。

代码	名称
1	公共基础课
2	学科基础课
3	专业课

7.75 KMJC 科目级次代码

应用范围:资金科目的级次。

术　　语:“科目”——见数据集中(CW—财务管理数据子集)。

结构组成:1位代码,6种类别。

代码	名称
0	总分类科目
1	一级分类科目
2	二级分类科目
3	三级分类科目
4	四级分类科目
5	五级分类科目

7.76 KMLB 科目类别代码

应用范围:资金科目的类别。

术　　语:“科目”——见数据集中(CW—财务管理数据子集)。

结构组成:1位代码,5种类别。

代码	名称
1	现金
2	银行
3	暂付
4	暂存
9	其他

7.77 KSFS 考试方式代码

应用范围:对学生的考试方式分类。

术　　语:“操作”——对某种设备或系统的操作演示,也包括了文艺、体育专业学生的肢体活动的演示。

结构组成:1位代码,8种类别。

代码	名称
1	笔试
2	口试
3	面试
4	操作
5	机考
6	大作业
7	实验报告
9	其他

7.78 KSLB 考试类别代码

应用范围:学生参加考试的类别。

结构组成:1位代码,6种类别。

代码	名称
1	正常考试
2	国家统考
3	选拔考试
4	竞赛考试
5	会考
9	其他

7.79 KSXZ 考试性质代码

应用范围:归纳了学生对某一门课程考试的性质

术　　语:"缓考"　——因特殊原因未能参加正常考试的学生再给其一次考试机会。

"补考一"　——学生在正常考试成绩未通过,再给一次补考机会。

"补考二"　——有些课程第一次补考成绩仍未通过,再给第二次补考机会。

"重修"　——有关课程考试未通过,必须重修(参加下一年级的听课、学习)后,再参加考试。

"免修"　——有特殊原因,经教务部门认定可以不修某一(或某一些)课程,不影响毕业。

结构组成:2位代码,10种类别。

代码	名称
01	正常考试
02	缓考
03	旷考
11	补考一
12	补考二
16	重修
17	免修
21	结业后回校补考
41	国家级考试
99	其他

7.80 KWJB 刊物级别代码

应用范围:学术论文发表的刊物级别。

结构组成:2位代码,15个级别。

代码	名称
10	国际学术刊物
11	国际权威学术刊物
12	国际一般学术刊物
19	国际其他刊物
20	全国性学术刊物
21	国内一级、权威、重点学术刊物
22	国内一般学术刊物
29	国内其他刊物
30	省级学术刊物
31	省级公开发行学术刊物
39	省级公开发行其他刊物

40	院校级学术刊物
41	重点院校学报
42	一般院校学报
49	院校其他公开发行学术刊物

7.81 KWZD 刊物装订代码

应用范围：刊物装订形式分类。

结构组成：1 位代码，3 种情况。

代码	名称
1	平装
2	精装
9	其他

7.82 LGYY 离岗原因代码

应用范围：教职工离开工作岗位的原因分类。

结构组成：1 位代码，9 种类别。

代码	名称
1	出国(境)
2	国内探亲
3	事假
4	病休
5	国内进修学习
6	借调
7	不胜任工作
8	处分
9	其他

7.83 LQLB 录取类别代码

应用范围：录取学生类别的划分。

术　　语："代培"——学校为别的高校培养学生，其经费由学生所属学校提供，毕业不授本校学位，可授学生所属学校学位。

结构组成：2 位代码，23 种类别。

代码	名称
01	统一招生考试
02	保送(或免试)
03	学生干部保送
04	考试推荐
05	国防定向培养
06	其他定向培养
07	代培
08	第二学位
09	港澳
10	港澳代培

11	台湾
12	内地班
13	民族班
14	体育特招
15	文艺特招
16	预科班
17	恢复入学资格
18	外校转入
19	自主招生
20	国内交换生
21	境外交换生
22	来华留学
99	其他

7.84 LWBGXS 论文报告形式代码

应用范围:学术论文的报告形式。

结构组成:1 位代码,4 种形式。

代码	名称
1	大会发言
2	分会场发言
3	海报交流
9	其他

7.85 LWFBXS 论文发表形式代码

应用范围:学术论文的发表形式分类。

结构组成:1 位代码,5 种形式。

代码	名称
1	国内核心刊物
2	国内一般刊物
3	国外刊物
4	全国学术会议
5	国际学术会议

7.86 LXLZYY 离校离职原因代码

应用范围:教职工离开学校、结束学校工作的原因分类。

结构组成:2 位代码,17 种类别。

代码	名称
11	离休
12	退休
21	调至其他高校
22	调出至系统外
23	调至系统内其他单位
31	参军

32	进修学习
41	辞职
42	辞退
43	合同期满
51	除名
52	开除
53	死亡
54	失踪
55	借调期满
56	借调外出
99	其他

7.87 LZLB 论著类别代码

应用范围:学术论文、著作等学术成果的类别划分。

结构组成:2 位代码,24 种类别。

代码	名称
10	著作
11	专著
12	编著
13	译著
14	教材
15	科普读物
20	辞典、字典
21	手册
30	图集
40	文艺作品
41	作曲
42	书法
43	绘画
44	摄影
45	工艺美术
49	其他文艺作品
50	报告
60	论文
61	发表论文
62	会议论文
70	教学软件
71	软件
80	技术标准
99	其他

7.88 SYSPGJG 实验室评估结果代码

应用范围:实验室综合评估的结果。

结构组成:2 位代码,8 种情况。

代码	名称
11	国家级评估为 A
12	国家级评估为 B
13	国家级评估为 C
14	国家级评估为 D
20	省部委级评估不合格
21	省部委级评估合格
30	校级评估不合格
31	校级评估合格

7.89 PRQK 聘任情况代码

应用范围:教职工聘任专业技术职务情况的分类。

结构组成:2 位代码,7 种类别。

代码	名称
1	聘任
11	已聘
12	高聘
13	低聘
2	不聘
3	缓聘
9	其他

7.90 PTHSPDJ 普通话水平等级代码

应用范围:国家普通话水平考试认定的水平等级。

结构组成:1 位代码,6 个等级。

代码	名称
1	一级甲等
2	一级乙等
3	二级甲等
4	二级乙等
5	三级甲等
6	三级乙等

7.91 PYCC 培养层次代码

应用范围:学生的培养层次的分类。

结构组成:1 位代码,5 种类别。

代码	名称
1	博士
2	硕士
3	本科
4	专科
9	其他

7.92 PYFS 培养方式代码

应用范围:学校对学生培养的方式。

术　　语:“自筹经费”——学校根据社会发展需要,由学生本人自筹培养经费的培养模式。

“委托培养”——学校根据委托培养协议,为校外单位培养研究生,其经费由学生所属单位提供,完成学业者授予学位。学生毕业回所属单位工作。

“联合培养”——学校根据企业需求,达成联合培养协议,双方各出一名导师,学生在企业完成学位论文,通过学校答辩者,授予学位(一般指工程硕士等)。“联合培养”还包括学校与国内外大学建立联合培养项目,共同设计培养计划,双方共同参与教学,毕业授予学生所属学校的学位。与国外大学联合培养的有些项目,学生还可到国外大学学习一段时间,双方互认学分,毕业授予两校学位。

“协作培养”——由学校导师负责招生,按学校培养研究生的要求负责制定培养方案、理论课的安排、论文选题与答辩等。学生的研究课题由协作者负责指导,在校内外完成学业的研究生培养模式。

编码原则:分 2 个层次编码,第 1 层按“国家任务”、“非国家任务”和“留学生”分类编码。

结构组成:2 位代码,14 种方式。

代码	名称
10	国家任务
11	非定向
12	定向
20	非国家任务
21	自筹经费
22	委托培养
23	联合培养
30	留学生
31	国际组织资助
32	中国政府资助
33	本国政府资助
34	学校间交换
35	自费留学生
99	其他

7.93 PYXZ 聘用性质代码

应用范围:教职工校内岗位聘任的性质。

结构组成:1 位代码,5 种类别。

代码	名称
1	校聘
2	院系聘
3	双聘
4	返聘
9	其他

7.94 QGLB 勤工类别代码

应用范围:对学生勤工助学的工作进行分类。

结构组成:1 位代码,8 种类别。

代码	名称
1	辅助教学
2	辅助科研
3	辅助管理
4	卫生清洁
5	校园保安
6	校园修缮
7	家教
9	其他

7.95 QKWB 缺考舞弊代码

应用范围:学生在考试中的缺考或舞弊。

结构组成:1 位代码,2 种类别。

代码	名称
1	缺考
2	舞弊

7.96 RKJS 任课角色代码

应用范围:教师任课的不同角色。

结构组成:1 位代码,5 种类别。

代码	名称
1	主讲
2	辅导
3	实验
4	习题
9	其他

7.97 RKKCLB 任课课程类别代码

应用范围:教师任课的课程性质分类。

结构组成:2 位代码,20 种类别。

代码	名称
00	公共基础/通识教育课程
01	政治德育类课
02	人文社科类课
03	经济管理类课
04	自然科学类课
05	外语类课
06	体育类课
10	专业课程

11	专业基础课
12	专业课
20	实践教学课程
21	实验
22	实习
23	军训
24	专业设计
25	毕业设计
30	研究生课程
31	学位课
32	非学位课
99	其他

7.98 RKZK 任课状况代码

应用范围:高职高专院校中,教职工未担任课程原因以及任课教师具体担任哪类课程等。

结构组成:2 位代码,11 种类别。

代码	名称
10	未任课教师
11	进修
12	科研
13	病休
19	其他原因未任课
20	任课教师
21	基础课
22	专业课
23	实践技术指导
29	其他课
99	其他不担任教学的教职工

7.99 SFBZ 是否标志代码

应用范围:应用于描述"是"与"否" 的 2 种标志状态。

术　　语:"是/否"——可以扩展"有/无"、"完成/未完成"、"在/不在"等两种标志状态。

结构组成:1 位代码,2 种类别。

代码	名称
0	否
1	是

7.100 SFZJLX 身份证件类型代码

应用范围:对在校工作人员和各类学生的身份证件进行分类。

结构组成:1 位代码,12 类身份证件。

代码	名称
1	居民身份证
2	军官证

3	士兵证
4	文职干部证
5	部队离退休证
6	香港特区护照/身份证明
7	澳门特区护照/身份证明
8	台湾居民来往大陆通行证
9	境外永久居住证
A	护照
B	户口簿
Z	其他

7.101 SHDWXZ 社会单位性质代码

应用范围:社会单位性质的分类。

结构组成:2 层 2 位代码,共 23 种类别。

代码	名称
10	机关
11	省级以上党政机关
12	省级以下党政机关
20	事业单位
21	科研设计单位
22	高等学校
23	其他教育单位
24	医疗卫生单位
25	体育文化单位
29	其他事业单位
30	企业
31	国有企业
32	中外合资企业
33	民营(私营)企业
34	外资企业
35	集体企业
39	其他企业
40	部队
50	社会组织机构
60	国际组织机构
70	国防科工机构
80	财政金融机构
99	其他

7.102 SHJJXY 社会经济效益代码

应用范围:技术转让、成果出售等的社会经济效益类别。

结构组成:2 位代码,13 种情况。

代码	名称
01	陆地、海洋与大气的开发、估价
02	民用宇宙空间
03	农业、林业与渔业的发展
04	促进工业的发展
05	能源的生产、储存与分配
06	交通、通讯事业的发展
07	教育事业的发展
08	卫生事业的发展
09	社会发展和社会经济服务
10	环境保护
11	知识的全面发展
12	其他民用目标
13	国防

7.103 SHSJDJ 社会实践等级代码

应用范围:对学生参加社会实践的等级进行分类。

结构组成:1 位代码,2 种类别。

代码	名称
1	校级及以上
2	院系级及以下

7.104 SHSJLX 社会实践类型代码

应用范围:归纳了学生参加社会实践的类型。

术　　语:“认知考察”——对所学专业进行实践认识的考察。

结构组成:2 位代码,21 种类别。

代码	名称	说明
01	科研技术开发	新产品开发、项目论证
02	信息技术	编程、联网、OA
03	技术改造	设备更新及设备维修等
04	规划设计	建筑、土水、环保、园林景区
05	工艺美术设计与研究	
06	技术、管理及各类专业业务培训	
07	地区或单位发展研究或规划	
08	地方党政部门的管理及研究	
09	政策咨询	行政、法律、经济、管理、教育
10	中外文资料翻译、文字整理	
11	接受单位大型活动的组织策划	
12	行政事务性工作	协助有关部门完成指定的行政事务性工作
13	文艺演出	
14	随队医疗或医药咨询	
15	中小学兼职教师	

21	就业实践
22	短期挂职
23	认知考察
24	博士后实践服务团
25	志愿者工作
99	其他相应工作

7.105 SJGZMC 世界各洲名称代码

应用范围：对世界各大洲进行编码。

结构组成：1 位代码，7 个洲别。

代码	名称
1	亚洲
2	非洲
3	欧洲
4	北美洲
5	南美洲
6	大洋洲
7	南极洲

7.106 SKFS 授课方式代码

应用范围：教师授课方式的分类。

结构组成：1 位代码，7 种方式。

代码	名称
1	面授讲课
2	辅导
3	录像讲课
4	网络教学
5	实验
6	实习
9	其他

7.107 SRFLX 受让方类型代码

应用范围：技术转让受让方的单位类型。

结构组成：1 位代码，8 种类型。

代码	名称
1	国有大中型企业
2	国有小型企业
3	集体企业
4	乡镇企业
5	私营企业
6	三资企业
7	国外(境外)企业
9	其他

7.108 SYLB 实验类别代码

应用范围:实验的分类。

结构组成:1 位代码,5 种类别。

代码	名称
1	基础、专业基础或技术基础
2	专业
3	科研
4	生产或技术开发
9	其他(含毕业论文和毕业设计实验)

7.109 SYQLB 授予权类别代码

应用范围:学科点(学位)授予权的类别。

结构组成:1 位代码,4 种类别。

代码	名称
0	无学位授予权
1	博士学位授予权
2	硕士学位授予权
3	学士学位授予权

7.110 SYSLB 实验室类别代码

应用范围:实验室性质的分类。

结构组成:1 位代码,4 种类别。

代码	名称
1	基础、专业基础或技术基础
2	专业
3	科研
9	其他

7.111 SYYQ 实验要求代码

应用范围:实验对学生的实验要求的分类。

结构组成:1 位代码,3 种类别。

代码	名称
1	必修
2	选修
9	其他

7.112 SYZK 使用状况代码

应用范围:学校资产使用状况的分类。

结构组成:1 位代码,8 种类别。

代码	名称
1	使用
2	闲置

3	被借用
4	借用
5	租用
6	出租
7	对外投资
8	担保

7.113 SYZLB 实验者类别代码

应用范围:实验者的分类。

结构组成:1 位代码,8 种类别。

代码	名称
1	博士生
2	硕士生
3	本科生
4	专科生
5	教师
6	工程与实验技术人员
7	研究人员
9	其他

7.114 SZLB 三助类别代码

应用范围:研究生的三助活动进行编码,便于统计分析。

结构组成:1 位代码,3 种类别。

代码	名称
1	助教
2	助研
3	助管

7.115 TJXMLB 体检项目类别代码

应用范围:学生体检项目的分类。

术　　语:"生化检查"对血清检验。

结构组成:2 位代码,14 种类别。

代码	名称
01	内科
02	外科
03	眼科
04	耳鼻喉科
05	口腔科
06	妇科
07	血压
08	胸透
09	生化检查
10	心电图

11	B超
12	身高
13	体重
14	体能、形态
99	其他

7.116 TSQKZT 图书期刊状态代码

应用范围:馆藏的图书、期刊的状态。

结构组成:1位代码,8种状态。

代码	名称
1	在借
2	在库
3	挂失
4	残缺
5	报废
6	已订未到货
7	待编目
9	其他

7.117 WCXS 完成形式代码

应用范围:科技项目等的完成形式划分。

结构组成:1位代码,3种形式。

代码	名称
1	独立完成
2	有协作单位
3	本单位为协作单位

7.118 WJFL 文件分类代码

应用范围:公文性质分类。

结构组成:2位代码,18个类别。

代码	名称	说明
01	决议	
02	决定	适用于对重要事项或重大行动做出安排,奖惩有关单位及人员,变更或者撤销下级机关不适当的决定事项。
03	指示	
04	意见	适用于对重要问题提出见解和处理办法。
05	通知	适用于批转下级机关的公文,转发上级机关和不相隶属机关的公文,传达要求下级机关办理和需要有关单位周知或者执行的事项,任免人员。
06	通报	适用于表彰先进,批评错误,传达重要精神或者情况。
07	公告	适用于向国内外宣布重要事项或者法定事项。

08	报告	适用于向上级机关汇报工作，反映情况，答复上级机关的询问。
09	请示	下级机关请求上级机关给于指示或批准的一种公文。
10	批复	适用于答复下级机关请示事项。
11	条例	
12	规定	
13	会议纪要	适用于记载、传达会议情况和议定事项。
14	简报	向本单位领导和上级机关以反映情况为主的内部工作报告，也是向有关方面提出问题，反映动态，表扬先进，交流经验的一种重要工具。
15	函	公务信函和公务复函这种正式公文，适用于不相隶属机关之间相互商洽工作、询问和答复问题，请求批准和答复审批事项。
16	通告	适用于公布各有关方面应当遵守或者周知的事项。
17	对外报文	
99	其他	

7.119 WJLB 违纪类别代码

应用范围：归纳了学生违反学校纪律的类别。

结构组成：2 位代码，14 个类别。

代码	名称
01	触犯刑法
02	违反治安管理条例
03	学业违纪（考试作弊、旷课）
04	涂改、伪造证件或证明
05	侵犯他人人身权利
06	侵犯公私财物
07	侵犯学校权益
08	危害公共安全
09	扰乱公共场所秩序
10	违反社团管理规定
11	违反课外活动规定
12	违反宿舍管理规定
13	违反网络管理规定
99	其他

7.120 WYHRZ 委员会任职代码

应用范围：对学校委员会中委员的任职（或角色）进行分类。

结构组成：1 位代码，4 种类别。

代码	名称
1	主席/主任/组长
2	副主席/副主任/副组长

3	委员/成员
4	秘书长/秘书

7.121 WYKSFS 外语考试方式代码

应用范围:对外国语的考试方式进行分类。

结构组成:1位代码,3种方式。

代码	名称
1	口语笔试
2	口语考试
3	笔试

7.122 XJYDLB 学籍异动类别代码

应用范围:归纳了学籍发生异动的类别。

结构组成:2位代码,34种类别。

代码	名称
01	公派留学
02	留级
03	降级
04	跳级
05	试读
06	延长年限
07	试读通过
08	回国复学
11	休学
12	复学
13	停学
14	保留入学资格
15	恢复入学资格
16	取消入学资格
17	恢复学籍
18	取消学籍
19	保留学籍
21	转学(转出)
22	转学(转入)
23	转专业
24	专升本
25	本转专
26	转系
27	硕转博
28	博转硕
31	退学
42	开除学籍

51	死亡
61	提前毕业
62	结业
63	肄业
64	国内访学
65	国内访学后返校
99	其他

7.123 XJYDYY 学籍异动原因代码

应用范围：对学籍异动原因的进行了分类。

结构组成：2 位代码，50 种类别。

代码	名称
01	成绩优秀
10	疾病
11	精神疾病
12	传染疾病
19	其他疾病
21	自动退学
22	成绩太差
23	触犯刑法
24	休学创业
25	停学实践(求职)
26	家长病重
27	贫困
28	非留学出国(境)
29	自费出国退学
30	自费留学
31	休学期满未办理复学
32	恶意欠缴学费
33	超过最长学习期限未完成学业
34	应征入伍
39	其他原因退学
4/5/6/7/8	死亡
40	事故灾难致死
41	溺水死亡
42	交通事故致死
43	拥挤踩踏致死
44	房屋倒塌致死
45	坠楼坠崖致死
46	中毒致死
47	爆炸致死
50	社会安全事件致死
51	打架斗殴致死

52	校园伤害致死
53	刑事案件致死
54	火灾致死
60	自然灾害致死
61	山体滑坡致死
62	泥石流致死
63	洪水致死
64	地震致死
65	暴雨致死
66	冰雹致死
67	雪灾致死
68	龙卷风致死
70	因病死亡
71	传染病致死
72	猝死
79	其他疾病致死
81	自杀死亡
89	其他原因死亡
99	其他

7.124 XKMLKJ 学科门类(科技)代码

应用范围:学科门类的分类。

结构组成:1位代码,5种类别。

代码	名称
1	自然科学
2	农业科学
3	医药科学
4	工程与技术
5	人文与社会科学

7.125 XMCDXS 项目承担形式代码

应用范围:科研项目承担的形式。

结构组成:1位代码,3种形式。

代码	名称
1	独立承担
2	牵头单位
3	本单位为协作单位

7.126 XMJFLY 项目经费来源代码

应用范围:项目(课题)经费的来源

结构组成:2位代码,15种类别。

代码	名称
01	主管部门专项费

02	国家发改委、科技部专项费
04	国家社科规划、基金项目经费
05	国家自然科学基金
06	中央、国家其他部门专项费
07	省、市、自治区专项费
08	地(市、州)专项费
09	县(区、旗)专项费
10	企、事业单位委托项目经费
11	各种收入中转为当年研究与发展经费
12	自筹经费
13	贷款
14	国外资金
15	港、澳、台地区资金
99	其他

7.127 XMLY 项目来源代码

应用范围:研究项目的来源。

结构组成:2 位代码,22 种类别。

代码	名称
01	国家“973”项目
02	国家科技攻关项目
03	国家“863”项目
04	国家自然科学基金项目
05	主管部门科技项目
06	国家科技部
07	国家发改委
08	国家社科规划、基金项目
09	教育部人文、社科规划项目
10	高校古籍整理研究项目
11	中央、国家其他部委项目
12	省、市、自治区项目
13	国际合作项目
14	与港、澳、台合作项目
15	企、事业单位委托
16	外资项目
17	地(市、州)项目
18	县(区、旗)项目
19	学校自选项目
20	国防项目
90	非立项
99	其他

7.128 XMZXZT 项目执行状态代码

应用范围:研究项目的执行状态。

结构组成:1 位代码,4 种状态。

代码	名称
1	在研
2	中止
3	延期
4	结题

7.129 XQ 学期代码

应用范围:学期的编码。

结构组成:1 位代码,4 种类别。

代码	名称
1	秋季学期
2	春季学期
3	夏季学期
9	其他

7.130 XSDQZT 学生当前状态代码

应用范围:学生当前状态的类别。

术　　语:"流失"——学生未办理正常手续就离开学校,流向社会。

结构组成:2 位代码,16 种状态。

代码	名称
01	在读
02	休学
03	退学
04	停学
05	复学
06	流失
07	毕业
08	结业
09	肄业
10	转学(转出)
11	死亡
12	保留入学资格
13	公派出国
14	开除
15	下落不明
99	其他

7.131 XSHJLB 学生获奖类别代码

应用范围:学生获奖的类别。

结构组成:1 位代码,8 种类别。

代码	名称
1	学科获奖

2	科技获奖
3	文艺获奖
4	体育获奖
5	综合获奖
6	社会工作获奖
7	公益事业获奖
9	其他

7.132 XSHYDJ 学术会议等级代码

应用范围：学术会议的级别。

结构组成：1 位代码，7 个级别。

代码	名称
1	世界性、区域性、国际间学术会议
2	两国间双边学术会议
3	全国、地区性学术会议
4	省内学术会议
5	港、澳、台学术会议
6	校内学术会议
9	其他

7.133 XSJLLX 学术交流类型代码

应用范围：学术交流的分类代码。

结构组成：2 位代码，15 种类型。

代码	名称
01	进修访问学者
02	攻读博士
03	攻读硕士
04	短期讲学
05	长期任教
06	考察
07	商谈合作事宜
08	校际交流
09	合作研究
10	出席国际学术会议人员
11	国际学术会议论文交流(未出席)
12	普通外教
13	访问学生
14	一般访问
99	合作研究

7.134 XSLB 学生类别代码

应用范围：所有学生的类别。

编码原则：分 5 个层次编码，第 1 位表示教育层次行业分类，第 2 位表示学生受教育层次，第 3 位为学生对象分类,第 4 位为培养方式分类,第 5 位为招生计划形式分类。在学生对象分类下,如果不再细分则用数字“0”补齐。

代码	名称
4	高等教育
41	专科生
411	普通专科生
41101	高中起点专科生
41102	对口招收中职生
41103	五年制高职转入生
412	成人专科生
4121	函授专科生
41211	函授高中起点专科生
41212	函授专科第二学历
4122	业余专科生
41221	业余高中起点专科生
41222	业余专科第二学历
4123	脱产专科生
41231	脱产高中起点专科生
41232	脱产专科第二学历
413	网络专科生
41301	网络高中起点专科生
42	本科生
421	普通本科生
42101	高中起点本科生
42102	专科起点本科生
42103	第二学士学位
422	成人本科生
4221	函授本科
42211	函授高中起点本科生
42212	函授专科起点本科生
4222	业余本科
42221	业余高中起点本科生
42222	业余专科起点本科生
4223	脱产本科
42231	脱产高中起点本科生
42232	脱产专科起点本科生
423	网络本科生
42301	网络高中起点本科生
42302	网络专科起点本科生
43	研究生
431	硕士研究生
4311	学术型硕士研究生
43111	国家任务学术型学位硕士研究生

43112	委托培养学术型学位硕士研究生
43113	自筹经费学术型学位硕士研究生
4312	专业学位硕士研究生
43121	国家任务专业学位硕士研究生
43122	委托培养专业学位硕士研究生
43123	自筹经费专业学位硕士研究生
432	博士研究生
4321	学术型博士研究生
43211	国家任务学术型学位博士研究生
43212	委托培养学术型学位博士研究生
43213	自筹经费学术型学位博士研究生
4322	专业学位博士研究生
43221	国家任务专业学位博士研究生
43222	委托培养专业学位博士研究生
43223	自筹经费专业学位博士研究生
44	学位学生
441	学士学位学生
44110	学术型学位学士学位学生
44120	专业学位学士学位学生
442	硕士学位学生
44210	学术型学位硕士学位学生
44220	专业学位硕士学位学生
443	博士学位学生
44310	学术型学位博士学位学生
44320	专业学位博士学位学生
9	其他教育
91	自考/预科/研究生课程类
91100	自考助学班学生
91200	电大注册视听生
91300	学历文凭考试学生
91400	普通预科生
91500	研究生课程进修班学生
92	进修及培训类
92100	进修学生
92200	培训学生
92300	岗位证书学生
92400	资格证书学生
93	职业技术培训类
93100	职业技术培训学生
93200	农村成人文化技术培训学生
93300	其他培训学生

7.135 XSLY 学生来源代码

应用范围:学生入学时身份属性的分类。

编码原则:分 2 个层次编码,按学历(研究生、本科生、成人高校)级别对学生来源进行分类。

结构组成:3 位代码,33 种类别。

代码	名称
000	研究生
001	科技人员
002	高校教师
003	中学教师
004	其他在职
005	应届本科
006	成人应届本科
007	网络教育应届本科
009	其他人员
100	普通高校本专科
101	城镇应届
102	农村应届
103	城镇往届
104	农村往届
105	工人
106	干部
107	复退军人
108	现役军人
109	香港生
110	澳门生
111	台湾生
112	归国华侨
113	留学生
199	其他
200	成人高校
201	国家机关、党群组织、企业、事业单位负责人
209	军人
211	专业技术人员
231	办事人员和有关人员
241	商业、服务业人员
251	农、林、牧、渔、水利业生产人员
261	生产、运输设备操作人员及有关人员
299	不便分类的其他从业人员

7.136 XSSFTZFS 学生收费调整方式代码

应用范围:根据具体情况对学生个体进行收费调整,形成收费结论。

术　　语:"缓+减"——学生申请减收学费,审批流程需要时间。为不耽误学业一般要先缓收学费给与注册。“缓＋免”、“缓＋贷”与“缓＋减”基本相同，均是因有审批流程。

结构组成：1位代码，7种方式。

代码	名称	说明
1	减	减收学费
2	免	免收学费
3	缓	缓收学费
4	贷	贷款缴学费
5	缓＋减	缓收并减收学费
6	缓＋免	缓收并免收学费
7	缓＋贷	缓收并贷款缴学费

7.137 XSSTLX 学生社团类型代码

应用范围：学生社团的类型。

结构组成：1位代码，6种类别。

代码	名称
1	学术
2	文艺
3	体育
4	卫生
5	公益
9	其他

7.138 XSTTJB 学术团体级别代码

应用范围：学术团体的层次分类。

结构组成：1位代码，5个等级。

代码	名称
1	国际学术团体
2	国家级学术团体
3	省市、部委级学术团体
4	地(市)级学术团体
5	县(区、旗)级学术团体

7.139 XX 血型代码

应用范围：将人类常见血型进行分类编码。

术　　语：“ABO”血型——A血型、B血型、AB血型和O血型的统称。

“RH血型”——RH血型又分阴性、阳性血型。它与HLA血型是继“ABO血型”之后人类又发现的2种新血型。一个人体可能会同时属于这三类血型，因此要完整、准确的说明一个人的血型需要3个数据项。绝大部分中国人既是“ABO”血型的一种，又是RH阳性血型，而欧美人种大部分是RH阴性血型，RH血型阴、阳两性不可混淆，在临床医学的输血抢救中，首先确认患者血型的完备资料是十分必要的。

结构组成：1位代码，10种类型。

代码	名称	简称
0	未知血型	未知

1	A 血型	A
2	B 血型	B
3	AB 血型	AB
4	O 血型	O
5	RH 阳性血型	RH^{+}
6	RH 阴性血型	RH^{-}
7	HLA 血型	HLA
8	未定血型	未定
9	其他血型	其他

7.140 XXBXLX 学校办学类型代码

应用范围:对高等学校办学类型进行了归纳。

结构组成:3 位代码,17 种类别。

代码	名称
41	普通高等学校
411	本科院校:大学
412	本科院校:学院
413	本科院校:独立学院
414	专科院校:高等专科学校
415	专科院校:高等职业学校
419	其他机构:分校、大专班
42	成人高等学校
421	职工高校
422	农民高校
423	管理干部学院
424	教育学院
425	独立函授学院
426	广播电视大学
429	其他成人高等教育机构
911	培养研究生的科研机构
921	民办的其他高等教育机构

7.141 XXDWCC 学校单位层次代码

应用范围:学校内的单位层次分类。

结构组成:1 位代码,3 种类别。

代码	名称
1	校本部
2	分校
9	其他

7.142 XXJBZ 学校举办者代码

应用范围:对学校举办者进行分类。

结构组成:采用三层 3 位代码,学校举办者为中央党政机关、人民团体及其他机构的,引用

GB/T 4657;举办者为省及以下地方部门的,由第一位大于“7”的3位数字代码组成。

代码	名称
1/2/3/4/5/6/7	中央党政机关、人民团体及其他机构 引用GB/T 4657
8/9	省与省级以下地方部门
811	省级教育部门
812	省级其他部门(党政机关)
821	地级教育部门
822	地级其他部门(党政机关)
831	县级教育部门
832	县级教育部门(党政机关)
891	地方企业
999	民办

7.143 XXWWYHJL 校学位委员会结论代码

应用范围:校学位委员会对研究生学位评审的结论。

结构组成:1位代码,5种类别。

代码	名称
1	同意授予学位
2	同意毕业
3	缓授学位
4	不通过
9	其他

7.144 XZDWLX 协作单位类型代码

应用范围:参与项目研究的协作单位类别。

结构组成:1位代码,5种单位类型。

代码	名称
0	无合作单位
1	高校
2	研究院(所)
3	企业
9	其他

7.145 YBLB 阅办类别代码

应用范围:公文批阅办理的分类。

结构组成:1位代码,8种类别。

代码	名称	说明
1	阅文	
2	拟办	公文拟办,就是对机关收文收电提出如何处理或由谁处理的初步意见,供领导同志批办。
3	批办	批办是一项由法定或特定责任者履行事务处置权的决策活动。批办公文时,必须明确公文的处置方法、程序、批办责任、批办原则和要求。

4	承办	公文承办就是主管部门对需要办理的公文进行办理。
5	催办	公文催办是指对公文承办工作的督促和检查。
6	办复	办复是在办理完毕后，将承办情况和结果及时向批示领导人和来文单位答复。
7	注办	注办的主要作用是备忘待查，为日后查考了解某一公文的承办过程、承办方式、承办结果提供依据，注办由承办人随手完成。
8	暂存	公文的暂存，是指对既不应立卷归档或清退，又暂不宜销毁的公文，仍需再留存一定时期以备查用。

7.146 YJSLQTJLB 研究生录取调剂类别代码

应用范围：研究生招生工作中考生第一志愿不能录取时，存在的2类调剂方式。

术　　语："调剂入"——报考外校（或本校其他院系）第一志愿未被录取而调剂录取到本校（本院系）。

"调剂出"——报考本校（或本院系）第一志愿未被录取而调剂到外校（或本校其他院系）录取。

结构组成：1位代码，2种类别。

代码	名称
1	调剂入
2	调剂出

7.147 YJSRXFS 研究生入学方式代码

应用范围：学生攻读研究生学位的入学方式。

编码原则：分2个层次编码，第1层按"博士"、"硕士"学位和"硕士学位联考"排列。

结构组成：2位代码，30种类别。

代码	名称
10	博士
11	博士生公开招考
12	博士生推荐免试
13	硕士博士连读
14	本科硕士博士生连读
15	博士生港澳台考试
16	来华留学博士生考试
17	本科毕业生直接攻博
18	硕士生提前攻博
19	博士生保留资格返校
20	硕士
21	硕士生全国统考
22	硕士生推荐免试
23	硕士生单独考试
24	硕士生保留资格返校
25	硕士生港澳台考试
26	来华留学硕士生考试
30	硕士专业学位联考
31	经济类联考

32	法律类联考
33	教育类联考
34	文学类联考
35	文博类联考
36	工程类联考
37	农学类联考
38	医学类联考
39	军事类联考
40	管理类联考
41	艺术类联考
99	其他

7.148 YJSZXJHLB 研究生专项计划类别代码

应用范围：高等学校研究生招生专项计划的类别。

结构组成：1位代码，7种类别。

代码	名称	适用范围
1	强军计划	硕士研究生
2	援藏计划	硕士研究生
3	农村师资计划	硕士研究生
4	少数民族骨干计划	硕士研究生、博士研究生
5	高校辅导员专项	博士研究生
6	两课教师专项	博士研究生
0	无专项计划	硕士研究生、博士研究生

7.149 YSLZFLKM 预算类总分类科目代码

应用范围：所有学校用预算类总分类科目可设定为这5类，会计报表也按这5类设定。

结构组成：1位代码，6种类别。

代码	名称
1	资产
2	负债
3	净资产
4	收入
5	支出
6	预算

7.150 YTZT 议题状态代码

范围说明：会议管理中议题的状态。

结构组成：由1位代码组成。

代码	名称
1	待审批
2	已上会
3	已结题

7.151 ZCLX 组成类型代码

应用范围:科研机构的组成类型。

结构组成:2 位代码,13 种类型。

代码	名称
00	独立研究所
01	专职研究所
02	单一研究所
03	跨系学科所
04	校际联合所
05	与企业合办所
10	独立研究室
11	专职研究室
12	单一研究室
13	跨系学科室
14	校际联合室
15	与企业合办室
19	其他

7.152 ZCZK 注册状况代码

应用范围:学生注册的几种状况。

结构组成:1 位代码,3 种类别。

代码	名称
1	注册
2	报到
3	未报到

7.153 ZDYT 占地用途代码

应用范围:土地的用途分类。

结构组成:1 位代码,5 种情况。

代码	名称
1	房屋用地
2	体育场地
3	绿化用地
4	农、林场用地
9	其他用地

7.154 ZJLB 专家类别代码

应用范围:教学与科研等方面专家的分类。

结构组成:2 位代码,7 大类 21 种类别。

代码	名称
10	院士
11	中国科学院院士

12	中国工程院院士
13	两院院士
14	外国科学院院士
16	中国社会科学院学部委员
20	国家级专家
21	国家主管部门批准的有突出贡献的专家
22	享受政府特殊津贴(按月发放)专家
23	享受政府特殊津贴(一次性发放)专家
29	国家主管部门批准的其他专家
30	省、部级有突出贡献专家
40	地、市级有突出贡献专家
50	县级有突出贡献专家
80	解放军专家
81	全军有突出贡献专家
82	大军区有突出贡献专家
83	军级有突出贡献专家
84	师级有突出贡献专家
85	团级有突出贡献专家
99	其他专家

7.155 ZLFLZT 专利法律状态代码

应用范围:专利成果所处的法律状态。

结构组成:1 位代码,5 种状态。

代码	名称
1	授权专利
2	待批专利
3	撤销专利
4	无效专利
5	终止专利

7.156 ZLLX 专利类型代码

应用范围:专利成果的类型划分。

结构组成:1 位代码,4 种类型。

代码	名称
1	发明
2	实用新型
3	外观设计
4	PCT 或外国申请

7.157 ZLPZXS 专利批准形式代码

应用范围:专利成果的批准形式。

结构组成:1 位代码,4 种类型。

代码	名称
0	未批准
1	国内
2	国外

3	国内、外

7.158 ZPHLB 招聘会类别代码

应用范围:社会单位对即将毕业的学生举办招聘会的类型。

术　　语:"社会招聘会"指不在校园内的招聘会。

结构组成:1位代码,4种类别。

代码	名称
1	校园专场招聘会
2	校园集中洽谈会
3	社会招聘会
9	其他

7.159 ZWLB 职务类别代码

应用范围:教职工担任党政、社会团体、民主党派职务的类别。

结构组成:2位代码,24种类别。

代码	名称
11	党委正职
12	行政正职
13	党的职能部门正职
14	行政职能部门正职
15	民主党派正职
16	社会团体正职
21	党委副职
22	行政副职
23	党的职能部门副职
24	行政职能部门副职
25	民主党派副职
26	社会团体副职
31	党委常委
32	党委委员
33	纪委委员
34	校长助理
35	总会计师
36	总经济师
38	党委其他职
39	行政其他职
41	党的职能部门其他职
42	行政职能部门其他职
43	民主党派其他职
44	社会团体其他职

参 考 文 献

[1] GB/T 21365—2008 信息技术 学习、教育和培训 学习对象元数据

[2] 中华人民共和国教育部.教育管理信息化标准 第1部分:学校管理信息标准[M].北京:人民邮电出版社,2002:304-439.

[3] 国务院学位委员会办公室.高等学校和科研机构学位与研究生教育管理信息标准[M].北京:北京大学出版社,2003.

[4] 中华人民共和国教育部高等教育司.高等学校固定资产分类及编码[M].北京:中国计量出版社,2000.

[5] 中山大学信息与网络中心.中山大学数字化校园标准汇编 第1部分:校务管理系统信息分类和编码标准[M].2004.

ICS 35.240.99
L 67

中华人民共和国国家标准

GB/T 29809—2013

信息技术 学习、教育和培训 内容包装XML绑定

Information technology—Learning, education and training—Content packaging XML binding

2013-11-12 发布　　2014-05-01 实施

中华人民共和国国家质量监督检验检疫总局
中国国家标准化管理委员会　发布

前　言

本标准按照 GB/T 1.1—2009 给出的规则起草。

请注意本文件的某些内容可能涉及专利。本文件的发布机构不承担识别这些专利的责任。

本标准由全国信息技术标准化技术委员会(SAC/TC 28)提出并归口。

本标准起草单位:上海交通大学、中国电子技术标准化研究院。

本标准主要起草人:申丽萍、申瑞民、郑翔翔、陈霖、余云涛。

信息技术 学习、教育和培训内容包装 XML 绑定

1 范围

本标准规定了内容包装信息模型的 XML 语言描述语法。

本标准适用于学习资源开发商制作学习内容时进行参考的数据 XML 绑定规范。

2 规范性引用文件

下列文件对于本文件的应用是必不可少的。凡是注日期的引用文件，仅注日期的版本适用于本文件。凡是不注日期的引用文件，其最新版本(包括所有的修改单)适用于本文件。

GB/T 18221—2000 信息技术 程序设计语言、环境与系统软件接口 独立于语言的数据类型(idt ISO/IEC 11404:1996)

GB/T 18793—2002 信息技术 可扩展置标语言(XML)1.0

GB/T 21365—2008 信息技术 学习、教育和培训 学习对象元数据

GB/T 26222—2010 信息技术 学习、教育和培训 内容包装

IETF RFC 3986:2005 统一资源标识符(URI):通用语法(Uniform resource identifier(URI):Generic syntax)

W3C XML 命名空间推荐(Namespace Recommendation)

W3C XML 模式推荐(Schema Recommendation)

W3C XML Base:2009 可扩展置标语言的基[XML base (Second edition) W3C Recommendation 28 January 2009]

3 术语和定义

下列术语和定义适用于本文件。

3.1

(学习)内容 (learning) content

用于学习、教育或培训的数字或非数字的任何实体。

3.2

数据类型 data type

由某一类值组成的集合的一个属性，该属性描述了这些值所具有的共同特点以及所能施加的操作。

3.3

数据元素 data element

通过定义名称、解释、约束、大小、数据类型和值空间等一系列属性描述的数据单元，在特定的语义环境中是不可再分的最小数据单元。

3.4

包 package

一个逻辑目录，包含一个特定名称的内容清单文件以及内容清单文件中引用的实际资源文件。

3.5

内容清单 manifest

对有意义的学习内容的描述,包括元数据、组织结构和资源文件的描述。由一系列有层次结构的数据元素组成。

3.6

元数据 metadata

以一组一致、标准的方式表达的数据元素。

注:元数据的一般定义是"描述数据的数据"。本标准中的元数据是描述学习内容和内容清单的数据,由GB/T 21365—2008 定义。

3.7

组织结构集 organizations

内容清单中一种或多种学习内容的组织方法。

3.8

组织结构 organization

内容清单中一种特定的学习内容的组织方法。

3.9

内容项 item

组织结构中的一个节点。

3.10

资源文件集 resources

包含与资源文件相关的所有信息,以及父内容清单包含的所有资源描述的集合。

3.11

资源 resource

对内容清单中所有实际物理资源和所需媒体素材的描述。

3.12

扩展 extension

使用本标准定义以外的其他命名空间的数据元素。

4 缩略语

下列缩略语适用于本文件。

CP:内容包装标准 (content packaging specification)

CDATA:字符数据 (character data)

DTD:文档类型定义 (document type definition)

XSD:XML 模式定义 (XML schema definition)

PCDATA:解析字符数据 (parsed character data)

W3C:国际互联网联盟 (The World Wide Web consortium)

XML:可扩展置标语言 (extensible mark-up language)

5 XML 绑定的描述

5.1 简述

本标准通过描述的方式定义 XML 的格式。

本标准严格遵循 GB/T 18793—2002。

附录 A 和附录 B 分别是实现 XML 绑定的 XML 文档类型定义和 XML 数据模式定义，其中附录 B 定义了本标准的命名空间 http://www.celtsc.edu.cn/CP。附录 C 是一些内容清单元素的示例。5.4～5.7中描述各内容清单数据元素的 XML 绑定格式时用到的各属性说明如下：

——XML 绑定：该内容清单数据元素相对应的 XML 绑定元素。
——说明：XML 元素的简要释义及其描述信息。
——大小：XML 元素允许出现的次数。
——属性：XML 元素包含的属性元素。
——子元素：XML 元素包含的子元素。
——示例：XML 元素应用举例。

5.2 数据类型

数据类型为数据元素的格式描述。下面是本标准中定义的数据类型：

——标识：用来唯一标识一个元素的字符串；
——标识引用：对一个标识的引用，本身是字符串类型；
——统一资源标识符：引用资源的 URL 地址，遵循 IETF RFC 3986:2005 通用语法；
——字符串 (n)：由 GB/T 18221—2000 定义的字符串类型。其中 n 为字符串长度的最低峰值；
——布尔：由 GB/T 18221—2000 定义的布尔类型；
——词汇表：数据元素的值是一个二元组(来源，值)，来源的类型为字符串(1 000)，可以是规范名称或 URI，值的类型为字符串(1000)。使用词汇表可以增加本标准的可扩展性，用户可以选择使用本标准(建议)的词汇表或自己定义的词汇表；
——未定义：本标准未定义的数据类型。

5.3 词汇表

本标准为某些数据元素定义了词汇表。词汇表是一个推荐使用的取值列表，使用词汇表将具有较大的语义互操作性。同时，词汇表也支持扩展，用户可以自定义新的取值列表。词汇表是一个二元组(来源，值)，通常使用命名空间来表示来源。4.6.2 为结构类型〈structure〉属性元素定义了词汇表。下面给出的是结构类型〈structure〉属性元素的例子。

示例 1：如果结构类型〈structure〉属性元素的值在本标准定义的词汇表中，如“分层结构”，那么就表示为(http://www.celtsc.edu.cn/CP，分层结构)。为了保持最大的语义互操作性，尽量使用本标准定义的词汇表中的值。

示例 2：用户可以使用自定义的词汇表中的值，如结构类型〈structure〉属性元素的值为：(http://www.myorganization/cp/，自适应结构)。这种方法为内容包的处理提供了很大的灵活性，但却是以降低“语义互操作性”为代价的。

5.4 〈内容清单〉元素

5.4.1 〈内容清单〉元素

XML 绑定：〈manifest〉。

说明：首先，内容清单中顶级〈manifest〉元素包含所有的引用数据。在顶级〈manifest〉下出现的子〈 manifest 〉元素用来划分文件、元数据和组织结构，以便于合并、拆分和重用。我们甚至可以将每一个学习对象或最小学习单元放入一个单独的〈manifest〉元素(如图 1 所示)中。

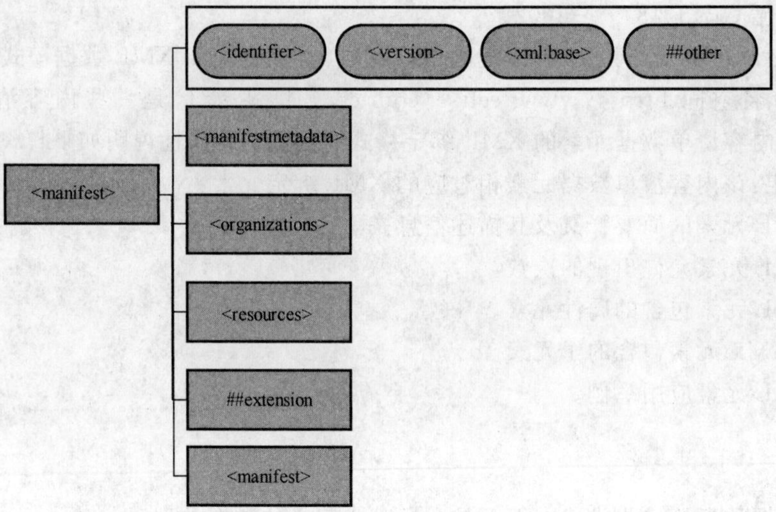

图 1 〈manifest〉元素

大小:顶级〈manifest〉只在 GB/T 26222—2010 定义的内容清单文件(celtsmanifest. xml)中出现且只出现一次。子〈manifest〉元素在顶级〈manifest〉元素中可以出现零次或多次。

属性:

——〈identifier〉。〈标识符〉属性元素的 XML 绑定格式,它是必备的。由作者或编辑工具提供的标识符,在内容清单中是唯一的。数据类型是标识;

——〈version〉。〈版本〉属性元素的 XML 绑定格式,它是可选的。表示内容清单的版本号,用来区分有相同标识符的内容清单。数据类型是字符串;

——〈xml:base〉。〈基〉属性元素的 XML 绑定格式,它是可选的。它为内容文件提供了相对路径的偏移量。〈xml:base〉的使用在 W3C XML Base:2009 中定义。数据类型是统一资源标识符;

——##other。〈其他〉属性元素的抽象 XML 绑定格式,它是可选的。它是〈manifest〉元素的属性扩展点,以便于包含和引用其他命名空间中属性。数据类型是未定义。

子元素:

——〈manifestmetadata〉。〈内容清单元数据〉元素的 XML 绑定格式;

——〈organizations〉。〈组织结构集〉元素的 XML 绑定格式;

——〈resources〉。〈资源文件集〉元素的 XML 绑定格式;

——##extension。〈扩展〉元素的抽象 XML 绑定格式;

——〈manifest〉。(子)〈内容清单〉元素的 XML 绑定格式。

示例:具体参见附录 C。

5.4.2 〈内容清单元数据〉元素

XML **绑定**:〈manifestmetadata〉。

说明:该元素包含描述内容清单中内容和资源引用的元数据,如图 2 所示。

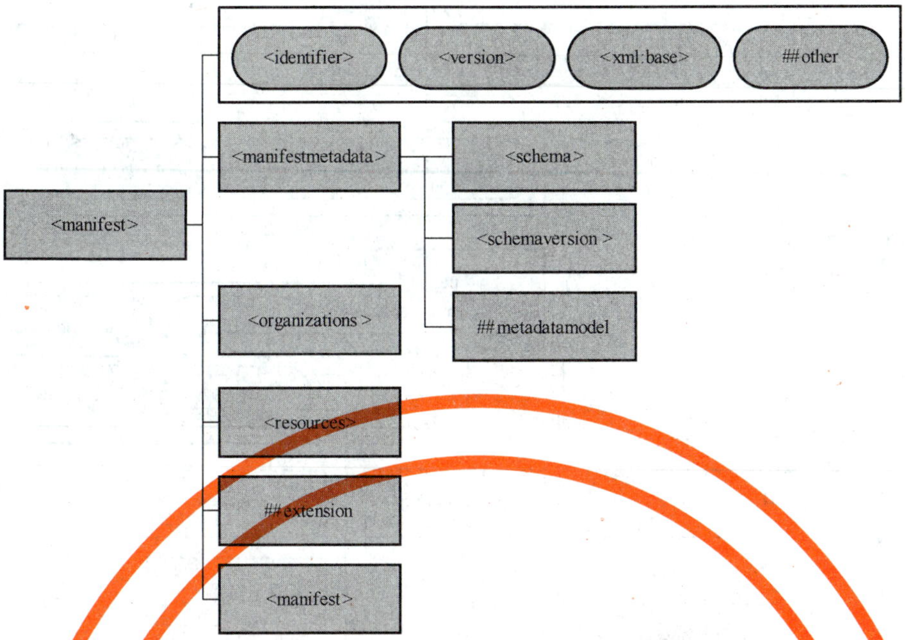

图 2 〈**manifestmetadata**〉元素

大小:在〈manifest〉元素中出现且只出现一次。

子元素:

——〈schema〉。〈模式〉元素的 XML 绑定格式;

——〈schemaversion〉。〈模式版本〉元素的 XML 绑定格式;

——##metadatamodel。〈元数据模型〉元素的抽象 XMl 绑定格式,这部分的信息由学习对象元数据规范 GB/T 21365—2008 定义。

示例:

```
〈manifestmetadata〉
    〈schema〉CELTS Content Package〈/schema〉
    〈schemaversion〉1.0〈/schemaversion〉
    〈lom xmlns = "http://www.celtsc.edu.cn/metadata"〉
      〈general〉
        〈title〉
            〈langstring lang= "en_US"〉Simple Manifest〈/langstring〉
        〈/title〉
      〈/general〉
    〈/lom〉
〈/manifestmetadata 〉
```

5.4.3 〈组织结构集〉元素

XML 绑定:〈organizations〉。

说明:用以描述包中内容的若干个组织结构,如图 3 所示。

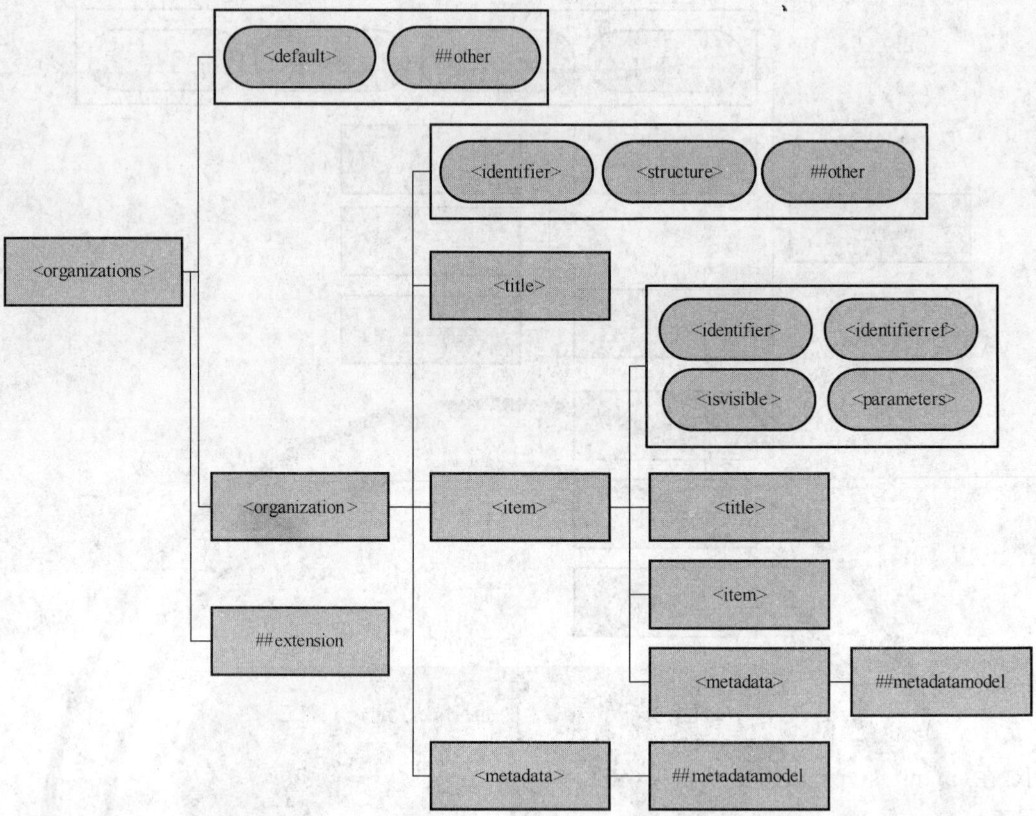

图 3 〈**organizations**〉元素

大小:在〈manifest〉元素里出现且只出现一次。

属性:

——〈default〉。〈缺省值〉属性元素的 XML 绑定格式,它是必备的。表示使用的缺省组织结构。数据类型是标识引用;

——##other。〈其他〉属性元素的抽象 XML 绑定格式,它是可选的。它是〈organizations〉元素的属性扩展点,以便于包含和引用其他命名空间中属性。数据类型是未定义。

子元素:

——〈organization〉。〈组织结构〉元素的 XMl 绑定格式;

——##extension。〈扩展〉元素的抽象 XML 绑定格式。

示例:

```
〈organizations default = "TOC1"〉
 〈organization identifier = "TOC1" title = "default"〉
   〈item identifier = "ITEM1" identifierref = "RES1"〉
       〈title〉Lesson 1〈/title〉
         〈item identifier = "ITEM2" identifierref = "RES2"〉
           〈title〉Introduction 1〈/title〉
         〈/item〉
         〈item identifier = "ITEM3" identifierref = "RES3"〉
           〈title〉Content 1〈/title〉
         〈/item〉
         〈item identifier = "ITEM4" identifierref = "RES4"〉
           〈title〉Summary 1〈/title〉
         〈/item〉
   〈/item〉
```

```
  〈item identifier = "ITEM5" identifierref = "RES5"〉
      〈title〉Lesson 2〈/title〉
        〈item identifier = "ITEM6" identifierref = "RES6"〉
          〈title〉Introduction 2〈/title〉
        〈/item〉
        〈item identifier = "ITEM7" identifierref = "RES7"〉
          〈title〉Content 2〈/title〉
        〈/item〉
        〈item identifier = "ITEM8" identifierref = "RES8"〉
          〈title〉Summary 2〈/title〉
        〈/item〉
  〈/item〉
  〈item identifier = "ITEM9" identifierref = "RES9"〉
      〈title〉Lesson 3〈/title〉
      〈item identifier = "ITEM10" identifierref = "RES10"〉
          〈title〉Introduction 3〈/title〉
      〈/item〉
        〈item identifier = "ITEM11" identifierref = "RES11"〉
          〈title〉Content 3〈/title〉
        〈/item〉
        〈item identifier = "ITEM12" identifierref = "RES12"〉
          〈title〉Summary 3〈/title〉
        〈/item〉
  〈/item〉
〈/organization〉
〈/organizations〉
```

5.4.4 〈资源文件集〉元素

XML 绑定：〈resources〉。

说明：一个资源引用的集合，不分顺序和层次。该元素确定了物理文件的集合，如图 4 所示。

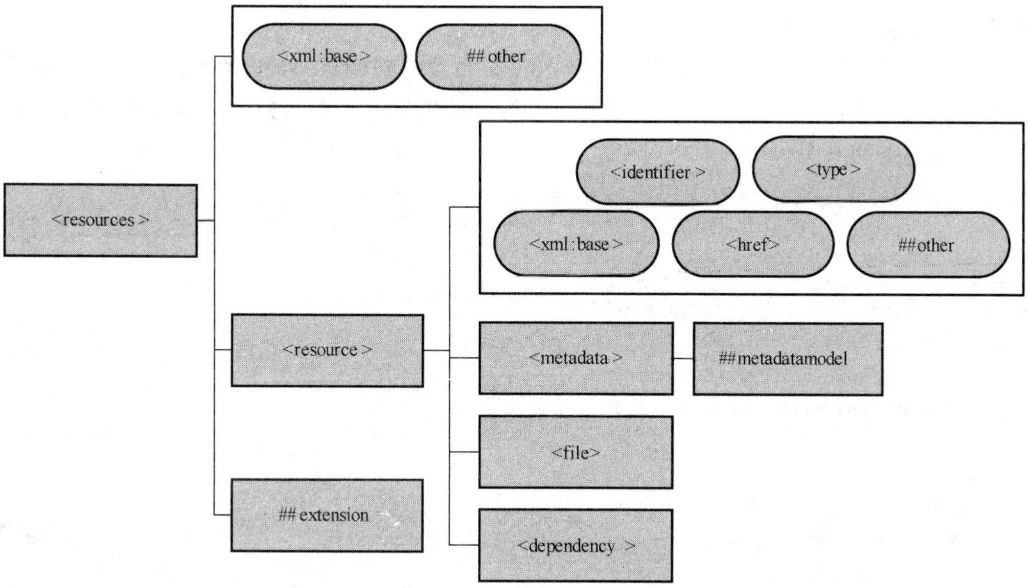

表 4 〈resources〉元素

大小：在〈manifest〉元素中出现且只出现一次。

属性：

——〈xml:base〉。〈基〉属性元素的 XMl 绑定格式,它是可选的。为物理文件提供了相对路径的基值。这个元素的用法在 W3C 的 XML 基本工作草案中定义。数据类型是统一资源标识符;

——##other。〈其他〉属性元素的抽象 XML 绑定格式,它是可选的。它是〈resources〉元素的属性扩展点,以便于包含和引用其他命名空间中属性。数据类型是未定义。

子元素:

——〈resource〉。〈资源〉元素的 XMl 绑定格式;

——##extension。〈扩展〉元素的抽象 XML 绑定格式。

示例:

```
〈resources xml:base = "physics" xmlns:tm = "http://www.topicmaps.org/xtm/1.0/"〉
  〈resource identifier = "RESOURCE1" type = "text/htm" href = "lesson1.htm"〉
      〈file href = "lesson1.htm"/〉
  〈/resource〉
    〈resource identifier = "RESOURCE2" type = "text/htm" href = "intro1.htm"〉
      〈file href = "intro1.htm"/〉
  〈/resource〉
    〈resource identifier = "RESOURCE3" type = "text/htm" href = "content1.htm"〉
      〈file href = "content1.htm"/〉
    〈/resource〉
    〈topicMap xmlns = "http://www.topicmaps.org/xtm/1.0/" xmlns:xlink = "http://www.w3.org/1999/xlink"〉
      〈topic id = "id58"〉
        〈 instanceOf〉
          〈topicRef xlink:href = "JHJid59"/〉
          〈/instanceOf〉
    〈/topic〉
  〈/topicMap〉
〈/resources〉
```

5.4.5 〈扩展〉元素

XML 绑定:##extension。

说明:扩展元素提供一个内容包装信息模型中容器元素的扩展点,以包含和引用内容包装标准定义以外的元素。##extension 只是一个代表符号,并不表示实际的扩展元素名。真正的扩展元素名与引用的元素及其命名空间有关。

大小:在〈manifest〉元素中可出现零次或多次。

示例:

```
〈manifest
xmlns:xlink = "http://www.w3.org/1999/xlink"
xmlns:xsi = "http://www.w3.org/2001/XMLSchema-instance"
xmlns:tm = "http://www.topicmaps.org/xtm/1.0/"
    identifier = "MANIFEST1" version = "1.0" xml:base = "physics"〉
    〈manifestmetadata/〉
    〈organizations /〉
    〈resources/〉
    〈topicMap xmlns = "http://www.topicmaps.org/xtm/1.0/" xmlns:xlink = "http://www.w3.org/1999/xlink"〉
      〈topic id = "id58"〉
          〈instanceOf〉
              〈topicRef xlink:href = "JHJid59"/〉
          〈/instanceOf〉
      〈/topic〉
  〈/topicMap〉
〈/manifest〉
```

5.5 〈内容清单元数据〉元素

5.5.1 〈模式〉元素

XML 绑定:〈schema〉。

说明:描述了使用的模式 - 例如 CELTS 内容包。如果没有此元素,它就被假设称为"CELTS"内容包。数据类型是字符串。

大小:在〈manifestmetadata〉中出现零次或一次。

示例:

```
〈schema〉CELTS Content〈/schema〉
```

5.5.2 〈模式版本〉元素

XML 绑定:〈schemaversion〉。

说明:描述了以上模式的版本,例如 1.0,1.1。如果没有版本元素,就被假设成"1.0"。数据类型是字符串。

大小:在〈manifestmetadata〉中出现零次或一次。

示例:

```
〈schemaversion〉1.0〈/schemaversion〉
```

5.5.3 〈元数据模型〉元素

XML 绑定:##metadatamodel。

说明:可以选择元数据标准 GB/T 21365—2008 中定义的元数据元素,也可以从自己定义的元数据模式中选择元数据元素。该元素可以内联到〈内容清单元数据〉元素中,也可以保存到一个文档中并被〈内容清单元数据〉元素进行外部引用。

大小:在〈manifestmetadata〉中出现一次或多次。

示例:

a) 内联元数据

```
〈lom xmlns = "http://www.celtsc.edu.cn/metadata"〉
    〈general〉
        〈title〉
            〈langstring lang = "en_US"〉Simple Manifest〈/langstring〉
        〈/title〉
    〈/general〉
〈/lom〉
```

b) 外部元数据

```
〈xinclude:include href="metadata/manifestmd.xml"/〉
```

5.6 〈组织结构〉元素

5.6.1 〈组织结构〉元素

XML 绑定:〈organization〉。

说明:此元素描述了一个详细的包中内容的组织方式。

大小:在〈organizations〉中出现零次或多次。

属性:

——〈identifier〉。〈标识符〉属性元素的 XML 绑定格式,它是必备的。一个标识符,由作者或编辑工具生成,在内容清单中是唯一的。数据类型是标识;

——〈structure〉。〈结构类型〉属性元素的 XML 绑定格式，它是可选的。默认值为分层结构，即数据的树形或者分层表示。数据类型是词汇表；

——##other。〈其他〉属性元素的抽象 XML 绑定格式，它是可选的。它是〈organization〉元素的属性扩展点，以便于包含和引用其他命名空间中属性。数据类型是未定义。

子元素：

——〈item〉。〈内容项〉元素的 XML 绑定格式；

——〈title〉。〈标题〉元素的 XML 绑定格式；

——〈metadata〉。〈元数据〉元素的 XML 绑定格式；

——##extension。〈扩展〉元素的抽象 XML 绑定格式。

示例：

```
〈organization identifier = "TOC1" structure = "hierarchical"〉
    〈title〉Default TOC〈/title〉
    〈item identifier = "TOC1_ITEM1" identifierref = "RESOURCE1"〉
    〈title〉Title2〈/title〉
        〈/item〉
    〈item identifier = "TOC1_ITEM2" identifierref = "RESOURCE2"〉
    〈title〉Title3〈/title〉
    〈/item〉
〈/organization〉
```

5.6.2 〈structure〉属性元素词汇表

本标准为结构类型〈structure〉元素定义了词汇表。其中词汇表中的来源为本标准的命名空间 http://www.celtsc.edu.cn/CP)，目前只定义了一种取值，其取值列表和相应语义分别为：

——分层结构：表示一种树状的分层的内容组织方式。分层结构中，组织结构〈organization〉元素可以包含一个或多个内容项〈item〉子元素，而每个内容项〈item〉元素可以包含零个或者多个内容项〈item〉子元素。

如果本标准定义的词汇表中的取值能够充分表示所要表达的意思，那么尽量使用词汇表中的值。如果用户对该词汇表进行扩展，其所自定义的词汇表不应该与本标准定义的词汇表相互冲突。

5.6.3 〈标题〉元素

XML 绑定：〈title〉。

说明：此元素描述了〈organization〉的标题。

大小：在〈organization〉中出现零次或一次。

示例：

```
〈title〉Default TOC〈/title〉
```

5.6.4 〈内容项〉元素

XML 绑定：〈item〉。

说明：此元素描述了组织结构中的一个节点。

大小：在〈organization〉中出现 1 次或多次，在上级〈item〉中出现零次或多次。

属性：

——〈identifier〉。〈标识符〉属性元素的 XML 绑定格式，它是必备的。在内容清单中唯一，数据类型是标识；

——〈identifierref〉。〈标识符引用〉属性元素的 XML 绑定格式，它是可选的。对一个〈resource〉标识符（在同一个包中）或子内容清单标识符的引用，用作资源的定位。如果没有提供〈identifierref〉,就说明在目录中没有和这个内容项相关的资源。数据类型是标识引用;

——〈isvisible〉。〈可见性〉属性元素的 XML 绑定格式,它是可选的。指出当包被调用或被执行时此资源是否被显示。如果没有指定,就被假定为"1",数据类型是布尔;

——〈parameters〉。〈参数〉属性元素的 XML 绑定格式,它是可选的。装载时传递给物理文件的静态参数。数据类型是字符串。

子元素:

——〈item〉。〈内容子项〉元素的 XML 绑定格式;

——〈title〉。〈标题〉元素的 XML 绑定格式;

——〈metadata〉。〈元数据〉元素的 XML 绑定格式。

示例:

```
〈item identifier = "TOC1_ITEM2" identifierref = "RESOURCE2" isvisible = "true"〉
    〈title〉Parsing XML〈/title〉
        〈item identifier = "ITEM1" identifierref = "RESOURCE3"〉
            〈title〉Title3〈/title〉
        〈/item〉
        〈metadata〉
            〈lom xmlns = "http:// www.celtsc.edu.cn/metadata"〉
            〈general〉
              〈title〉
                  〈langstring lang = "en_US"〉Simple Manifest〈/langstring〉
              〈/title〉
            〈/general〉
            〈/lom〉
        〈/metadata〉
〈/item〉
```

5.6.5 〈元数据〉元素

XML 绑定:〈metadata〉。

说明:用于描述〈organization〉。实际的元数据结构由其他命名空间定义,而〈metadata〉元素本身并不定义这些结构,而仅仅通过##metadatamodel 来包含它们。

大小:在〈organization〉中出现零次或一次。

子元素:

——##metadatamodel。〈元数据模型〉元素的抽象 XML 绑定格式。这部分的信息由学习对象元数据规范 GB/T 21365—2008 定义。

示例:

```
〈organization identifier = "TOC1"〉
    〈metadata〉
        〈lom xmlns = "http://www.celtsc.edu.cn/metadata"〉
            〈general〉
                〈title〉
                    〈langstring lang = "en_US"〉Table of Content〈/langstring〉
                〈/title〉
            〈/general〉
        〈/lom〉
    〈/metadata〉
〈/organization〉
```

5.7 〈资源〉元素

5.7.1 〈资源〉元素

XML 绑定：〈resource〉。

说明：一个〈resource〉元素描述一些特定的内容文件。资源可以是内联的或用〈xinclude:include〉描述成外部引用。

大小：在〈resources〉中出现零次或多次。

属性：

——〈identifier〉。〈标识符〉属性元素的 XML 绑定格式，它是必备的。标识符由作者或编辑工具生成，在内容清单中是唯一的。数据类型是标识；

——〈type〉。〈类型〉属性元素的 XMl 绑定格式，它是必备的。标识资源类型。数据类型是 词汇表。在内容包装信息模型中详细的定义了该数据类型，其值空间为 MIME 词汇表，也可以通过命名空间对词汇表进行扩展；

——〈xml:base〉。〈基〉属性元素的 XML 绑定格式，它是可选的。它提供了内容文件的相对路径。在 W3C 基本工作草案中定义了这个元素。数据类型是统一资源标识符；

——〈href〉。〈资源定位〉属性元素的 XML 绑定格式，它是必备的。资源入口点(entry point)的一个引用，也允许使用完整的 URI。数据类型是统一资源标识符；

——##other。〈其他〉属性元素的抽象 XML 绑定格式，它是可选的。它是〈resource〉元素的属性扩展点，以便于包含和引用其他命名空间中属性。数据类型是未定义。

子元素：

——〈metadata〉。〈元数据〉元素的 XMl 绑定格式；

——〈file〉。〈文件〉元素的 XML 绑定格式；

——〈dependency〉。〈依存资源〉元素的 XML 绑定格式；

——##extension。〈扩展〉元素的抽象 XMl 绑定格式。

示例：

a) **内联资源**

```
〈resources〉
    〈resource identifier = "RESOURCE1" type = "text/htm" href = "topics/course.htm" xml:base = "physics"〉
        〈metadata/〉
        〈dependency indentiferref = "RESOURCE5"/〉
        〈file href = "topics/course.htm"/〉
        〈file href = "depfiles/pic1.gif"/〉
        〈file href = "depfiles/pic2.gif"/〉
    〈/resource〉
    〈resource identifier = "RESOURCE5" type = "text/htm" href = "topics/quiz.htm"〉
        〈file href = "topics/quiz.htm"〉
    〈/resource〉
〈/resources〉
```

b) **外部资源**

```
〈resource identifier = "RESOURCE2a" type = "text/htm"〉
    〈xinclude:include href = "resource2a.xml"/〉
〈/resource〉
```

5.7.2 〈元数据〉元素

XML 绑定：〈metadata〉。

说明:这个元素包含了描述资源的元数据。

大小:在〈resource〉中出现零次或一次。

子元素:

——##metadatamodel。〈元数据模型〉元素的抽象 XML 绑定格式。这部分的信息由学习对象元数据规范 GB/T 21365—2008 定义。

5.7.3 〈文件〉元素

XML 绑定:〈file〉。

说明:标识了本资源依赖的一个或多个本地文件,这包括被〈resource〉的〈href〉属性引用的内容文件。如果资源引用了一个绝对 URL(使用〈href〉),则〈file〉元素就不需要了。

大小:在〈resource〉中出现零次或多次。

属性:

——〈href〉。〈资源定位〉属性元素的 XML 绑定格式,它是必备的。文件的 URL。数据类型是统一资源标识符。

——##other。〈其他〉属性元素的抽象 XML 绑定格式,它是可选的。它是〈file〉元素的属性扩展点,以便于包含和引用其他命名空间中属性。数据类型是未定义。

子元素:

——〈metadata〉。〈元数据〉元素的 XML 绑定格式。

示例:

```
<file href = "topics/course.htm">
    <metadata>
        <!--schema and schemaversion not given as they apply at manifest level -->
        <lom xmlns = "http://www.celtsc.edu.cn/metadata">
            <general>
                <title>
                    <langstring lang = "en_US">Simple Manifest</langstring>
                </title>
            </general>
        </lom>
    </metadata>
</file>
```

5.7.4 〈依存资源〉元素

XML 绑定:〈dependency〉。

说明:这个元素标识了一个单一资源作为当前资源所依赖的其他资源的容器。

大小:在〈resource〉中出现 0 次或多次。

属性:

——〈identifierref〉。〈标识符引用〉属性元素的 XMl 绑定格式,它是必备的。一个供其他资源来引用的标识符。数据类型是标识引用。

——##other。〈其他〉属性元素的抽象 XML 绑定格式,它是可选的。它是〈dependency〉元素的属性扩展点,以便于包含和引用其他命名空间中属性。数据类型是未定义。

示例:

```
<resources>
    <resource identifier = "R_A2" type = "webcontent" href = "sco1.html">
        <metadata/>
        <file href = "sco1.html"/>
        <dependency identifierref = "R_A5"/>
```

```
    </resource>
    <resource identifier="R_A5" type="webcontent" href="pics/distress_sigs_add.jpg">
        <metadata/>
        <file href="pics/distress_sigs_add.jpg"/>
    </resource>
</resources>
```

5.8 扩展性

内容包装 XML 绑定可以利用 XML 的命名空间(W3C XML Namespace Recommendation:2009)和 XML 模式(W3C XML Schema Recommendation:2004)通过以下两种机制进行扩展:

——使用 XML 的命名空间对组织结构和资源类型的值域进行扩展;

——通过使用扩展点元素 ##other, ##extension, ##metadatamodel 等来加入更多的其他命名空间中的元素来描述内容包和资源。

附 录 A
（规范性附录）
内容包装文档类型定义

[**CELTS_CP.dtd**]

```
〈! ELEMENT schema  （＃PCDATA ）〉

〈! ATTLIST schema  e-dtype NMTOKEN  ＃FIXED 'string' 〉
〈! ELEMENT schemaversion  （＃PCDATA ）〉

〈! ATTLIST schemaversion  e-dtype NMTOKEN  ＃FIXED 'string' 〉
〈! ELEMENT title  （＃PCDATA ）〉

〈! ATTLIST title  e-dtype NMTOKEN  ＃FIXED 'string' 〉
〈! ELEMENT file  (metadata? )〉

〈! ATTLIST file  href CDATA  ＃REQUIRED 〉
〈! ELEMENT dependency EMPTY〉

〈! ATTLIST dependency  identifierref CDATA  ＃IMPLIED 〉
〈! ELEMENT resource  (metadata? , file＋ , dependency＊ )〉

〈! ATTLIST resource  identifier ID      ＃REQUIRED
                     type       CDATA   ＃REQUIRED
                     href       CDATA   ＃IMPLIED 〉
〈! ELEMENT resources  (resource＊ )＊〉

〈! ELEMENT item  (title? , item＊ , metadata? )＊〉

〈! ATTLIST item  identifier      ID        ＃REQUIRED
                 isvisible       CDATA     ＃IMPLIED
                 parameters      CDATA     ＃IMPLIED
                 identifierref   CDATA     ＃IMPLIED
                 a-dtype         NMTOKENS  'isvisible boolean' 〉
〈! ELEMENT organization  (title? , item＊ , metadata? )〉

〈! ATTLIST organization  identifier ID  ＃REQUIRED 〉
〈! ELEMENT organizations  (organization＊ )〉

〈! ATTLIST organizations  default IDREF  ＃IMPLIED 〉
〈! ELEMENT metadata  (schema? , schemaversion? )〉

〈! ELEMENT manifest  (metadata? , organizations , resources , manifest＊ )〉
〈! ATTLIST manifest  identifier ID      ＃REQUIRED
                     version    CDATA   ＃IMPLIED 〉
```

附 录 B
（规范性附录）
内容包装 XML 数据模式

[**CELTS_CP. xsd**]

```
<? xml version = "1.0"?>
<! -- filename = CELTS_CP. xsd -->

<xsd:schema xmlns = "http://www.celtsc.edu.cn/CP"
            targetNamespace = "http://www.celtsc.edu.cn/CP"
            xmlns:x = "http://www.w3.org/XML/1998/namespace"
            xmlns:xsd = "http://www.w3.org/2001/XMLSchema"
                    elementFormDefault = "unqualified"
                    version = "CELTS CP 1.0">

   <! -- ****************************** -->
   <! -- ** Attribute Declarations ** -->
   <! -- ******************************-->
   <xsd:attributeGroup name = "attr.base">
      <xsd:attribute ref = "x:base" use = "optional">
         <xsd:simpleType>
            <xsd:restriction base = "xsd:anyURI">
               <xsd:maxLength value = "2000"/>
            </xsd:restriction>
         </xsd:simpleType>
      </xsd:attribute>
   </xsd:attributeGroup>

   <xsd:attributeGroup name = "attr.default">
      <xsd:attribute name = "default" type = "xsd:IDREF" use = "optional"/>
   </xsd:attributeGroup>

   <xsd:attributeGroup name = "attr.href">
      <xsd:attribute name = "href" use = "optional">
         <xsd:simpleType>
            <xsd:restriction base = "xsd:anyURI">
               <xsd:maxLength value = "2000"/>
            </xsd:restriction>
         </xsd:simpleType>
      </xsd:attribute>
   </xsd:attributeGroup>

   <xsd:attributeGroup name = "attr.href.req">
      <xsd:attribute name = "href" use = "required">
         <xsd:simpleType>
```

```
            <xsd:restriction base="xsd:anyURI">
                <xsd:maxLength value="2000"/>
            </xsd:restriction>
        </xsd:simpleType>
    </xsd:attribute>
</xsd:attributeGroup>

<xsd:attributeGroup name="attr.identifier.req">
    <xsd:attribute name="identifier" type="xsd:ID" use="required"/>
</xsd:attributeGroup>

<xsd:attributeGroup name="attr.identifier">
    <xsd:attribute name="identifier" type="xsd:ID" use="optional"/>
</xsd:attributeGroup>

<xsd:attributeGroup name="attr.isvisible">
    <xsd:attribute name="isvisible" type="xsd:boolean" use="optional"/>
</xsd:attributeGroup>

<xsd:attributeGroup name="attr.parameters">
    <xsd:attribute name="parameters" use="optional">
        <xsd:simpleType>
            <xsd:restriction base="xsd:string">
                <xsd:maxLength value="1000"/>
            </xsd:restriction>
        </xsd:simpleType>
    </xsd:attribute>
</xsd:attributeGroup>

<xsd:attributeGroup name="attr.identifierref">
    <xsd:attribute name="identifierref" use="optional" type="xsd:IDREF"/>
</xsd:attributeGroup>

<xsd:attributeGroup name="attr.identifierref.req">
    <xsd:attribute name="identifierref" use="required" type="xsd:IDREF"/>
</xsd:attributeGroup>

<xsd:attributeGroup name="attr.resourcetype.req">
    <xsd:attribute name="type" use="required">
        <xsd:simpleType>
            <xsd:restriction base="xsd:string">
                <xsd:maxLength value="1000"/>
            </xsd:restriction>
        </xsd:simpleType>
    </xsd:attribute>
</xsd:attributeGroup>

<xsd:attributeGroup name="attr.structure">
```

```
        <xsd:attribute name="structure" use="optional" default="hierarchical">
            <xsd:simpleType>
                <xsd:restriction base="xsd:string">
                    <xsd:maxLength value="200"/>
                </xsd:restriction>
            </xsd:simpleType>
        </xsd:attribute>
    </xsd:attributeGroup>

    <xsd:attributeGroup name="attr.version">
        <xsd:attribute name="version" use="optional">
            <xsd:simpleType>
                <xsd:restriction base="xsd:string">
                    <xsd:maxLength value="20"/>
                </xsd:restriction>
            </xsd:simpleType>
        </xsd:attribute>
    </xsd:attributeGroup>

    <xsd:annotation>
        <xsd:documentation>element groups</xsd:documentation>
    </xsd:annotation>

    <xsd:group name="grp.any">
        <xsd:annotation>
            <xsd:documentation>Any namespaced element from any namespace may be included
within an &quot;any&quot; element.  The namespace for the imported element must be defined in
the instance, and the schema must be imported. </xsd:documentation>
        </xsd:annotation>
        <xsd:sequence>
            <xsd:any namespace="##other" processContents="strict" minOccurs="0" max-
Occurs="unbounded"/>
        </xsd:sequence>
    </xsd:group>

    <!-- ************************** -->
    <!-- ** Element Declarations ** -->
    <!-- ************************** -->

    <xsd:element name="dependency" type="dependencyType"/>
    <xsd:element name="file" type="fileType"/>
    <xsd:element name="item" type="itemType"/>
    <xsd:element name="manifest" type="manifestType"/>
    <xsd:element name="manifestmetadata" type="manifestmetadataType"/>
    <xsd:element name="metadata" type="metadataType"/>
    <xsd:element name="organization" type="organizationType"/>
    <xsd:element name="organizations" type="organizationsType"/>
    <xsd:element name="resource" type="resourceType"/>
```

```
<xsd:element name="resources" type="resourcesType"/>
<xsd:element name="schema" type="schemaType"/>
<xsd:element name="schemaversion" type="schemaversionType"/>
<xsd:element name="title" type="titleType"/>

<!-- ******************* -->
<!-- ** Complex Types ** -->
<!-- ******************* -->

<!-- **************** -->
<!-- ** dependency ** -->
<!-- **************** -->
<xsd:complexType name="dependencyType">
   <xsd:sequence>
      <xsd:group ref="grp.any"/>
   </xsd:sequence>
   <xsd:attributeGroup ref="attr.identifierref.req"/>
   <xsd:anyAttribute namespace="##other" processContents="strict"/>
</xsd:complexType>

<!-- ********** -->
<!-- ** file ** -->
<!-- ********** -->
<xsd:complexType name="fileType">
   <xsd:sequence>
      <xsd:element ref="metadata" minOccurs="0"/>
      <xsd:group ref="grp.any"/>
   </xsd:sequence>
   <xsd:attributeGroup ref="attr.href.req"/>
   <xsd:anyAttribute namespace="##other" processContents="strict"/>
</xsd:complexType>

<!-- ********** -->
<!-- ** item ** -->
<!-- ********** -->
<xsd:complexType name="itemType">
   <xsd:sequence>
      <xsd:element ref="title" minOccurs="0"/>
      <xsd:element ref="item" minOccurs="0" maxOccurs="unbounded"/>
      <xsd:element ref="metadata" minOccurs="0"/>
      <xsd:group ref="grp.any"/>
   </xsd:sequence>
   <xsd:attributeGroup ref="attr.identifier.req"/>
   <xsd:attributeGroup ref="attr.identifierref"/>
   <xsd:attributeGroup ref="attr.isvisible"/>
   <xsd:attributeGroup ref="attr.parameters"/>
   <xsd:anyAttribute namespace="##other" processContents="strict"/>
</xsd:complexType>
```

```
<!-- ************** -->
<!-- ** manifest ** -->
<!-- ************** -->
<xsd:complexType name = "manifestType">
   <xsd:sequence>
      <xsd:element ref = "manifestmetadata" />
      <xsd:element ref = "organizations"/>
      <xsd:element ref = "resources"/>
      <xsd:element ref = "manifest" minOccurs = "0" maxOccurs = "unbounded"/>
      <xsd:group ref = "grp.any"/>
   </xsd:sequence>
   <xsd:attributeGroup ref = "attr.identifier.req"/>
   <xsd:attributeGroup ref = "attr.version"/>
   <xsd:attribute ref = "x:base"/>
   <xsd:anyAttribute namespace = "##other" processContents = "strict"/>
</xsd:complexType>

<!-- ************** -->
<!-- **manifestmetadata ** -->
<!-- ************** -->
<xsd:complexType name = "manifestmetadataType">
   <xsd:sequence>
      <xsd:element ref = "schema" minOccurs = "0"/>
      <xsd:element ref = "schemaversion" minOccurs = "0"/>
      <xsd:group ref = "grp.any"/>
   </xsd:sequence>
</xsd:complexType>

<!-- ************** -->
<!-- ** metadata ** -->
<!-- ************** -->
<xsd:complexType name = "metadataType">
   <xsd:sequence>
      <xsd:group ref = "grp.any"/>
   </xsd:sequence>
</xsd:complexType>

<!-- ****************** -->
<!-- ** organizations ** -->
<!-- ****************** -->
<xsd:complexType name = "organizationsType">
   <xsd:sequence>
      <xsd:element ref = "organization" minOccurs = "0" maxOccurs = "unbounded"/>
      <xsd:group ref = "grp.any"/>
   </xsd:sequence>
   <xsd:attributeGroup ref = "attr.default"/>
   <xsd:anyAttribute namespace = "##other" processContents = "strict"/>
</xsd:complexType>
```

```
<!-- ****************** -->
<!-- ** organization ** -->
<!-- ****************** -->
<xsd:complexType name="organizationType">
   <xsd:sequence>
      <xsd:element ref="title" minOccurs="0"/>
      <xsd:element ref="item" minOccurs="1" maxOccurs="unbounded"/>
      <xsd:element ref="metadata" minOccurs="0"/>
      <xsd:group ref="grp.any"/>
   </xsd:sequence>
   <xsd:attributeGroup ref="attr.identifier.req"/>
   <xsd:attributeGroup ref="attr.structure"/>
   <xsd:anyAttribute namespace="##other" processContents="strict"/>
</xsd:complexType>

<!-- ************** -->
<!-- ** resources ** -->
<!-- ************** -->
<xsd:complexType name="resourcesType">
   <xsd:sequence>
      <xsd:element ref="resource" minOccurs="0" maxOccurs="unbounded"/>
      <xsd:group ref="grp.any"/>
   </xsd:sequence>
   <xsd:attributeGroup ref="attr.base"/>
   <xsd:anyAttribute namespace="##other" processContents="strict"/>
</xsd:complexType>

<!-- ************** -->
<!-- ** resource ** -->
<!-- ************** -->
<xsd:complexType name="resourceType">
   <xsd:sequence>
      <xsd:element ref="metadata" minOccurs="0"/>
      <xsd:element ref="file" minOccurs="0" maxOccurs="unbounded"/>
      <xsd:element ref="dependency" minOccurs="0" maxOccurs="unbounded"/>
      <xsd:group ref="grp.any"/>
   </xsd:sequence>
   <xsd:attributeGroup ref="attr.identifier.req"/>
   <xsd:attributeGroup ref="attr.resourcetype.req"/>
   <xsd:attributeGroup ref="attr.base"/>
   <xsd:attributeGroup ref="attr.href.req"/>
   <xsd:anyAttribute namespace="##other" processContents="strict"/>
</xsd:complexType>

<!-- ****************** -->
<!-- ** Simple Types ** -->
<!-- ****************** -->
```

```
<!-- ************ -->
<!-- ** schema ** -->
<!-- ************ -->
<xsd:simpleType name="schemaType">
    <xsd:restriction base="xsd:string">
        <xsd:maxLength value="100"/>
    </xsd:restriction>
</xsd:simpleType>

<!-- ****************** -->
<!-- ** schemaversion ** -->
<!-- ****************** -->
<xsd:simpleType name="schemaversionType">
    <xsd:restriction base="xsd:string">
        <xsd:maxLength value="20"/>
    </xsd:restriction>
</xsd:simpleType>

<!-- *********** -->
<!-- ** title ** -->
<!-- *********** -->
<xsd:simpleType name="titleType">
    <xsd:restriction base="xsd:string">
        <xsd:maxLength value="256"/>
    </xsd:restriction>
</xsd:simpleType>

</xsd:schema>
```

附 录 C
（资料性附录）
内容包装 XML 绑定示例

C.1 概述

本附录给出了一些内容包装 XML 绑定的示例。

C.2 简单的内容清单

下述这个简单的内容清单示例使用了 CELTS 内容包装文档类型定义 DTD 进行文档校验。

```
〈? xml version = "1.0"?〉
〈manifest identifier = "MANIFEST1"〉
    〈manifestmetadata〉
        〈schema〉CELTS Content〈/schema〉
        〈schemaversion〉2.0〈/schemaversion〉
        〈lom xmlns = "http:// www.celtsc.edu.cn/metadata"〉
            〈general〉
                〈title〉
                  〈langstring lang = "en_US"〉CELTS Content Packaging Sample - Simple Manifest
〈/langstring〉
                〈/title〉
            〈/general〉
        〈/lom〉
    〈/manifestmetadata〉

    〈organizations default = "TOC1"〉
        〈organization identifier = "TOC1"〉
          〈title〉default〈/title〉
            〈item identifier = "ITEM1" identifierref = "RESOURCE1"〉〈title〉Lesson 1〈/title〉
                〈item identifier = "ITEM2" identifierref = "RESOURCE2"〉
                    〈title〉Introduction 1〈/title〉〈/item〉
                〈item identifier = "ITEM3" identifierref = "RESOURCE3"〉〈title〉Content 1〈/
title〉〈/item〉
                〈item identifier = "ITEM4" identifierref = "RESOURCE4"〉〈title〉Summary 1〈/
title〉〈/item〉
            〈/item〉
            〈item identifier = "ITEM5" identifierref = "RESOURCE5"〉〈title〉Lesson 2〈/title〉
                〈item identifier = "ITEM6" identifierref = "RESOURCE6"〉
                    〈title〉Introduction 2〈/title〉〈/item〉
                〈item identifier = "ITEM7" identifierref = "RESOURCE7"〉〈title〉Content 2〈/
title〉〈/item〉
                〈item identifier = "ITEM8" identifierref = "RESOURCE8"〉〈title〉Summary 2〈/
title〉〈/item〉
```

```
        〈/item〉
        〈item identifier = "ITEM9" identifierref = "RESOURCE9"〉〈title〉Lesson 3〈/title〉
            〈item identifier = "ITEM10" identifierref = "RESOURCE10"〉
                〈title〉Introduction 3〈/title〉〈/item〉
            〈item identifier = "ITEM11" identifierref = "RESOURCE11"〉
                〈title〉Content 3〈/title〉〈/item〉
            〈item identifier = "ITEM12" identifierref = "RESOURCE12"〉
                〈title〉Summary 3〈/title〉〈/item〉
        〈/item〉
    〈/organization〉
〈/organizations〉

〈resources〉
    〈resource identifier = "RESOURCE1" type = “text/htm” href = "lesson1. htm"〉
        〈file href = "lesson1. htm"/〉
    〈/resource〉

    〈resource identifier = "RESOURCE2" type = “text/htm” href = "intro1. htm"〉
        〈file href = "intro1. htm"/〉
    〈/resource〉

    〈resource identifier = "RESOURCE3" type = “text/htm” href = "content1. htm"〉
        〈file href = "content1. htm"/〉
    〈/resource〉

    〈resource identifier = "RESOURCE4" type = “text/htm” href = "summary1. htm"〉
        〈file href = "summary1. htm"/〉
    〈/resource〉

    〈resource identifier = "RESOURCE5" type = “text/htm” href = "lesson2. htm"〉
        〈file href = "lesson2. htm"/〉
    〈/resource〉

    〈resource identifier = "RESOURCE6" type = “text/htm” href = "intro2. htm"〉
        〈file href = "intro2. htm"/〉
    〈/resource〉

    〈resource identifier = "RESOURCE7" type = “text/htm” href = "content2. htm"〉
        〈file href = "content2. htm"/〉
    〈/resource〉

    〈resource identifier = "RESOURCE8" type = “text/htm” href = "summary2. htm"〉
        〈file href = "summary2. htm"/〉
    〈/resource〉

    〈resource identifier = "RESOURCE9" type = “text/htm” href = "lesson3. htm"〉
        〈file href = "lesson3. htm"/〉
    〈/resource〉
```

```
        〈resource identifier = "RESOURCE10" type = “text/htm” href = "intro3. htm"〉
            〈file href = "intro3. htm"/〉
        〈/resource〉

        〈resource identifier = "RESOURCE11" type = “text/htm” href = "content3. htm"〉
            〈file href = "content3. htm"/〉
        〈/resource〉

        〈resource identifier = "RESOURCE12" type = “text/htm” href = "summary3. htm"〉
            〈file href = "summary3. htm"/〉
        〈/resource〉
    〈/resources〉
〈/manifest〉
```

C.3 全部元素

下述示例使用了内容包装信息模型规范中定义的所有元素和属性。

```
〈? xml version = "1.0"?〉
〈manifest xmlns:xsi = "http://www.w3.org/2001/XMLSchema-instance"
    identifier = "MANIFEST1" version = ”1.0” xml:base = "physics"〉
    〈manifestmetadata〉
        〈schema〉CELTS Content〈/schema〉
        〈schemaversion〉2.0〈/schemaversion〉
        〈lom xmlns = "http:// www.celtsc.edu.cn/metadata"〉
            〈general〉
                〈title〉
                    〈langstring lang = "en_US"〉CELTS Content Packaging Sample - All Elements
〈/langstring〉
                〈/title〉
            〈/general〉
        〈/lom〉
    〈/manifestmetadata〉

    〈organizations default = "TOC1"〉
        〈organization identifier = "TOC1"〉
                〈title〉default〈/title〉
            〈item identifier = "ITEM1" identifierref = "RESOURCE1" isvisible = "1"〉
                    〈title〉Lesson 1〈/title〉
                〈item identifier = "ITEM2" identifierref = "RESOURCE2" isvisible = "1"〉
                    〈title〉Introduction 1〈/title〉〈/item〉
                〈item identifier = "ITEM3" identifierref = "RESOURCE3" isvisible = "1"〉
                    〈title〉Content 1〈/title〉〈/item〉
                〈item identifier = "ITEM4" identifierref = "RESOURCE4" isvisible = "1"〉
                    〈title〉Summary 1〈/title〉〈/item〉
            〈/item〉
            〈item identifier = "ITEM5" identifierref = "RESOURCE5" isvisible = "0"〉
                    〈title〉Lesson 2〈/title〉
                〈item identifier = "ITEM6" identifierref = "RESOURCE6" isvisible = "0"〉
```

```
                〈title〉Introduction 2〈/title〉〈/item〉
            〈item identifier = "ITEM7" identifierref = "RESOURCE7" isvisible = "0"〉
                〈title〉Content 2〈/title〉〈/item〉
            〈item identifier = "ITEM8" identifierref = "RESOURCE8" isvisible = "0"〉
                〈title〉Summary 2〈/title〉
                    〈/item〉
        〈/item〉
            〈item identifier = "ITEM9" identifierref = "RESOURCE9" isvisible = "1"〉
            〈title〉Lesson 3〈/title〉
                            〈item identifier = "ITEM10" identifierref = "RESOURCE10" is-
visible = "1" parameters = "foo"〉
            〈title〉Introduction 3〈/title〉〈/item〉

            〈item identifier = "ITEM11" identifierref = "RESOURCE11" isvisible = "1"〉
                〈title〉Content 3〈/title〉〈/item〉
                                        〈 item identifier = " ITEM12" identifierref = "
RESOURCE12" isvisible = "1"〉
                〈title〉Summary 3〈/title〉〈/item〉
        〈/item〉
      〈/organization〉
    〈/organizations〉

    〈resources〉
      〈resource identifier = "RESOURCE1" type = “text/htm” href = "lesson1. htm"〉
          〈metadata〉
            〈lom xmlns = "http:// www. celtsc. edu. cn/metadata"〉
                〈general〉
                    〈title〉
                        〈langstring lang = "en_US"〉Resource 1〈/langstring〉
                    〈/title〉
                〈/general〉
            〈/lom〉
          〈/metadata〉
          〈file href = "lesson1. htm"/〉
      〈/resource〉

      〈resource identifier = "RESOURCE2" type = “text/htm” href = "intro1. htm"〉
          〈file href = "intro1. htm"/〉
      〈/resource〉

      〈resource identifier = "RESOURCE3" type = “text/htm” href = "content1. htm"〉
          〈file href = "content1. htm"/〉
      〈/resource〉

      〈resource identifier = "RESOURCE4" type = “text/htm” href = "summary1. htm"〉
          〈file href = "summary1. htm"/〉
      〈/resource〉
```

```
        〈resource identifier = "RESOURCE5" type = “text/htm” href = "lesson2. htm"〉
            〈file href = "lesson2. htm"/〉
        〈/resource〉

        〈resource identifier = "RESOURCE6" type = “text/htm” href = "intro2. htm"〉
            〈file href = "intro2. htm"/〉
        〈/resource〉

        〈resource identifier = "RESOURCE7" type = “text/htm” href = "content2. htm"〉
            〈file href = "content2. htm"/〉
        〈/resource〉

        〈resource identifier = "RESOURCE8" type = “text/htm” href = "summary2. htm"〉
            〈file href = "summary2. htm"/〉
        〈/resource〉

        〈resource identifier = "RESOURCE9" type = “text/htm” href = "lesson3. htm"〉
            〈file href = "lesson3. htm"/〉
        〈/resource〉

        〈resource identifier = "RESOURCE10" type = “text/htm” href = "intro3. htm"〉
            〈file href = "intro3. htm"/〉
        〈/resource〉

        〈resource identifier = "RESOURCE11" type = “text/htm” href = "content3. htm"〉
            〈file href = "content3. htm"/〉
        〈/resource〉

        〈resource identifier = "RESOURCE12" type = “text/htm” href = "summary3. htm"〉
            〈file href = "summary3. htm"/〉
            〈dependency indentiferref = ”pic1”/〉
        〈/resource〉
            〈resource identifier = ”pic1” type = ”image/jpeg” href = ”pics\welcome. jpeg”〉
                〈file href = ”pics\welcome. jpeg”〉
            〈/resource〉
        〈/resources〉
    〈topicMap xmlns = "http://www. topicmaps. org/xtm/1. 0/" xmlns:xlink = "http://www. w3. org/
1999/xlink"〉
            〈topic id = "id58"〉
            〈 instanceOf〉
              〈topicRef xlink:href = "#id59"/〉
            〈/instanceOf〉
        〈/topic〉
    〈/topicMap〉
〈/manifest〉
```

C.4 多重目录

下述示例说明多重目录的使用，演示如何为一个课程提供多种可选的组织结构。

```
〈? xml version = "1.0"?〉
〈manifest identifier = "MANIFEST1"〉
    〈manifestmetadata〉
        〈schema〉CELTS Content〈/schema〉
        〈schemaversion〉2.0〈/schemaversion〉
        〈lom xmlns = "http:// www.celtsc.edu.cn/metadata"〉
            〈general〉
                〈title〉
                    〈langstring lang = "en_US"〉CELTS Content Packaging Sample - Multiple TOC's〈/langstring〉
                〈/title〉
            〈/general〉
        〈/lom〉
    〈/manifestmetadata〉

    〈organizations default = "TOC1"〉
        〈organization identifier = "TOC1"〉
〈title〉All Lessons〈/title〉
            〈item identifier = "ITEM1" identifierref = "RESOURCE1"〉〈title〉Lesson 1〈/title〉
                〈item identifier = "ITEM2" identifierref = "RESOURCE2"〉
                    〈title〉Introduction 1〈/title〉〈/item〉
                〈item identifier = "ITEM3" identifierref = "RESOURCE3"〉〈title〉Content 1〈/title〉〈/item〉
                〈item identifier = "ITEM4" identifierref = "RESOURCE4"〉〈title〉Summary 1〈/title〉〈/item〉
            〈/item〉
            〈item identifier = "ITEM5" identifierref = "RESOURCE5"〉〈title〉Lesson 2〈/title〉
                〈item identifier = "ITEM6" identifierref = "RESOURCE6"〉
                    〈title〉Introduction 2〈/title〉〈/item〉
                〈item identifier = "ITEM7" identifierref = "RESOURCE7"〉〈title〉Content 2〈/title〉〈/item〉
                〈item identifier = "ITEM8" identifierref = "RESOURCE8"〉〈title〉Summary 2〈/title〉〈/item〉
            〈/item〉
            〈item identifier = "ITEM9" identifierref = "RESOURCE9"〉〈title〉Lesson 3〈/title〉
                〈item identifier = "ITEM10" identifierref = "RESOURCE10"〉
                    〈title〉Introduction 3〈/title〉〈/item〉
                〈item identifier = "ITEM11" identifierref = "RESOURCE11"〉
                    〈title〉Content 3〈/title〉〈/item〉
                〈item identifier = "ITEM12" identifierref = "RESOURCE12"〉
                    〈title〉Summary 3〈/title〉〈/item〉
            〈/item〉
        〈/organization〉
        〈organization identifier = "TOC2"〉
```

```
〈title〉Content Topics〈/title〉
            〈item identifier = "TOC2_ITEM3" identifierref = "RESOURCE3"〉
                〈title〉Content 1〈/title〉〈/item〉
            〈item identifier = "TOC2_ITEM7" identifierref = "RESOURCE7"〉
                〈title〉Content 2〈/title〉〈/item〉
            〈item identifier = "TOC2_ITEM11" identifierref = "RESOURCE11"〉
                〈title〉Content 3〈/title〉〈/item〉
        〈/organization〉
        〈organization identifier = "TOC3"〉
〈title〉Summary Topics〈/title〉
            〈item identifier = "TOC3_ITEM4" identifierref = "RESOURCE4"〉
                〈title〉Summary 1〈/title〉〈/item〉
            〈item identifier = "TOC3_ITEM8" identifierref = "RESOURCE8"〉
                〈title〉Summary 2〈/title〉〈/item〉
            〈item identifier = "TOC3_ITEM12" identifierref = "RESOURCE12"〉
                〈title〉Summary 3〈/title〉〈/item〉
        〈/organization〉
    〈/organizations〉

    〈resources〉
        〈resource identifier = "RESOURCE1" type = "text/htm" href = "lesson1.htm"〉
            〈file href = "lesson1.htm"/〉
        〈/resource〉

        〈resource identifier = "RESOURCE2" type = "text/htm" href = "intro1.htm"〉
            〈file href = "intro1.htm"/〉
        〈/resource〉

        〈resource identifier = "RESOURCE3" type = "text/htm" href = "content1.htm"〉
            〈file href = "content1.htm"/〉
        〈/resource〉

        〈resource identifier = "RESOURCE4" type = "text/htm" href = "summary1.htm"〉
            〈file href = "summary1.htm"/〉
        〈/resource〉

        〈resource identifier = "RESOURCE5" type = "text/htm" href = "lesson2.htm"〉
            〈file href = "lesson2.htm"/〉
        〈/resource〉

        〈resource identifier = "RESOURCE6" type = "text/htm" href = "intro2.htm"〉
            〈file href = "intro2.htm"/〉
        〈/resource〉

        〈resource identifier = "RESOURCE7" type = "text/htm" href = "content2.htm"〉
            〈file href = "content2.htm"/〉
        〈/resource〉
```

```
    <resource identifier = "RESOURCE8" type = "text/htm" href = "summary2.htm">
        <file href = "summary2.htm"/>
    </resource>

    <resource identifier = "RESOURCE9" type = "webcontent" href = "lesson3.htm">
        <file href = "lesson3.htm"/>
    </resource>

    <resource identifier = "RESOURCE10" type = "text/htm" href = "intro3.htm">
        <file href = "intro3.htm"/>
    </resource>

    <resource identifier = "RESOURCE11" type = "text/htm" href = "content3.htm">
        <file href = "content3.htm"/>
    </resource>

    <resource identifier = "RESOURCE12" type = "text/htm" href = "summary3.htm">
        <file href = "summary3.htm"/>
    </resource>
  </resources>
</manifest>
```

C.5 使用子内容清单对内容进行合并和拆分

本示例是一个简单的内容清单例子，用子内容清单对学习内容进行拆分，从而使这些内容可以被拆分、合并和重用。

```
  <? xml version = "1.0"?>
  <manifest identifier = "MANIFEST1">
  <manifestmetadata>
      <schema>CELTS Content</schema>
      <schemaversion>2.0</schemaversion>
      <lom xmlns = "http:// www.celtsc.edu.cn/metadata">
          <general>
              <title>
                        <langstring lang = " en_US">CELTS Content Packaging Sample - Sub-
Manifests</langstring>
              </title>
          </general>
      </lom>
  </manifestmetadata>

  <organizations default = "TOC1">
      <organization identifier = "TOC1">
          <title>default</title>
          <item identifier = "TOC1_ITEM1" identifierref = "TOC2">
              <title>Lesson 1</title>
          </item>
          <item identifier = "TOC1_ITEM2" identifierref = "TOC3">
```

```
            〈title〉Lesson 2〈/title〉
        〈/item〉
        〈item identifier = "TOC1_ITEM3" identifierref = "TOC4"〉
            〈title〉Lesson 3〈/title〉
        〈/item〉
    〈/organization〉
〈/organizations〉

〈manifest identifier = "MANIFEST2"〉
    〈manifestmetadata〉
        〈schema〉CELTS Content〈/schema〉
        〈schemaversion〉2.0〈/schemaversion〉
    〈lom xmlns = "http:// www.celtsc.edu.cn/metadata"〉
        〈general〉
                〈title〉
                    〈langstring lang = "en_US"〉Lesson1〈/langstring〉
                〈/title〉
            〈/general〉
        〈/lom〉
    〈/manifestmetadata〉

    〈organizations default = "TOC2"〉
        〈organization identifier = "TOC2"〉 〈title〉default〈/title〉
          〈item identifier = "TOC2_ITEM1" identifierref = "RESOURCE1"〉
              〈title〉Lesson 1〈/title〉
          〈item identifier = "TOC2_ITEM2" identifierref = "RESOURCE2"〉
              〈title〉Introduction 1〈/title〉
              〈/item〉
          〈item identifier = "TOC2_ITEM3" identifierref = "RESOURCE3"〉
              〈title〉Content 1〈/title〉
              〈/item〉
          〈item identifier = "TOC2_ITEM4" identifierref = "RESOURCE4"〉
              〈title〉Summary 1〈/title〉
              〈/item〉
          〈/item〉
        〈/organization〉
    〈/organizations〉

    〈resources〉
    〈resource identifier = "RESOURCE1" type = “text/htm” href = "lesson1.htm"〉
            〈file href = "lesson1.htm"/〉
        〈/resource〉

        〈resource identifier = "RESOURCE2" type = “text/htm” href = "intro1.htm"〉
            〈file href = "intro1.htm"/〉
        〈/resource〉

        〈resource identifier = "RESOURCE3" type = “text/htm” href = "content1.htm"〉
            〈file href = "content1.htm"/〉
```

```
            〈/resource〉

            〈resource identifier = "RESOURCE4" type = "text/htm" href = "summary1.htm"〉
                〈file href = "summary1.htm"/〉
            〈/resource〉
        〈/resources〉
    〈/manifest〉

    〈manifest identifier = "MANIFEST3"〉
        〈manifestmetadata〉
            〈schema〉CELTS Content〈/schema〉
            〈schemaversion〉2.0〈/schemaversion〉
            〈lom xmlns = "http:// www.celtsc.edu.cn/metadata"〉
                〈general〉
                    〈title〉
                        〈langstring lang = "en_US"〉Lesson2〈/langstring〉
                    〈/title〉
                〈/general〉
            〈/lom〉
        〈/manifestmetadata〉

        〈organizations default = "TOC3"〉
                〈organization identifier = "TOC3"〉
                〈title〉default〈/title〉
                〈item identifier = "TOC3_ITEM1" identifierref = "RESOURCE5"〉
                    〈title〉Lesson 2〈/title〉
                     〈item identifier = "TOC3_ITEM2" identifierref = "RESOURCE6"〉
                〈title〉Introduction 2〈/title〉
                        〈/item〉
            〈item identifier = "TOC3_ITEM3" identifierref = "RESOURCE7"〉
                〈title〉Content 2〈/title〉
                        〈/item〉
                〈item identifier = "TOC3_ITEM4" identifierref = "RESOURCE8"〉
                    〈title〉Summary 2〈/title〉
                        〈/item〉
                〈/item〉
            〈/organization〉
        〈/organizations〉

        〈resources〉
            〈resource identifier = "RESOURCE5" type = "text/htm" href = "lesson2.htm"〉
                〈file href = "lesson2.htm"/〉
            〈/resource〉

            〈resource identifier = "RESOURCE6" type = "text/htm" href = "intro2.htm"〉
                〈file href = "intro2.htm"/〉
            〈/resource〉

            〈resource identifier = "RESOURCE7" type = "text/htm" href = "content2.htm"〉
                〈file href = "content2.htm"/〉
```

```
        〈/resource〉

        〈resource identifier = "RESOURCE8" type = “text/htm” href = "summary2.htm"〉
            〈file href = "summary2.htm"/〉
        〈/resource〉
    〈/resources〉
〈/manifest〉

〈manifest identifier = "MANIFEST4"〉
    〈manifestmetadata〉
        〈schema〉CELTS Content〈/schema〉
        〈schemaversion〉2.0〈/schemaversion〉
        〈lom xmlns = "http://www.celtsc.edu.cn/metadata"〉
            〈general〉
                〈title〉
                    〈langstring lang = "en_US"〉Lesson1〈/langstring〉
                〈/title〉
            〈/general〉
        〈/lom〉
    〈/manifestmetadata〉

    〈organizations default = "TOC4"〉
        〈organization identifier = "TOC4" title = "default"〉
            〈item identifier = "TOC4_ITEM1" identifierref = "RESOURCE9"〉
                〈title〉Lesson 3〈/title〉
                〈item identifier = "TOC4_ITEM2" identifierref = "RESOURCE10"〉
                    〈title〉Introduction 3〈/title〉
                        〈/item〉
                〈item identifier = "TOC4_ITEM3" identifierref = "RESOURCE11"〉
                    〈title〉Content 3〈/title〉
                        〈/item〉
                〈item identifier = "TOC4_ITEM4" identifierref = "RESOURCE12"〉
                    〈title〉Summary 3〈/title〉
                        〈/item〉
            〈/item〉
        〈/organization〉
    〈/organizations〉

    〈resources〉
        〈resource identifier = "RESOURCE9" type = “text/htm” href = "lesson3.htm"〉
            〈file href = "lesson3.htm"/〉
        〈/resource〉

        〈resource identifier = "RESOURCE10" type = “text/htm” href = "intro3.htm"〉
            〈file href = "intro3.htm"/〉
        〈/resource〉

        〈resource identifier = "RESOURCE11" type = “text/htm” href = "content3.htm"〉
            〈file href = "content3.htm"/〉
        〈/resource〉
```

```
        <resource identifier = "RESOURCE12" type = "text/htm" href = "summary3.htm">
            <file href = "summary3.htm"/>
        </resource>
    </resources>
  </manifest>
</manifest>
```

C.6 使用 xinclude 实现内容的拆分与合并

下述示例说明了如何用 xmlinclude 对学习内容进行灵活的拆分与合并。

```
<? xml version = "1.0"?>
<manifest identifier = "MANIFEST1" xmlns = "x-schema:CELTS_CONTENTv0p5.xdr
xmlns:xinclude = "http://www.w3.org/1999/XML/xinclude">
  <manifestmetadata>
    <schema> CELTS Content </schema>
    <schemaversion>2.0</schemaversion>
    <lom xmlns = " http:// www.celtsc.edu.cn/metadata ">
      <general>
        <title>
          <langstring lang = "en_US"> IMS Content Packaging Sample - xinclude</lan-
gstring>
        </title>
      </general>
    </lom>
  </manifestmetadata>

  <organizations default = "TOC1">
    <organization identifier = "TOC1">
        <title>default</title>
      <item identifier = "TOC1_ITEM1" identifierref = "TOC2">
          <title>Lesson 1</title>
        </item>
        <item identifier = "TOC1_ITEM2" identifierref = "TOC3">
          <title>Lesson 2</title>
        </item>
        <item identifier = "TOC1_ITEM3" identifierref = "TOC4">
          <title>Lesson 3</title>
        </item>
    </organization>
  </organizations>

  <xinclude:include href = "lesson1_manifest.xml"/>
  <xinclude:include href = "lesson2_manifest.xml"/>
  <xinclude:include href = "lesson3_manifest.xml"/>
</manifest>
```

ICS 35.240.99
L 67

中华人民共和国国家标准

GB/T 29810—2013

信息技术 学习、教育和培训 测试试题信息模型 XML 绑定规范

Information technology—Learning, education and training—
Test and question information model
XML binding specification

2013-11-12 发布　　2014-05-01 实施

中华人民共和国国家质量监督检验检疫总局
中国国家标准化管理委员会 发布

前 言

本标准按照 GB/T 1.1—2009 给出的规则起草。

请注意本文件的某些内容可能涉及专利。本文件的发布机构不承担识别这些专利的结构。

本标准由全国信息技术标准化技术委员会(SAC/TC 28)提出并归口。

本标准起草单位:华中科技大学、华中师范大学、中国电子技术标准化研究院。

本标准主要起草人:吴砥、程文青、李小侠、魏晓光、彭娴、冯颖、余云涛。

引　　言

本标准为测试试题信息模型提供了XML绑定，用以定义测试试题信息模型的XML编码方法。

本标准使用GB/T 18793—2002《信息技术　可扩展置标语言(XML) 1.0》来描述关于测试试题信息模型的XML绑定规范。

信息技术 学习、教育和培训
测试试题信息模型XML绑定规范

1 范围

本标准规定了GB/T 29802—2013《信息技术 学习、教育和培训 测试试题信息模型》的XML编码方法。

本标准适用于信息技术 学习、教育和培训领域对用XML文档绑定测试试题信息模型的方法进行规范性描述。

2 规范性引用文件

下列文件对于本文件的应用是必不可少的。凡是注日期的应用文件,仅注日期的版本适用于本文件。凡是不注日期的引用文件,其最新版本(包括所有的修改单)适用于本文件。

GB/T 1988—1998 信息技术 信息交换用七位编码字符集

GB/T 2659—2000 世界各国和地区名称代码

GB/T 4880.1—2005 语种名称代码 第1部分:2字码代码

GB/T 7408—2005 数据元和交换格式 信息交换 日期和时间表示法(ISO 8601:2000,IDT)

GB/T 29802—2013 信息技术 学习、教育和培训 测试试题信息模型

3 缩略语

下列缩略语适用于本文件。

MathML:数学置标语言(mathematical markup language)

XHTML:可扩展超文本置标语言(extensible hyperText markup language)

XML:可扩展置标语言(extensible markup language)

4 数据类型

本标准规定的数据类型如下:

——通用资源标识符 anyURI

uri格式中的字符串[1－1024]。例值如:"http://www.example.com/images/icon.gif","mailto:user @example.com"。

逻辑数据类型 boolean

用于规定true或false值,所定义的合法字符为:"true"、"false"、"1"、"0"。

——日期 date

遵循GB/T 7408—2005定义的日历日期表示法,本标准中只有扩展的日历格式被支持(以连字符作分隔符),且所有的日期组件须详细指定,日期类型的值空间不包含时区信息或扩展形式(负日期或超过9 999的日期)。例值如:"2006-03-22"。

——日期时间 dateTime

遵循GB/T 7408—2005定义的日期和日的时间的组合完全表示法,扩展类型不可用。例值如:

"2006-03-22T12:33:25TZ","2006-03-022T12:33:25+01:00"。

——浮点型变量 float

float 默认的取值范围对应 XML 模式中 double 类型的范围,而并非 float 类型的。例值如:"1","3.14","3E+08"。

——整型变量 integer

前面无"-"号时为正,有"-"号时为负,例值如:"1","-4"。

——语种 language

形式为语言编码['-'子编码],语言编码是对不同语言的编码,由 GB/T 4880.1—2005 定义,子编码(可以出现任意多次)是对国家的编码,由 GB/T 2659—2000 定义,例值如:"en-US","en-GB"。

——短字符串 string

由 GB/T 1988—1998 定义的字符序列组成。

5 XML 绑定数据元素

本标准定义的测试试题信息模型 XML 绑定数据元素如下。

——〈a〉元素

描述:由 XHTML 定义,用于定义锚。

参考:

flow.ElementGroup

flowStatic.ElementGroup

inline.ElementGroup

inlineStatic.ElementGroup

objectFlow.ElementGroup

属性:〈a〉的属性及属性数据类型和约束如表 1 所示。

表 1 〈a〉的属性及属性数据类型和约束信息列表

属性名称	数据类型	约束
id	string	O
lang	language	O
label	string	O
href	string	M

注:"约束"栏中"O"表示"可选";"M"表示"必备"。下同。

——〈abbr〉元素

描述:由 XHTML 定义,用于表示一个缩写形式。

参考:

flow.ElementGroup

flowStatic.ElementGroup

inline.ElementGroup

inlineStatic.ElementGroup

objectFlow.ElementGroup

属性:〈abbr〉的属性及属性数据类型和约束如表 2 所示。

表 2 〈abbr〉的属性及属性数据类型和约束信息列表

属性名称	数据类型	约束
id	string	O
lang	language	O
label	string	O

——**〈acronym〉元素**

描述：由 XHTML 定义，用于定义只取首字母缩写。

参考：

flow.ElementGroup

flowStatic.ElementGroup

inline.ElementGroup

inlineStatic.ElementGroup

objectFlow.ElementGroup

属性：〈acronym〉的属性及属性数据类型和约束如表 3 所示。

表 3 〈acronym〉的属性及属性数据类型和约束信息列表

属性名称	数据类型	约束
id	string	O
lang	language	O
label	string	O

——**〈adaptive〉元素**

描述：对自适应试题的特征作标志性描述。

频度：

在〈contentProfile〉中出现 1 次

——**〈address〉元素**

描述：由 XHTML 定义，用于定义一个地址(比如电子邮件地址)。

参考：

block.ElementGroup

blockStatic.ElementGroup

flow.ElementGroup

flowStatic.ElementGroup

objectFlow.ElementGroup

属性：〈address〉的属性及属性数据类型和约束如表 4 所示。

表 4 〈address〉的属性及属性数据类型和约束信息列表

属性名称	数据类型	约束
id	string	O
lang	language	O
label	string	O

——〈**and**〉元素

描述：执行布尔型"and"的表达式。

参考：

expression.ElementGroup

——〈**anyN**〉元素

描述：测试一组布尔型子表达式的表达式。

参考：

expression.ElementGroup

属性：〈anyN〉的属性及属性数据类型和约束如表 5 所示。

表 5 〈anyN〉的属性及属性数据类型和约束信息列表

属性名称	数据类型	约束
min	integer	M
max	integer	M

——〈**areaMapEntry**〉元素

描述：定义将点集合映射到单个实数上的区域。

频度：

在〈areaMapping〉中出现 1 次或多次

属性：〈areaMapEntry〉的属性及属性数据类型和约束如表 6 所示。

表 6 〈areaMapEntry〉的属性及属性数据类型和约束信息列表

属性名称	数据类型	约束
mappedValue	float	M

——〈**areaMapping**〉元素

描述：定义一个利用区域从点集合到实数的映射。

频度：

在〈responseDeclaration〉中出现 0 次或 1 次

属性：〈areaMapping〉的属性及属性数据类型和约束如表 7 所示。

表 7 〈areaMapping〉的属性及属性数据类型和约束信息列表

属性名称	数据类型	约束
lowerBound	float	O
upperBound	float	O
defaultValue	float	M

元素：areaMapEntry。

——〈**assessmentItem**〉元素

描述：测试试题的根元素。

背景：可以作为 XML 文档的根元素。

属性：〈assessmentItem〉的属性及属性数据类型和约束如表 8 所示。

表 8 〈assessmentItem〉的属性及属性数据类型和约束信息列表

属性名称	数据类型	约束
identifier	string	M
title	string	M
label	string	O
lang	language	O
adaptive	boolean	M
timeDependent	boolean	M
toolName	string	O
toolVersion	string	O

元素：responseDeclaration，outcomeDeclaration，templateDeclaration，templateProcessing，stylesheet，itemBody，responseProcessing，modalFeedback。

——associableChoice.ElementGroup 元素组

描述：被用在 association-type 交互中的一组元素。

背景：无应用。

组成员：associableHotspot，gap，gapImg，gapText，simpleAssociableChoice。

——〈associableHotspot〉元素

描述：为图形的相关任务定义热区的元素。

频度：

在〈graphicAssociateInteraction〉中出现 1 次或多次

在〈graphicGapMatchInteraction〉中出现 1 次或多次

属性：〈associableHotspot〉的属性及属性数据类型和约束如表 9 所示。

表 9 〈associableHotspot〉的属性及属性数据类型和约束信息列表

属性名称	数据类型	约束
id	string	O
lang	language	O
label	string	O
identifier	string	M
fixed	boolean	O
hotspotLabel	string	O
matchMax	integer	M

——〈associateInteraction〉元素

描述：应考者应从一个选项集中识别出正确的选项对的交互。

参考：

block.ElementGroup

flow.ElementGroup

objectFlow.ElementGroup

属性:〈associateInteraction〉的属性及属性数据类型和约束如表 10 所示。

表 10 〈associateInteraction〉的属性及属性数据类型和约束信息列表

属性名称	数据类型	约束
id	string	O
lang	language	O
label	string	O
responseIdentifier	string	M
shuffle	boolean	M
maxAssociation	integer	M

元素:prompt,simpleAssociableChoice。

——atomicBlock.ElementGroup 元素组

描述:提供只包含跨文本行为结构的一组元素。

组成员:address,h1,h2,h3,h4,h5,h6,p,pre。

参考:

block.ElementGroup

blockStatic.ElementGroup

flow.ElementGroup

flowStatic.ElementGroup

objectFlow.ElementGroup

——atomicInline.ElementGroup 元素组

描述:一组跨文本行为的空元素。

组成员:br,img。

参考:

flow.ElementGroup

flowStatic.ElementGroup

inline.ElementGroup

inlineStatic.ElementGroup

objectFlow.ElementGroup

——〈b〉元素

描述:由 XHTML 定义,用于定义粗体文本样式。

参考:

flow.ElementGroup

flowStatic.ElementGroup

inline.ElementGroup

inlineStatic.ElementGroup

objectFlow.ElementGroup

属性:〈b〉元素的属性及属性数据类型和约束如表 11 所示。

表 11 〈b〉元素的属性及属性数据类型和约束信息列表

属性名称	数据类型	约束
id	string	O
lang	language	O
label	string	O

——〈**bankProfile**〉元素

描述:描述题库系统的性能或需求的元素。

背景:可以作为 XML 文档的根元素。

元素:usageDataVocabulary,metadataProfile,其他命名空间的元素。

——〈**baseValue**〉元素

描述:返回给定基本数据类型的常量值的简单表达式。

参考:

expression.ElementGroup

——〈**big**〉元素

描述:由 XHTML 定义,用于定义大号字体样式。

参考:

flow.ElementGroup

flowStatic.ElementGroup

inline.ElementGroup

inlineStatic.ElementGroup

objectFlow.ElementGroup

属性:〈big〉元素的属性及属性数据类型和约束如表 12 所示。

表 12 〈big〉元素的属性及属性数据类型和约束信息列表

属性名称	数据类型	约束
id	string	O
lang	language	O
label	string	O

——**block.ElementGroup** 元素组

描述:为试题正文提供结构的一组元素。

组成员:address,associateInteraction,blockquote,choiceInteraction,customInteraction,div,dl,drawingInteraction,extendedTextInteraction,feedbackBlock,gapMatchInteraction,graphicAssociateInteraction,graphicGapMatchInteraction,graphicOrderInteraction,h1,h2,h3,h4,h5,h6,hotspotInteraction,hottextInteraction,hr,matchInteraction,ol,orderInteraction,p,positionObjectStage,pre,rubricBlock,selectPointInteraction,sliderInteraction,table,templateBlock,ul,uploadInteraction。

频度:

在〈itemBody〉中出现多次

在 simpleBlock.ElementGroup 的成员中出现多次

——**blockInteraction.ElementGroup 元素组**

描述：从自身继承结构一组交互。

组成员：associateInteraction，choiceInteraction，drawingInteraction，extendedTextInteraction，gapMatchInteraction，graphicAssociateInteraction，graphicGapMatchInteraction，graphicOrderInteraction，hotspotInteraction，hottextInteraction，matchInteraction，orderInteraction，selectPointInteraction，sliderInteraction，uploadInteraction。

参考：

block.ElementGroup

flow.ElementGroup

objectFlow.ElementGroup

——**blockStatic.ElementGroup 元素组**

描述：提供除交互外的结构的一组元素。

组成员：address，blockquote，div，dl，feedbackBlock，h1，h2，h3，h4，h5，h6，hr，ol，p，pre，rubricBlock，table，templateBlock，ul。

频度：

在〈apMatchInteraction〉中出现 1 次或多次

在〈hottextInteraction〉中出现 1 次或或多次

在〈templateBlock〉中出现多次

参考：

block.ElementGroup

——**〈blockquote〉元素**

描述：由 XHTML 定义，用于定义块引用，块引用拥有自己的空间，〈blockquote〉元素包含的所有文本都会从常规文本中分离出来。

参考：

block.ElementGroup

blockStatic.ElementGroup

flow.ElementGroup

flowStatic.ElementGroup

objectFlow.ElementGroup

属性：〈blockquote〉元素的属性及属性数据类型和约束如表 13 所示。

表 13 〈blockquote〉元素的属性及属性数据类型和约束信息列表

属性名称	数据类型	约束
id	string	O
lang	language	O
label	string	O
cite	anyURI	M

——**bodyElement.ElementGroup 元素组**

描述：用来在题目体中描述结构，素材，和交互的一组元素。

背景：无应用。

组元素：a，abbr，acronym，address，associableHotspot，associateInteraction，b，big，blockquotebr， caption, choiceInteraction, cite, code, col, colgroup, customInteraction, dd, dfn, div, dl, drawingInteractiondt, em, endAttemptInteraction, extendedTextInteraction, feedbackBlock, feedbackInline, gap, gapImg, gapMatchInteraction, gapText, graphicAssociate-Interaction, graphicGapMatchInteraction, graphicOrderInterac tion, h1, h2, h3, h4, h5, h6, hotspotChoice, hotspotInteraction, hottext, hottextInteraction, hr, i, img, inlineChoice, inlineChoiceInteraction, itemBody, kbd, li, matchInteraction, object, ol, orderInteraction, p, positionObjectInteraction, pre, printedVariable, prompt, q, rubricBlock, samp, selectointInteraction, simpleAssociableChoice, simpleChoice, sliderInteraction, small, span, strong, sub, sup, table, tbody, td, templateBlock, templateInline, textEntryInteraction, tfoot, th, thead, tr, tt, ul, uploadInteraction, var。

——〈**br**〉元素

描述：由 XHTML 定义，用于插入一个简单的换行符。

参考：

flow.ElementGroup

flowStatic.ElementGroup

inline.ElementGroup

inlineStatic.ElementGroup

objectFlow.ElementGroup

属性：〈br〉元素的属性及属性数据类型和约束如表 14 所示。

表 14 〈br〉元素的属性及属性数据类型和约束信息列表

属性名称	数据类型	约束
id	string	O
lang	language	O
label	string	O

——〈**caption**〉元素

描述：由 XHTML 定义，用于定义表格标题。

频度：

在〈table〉中出现 0 次或 1 次

属性：〈caption〉元素的属性及属性数据类型和约束如表 15 所示。

表 15 〈caption〉元素的属性及属性数据类型和约束信息列表

属性名称	数据类型	约束
id	string	O
lang	language	O
label	string	O

——〈**categorizedStatistic**〉元素

描述：一个分类的统计量，例如用映射表示的分数转换表。

参考：

itemStatistic.ElementGroup

属性:〈categorizedStatistic〉元素的属性及属性数据类型和约束如表 16 所示。

表 16 〈categorizezdStatistic〉元素的属性及属性数据类型和约束信息列表

属性名称	数据类型	约束
name	string	O
glossary	anyURI	M
context	anyURI	O
caseCount	integer	M
stdError	float	O
stdDeviation	float	O
lastUpdated	date	O

元素:targetObject,mapping。

——**choice.ElementGroup 元素组**

描述:一组为应考者提供选项的元素。

组成员:associableHotspot,gap,gapImg,gapText,hotspotChoice,hottext,inlineChoice,simpleAssociableChoice,simpleChoice。

背景:无应用。

——**〈choiceInteraction〉元素**

描述:表示简单单项选择和多项选择交互的元素。

参考:

block.ElementGroup

flow.ElementGroup

objectFlow.ElementGroup

属性:〈choiceInteraction〉元素的属性及属性数据类型和约束如表 17 所示。

表 17 〈choiceInteraction〉元素的属性及属性数据类型和约束信息列表

属性名称	数据类型	约束
id	string	O
lang	language	O
label	string	O
responseIdentifier	string	M
shuffle	boolean	M

元素:prompt,simpleChoice。

——**〈cite〉元素**

描述:由 XHTML 定义,用于定义对参考文献的引用。

参考:

flow.ElementGroup

flowStatic.ElementGroup

inline.ElementGroup
inlineStatic.ElementGroup
objectFlow.ElementGroup

属性:〈cite〉元素的属性及属性数据类型和约束如表 18 所示。

表 18 〈cite〉元素的属性及属性数据类型和约束信息列表

属性名称	数据类型	约束
id	string	O
lang	language	O
label	string	O

——〈**code**〉元素

描述:由 XHTML 定义,用于定义计算机代码文本。

参考:

flow.ElementGroup
flowStatic.ElementGroup
inline.ElementGroup
inlineStatic.ElementGroup
objectFlow.ElementGroup

属性:〈code〉元素的属性及属性数据类型和约束如表 19 所示。

表 19 〈code〉元素的属性及属性数据类型和约束信息列表

属性名称	数据类型	约束
id	string	O
lang	language	O
label	string	O

——〈**clo**〉元素

描述:由 XHTML 定义,为表格中一个或多个列定义属性值。

频度:

在〈colgroup〉中出现多次
在〈table〉中出现多次

属性:〈clo〉元素的属性及属性数据类型和约束如表 20 所示。

表 20 〈clo〉元素的属性及属性数据类型和约束信息列表

属性名称	数据类型	约束
id	string	O
lang	string	O
label	string	O

——〈**colgroup**〉元素

描述:由 XHTML 定义,用于对表格中的列进行组合,以便对其进行格式化。

频度:

在〈table〉中出现多次

属性:〈clogroup〉元素的属性及属性数据类型和约束如表 21 所示。

表 21 〈clogroup〉元素的属性及属性数据类型和约束信息列表

属性名称	数据类型	约束
id	string	O
lang	language	O
label	string	O

元素:col。

——〈**composite**〉元素

描述:对组合试题的特征进行标志性描述。

频度:

在〈contentProfile〉中出现 1 次

在〈tqMetadata〉中出现 0 次或 1 次

——〈**contains**〉元素

描述:测试一个容器是否包含其他容器的表达式。

参考:

expression.ElementGroup

——〈**contentProfile**〉元素

描述:描述处理测试试题内容的系统性能和需求的元素。

背景:可以作为 XML 文档的根元素。

元素:composite,adaptive,timeDependent,templates,textElements,listElements,objectElements,objectType,presentationElements,tableElements,imageElement,imageType,hypertext-Element,mathElement,mathVariable,feedbackIntegrated,feedbackModal,rubric,printed-Variables,interactionType,responseRules,rpTemplate,rounding,regexp,metadataProfile,其他命名空间的元素。

——〈**correct**〉元素

描述:返回与响应变量相关联的正确值的简单表达式。

参考:

expression.ElementGroup

属性:〈correct〉元素的属性及属性数据类型和约束如表 22 所示。

表 22 〈correct〉元素的属性及属性数据类型和约束信息列表

属性名称	数据类型	约束
identifier	string	O

——〈**correctResponse**〉元素

描述:为响应变量声明正确的响应。

频度：

在〈responseDeclaration〉中出现 0 次或 1 次

属性：〈correctResponse〉元素的属性及属性数据类型和约束如表 23 所示。

表 23 〈correctResponse〉元素的属性及属性数据类型和约束信息列表

属性名称	数据类型	约束
interpretation	string	O

元素：value。

——〈**customInteraction**〉**元素**

描述：允许测试试题为交互类型所开发的扩展不被信息模型覆盖的元素。

参考：

block.ElementGroup

flow.ElementGroup

objectFlow.ElementGroup

属性：〈customInteraction〉元素的属性及属性数据类型和约束如表 24 所示。

表 24 〈customInteraction〉元素的属性及属性数据类型和约束信息列表

属性名称	数据类型	约束
id	string	O
lang	language	O
label	string	O
responseIdentifier	string	M

元素：任意名空间的元素。

——〈**customOperator**〉**元素**

描述：允许使用由外部定义的表达式的元素。

参考：

expression.ElementGroup

属性：〈customOperatot〉元素的属性及属性数据类型和约束如表 25 所示。

表 25 〈customOperato〉r 元素的属性及属性数据类型和约束信息列表

属性名称	数据类型	约束
class	string	O
definition	anyURI	O

——〈**dd**〉**元素**

描述：由 XHTML 定义，用于在定义列表中定义条目的定义部分。

参考：

dlElement.ElementGroup

属性：〈dd〉元素的属性及属性数据类型和约束如表 26 所示。

表 26 〈**dd**〉元素的属性及属性数据类型和约束信息列表

属性名称	数据类型	约束
id	string	O
lang	language	O
label	string	O

——〈**default**〉元素

描述:返回试题变量默认值的简单表达式。

参考:

expression.ElementGroup

属性:〈default〉元素的属性及属性数据类型和约束如表 27 所示。

表 27 〈**default**〉元素的属性及属性数据类型和约束信息列表

属性名称	数据类型	约束
identifier	string	M

——〈**defaultValue**〉元素

描述:为试题变量定义默认值。

频度:

在 variableDeclaration.ElementGroup 的成员中出现 0 次或 1 次

在〈templateDeclaration〉中出现 0 次或 1 次

属性:〈defaultValue〉元素的属性及属性数据类型和约束如表 28 所示。

表 28 〈**defaultValue**〉元素的属性及属性数据类型和约束信息列表

属性名称	数据类型	约束
interpretation	string	O

元素:value。

——〈**delete**〉元素

描述:通过去除现有容器中的给定值来导出新容器的表达式。

参考:

expression.ElementGroup

——〈**dfn**〉元素

描述:由 XHTML 定义,用于定义一个定义项目。

参考:

flow.ElementGroup

flowStatic.ElementGroup

inline.ElementGroup

inlineStatic.ElementGroup

objectFlow.ElementGroup

属性:〈dfn〉元素的属性及属性数据类型和约束如表 29 所示。

表 29 〈**dfn**〉元素的属性及属性数据类型和约束信息列表

属性名称	数据类型	约束
id	string	O
lang	language	O
label	string	O

——〈**div**〉元素

描述：由 XHTML 定义，用于定义文档中的分区或节，将文档分割为独立的、不同的部分。

参考：

block.ElementGroup

blockStatic.ElementGroup

flow.ElementGroup

flowStatic.ElementGroup

objectFlow.ElementGroup

属性：〈div〉元素的属性及属性数据类型和约束如表 30 所示。

表 30 〈**div**〉元素的属性及属性数据类型和约束信息列表

属性名称	数据类型	约束
id	string	O
lang	language	O
label	string	O

——〈**divide**〉元素

描述：用一个数除以另一个数的表达式。

参考：

expression.ElementGroup

——〈**dl**〉元素

描述：由 XHTML 定义，用于定义定义列表。

参考：

block.ElementGroup

blockStatic.ElementGroup

flow.ElementGroup

flowStatic.ElementGroup

objectFlow.ElementGroup

属性：〈dl〉元素的属性及属性数据类型和约束如表 31 所示。

表 31 〈**dl**〉元素的属性及属性数据类型和约束信息列表

属性名称	数据类型	约束
id	string	O
lang	language	O
label	string	O

——**dlElement.ElementGroup** 元素组

描述：可以在〈dl〉中出现的元素。

组成员：dd，dt。

频度：

在〈dl〉中出现多次

——〈**drawingInteraction**〉元素

描述：应试者在所给的背景图片上自由绘画的交互。

参考：

block.ElementGroup

flow.ElementGroup

objectFlow.ElementGroup

属性：〈drawingInteraction〉元素的属性及属性数据类型和约束如表 32 所示。

表 32 〈drawingInteraction〉元素的属性及属性数据类型和约束信息列表

属性名称	数据类型	约束
id	string	O
lang	language	O
label	string	O
responseIdentifier	string	M

元素：prompt，object。

——〈**dt**〉元素

描述：由 XHTML 定义，用于定义定义列表中的项目（即属于部分）。

参考：

dlElement.ElementGroup

属性：〈dt〉元素的属性及属性数据类型和约束如表 33 所示。

表 33 〈dt〉元素的属性及属性数据类型和约束信息列表

属性名称	数据类型	约束
id	string	O
lang	language	O
label	string	O

——〈**durationGTE**〉元素

描述：测试两个持续时间的"大于或等于"关系的表达式。

参考：

expression.ElementGroup

——〈**durationLT**〉元素

描述：测试两个持续时间的"小于"关系的表达式。

参考：

expression.ElementGroup

——〈**em**〉元素

描述：由 XHTML 定义，用于把文本定义为强调的内容。

参考：

flow.ElementGroup

flowStatic.ElementGroup

inline.ElementGroup

inlineStatic.ElementGroup

objectFlow.ElementGroup

属性：〈em〉元素的属性及属性数据类型和约束如表 34 所示。

表 34 〈em〉元素的属性及属性数据类型和约束信息列表

属性名称	数据类型	约束
id	string	O
lang	language	O
label	string	O

——〈**endAttemptInteraction**〉元素

描述：为终结尝试提供可选择方式的特殊交互。

参考：

flow.ElementGroup

inline.ElementGroup

objectFlow.ElementGroup

属性：〈endAttemptInteraction〉元素的属性及属性数据类型和约束如表 35 所示。

表 35 〈endAttemptInteraction〉元素的属性及属性数据类型和约束信息列表

属性名称	数据类型	约束
id	string	O
lang	language	O
label	string	O
responseIdentifier	string	M
title	string	M

——〈**equal**〉元素

描述：测试两个数值是否相等的表达式。

参考：

expression.ElementGroup

——〈**equalRounded**〉元素

描述：测试两个经四舍五入后的数值是否相等的表达式。

参考：

expression.ElementGroup

——〈**exitResponse**〉元素

描述：立即终止响应处理的响应规则。

参考：

responseRule.ElementGroup

频度:

在 responseRule.ElementGroup 的成员中出现 0 次或 1 次

——〈**exitTemplate**〉**元素**

描述:立即终止模板处理的模板规则。

参考:

templateRule.ElementGroup

频度:

在 templateRule.ElementGroup 中出现 0 次或 1 次

——**expression.ElementGroup 元素组**

描述:创建设置变量值和控制条件规则组的表达式的一组元素。

组成员:and, anyN, baseValue, contains, correct, customOperator, default, delete, divide, durationGTE, durationLT, equal, equalRounded, fieldValue, gt, gte, index, inside, integerDivide, integerModulus, integerToFloat, isNull, lt, lte, mapResponse, mapResponsePoint, match, member, multiple, not, null, or, ordered, patternMatch, power, product, random, randomFloat, randomInteger, round, stringMatch, substring, subtract, sum, truncate, variable。

频度:

在〈and〉中出现 1 次或多次

在〈anyN〉中出现 1 次或多次

在〈contains〉中出现两次

在〈customOperator〉中出现多次

在〈delete〉中出现两次

在〈divide〉中出现两次

在〈durationGTE〉中出现两次

在〈durationLT〉中出现两次

在〈equal〉中出现两次

在〈equalRounded〉中出现两次

在〈fieldValue〉中出现 1 次

在〈gt〉中出现两次

在〈gte〉中出现两次

在〈index〉中出现 1 次

在〈inside〉中出现 1 次

在〈integerDivide〉中出现两次

在〈integerModulus〉中出现两次

在〈integerToFloat〉中出现 1 次

在〈isNull〉中出现 1 次

在〈lt〉中出现两次

在〈lte〉中出现两次

在〈match〉中出现两次

在〈member〉中出现两次

在〈multiple〉中出现多次

在〈not〉中出现 1 次

在〈or〉中出现 1 次或多次
在〈ordered〉中出现多次
在〈patternMatch〉中出现 1 次
在〈power〉中出现两次
在〈product〉中出现 1 次或多次
在〈random〉中出现 1 次
在〈responseElseIf〉中出现 1 次
在〈responseIf〉中出现 1 次
在〈round〉中出现 1 次
在〈setCorrectResponse〉中出现 1 次
在〈setDefaultValue〉中出现 1 次
在〈setOutcomeValue〉中出现 1 次
在〈setTemplateValue〉中出现 1 次
在〈stringMatch〉中出现两次
在〈substring〉中出现两次
在〈subtract〉中出现两次
在〈sum〉中出现 1 次或多次
在〈templateElseIf〉中出现 1 次
在〈templateIf〉中出现 1 次
在〈truncate〉中出现 1 次

——〈**extendedTextInteraction**〉**元素**

描述：允许应试者自由添加文本交互。

参考：

block.ElementGroup
flow.ElementGroup
objectFlow.ElementGroup

属性：〈extendedTextInteraction〉元素的属性及属性数据类型和约束如表 36 所示。

表 36 〈extendedTextInteraction〉元素的属性及属性数据类型和约束信息列表

属性名称	数据类型	约束
id	string	O
lang	language	O
label	string	O
responseIdentifier	string	M
base	integer	O
stringIdentifier	string	O
expectedLength	integer	O
patternMask	string	O
placeholderText	string	O
maxStrings	string	O
expectedLines	integer	O

元素：prompt。

——〈**feedbackBlock**〉元素

描述:可见性能被当前结果条件控制的试题结构部分。

参考:

block.ElementGroup

blockStatic.ElementGroup

flow.ElementGroup

flowStatic.ElementGroup

objectFlow.ElementGroup

属性:〈feedbackBlock〉元素的属性及属性数据类型和约束如表 37 所示。

表 37 〈feedbackBlock〉元素的属性及属性数据类型和约束信息列表

属性名称	数据类型	约束
outcomeIdentifier	string	M
identifier	string	M
id	string	O
lang	language	O
label	string	O

——**feedbackElement.ElementGroup 元素组**

描述:可见性可依赖当前结果而被条件控制的元素。

背景:无应用。

组成员:feedbackBlock,feedbackInline。

——〈**feedbackInline**〉元素

描述:其可见性可被当前结果条件控制的文本范围。

参考:

flow.ElementGroup

flowStatic.ElementGroup

inline.ElementGroup

inlineStatic.ElementGroup

objectFlow.ElementGroup

属性:〈feedbackInline〉元素的属性及属性数据类型和约束如表 38 所示。

表 38 〈feedbackInline〉元素的属性及属性数据类型和约束信息列表

属性名称	数据类型	约束
outcomeIdentifier	string	M
identifier	string	M
id	string	O
lang	language	O
label	string	O

——〈**feedbackIntegrated**〉元素

描述：对综合的反馈特征进行标志性描述。

频度：

在〈contentProfile〉在出现 1 次

——〈**feedbackModal**〉元素

描述：对模式性的反馈特征进行标志性描述。

频度：

在〈contentProfile〉在出现 1 次

——〈**feedbackType**〉元素

频度：

在〈tqMetadata〉中出现 0 次或 1 次

——〈**fieldValue**〉元素

描述：从一个记录容器中提取单域值的表达式。

参考：

expression.ElementGroup

属性：〈fieldValue〉元素的属性及属性数据类型和约束如表 39 所示。

表 39 〈fieldValue〉元素的属性及属性数据类型和约束信息列表

属性名称	数据类型	约束
fieldIdentifier	string	M

——**flow.ElementGroup 元素组**

描述：能在允许进一步构造或者扩展文本范围的上下文中出现的一组元素。

组成员：a，abbr，acronym，address，associateInteraction，b，big，blockquote，br，choiceInteraction，cite，code，customInteraction，dfn，div，dl，drawingInteraction，em，endAttemptInteraction，extendedTextInteraction，feedbackBlock，feedbackInline，gapMatchInteraction，graphicAssociateInteraction，graphicGapMatchInteraction，graphicOrderInteraction，h1，h2，h3，h4，h5，h6，hotspotInteraction，hottext，hottextInteraction，hr，i，img，inlineChoiceInteraction，kbd，matchInteraction，object，ol，orderInteraction，p，pre，printedVariable，q，rubricBlock，samp，selectPointInteraction，sliderInteraction，small，span，strong，sub，sup，table，templateBlock，templateInline，textEntryInteraction，tt，ul，uploadInteraction，var。

频度：

在〈dd〉中出现多次

在〈div〉中出现多次

在〈li〉中出现多次

在 tableCell.ElementGroup 的成员中出现多次

参考：

objectFlow.ElementGroup

——**flowStatic.ElementGroup 元素组**

描述：一组可以出现在特定的背景中的元素，这里特定的含义是指允许该背景在无交互的情况下进行进一步构造或者文本范围扩展。

组成员：a，abbr，acronym，address，b，big，blockquote，br，cite，code，dfn，div，dl，em，feedbackBlock，feedbackInline，h1，h2，h3，h4，h5，h6，hottext，hr，i，img，kbd，object，ol，p，pre， printedVariable，q，rubricBlock，samp，small，span，strong，sub，sup，table，templateBlock，templateInline，tt，ul，var。

频度：

在〈modalFeedback〉中出现多次

在〈simpleAssociableChoice〉中出现多次

在〈simpleChoice〉中出现多次

参考：

flow.ElementGroup

objectFlow.ElementGroup

——**〈gap〉元素**

描述：定义填空题中空白的位置。

参考：

inline.ElementGroup

inlineStatic.ElementGroup

属性：〈gap〉元素的属性及属性数据类型和约束如表 40 所示。

表 40 〈gap〉元素的属性及属性数据类型和约束信息列表

属性名称	数据类型	约束
id	string	O
lang	language	O
label	string	O
identifier	string	M
fixed	boolean	O

——**gapChoice.ElementGroup 元素组**

描述：用来定义填空题选择项的一组元素。

组成员：gapImg，gapText。

频度：

在〈gapMatchInteraction〉中出现 1 次或多次

——**〈gapImg〉元素**

描述：一幅可以用来填空的图像。

频度：

在〈graphicGapMatchInteraction〉中出现 1 次或多次

参考：

gapChoice.ElementGroup

属性：〈gapImg〉元素的属性及属性数据类型和约束如表 41 所示。

表 41 〈gapImg〉元素的属性及属性数据类型和约束信息列表

属性名称	数据类型	约束
id	string	O
lang	language	O

表 41（续）

属性名称	数据类型	约束
label	string	O
identifier	string	M
fixed	boolean	O
matchMax	integer	M
objectLabel	string	O

元素：object。

——〈**gapMatchInteraction**〉**元素**

描述：应试者从一组事先定义好的选项中选择合适项在文本段落中填空的交互。

参考：

block.ElementGroup

flow.ElementGroup

objectFlow.ElementGroup

属性：〈gapMathInteraction〉元素的属性及属性数据类型和约束如表 42 所示。

表 42 〈**gapMatchInteraction**〉**元素的属性及属性数据类型和约束信息列表**

属性名称	数据类型	约束
id	string	O
lang	language	O
label	string	O
responseIdentifier	string	M
shuffle	boolean	M

元素：prompt。

——〈**gapText**〉**元素**

描述：应试者从一组事先定义好的选项中选择合适项在文本段落中填空的交互。

参考：

block.ElementGroup

flow.ElementGroup

objectFlow.ElementGroup

属性：〈gapText〉元素的属性及属性数据类型和约束如表 43 所示。

表 43 〈**gapText**〉**元素的属性及属性数据类型和约束信息列表**

属性名称	数据类型	约束
id	string	O
lang	language	O
label	string	O

表 43（续）

属性名称	数据类型	约束
identifier	string	M
fixed	boolean	O
matchMax	integer	M

元素：textOrVariable。

——〈**graphicAssociateInteraction**〉**元素**

描述：应试者将图片上事先定义好的热区关联成对的交互。

参考：

block.ElementGroup
flow.ElementGroup
objectFlow.ElementGroup

属性：〈graphicAssociateInteraction〉元素的属性及属性数据类型和约束如表 44 所示。

表 44 〈graphicAssociateInteraction〉元素的属性及属性数据类型和约束信息列表

属性名称	数据类型	约束
id	string	O
lang	language	O
label	string	O
responseIdentifier	string	M
maxAssociations	integer	M

元素：prompt，object，associableHotspot。

——〈**graphicGapMatchInteraction**〉**元素**

描述：应试者在给定图像中填空的交互，例如，拖放题。

参考：

block.ElementGroup
flow.ElementGroup
objectFlow.ElementGroup

属性：〈graphicGapMatchInteraction〉元素的属性及属性数据类型和约束如表 45 所示。

表 45 〈graphicGapMatchInteraction〉元素的属性及属性数据类型和约束信息列表

属性名称	数据类型	约束
id	string	O
lang	language	O
label	string	O
responseIdentifier	string	M

元素：prompt，object，gapImg，associableHotspot。

——**graphicInteraction.ElementGroup 元素组**

描述：描述基于图像的作业的一组元素。

组成员：graphicAssociateInteraction，graphicGapMatchInteraction，graphicOrderInteraction，hotspotInteraction，selectPointInteraction。

参考：

block.ElementGroup

flow.ElementGroup

objectFlow.ElementGroup

——〈graphicOrderInteraction〉元素

描述：应试者将图像上事先定义好的热区进行重组的交互。

参考：

block.ElementGroup

flow.ElementGroup

objectFlow.ElementGroup

属性：〈graphicOrderInteraction〉元素的属性及属性数据类型和约束如表 46 所示。

表 46 〈graphicOrderInteraction〉元素的属性及属性数据类型和约束信息列表

属性名称	数据类型	约束
id	string	O
lang	language	O
label	string	O
responseIdentifier	string	M

元素：prompt，object，hotspotChoice。

——**〈gt〉元素**

描述：两数间测试“大于”关系的表达式。

参考：

expression.ElementGroup

——**〈gte〉元素**

描述：两数间测试“大于或等于”关系的表达式。

参考：

expression.ElementGroup

——**〈h1〉元素**

描述：由 XHTML 定义，用于定义标题 1(最大的标题)。

参考：

block.ElementGroup

blockStatic.ElementGroup

flow.ElementGroup

flowStatic.ElementGroup

objectFlow.ElementGroup

属性：〈h1〉元素的属性及属性数据类型和约束如表 47 所示。

表 47 〈**h1**〉元素的属性及属性数据类型和约束信息列表

属性名称	数据类型	约束
id	string	O
lang	language	O
label	string	O

——〈**h2**〉元素

描述:由 XHTML 定义,用于定义标题 2(次于标题 1)。

参考:

block.ElementGroup

blockStatic.ElementGroup

flow.ElementGroup

flowStatic.ElementGroup

objectFlow.ElementGroup

属性:〈h2〉元素的属性及属性数据类型和约束如表 48 所示。

表 48 〈**h2**〉元素的属性及属性数据类型和约束信息列表

属性名称	数据类型	约束
id	string	O
lang	language	O
label	string	O

——〈**h3**〉元素

描述:由 XHTML 定义,用于定义标题 3(次于标题 2)。

参考:

block.ElementGroup

blockStatic.ElementGroup

flow.ElementGroup

flowStatic.ElementGroup

objectFlow.ElementGroup

属性:〈h3〉元素的属性及属性数据类型和约束如表 49 所示。

表 49 〈**h3**〉元素的属性及属性数据类型和约束信息列表

属性名称	数据类型	约束
id	string	O
lang	language	O
label	string	O

——〈**h4**〉元素

描述:由 XHTML 定义,用于定义标题 4(次于标题 3)。

参考：

block.ElementGroup

blockStatic.ElementGroup

flow.ElementGroup

flowStatic.ElementGroup

objectFlow.ElementGroup

属性：〈h4〉元素的属性及属性数据类型和约束如表 50 所示。

表 50 〈h4〉元素的属性及属性数据类型和约束信息列表

属性名称	数据类型	约束
id	string	O
lang	language	O
label	string	O

——**〈h5〉元素**

描述：由 XHTML 定义，用于定义标题 5(次于标题 4)。

参考：

block.ElementGroup

blockStatic.ElementGroup

flow.ElementGroup

flowStatic.ElementGroup

objectFlow.ElementGroup

属性：〈h5〉元素的属性及属性数据类型和约束如表 51 所示。

表 51 〈h5〉元素的属性及属性数据类型和约束信息列表

属性名称	数据类型	约束
id	string	O
lang	language	O
label	string	O

——**〈h6〉元素**

描述：由 XHTML 定义，用于定义标题 6(最小的标题)。

参考：

block.ElementGroup

blockStatic.ElementGroup

flow.ElementGroup

flowStatic.ElementGroup

objectFlow.ElementGroup

属性：〈h6〉元素的属性及属性数据类型和约束如表 52 所示。

表 52 〈h6〉元素的属性及属性数据类型和约束信息列表

属性名称	数据类型	约束
id	string	O
lang	language	O
label	string	O

——**hotspot.ElementGroup** 元素组

描述:在图形上定义热区的一组元素。

背景:无应用。

组成员:associableHotspot,hotspotChoice。

——〈**hotspotChoice**〉元素

描述:定义图形上简单区域选择作业热区的一组元素。

频度:

在〈graphicOrderInteraction〉中出现 1 次或多次

在〈hotspotInteraction〉中出现 1 次或多次

属性:〈hotspotChoice〉元素的属性及属性数据类型和约束如表 53 所示。

表 53 〈**hotspotChoice**〉元素的属性及属性数据类型和约束信息列表

属性名称	数据类型	约束
id	string	O
lang	language	O
label	string	O
identifier	string	M
fixed	boolean	O
hotspotLabel	string	O

——〈**hotspotInteraction**〉元素

描述:应试者在图像上选择热区的交互。

参考:

block.ElementGroup

flow.ElementGroup

objectFlow.ElementGroup

属性:〈hotspotInteraction〉元素的属性及属性数据类型和约束如表 54 所示。

表 54 〈**hotspotInteraction**〉元素的属性及属性数据类型和约束信息列表

属性名称	数据类型	约束
id	string	O
lang	language	O
responseIdentifier	string	M
maxChoices	integer	M

——〈**hottext**〉元素

描述:为热区文本选择作业定义一个热区文本域。

参考:

flow.ElementGroup

flowStatic.ElementGroup

inline.ElementGroup

inlineStatic.ElementGroup

objectFlow.ElementGroup

属性:〈hottext〉元素的属性及属性数据类型和约束如表 55 所示。

表 55 〈hottext〉元素的属性及属性数据类型和约束信息列表

属性名称	数据类型	约束
id	string	O
lang	language	O
identifier	string	M
fixed	boolean	O

——〈**hottextInteraction**〉元素

描述:应试者在文本中选择事先定义好的热区的交互。

参考:

block.ElementGroup

flow.ElementGroup

objectFlow.ElementGroup

属性:〈hottextInteraction〉元素的属性及属性数据类型和约束如表 56 所示。

表 56 〈hottextInteraction〉元素的属性及属性数据类型和约束信息列表

属性名称	数据类型	约束
id	string	O
lang	language	O
label	string	O
responseIdentifier	string	M
maxChoices	integer	M

元素:prompt。

——〈**hr**〉元素

描述:由 XHTML 定义,用于在 HTML 页面创建一条水平线。

参考:

block.ElementGroup

blockStatic.ElementGroup

flow.ElementGroup

flowStatic.ElementGroup

objectFlow.ElementGroup

属性:〈hr〉元素的属性及属性数据类型和约束如表 57 所示。

表 57 〈hr〉元素的属性及属性数据类型和约束信息列表

属性名称	数据类型	约束
id	string	O
lang	language	O
label	string	O

——〈**hypertextElement**〉元素

描述:对 XHTML 超文本元素进行标志性描述。

频度:

在〈contentProfile〉中出现 1 次

——〈**i**〉元素

描述:由 XHTML 定义,用于定义斜体文本样式。

参考:

flow.ElementGroup

flowStatic.ElementGroup

inline.ElementGroup

inlineStatic.ElementGroup

objectFlow.ElementGroup

属性:〈i〉元素的属性及属性数据类型和约束如表 58 所示。

表 58 〈i〉元素的属性及属性数据类型和约束信息列表

属性名称	数据类型	约束
id	string	O
lang	language	O
label	string	O

——〈**imageElement**〉元素

描述:对 XHTML 图像元素进行标志性描述。

频度:

在〈contentProfile〉中出现 1 次

——〈**img**〉元素

描述:由 XHTML 定义,用于向网页中嵌入一幅图像。

参考:

flow.ElementGroup

flowStatic.ElementGroup

inline.ElementGroup

inlineStatic.ElementGroup

objectFlow.ElementGroup

属性:〈img〉元素的属性及属性数据类型和约束如表 59 所示。

表 59 〈img〉元素的属性及属性数据类型和约束信息列表

属性名称	数据类型	约束
id	string	O
lang	language	O
label	string	O
src	anyURI	M
alt	string	M
longdesc	anyURI	O
height	length	O
width	length	O

——〈**md**〉元素

描述：对学习对象元数据进行标志性描述。

频度：

在〈metadataProfile〉中出现 1 次

——〈**tqmd**〉元素

描述：对测试试题元数据进行标志性描述。

频度：

在〈metadataProfile〉中出现 1 次

——〈**index**〉元素

描述：从一个有序的容器中提取单值的表达式。

参考：

expression.ElementGroup

属性：〈index〉元素的属性及属性数据类型和约束如表 60 所示。

表 60 〈index〉元素的属性及属性数据类型和约束信息列表

属性名称	数据类型	约束
n	integer	M

——**inline.ElementGroup** 元素组

描述：一组在文本范围内有行为的元素。

组成员：a，abbr，acronym，b，big，br，cite，code，dfn，em，endAttemptInteraction，feedbackInline，gap，hottext，i，img，inlineChoiceInteraction，kbd，object，printedVariable，q，samp，small，span，strong，sub，sup，templateInline，textEntryInteraction，tt，var。

频度：

在 atomicBlock.ElementGroup 的成员中出现多次

在〈caption〉中出现多次

在〈dt〉中出现多次

在 simpleInline.ElementGroup 的成员中出现多次

——〈**inlineChoice**〉元素

描述：用来填空的文本字符串。

频度：

在〈inlineChoiceInteraction〉中出现1次或多次

属性：〈inlineChoice〉元素的属性及属性数据类型和约束如表61所示。

表61 〈inlineChoice〉元素的属性及属性数据类型和约束信息列表

属性名称	数据类型	约束
id	string	O
lang	language	O
identifier	string	M
fixed	boolean	O

——〈**inlineChoiceInteraction**〉元素

描述：允许从预先定义的字串中选择以填充文本中单个空白的交互。

参考：

flow.ElementGroup

inline.ElementGroup

objectFlow.ElementGroup

属性：〈inclineChoiceInteraction〉元素的属性及属性数据类型和约束如表62所示。

表62 〈inclineChoiceInteraction〉元素的属性及属性数据类型和约束信息列表

属性名称	数据类型	约束
id	string	O
lang	language	O
responseIdentifier	string	M
shuffle	boolean	M

元素：inlineChoice。

——**inlineInteraction.ElementGroup 元素组**

描述：在文本范围内有行为的一组交互。

组成员：endAttemptInteraction，inlineChoiceInteraction，textEntryInteraction。

参考：

flow.ElementGroup

inline.ElementGroup

objectFlow.ElementGroup

——**inlineStatic.ElementGroup 元素组**

描述：除交互外在文本范围内有行为的一组元素。

组成员：a，abbr，acronym，b，big，br，cite，code，dfn，em，feedbackInline，gap，hottext，i，img，kbd，object，printedVariable，q，samp，small，span，strong，sub，sup，templateInline，tt，var。

背景：

在〈hottext〉中出现多次

在〈prompt〉中出现多次

在〈templateInline〉中出现多次

参考：

inline.ElementGroup

——〈**inside**〉元素

描述：测试一个点是否在给定区域的表达式。

参考：

expression.ElementGroup

——〈**integerDivide**〉元素

描述：进行整数除法操作的表达式。

参考：

expression.ElementGroup

——〈**integerModulus**〉元素

描述：继整数除法后求余的表达式。

参考：

expression.ElementGroup

——〈**integerToFloat**〉元素

描述：将整数转换成相应浮点数基本类型的值的表达式。

参考：

expression.ElementGroup

——**interaction.ElementGroup 元素组**

描述：允许应试者与题目交互，设置和更新响应变量值的一组元素。

背景：无应用。

组成员：associateInteraction，choiceInteraction，customInteraction，drawingInteraction，endAttemptInteraction，extendedTextInteraction，gapMatchInteraction，graphicAssociate-Interaction，graphicGapMatchInteraction，graphicOrderInteraction，hotspotInteraction，hottextInteraction，inlineChoiceInteraction，matchInteraction，mediaInteraction，orderInteraction，positionObjectInteraction，selectPointInteraction，sliderInteraction，textEntry-Interaction，uploadInteraction。

——〈**interactionType**〉元素

频度：

在〈contentProfile〉中出现多次

在〈tqMetadata〉中出现多次

——〈**isNull**〉元素

描述：测试 NULL 值的表达式。

参考：

expression.ElementGroup

——〈**itemBody**〉元素

描述：描述呈现给应试者的试题，文本，图形及交互等。

频度：

在〈assessmentItem〉中出现 0 次或 1 次

属性：〈itemBody〉元素的属性及属性数据类型和约束如表 63 所示。

表 63 〈itemBody〉元素的属性及属性数据类型和约束信息列表

属性名称	数据类型	约束
id	string	O
lang	language	O
label	string	O

——**itemStatistic.ElementGroup 元素组**

描述：定义试题统计量的一组元素。

组成员：categorizedStatistic，ordinaryStatistic。

频度：

在〈usageData〉中出现多次

——**〈itemTemplate〉元素**

描述：指示该试题为模板的元数据标志。

频度：

在〈tqMetadata〉中出现 0 次或 1 次

——**〈kbd〉元素**

描述：由 XHTML 定义，用于定义键盘文本，即表示文本是从键盘输入。

参考：

flow.ElementGroup

flowStatic.ElementGroup

inline.ElementGroup

inlineStatic.ElementGroup

objectFlow.ElementGroup

属性：〈kbd〉元素的属性及属性数据类型和约束如表 64 所示。

表 64 〈kbd〉元素的属性及属性数据类型和约束信息列表

属性名称	数据类型	约束
id	string	O
lang	language	O
label	string	O

——**〈li〉元素**

描述：由 XHTML 定义，用于定义列表项目。

频度：

在〈ol〉中出现多次

在〈ul〉中出现多次

属性：〈li〉元素的属性及属性数据类型和约束如表 65 所示。

表 65 〈**li**〉元素的属性及属性数据类型和约束信息列表

属性名称	数据类型	约束
id	string	O
lang	language	O
label	string	O

——〈**listElements**〉元素

描述：对 XHTML 的列表元素进行标志性描述。

频度：

在〈contentProfile〉中出现 1 次

——〈**lomMetadata**〉元素

描述：对 LOM 的元数据进行标志性描述。

频度：

在〈metadataProfile〉中出现 1 次

——〈**lt**〉元素

描述：测试两数字间"小于"关系的表达式。

参考：

expression.ElementGroup

——〈**lte**〉元素

描述：测试两数字间"小于或等于"关系的表达式。

参考：

expression.ElementGroup

——〈**mapEntry**〉元素

描述：定义一个从单值，或关键字，到一个实数的映射。

频度：

在〈mapping〉中出现 1 次或多次

属性：〈mapEntry〉元素的属性及属性数据类型和约束如表 66 所示。

表 66 〈**mapEntry**〉元素的属性及属性数据类型和约束信息列表

属性名称	数据类型	约束
mapKey	string	O
mappedValue	float	O

——〈**mapResponse**〉元素

描述：用已声明的映射方式将响应变量映射到实数的表达式。

参考：

expression.ElementGroup

属性：〈mapResource〉元素的属性及属性数据类型和约束如表 67 所示。

表 67 〈**mapResource**〉元素的属性及属性数据类型和约束信息列表

属性名称	数据类型	约束
identifier	string	M

——〈**mapResponsePoint**〉元素

描述:用已声明的区域映射方式将点型响应变量映射到实数的表达式。

参考:

expression.ElementGroup

属性:〈mapResponsePoint〉元素的属性及属性数据类型和约束如表 68 所示。

表 68 〈**mapResponsePoint**〉元素的属性及属性数据类型和约束信息列表

属性名称	数据类型	约束
identifier	string	M

——〈**mapping**〉元素

描述:定义一个从源数值集到实数集的映射。

频度:

在〈categorizedStatistic〉中出现 1 次

在〈responseDeclaration〉中出现 0 次或 1 次

属性:〈mapping〉元素的属性及属性数据类型和约束如表 69 所示。

表 69 〈**mapping**〉元素的属性及属性数据类型和约束信息列表

属性名称	数据类型	约束
lowerBound	float	O
upperBound	float	O
defaultValue	float	M

元素:mapEntry。

——〈**match**〉元素

描述:测试两个值是否相等的表达式。

参考:

expression.ElementGroup

——〈**matchInteraction**〉元素

描述:应试者在两个不同的集合中识别出正确选项对的交互。

参考:

block.ElementGroup

flow.ElementGroup

objectFlow.ElementGroup

属性:〈matchInteraction〉元素的属性及属性数据类型和约束如表 70 所示。

表 70 〈**matchInteraction**〉元素的属性及属性数据类型和约束信息列表

属性名称	数据类型	约束
id	string	O
lang	language	O
label	string	O
responseIdentifier	string	M
shuffle	boolean	M
maxAssociations	integer	M

元素：prompt，simpleMatchSet。

——〈**mathElement**〉元素

描述：对 MathML 数学元素进行标志性描述。

频度：

在〈contentProfile〉中出现 1 次

——〈**mathVariable**〉元素

描述：对 mathVariable 的特征进行标志性描述。

频度：

在〈contentProfile〉中出现 1 次

——〈**member**〉元素

描述：测试一个容器中是否包含给定值的表达式。

参考：

expression.ElementGroup

——〈**metadataProfile**〉元素

描述：描述与元数据有关的的系统性能和需求的元素。

频度：

在〈bankProfile〉中出现 1 次

在〈contentProfile〉中出现 1 次

元素：md，lomMetadata，tqmd。

——〈**modalFeedback**〉元素

描述：反馈根据给定的结果变量条件性的向应试者指示出接下来的响应处理。

频度：

在〈assessmentItem〉中出现多次

属性：〈modalFeedback〉元素的属性及属性数据类型和约束如表 71 所示。

表 71 〈**modalFeedback**〉元素的属性及属性数据类型和约束信息列表

属性名称	数据类型	约束
outcomeIdentifier	string	M
identifier	string	M
title	string	O

——〈**multiple**〉元素

描述：将子表达式聚合成一个无序容器的表达式。

参考：

expression.ElementGroup

——〈**not**〉元素

描述：执行布尔非的表达式。

参考：

expression.ElementGroup

——〈**null**〉元素

描述：一个返回 NULL 值的简单表达式。

参考：

expression.ElementGroup

——〈**object**〉元素

描述：由 XHTML 定义，用于定义一个嵌入的对象，使用此元素向 XHTML 页面添加多媒体。

频度：

在〈drawingInteraction〉中出现 1 次

在〈gapImg〉中出现 1 次

在 graphicInteraction.ElementGroup 的成员中出现 1 次

在〈mediaInteraction〉中出现 1 次

在〈positionObjectInteraction〉中出现 1 次

在〈positionObjectStage〉中出现 1 次

参考：

flow.ElementGroup

flowStatic.ElementGroup

inline.ElementGroup

inlineStatic.ElementGroup

objectFlow.ElementGroup

属性：〈object〉元素的属性及属性数据类型和约束如表 72 所示。

表 72 〈object〉元素的属性及属性数据类型和约束信息列表

属性名称	数据类型	约束
id	string	O
lang	language	O
label	string	O
data	string	M
width	length	O
height	length	O

——〈**objectElements**〉元素

描述：对 XHTML 对象元素进行标志性描述。

频度：

在〈contentProfile〉中出现 1 次

——**objectFlow.ElementGroup 元素组**

描述：可在〈object〉中出现的一组元素。

组成员：a, abbr, acronym, address, associateInteraction, b, big, blockquote, br, choiceInteraction, cite, code, customInteraction, dfn, div, dl, drawingInteraction, em, endAttemptInteraction, extendedTextInteraction, feedbackBlock, feedbackInline, gapMatchInteraction, graphicAssociateInteraction, graphicGapMatchInteraction, graphicOrderInteraction, h1, h2, h3, h4, h5, h6, hotspotInteraction, hottext, hottextInteraction, hr, i, img, inlineChoice-Interaction, kbd, matchInteraction, mediaInteraction, object, ol, orderInteraction, p, param, pre, printedVariable, q, rubricBlock, samp, selectPointInteraction, slider-Interaction, small, span, strong, sub, sup, table, templateBlock, templateInline, textEntryInteraction, tt, ul, uploadInteraction, var。

频度：

在〈object〉中出现多次

——〈**objectType**〉元素

描述：为识别一个特定对象 mime—type 而进行元素描述。

频度：

在〈contentProfile〉中出现多次

——〈**ol**〉元素

描述：由 XHTML 定义，用于定义有序列表。

参考：

block.ElementGroup

blockStatic.ElementGroup

flow.ElementGroup

flowStatic.ElementGroup

objectFlow.ElementGroup

属性：〈ol〉元素的属性及属性数据类型和约束如表 73 所示。

表 73 〈ol〉元素的属性及属性数据类型和约束信息列表

属性名称	数据类型	约束
id	string	O
lang	language	O
label	string	O

元素：li。

——〈**or**〉元素

描述：执行布尔或的表达式。

参考：

expression.ElementGroup

——〈**orderInteraction**〉元素

描述：应试者应重排一套选择项的交互。

参考：

block.ElementGroup

flow.ElementGroup

objectFlow.ElementGroup

属性:〈orderInteraction〉元素的属性及属性数据类型和约束如表 74 所示。

表 74 〈orderInteraction〉元素的属性及属性数据类型和约束信息列表

属性名称	数据类型	约束
id	string	O
lang	language	O
label	string	O
responseIdentifier	string	M
shuffle	string	M

——〈ordered〉元素

描述:将子表达式聚合到一个有序容器的表达式。

参考:

expression.ElementGroup

——〈ordinaryStatistic〉元素

描述:一个普通的单值试题统计量。

参考:

itemStatistic.ElementGroup

属性:〈ordinaryStatistic〉元素的属性及属性数据类型和约束如表 75 所示。

表 75 〈ordinaryStatistic〉元素的属性及属性数据类型和约束信息列表

属性名称	数据类型	约束
name	string	M
glossary	anyURI	O
context	anyURI	M
caseCount	integer	O
stdError	float	O
stdDeviation	float	O
lastUpdated	data	O

元素:targetObject,value。

——〈outcomeDeclaration〉元素

描述:声明一个结果变量。

频度:

在〈assessmentItem〉中出现多次

属性:〈outcomeDeclaration〉元素的属性及属性数据类型和约束如表 76 所示。

表 76 〈**outcomeDeclaration**〉元素的属性及属性数据类型和约束信息列表

属性名称	数据类型	约束
identifier	string	M
normalMaximum	float	O

元素：defaultValue。

——〈**p**〉**元素**

描述：由 XHTML 定义，用于定义段落。

参考：

block.ElementGroup

blockStatic.ElementGroup

flow.ElementGroup

flowStatic.ElementGroup

objectFlow.ElementGroup

属性：〈p〉元素的属性及属性数据类型和约束如表 77 所示。

表 77 〈**p**〉元素的属性及属性数据类型和约束信息列表

属性名称	数据类型	约束
id	string	O
lang	language	O
label	string	O

——〈**param**〉**元素**

描述：由 XHTML 定义，允许为插入 XHTML 文档的对象规定 run－time 设置，即可为包含它的〈object〉或者〈applet〉元素提供参数。

参考：

objectFlow.ElementGroup

属性：〈param〉元素的属性及属性数据类型和约束如表 78 所示。

表 78 〈**param**〉元素的属性及属性数据类型和约束信息列表

属性名称	数据类型	约束
name	string	M
value	string	M

——〈**patternMatch**〉**元素**

描述：用常规表达式测试两个字符串值的表达式。

参考：

expression.ElementGroup

属性：〈patternMatch〉元素的属性及属性数据类型和约束如表 79 所示。

表 79 〈**patternMatch**〉元素的属性及属性数据类型和约束信息列表

属性名称	数据类型	约束
pattern	string	M

——〈**positionObjectInteraction**〉元素

描述：应试者在现有图像上放置对象的交互。

频度：

在〈positionObjectStage〉中出现 1 次或多次

属性：〈positionObjectInteraction〉元素的属性及属性数据类型和约束如表 80 所示。

表 80 〈**positionObjectInteraction**〉元素的属性及属性数据类型和约束信息列表

属性名称	数据类型	约束
id	string	O
lang	language	O
label	string	O
responseIdentifier	string	M
maxChoices	integer	M

元素：object。

——〈**positionObjectStage**〉元素

描述：定义放置对象的作业的背景图像。

参考：

block.ElementGroup

元素：object，positionObjectInteraction。

——〈**power**〉元素

描述：将一个数字提升为另一个数字的幂的表达式。

参考：

expression.ElementGroup

——〈**pre**〉元素

描述：由 XHTML 定义，定义预格式化的文本。

参考：

block.ElementGroup

blockStatic.ElementGroup

flow.ElementGroup

flowStatic.ElementGroup

objectFlow.ElementGroup

属性：〈pre〉元素的属性及属性数据类型和约束如表 81 所示。

表 81 〈**pre**〉元素的属性及属性数据类型和约束信息列表

属性名称	数据类型	约束
id	string	O
lang	language	O
label	string	O

——〈**presentationElements**〉元素

描述：对 XHTML 的表述元素进行标志性描述。

频度：

在〈contentProfile〉中出现 1 次

——〈**printedVariable**〉元素

描述：在试题体中插入试题变量值的元素。

参考：

flow.ElementGroup

flowStatic.ElementGroup

inline.ElementGroup

inlineStatic.ElementGroup

objectFlow.ElementGroup

属性：〈printedVariable〉元素的属性及属性数据类型和约束如表 82 所示。

表 82 〈**printedVariable**〉元素的属性及属性数据类型和约束信息列表

属性名称	数据类型	约束
id	string	O
lang	language	O
label	string	O
identifier	string	M
format	string	O
base	integer	O

——〈**printedVariables**〉元素

描述：对 printedVariable 的特征进行标志性描述。

频度：

在〈contentProfile〉中出现 1 次

——〈**product**〉元素

描述：计算一组数乘积的表达式。

参考：

expression.ElementGroup

——〈**prompt**〉元素

描述：对交互的一个可选性提示。

频度：

在 blockInteraction.ElementGroup 的成员中出现 0 次或 1 次

属性:〈prompt〉元素的属性及属性数据类型和约束如表 83 所示。

表 83 〈prompt〉元素的属性及属性数据类型和约束信息列表

属性名称	数据类型	约束
id	string	O
class	list of styleclass	O
lang	language	O
label	string	O

——**〈q〉元素**

描述:由 XHTML 定义,用于定义简短的引用。

参考:

flow.ElementGroup

flowStatic.ElementGroup

inline.ElementGroup

inlineStatic.ElementGroup

objectFlow.ElementGroup

属性:〈q〉元素的属性及属性数据类型和约束如表 84 所示。

表 84 〈q〉元素的属性及属性数据类型和约束信息列表

属性名称	数据类型	约束
id	string	O
lang	language	O
label	string	O
cite	anyURI	O

——**〈tqMetadata〉元素**

描述:测试试题特定元数据的根元素。

背景:可以是一个 XML 文档的根元素。

元 素: itemTemplate, timeDependent, composite, interactionType, feedbackType, solutionAvailable,toolName,toolVersion,toolVendor。

——**〈random〉元素**

描述:从容器中提取任意值的表达式。

参考:

expression.ElementGroup

——**〈randomFloat〉元素**

描述:从特定范围返回一个任意浮点值的表达式。

参考:

expression.ElementGroup

属性:〈randomFloat〉元素的属性及属性数据类型和约束如表 85 所示。

表 85 〈**randomFloat**〉元素的属性及属性数据类型和约束信息列表

属性名称	数据类型	约束
min	float	M
max	float	M

——〈**randomInteger**〉元素

描述：从特定范围返回一个任意整数值的表达式。

参考：

expression.ElementGroup

属性：〈randomInteger〉元素的属性及属性数据类型和约束如表 86 所示。

表 86 〈**randomInteger**〉元素的属性及属性数据类型和约束信息列表

属性名称	数据类型	约束
min	float	M
max	float	M
step	integer	O

——〈**regexp**〉元素

描述：对一个常规表达式的特征进行标志性描述。

频度：

在〈contentProfile〉中出现 1 次

——〈**responseCondition**〉元素

描述：包含子规则组的响应规则，子规则组指条件性遵循基于一个或多个表达式的值的规则组。

参考：

responseRule.ElementGroup

频度：

在 responseRule.ElementGroup 的成员中出现多次

元素：responseIf，responseElseIf，responseElse。

——〈**responseDeclaration**〉元素

描述：声明一个响应变量。

频度：

在〈assessmentItem〉中出现多次

属性：〈responseDeclaration〉元素的属性及属性数据类型和约束如表 87 所示。

表 87 〈**responseDeclaration**〉元素的属性及属性数据类型和约束信息列表

属性名称	数据类型	约束
identifier	string	M

元素：defaultValue，correctResponse，mapping，areaMapping。

——〈**responseElse**〉元素

描述：如果所有先决组由于包含响应条件而被跳过，它们将无条件遵循此处描述的最终组的规则。

频度：

在〈responseCondition〉中出现 0 次或 1 次

——**〈responseElseIf〉元素**

描述：一个条件组的规则将被予以考虑，如果所有先决组由于包含响应条件而被跳过。

频度：

在〈responseCondition〉中出现多次

——**〈responseIf〉元素**

描述：响应条件的第一部分。

频度：

在〈responseCondition〉中出现 1 次

——**〈responseProcessing〉元素**

描述：定义一组用来处理应试者响应的规则。

背景：可以作为 XML 文档的根元素。

频度：

在〈assessmentItem〉中出现 0 次或 1 次

属性：〈responseProcessing〉元素的属性及属性数据类型和约束如表 88 所示。

表 88 〈responseProcessing〉元素的属性及属性数据类型和约束信息列表

属性名称	数据类型	约束
template	anyURI	O
templateLocation	anyURI	O

——**responseRule.ElementGroup 元素组**

描述：定义一组在响应处理中遵循的规则。

组成员：exitResponse，responseCondition，setOutcomeValue。

频度：

在〈responseElse〉中出现多次

在〈responseElseIf〉中出现多次

在〈responseIf〉中出现多次

在〈responseProcessing〉中出现多次

——**〈responseRules〉元素**

描述：对一般响应处理的特征进行标志性描述。

频度：

在〈contentProfile〉中出现 1 次

——**〈round〉元素**

描述：将实数四舍五入为整数的表达式。

参考：

expression.ElementGroup

——**〈rounding〉元素**

频度：

在〈contentProfile〉中出现 1 次

——〈**rpTemplate**〉元素

描述：为识别特殊响应处理的模块描述元素。

频度：

在〈contentProfile〉中出现多次

——〈**rubric**〉元素

描述：对标题的特征进行标志性描述。

频度：

在〈contentProfile〉中出现 1 次

——〈**rubricBlock**〉元素

描述：试题体的一个结构部分，其可见性依赖于读这个题目的人的角色。

参考：

block.ElementGroup

blockStatic.ElementGroup

flow.ElementGroup

flowStatic.ElementGroup

objectFlow.ElementGroup

属性：〈rubricBlock〉元素的属性及属性数据类型和约束如表 89 所示。

表 89 〈rubricBlock〉元素的属性及属性数据类型和约束信息列表

属性名称	数据类型	约束
id	string	O
label	string	O

——〈**samp**〉元素

描述：由 XHTML 定义，用于定义样本文本。

参考：

flow.ElementGroup

flowStatic.ElementGroup

inline.ElementGroup

inlineStatic.ElementGroup

objectFlow.ElementGroup

属性：〈samp〉元素的属性及属性数据类型和约束如表 90 所示。

表 90 〈samp〉元素的属性及属性数据类型和约束信息列表

属性名称	数据类型	约束
id	string	O
lang	language	O
label	string	O

——**sectionPart.ElementGroup** 元素组

描述：用来定义节的结构的一组元素。

组成员：assessmentItemRef，assessmentSection，xi：include。

频度：

在〈assessmentSection〉中出现多次

——〈**selectPointInteraction**〉元素

描述：应试者在一幅图像中选择一个或多个点的交互。

参考：

block.ElementGroup

flow.ElementGroup

objectFlow.ElementGroup

属性：〈selectPointInteraction〉元素的属性及属性数据类型和约束如表 91 所示。

表 91 〈selectPointInteraction〉元素的属性及属性数据类型和约束信息列表

属性名称	数据类型	约束
id	string	O
lang	language	O
label	string	O
responseIdentifier	string	M
maxChoices	integer	M

元素：prompt，object。

——〈**setCorrectResponse**〉元素

描述：为响应变量设置正确值的模板规则。

参考：

templateRule.ElementGroup

频度：

在 templateRule.ElementGroup 的成员中出现 0 次或 1 次

属性：〈setCorrectResponse〉元素的属性及属性数据类型和约束如表 92 所示。

表 92 〈 setCorrectResponse 〉元素的属性及属性数据类型和约束信息列表

属性名称	数据类型	约束
identifier	string	M

——〈**setDefaultValue**〉元素

描述：为试题变量设置默认值的模板规则。

参考：

templateRule.ElementGroup

频度：

在 templateRule.ElementGroup 的成员中出现 0 次或 1 次

属性：〈setDefaultValue〉元素的属性及属性数据类型和约束如表 93 所示。

表 93 〈setDefaultValue〉元素的属性及属性数据类型和约束信息列表

属性名称	数据类型	约束
identifier	string	M

——〈setOutcomeValue〉元素

描述：为结果变量设置值的的响应/结果规则。

参考：

responseRule.ElementGroup

频度：

在 responseRule.ElementGroup 的成员中出现 1 次

属性：〈setOutcomeValue〉元素的属性及属性数据类型和约束如表 94 所示。

表 94 〈setOutcomeValue〉元素的属性及属性数据类型和约束信息列表

属性名称	数据类型	约束
identifier	string	M

——〈setTemplateValue〉元素

描述：为一个模板变量设置值的模板规则。

参考：

templateRule.ElementGroup

频度：

在 templateRule.ElementGroup 的成员中出现 0 次或 1 次

属性：〈setTemplateValue〉元素的属性及属性数据类型和约束如表 95 所示。

表 95 〈setTemplateValue〉元素的属性及属性数据类型和约束信息列表

属性名称	数据类型	约束
identifier	string	M

——〈simpleAssociableChoice〉元素

描述：在简单关联题或匹配题中描述选项的元素。

频度：

在〈associateInteraction〉中出现 1 次或多次

在〈simpleMatchSet〉中出现多次

属性：〈simpleAssociableChoice〉元素的属性及属性数据类型和约束如表 96 所示。

表 96 〈simpleAssociableChoice〉元素的属性及属性数据类型和约束信息列表

属性名称	数据类型	约束
id	string	O
lang	language	O
label	string	O

表 96（续）

属性名称	数据类型	约束
identifier	string	M
fixed	string	O
matchMax	integer	M

——**simpleBlock.ElementGroup 元素组**

描述:为试题提供简单聚合结构的一组元素。

组成员:blockquote,feedbackBlock,rubricBlock。

参考:

block.ElementGroup

blockStatic.ElementGroup

flow.ElementGroup

flowStatic.ElementGroup

objectFlow.ElementGroup

——**〈simpleChoice〉元素**

描述:在简单选择或排序题中描述选项的元素。

频度:

在〈choiceInteraction〉中出现 1 次或多次

在〈orderInteraction〉中出现 1 次或多次

属性:〈simpleChoice〉元素的属性及属性数据类型和约束如表 97 所示。

表 97 〈simpleAssociableChoice〉元素的属性及属性数据类型和约束信息列表

属性名称	数据类型	约束
id	string	O
lang	language	O
label	string	O
identifier	string	M
fixed	string	O

——**simpleInline.ElementGroup 元素组**

描述:既在文本范围内有行为又包含此文本范围内容物的一组元素。

组成员:a,abbr,acronym,b,big,cite,code,dfn,em,feedbackInline,i,kbd,q,samp,small,span,strong,sub,sup,tt,var。

参考:

flow.ElementGroup

flowStatic.ElementGroup

inline.ElementGroup

inlineStatic.ElementGroup

objectFlow.ElementGroup

——〈**simpleMatchSet**〉元素

描述：描述用于匹配题的一套选项。

频度：

在〈matchInteraction〉中出现两次

元素：simpleAssociableChoice。

——〈**sliderInteraction**〉元素

描述：应试者用滑鼠输入一个限定范围内的数值响应的交互。

参考：

block.ElementGroup

flow.ElementGroup

objectFlow.ElementGroup

属性：〈sliderInteraction〉元素的属性及属性数据类型和约束如表 98 所示。

表 98 〈 sliderInteraction 〉元素的属性及属性数据类型和约束信息列表

属性名称	数据类型	约束
id	string	O
lang	language	O
label	string	O
responsiIdentifier	string	M
lowBound	float	M
upperBound	float	M
step	integer	O
stepLabel	boolean	O

元素：prompt。

——〈**small**〉元素

描述：由 XHTML 定义，用于定义小号字体样式。

参考：

flow.ElementGroup

flowStatic.ElementGroup

inline.ElementGroup

inlineStatic.ElementGroup

objectFlow.ElementGroup

属性：〈small〉元素的属性及属性数据类型和约束如表 99 所示。

表 99 〈small〉元素的属性及属性数据类型和约束信息列表

属性名称	数据类型	约束
id	string	O
lang	language	O
label	string	O

——〈**solutionAvailable**〉元素

描述:指向有解的试题的元数据标记。

频度:

在〈tqMetadata〉中出现 0 次或 1 次

——〈**span**〉元素

描述:由 XHTML 定义,用于组合文档中的行内元素。

参考:

flow.ElementGroup

flowStatic.ElementGroup

inline.ElementGroup

inlineStatic.ElementGroup

objectFlow.ElementGroup

属性:〈span〉元素的属性及属性数据类型和约束如表 100 所示。

表 100 〈span〉元素的属性及属性数据类型和约束信息列表

属性名称	数据类型	约束
id	string	O
lang	language	O
label	string	O

——**stringInteraction.ElementGroup** 元素组

描述:允许用户键入基于文本的响应的交互。

背景:无应用。

组成员:extendedTextInteraction,textEntryInteraction。

——〈**stringMatch**〉元素

描述:测试两个字符串值的表达式。

参考:

expression.ElementGroup

属性:〈 stringMatch 〉元素的属性及属性数据类型和约束如表 101 所示。

表 101 〈 stringMatch 〉元素的属性及属性数据类型和约束信息列表

属性名称	数据类型	约束
caseSensitive	boolean	M
substring	boolean	M

——〈**strong**〉元素

描述:由 XHTML 定义,用于将文本定义为语气更强的强调的内容。

参考:

flow.ElementGroup

flowStatic.ElementGroup

inline.ElementGroup

inlineStatic.ElementGroup

objectFlow.ElementGroup

属性:〈strong〉元素的属性及属性数据类型和约束如表 102 所示。

表 102 〈strong〉元素的属性及属性数据类型和约束信息列表

属性名称	数据类型	约束
id	string	O
lang	language	O
label	string	O

——〈**stylesheet**〉**元素**

描述:将样式表与题目相关联。

频度:

在〈assessmentItem〉出现 0 次或多次

属性:〈stylesheet〉元素的属性及属性数据类型和约束如表 103 所示。

表 103 〈stylesheet〉元素的属性及属性数据类型和约束信息列表

属性名称	数据类型	约束
href	anyURI	M
media	string	O
title	string	O

——〈**sub**〉**元素**

描述:由 XHTML 定义,用于定义下标文本。

参考:

flow.ElementGroup

flowStatic.ElementGroup

inline.ElementGroup

inlineStatic.ElementGroup

objectFlow.ElementGroup

属性:〈sub〉元素的属性及属性数据类型和约束如表 104 所示。

表 104 〈sub〉元素的属性及属性数据类型和约束信息列表

属性名称	数据类型	约束
id	string	O
lang	language	O
label	string	O

——〈**substring**〉**元素**

描述:测试一个字串是否包含另一个字串的表达式。

参考:

expression.ElementGroup

属性:〈substring〉元素的属性及属性数据类型和约束如表 105 所示。

表 105 〈substring〉元素的属性及属性数据类型和约束信息列表

属性名称	数据类型	约束
caseSensitive	boolean	M

——〈subtract〉元素

描述:用一个数减去另一个数的表达式。

参考:

expression.ElementGroup

——〈sum〉元素

描述:计算一组数的和的表达式。

参考:

expression.ElementGroup

——〈sup〉元素

描述:由 XHTML 定义,用于定义上标文本。

参考:

flow.ElementGroup

flowStatic.ElementGroup

inline.ElementGroup

inlineStatic.ElementGroup

objectFlow.ElementGroup

属性:〈sup〉元素的属性及属性数据类型和约束如表 106 所示。

表 106 〈sup〉元素的属性及属性数据类型和约束信息列表

属性名称	数据类型	约束
id	string	O
lang	language	O
label	string	O

——〈table〉元素

描述:由 XHTML 定义,用于定义 HTML 表格。

参考:

block.ElementGroup

blockStatic.ElementGroup

flow.ElementGroup

flowStatic.ElementGroup

objectFlow.ElementGroup

属性:〈table〉元素的属性及属性数据类型和约束如表 107 所示。

表 107 〈**table**〉元素的属性及属性数据类型和约束信息列表

属性名称	数据类型	约束
id	string	O
lang	language	O
label	string	O
summary	string	O

元素：caption，col，colgroup，thead，tfoot，tbody。

——**tableCell.ElementGroup 元素组**

描述：可在表行中出现的元素。

组成员：td，th。

频度：

在〈tr〉中出现 1 次或多次

——〈**tableElements**〉元素

描述：对 XHTML 的表元素进行标志性描述。

频度：

在〈contentProfile〉中出现 1 次

——〈**targetObject**〉元素

描述：对象的一个参考。例如一个评估试题，或一个与题目统计量相关的对象子部分。

频度：

在 itemStatistic.ElementGroup 的成员中出现 1 次或多次

属性：〈targetObject〉元素的属性及属性数据类型和约束如表 108 所示。

表 108 〈**targetObject**〉元素的属性及属性数据类型和约束信息列表

属性名称	数据类型	约束
identifier	string	M
partIdentifier	string	O

——〈**tbody**〉元素

描述：由 XHTML 定义，用于组合 HTML 表格的主体内容，应与〈thead〉和〈tfoot〉元素结合起来使用。

背景：

在〈table〉中出现 1 次或多次

属性：〈body〉元素的属性及属性数据类型和约束如表 109 所示。

表 109 〈**body**〉元素的属性及属性数据类型和约束信息列表

属性名称	数据类型	约束
id	string	O
lang	language	O
label	string	O

元素:tr。

——〈**td**〉元素

描述:由 XHTML 定义,用于定义 HTML 表格中的标准单元格(包含数据)。

参考:

tableCell.ElementGroup

属性:〈td〉元素的属性及属性数据类型和约束如表 110 所示。

表 110 〈td〉元素的属性及属性数据类型和约束信息列表

属性名称	数据类型	约束
id	string	O
lang	language	O
label	string	O
abbr	string	O
axis	string	O
rowspan	integer	O
colspan	integer	O

——〈**templateBlock**〉元素

描述:其可见性可被模板变量条件控制的试题的结构部分。

参考:

block.ElementGroup

blockStatic.ElementGroup

flow.ElementGroup

flowStatic.ElementGroup

objectFlow.ElementGroup

属性:〈 templateBlock 〉元素的属性及属性数据类型和约束如表 111 所示。

表 111 〈templateBlock 〉元素的属性及属性数据类型和约束信息列表

属性名称	数据类型	约束
id	string	O
lang	language	O
label	string	O
templateIdentifier	string	M
identifier	string	M

——〈**templateCondition**〉元素

描述:包含基于一个或多个表达式的值而被条件遵循的子规则组的模板规则。

参考:

templateRule.ElementGroup

频度:

在 templateRule.ElementGroup 的成员中出现 0 次或 1 次

元素：templateIf，templateElseIf，templateElse。

——〈**templateDeclaration**〉元素

描述：声明一个模板变量。

频度：

在〈assessmentItem〉中出现多次

属性：〈templateDeclaration〉元素的属性及属性数据类型和约束如表 112 所示。

表 112 〈templateDeclaration〉元素的属性及属性数据类型和约束信息列表

属性名称	数据类型	约束
identifier	string	M
paramVariable	boolean	M
mathVariable	boolean	M

元素：defaultValue。

——**templateElement.ElementGroup** 元素组

描述：可见性可被模板变量条件控制的元素。

背景：无应用。

组成员：templateBlock，templateInline。

——〈**templateElse**〉元素

描述：如果先决组由于包含模板条件而被跳过，则此最终组规则将被无条件遵循。

频度：

在〈templateCondition〉中出现 0 次或 1 次

——〈**templateElseIf**〉元素

描述：如果先决组由于包含模板条件而被跳过，则此条件规则组将被考虑。

频度：

在〈templateCondition〉中出现多次

——〈**templateIf**〉元素

描述：模板条件的第一部分。

频度：

在〈templateCondition〉中出现 1 次

——〈**templateInline**〉元素

描述：可见性被模板变量条件控制的文本范围。

参考：

flow.ElementGroup

flowStatic.ElementGroup

inline.ElementGroup

inlineStatic.ElementGroup

objectFlow.ElementGroup

属性：〈templateInline〉元素的属性及属性数据类型和约束如表 113 所示。

表 113 〈**templateInline**〉元素的属性及属性数据类型和约束信息列表

属性名称	数据类型	约束
id	string	O
lang	language	O
label	string	O
templateIdentifier	string	M
identifier	string	M

——〈**templateProcessing**〉元素

描述：定义计算模板变量值的规则。

频度：

在〈assessmentItem〉中出现 0 次或 1 次

——**templateRule.ElementGroup** 元素组

描述：定义在模板处理过程中被遵循的规则的一组元素。

组成员：exitTemplate，setCorrectResponse，setDefaultValue，setTemplateValue，templateCondition。

频度：

在〈templateElse〉中出现多次

在〈templateElseIf〉中出现多次

在〈templateIf〉中出现多次

在〈templateProcessing〉中出现 1 次或多次

——〈**templates**〉元素

描述：对题目的模板特征进行标志性描述。

频度：

在〈contentProfile〉中出现 1 次

——〈**textElements**〉元素

描述：对 XHTML 的文本元素进行标志性描述。

频度：

在〈contentProfile〉中出现 1 次

——〈**textEntryInteraction**〉元素

描述：允许应试者应用一段文本来进行填空的交互。

参考：

flow.ElementGroup

inline.ElementGroup

objectFlow.ElementGroup

属性：〈textEntryInteraction〉元素的属性及属性数据类型和约束如表 114 所示。

表 114 〈**textEntryInteraction**〉元素的属性及属性数据类型和约束信息列表

属性名称	数据类型	约束
id	string	O
lang	language	O
label	string	O
responseIdentifier	string	M
base	integer	O
stringIdentifier	string	O
expectedLength	integer	O
patternMask	string	O
placeholderText	string	O

——〈**tfoot**〉元素

描述：由 XHTML 定义，用于组合 HTML 表格中的表注内容，应该与〈thead〉和〈tbody〉元素结合起来使用。

频度：

在〈table〉中出现 0 次或 1 次

属性：〈tfoot〉元素的属性及属性数据类型和约束如表 115 所示。

表 115 〈**tfoot**〉元素的属性及属性数据类型和约束信息列表

属性名称	数据类型	约束
id	string	O
lang	language	O
label	string	O

元素：th。

——〈**th**〉元素

描述：由 XHTML 定义，用于定义表格内的表头单元格(包含表头信息)。

频度：

在〈tfoot〉中出现 1 次或多次

参考：

tableCell.ElementGroup

属性：〈th〉元素的属性及属性数据类型和约束如表 116 所示。

表 116 〈**th**〉元素的属性及属性数据类型和约束信息列表

属性名称	数据类型	约束
id	string	O
lang	language	O
label	string	O

表 116（续）

属性名称	数据类型	约束
abbr	string	O
axis	string	O
rowspan	integer	O
colspan	integer	O

——**〈thead〉元素**

描述：由 XHTML 定义，用于组合 XHTML 表格的表头内容，应该与〈tbody〉和〈tfoot〉元素结合起来使用。

频度：

在〈table〉中出现 0 次或 1 次

属性：〈thead〉元素的属性及属性数据类型和约束如表 117 所示。

表 117 〈thead〉元素的属性及属性数据类型和约束信息列表

属性名称	数据类型	约束
id	string	O
lang	language	O
label	string	O

元素：tr。

——**〈timeDependent〉元素**

描述：对时间依赖性的特征进行标志性描述。

频度：

在〈contentProfile〉中出现 1 次

在〈tqMetadata〉中出现 0 次或 1 次

——**〈toolName〉元素**

描述：包含创建对象工具的名称的元数据元素。

频度：

在〈tqMetadata〉中出现 0 次或 1 次

——**〈toolVendor〉元素**

描述：包含生产创建对象工具的公司名称的元数据元素。

频度：

在〈tqMetadata〉中出现 0 次或 1 次

——**〈toolVersion〉元素**

描述：包含创建对象工具的版本信息的元数据元素。

频度：

在〈tqMetadata〉中出现 0 次或 1 次

——**〈tr〉元素**

描述：由 XHTML 定义，用于定义 XHTML 表格中的行。

频度：

在〈tbody〉中出现 1 次或多次

在〈thead〉中出现 1 次或多次

在〈tfoot〉中出现 1 次或多次

属性:〈tr〉元素的属性及属性数据类型和约束如表 118 所示。

表 118 〈tr〉元素的属性及属性数据类型和约束信息列表

属性名称	数据类型	约束
id	string	O
lang	language	O
label	string	O

——〈truncate〉元素

描述:把实数截为整数的表达式。

参考:

expression.ElementGroup

——〈tt〉元素

描述:由 XHTML 定义,用于定义类似打字机或者等宽的文本样式。

参考:

flow.ElementGroup

flowStatic.ElementGroup

inline.ElementGroup

inlineStatic.ElementGroup

objectFlow.ElementGroup

属性:〈tt〉元素的属性及属性数据类型和约束如表 119 所示。

表 119 〈tt〉元素的属性及属性数据类型和约束信息列表

属性名称	数据类型	约束
id	string	O
lang	language	O
label	string	O

——〈ul〉元素

描述:由 XHTML 定义,用于定义无序列表。

参考:

block.ElementGroup

blockStatic.ElementGroup

flow.ElementGroup

flowStatic.ElementGroup

objectFlow.ElementGroup

属性:〈ul〉元素的属性及属性数据类型和约束如表 120 所示。

表 120 〈**ul**〉元素的属性及属性数据类型和约束信息列表

属性名称	数据类型	约束
id	string	O
lang	language	O
label	string	O

元素:li。

——〈**uploadInteraction**〉元素

描述:应试者升级展示响应的文件的交互。

参考:

block.ElementGroup

flow.ElementGroup

objectFlow.ElementGroup

属性:〈uploadInteraction〉元素的属性及属性数据类型和约束如表 121 所示。

表 121 〈**uploadInteraction**〉元素的属性及属性数据类型和约束信息列表

属性名称	数据类型	约束
id	string	O
lang	language	O
label	string	O
responseIdentifier	string	M

元素:prompt。

——〈**usageData**〉元素

描述:XML 文档实例的用法数据的根元素。用法数据也可指试题统计量。

背景:可作为 XML 文档的根元素。

属性:〈usageData〉元素的属性及属性数据类型和约束如表 122 所示。

表 122 〈**usageData**〉元素的属性及属性数据类型和约束信息列表

属性名称	数据类型	约束
glossary	anyURI	O
注:itemStatistics 的名称全部都在默认术语表 glossary 中定义。		

——〈**usageDataVocabulary**〉元素

描述:对用法数据文件进行标志性描述。

频度:

在〈bankProfile〉中出现多次

——〈**value**〉元素

描述:从基本类型中得到的一个数据值。

频度:

在〈correctResponse〉中出现1次或多次

在〈defaultValue〉中出现1次或多次

在〈ordinaryStatistic〉中出现1次

属性:〈value〉元素的属性及属性数据类型和约束如表123所示。

表123 〈value〉元素的属性及属性数据类型和约束信息列表

属性名称	数据类型	约束
fieldIdentifier	string	O

——〈var〉元素

描述:由XHTML定义,用于定义变量,可与〈pre〉和〈code〉元素结合使用。

参考:

flow.ElementGroup

flowStatic.ElementGroup

inline.ElementGroup

inlineStatic.ElementGroup

objectFlow.ElementGroup

属性:〈var〉元素的属性及属性数据类型和约束如表124所示。

表124 〈var〉元素的属性及属性数据类型和约束信息列表

属性名称	数据类型	约束
id	string	O
lang	language	O
label	string	O

——〈variable〉元素

描述:返回试变量值的简单表达式。

参考:

expression.ElementGroup

属性:〈variable〉元素的属性及属性数据类型和约束如表125所示。

表125 〈variable〉元素的属性及属性数据类型和约束信息列表

属性名称	数据类型	约束
identifier	string	M

——variableDeclaration.ElementGroup 元素组

背景:无应用。

组成员:outcomeDeclaration,responseDeclaration,templateDeclaration。

——〈variableMapping〉元素

频度:

在〈assessmentItemRef〉中出现多次

属性:〈variableMapping〉元素的属性及属性数据类型和约束如表126所示。

表 126 〈variableMapping〉元素的属性及属性数据类型和约束信息列表

属性名称	数据类型	约束
sourceIdentifier	string	M
targetIdentifier	string	M

6 XML Schema

```
〈? xml version = "1.0" encoding = "UTF-8"?〉
〈xsd:schema
xmlns:xsd = "http://www.w3.org/2001/XMLSchema"
targetNamespace = "" elementFormDefault = "qualified" attributeFormDefault = "unqualified"〉
  〈xsd:element name = "assessmentItem"〉
    〈xsd:complexType〉
      〈xsd:sequence〉
        〈xsd:element name = "responseDeclaration" minOccurs = "0"
        maxOccurs = "unbounded"〉
          〈xsd:complexType〉
            〈xsd:sequence〉
              〈xsd:element name = "correctResponse" minOccurs = "0"〉
                〈xsd:complexType〉
                  〈xsd:sequence〉
                    〈xsd:element name = "value"
                    maxOccurs = "unbounded"〉
                      〈xsd:complexType〉
                        〈xsd:attribute name = "fieldIdentifier"
                        type = "xsd:string" use = "optional"/〉
                      〈/xsd:complexType〉
                    〈/xsd:element〉
                  〈/xsd:sequence〉
                  〈xsd:attribute name = "interpretation" type = "xsd:string"
                    use = "optional"/〉
                〈/xsd:complexType〉
              〈/xsd:element〉
              〈xsd:element name = "mapping" minOccurs = "0"〉
                〈xsd:complexType〉
                  〈xsd:sequence〉
                    〈xsd:element name = "mapEntry"
                    maxOccurs = "unbounded"〉
                      〈xsd:complexType〉
                        〈xsd:attribute name = "mapKey"
                          type = "xsd:string" use = "optional"/〉
                        〈xsd:attribute name = "mappedValue"
                          type = "xsd:float" use = "optional"/〉
                      〈/xsd:complexType〉
                    〈/xsd:element〉
                  〈/xsd:sequence〉
                  〈xsd:attribute name = "lowerBound" type = "xsd:float"
```

```
            use = "optional"/〉
          〈xsd:attribute name = "upperBound" type = "xsd:float"
            use = "optional"/〉
          〈xsd:attribute name = "defaultValue" type = "xsd:float"
            use = "required"/〉
        〈/xsd:complexType〉
      〈/xsd:element〉
      〈xsd:element name = "areaMapping" minOccurs = "0"〉
        〈xsd:complexType〉
          〈xsd:sequence〉
            〈xsd:element name = "areaMapEntry"
              maxOccurs = "unbounded"〉
              〈xsd:complexType〉
                〈xsd:attribute name = "mappedValue"
                    type = "xsd:float" use = "required"/〉
              〈/xsd:complexType〉
            〈/xsd:element〉
          〈/xsd:sequence〉
          〈xsd:attribute name = "lowerBound" type = "xsd:float"
            use = "optional"/〉
          〈xsd:attribute name = "upperBound" type = "xsd:float"
            use = "optional"/〉
          〈xsd:attribute name = "defaultValue" type = "xsd:float"
            use = "required"/〉
        〈/xsd:complexType〉
      〈/xsd:element〉
    〈/xsd:sequence〉
    〈xsd:attribute name = "identifier" type = "xsd:string" use = "required"/〉
  〈/xsd:complexType〉
〈/xsd:element〉
〈xsd:element name = "outcomeDeclaration" minOccurs = "0"
  maxOccurs = "unbounded"〉
  〈xsd:complexType〉
    〈xsd:attribute name = "identifier" type = "xsd:string" use = "required"/〉
    〈xsd:attribute name = "longInterpretation" type = "xsd:string"
      use = "optional"/〉
    〈xsd:attribute name = "normalMaximum" type = "xsd:float" use = "optional"/〉
  〈/xsd:complexType〉
〈/xsd:element〉
〈xsd:element name = "templateDeclaration" minOccurs = "0"
  maxOccurs = "unbounded"〉
  〈xsd:complexType〉
    〈xsd:sequence〉
      〈xsd:element name = "defaultValue" minOccurs = "0"〉
        〈xsd:complexType〉
          〈xsd:sequence〉
            〈xsd:element name = "value"
                maxOccurs = "unbounded"〉
              〈xsd:complexType〉
                〈xsd:attribute name = "fieldIdentifier"
                  type = "xsd:string" use = "required"/〉
```

```
          </xsd:complexType>
        </xsd:element>
      </xsd:sequence>
      <xsd:attribute name = "interpretation" type = "xsd:string"
        use = "optional"/>
    </xsd:complexType>
  </xsd:element>
</xsd:sequence>
<xsd:attribute name = "identifier" type = "xsd:string" use = "required"/>
<xsd:attribute name = "paramVariable" type = "xsd:boolean" use = "required"/>
<xsd:attribute name = "mathVariable" type = "xsd:boolean" use = "required"/>
</xsd:complexType>
</xsd:element>
<xsd:element name = "templateProcessing" minOccurs = "0">
  <xsd:complexType>
    <xsd:sequence>
      <xsd:element name = "templateRule.ElementGroup"
        maxOccurs = "unbounded">
        <xsd:complexType>
          <xsd:sequence>
            <xsd:element name = "exitTemplate" minOccurs = "0"/>
            <xsd:element name = "setCorrectResponse"
              minOccurs = "0">
              <xsd:complexType>
                <xsd:attribute name = "identifier"
                  type = "xsd:string" use = "required"/>
              </xsd:complexType>
            </xsd:element>
            <xsd:element name = "setDefaultValue"
              minOccurs = "0">
              <xsd:complexType>
                <xsd:attribute name = "identifier"
                  type = "xsd:string" use = "required"/>
              </xsd:complexType>
            </xsd:element>
            <xsd:element name = "setTemplateValue"
              minOccurs = "0">
              <xsd:complexType>
                <xsd:attribute name = "identifier"
                  type = "xsd:string" use = "required"/>
              </xsd:complexType>
            </xsd:element>
            <xsd:element name = "templateCondition"
              minOccurs = "0" maxOccurs = "unbounded">
              <xsd:complexType>
                <xsd:sequence>
                  <xsd:element name = "templateIf"/>
                  <xsd:element name = "templateElseIf"
                  minOccurs = "0"
                  maxOccurs = "unbounded"/>
                  <xsd:element name = "templateElse"
```

```
                    minOccurs = "0"/>
                  </xsd:sequence>
                </xsd:complexType>
              </xsd:element>
            </xsd:sequence>
          </xsd:complexType>
        </xsd:element>
      </xsd:sequence>
    </xsd:complexType>
  </xsd:element>
  <xsd:element name = "stylesheet" minOccurs = "0" maxOccurs = "unbounded">
    <xsd:complexType>
      <xsd:attribute name = "href" type = "xsd:anyURI" use = "required"/>
      <xsd:attribute name = "type" use = "required"/>
      <xsd:attribute name = "media" type = "xsd:string" use = "optional"/>
      <xsd:attribute name = "title" type = "xsd:string" use = "optional"/>
    </xsd:complexType>
  </xsd:element>
  <xsd:element name = "itemBody" minOccurs = "0">
    <xsd:complexType>
      <xsd:sequence>
        <xsd:element name = "block.ElementGroup" minOccurs = "0"
        maxOccurs = "unbounded"/>
      </xsd:sequence>
      <xsd:attribute name = "id" type = "xsd:string" use = "optional"/>
      <xsd:attribute name = "lang" type = "xsd: language" use = "optional"/>
      <xsd:attribute name = "label" type = "xsd:string" use = "optional"/>
    </xsd:complexType>
  </xsd:element>
  <xsd:element name = "responseProcessing" minOccurs = "0">
    <xsd:complexType>
      <xsd:sequence>
        <xsd:element name = "responseRule.ElementGroup" minOccurs = "0"
          maxOccurs = "unbounded">
          <xsd:complexType>
            <xsd:sequence>
              <xsd:element name = "exitResponse" minOccurs = "0"/>
              <xsd:element name = "responseCondition"
                minOccurs = "0" maxOccurs = "unbounded">
                <xsd:complexType>
                  <xsd:sequence>
                    <xsd:element name = "responseIf"/>
                    <xsd:element name = "responseElseIf"
                        minOccurs = "0"
                        maxOccurs = "unbounded"/>
                    <xsd:element name = "responseElse"
                        minOccurs = "0"/>
                  </xsd:sequence>
                </xsd:complexType>
              </xsd:element>
              <xsd:element name = "setOutcomeValue">
```

```
                <xsd:complexType>
                  <xsd:attribute name="identifier"
                    type="xsd:string" use="required"/>
                </xsd:complexType>
              </xsd:element>
            </xsd:sequence>
          </xsd:complexType>
        </xsd:element>
      </xsd:sequence>
      <xsd:attribute name="template" type="xsd:anyURI" use="optional"/>
      <xsd:attribute name="templateLocation" type="xsd:anyURI"
        use="optional"/>
    </xsd:complexType>
  </xsd:element>
  <xsd:element name="modalFeedback" minOccurs="0" maxOccurs="unbounded">
    <xsd:complexType>
      <xsd:sequence>
        <xsd:element name="flowStatic.ElementGroup" minOccurs="0"
            maxOccurs="unbounded"/>
      </xsd:sequence>
      <xsd:attribute name="outcomeIdentifier" type="xsd:string"
        use="required"/>
      <xsd:attribute name="identifier" type="xsd:string" use="required"/>
      <xsd:attribute name="title" type="xsd:string" use="optional"/>
    </xsd:complexType>
  </xsd:element>
</xsd:sequence>
<xsd:attribute name="identifier" type="xsd:string" use="required"/>
<xsd:attribute name="title" type="xsd:string" use="required"/>
<xsd:attribute name="label" type="xsd:string" use="optional"/>
<xsd:attribute name="lang" type="xsd:language" use="optional"/>
<xsd:attribute name="adaptive" type="xsd:boolean" use="required"/>
<xsd:attribute name="timeDependent" type="xsd:boolean" use="required"/>
<xsd:attribute name="toolName" type="xsd:string" use="optional"/>
<xsd:attribute name="toolVersion" type="xsd:string" use="optional"/>
</xsd:complexType>
</xsd:element>
</xsd:schema>
```

参考文献

［1］ GB/T 18793—2002 信息技术 可扩展置标语言(XML)1.0

［2］ GB/T 24639—2009 元数据的 XML Schema 置标规则

［3］ W3C 数学置标语言(MathML)3.0：2010 Mathematical Markup Language (MathML) 3.0 http://www.w3.org/TR/2010/REC-Math ML3-20101021

［4］ W3C 可扩展超文本置标语言(XHTML) Basic 1.1—Second Edition：2010 http://www.w3.org/ TR/2010/REC-xhtml-basic-20101123

ICS 35.240.99
L 67

中华人民共和国国家标准

GB/T 29811.1—2013

信息技术 学习、教育和培训 学习系统体系结构与服务接口 第1部分：抽象框架与核心接口

Information technology—Learning, education and training—Learning system architecture and service interface—Part 1: Abstract framework and core interface

2013-11-12 发布 2014-05-01 实施

中华人民共和国国家质量监督检验检疫总局
中国国家标准化管理委员会 发布

前　言

GB/T 29811《信息技术　学习、教育和培训　学习系统体系结构与服务接口》分为以下 3 个部分：

——第 1 部分：抽象框架与核心接口；

——第 2 部分：教育管理信息服务接口；

——第 3 部分：学习资源访问服务接口。

本部分为 GB/T 29811 的第 1 部分。

本部分按照 GB/T 1.1—2009 给出的规则起草。

请注意本文件的某些内容可能涉及专利。本文件的发布机构不承担识别这些专利的责任。

本部分由全国信息技术标准化技术委员会(SAC/TC 28)提出并归口。

本部分起草单位：清华大学、华东师范大学、华中师范大学、中国标准化研究院、中国电子技术标准化研究院。

本部分主要起草人：郑莉、张新钰、刘京、吴永和、刘清堂、王绚、刘银涛、许磊、李玉山、余云涛、刘颖、张荫芬、隋媛。

引　言

信息技术的发展带来了学习、教育和培训技术的全面革新，数字化学习越来越广为接受，成为传统学习、教育和培训模式的新发展。

GB/T 29811 的本部分重点解决信息技术 学习、教育和培训标准体系中学习资源的互操作以及学习系统间的互操作问题。它从多个角度描述了数字化学习系统的软件体系结构、服务的分层结构，以及服务的接口定义，解决学习系统之间组件级共享与交换问题，实现系统的互操作。

信息技术　学习、教育和培训 学习系统体系结构与服务接口 第1部分：抽象框架与核心接口

1　范围

GB/T 29811的本部分规定了学习系统的软件体系结构模型，以及服务的抽象框架，用于描述系统的上下文以及服务和接口的抽象表示，同时本部分按照该体系结构模型框架，定义了数字化学习系统软件中的核心服务接口。

本部分适用于不同的数字教育学习平台通用服务和接口的定义及数字教育学习平台的接口规范化。

2　规范性引用文件

下列文件对于本文件的应用是必不可少的。凡是注日期的引用文件，仅注日期的版本适用于本文件。凡是不注日期的引用文件，其最新版本（包括所有的修改单）适用于本文件。

GB/T 5271.36　信息技术　词汇　第36部分：学习、教育和培训（GB/T 5271.36—2011，ISO/IEC 2382-36：2008，IDT）

GB/T 16264.8　信息技术　开放系统互连　目录　第8部分：公钥和属性证书框架

3　术语和定义

GB/T 5271.36中界定的以及下列术语和定义适用于本文件。

3.1

互操作性　interoperability

两个或多个系统间交换信息或协同工作的能力。

注：互操作性关注的是系统间的信息交换，规范中并未对通信系统中数据如何管理做任何假设。

3.2

服务　service

定义明确、具有自包含特性的功能单元，它的存在不依赖于系统的上下文或者其他服务的状态。

3.3

分层　layering

搭建数字教育学习平台系统所需要的全部服务集合被划分为一组层次模型，每一层提供一组清晰定义的服务。一个特定的层次会使用下层提供的服务，同时为上层实体提供服务。

4　框架

4.1　逻辑框架

图1中展示的是基于分层抽象的学习系统逻辑框架。等效的物理架构模型在图2中。

在逻辑框架中包括以下层次：

a) 用户：学习系统的用户包括学生、教师、管理员等，这些用户通过适当的用户代理对系统进行访问；
b) 用户代理：将服务递送给用户；
c) 工具：工具可以让服务以方便而友好的方式被访问，这包括著作工具、仿真工具等；
d) 教育服务：面向教育领域的服务本身；
e) 共性服务：对于一些非数字教育学习平台系统同样可能需要用到的一些基础服务，例如认证、资源发现服务等；
f) 数字资源库：对数字化资源素材的存储，可以是数据库、网络服务器、文件等形式；
g) 通信设施：基本的网络和数据传输服务，实现信息的端到端的递送。

逻辑框架的物理表示包括以下的核心结构：

a) 核心网络：包括如 Internet 在内的连接核心计算机系统的主要网络，是逻辑框架中通信设施的一部分；
b) 接入网络：连接传输设备和核心网络的网络设施，典型的例子是电报网络、无线网络、公共开关电话网络(PSTNs)等。接入网络同样是通信设施的一个组成部分；
c) 数字资源库：系列数字资源可以通过各种数字资源库获得，如数据库、网络服务器等，对应逻辑框架中的数字资源库；
d) 服务递送引擎：这些系统负责提供所有的教育服务，其对应于逻辑框架中的教育服务及支撑服务；
e) 传输设备：设备及其客户端可以将学习资料传递并展示给用户，逻辑框架中的工具及用户代理主要提供这些功能。

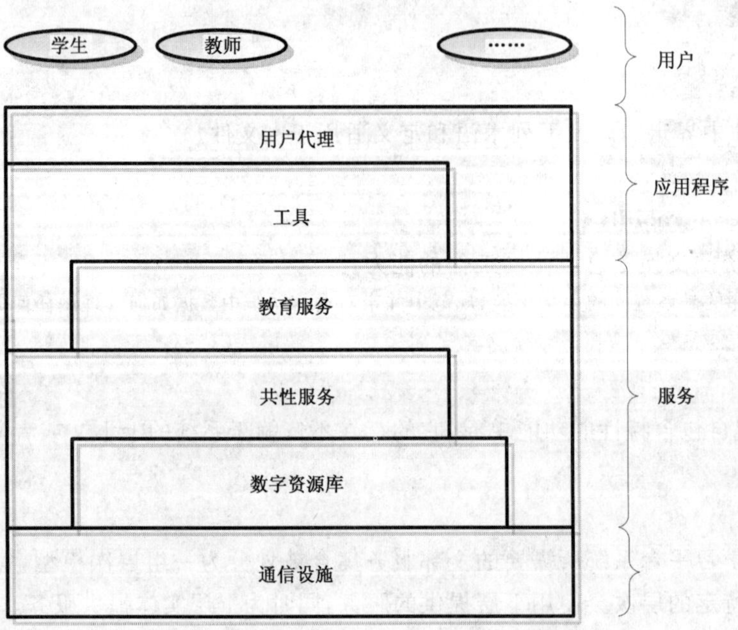

图 1　学习系统逻辑框架

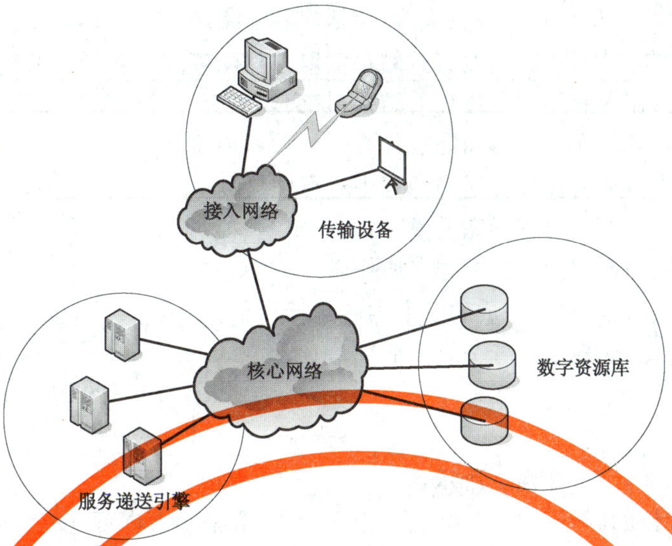

图 2　学习系统物理结构

4.2　功能模型

4.2.1　概述

一个学习系统可以从几个不同视点分析其功能，这里给出两种视点的功能模型：

a)　内容视角：描述数字教育学习平台系统中，内容及相关信息流如何管理；

b)　个体视角：描述数字教育学习平台系统中，关于个体的信息流如何管理。

这些功能视点指出了学习系统内的互操作点，就是图 3 箭头所示。

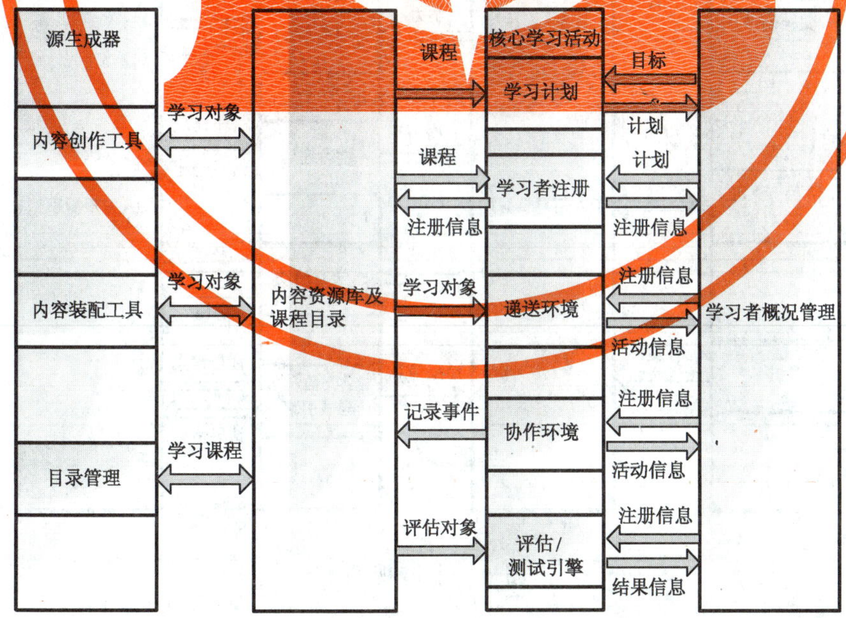

图 3　内容视角

4.2.2　内容视角

如图 3 所示，内容视角共有四个关键的功能设计：

a) 内容资源库以及课程目录的源生成器:包括内容对象的创作工具、内容装备工具和目录管理。
b) 内容资源库以及课程目录:学习资料的存储以及列表描述这些资料的目录。
c) 核心学习活动:作为履行学习过程的结果,将会产生学习者概况的变化,这些活动是:
   1) 学习计划:计划在什么时间完成什么样的学习内容;
   2) 学习者注册:在所提供的适当课程中进行注册;
   3) 递送环境:针对学习资料完成学习;
   4) 协作环境:与课程的其他参与者协作学习;
   5) 评估/测试引擎:对已完成的学习内容进行评估。
d) 学习者概况管理:管理学习者个人的概况信息。

4.2.3 个体视角

共有 4 个关键的功能配置,如图 4 所示:
a) 个人信息和工作的源生成器:包括文体创作工具、资格学力许可(QCL)权限和仲裁。
b) 个人信息资源库:管理个人维护的资源库中的学习者信息。
c) 核心活动:作为履行学习过程的结果,将会产生学习者概况的变化,这些活动是:
   1) 训练计划:计划在什么时间完成什么样的学习内容;
   2) 学习递送:训练(关注协作和训练)和教育(关注资格)的递送;
   3) 学习活动:正常的工作活动,可以为学档体验产生一定范围内的材料;
   4) 评估/测试引擎:对已完成的学习内容进行评估。
d) 人力资源库:管理人力资源系统中的学习者信息。

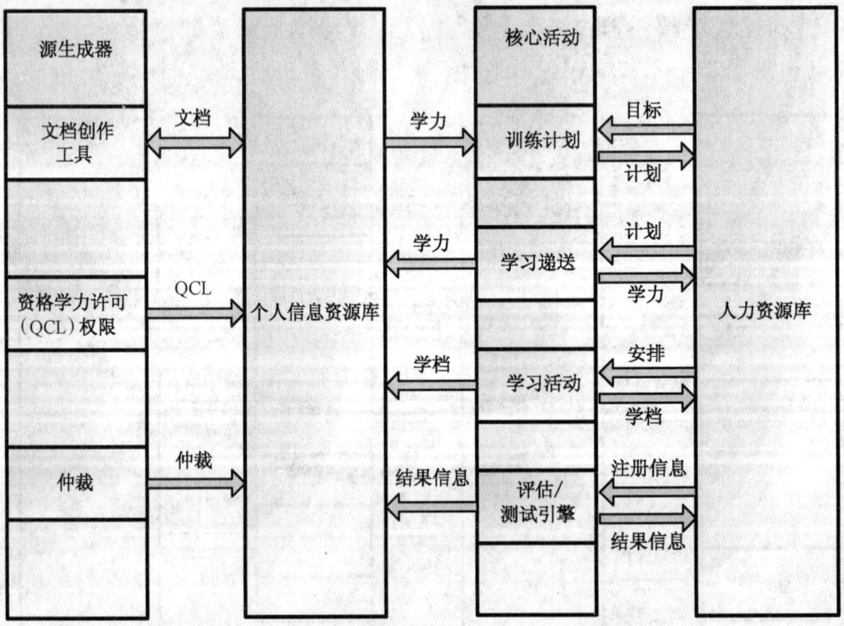

图 4 个体视角

4.3 软件体系结构

图 5 以分层模型描述了学习系统的软件体系结构。

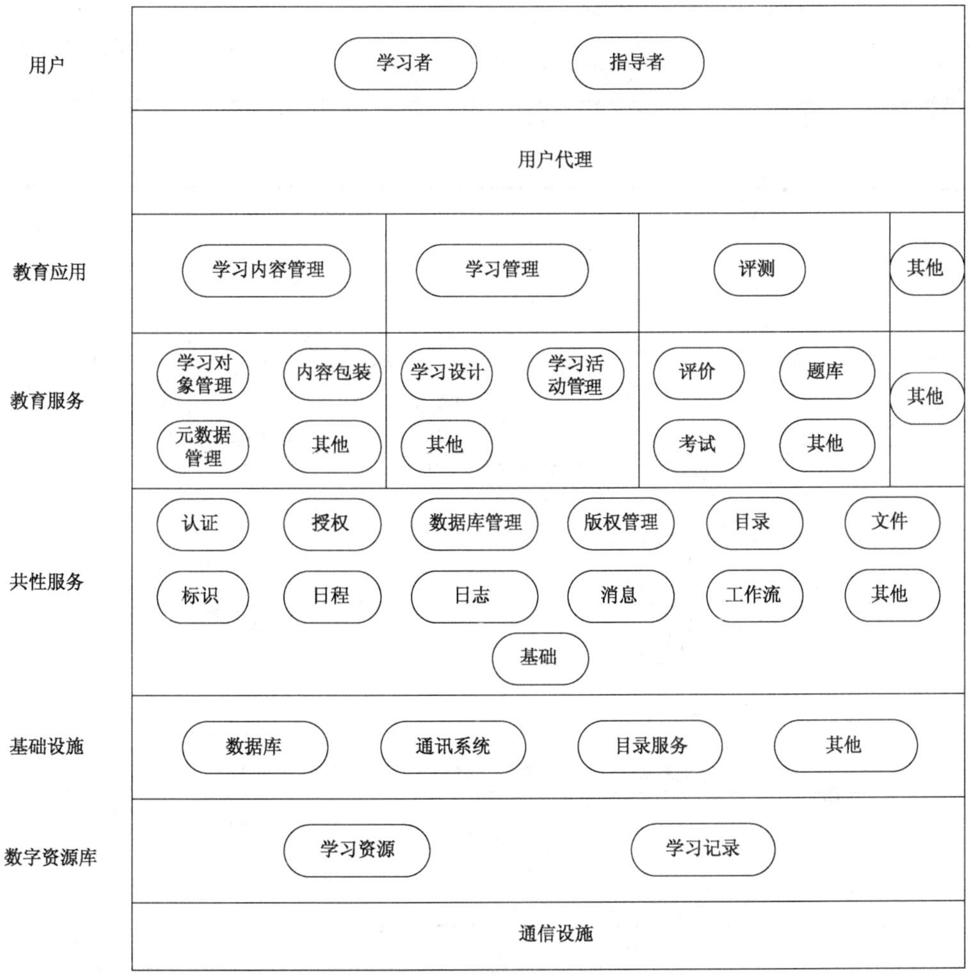

图 5　学习系统的软件体系结构

a) 教育应用层:这一层是一些核心应用以及其他应用,用于将适当的教育服务呈现给用户,例如学习内容管理系统、评测系统。应用程序可以使用一个或多个教育服务,必要的时候可以跨层调用共性服务;

示例 1:评估系统:用于评估人们对某一特定内容领域的理解水平,形式上可以分为小测验和正式的考试。

示例 2:内容著作工具:支持学习内容开发的应用程序。著作的类型包括支持本地 XML 内容和通过可重用的内容集来创建新的内容。

示例 3:学习内容管理系统:能够更加灵活地管理学习资源(如内容包装中的个人资源文件)中的素材(如图像、文本、动画等)。有些情况下,可能涉及作为 XML 描述内容存储的个人资源,它们被动态转换成其他表现形式,如 HTML、PDF 等。转换的文件接下来包装成内容包装中的资源。

示例 4:学习管理系统:用于管理学习者信息,学习过程,以及学习成果报告的应用程序。学习管理系统的任务是管理系统学习活动,以及向相应的支持系统报告学习成果。

示例 5:学生信息系统:学生信息的管理信息系统。这个系统会维护所有和学生学习相关的信息,同时也会和学习管理系统,学习内容管理系统等进行信息交换。

b) 教育服务层:为教育应用提供数字教育平台领域必需功能,一个教育服务可能使用一个或多个共性服务,并可能会跨层调用基础设施中的功能;

c) 共性服务层:提供基础的、公共的功能,为教育服务层提供支持;

d) 基础设施层:为教育服务和共性服务提供端到端的事务处理和通信服务,包括各种软硬件支持,如数据库管理系统、操作系统、目录服务器、应用服务器、网络环境等。

5 服务的分层结构

5.1 服务框架

图6描述了与学习系统软件体系结构模型相对应的服务框架，该框架采用分层结构来组织共性服务和教育服务。

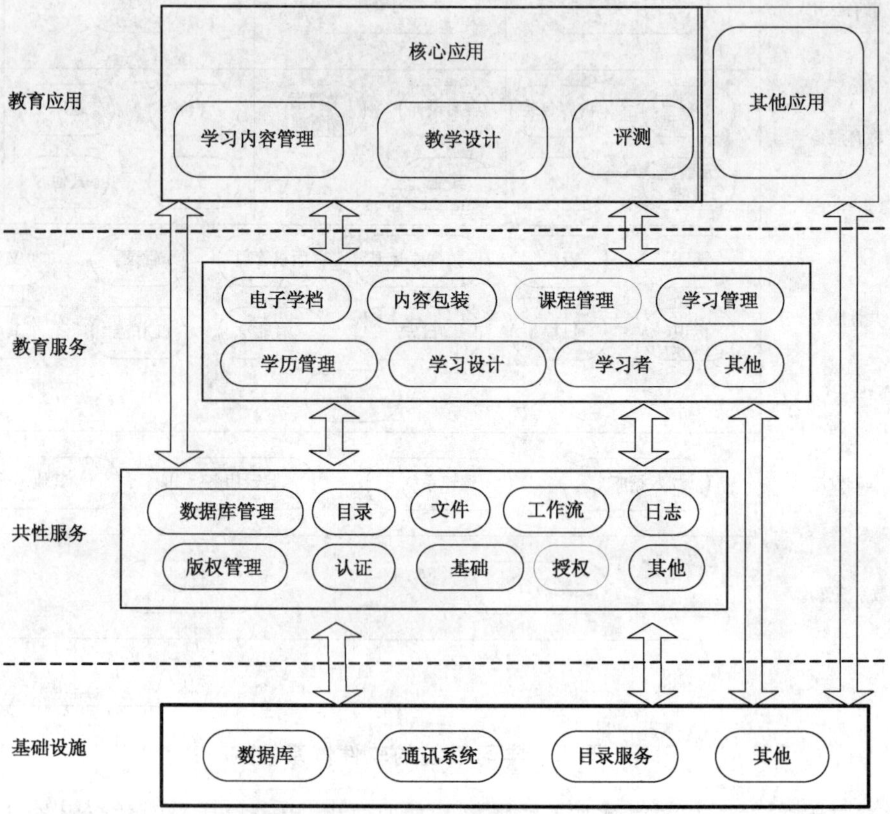

图6 服务框架

5.2 共性服务层

下面所列出的共性服务并非完备集合，但可以表明所列的服务都是不同应用程序或教育服务将会需要用到的：

a) 基础(Base)服务；
b) 认证(Authentication)服务；
c) 授权(Authorization)服务；
d) 数据库管理(Database Management)服务；
e) 版权管理(Digital Rights Management)服务；
f) 目录(Directory)服务；
g) 文件(File Management)服务；
h) 标识(Identification)服务；
i) 日程(Scheduling)服务；
j) 日志(Logging)服务；
k) 消息(User Messaging)服务；

l) 工作流(Workflow)服务；

m) XML 服务。

5.3 教育服务层

教育服务层的目的是为了指出核心的教育服务集合，仅有部分教育服务列出了细节，这些服务可以直接用于数字教育学习平台应用程序的开发。目前确定的教育服务核心集有：

a) 评估(Assessment)服务；

b) 班级管理(Class Management)服务；

c) 日历(Calendar)服务；

d) 协作(Collaboration)服务；

e) 学历管理(Competency Management)服务；

f) 课程管理(Course Management)服务；

g) 学习对象管理(Learning Object Management)服务；

h) 内容包装(Content Packaging)服务；

i) 组管理(Group Management)服务；

j) 学习设计(Learning Design)服务；

k) 学习活动管理(Learner Progression Management)服务；

l) 成员管理(Membership Management)服务；

m) 元数据管理(Meta－data Management)服务；

n) 电子学档管理(Portfolio Management)服务；

o) 偏好管理(Profile Management)服务；

p) 编列(Sequencing)服务；

q) 仿真(Simulation)服务。

5.4 教育应用层与服务的关系

教育应用层是一些与学习相关的应用程序，应用程序可以使用一个或多个教育服务，必要的时候可以跨层调用基础服务。

5.5 基础设施层与服务的关系

为基础服务和教育服务提供端到端的事务处理和通信服务，包括各种软硬件支持，如数据库管理系统、操作系统、目录服务器、应用服务器、网络环境等。

5.6 分层结构与核心服务接口的关系

本部分所给出的核心服务接口按照服务的分层结构进行定义，且所定义的服务接口与服务的分层结构中的服务有着直接的对应关系，一个服务的功能由多个接口来构成。

接口给出的是系统行为模型，并不强制绑定到某种具体语言。为了便于理解和直接用于开发，附录A 给出了服务接口的 Java 语言绑定。

本部分所给出的是服务接口的核心集。根据服务的分层结构的分层，将核心服务接口分为：共性服务接口和教育服务接口。

6 共性服务接口

6.1 基础(Base)服务

6.1.1 服务描述

基础服务提供的是一些基础接口,供其他接口使用,这些接口通常会被继承。

6.1.2 Manager 接口

Manager 是将应用程序绑定到具体服务实现的关键,接口的描述需要定义一个接口扩展 Manager,而接口的实现要求以一个类实现具体的 Manager。应用程序直接或间接通过 Manager 访问服务对象。Manager 接口定义如表 1 所示。

表 1 Manager 定义

成 员	返回值/类型	参数说明	说 明
getContext	CeltsContext	无	获得传递的上下文内容
assignContext	空	context:CeltsContext	给上下文赋值
assignConfiguration	空	configuration:Properties	对环境参数赋值

6.1.3 Properties 接口

Properties 接口用于返回对象的一些只读属性,这些属性通过一系列串行化的值得到,并用关键码标记。Properties 接口定义如表 2 所示。

表 2 Properties 定义

成 员	返回值/类型	参数说明	说 明
getType	CeltsType	无	获得属性类型
getProperty	可序列化对象	key:属性的关键码,可序列化对象	获得属性
getKeys	ObjectIterator	无	得到属性的关键码

6.1.4 CeltsContext 接口

CeltsContext 包含应用程序共用的语境信息。CeltsContext 接口定义如表 3 所示。

表 3 CeltsContext 定义

成 员	返回值/类型	参数说明	说 明
assignContext	无	key:字符串 context:可序列化对象	为 CeltsContext 的语境信息的内容赋值
getContext	可序列化对象	key:字符串	得到 CeltsContext 的语境信息

6.1.5 Iterator 接口

Iterator 提供的是迭代器接口，用于数据的批量读取，对于具体的对象类型，将通过继承 Iterator 类实现自己的迭代器接口。Iterator 接口定义如表 4 所示。

表 4 Iterator 定义

成 员	返回值/类型	参数说明	说 明
hasNext	布尔值	无	是否还有下一个元素
Next	空	无	取下一个元素

6.1.6 PropertiesIterator 接口

PropertiesIterator 接口定义如表 5 所示。

表 5 PropertiesIterator 定义

成 员	返回值/类型	参数说明	说 明
hasNextProperties	布尔值	无	是否还有下一个属性
nextProperties	Properties	无	取下一个属性

6.1.7 CeltsType 接口

CeltsType 接口按照事物的基本概念进行分类，被用于各个接口中。CeltsType 的精确定义由使用者确定，CeltsType 接口的形式也有利于分类，CeltsType 有 4 个字符串属性：authority、domain、keyword 以及 description，前 3 个元素被 isEqual 成员用来判断两个 CeltsType 对象是否相等，description 用来阐明实例的语义。CeltsType 接口定义如表 6 所示。

表 6 CeltsType 定义

成 员	返回值/类型	参数说明	说 明
getAuthority	字符串	无	获得 CeltsType 的 authority
getDescription	字符串	无	得到 CeltsType 的描述
getDomain	字符串	无	得到使用域
getKeyword	字符串	无	得到关键字
isEqual	布尔值	celtsType2:CeltsType	判断两个 CeltsType 对象是否相同

6.1.8 TypeIterator 接口

TypeIterator 接口定义如表 7 所示。

表 7　TypeIterator 定义

成　员	返回值/类型	参数说明	说　明
hasNextType	布尔值	无	是否还有下一个类型
nextType	CeltsType	无	取下一个类型

6.1.9　IdIterator 接口

IdIterator 接口定义如表 8 所示。

表 8　IdIterator 定义

成　员	返回值/类型	参数说明	说　明
hasNextId	布尔值	无	是否还有下一个 ID
nextId	Id	无	取下一个 ID

6.1.10　ObjectIterator 接口

ObjectIterator 接口定义如表 9 所示。

表 9　ObjectIterator 定义

成　员	返回值/类型	参数说明	说　明
hasNextObject	布尔值	无	是否还有下一个对象
nextObject	可序列化对象	无	取下一个对象

6.2　认证(Authentication)服务

6.2.1　服务描述

认证服务从学习代理处收集必要的认证信息，以确保认证的真实性。这样调用此服务的应用程序就可以确定并处理学习代理的认证状态，而不必管理一个特定机构环境的细节内容。此服务需要建立在各种认证设施之上，并基于 cookie 的单点签入技术，如 webISO。

一些应用程序依靠用户名/密码进行认证，也有的是基于授权证书，大部分用户认证是本地化的，但也有一些是远程认证。这种范围在接口上使用认证类型的概念来表示。并且一个机构范围内会有一个默认类型和经常使用的一些通用认证方法。

学习代理，通过一个或多个这样的类型得到认证。很多情况下，在一次会话中一个代理可能会进行多次认证。这主要发生在一个学习代理从一种学习活动转向另一种学习活动的时候。例如检查班级进度日程，可能只要用户名和密码就足够了，而更新最终的学习成绩宜需要的是 GB/T 16264.8 证书(X.509)以确保更高水平的安全认证。

6.2.2　AuthenticationManager 接口

AuthenticationManager 接口定义如表 10 所示。

表 10 AuthenticationManager 定义

成员	返回值/类型	参数说明	说明
getAuthenticationTypes	TypeIterator	无	获得认证类型
authenticateUser	空	authenticationType:CeltsType	根据认证类型对用户认证
isUserAuthenticated	布尔值	authenticationType:CeltsType	判断用户是否已经过认证
getUserId	Id	authenticationType:CeltsType	得到认证用户的 ID
destroyAuthentication	空	无	清除认证记录
destroyAuthenticationForType	空	authenticationType:CeltsType	清除同类型的认证记录

6.3 数据库管理(Database management)服务

6.3.1 服务描述

数据库管理服务提供了数据库管理的基本操作,包括对关系数据库中常用数据类型的封装定义,以及存取操作及结果表达的定义。

6.3.2 Blob 接口

Blob 是关系数据库中常用的一种类型,在 Blob 列中可以存放大数据量的二进制数据,如图片,音频数据等,该接口提供对数据表中 Blob 列的访问。Blob 会记录当前的读写位置,是一个长型整数。Blob 接口如表 11 所示。

表 11 Blob 定义

成员	返回值/类型	参数说明	说明
length	长型整数	无	返回该 Blob 数据的长度,单位字节
getBytes	字节数组	pos:长型整数 length:整型	从 pos 指定的位置开始,读取 length 字节的数据,结果以字节数组形式返回
setBytes	整型	position:长型整数 bytes:字节数组	将 bytes 所含数据写入该 Blob 中从 position 开始的地方
setBytes	整型	position:长型整数 bytes:字节数组 offset:整型 length:整型	将 bytes 中从 offset 开始的长度为 length 的数据写入该 Blob 中从 position 开始的地方

6.3.3 Clob 接口

Clob 是关系数据库另一种常用的类型,在 Clob 列中可以存放大量的字符数据,如大量的文本,该接口提供对数据表中 Clob 列的访问。Clob 接口定义如表 12 所示。

表 12　**Clob 定义**

成　员	返回值/类型	参数说明	说　明
length	长型整数	无	返回该 Clob 数据的长度,单位字节
getSubString	字符串	pos:长型整数 length:整型	从 pos 指定的位置开始,读取 length 个字符,结果以字符串返回
setString	整型	pos:长型整数 string:字符串	将 string 字符串写入该 Clob 中从 position 开始的地方,返回成功写入的字符数
setString	整型	pos:长型整数 string:字符串 offset:整型 length:整型	将 string 字符串中从 offset 开始的长度为 length 的子字符串写入该 Clob 中从 position 开始的地方,返回成功写入的字符数

6.3.4　**Connection 接口**

Connection 接口代表了一个到数据库的连接,通过该连接可以执行数据库的查询、修改操作,另外不再使用的数据库连接可以释放,以节省数据库连接资源。Connection 接口定义如表 13 所示。

表 13　**Connection 定义**

成　员	返回值/类型	参数说明	说　明
executeQuery	ResultTable	Sql:字符串	执行 sql 所表示的查询语句,结果以 ResultTable 返回
executeQueryWithParams	ResultTable	sql:字符串 params:字符串数组	执行 sql 所表示的查询语句,sql 中的占位符使用 params 提供的具体值替换,结果以 ResultTable 返回
executeUpdate	整型	Sql:字符串	执行 sql 所表示的更新语句
executeQueryWithParams	整型	sql:字符串 params:字符串数组	执行 sql 所表示的更新语句,sql 中的占位符使用 params 提供的具体值替换
close	空	无	关闭该连接

6.3.5　**ResultMetaData 接口**

ResultMetaData 接口可以获取关于一个 ResultTable 的列的信息,如类型、列名称等;ResultMetaData 通过 ResultTable 的 getMetaData 方法获取,提供关于对应 ResultTable 的元信息。ResultMetaData 提供如下信息:列数目、列名称、列类型、列显示时需要的宽度(字符宽度)、是否接受 NULL 值等。ResultMetaData 接口定义如表 14 所示。

表 14　**ResultMetaData 定义**

成　员	返回值/类型	参数说明	说　明
getColumnCount	整型	无	获取列数目
getColumnName	字符串	columnIndex:整型	获取列 columnIndex 的名称
getColumnType	整型	columnIndex:整型	获取列 columnIndex 的类型常量
getTableName	字符串	columnIndex:整型	获取列 columnIndex 原先所属的表名
getColumnDisplaySize	整型	columnIndex:整型	获取列 columnIndex 显示时需要多少字符宽度
isNullable	布尔值	columnIndex:整型	判断列 columnIndex 是否可接受 NULL 值
isReadOnly	布尔值	columnIndex:整型	判断列 columnIndex 是否只读
isWritable	布尔值	columnIndex:整型	判断列 columnIndex 是否可写
isSearchable	布尔值	columnIndex:整型	判断列 columnIndex 是否可以被搜索

6.3.6　ResultTable 接口

ResultTable 用来表示数据库查询结果，提供方法获得结果表格中每条记录的数据。ResultTable 继承 cn. edu. celtsc. intf. common. base. Iterator，可以依次遍历 ResultTable 中的各个记录(行)，进而读取数据。ResultTable 接口定义如表 15 所示。继承:Iterator 接口。

表 15　**ResultTable 定义**

成　员	返回值/类型	参数说明	说　明
getMetaData	ResultMetaData	无	获得结果表格的原数据，如表名等
getBoolean	布尔值	columnIndex:整型	获得当前行列序号为 columnIndex 的布尔值
getInt	整型	columnIndex:整型	获得当前行列序号为 columnIndex 的整型值
getDouble	双精度型	columnIndex:整型	获得当前行列序号为 columnIndex 的双精度值
get 字符串	字符串	columnIndex:整型	获得当前行列序号为 columnIndex 的字符串值
getDate	字符串	columnIndex:整型	获得当前行列序号为 columnIndex 的 Date 值
getTime	字符串	columnIndex:整型	获得当前行列序号为 columnIndex 的 Time 值
getBlob	Blob	columnIndex:整型	获得当前行列序号为 columnIndex 的 Blob 值
getClob	Clob	columnIndex:整型	获得当前行列序号为 columnIndex 的 Clob 值
getBytes	字节数组	columnIndex:整型	以字节数组的形式获得当前行列序号为 columnIndex 的值
wasNull	布尔值	无	判断结果表格是否为空
isFirst	布尔值	无	判断当前位置是否在表格的第一行
isLast	布尔值	无	判断当前位置是否是表格的最后一行

6.3.7　SQLFactory 接口

SQLFactory 接口提供工厂方法用来获取到数据库的连接，使用该连接即可进行多种数据库相关的操作，可以通过两种方法获得一个数据库连接。SQLFactory 接口定义如表 16 所示。

表 16 SQLFactory 定义

成员	返回值/类型	参数说明	说明
createConnection	Connection	url:字符串	根据题提供的 url 字符串创建一个数据库连接
createConnection	Connection	url:字符串 user:字符串 password:字符串	根据提供的 url 字符串,用户名 user 以及密码 password 创建一个数据库连接

6.4 文件(File Management)服务

6.4.1 服务描述

文件服务提供一种静态内容的存储和检索的方法。它是文件系统与应用程序之间的一个抽象层次。文件服务也可能采用单个逻辑文件的多个物理拷贝提供自动恢复的功能。

6.4.2 Directory 接口

Directory 接口表示文件系统中的一个目录,目录用来组织文件,目录中可以包含子目录和文件。该接口提供方法供在目录树的不同层次间进行移动,如 getParent(),getDirectories()等;该接口提供了在本目录中创建子目录和文件的方法 createSubDirectory(),createFile();另外该接口还支持目录的拷贝和删除操作等。Directory 接口定义如表 17 所示。

表 17 Directory 定义

成员	返回值/类型	参数说明	说明
getParent	Directory	无	获得该目录的父目录,根目录则返回空
isRoot	布尔值	无	检测该目录是否为根目录
getPath	Path	无	获得该目录对应的 Path
Copy	空	dest:Path,目录将被拷贝到的目的路径	将本目录及其子内容拷贝到 dest 所指定的目标目录
Delete	空	无	删除该目录及其内容
createSubDirectory	Directory	dirName:字符串,将要创建的子目录名称	在该目录下创建名称为 dirName 的子目录
createFile	File	filename:字符串,将要创建的文件名称	在该目录下创建名称为 fileName 的文件
getDirectoryRoot	Path	无	返回该目录所属的根目录
getName	字符串	无	获得该目录名称
getFiles	File[]	无	获取该目录所含文件的列表,返回代表该列表的数组
getDirectories	Directory[]	无	获取该目录下所有的子目录列表,返回代表该列表点额数组

6.4.3 File 接口

File 接口用来表示一个文件，提供基本的面向字节的文件读写操作，并且提供用于访问和设置文件基本信息的接口，如读取和更改文件的创建时间等，判断文件是否可写等；另外文件还提供 MIME 信息，便于在网络环境下使用。File 接口定义如表 18 所示。

表 18 File 定义

成员	返回值/类型	参数说明	说明
copy	空	dest：Path	将该文件拷贝到 dest 所示的目录
copy	空	dest：Path newName：字符串	将该文件拷贝到 dest 所示的目录，新文件名称为 newName
copy	空	newName：字符串	将文件拷贝到同一目录下，用文件名 newName 保存
delete	空	无	删除文件
isReadable	布尔值	无	检查文件是否可读
isWritable	布尔值	无	检查文件是否可写
getMimeType	字符串	无	获取文件的 MIME
updateMimeType	空	type：字符串	设置文件的 MIME
updateReadOnly	空	无	将文件设置为只读
updateWtritable	空	无	将文件设置为可写
length	长型整数	无	返回文件的大小，以字节为单位
read	整型	buffer：字节数组 offset：整型 count：整型	从文件当前位置读取 count 个字节的内容，读取内容放入 buffer 中 offset 起始的空间
read	整型	无	从文件当前位置读取一个字节的内容
write	空	buffer：字节数组	将 buffer 中的数据写入文件当前位置
write	空	b：字节	将字节 b 写入文件当前位置
flush	空	无	
close	空	无	关闭文件
getPath	Path	无	获得文件路径
getDirectory	Directory	无	获得文件所处的目录
getCreationTime	字符串	无	获取文件创建时间
setCreationTime	空	time：字符串	修改文件创建时间为 time
getLastAccessTime	字符串	无	获取文件上次访问时间
setLastAccessTime	空	time：字符串	修改文件上次访问时间为 time
getLastWriteTime	字符串	无	获取文件上次修改时间
setLastWriteTime	空	time：字符串	修改文件上次修改时间

6.4.4 Path 接口

Path 接口表示文件或者目录的路径,可以是相对路径或者绝对路径,提供方便的方法对路径进行操作,如获取一个路径的目录名,文件名,绝对路径等。File 服务中的 File 和 Directory 接口都是通过 Path 进行标识,它们的实例都包括一个对 Path 实例的引用。Path 接口定义如表 19 和表 20 所示。

表 19 Path 定义(常量部分)

常量定义	类型	值	说　明
directorySeparatorChar	字符	'\\'或'/'	路径中目录间的分隔符,通常在 Windows 系统中该字符为'\',在 UNIX 系统中为'/'
invalidPathChars	字符数组	{'/', '\\', ':'}	不允许出现在路径中的字符,这些字符称为非法字符
pathSeparator	字符	';'	多个路径之间的分隔符;像 Java 中常用的环境变量 ClassPath 通常包括多个路径,用来在多个位置寻找可能的类,这些路径之间使用 pathSeparator 进行分隔,大多数系统中该字符为';'
volumeSeparator	字符	':'	卷标分隔符

表 20 Path 定义(函数成员)

成　员	返回值/类型	参数说明	说　明
getDirectoryName	字符串	无	获取父目录名
getName	字符串	无	获取路径名
getExtension	字符串	无	获取后缀
getFullPath	字符串	无	获取路径全名
getPath	字符串	无	获取当前路径的抽象路径
isAbsolutePath	布尔值	无	判断是否为绝对路径
isDirectory	布尔值	无	判断是否为目录
isFile	布尔值	无	判断是否为文件

6.4.5 FileManager 接口

FileManager 采用工厂化方法(是软件工程的设计模式当中的一种)负责此服务中其他接口实例的创建,可以分别创建 Path,File 和 Directory 的实例,FileManager 接口定义如表 21 所示。

表 21　FileManager 定义

成　员	返回值/类型	参数说明	说　明
createPath	Path	path:字符串,表示文件系统中的一个路径	
openFile	File	filePath:Path,代表将要被打开的文件位置	
createFile	File	location:Path,表示将要创建的文件的路径	
openDirectory	Directory	dirPath:Path,代表将要被打开的目录位置	
createDirectory	Directory	path:Path,将要创建的文件的路径	

6.5　标识(Identification)服务

6.5.1　服务描述

标识服务负责产生一个全局或局部的用户标识。

6.5.2　Id 接口

Id 接口定义如表 22 所示。

表 22　Id 定义

成　员	返回值/类型	参数说明	说　明
getIdString	字符串	无	获取 ID 的字符串
isEqual	布尔值	id:Id	判断两个 ID 是否相等

6.5.3　IdManager 接口

IdManager 接口定义如表 23 所示。

表 23　IdManager 定义

成　员	返回值/类型	参数说明	说　明
createId	Id	无	创建一个 id 实例,如果创建过程发生错误,则抛出 CeltscException
getId	Id	id:字符串	通过表示 id 的字符串获得相应 id 实例,如果此 id 还没有实例创建,则创建一个实例

6.6　日志(Logging)服务

6.6.1　服务描述

日志服务可以记录其他的服务和相应的信息、事件,目的是支持整个系统的日志,从而进行系统诊断和性能分析:如安全性、数据采集、性能、倾向分析等。

6.6.2　Entry 接口

包括被写入日志的项目(item),以及格式类型,优先级类型和被写入日志的时间。Entry 接口定义如表 24 所示。

表 24　**Entry 定义**

成　员	返回值/类型	参数说明	说　明
getFormatType	CeltsType	无	获取格式类型
getItem	可序列化对象	无	获取 Item
getPriorityType	CeltsType	无	获取优先级类型
getTimestamp	长整型数	无	获取时间戳

6.6.3　EntryIterator 接口

EntryIterator 为一组 Entry 提供顺序访问,每次只能访问一个。EntryIterator 接口定义如表 25 所示。

表 25　**EntryIterator 定义**

成　员	返回值/类型	参数说明	说　明
hasNextEntry	布尔值	无	是否还有下一个 Entry
nextEntry	Entry	无	取下一个 Entry

6.6.4　ReadableLog 接口

ReadableLog 接口对日志进行读操作。ReadableLog 接口定义如表 26 所示。

表 26　**ReadableLog 定义**

成　员	返回值/类型	参数说明	说　明
getDisplayName	字符串	无	获取显示名字
getEntries	EntryIterator	formatType:CeltsType priorityType:CeltsType	以后进先出的顺序获取所有条目

6.6.5　WritableLog 接口

WritableLog 接口允许对日志的条目、类型、时间戳等进行写操作,共有两种追加日志的方法。WritableLog 接口定义如表 27 所示。

表 27　**WritableLog 定义**

成　员	返回值/类型	参数说明	说　明
appendLog	空	entryItem:可序列化对象	追加日志
appendLogWithTypes	空	entryItem:可序列化对象 formatType:CeltsType priorityType:CeltsType	追加有类型的日志,包括其格式类型以及优先级类型
assignFormatType	空	formatType:CeltsType	设置格式类型
assignPriorityType	空	priorityType:CeltsType	设置优先级类型
getDisplayName	字符串	无	获取显示名字

6.6.6 LoggingManager 接口

LoggingManager 接口负责创建、删除、访问日志。Logging. Entry 接口定义如表 28 所示。

表 28 logging. Entry 定义

成　员	返回值/类型	参数说明	说　明
createLog	WritableLog	logName:字符串	创建一个 WritableLog
deleteLog	空	logName:字符串	删除一个日志
getFormatTypes	TypeIterator	无	获取这个实现的所有格式类型
getLogForReading	ReadableLog	logName:字符串	为读操作打开一个日志
getLogForWriting	WritableLog	logName:字符串	为写操作打开一个日志
getLogNamesForReading	字符串迭代器	无	获取所有可以读的日志的名字
getLogNamesForWriting	字符串迭代器	无	获取所有可以写的日志的名字
getPriorityTypes	TypeIterator	无	获取所有可用的优先级类型
supportsReading	布尔值	无	该方法返回值表明当前的实现是否支持 ReadableLog 接口和 LoggingManager 接口的方法：getLogForReading，getLogNamesForReading

6.7 授权(Authorization)服务

6.7.1 服务描述

授权服务允许教育应用和教育服务建立和查询授权。一个授权有 3 个组成部分：授权的代理、授权代理所要完成的功能，以及代理表现其功能所需限定的上下文。

6.7.2 Qualifier 接口

Qualifier 接口定义如表 29 所示。

表 29 Qualifier 定义

成　员	返回值/类型	参数说明	说　明
addParent	空	parentQualifierId:Id	为该 Qualifier 添加一个父结点
changeParent	空	oldParentId:Id，newParentId:Id	改变该 Qualifier 的父结点
getChildren	QualifierIterator	无	获取该 Qualifier 的所有子结点
getDescription	字符串	无	获取该 Qualifier 的描述
getId	Id	无	获取该 Qualifier 的 Id
getParents	QualifierIterator	无	获取该 Qualifier 的所有父结点
getQualifierType	CeltsType	无	获取该 Qualifier 的限定器类型

表 29（续）

成　员	返回值/类型	参数说明	说　明
getReferenceName	字符串	无	获取该 Qualifier 的固定引用名
isChildOf	布尔值	parentId：Id	是否是结点 parentId 的子结点
isDescendantOf	布尔值	ancestorId：Id	是否是结点 ancestorId 的子孙结点
isParent	布尔值	无	是否有子结点
removeParent	空	parentQualifierId：Id	移除一个父结点
updateDescription	空	description：字符串	更新该 Qualifier 的描述

6.7.3 QualifierIterator 接口

QualifierIterator 为一组 Qualifier 提供顺序访问，每次只能访问一个。QualifierIterator 接口定义如表 30 所示。

表 30　QualifierIterator 定义

成　员	返回值/类型	参数说明	说　明
hasNextQualifier	布尔值	无	是否还有下一个 Qualifier
nextQualifier	Qualifier	无	取下一个 Qualifier

6.7.4 Function 接口

Function 由 Id、显示名字(displayName)、描述(description)、类别(category)和限定器类型(QualifierType)组成。Id 是在外部定义的，具体实现应保证 Id 的唯一性。Function 接口定义如表 31 所示。

表 31　Function 定义

成　员	返回值/类型	参数说明	说　明
getDescription	字符串	无	获取该 Function 的描述
getFunctionType	CeltsType	无	获取该 Function 的类型
getId	Id	无	获取该 Function 的 Id
getReferenceName	字符串	无	获取该 Function 的固定引用名
updateDescription	空	description：字符串	更新该 Function 的描述

6.7.5 FunctionIterator 接口

FunctionIterator 为一组 Function 提供顺序访问，每次只能访问一个。FunctionIterator 接口定义如表 32 所示。

表 32 FunctionIterator 定义

成　员	返回值/类型	参数说明	说　明
hasNextFunction	布尔值	无	是否还有下一个 Function
nextFunction	Function	无	取下一个 Function

6.7.6 Authorization 接口

Authorization 指明一个 agentId 在 Qualifier 上下文中如何执行一个 Function。Authorization 接口定义如表 33 所示。

表 33 Authorization 定义

成　员	返回值/类型	参数说明	说　明
getAgentId	Id	无	获取该 Authorization 相关联的 AgentId
getEffectiveDate	长整型数	无	获取该 Authorization 的生效日期
getExpirationDate	长整型数	无	获取该 Authorization 的失效日期
getFunction	Function	无	获取该 Authorization 的 Function
getModifiedBy	Id	无	获取修改该 Authorization 的 Id
getModifiedDate	长整型数	无	获取该 Authorization 的修改日期
getQualifier	Qualifier	无	获取该 Authorization 的 Qualifier
isActiveNow	布尔值	无	该 Authorization 当前是否生效
isExplicit	布尔值	无	该 Authorization 是否显式存储,有的授权是显式的,有些是隐式的
updateEffectiveDate	空	effectiveDate:长整型数	更新该 Authorization 生效日期
updateExpirationDate	空	expirationDate:长整型数	更新该 Authorization 失效日期

6.7.7 AuthorizationIterator 接口

AuthorizationIterator 为一组 Authorization 提供顺序访问,每次只能访问一个。AuthorizationIterator 接口定义如表 34 所示。

表 34 AuthorizationIterator 定义

成　员	返回值/类型	参数说明	说　明
hasNextAuthorization	布尔值	无	是否还有下一个 Authorization
nextAuthorization	Authorization	无	取下一个 Authorization

6.7.8 AuthorizationManager 接口

授权管理器(AuthorizationManager)允许一个应用程序创建授权(Authorization),为授权设置标准,查询授权以决定一个 agentId 在 Qualifier 上下文中如何执行一个 Function。

Authorization 中的主要对象有 Authorization、Function、agentId 和 Qualifier。其他对象还有 Function Type 和 Qualifier type。

Id 是在外部定义的,具体实现应保证 Id 的唯一性。

有两种方法创建 Authorization。一种是使用 agentId、Function 和 Qualifier;另一种是添加生效日期(effective date)和失效日期(expiration date)。如果没有生效日期和失效日期,则生效日期为当天,且永不失效。AuthorizationManager 接口定义如表 35 所示。

表 35 AuthorizationManager 定义

成 员	返回值/类型	参数说明	说 明
agentExists	布尔值	agentId:Id	用户是否存在
createAuthorization	Authorization	agentId:Id, functionId:Id, qualifierId:Id	创建 Authorization
createDatedAuthorization	Authorization	agentId:Id, functionId:Id, qualifierId:Id effectiveDate:长整型数, expirationDate:长整型数	创建带日期的 Authorization
createFunction	Function	functionId:Id, displayName:字符串, description:字符串, functionType:CeltsType, qualifierHierarchyId:Id	创建 Function
createQualifier	Qualifier	qualifierId:Id, displayName:字符串, description:字符串, qualifierType:CeltsType, parentId:Id	创建 Qualifier
createRootQualifier	Qualifier	qualifierId:Id, displayName:字符串, description:字符串, qualifierType:CeltsType, qualifierHierarchyId:Id	创建根 Qualifier
deleteAuthorization	空	authorization:Authorization	删除 Authorization
deleteFunction	空	functionId:Id	删除 Function
deleteQualifier	空	qualifierId:Id	删除 Qualifier
getAllAZs	AuthorizationIterator	agentId:Id, functionId:Id, qualifierId:Id, isActiveNowOnly:布尔值	获取所有 Authorization

表 35（续）

成　员	返回值/类型	参数说明	说　明
getAllAZsByFuncType	AuthorizationIterator	agentId:Id, functionType:CeltsType, qualifierId:Id, isActiveNowOnly:布尔值	根据函数类型获取所有 Authorization
getAllUserAZs	AuthorizationIterator	functionId:Id, qualifierId:Id, isActiveNowOnly:布尔值	获取所有用户 Authorization
getAllUserAZsByFuncType	AuthorizationIterator	functionType:CeltsType, qualifierId:Id, isActiveNowOnly:布尔值	根据函数类型获取所有用户 Authorization
getExplicitAZs	AuthorizationIterator	agentId:Id, functionId:Id, qualifierId:Id, isActiveNowOnly:布尔值	获取所有显式 Authorization
getExplicitAZsByFuncType	AuthorizationIterator	agentId:Id, functionType:CeltsType, qualifierId:Id, isActiveNowOnly:布尔值	根据函数类型获取所有显式 Authorization
getExplicitUserAZs	AuthorizationIterator	functionId:Id, qualifierId:Id, isActiveNowOnly:布尔值	获取所有显式用户 Authorization
getExplicitUserAZsByFuncType	AuthorizationIterator	functionType:CeltsType, qualifierId:Id, isActiveNowOnly:布尔值	根据函数类型获取所有显式用户 Authorization
getExplicitUserAZsForImplicitAZ	AuthorizationIterator	implicitAuthorization: Authorization	为隐式授权获取显式用户 Authorization
getFunction	Function	functionId:Id	获取 Function
getFunctions	FunctionIterator	functionType:CeltsType	获取所有 Function
getFunctionTypes	TypeIterator	无	获取所有函数类型
getQualifier	Qualifier	qualifierId:Id	获取所有 Qualifier
getQualifierChildren	QualifierIterator	qualifierId:Id	获取限定器子结点
getQualifierDescendants	QualifierIterator	qualifierId:Id	获取限定器子孙结点
getQualifierHierarchies	IdIterator	无	获取限定器层次结构
getQualifierTypes	TypeIterator	无	获取所有限定器类型
getRootQualifiers	QualifierIterator	qualifierHierarchyId:Id	获取所有根限定器
getWhoCanDo	IdIterator	functionId:Id, qualifierId:Id	用户是否能在某上下文执行某函数

表 35（续）

成　员	返回值/类型	参数说明	说　明
isAuthorized	布尔值	agentId:Id, functionId:Id, qualifierId:Id	是否授权
isUserAuthorized	布尔值	functionId:Id, qualifierId:Id	用户是否授权
supportsDesign	布尔值	无	是否支持设计,即是否支持以下方法: createFunction, deleteFunction
supportsMaintenance	布尔值	无	是否支持维护,即是否支持以下方法: createAuthorization, createDatedAuthorization, createQualifier, createRootQualifier, deleteAuthorization, deleteQualifier, getFunctionTypes, getQualifier, getQualifierChildren, getQualifierDescendents getQualifierHierarchies, getQualifierTypes, getRootQualifiers, getWhoCanDo

6.8 工作流(Workflow)服务

6.8.1 服务描述

工作流服务支持学习过程的自动控制,允许定义一组过程规则,并通过一定数量的参与人员和支撑系统加以执行。

6.8.2 Expression 接口

Expression 标识一个在工作步被执行之前应满足的输入条件。Expression 接口定义如表 36 所示。

表 36　Expression 定义

成　员	返回值/类型	参数说明	说　明
getDescription	字符串	无	获取该 Expression 的描述
getDisplayName	字符串	无	获取该 Expression 的显示名字
getType	CeltsType	无	获取该 Expression 的类型

6.8.3 ExpressionIterator 接口

ExpressionIterator 为一组 Expression 提供顺序访问，每次只能访问一个。ExpressionIterator 接口定义如表 37 所示。

表 37 ExpressionIterator 定义

成　员	返回值/类型	参数说明	说　明
hasNextExpression	布尔值	无	是否还有下一个 Expression
nextExpression	Expression	无	取下一个 Expression

6.8.4 Step 接口

工作步(Step)是进程(Process)中的关键元素。Processes 由若干个 Step 组成。一个 Step 包括与其他 Step 的连接、输入条件和输出状态。Step 接口定义如表 38 所示。

表 38 Step 定义

成　员	返回值/类型	参数说明	说　明
addPredecessor	空	stepId:Id	获取前驱 Step
getDescription	字符串	无	获取描述
getDisplayName	字符串	无	获取显示名字
getId	Id	无	获取 Id
getInputConditions	ExpressionIterator	无	获取输入条件
getOutputStates	字符串迭代器	无	获取输出状态
getPredecessors	StepIterator	无	获取所有前驱
getRoleId	Id	无	获取与此 Step 相关联的角色 Id
getSuccessors	StepIterator	无	获取所有后继
isInitial	布尔值	无	该 Step 是否为 Process 的第一个
isTerminal	布尔值	无	该 Step 是否为 Process 的最后一个
removePredecessor	空	stepId:Id	移除前驱
updateDescription	空	description:字符串	更新描述
updateDisplayName	空	displayName:字符串	更新显示名字
updateInputConditions	空	inputConditions:Expression[]	更新输入条件
updateOutputStates	空	outputStates:字符串数组	更新输出状态
updateRoleId	空	roleId:Id	更新角色 Id

6.8.5 StepIterator 接口

StepIterator 为一组 Step 提供顺序访问，每次只能访问一个。StepIterator 接口定义如表 39 所示。

表 39 **StepIterator 定义**

成 员	返回值/类型	参数说明	说 明
hasNextStep	布尔值	无	是否还有下一个 Step
nextStep	Step	无	取下一个 Step

6.8.6 WorkEvent 接口

一个 WorkEvent 是 Step 的一个输出状态，与一个 Agent 和时间戳相关联。WorkEvent 接口定义如表 40 所示。

表 40 **WorkEvent 定义**

成 员	返回值/类型	参数说明	说 明
getAgentId	Id	无	获取执行该事件的用户 Id
getOutputState	字符串	无	获取输出状态
getStep	Step	无	获取 Step
getTimestamp	长整型数	无	获取该事件发生的时间戳

6.8.7 WorkEventIterator 接口

WorkEventIterator 为一组 WorkEvent 提供顺序访问，每次只能访问一个。WorkEventIterator 接口定义如表 41 所示。

表 41 **WorkEventIterator 定义**

成 员	返回值/类型	参数说明	说 明
hasNextWorkEvent	布尔值	无	是否还有下一个 WorkEvent
nextWorkEvent	WorkEvent	无	取下一个 WorkEvent

6.8.8 Work 接口

Work 是 Step 的集合，与一个或多个角色相关联。Work 接口定义如表 42 所示。

表 42 **Work 定义**

成 员	返回值/类型	参数说明	说 明
getDescription	字符串	无	获取描述
getDisplayName	字符串	无	获取显示名字
getHistory	WorkEventIterator	无	获取历史
getId	Id	无	获取 Id
getNextSteps	StepIterator	无	获取所有角色的后继 Step
getNextStepsForRole	StepIterator	roleId:Id	获取某角色的后继 Step

表 42（续）

成　员	返回值/类型	参数说明	说　明
getProperties	PropertiesIterator	无	获取属性
getPropertiesByType	Properties	propertiesType: CeltsType	获取某类型的属性
getPropertyTypes	TypeIterator	无	获取所有属性类型
getQualifierId	Id	无	获取限定器的 Id
updateDescription	空	description:字符串	更新描述
updateDisplayName	空	displayName:字符串	更新显示名字
updateStepOutputState	空	outputState:字符串	更新输出状态

6.8.9 WorkIterator 接口

WorkIterator 为一组 Work 提供顺序访问，每次只能访问一个。WorkIterator 接口定义如表 43 所示。

表 43 WorkIterator 定义

成　员	返回值/类型	参数说明	说　明
hasNextWork	布尔值	无	是否还有下一个 Work
nextWork	Work	无	取下一个 Work

6.8.10 Process 接口

Process 是一个有组织的 Step 集合，包括一个初始 Step 和其他后继 Step。Process 接口定义如表 44 所示。

表 44 Process 定义

成　员	返回值/类型	参数说明	说　明
createInitialStep	Step	displayName:字符串, description:字符串, roleId:Id	创建初始 Step
createStep	Step	predecessorStepId:Id, displayName:字符串, description:字符串, roleId:Id	创建 Step
createWork	Work	displayName:字符串, description:字符串, qualifierId:Id	创建 Work
deleteStep	空	stepId:Id	删除 Step

表 44(续)

成 员	返回值/类型	参数说明	说 明
deleteWork	空	workId:Id	删除 Work
getAllWork	WorkIterator	无	获取所有 Work
getAvailableWork	WorkIterator	无	获取所有有效 Work
getAvailableWorkForRole	WorkIterator	roleId:Id	获取所有对某角色有效 Work
getAvailableWorkForStep	WorkIterator	stepId:Id	获取所有对某 Step 有效 Work
getDescription	字符串	无	获取描述
getDisplayName	字符串	无	获取显示名字
getId	Id	无	获取 Id
getStep	Step	stepId:Id	获取 Step
getSteps	StepIterator	无	获取所有 Step
getType	CeltsType	无	获取类型
getUnfinishedWork	WorkIterator	无	获取未完成 Work
getUnfinishedWorkForRole	WorkIterator	roleId:Id	获取某角色未完成 Work
getUnfinishedWorkForStep	WorkIterator	stepId:Id	获取某 Step 未完成 Work
getWork	Work	workId:Id	获取 Work
haltWork	空	workId:Id	停止 Work
isEnabled	布尔值	无	Process 是否有效
resumeWork	空	workId:Id	恢复停止的 Work
updateDescription	空	description:字符串	更新描述
updateDisplayName	空	displayName:字符串	更新显示名字
updateEnabled	空	enabled:布尔值	更新有效状态

6.8.11 ProcessIterator 接口

ProcessIterator 为一组 Process 提供顺序访问,每次只能访问一个。ProcessIterator 接口定义如表 45 所示。

表 45 ProcessIterator 定义

成 员	返回值/类型	参数说明	说 明
hasNextProcess	布尔值	无	是否还有下一个 Process
nextProcess	Process	无	取下一个 Process

6.8.12 WorkflowManager 接口

WorkflowManager 负责管理 Process,发现未完成的 Work。WorkflowManager 接口定义如表 46 所示。

表 46 WorkflowManager 定义

成员	返回值/类型	参数说明	说明
copyProcess	Process	originalProcessId:Id, newDisplayName:字符串, newDescription:字符串	拷贝一个已知的 Process,并赋予新的显示名称以及描述
createProcess	Process	displayName:字符串, description:字符串	创建 Process
deleteProcess	空	processId:Id	删除 Process
getCompletedWork	WorkIterator	processId:Id	获取未完成 Work
getExpressions	ExpressionIterator	无	获取所有 Expression
getExpressionsByType	ExpressionIterator	expressionType:CeltsType	获取某类型 Expression
getExpressionTypes	TypeIterator	无	获取所有 Expression 类型
getOutputStates	字符串迭代器	无	获取输出状态
getProcess	Process	processId:Id	获取 Process
getProcesses	ProcessIterator	无	获取所有 Process
getUnfinishedWork	WorkIterator	processId:Id	获取未完成 Work
supportsDesign	布尔值	无	是否支持设计,即是否支持以下方法: copyProcess, createProcess, deleteProcess
supportsMaintenance	布尔值	无	是否支持维护,即是否支持以下方法: getCompletedWork,getExpressions, getExpressionsByType, getExpressionTypes, getOutputStates, getProcess, getProcesses, getUnfinishedWork

6.9 XML 服务

6.9.1 服务描述

XML 服务提供对 XML 文件的访问、存储、更新等操作。

6.9.2 XMLParser 接口

XMLParser 接口负责解析 XML 数据(可能是从文件中读取或者是程序生成的一个字符串),得到 XML 文档的根,以此作为对象模型的入口即可访问文档中的所有数据。XMLParser 接口定义如表 47 所示。

表 47 XMLParser 定义

成员	返回值/类型	参数说明	说明
getSpecification	字符串	无	返回该解析器所对应的规范,如 ims-md,ims-cp 等
parse	对象	docString:字符串 将被解析的文件路径,可以是相对或者绝对路径	返回被解析文档的入口对象,可以根据该解析器对应的规范转型为特定的对象
parse	对象	file:File 将被解析的文件实例	返回被解析文档的入口对象,可以根据该解析器对应的规范转型为特定的对象
parse	对象	path:Path 将被解析的文件路径	返回被解析文档的入口对象,可以根据该解析器对应的规范转型为特定的对象

6.9.3 XMLFormatter 接口

XMLFormatter 接口用于对 XML 数据进行简单的排版。XMLParser 接口定义如表 48 所示。

表 48 XMLParser 定义

成员	返回值/类型	参数说明	说明
format	字符串	xmlStr:字符串	对输入的 XML 数据字符串进行格式化,返回结果字符串
format	空	xmlStr:字符串 filePath:Path	对输入的 XML 字符串进行格式化,格式化后的结果存入 filePath 指定文件

6.9.4 XMLFactory 接口

通过 XMLFactory 可以获得 XMLParser 和 XMLFormatter 的实例。XMLFactory 接口定义如表 49 所示。

表 49 XMLFactory 定义

成员	返回值/类型	参数说明	说明
getParser	XMLParser	specification:字符串	获得一个特定规范的 XMLParser,如 ims 元数据规范的 Parser
getFormatter	XMLFormatter	无	获取 s 一个 XMLFormatter 实例

7 教育服务接口

7.1 评估(assessment)服务

7.1.1 服务描述

评估服务负责显示和汇报一个评估,如小测验或者考试,这种评估的显示和汇报可以在组或者个人的级别上进行管理。

7.1.2 Item 接口

Item 包括问题、回复集、答案以及其他相关指导和媒体。这些元素都被包含在一个 Data 对象中，该对象的内容没有在接口规范中确切说明。Item 由其对应的类型来区分。ItemType 对一个应用程序来说是有意义的，但在接口规范中没有确切定义。与 Item 相关联的全局唯一的 Id 由 AssessmentManager 的 createItem 方法设置。Item 接口定义如表 50 所示。

表 50 Item 定义

成员	返回值/类型	参数说明	说明
getData	可序列化对象	无	获取该 Item 的 Data
getDescription	字符串	无	获取该 Item 的描述
getDisplayName	字符串	无	获取该 Item 的显示名字
getId	Id	无	获取该 Item 的 Id
getItemType	CeltsType	无	获取该 Item 的类型 ItemType
getProperties	PropertiesIterator	无	获取该 Item 的所有属性配置
getPropertiesByType	Properties	propertiesType：CeltsType	获取该 Item 的某种类型的属性配置
getPropertyTypes	TypeIterator	无	获取该 Item 的所有属性类型
updateData	空	data：可序列化对象	更新该 Item 的 Data
updateDescription	空	description：字符串	更新该 Item 的描述
updateDisplayName	空	displayName：字符串	更新该 Item 的显示名字

7.1.3 ItemIterator 接口

ItemIterator 为一组 Item 提供顺序访问，每次只能访问一个。所有迭代器的目的就是在接口规范中为通用类型返回多个值，而不使用数组。如果返回值数据量很大，或者是远程访问，返回数组是不合适的。迭代器不允许使用序号(index)访问值，而只允许顺序访问。也就是说不能回头访问曾经访问过的数据。ItemIterator 接口定义如表 51 所示。

表 51 ItemIterator 定义

成员	返回值/类型	参数说明	说明
hasNextItem	布尔值	无	是否还有下一个 Item
nextItem	Item	无	取下一个 Item

7.1.4 ItemTaken 接口

ItemTaken 包含 Item、提交的回答以及这些回答的 Evaluation。ItemTaken 接口定义如表 52 所示。

表 52 ItemTaken 定义

成员	返回值/类型	参数说明	说明
createEvaluation	无	evaluationType:CeltsType	为该 Item 按照指定的 Type 创建 Evaluation
deleteEvaluation	无	evaluationId:Id	删除指定的 Evaluation
getData	可序列化对象	无	获取 ItemTaken 的数据
getDisplayName	字符串	无	获取 ItemTaken 的显示名称
getEvaluations	EvaluationIterator	无	获取该 Item 的所有 Evaluation
getEvaluationByType	EvaluationIterator	evaluationType:CeltsType	获取指定类型的 Evaluation
getId	Id	无	获取该 ItemTaken 的唯一 Id
getItem	Item	无	获取 ItemTaken 所属的 Item
getSectionTaken	SectionTaken	无	获取 ItemTaken 所属的 SectionTaken
updateData	无	data:可序列化对象	为 ItemTaken 更新数据
updateDisplayName	无	displayNames:字符串	为 ItemTaken 更新显示名称

7.1.5 ItemTakenIterator 接口

ItemTakenIterator 为一组 ItemTaken 提供顺序访问，每次只能够访问一个。EvaluationIterator 接口定义如表 53 所示。

表 53 EvaluationIterator 定义

成员	返回值/类型	参数说明	说明
hasNextItemTaken	布尔值	无	是否还有下一个 ItemTaken
nextItemTaken	ItemTaken	无	返回下一个 ItemTaken

7.1.6 Evaluation 接口

Evaluation 是评估报告的接口。Evaluation 接口定义如表 54 所示。

表 54 Evaluation 定义

成员	返回值/类型	参数说明	说明
getData	可序列化对象	无	从 Evaluation 中取得数据
getDisplayName	字符串	无	获取 Evaluation 的显示名字
getId	Id	无	从 Evaluation 中获得唯一 Id
getModifiedDate	长整数	无	获取 Evaluation 的修改时间
getObjectTaken	Id	无	获取 objectTaken 的 Id
getType	CeltsType	无	获取 Evaluation 的 CeltsType
updateData	无	data:可序列化对象	更新 Evaluation 的数据
updateDisplayName	无	displayName:字符串	更新 Evaluation 的显示名字

7.1.7 EvaluationIterator 接口

EvaluationIterator 为一组 Evaluation 提供顺序访问，每次只能够访问一个。EvaluationIterator 接口定义如表 55 所示。

表 55 EvaluationIterator 定义

成员	返回值/类型	参数说明	说明
hasNextEvaluation	布尔值	无	是否还有下一个 Evaluation
nextEvaluation	Evaluation	无	返回下一个 Evaluation

7.1.8 Section 接口

Section 包括 0 个或多个 Item 或 Section。Item 或 Section 按照先入先出(FIFO)方式加入一个 Section。SectionType 对一个应用程序来说是有意义的，但在接口规范中没有确切定义。与 Section 相关联的全局唯一的 Id 由 AssessmentManager 的 createSection 方法设置。Section 接口定义如表 56 所示。

表 56 Section 定义

成员	返回值/类型	参数说明	说明
addItem	空	item:Item	向该 Section 中添加一个 Item
addSection	空	section:Section	向该 Section 中添加一个 Section
getData	可序列化对象	无	获取该 Section 的 Data
getDescription	字符串	无	获取该 Section 的描述
getDisplayName	字符串	无	获取该 Section 的显示名字
getId	Id	无	获取该 Section 的 Id
getItems	ItemIterator	无	获取该 Section 中所有 Item
getProperties	PropertiesIterator	无	获取该 Section 的所有属性配置
getPropertiesByType	Properties	propertiesType:CeltsType	获取该 Section 的某种类型的属性配置
getPropertyTypes	TypeIterator	无	获取该 Section 的所有属性类型
getSections	SectionIterator	无	获取该 Section 中所有 Section
getSectionType	CeltsType	无	获取该 Section 的类型
orderItems	空	items:Item[]	改变该 Section 中 Item 的顺序
orderSections	空	sections:Section[]	改变该 Section 中 Section 的顺序
removeItem	空	itemId:Id	从该 Section 中删除一个 Item
removeSection	空	sectionId:Id	从该 Section 中删除一个 Section
updateData	空	data:可序列化对象	更新该 Section 的 Data
updateDescription	空	description:字符串	更新该 Section 的描述
updateDisplayName	空	displayName:字符串	更新该 Section 的显示名字

7.1.9 SectionIterator 接口

SectionIterator 为一组 Section 提供顺序访问,每次只能访问一个。SectionIterator 接口定义如表 57 所示。

表 57 SectionIterator 定义

成 员	返回值/类型	参数说明	说 明
hasNextSection	布尔值	无	是否还有下一个 Section
nextSection	Section	无	取下一个 Section

7.1.10 SectionTaken 接口

SectionTaken 含有 Section 里面的所有 Item 以及 Evaluation。SectionTaken 接口定义如表 58 所示。

表 58 SectionTaken 定义

成 员	返回值/类型	参数说明	说 明
createEvaluation	Evaluation	evaluationType:CeltsType	按照指定的 CeltsType 为 Section 创建 Evaluation
createItemTaken	ItemTaken	item:Item	在 SectionTaken 的基础上创建 ItemTaken
deleteEvaluation	无	evaluationId:Id	在 Section 中删除指定的 Evaluation
deleteItemTaken	无	itemTakenId:Id	删除一个 ItemTaken
getAssessmentTaken	AssessmentTaken	无	获取 SectionTaken 所属的 AssessmentTaken
getData	可序列化对象	无	获取 SectionTaken 的数据
getDisplayName	字符串	无	获取 SectionTaken 的显示名字
getEvaluations	EvaluationIterator	无	获取 Section 中所有的 Evaluation
getEvaluationsByType	EvaluationIterator	evaluationType:CeltsType	获取 Section 中指定 CeltsType 的 Evaluation
getId	Id	无	获取 SectionTaken 的唯一 Id
getItemsTaken	ItemTakenIterator	无	获取该 SectionTaken 的所有 ItemTaken
getSection	Section	无	获得创建 SectionTaken 的 Section
updateData	无	data:可序列化对象	更新 SectionTaken 的数据
updateDisplayName	无	displayName:字符串	更新 SectionTaken 的显示名称

7.1.11 SectionTakenIterator 接口

SectionTakenIterator 为一组 SectionTaken 提供顺序访问,每次只能访问一个。SectionTaken 接口定义如表 59 所示。

表 59 SectionTakenIterator 定义

成 员	返回值/类型	参数说明	说 明
hasNextSectionTaken	布尔值	无	是否还有下一个 SectionTaken
nextSectionTaken	SectionTaken	无	取下一个 SectionTaken

7.1.12 Assessment 接口

Assessment 包括 0 个或多个 Section。Section 按照先入先出(FIFO)方式加入一个 Assessment。AssessmentType 对一个应用程序来说是有意义的,但在接口规范中没有确切定义。Assessment 还包括一个 Topic。一个 Assessment 与一个 AssessmentPublished 相关联,该 AssessmentPublished 包括一个 Assessment 和与这个 Assessment 的有效性相关的数据集。一个 Assessment 还与一个 AssessmentTaken 相关联,该 AssessmentTaken 包括一个 Assessment 和与该 Assessment 集成的学生相关的数据集。Assessment 接口定义如表 60 所示。

表 60 Assessment 定义

成 员	返回值/类型	参数说明	说 明
addSection	空	section:Section	向该 Assessment 中添加一个 Section
getAssessmentType	CeltsType	无	获取该 Assessment 的类型
getData	可序列化对象	无	获取该 Assessment 的 Data
getDescription	字符串	无	获取该 Assessment 的描述
getDisplayName	字符串	无	获取该 Assessment 的显示名字
getId	Id	无	获取该 Assessment 的 Id
getItems	ItemIterator	无	获取该 Section 中所有 Item
getProperties	PropertiesIterator	无	获取该 Assessment 的所有属性配置
getPropertiesByType	Properties	propertiesType:CeltsType	获取该 Assessment 的某种类型的属性配置
getPropertyTypes	TypeIterator	无	获取该 Assessment 的所有属性类型
getSections	SectionIterator	无	获取该 Assessment 中所有 Section
getTopic	字符串	无	获取该 Assessment 的 Topic
orderSections	空	sections:Section[]	改变该 Assessment 中 Section 的顺序
removeSection	空	sectionId:Id	从该 Assessment 中删除一个 Section
updateData	空	data:可序列化对象	更新该 Assessment 的 Data
updateDescription	空	description:字符串	更新该 Assessment 的描述
updateDisplayName	空	displayName:字符串	更新该 Assessment 的显示名字
updateTopic	空	topic:字符串	更新该 Assessment 的 Topic

7.1.13 AssessmentIterator 接口

AssessmentIterator 为一组 Assessment 提供顺序访问,每次只能访问一个。AssessmentIterator

接口定义如表61所示。

表61 AssessmentIterator 定义

成员	返回值/类型	参数说明	说明
hasNextAssessment	布尔值	无	是否还有下一个 Assessment
nextAssessment	Assessment	无	取下一个 Assessment

7.1.14 AssessmentPublished 接口

AssessmentPublished 接口定义如表62所示。

表62 AssessmentPublished 定义

成员	返回值/类型	参数说明	说明
createAssessmentTaken	AssessmentTaken	agentId:Id	创建一个 AssessmentPublished
deleteAssessmentTaken	空	assessmentTakenId:Id	删除一个 AssessmentPublished
getAssessment	Assessment	无	获取要发布的 Assessment
getAssessmentsTaken	AssessmentTakenIterator	无	获取所有的 AssessmentTaken
getAssessmentsTakenBy	AssessmentTakenIterator	agentId:Id	获取所有与某个学生的 agentId 相关联的 Assessment
getCourseSectionId	Id	无	获取与该 AssessmentPublished 相关联的 CourseSection 的 Id
getData	可序列化对象	无	获取该 AssessmentPublished 的 Data
getDate	长整型数	无	获取该 AssessmentPublished 的发布日期
getDescription	字符串	无	获取该 AssessmentPublished 的描述
getDisplayName	字符串	无	获取该 AssessmentPublished 的显示名字
getId	Id	无	获取该 AssessmentPublished 的 Id
updateCourseSectionId	空	courseSectionId:Id	更新该 AssessmentPublished 的 CourseSectionId
updateData	空	data:可序列化对象	更新该 AssessmentPublished 的 Data
updateDescription	空	description:字符串	更新该 AssessmentPublished 的描述
updateDisplayName	空	displayName:字符串	更新该 AssessmentPublished 的显示名字

7.1.15 AssessmentPublishedIterator 接口

AssessmentPublishedIterator 为一组 AssessmentPublished 提供顺序访问，每次只能访问一个。AssessmentPublishedIterator 接口定义如表63所示。

表63 AssessmentPublishedIterator 定义

成员	返回值/类型	参数说明	说明
hasNextAssessmentPublished	布尔值	无	是否还有下一个 AssessmentPublished
nextAssessmentPublished	AssessmentPublished	无	取下一个 AssessmentPublished

7.1.16 AssessmentTaken 接口

AsssessmentTaken 接口定义如表 64 所示。

表 64 AssessmentTaken 定义

成　员	返回值/类型	参数说明	说　明
createEvaluation	Evaluation	evaluationType: CeltsType	为该 Assessment 创建一个特定类型的评估报告
createSectionTaken	SectionTaken	section:Section	在一个 AssessmentPublished 和学生的 AgengId 的基础上创建一个 SectionTaken
deleteEvaluation	空	evaluationId:Id	删除一个评估报告
deleteSectionTaken	空	sectionTakenId:Id	删除一个 SectionTaken
getAgentId	Id	无	获取接受评估的学生 agentId
getAssessmentPublished	AssessmentPublished	无	获取采用的 AssessmentPublished
getData	可序列化对象	无	获取该 AssessmentTaken 的 Data
getDate	长整型数	无	获取该 AssessmentTaken 的执行日期
getDisplayName	字符串	无	获取该 AssessmentTaken 的显示名字
getEvaluations	EvaluationIterator	无	获取该 AssessmentTaken 的所有评估报告
getEvaluationsByType	EvaluationIterator	evaluationType: CeltsType	获取该 AssessmentTaken 的某种类型的评估报告
getId	Id	无	获取该 AssessmentTaken 的 Id
getSectionsTaken	SectionTakenIterator	无	获取该 AssessmentTaken 的所有 SectionsTaken
updateData	空	data:可序列化对象	更新该 AssessmentTaken 的 Data
updateDisplayName	空	displayName:字符串	更新该 AssessmentTaken 的显示名字

7.1.17 AssessmentTakenIterator 接口

AssessmentTakenIterator 为一组 AssessmentTaken 提供顺序访问，每次只能访问一个。AssessmentTakenIterator 接口定义如表 65 所示。

表 65 AssessmentTakenIterator 定义

成　员	返回值/类型	参数说明	说　明
hasNextAssessmentTaken	布尔值	无	是否还有下一个 AssessmentTaken
nextAssessmentTaken	AssessmentTaken	无	取下一个 AssessmentTaken

7.1.18 AssessmentManager 接口

AssessmentManager 主要负责创建和删除 Assessment、AssessmentPublished、Item 和 Section。以及获取 Assessment、AssessmentPublished、Item、Section 和各种实现类型的值。AssessmentManager 接口定义如表 66 所示。

表 66　AssessmentManager 定义

成　员	返回值/类型	参数说明	说　明
createAssessment	Assessment	name:字符串, description:字符串, assessmentType: CeltsType	创建一个新的 Assessment 并将其加入 Assessment 库
createAssessmentPublished	AssessmentPublished	assessment: Assessment	根据 Assessment 创建一个 AssessmentPublished
createItem	Item	name:字符串, description:字符串, itemType:CeltsType	创建一个 Item
createSection	Section	name:字符串, description:字符串, sectionType: CeltsType	创建一个 Section
deleteAssessment	空	assessmentId:Id	从 Assessment 库中删除一个 Assessment
deleteAssessmentPublished	空	assessmentPublishedId: Id	删除一个 AssessmentPublished
deleteItem	空	itemId:Id	删除一个 Item
deleteSection	空	sectionId:Id	删除一个 Section
getAssessment	Assessment	assessmentId:Id	根据 Id 获取一个 Assessment
getAssessmentPublished	AssessmentPublished	assessmentPublishedId: Id	根据 Id 获取一个 AssessmentPublished
getAssessments	AssessmentIterator	无	获取所有的 Assessment
getAssessmentsByType	AssessmentIterator	assessmentType: CeltsType	获取特定类型的 Assessment
getAssessmentsPublished	AssessmentPublishedIterator	无	获取所有的 AssessmentPublished
getAssessmentTypes	TypeIterator	无	获取所有的 Assessment 类型
getItem	Item	itemId:Id	根据 Id 获取一个 Item
getItems	ItemIterator	无	获取所有的 Item
getItemsByType	ItemIterator	itemType:CeltsType	获取特定类型的 Item
getItemTypes	TypeIterator	无	获取所有的 Item 类型
getSection	Section	sectionId:Id	根据 Id 获取一个 Section
getSections	SectionIterator	无	获取所有的 Section
getSectionsByType	SectionIterator	sectionType: CeltsType	获取特定类型的 Section
getSectionTypes	TypeIterator	无	获取所有的 Section 类型

7.2 课程管理(Course Management)服务

7.2.1 服务描述

课程管理服务负责管理课程相关的内容,包括创建课程,课程的存储,查询等。

7.2.2 Course 接口

Course 接口是课程模型的基本接口,按照不同的标准需求可以以此接口进行扩展,Course 接口所提供的是课程最一般化的信息,更具体化的课程在 CourseOffering 接口中提供。Course 接口定义如表 67所示。

表 67 Course 定义

成员	返回值/类型	参数说明	说明
getCredits	浮点数类型	无	获得课程学分数
setCredits	空	credits:浮点数类型	设置课程学分
getCourseType	CeltsType	无	获得课程类型
setCourseType	空	courseType:CeltsType	设置课程类型
getDescription	字符串	无	获得课程的基本描述
setDescription	空	description:字符串	设置课程的描述信息
getDisplayName	字符串	无	获得课程的显示名称
setDisplayName	空	displayName:字符串	设置课程的显示名称
getId	Id	无	获得课程 ID
getProperties	PropertiesIterator	无	获得课程相关的配置属性
getStatus	CeltsType	无	获得课程的状态
setStatus	空	statusType:CeltsType	设置课程状态
getTitle	字符串	无	获得课程标题
setTitle	空	title:字符串	设置课程标题

7.2.3 CourseOffering 接口

Course 所提供的课程是十分泛化的课程,而 CourseOffering 则是针对某个具体学期开设的具体一门课程,对于一个 Course 可以有若干个 CourseOffering,每个 CourseOffering 有自己的名册等信息并有与之相关联的课程章节内容,课程的片断模型由 CourseSection 接口定义。CourseOffering 接口定义如表 68 所示。

表 68 CourseOffering 定义

成员	返回值/类型	参数说明	说明
addAsset	空	assetId:Id	向一门课程添加素材
removeAsset	空	assetId:Id	从课程中删除一个素材
getAssets	IdIterator	无	获得课程的全部素材
addStudent	空	studentId:Id regType:CeltsType	向名册中添加一个学生,并为其注册类型赋值
removeStudent	空	studentId:Id	从该课程注册的学生名册中删除一个学生
changeRegType	空	studentId:Id regType:CeltsType	变更一个学生的注册类型
getRoster	Iterator	无	得到课程的学生名册
getCourse	Course	无	得到包括此 CourseOffering 的课程实例
getId	Id	无	得到当前 CourseOffering 的 ID
setDescription	空	description:字符串	设置描述信息
getDescription	字符串	无	获得描述信息
getDisplayName	字符串	无	获得显示名称
setDisplayName	空	displayName:字符串	设置显示名称
getProperties	PropertiesIterator	无	获得配置信息
getStatus	CeltsType	无	获得 CourseOffering 的状态
setStatus	空	statusType:CeltsType	设置 CourseOffering 状态
getTitle	字符串	无	获得 CourseOffering 标题
setTitle	空	title:字符串	设置 CourseOffering 标题

7.2.4 CourseManager 接口

CourseManager 负责创建删除课程,并且可获得课程成绩的管理及分组管理。CourseManager 接口定义如表 69 所示。

表 69 CourseManager 定义

成员	返回值/类型	参数说明	说明
createCourse	Course	title:字符串, number:字符串, description:字符串, courseType:CeltsType, courseStatusType:CeltsType, credits:浮点数类型	创建一门课程,包括课程标题,课容量,描述,课程和状态类型,学分数。返回一个课程实例,拥有课程名、描述和统一的 ID
deleteCourse	空	courseId:Id	根据 ID 删除一门课程

7.3 成员管理(Membership Management)服务

7.3.1 服务描述

成员管理服务提供成员的管理,一个组可以是另一个组的成员,成员信息描述了成员承担的角色。

7.3.2 Member 接口

Member 是 eLearning 中虚拟成员的抽象,包括的属性有 DisplayName, Id, CeltsType 和 Properties,Member 通过 MemberManager 统一创建。Member 接口定义如表 70 所示。

表 70 Member 定义

成员	返回值/类型	参数说明	说明
getDisplayName	字符串	无	获得成员显示的名称
getId	Id	无	获得成员 ID
getType	CeltsType	无	获得成员类型
getPropertiesByType	Properties	propertiesType:CeltsType	获得同类型的所有属性
getPropertyTypes	TypeIterator	无	获得属性的类型
getProperties	PropertiesIterator	无	获得属性

7.3.3 MemberIterator 接口

MemberIterator 接口用于 Member 的查询等操作,是获取一组成员对象的迭代器接口。

MemberIterator 接口定义如表 71 所示。

表 71 MemberIterator 定义

成员	返回值/类型	参数说明	说明
hasNextMember	布尔值	无	判断是否集合中是否还有成员
nextMember	Member	无	获得下一个成员实例

7.3.4 MemberManager 接口

MemberManager 接口提供创建,删除成员,以及得到成员实例的功能。MemberManager 接口定义如表 72 所示。

表 72 MemberManager 定义

成员	返回值/类型	参数说明	说明
createMember	Member	displayName:字符串, memberType:CeltsType, properties:Properties	通过 dislay name, type, properties 创建一个成员
deleteMember	空	id:Id	通过 ID 删除指定成员

表 72（续）

成　员	返回值/类型	参数说明	说　明
getMember	Member	id:Id	根据唯一的 id 获得相应的成员实例，由于其他的属性并不唯一，我们不提供其他获取实例的方式
getMembers	MemberIterator	无	通过迭代器获得全部成员
getMemberTypes	TypeIterator	无	获得成员的所有类型
getPropertyTypes	TypeIterator	无	获得所有属性类型
getMembersByType	MemberIterator	memberType:CeltsType	获得指定类型的所有成员实例
getMemberSearchTypes	TypeIterator	无	获得全部成员的查询类型
getMembersBySearch	MemberIterator	searchCriteria:可序列化对象，memberSearchType:CeltsType	按查询类型和查询标准检索成员

7.4 组管理(Group Management)服务

7.4.1 服务描述

组管理服务可以对组进行管理，一个组可以包含其他的组，也可以有自己的子组。

7.4.2 Group 接口

组可以包括成员，也可以有子组，因此组接口中包括一些测试方法，验证成员和组的包含关系。Group 接口定义如表 73 所示。

表 73　Group 定义

成　员	返回值/类型	参数说明	说　明
setDescription	空	description:字符串	设置组描述，description 是组特有的描述信息
getDescription	字符串	无	获得组描述信息
getId	Id	无	获得唯一的组 id
getDisplayName	字符串	无	获得显示名称
getType	CeltsType	无	获得类型
add	空	memberOrGroup:Member	添加一个结点，可以是成员或者子组
remove	空	memberOrGroup:Member	删除一个结点
getMembers	MemberIterator	includeSubgroups:布尔值	获得组的全部成员实例，输入参数可以确定是否递归查找子组
getGroups	GroupIterator	includeSubgroups:布尔值	获得全部子组，输入参数可以确定是否递归查找子组
contains	布尔值	memberOrGroup:Member，searchSubgroups:布尔值	验证一个组或成员是否属于当前的组
getPropertiesByType	Properties	propertiesType:CeltsType	获得同类型的所有属性
getPropertyTypes	TypeIterator	无	获得所有类型
getProperties	PropertiesIterator	无	获得所有属性

7.4.3 GroupIterator 接口

GroupIterator 接口用于 Member 的查询等操作，是获取一组成员对象的迭代器类接口。

GroupIterator 接口定义如表 74 所示。

表 74 GroupIterator 定义

成 员	返回值/类型	参数说明	说 明
hasNextGroup	布尔值	无	判断集合中是否还有组
nextGroup	Group	无	获得下一个组实例

7.4.4 GroupManager 接口

GroupManager 接口提供创建，删除组，以及得到组实例的功能。GroupManager 接口定义如表 75 所示。

表 75 GroupManager 定义

成 员	返回值/类型	参数说明	说 明
createGroup	Group	displayName：字符串， groupType：CeltsType， description：字符串， properties：Properties	通过 dislay name，type，description，properties 创建一个组
deleteGroup	空	id：Id	通过 ID 删除指定组
getGroup	Group	id：Id	根据唯一的 id 获得相应的组实例
getGroups	GroupIterator	无	通过迭代器获得全部组
getGroupTypes	TypeIterator	无	获得组的所有类型
getPropertyTypes	TypeIterator	无	获得所有属性类型
getGroupsByType	GroupIterator	groupType：CeltsType	获得指定类型的所有组实例
getGroupSearchTypes	TypeIterator	无	获得全部组的查询类型
getGroupsBySearch	GroupIterator	searchCriteria：可序列化对象 groupSearchType：CeltsType	按查询类型和查询标准检索组

7.5 编列(sequencing)服务

7.5.1 服务描述

编列服务可以让一系列学习对象按照特定的序列执行，可能的序列集合由相应的编列规则加以定义。

7.5.2 SequenceRule 接口

SequenceRule 接口是编列规则的基本数据模型，其中给出的是对一个编列活动的评估函数，具体的编列规则是由规范所确定的，此处编列规则的模型仅仅是对上层开发的应用接口。SequenceRule 接口定义如表 76 所示。

表 76 SequenceRule 定义

成 员	返回值/类型	参数说明	说 明
evaluate	字符串	iType:CeltsType, iThisActivity:SequenceActivity, iRetry:布尔值	根据编列活动,类型参数,获得一个编列规则的评价结果

7.5.3 SequenceActivity 接口

SequenceActivity 是编列活动接口,也是编列活动的基本数据模型,此接口提供类似活动树结点结构的管理操作。SequenceActivity 接口定义如表 77 所示。

表 77 SequenceActivity 定义

成 员	返回值/类型	参数说明	说 明
addChild	空	ioChild:SequenceActivity	添加一个孩子结点
setChildren	空	ioChildren:向量数组, iAll:布尔值	为全部孩子结点设值
getChildren	向量数组	iAll:布尔值	得到当前结点的全部孩子结点
hasChildren	布尔值	iAll:布尔值	判断当前结点是否拥有子结点
getNextSibling	SequenceActivity	iAll:布尔值	获得直接后继兄弟活动结点
getPrevSibling	SequenceActivity	iAll:布尔值	获得直接前驱兄弟活动结点
getParent	SequenceActivity	无	获得父活动结点
getParentID	Id	无	获得父活动结点 ID
getActiveOrder	整型	无	得到相关的兄弟结点的活动种类
getObjStatusSet	向量数组	无	获得对象状态集
setDepth	空	iDepth:整型	设置活动深度
getDepth	整型	无	获得活动深度
setActivityCount	空	iCount:整型	设置活动计数
getActivityCount	整型	无	获得活动计数
setSelection	空	iSelection:布尔值	设置当前活动的选中状态
isSelected	布尔值	无	判断当前活动是否被选中

7.5.4 SequenceActivityTree 接口

SequenceActivityTree 接口是编列活动基础上的树型结构模型,管理整个编列活动树。SequenceActivityTree 接口定义如表 78 所示。

表 78 SequenceActivityTree 定义

成 员	返回值/类型	参数说明	说 明
setRoot	空	iRoot:SequenceActivity	将一个活动设置为活动树的根结点
getRoot	SequenceActivity	无	获得活动树的根结点活动
setLastLeaf	空	iLastLeaf:字符串	设置最后一个叶结点
getLastLeaf	字符串	无	获得最后一个叶结点
setCurrentActivity	空	iCurrent:SequenceActivity	设置当前活动结点
getCurrentActivity	SequenceActivity	无	获得当前活动结点
setFirstCandidate	空	iFirst:SequenceActivity	设置第一个候选活动
getFirstCandidate	SequenceActivity	无	获得第一个候选活动
setSuspendAll	空	iSuspendTarget:SequenceActivity	将活动设置为 SuspendAll 状态
getSuspendAll	SequenceActivity	无	获得挂起状态 SuspendAll 的活动结点
getActivity	SequenceActivity	iActivityID:Id	获得指定 ID 的结点活动
getObjMap	向量数组	obj:字符串	获得指定学习目标的活动集
getGlobalObjectives	向量数组	无	获得学习目标集
clearSessionState	空	无	清除目前活动树的状态
setDepths	空	无	计算当前树的深度
setTreeCount	空	无	设置当前活动树的活动计数

7.5.5 Sequencer 接口

Sequencer 接口是编列引擎的基本操作,是联系用户与具体活动树的部件。Sequencer 接口定义如表 79 所示。

表 79 Sequencer 定义

成 员	返回值/类型	参数说明	说 明
getObjStatusSet	IdIterator	activityId:Id	获得指定 ID 活动的学习目标状态集
setActivityTree	空	iTree:SequenceActivityTree	设置编列活动树
getActivityTree	SequenceActivityTree	无	获得编列活动树
clearSequenceState	空	无	清除编列引擎状态参数
reportSuspension	空	activityId:字符串;iSuspended:布尔值	告知编列引擎当前活动成为挂起状态,当此活动结束后,此状态生效
setAttemptDuration	空	activityId:Id;iDur:字符串	告知编列引擎此活动的尝试持续时间改变
setAttemptObjSatisfied	空	activityId:Id;objectiveId:Id;iStatus:字符串	告知编列引擎一个活动目标的满足状态改变
setAttemptProgressStatus	空	activityId:Id;iProgress:字符串	告知编列引擎编列活动的过程状态改变

7.5.6 SequenceNavigation 接口

SequenceNavigation 是编列导航接口，对应于接收到导航请求时所做的导航行为。

SequenceNavigation 接口定义如表 80 所示。

表 80 SequenceNavigation 定义

成 员	返回值/类型	参数说明	说 明
navigate	空	iRequest：整型	处理导航请求
navigate	空	iTarget：字符串	处理"Choice"导航请求

7.5.7 SequenceParser 接口

SequenceParser 是编列解析器接口，其类似 XML 的解析器，直接用于解析包含编列信息的 XML 文件，并提供获得相应结点的方法。现有的编列引擎应该支持 CELTSC 和 IMS Simple Sequence 两种规范。在此接口中使用了 DOM 中的 Node 类，在未来的版本中期望这一操作被隔离出去。SequenceParser 接口定义如表 81 所示。

表 81 SequenceParser 定义

成 员	返回值/类型	参数说明	说 明
initParser	空	seqFileName：字符串	初始化编列信息解析器
parseFile	布尔值	无	解析文件，解析出错则返回 false，正确解析则为 true
getCourseID	Id	无	获得 Course 的 ID
getOrganizationID	Id	无	获得 Organization 的 ID
getScopeID	Id	无	获得 Scope 的 ID
findDefaultOrganization	Node	无	找到 DefaultOrganization 的结点
getSequencingCollection	Node	无	获得编列集的结点
getAttribute	字符串	iNode：Node； attibuteName：字符串	得到 XML 结点的属性值

7.6 学习对象管理(Learning Object Management)服务

7.6.1 服务描述

学习对象管理服务提供对学习对象的管理，包括学习对象的导入、导出、存储、检索等功能。

7.6.2 LangString 接口

LangString 是多语言字符串接口。多语言字符串容器用于满足标准中多语言字符串可以一次出现多个的情况。如标准所示：一个多语言字符串的值可以包含多个语义相同的字符串，如不同的翻译或选择性的描述。LangString 接口定义如表 82 所示。

表 82 LangString 定义

成 员	返回值/类型	参数说明	说 明
getLang	字符串	无	获得字符串语种
getContent	字符串	无	获得字符串内容
setLang	空	Lang:字符串	设置字符串语种
setContent	空	Content:字符串	设置字符串内容

7.6.3 LangStringContainer 接口

LangStringContainer 是多语言字符串容器接口。多语言字符串容器应用在很多元素中,因此避免了大量的重复接口定义。很多元数据元素即可简单的以该容器子接口的形式出现即可。在应用中,只需要指定多语言容器的名称,即"NAME_"属性,就可以确定具体是哪个元素。LangStringContainer 接口定义如表 83 和表 84 所示。

表 83 LangStringContainer 定义(常量成员)

常 量	类型	说 明
NAME_TITLE	字符串	用于标题元素
NAME_KEYWORD	字符串	用于关键字元素
NAME_DESCRIPTION	字符串	用于描述元素
NAME_COVERAGE	字符串	用于覆盖区元素
NAME_TYPICAL_AGE_RANGE	字符串	用于典型年龄范围元素
NAME_VERSION	字符串	用于版本元素
NAME_INSTALLATIONREMARKS	字符串	用于安装描述元素
NAME_OTHERPLATFORMREQUIREMENTS	字符串	用于其他平台要求元素
NAME_TAXONENTRY	字符串	用于分类单元条目元素
NAME_TAXONSOURCE	字符串	用于分类来源元素

表 84 LangStringContainer 定义(函数成员)

成 员	返回值/类型	参数说明	说 明
getName	字符串	空	获取元素类型名称
getLangStrings	LangString[]	空	获得所有字符串
setLangStrings	空	langStrs:LangString[]	设置所有字符串
getByLang	LangString	lang:字符串	获得规定语种的字符串
emptyLangString	空	空	清空所有字符串
getContentInString	字符串	空	获得所有字符串内容
contains	布尔值	content:字符串	是否包含指定字符串

表 85 包含了所有的继承了该接口的字符串容器,它们都是简单的继承该接口,没有增加其他成员、

方法。

表 85 使用多语言字符串容器的元素列表

中文元素名	英文元素名
1.2:通用.标题	1.2:General. Title
1.4:通用.描述	1.4:General. Description
1.5:通用.关键字	1.5:General. Keyword
1.6:通用.覆盖区	1.6:General. Coverage
2.1:生命期.版本	2.1:LifeCycle. Version
4.5:技术.安装描述	4.5:Technical. InstallationRemarks
4.6:技术.其他平台要求	4.6:Technical. OtherPlatformRequirements
5.7:教育.典型年龄范围	5.7:Educational. TypicalAgeRange
9.2.1:分类.分类路径.来源	9.2.1:Classification. TaxonPath. Source
9.2.2.2:分类.分类路径.分类单元.条目	9.2.2.2:Classification. TaxonPath. Taxon. Entry

7.6.4 SourceValue 接口

SourceValue 是词汇表接口。词汇表是学习对象元数据标准中的基本数据类型，也是标准推荐使用的取值列表，以“词汇表”作为数据类型的数据元素的值是一个二元组(来源、值)。SourceValue 接口定义如表 86 和表 87 所示。

表 86 SourceValue 定义(常量成员)

常量	类型	说 明
CELTS_SOURCE	字符串数组	CELTS 标准类型的词汇表

表 87 SourceValue 定义(函数成员)

成 员	返回值/类型	参数说明	说 明
getName	字符串	空	获取元素类型名称
getLangStrings	LangString[]	空	获得所有字符串
setLangStrings	空	langStrs:LangString[]	设置所有字符串
getByLang	LangString	lang:字符串	获得规定语种的字符串
emptyLangString	空	空	清空所有字符串
getContentInString	字符串	空	获得所有字符串内容
contains	布尔值	content:字符串	是否包含指定字符串

由于在学习对象元数据标准中有很多的词汇表类型元素，因此与多语言字符串容器类似，词汇表作为学习对象元数据标准的一个基本数据结构，被很多元素所继承，用来代表具体的词汇表型数据元素。通过调用 getName 方法来判断当前词汇表的具体类型。表 88 展示了所有的词汇表型数据元素。

表 88 词汇表型数据元素

中文元素名	英文元素名
1.7:通用.结构	1.7:General. Structure
1.8:通用.聚合度	1.8:General. AggregationLevel
2.2:生命期.状态	2.2:LifeCycle. Status
2.3.1:生命期.贡献.角色	2.3.1:LifeCycle. Contribute. Role
3.2.1:元-元数据.贡献.角色	3.2.1:MetametaDatal. Contribute. Role
4.4.1.1:技术.要求.或组合.类型	4.4.1.1:Technical. Requirement. OrComposite. Type
4.4.1.2:技术.要求.或组合.名称	4.4.1.2:Technical. Requirement. OrComposite. Name
5.1:教育.交互类型	5.1:Educational. InteractivityType
5.2:教育.学习资源类型	5.2:Educational. LearningResourceType
5.3:教育.交互程度	5.3:Educational. InteractivityLevel
5.4:教育.语义密度	5.4:Educational. SemanticDensity
5.5:教育.终端用户类型	5.5:Educational. IntendedEndUserRole
5.6:教育.语境	5.6:Educational. Context
5.8:教育.难度	5.6:Educational. Difficulty
6.1:权利.费用	6.1:Rights. Cost
6.2:权利.版权和限制	6.2:Rights. CopyrightAndOtherRestrictions
7.1:关系.类型	7.1:Relation. Kind
9.1:分类.目的	9.1:Classification. Purpose

7.6.5 DateTime 接口

DateTime 是日期时间的接口。日期时间是学习对象元数据标准的基本数据类型,用于标准的表示日期时间,是一个时间点。DateTime 接口定义如表 89 所示。

表 89 DateTime 定义

成　员	返回值/类型	参数说明	说　明
getDateTime	字符串	空	获取日期时间
setDateTime	空	dateTime:字符串	设置日期时间
setDescription	空	desc:Description	设置描述
getDescription	Description	空	获得描述

7.6.6 Duration 接口

Duration 是持续时间的接口。持续时间用于描述标准中涉及到学习时长。Duration 接口定义如表 90 所示。

表 90 **Duration 定义**

成　员	返回值/类型	参数说明	说　明
getDuration	字符串	空	获取时长
setDuration	空	duration:字符串	设置时长
setDescription	空	desc:Description	设置描述
getDescription	Description	空	获得描述

表 91 是该接口的子接口以及其功能说明,其子接口只是简单的继承该接口,没有增加其他成员、方法。

表 91　持续时间子接口及功能介绍

子接口	功　能
TypicalLearningTime	记录对于典型的目标用户来说,使用该学习对象一般或大约所需要的时间

7.6.7　**VCard 接口**

VCard 数据类型被广泛的用于描述实体信息,在元数据标准中同样使用 VCard 作为实体信息描述的数据结构。VCard 接口定义如表 92 所示。

表 92　**VCard 定义**

成　员	返回值/类型	参数说明	说　明
getName	字符串	空	获取 FN
setName	空	name:字符串	设置 FN
setOrganization	空	org:字符串	设置单位信息
getOrganization	字符串	空	获得单位信息
setTel	空	tel:字符串	设置电话
getTel	字符串	空	获得电话
setEmail	空	email:字符串	设置电子邮箱
getEmail	字符串	空	获得电子邮箱
setAddress	空	addr:字符串	设置地址
getAddress	字符串	空	获得地址
setContent	空	content:字符串	输入整个 VCard 数据并解析其中内容
getContent	字符串	空	返回标准的 VCard 串

7.6.8　**Entity 接口**

Entity 是实体的接口。元数据中通过实体作为 VCard 的载体来描述实体信息。Entity 接口定义如表 93 所示。

表 93 Entity 定义

成 员	返回值/类型	参数说明	说 明
getVCard	字符串	空	获取 VCard 的字符串
setVCard	空	vcard:字符串	通过字符串方式设置 VCard
getVCardAsObject	空	vcard:VCard	设置 VCard 对象
setVCardAsObject	VCard	空	获得 VCard 对象

7.6.9 Identifier 接口

Identifiers 是标识符接口。标识符用来对学习对象、元数据实例等内容进行标识。Identifier 接口定义如表 94 所示。

表 94 Identifier 定义

成 员	返回值/类型	参数说明	说 明
getCatalog	字符串	空	获得类别
setCatalog	空	catalog:字符串	设置类别
getEntry	字符串	空	获得表项
setEntry	空	entry:字符串	设置表项

7.6.10 Contribute 接口

Contribute 是贡献的接口。贡献元素用于记录对学习对象、学习对象元数据做出贡献的相关记录。Contribute 接口定义如表 95 所示。

表 95 Contribute 定义

成 员	返回值/类型	参数说明	说 明
getRole	Role	空	获得角色
setRole	空	role:Role	设置角色
getEntities	Entity[]	空	获得所有实体
setEntities	空	ents:Entity[]	设置所有实体
addEntity	空	entity:Entity	添加一个实体
emptyEntity	空	空	清空所有实体

7.6.11 OrComposite 接口

OrComposite 是或组合接口。或组合用于表示元数据技术类别中多个要求的技术组合方案。OrComposite 接口定义如表 96 所示。

表 96 **OrComposite 定义**

成　员	返回值/类型	参数说明	说　明
getType	Type	空	获得技术类型
setType	空	type:Type	设置技术类型
getName	Name	空	获得技术名称
setName	空	name:Name	设置技术名称
setMinVersion	空	min:字符串	获得技术的最低版本
getMinVersion	字符串	空	设置技术的最低版本
setMaxVersion	空	max:字符串	获得技术的最高版本
getMaxVersion	字符串	空	设置技术的最高版本

7.6.12 **Requirement 接口**

Requirement 是要求接口。表示使用学习对象所需要的技术上的要求。Requirement 接口定义如表 97 所示。

表 97 **Requirement 定义**

成　员	返回值/类型	参数说明	说　明
getOrComposites	OrComposite[]	空	获得所有或组合
setOrComposites	空	ors: OrComposite[]	设置所有或组合
addOrComposite	空	or:OrComposite	添加一个或组合
emptyOrComposite	空	空	清空所有或组合

7.6.13 **Resource 接口**

Resource 是资源接口。资源元素表示该学习对象对其他学习对象的引用记录。Resource 接口定义如表 98 所示。

表 98 **Resource 定义**

成　员	返回值/类型	参数说明	说　明
getIdentifiers	Identifier[]	空	获得所有资源标识符
setIdentifiers	空	ids: Identifier[]	设置所有资源标识符
addIdentifier	空	id:Identifier	添加一个资源标识符
getDescriptions	Description[]	空	获得所有描述信息
setDescriptions	空	descs: Description[]	设置所有描述信息
addDescription	空	desc:Description	添加一个描述信息
emptyDescriptions	空	空	清空所有描述信息

7.6.14 Taxon 接口

Taxon 是分类单元接口。分类单元是具有确定标号或术语的结点。这是从通用条目到具体条目的一条细化路径。一般用＜标识，条目＞二元组来表示。Taxon 接口定义如表 99 所示。

表 99 Taxon 定义

成　员	返回值/类型	参数说明	说　明
getId	字符串	空	获得分类单元分类标识
setId	空	id:字符串	设置分类单元分类标识
getEntry	TaxonEntry	空	获得分类条目
setEntry	空	entry:TaxonEntry	设置分类条目

7.6.15 TaxonPath 接口

TaxonPath 是分类路径接口。表示学习对象在某一特定分类系统中的分类路径。TaxonPath 接口定义如表 100 所示。

表 100 TaxonPath 定义

成　员	返回值/类型	参数说明	说　明
getSource	TaxonSource	空	获得分类系统的名称
setSource	空	source: TaxonSource	设置分类系统的名称
getTaxons	Taxon[]	空	获得所有分类单元信息
setTaxons	空	taxons:Taxon[]	设置所有分类单元信息
addTaxon	空	taxon:Taxon	添加一个分类单元信息
emptyTaxons	空	空	清空所有分类单元信息

7.6.16 General 接口

General 是通用类接口。该顶级元素对应的接口描述了学习对象的通用信息。General 接口定义如表 101 所示。

表 101 General 定义

成　员	返回值/类型	参数说明	说　明
getIdentifiers	Identifier[]	空	获得所有标识符
setIdentifiers	空	ids: Identifier[]	设置所有标识符
addIdentifier	空	唯一标志:Identifier	添加一个标识符
emptyIdentifiers	空	空	清空所有标识符
getTitle	字符串	空	获得标题

表 101（续）

成　员	返回值/类型	参数说明	说　明
setTitle	空	title:字符串	设置标题
getLanguages	字符串数组	空	获得所有语种
setLanguages	空	langs:字符串数组	设置所有语种
addLanguage	空	taxon:Taxon	添加一个语种
emptyLanguages	空	空	清空所有语种
getDescriptions	Description[]	空	获得所有描述信息
setDescriptions	空	descs:Description[]	设置所有描述信息
addDescription	空	desc:Description	添加一个描述信息
emptyDescriptions	空	空	清空所有描述信息
getKeywords	Keyword[]	空	获得所有关键字
setKeywords	空	keys:Keyword[]	设置所有关键字
addKeyword	空	key:Keyword	添加一个关键字
emptyKeywords	空	空	清空所有关键字
getCoverages	Coverage[]	空	获得所有覆盖区
setCoverages	空	covs:Coverage[]	设置所有覆盖区
addCoverage	空	cov:Coverage	添加一个覆盖区
emptyCoverages	空	空	清空所有覆盖区
getStructure	Structure	空	获得结构信息
setStructure	空	struct:Structure	设置结构信息
getAggregationLevel	AggregationLevel	空	获得聚合度信息
setAggregationLevel	空	aggr:AggregationLevel	设置聚合度信息

7.6.17 LifeCycle 接口

LifeCycle 是生命期接口。生命期类描述了学习对象的历史和当前状态以及那些对学习对象的发展过程发生作用的实体。LifeCycle 接口定义如表 102 所示。

表 102　LifeCycle 定义

成　员	返回值/类型	参数说明	说　明
getVersion	Version	空	获得版本信息
setVersion	空	version:Version	设置版本信息
getStatus	Status	空	获得状态信息
setStatus	空	status:Status	设置状态信息

表 102（续）

成　员	返回值/类型	参数说明	说　明
getContributes	Contribute[]	空	获得所有贡献信息
setContributes	空	cons:Contribute[]	设置所有贡献信息
addContribute	空	con:Contribute	添加一个贡献信息
emptyContributes	空	空	清空所有贡献信息

7.6.18　Metametadata 接口

Metametadata 是元-元数据类接口。该类别描述了元数据实例自身的信息。Metametadata 接口定义如表 103 所示。

表 103　Metametadata 定义

成　员	返回值/类型	参数说明	说　明
getIdentifiers	Identifier[]	空	获得所有标识符
setIdentifiers	空	ids:Identifier[]	设置所有标识符
addIdentifier	空	id:Identifier	添加一个标识符
emptyIdentifiers	空	空	清空所有标识符
getContributes	Contribute[]	空	获得所有贡献信息
setContributes	空	cons:Contribute[]	设置所有贡献信息
addContribute	空	con:Contribute	添加一个贡献信息
emptyContributes	空	空	清空所有贡献信息
getMetadataSchemas	字符串数组	空	获得所有元数据方案
setMetadataSchemas	空	schemas:字符串数组	设置所有元数据方案
addMetadataSchema	空	空	添加一个元数据方案
emptyMetadataSchemas	空	空	清空所有元数据方案
getLanguage	字符串	空	获得元数据语言
setLanguage	空	lang:字符串	设置元数据语言

7.6.19　Technical 接口

Technical 是技术类接口。技术类别描述了学习对象的技术要求及其相关特征。Technical 接口定义如表 104 所示。

表 104 Technical 定义

成　员	返回值/类型	参数说明	说　明
getFormats	字符串数组	空	获得所有资源格式
setFormats	空	formats:字符串数组	设置所有资源格式
addFormat	空	format:字符串	添加一个资源格式
emptyFormats	空	空	清空所有资源格式
getLocations	字符串数组	空	获得所有资源路径
setLocations	空	locs:字符串数组	设置所有资源路径
addLocation	空	loc:字符串	添加一个资源路径
emptyLocations	空	空	清空所有资源路径
getRequirements	Requirement[]	空	获得所有技术需求
setRequirements	空	reqs:Requirement[]	设置所有技术需求
addRequirement	空	req:Requirement	添加一个技术需求
emptyRequirements	空	空	清空所有技术需求
getSize	长整型数	空	获得资源大小
setSize	空	size:长整型数	设置资源大小
getInstallationRemarks	InstallationRemarks []	空	获得所有学习对象的安装描述信息
setInstallationRemarks	空	install:InstallationRemarks []	设置所有学习对象的安装描述信息
addInstallationRemark	空	install:InstallationRemarks	添加一个学习对象的安装描述信息
emptyInstallationRemarks	空	空	清空所有学习对象的安装描述信息
getOtherPlatformRequirements	OtherPlatformRequirements	空	获得其他平台需求
setOtherPlatformRequirements	空	other:OtherPlatformRequirements	设置其他平台需求
getDuration	Duration	空	获得持续时间
setDuration	空	duration:Duration	设置持续时间

7.6.20 Educational 接口

Educational 是教育类接口。该类别描述了学习对象在教育和教学方面的一些关键特征。Educational 接口定义如表 105 所示。

表 105 Educational 定义

成员	返回值/类型	参数说明	说明
getLearningResourceTypes	LearningResourceType[]	空	获得所有学习资源类型
setLearningResourceTypes	空	types:LearningResourceTypes []	设置所有学习资源类型
addLearningResourceType	空	type:LearningResourceType	添加一个学习资源类型
emptyLearningResourceTypes	空	空	清空所有学习资源类型
getIntendedEndUserRoles	IntendedEndUserRole[]	空	获得所有终端用户类型
setIntendedEndUserRoles	空	roles:IntendedEndUserRole []	设置所有终端用户类型
addIntendedEndUserRole	空	role:IntendedEndUserRole	添加一个终端用户类型
emptyIntendedEndUserRoles	空	空	清空所有终端用户类型
getContexts	Context[]	空	获得所有语境
setContexts	空	conts:Context[]	设置所有语境
addContext	空	cont:Context	添加一个语境
emptyContexts	空	空	清空所有语境
getTypicalAgeRanges	TypicalAgeRange[]	空	获得所有语境
setTypicalAgeRanges	空	conts:TypicalAgeRange[]	设置所有语境
addTypicalAgeRange	空	cont:TypicalAgeRange	添加一个语境
emptyTypicalAgeRanges	空	空	清空所有语境
getDescriptions	Description[]	空	获得所有描述信息
setDescriptions	空	descs:Description[]	设置所有描述信息
addDescription	空	desc:Description	添加一个描述信息
emptyDescriptions	空	空	清空所有描述信息
getLanguages	字符串数组	空	获得所有语种
setLanguages	空	langs:字符串数组	设置所有语种
addLanguage	空	taxon:Taxon	添加一个语种
emptyLanguages	空	空	清空所有语种
getInteractivityType	InteractivityType	空	获得交互类型
setInteractivityType	空	intType:InteractivityType	设置交互类型
getInteractivityLevel	InteractivityLevel	空	获得交互等级
setInteractivityLevel	空	intLevel:InteractivityLevel	设置交互等级
getSemanticDensity	SemanticDensity	空	获得语义密度

表 105（续）

成　员	返回值/类型	参数说明	说　明
setSemanticDensity	空	semanticDens：SemanticDensity	设置语义密度
getDifficulty	Difficulty	空	获得难度
setDifficulty	空	difficulty：Difficulty	设置难度
getTypicalLearningTime	TypicalLearningTime	空	获得典型学习时间
setTypicalLearningTime	空	learningTime：TypicalLearningTime	设置典型学习时间

7.6.21　Rights 接口

Rights 是权利类接口。该类别描述了学习对象的知识产权和使用条件等信息。Rights 接口定义如表 106 所示。

表 106　Rights 定义

成　员	返回值/类型	参数说明	说　明
getCost	Cost	空	获得是否收费信息
setCost	空	cost：Cost	设置是否收费信息
getCopyrightAndOtherRestrictions	CopyrightAndOtherRestriction[]	空	获得所有版权和其他限制信息
setCopyrightAndOtherRestrictions	空	copyrights：CopyrightAndOtherRestriction[]	设置所有版权和其他限制信息
addCopyrightAndOtherRestriction	空	copyright：CopyrightAndOtherRestriction	添加一条版权或使用限制信息
emptyCoyprightAndOtherRestrictions	空	空	清空所有版权限制信息

7.6.22　Relation 接口

Relation 是关系类接口。该类别定义了学习对象与其他学习对象（目标学习对象）之间的关系。Relation 接口定义如表 107 所示。

表 107 Relation 定义

成 员	返回值/类型	参数说明	说 明
getKind	Kind	空	获得学习对象与指定目标的关系种类
setKind	空	kind:Kind	设置学习对象与指定目标的关系种类
getResource	Resource	空	获得与本学习对象关联的资源信息
setResource	空	resource:Resource	设置与本学习对象关联的资源信息

7.6.23 Annotation 接口

Annotation 是评注类接口。该类别提供了学习对象在教学使用方面的一些评价，以及这些评论的作者和创作时间。Annotation 接口定义如表 108 所示。

表 108 Annotation 定义

成 员	返回值/类型	参数说明	说 明
getEntity	Entity	空	获得学习对象评注信息对应的实体
setEntity	空	ent:Entity	设置学习对象评注信息对应的实体
getDate	DateTime	空	获得学习对象评注信息的时间
setDate	空	date:DateTime	设置学习对象评注信息的时间
getDescription	Description	空	获得评注信息
setDescription	空	desc:Description	设置评注信息

7.6.24 Classification 接口

Classification 是分类类接口。Classification 接口定义如表 109 所示。

表 109 Classification 定义

成 员	返回值/类型	参数说明	说 明
getKeywords	Keyword[]	空	获得所有关键字
setKeywords	空	keys:Keyword[]	设置所有关键字
addKeyword	空	key:Keyword	添加一个关键字
emptyKeywords	空	空	清空所有关键字
getTaxonPaths	TaxonPath[]	空	获得所有分类路径
setTaxonPaths	空	paths:TaxonPath[]	设置所有分类路径
addTaxonPath	空	path:TaxonPath	添加一个分类路径
emptyTaxonPaths	空	空	清空所有分类路径
getDescription	Description	空	获得分类描述信息
setDescription	空	desc:Description	设置分类描述信息
getPurpose	Purpose	空	获得分类目的
setPurpose	空	purpose:Purpose	设置分类目的

7.6.25 LORoot 接口

LORoot 是学习对象根结点接口。该对象用于只是一个完整的学习对象的根结点。该结点同时提供创建所有 9 个顶层元素的工厂方法。LORoot 接口定义如表 110 所示。

表 110 LORoot 定义

成员	返回值/类型	参数说明	说明
getGeneral	General	空	获得通用类
setGeneral	空	general:General	设置通用类
getLifeCycle	LifeCycle	空	获得生命期类
setLifeCycle	空	life:LifeCycle	设置生命期类
getMetametadata	Metametadata	空	获得元-元数据类
setMetametadata	空	metametadata:Metametadata	设置元-元数据类
getTechnical	Technical	空	获得技术类
setTechnical	空	tech:Technical	设置技术类
getEducationals	Educational[]	空	获得所有教育类
setEducationals	空	keys:Educational[]	设置所有教育类
addEducational	空	key:Educational	添加一个教育类
emptyEducationals	空	空	清空所有教育类
getRelations	Relation[]	空	获得所有关系类
setRelations	空	relations:Relation[]	设置所有关系类
addRelation	空	relation:Relation	添加一个关系类
emptyRelations	空	空	清空所有关系类
getRights	Rights	空	获得权利类
setRights	空	rights:Rights	设置权利类
getAnnotations	Annotation[]	空	获得所有评注类
setAnnotations	空	annos:Annotation[]	设置所有评注类
addAnnotation	空	anno:Annotation	添加一个评注类
emptyAnnotations	空	空	清空所有评注类
getClassifications	Classification[]	空	获得所有分类类
setClassifications	空	classes:Classification[]	设置所有分类类
addClassification	空	cla:Classification	添加一个分类类
emptyClassifications	空	空	清空所有分类类
createGeneral	General	空	生成一个通用类实例
createLifeCycle	LifeCycle	空	生成一个生命期类实例
createMetametadata	Metametadata	空	生成一个元-元数据类实例

表 110（续）

成员	返回值/类型	参数说明	说明
createTechnical	Technical	空	生成一个技术类实例
createEducational	Educational	空	生成一个教育类实例
createRelation	Relation	空	生成一个关系类实例
createRights	Rights	空	生成一个权利类实例
createAnnotation	Annotation	空	生成一个评注类实例
createClassification	Classification	空	生成一个分类类实例

7.6.26 LOFactory 接口

LOFactory 是学习对象工厂接口。该接口使用了设计模式中常用的工厂模式，该工厂用于创建一个完整的学习对象实例。LOFactory 接口定义如表 111 所示。

表 111 LOFactory 定义

成员	返回值/类型	参数说明	说明
createRoot	LORoot	空	创建学习对象元数据实例

7.6.27 LOAction 接口

LOAction 是学习对象动作接口。该接口用于进行学习对象元数据相关的操作的父类接口。LOAction 接口定义如表 112 所示。

表 112 LOAction 定义

成员	返回值/类型	参数说明	说明
execute	空	空	执行该动作对应的功能

表 113 中是该接口的子接口，它们规定了对于学习对象的各种操作，通过实现 execute 方法可以将操作具体化。

表 113 动作接口及功能介绍

动作接口	功能
UploadAction	上载学习资源并导入默认的学习对象元数据模板
GenLOMAction	生成学习对象元数据，并存储到学习对象元数据库
ViewLOMAction	浏览学习对象元数据
DeleteLOMAction	删除学习对象元数据
SearchLOMAction	检索学习对象元数据
ChooseTemplateAction	选择学习对象元数据录入模板
SaveAsTemplateAction	将学习对象元数据存储为模板

7.7 内容包装(Content Packaging)服务

7.7.1 服务描述

内容包装服务提供对学习内容包装的支持,包括学习内容包的导入,导出,存储,编辑等功能。

7.7.2 HasMetadata 接口

HasMetaData 接口代表一段元数据,在学习内容包中的很多数据元素都包含元数据,因此有必要抽象出来单独的作为接口。HasMetaData 接口定义如表 114 所示。

表 114 HasMetadata 定义

成 员	返回值/类型	参数说明	说 明
getId	字符串	空	获得元数据标识符
setId	空	id:字符串	设置元数据标识符
getMetadata	字符串	空	获得元数据内容
setMetadata	空	metadata:字符串	设置元数据内容

7.7.3 Level 接口

Level 是等级接口,代表学习内容包中结点的共性操作属性接口。Level 接口定义如表 115 所示。

表 115 Level 定义

成 员	返回值/类型	参数说明	说 明
getTitle	字符串	空	获得元素标题
setTitle	空	title:字符串	设置元素标题
getItems	Item[]	空	获得当前结点所有子结点元素
setItems	空	items:Item[]	设置当前结点所有子结点元素
addItem	空	item:Item	顺序地添加一个子结点
emptyItems	空	空	清空所有子结点
addItem	空	item:Item, location:整型	按照指定位置插入子结点
deleteItem	空	location:整型	删除指定位置的子结点
deleteItem	空	content:字符串	删除包含指定内容的子结点
getItemById	Item	id:字符串	根据 ID 获得子结点
getChildren	Iterator	空	返回子结点迭代器
getSize	整型	空	返回子结点数量
find	整型	content:字符串	根据内容查找子结点位置

7.7.4 Item 接口

Item 是结点接口,表示内容结构中的一个结点。结点中包括了对资源信息的引用,结点中包含的标题信息等属性。Item 接口继承了 Level 接口。Item 接口定义如表 116 所示。

表 116 Item 定义

成 员	返回值/类型	参数说明	说 明
isVisible	布尔值	空	元素是否可见
setVisible	空	visible:布尔值	设置元素是否可见
getParameters	字符串	空	获得当前结点所有参数
setParameters	空	params:字符串	设置当前结点所有参数
getIDRef	Resource	空	获得结点关联资源
setIDRef	空	idref:Resource	设置结点关联资源
isLeaf	布尔值	空	当前结点是否叶结点

7.7.5 Organization 接口

Organization 是组织接口，表示对学习内容包清单中所有实际物理资源和所需媒体素材的引用。Organization 接口继承了 Level 接口。Organization 接口定义如表 117 所示。

表 117 Organization 定义

成 员	返回值/类型	参数说明	说 明
isDefault	布尔值	空	是否为默认
setDefault	空	default:布尔值	设置为默认
getStructure	字符串	空	获得结构信息
setStructure	空	structure:字符串	设置结构信息

7.7.6 Organizations 接口

Organizations 是组织集接口，表示学习内容包清单中一种或多种学习内容的组织方法。Organizations 接口定义如表 118 所示。

表 118 Organizations 定义

成 员	返回值/类型	参数说明	说 明
getDefaultID	字符串	空	获得默认结点标识符
setDefaultID	空	default:字符串	设置默认结点标识符
getOrganizations	Organization[]	空	获得所有组织结点
getOrganization	Organization	id:字符串	根据标识符获取组织结点
getOrganization	Organization	location:整型	根据位置获取组织结点
addOrganization	空	org:Organization, location:整型	将组织结点插入到指定位置
setOrganizations	空	orgs:Organization[]	设置所有组织结点

表 118（续）

成　员	返回值/类型	参数说明	说　明
emptyOrganizations	空	空	清空所有组织结点
remove	空	location：整型	删除指定位置的组织结点
find	整型	id：字符串	根据标识符查找组织结点位置
iterator	Iterator	空	获得组织结点迭代器
size	整型	空	获得组织结点个数
getAllItemID	字符串数组	空	获得所有 Item 结点标识符
getItemByID	Item	id：字符串	根据标识符获得 Item 结点

7.7.7 ResourceFile 接口

ResourceFile 是资源文件接口，包含了对本地资源文件的引用信息。ResourceFile 接口定义如表 119 所示。

表 119 ResourceFile 定义

成　员	返回值/类型	参数说明	说　明
getHref	字符串	空	获得资源文件路径
setHref	空	href：字符串	设置资源文件路径

7.7.8 Dependency 接口

Dependency 是依赖接口，表示对引用资源所依赖的文件。Dependency 接口定义如表 120 所示。

表 120 Dependency 定义

成　员	返回值/类型	参数说明	说　明
getIDRef	字符串	空	获得对本地资源文件的引用
setIDRef	空	idref：字符串	设置对本地资源文件的引用

7.7.9 Resource 接口

Resource 是资源接口，表示对学习内容包实际物理资源和所需媒体素材的引用。Resource 接口定义如表 121 所示。

表 121 Resource 定义

成　员	返回值/类型	参数说明	说　明
getType	字符串	空	获得资源 MIME 类型
setType	空	type：字符串	设置资源 MIME 类型
getXMLBase	字符串	空	获得 xml：base 属性

表 121（续）

成 员	返回值/类型	参数说明	说 明
setXMLBase	空	base:字符串	设置 xml:base 属性
getHref	字符串	空	获得资源文件路径
setHref	空	href:字符串	设置资源文件路径
getResourceFiles	ResourceFile[]	空	获得所有资源文件
setResourceFiles	空	resources:ResourceFile[]	设置所有资源文件
addResourceFile	空	resources:ResourceFile	添加一个资源文件
emptyResourceFiles	空	空	清空所有资源文件
getDepencencies	Depencency[]	空	获得所有引用文件列表
setDepencencies	空	deps:Depencency[]	设置所有引用文件列表
addDepencency	空	dep:Depencency	添加一个引用文件
emptyDepencencies	空	空	清空所有引用文件

7.7.10 Resources 接口

Resources 是资源列表接口，表示一个资源引用的集合。Resources 接口定义如表 122 所示。

表 122 Resources 定义

成 员	返回值/类型	参数说明	说 明
getXMLBase	字符串	空	获得 xml:base 属性
setXMLBase	空	base:字符串	设置 xml:base 属性
getResources	Resource[]	空	获得所有资源结点
getResource	Resource	id:字符串	根据标识符获取资源结点
getResource	Resource	location:整型	根据位置获取资源结点
addResource	空	org:Resource, location:整型	将资源结点插入到指定位置
setResources	空	orgs:Resource[]	设置所有资源结点
emtpyResources	空	空	清空所有资源结点
remove	空	id:字符串	删除指定标识符的资源结点
remove	空	location:整型	删除指定位置的资源结点
find	整型	id:字符串	根据标识符查找资源结点位置
iterator	Iterator	空	获得资源结点迭代器
size	整型	空	获得资源结点个数
getAllResourceID	字符串数组	空	获得所有资源标识符

7.7.11 ManifestMetadata 接口

ManifestMetadata 是内容清单数据接口,表示内容清单使用的元数据信息。ManifestMetadata 接口定义如表 123 所示。

表 123 ManifestMetadata 定义

成员	返回值/类型	参数说明	说明
getSchema	字符串	空	获得该学习内容包使用的部分
setSchema	空	schema:字符串	设置该学习内容包使用的部分
getSchemaVersion	字符串	空	获得该学习内容包使用部分的版本
setSchemaVersion	空	schemaVersion:字符串	设置该学习内容包使用部分的版本

7.7.12 Manifest 接口

Manifest 是内容清单接口,表示学习内容包的根结点。Manifest 接口定义如表 124 所示。

表 124 Manifest 定义

成员	返回值/类型	参数说明	说明
getManifests	Manifest[]	空	获得所有子内容清单
setManifests	空	subManifests:Manifest[]	设置所有子内容清单
addManifest	空	subManifest:Manifest	添加一个子内容清单
emptyManifests	空	空	清空所有子内容清单
getMetadata	ManifestMetadata	空	获得内容清单元数据
setMetadata	空	metadata:ManifestMetadata	设置内容清单元数据
getVersion	字符串	空	获得版本属性
setVersion	空	version:字符串	设置版本属性
getXMLBase	字符串	空	获得 xml:base 属性
setXMLBase	空	base:字符串	设置 xml:base 属性
getId	字符串	空	获得元数据标识符
setId	空	id:字符串	设置元数据标识符
getOrganizations	Organizations	空	获得组织列表
setOrganizations	空	orgs:Organizations	设置组织列表
getDefaultOrg	字符串	空	获得默认组织
setDefaultOrg	空	id:字符串	设置默认组织

表 124（续）

成　员	返回值/类型	参数说明	说　明
getResources	Resources	空	获得资源列表
setResources	空	resources：Resources	设置资源列表
getOrganization	Organization	id：字符串	根据标识符获取组织
getResource	Resource	id：字符串	根据标识符获取资源
addResource	空	resource：Resource	添加一个资源
deleteResource	空	id：字符串	根据标识符删除资源

7.7.13 CPAction 接口

CPAction 是内容包装动作接口。该接口用于进行内容包装相关的操作的父类接口。CPAction 接口定义如表 125 所示。

表 125 CPAction 定义

成　员	返回值/类型	参数说明	说　明
execute	空	空	执行该动作对应的功能

附　录　A
（资料性附录）
JAVA 接口

A.1　共性服务接口

A.1.1　基础(base)服务

A.1.1.1　服务描述

base 包提供的是一些基础接口，供其他接口使用，这些接口通常会被继承，base 所提供的正是这样一个基类库。

A.1.1.2　Manager 接口

Manager 是将应用程序绑定到具体服务实现的关键，接口的描述需要定义一个接口扩展 Manager，而接口的实现要求以一个类实现具体的 Manager。应用程序直接或间接通过 Manager 访问服务对象。cn.edu.celtsc.intf.common.base.Manager 接口说明如表 A.1 所示，定义如表 A.2 所示。

表 A.1　cn.edu.celtsc.intf.common.base.Manager 接口说明

cn.edu.celtsc.intf.common.base.Manager 接口说明
import:cn.edu.celtsc.shared.CeltsException 　　java.io.Serializable 　　java.util.Properties type:public extends:Serializable

表 A.2　cn.edu.celtsc.intf.common.base.Manager 定义

成　员	返回值/类型	参数说明	说　明
getContext	CeltsContext	无	获得传递的上下文内容
assignContext	void	context:CeltsContext	给上下文赋值
assignConfiguration	void	configuration:Properties	对环境参数赋值

A.1.1.3　Properties 接口

Properties 接口用于返回对象的一些只读属性，这些属性通过一系列串行化的值得到，并用关键码标记。Properties 接口说明如表 A.3 所示，定义如表 A.4 所示。

表 A.3　cn. edu. celtsc. intf. common. base. Properties 接口说明

cn. edu. celtsc. intf. common. base. Properties 接口说明
import:java. io. Serializable type:public extends:Serializable

表 A.4　cn. edu. celtsc. intf. common. base. Properties 定义

成　员	返回值/类型	参数说明	说　明
getType	CeltsType	无	获得属性类型
getProperty	Serializable	key:Serializable,属性的关键码	获得属性
getKeys	ObjectIterator	无	得到属性的关键码

A.1.1.4　CeltsContext 接口

CeltsContext 包含应用程序共用的语境信息。CeltsContext 接口说明如表 A.5 所示,定义如表 A.6 所示。

表 A.5　cn. edu. celtsc. intf. common. base. CeltsContext 接口说明

cn. edu. celtsc. intf. common. base. CeltsContext 接口说明
import:java. io. Serializable 　　　java. lang. Object type:public implements:Serializable extends:Object

表 A.6　cn. edu. celtsc. intf. common. base. CeltsContext 定义

成　员	返回值/类型	参数说明	说　明
assignContext	无	key:字符串 context:可序列化对象	为 CeltsContext 的语境信息的内容赋值
getContext	可序列化对象	key:字符串	得到 CeltsContext 的语境信息

A.1.1.5　Iterator 接口

Iterator 提供的是迭代器接口,用于数据的批量读取,对于具体的对象类型,将通过继承 Iterator 类实现自己的迭代器接口。Iterator 接口说明如表 A.7 所示,定义如表 A.8 所示。

表 A.7　cn. edu. celtsc. intf. common. base. Iterator 接口说明

cn. edu. celtsc. intf. common. base. Iterator 接口说明
type:public

表 A.8 cn.edu.celtsc.intf.common.base.Iterator 定义

成 员	返回值/类型	参数说明	说 明
hasNext	boolean	无	是否还有下一个元素
Next	void	无	取下一个元素

A.1.1.6 PropertiesIterator 接口

PropertiesIterator 接口说明如表 A.9 所示,定义如表 A.10 所示。

表 A.9 cn.edu.celtsc.intf.common.base.PropertiesIterator 接口说明

cn.edu.celtsc.intf.common.base.PropertiesIterator 接口说明
import:java.io.Serializable type:public extends:Serializable

表 A.10 cn.edu.celtsc.intf.common.base.PropertiesIterator 定义

成 员	返回值/类型	参数说明	说 明
hasNextProperties	boolean	无	是否还有下一个属性
nextProperties	Properties	无	取下一个属性

A.1.1.7 CeltsType 接口

CeltsType 接口按照事物的基本概念进行分类,被用于各个接口中。CeltsType 的精确定义由使用者确定,CeltsType 接口的形式也有利于分类,CeltsType 有 4 个字符串属性:authority、domain、keyword 以及 description,前 3 个元素被 isEqual 成员用来判断两个 CeltsType 对象是否相等,description 用来阐明实例的语义。CeltsType 接口说明如表 A.11 所示,定义如表 A.12 所示。

表 A.11 cn.edu.celtsc.intf.common.base.CeltsType 接口说明

cn.edu.celtsc.intf.common.base.CeltsType 接口说明
import:java.io.Serializable 　　java.lang.Object type:public implements:Serializable extends:Object

表 A.12 cn.edu.celtsc.intf.common.base.CeltsType 定义

成 员	返回值/类型	参数说明	说 明
getAuthority	字符串	无	获得 CeltsType 的 authority
getDescription	字符串	无	得到 CeltsType 的描述
getDomain	字符串	无	得到使用域
getKeyword	字符串	无	得到关键字
isEqual	布尔值	celtsType2:CeltsType	判断两个 CeltsType 对象是否相同

A.1.1.8 TypeIterator 接口

TypeIterator 接口说明如表 A.13 所示，定义如表 A.14 所示。

表 A.13 cn.edu.celtsc.intf.common.base.TypeIterator 接口说明

cn.edu.celtsc.intf.common.base.TypeIterator 接口说明
import:java.io.Serializable type:public extends:Serializable

表 A.14 cn.edu.celtsc.intf.common.base.TypeIterator 定义

成 员	返回值/类型	参数说明	说 明
hasNextType	boolean	无	是否还有下一个类型
nextType	CeltsType	无	取下一个类型

A.1.1.9 IdIterator 接口

IdIterator 接口说明如表 A.15 所示，定义如表 A.16 所示。

表 A.15 cn.edu.celtsc.intf.common.base.IdIterator 接口说明

cn.edu.celtsc.intf.common.base.IdIterator 接口说明
import:cn.edu.celtsc.intf.common.id.Id java.io.Serializable type:public extends:Serializable

表 A.16 cn.edu.celtsc.intf.common.base.IdIterator 定义

成 员	返回值/类型	参数说明	说 明
hasNextId	boolean	无	是否还有下一个 ID
nextId	Id	无	取下一个 ID

A.1.1.10 ObjectIterator 接口

ObjectIterator 接口说明如表 A.17 所示，定义如表 A.18 所示。

表 A.17 cn.edu.celtsc.intf.common.base.ObjectIterator 接口说明

cn.edu.celtsc.intf.common.base.ObjectIterator 接口说明
import:java.io.Serializable type:public extends:Serializable

表 A.18 cn.edu.celtsc.intf.common.base.ObjectIterator 定义

成　员	返回值/类型	参数说明	说　明
hasNextObject	boolean	无	是否还有下一个对象
nextObject	Serializable	无	取下一个对象

A.1.2 认证(authentication)服务

A.1.2.1 服务描述

认证服务是要帮助应用程序确定一个用户是否经过了认证，认证服务可以处理不同类型的认证，具体的认证过程要由服务的具体实现确定。有些认证仅仅依靠用户密码进行，有的则是基于证书的认证，也有些是远程认证，这些都是认证类型所要表达的。

A.1.2.2 AuthenticationManager 接口

AuthenticationManager 接口说明如表 A.19 所示，定义如表 A.20 所示。

表 A.19 cn.edu.celtsc.intf.common.authentication.AuthenticationManager 接口说明

cn.edu.celtsc.intf.common.authentication.AuthenticationManager 接口说明
import:cn.edu.celtsc.intf.common.id.Id cn.edu.celtsc.intf.common.base.Manager cn.edu.celtsc.intf.common.base.TypeIterator cn.edu.celtsc.shared.CeltsException cn.edu.celtsc.intf.common.base.CeltsType type:public extends:cn.edu.celtsc.intf.common.base.Manager

表 A.20　cn.edu.celtsc.intf.common.authentication.AuthenticationManager 定义

成　员	返回值/类型	参数说明	说　明
getAuthenticationTypes	TypeIterator	无	获得认证类型
authenticateUser	void	authenticationType:CeltsType	根据认证类型对用户认证
isUserAuthenticated	boolean	authenticationType:CeltsType	判断用户是否已经过认证
getUserId	Id	authenticationType:CeltsType	得到认证用户的 ID
destroyAuthentication	void	无	清除认证记录
destroyAuthenticationForType	void	authenticationType:CeltsType	清除同类型的认证记录

A.1.3　数据库管理(databasemanagement)服务

A.1.3.1　服务描述

数据库管理服务提供了数据库管理的基本操作,包括对关系数据库中常用数据类型的封装定义,以及存取操作及结果表达的定义。

A.1.3.2　Blob 接口

Blob 是关系数据库中常用的一种类型,在 Blob 列中可以存放大数据量的二进制数据,如图片、音频、视频数据等,该接口提供对数据表中 Blob 列的访问。Blob 会记录当前的读写位置,是一个 long 型整数。Blob 接口说明如表 A.21 所示,定义如表 A.22 所示。

表 A.21　cn.edu.celtsc.intf.common.databasemanagement.Blob 接口说明

cn.edu.celtsc.intf.common.databasemanagement.Blob 接口说明
type:public

表 A.22　cn.edu.celtsc.intf.common.databasemanagement.Blob 定义

成　员	返回值/类型	参数说明	说　明
length	long	无	返回该 Blob 数据的长度,单位字节
getBytes	byte[]	pos:long length:int	从 pos 指定的位置开始,读取 length 字节的数据,结果以字节数组形式返回
setBytes	int	position:long bytes:byte[]	将 bytes 所含数据写入该 Blob 中从 position 开始的地方
setBytes	int	position:long bytes:byte[] offset:int length:int	将 bytes 中从 offset 开始的长度为 length 的数据写入该 Blob 中从 position 开始的地方

A.1.3.3　Clob 接口

Clob 是关系数据库另一种常用的类型,在 Clob 列中可以存放大量的字符数据,如大量的文本,该接口提供对数据表中 Clob 列的访问。Clob 接口说明如表 A.23 所示，定义如表 A.24 所示。

表 A.23 cn. edu. celtsc. intf. common. databasemanagement. Clob 接口说明

cn. edu. celtsc. intf. common. databasemanagement. Clob 接口说明
type：public

表 A.24 cn. edu. celtsc. intf. common. databasemanagement. Clob 定义

成 员	返回值/类型	参数说明	说 明
Length	long	无	返回该 Clob 数据的长度，单位字节
getSubString	String	pos：long length：int	从 pos 指定的位置开始，读取 length 个字符，结果以字符串返回
setString	int	pos：long string：String	将 string 字符串写入该 Clob 中从 position 开始的地方，返回成功写入的字符数
setString	int	pos：long string：String offset：int length：int	将 string 字符串中从 offset 开始的长度为 length 的子字符串写入该 Clob 中从 position 开始的地方，返回成功写入的字符数

A.1.3.4 Connection 接口

Connection 接口代表了一个到数据库的连接，通过该连接可以执行数据库的查询、修改操作，另外不再使用的数据库连接可以释放，以节省数据库连接资源。Connection 接口说明如表 A.25 所示，定义如表 A.26 所示。

表 A.25 cn. edu. celtsc. intf. common. databasemanagement. Connection 接口说明

cn. edu. celtsc. intf. common. databasemanagement. Connection 接口说明
type：public

表 A.26 cn. edu. celtsc. intf. common. databasemanagement. Connection 定义

成 员	返回值/类型	参数说明	说 明
executeQuery	ResultTable	sql：String	执行 sql 所表示的查询语句，结果以 ResultTable 返回
executeQueryWith Params	ResultTable	sql：String params：String[]	执行 sql 所表示的查询语句，sql 中的占位符使用 params 提供的具体值替换，结果以 ResultTable 返回
executeUpdate	int	sql：String	执行 sql 所表示的更新语句
executeQueryWith Params	int	sql：String params：String[]	执行 sql 所表示的更新语句，sql 中的占位符使用 params 提供的具体值替换
Close	void	无	关闭该连接

A.1.3.5 ResultMetaData 接口

ResultMetaData 接口可以获取关于一个 ResultTable 的列的信息，如类型，列名称等；ResultMetaData 通过 ResultTable 的 getMetaData 方法获取，提供关于对应该 ResultTable 的元信息。ResultMetaData 提供如下信息：列数目、列名称、列类型、列显示时需要的宽度(字符宽度)、是否接受 NULL 值等。

ResultMetaData 接口说明如表 A.27 所示，定义如表 A.28 所示。

表 A.27 cn.edu.celtsc.intf.common.databasemanagement.ResultMetaData 接口说明

cn.edu.celtsc.intf.common.databasemanagement.ResultMetaData 接口说明
type:public

表 A.28 cn.edu.celtsc.intf.common.databasemanagement.ResultMetaData 定义

成　员	返回值/类型	参数说明	说　明
getColumnCount	int	无	获取列数目
getColumnName	String	columnIndex:int	获取列 columnIndex 的名称
getColumnType	int	columnIndex:int	获取列 columnIndex 的类型常量
getTableName	String	columnIndex:int	获取列 columnIndex 原先所属的表名
getColumnDisplaySize	int	columnIndex:int	获取列 columnIndex 显示时需要多少字符宽度
isNullable	boolean	columnIndex:int	判断列 columnIndex 是否可接受 NULL 值
isReadOnly	boolean	columnIndex:int	判断列 columnIndex 是否只读
isWritable	boolean	columnIndex:int	判断列 columnIndex 是否可写
isSearchable	boolean	columnIndex:int	判断列 columnIndex 是否可以被搜索

A.1.3.6 ResultTable 接口

ResultTable 用来表示数据库查询结果，提供方法获得结果表格中每条记录的数据。ResultTable 继承 cn.edu.celtsc.intf.common.base.Iterator，可以依次遍历 ResultTable 中的各个记录(行)，进而读取数据。

ResultTable 接口说明如表 A.29 所示，定义如表 A.30 所示。

表 A.29 cn.edu.cektsc.intf.common.databasemanagement.ResultTable 接口说明

cn.edu.cektsc.intf.common.databasemanagement.ResultTable 接口说明
import:cn.edu.celtsc.intf.common.base.Iterator type:public extends:Iterator

表 A.30 cn.edu.cektsc.intf.common.databasemanagement.ResultTable 定义

成 员	返回值/类型	参数说明	说 明
getMetaData	ResultMetaData	无	获得结果表格的原数据,如表名等
getBoolean	Boolean	columnIndex:int	获得当前行列序号为 columnIndex 的 boolean 值
getInt	Int	columnIndex:int	获得当前行列序号为 columnIndex 的 int 值
getDouble	double	columnIndex:int	获得当前行列序号为 columnIndex 的 double 值
getString	String	columnIndex:int	获得当前行列序号为 columnIndex 的 String 值
getDate	String	columnIndex:int	获得当前行列序号为 columnIndex 的 Date 值
getTime	String	columnIndex:int	获得当前行列序号为 columnIndex 的 Time 值
getBlob	Blob	columnIndex:int	获得当前行列序号为 columnIndex 的 Blob 值
getClob	Clob	columnIndex:int	获得当前行列序号为 columnIndex 的 Clob 值
getBytes	byte[]	columnIndex:int	以字节数组的形式获得当前行列序号为 columnIndex 的值
wasNull	boolean	无	判断结果表格是否为空
isFirst	boolean	无	判断当前位置是否在表格的第一行
isLast	boolean	无	判断当前位置是否是表格的最后一行

A.1.3.7 SQLFactory 接口

SQLFactory 接口提供工厂方法用来获取到数据库的连接,使用该连接即可进行多种数据库相关的操作,可以通过两种方法获得一个数据库连接。SQLFactory 接口说明如表 A.31 所示,定义如表 A.32 所示。

表 A.31 cn.edu.celtsc.intf.common.databasemanagement.SQLFactory 接口说明

cn.edu.celtsc.intf.common.databasemanagement.SQLFactory 接口说明
type:public

表 A.32 cn.edu.celtsc.intf.common.databasemanagement.SQLFactory 定义

成 员	返回值/类型	参数说明	说 明
createConnection	Connection	url:String	根据题提供的 url 字符串创建一个数据库连接
createConnection	Connection	url:String user:String password:String	根据提供的 url 字符串,用户名 user 以及密码 password 创建一个数据库连接

A.1.4 文件(file)服务

A.1.4.1 服务描述

文件服务提供文件及目录的访问,支持常见的文件操作,如文件/目录的读写、创建、删除等。

A.1.4.2 Directory 接口

Directory 接口表示文件系统中的一个目录，目录用来组织文件，目录中可以包含子目录和文件。该接口提供方法供在目录树的不同层次间进行移动，如 getParent()，getDirectories()等；该接口提供了在本目录中创建子目录和文件的方法 createSubDirectory()，createFile()；另外该接口还支持目录的拷贝和删除操作等。Directory 接口说明如表 A.33 所示，定义如表 A.34 所示。

表 A.33 cn.edu.celtsc.intf.common.file.Directory 接口说明

cn.edu.celtsc.intf.common.file.Directory 接口说明
type:public

表 A.34 cn.edu.celtsc.intf.common.file.Directory 定义

成 员	返回值/类型	参数说明	说 明
getParent	Directory	无	获得该目录的父目录，根目录则返回空
isRoot	boolean	无	检测该目录是否为根目录
getPath	Path	无	获得该目录对应的 Path
Copy	void	dest:Path，目录将被拷贝到的目的路径	将本目录及其子内容拷贝到 dest 所指定的目标目录
delete	void	无	删除该目录及其内容
createSubDirectory	Directory	dirName:String，将要创建的子目录名称	在该目录下创建名称为 dirName 的子目录
createFile	File	filename:String，将要创建的文件名称	在该目录下创建名称为 fileName 的文件
getDirectoryRoot	Path	无	返回该目录所属的根目录
getName	String	无	获得该目录名称
getFiles	File[]	无	获取该目录所含文件的列表，返回代表该列表的数组
getDirectories	Directory[]	无	获取该目录下所有的子目录列表，返回代表该列表点额数组

A.1.4.3 File 接口

File 接口用来表示一个文件，提供基本的面向字节的文件读写操作，并且提供用于访问和设置文件基本信息的接口，如读取和更改文件的创建时间等，判断文件是否可写等；另外文件还提供 MIME 信息，便于在网络环境下使用。File 接口说明如表 A.35 所示，定义如表 A.36 所示。

表 A.35 cn.edu.celtsc.intf.common.file.File 接口说明

cn.edu.celtsc.intf.common.file.File 接口说明
type:public

表 A.36 cn.edu.celtsc.intf.common.file.File 定义

成 员	返回值/类型	参数说明	说 明
Copy	void	dest:Path	将该文件拷贝到 dest 所示的目录
Copy	void	dest:Path newName:String	将该文件拷贝到 dest 所示的目录,新文件名称为 newName
Copy	void	newName:String	将文件拷贝到同一目录下,用文件名 newName 保存
Delete	void	无	删除文件
isReadable	boolean	无	检查文件是否可读
isWritable	boolean	无	检查文件是否可写
getMimeType	String	无	获取文件的 MIME
updateMimeType	void	type:String	设置文件的 MIME
updateReadOnly	void	无	将文件设置为只读
updateWtritable	void	无	将文件设置为可写
Length	long	无	返回文件的大小,以字节为单位
Read	int	buffer:byte[] offset:int count:int	从文件当前位置读取 count 个字节的内容,读取内容放入 buffer 中 offset 起始的空间
Read	int	无	从文件当前位置读取一个字节的内容
Write	void	buffer:byte[]	将 buffer 中的数据写入文件当前位置
Write	void	b:byte	将字节 b 写入文件当前位置
Flush	void	无	
Close	void	无	关闭文件
getPath	Path	无	获得文件路径
getDirectory	Directory	无	获得文件所处的目录
getCreationTime	String	无	获取文件创建时间
setCreationTime	void	time:String	修改文件创建时间为 time
getLastAccessTime	String	无	获取文件上次访问时间
setLastAccessTime	void	time:String	修改文件上次访问时间为 time
getLastWriteTime	String	无	获取文件上次修改时间
setLastWriteTime	void	time:String	修改文件上次修改时间

A.1.4.4 Path 接口

Path 接口表示文件或者目录的路径,可以是相对路径或者绝对路径,提供方便的方法对路径进行操作,如获取一个路径的目录名,文件名,绝对路径等。File 服务中的 File 和 Directory 接口都是通过 Path 进行标识,它们的实例都包括一个对 Path 实例的引用。Path 接口说明如表 A.37 所示,常量定义如表 A.38 所示,定义如表 A.39 所示。

表 A.37　cn. edu. celtsc. intf. common. file. Path 接口说明

cn. edu. celtsc. intf. common. file. Path 接口说明
type:public

表 A.38　cn. edu. celtsc. intf. common. file. Path 接口常量

常量定义	类型	值	说明
directorySeparatorChar	char	'\\'或'/'	路径中目录间的分隔符,通常在 Windows 系统中该字符为'\',在 UNIX 系统中为'/'
invalidPathChars	char[]	{'/', '\\', ':'}	不允许出现在路径中的字符,这些字符称为非法字符
pathSeparator	char	';'	多个路径之间的分隔符,像 Java 中常用的环境变量 ClassPath 通常包括多个路径,用来在多个位置寻找可能的类,这些路径之间使用 pathSeparator 进行分隔,大多数系统中该字符为';'
volumeSeparator	char	':'	卷标分隔符

表 A.39　cn. edu. celtsc. intf. common. file. Path 定义

成　员	返回值/类型	参数说明	说　明
getDirectoryName	String	无	获取父目录名
getName	String	无	获取路径名
getExtension	String	无	获取后缀
getFullPath	String	无	获取路径全名
getPath	String	无	获取当前路径的抽象路径
isAbsolutePath	boolean	无	判断是否为绝对路径
isDirectory	boolean	无	判断是否为目录
isFile	boolean	无	判断是否为文件

A.1.4.5　FileManager 接口

FileManager 采用工厂化方法负责此服务中其他接口实例的创建,可以分别创建 Path,File 和 Directory 的实例。FileManager 接口说明如表 A.40 所示,定义如表 A.41 所示。

表 A.40　cn. edu. celtsc. intf. common. file. FileManager 接口说明

cn. edu. celtsc. intf. common. file. FileManager 接口说明
type:public

表 A.41 cn.edu.celtsc.intf.common.file.FileManager 定义

成 员	返回值/类型	参数说明	说 明
createPath	Path	path:String,表示文件系统中的一个路径	
openFile	File	filePath:Path,代表将要被打开的文件位置	
createFile	File	location:Path,表示将要创建的文件的路径	
openDirectory	Directory	dirPath:Path,代表将要被打开的目录位置	
createDirectory	Directory	path:Path,将要创建的文件的路径	

A.1.5 标识(id)服务

A.1.5.1 服务描述

ID 是系统中唯一的标识符,标识服务即提供 ID 的数据模型以及 ID 的生成管理等功能。

A.1.5.2 Id 接口

Id 接口说明如表 A.42 所示,定义如表 A.43 所示。

表 A.42 cn.edu.celtsc.intf.common.id.Id 接口说明

cn.edu.celtsc.intf.common.id.Id 接口说明
import:java.io.Serializable type:public extends:Serializable

表 A.43 cn.edu.celtsc.intf.common.id.Id 定义

成 员	返回值/类型	参数说明	说 明
getIdString	String	无	获取 ID 的字符串
isEqual	boolean	id:Id	判断两个 ID 是否相等

A.1.5.3 IdManager 接口

IdManager 接口说明如表 A.44 所示,定义如表 A.45 所示。

表 A.44 cn.edu.celtsc.intf.common.id.IdManager 接口说明

cn.edu.celtsc.intf.common.id.IdManager 接口说明
import:cn.edu.celtsc.intf.common.base.CeltsException cn.edu.celtsc.shared.Manager type:public extends:Manager

表 A.45　cn.edu.celtsc.intf.common.id.IdManager 定义

成　员	返回值/类型	参数说明	说　明
createId	Id	无	创建一个 id 实例，如果创建过程发生错误，则抛出 CeltsException
getId	Id	idString:String	通过表示 id 的字符串获得相应 id 实例，如果此 id 还没有实例创建，则创建一个实例

A.1.6　日志(logging)服务

A.1.6.1　服务描述

所有的日志条目(log entry)都有一个格式类型，一个优先级类型和一个时间戳。

A.1.6.2　Entry 接口

包括被写入日志的项目(item)，以及格式类型，优先级类型和被写入日志的时间。

Entry 接口说明如表 A.46 所示，定义如表 A.47 所示。

表 A.46　cn.edu.celtsc.intf.common.logging.Entry 接口说明

cn.edu.celtsc.intf.common.logging.Entry 接口说明
import:java.io.Serializable 　　cn.edu.celtsc.intf.common.base.CeltsType type:public extends:Serializable

表 A.47　cn.edu.celtsc.intf.common.logging.Entry 定义

成　员	返回值/类型	参数说明	说　明
getFormatType	CeltsType	无	获取格式类型
getItem	Serializable	无	获取 Item
getPriorityType	CeltsType	无	获取优先级类型
getTimestamp	long	无	获取时间戳

A.1.6.3　EntryIterator 接口

EntryIterator 为一组 Entry 提供顺序访问，每次只能访问一个。

EntryIterator 接口说明如表 A.48 所示，定义如表 A.49 所示。

表 A.48 cn.edu.celtsc.intf.common.logging.EntryIterator 接口说明

cn.edu.celtsc.intf.common.logging.EntryIterator 接口说明
import:java.io.Serializable cn.edu.celtsc.intf.common.logging.Entry type:public extends:Serializable

表 A.49 cn.edu.celtsc.intf.common.logging.EntryIterator 定义

成 员	返回值/类型	参数说明	说 明
hasNextEntry	boolean	无	是否还有下一个 Entry
nextEntry	Entry	无	取下一个 Entry

A.1.6.4 ReadableLog 接口

ReadableLog 接口对日志进行读操作。ReadableLog 接口说明如表 A.50 所示,定义如表 A.51 所示。

表 A.50 cn.edu.celtsc.intf.common.logging.ReadableLog 接口说明

cn.edu.celtsc.intf.common.logging.ReadableLog 接口说明
import:java.io.Serializable cn.edu.celtsc. intf.common.base.CeltsType cn.edu.celtsc.intf.common.logging.EntryIterator type:public extends:Serializable

表 A.51 cn.edu.celtsc.intf.common.logging.ReadableLog 定义

成 员	返回值/类型	参数说明	说 明
getDisplayName	String	无	获取显示名字
getEntries	EntryIterator	formatType:CeltsType priorityType:CeltsType	以后进先出的顺序获取所有条目

A.1.6.5 WritableLog 接口

WritableLog 接口允许对日志的条目、类型、时间戳等进行写操作,共有两种追加日志的方法。WritableLog 接口说明如表 A.52 所示,定义如表 A.53 所示。

表 A.52 cn.edu.celtsc.intf.common.logging.WritableLog 接口说明

cn.edu.celtsc.intf.common.logging.WritableLog 接口说明
import:java.io.Serializable cn.edu.celtsc.intf.common.base.CeltsType type:public extends:Serializable

表 A.53 cn.edu.celtsc.intf.common.logging.WritableLog 定义

成员	返回值/类型	参数说明	说明
appendLog	void	entryItem:Serializable	追加日志
appendLogWithTypes	void	entryItem:Serializable, formatType:CeltsType, priorityType:CeltsType	追加有类型日志
assignFormatType	void	formatType:CeltsType	设置格式类型
assignPriorityType	void	priorityType:CeltsType	设置优先级类型
getDisplayName	String	无	获取显示名字

A.1.6.6 LoggingManager 接口

LoggingManager 负责创建、删除、访问日志。Entry 接口说明如表 A.54 所示,定义如表 A.55 所示。

表 A.54 cn.edu.celtsc.intf.common.logging.Entry 接口说明

cn.edu.celtsc.intf.common.logging.Entry 接口说明
import:java.io.Serializable cn.edu.celtsc.intf.common.base.TypeIterator cn.edu.celtsc.intf.common.logging.Entry cn.edu.celtsc.intf.common.logging.EntryIterator cn.edu.celtsc.intf.common.logging.ReadableLog cn.edu.celtsc.intf.common.logging.WritableLog type:public extends:Serializable

表 A.55　cn.edu.celtsc.intf.common.logging.Entry 定义

成　员	返回值/类型	参数说明	说　明
createLog	WritableLog	logName:String	创建一个 WritableLog
deleteLog	void	logName:String	删除一个日志
getFormatTypes	TypeIterator	无	获取这个实现的所有格式类型
getLogForReading	ReadableLog	logName:String	为读操作打开一个日志
getLogForWriting	WritableLog	logName:String	为写操作打开一个日志
getLogNamesForReading	StringIterator	无	获取所有可以读的日志的名字
getLogNamesForWriting	StringIterator	无	获取所有可以写的日志的名字
getPriorityTypes	TypeIterator	无	获取所有可用的优先级类型
supportsReading	boolean	无	该方法返回值表明当前的实现是否支持 ReadableLog 接口和 LoggingManager 接口的方法:getLogForReading,getLogNamesForReading.

A.1.7　授权(authorization)服务

A.1.7.1　服务描述

授权服务完成对用户的授权处理。其中限定器(Qualifier)是一个上下文,包括一个由 Id 构成的有效授权(Authorization)、描述和限定器类型。授权中的 Id 是在外部定义的,具体实现应保证 Id 的唯一性。

A.1.7.2　Qualifier 接口

Qualifier 接口说明如表 A.56 所示,定义如表 A.57 所示。

表 A.56　cn.edu.celtsc.intf.common.authorization.Qualifier 接口说明

cn.edu.celtsc.intf.common.authorization.Qualifier 接口说明
import:java.io.Serializable 　　cn.edu.celtsc.intf.common.base.CeltsType 　　cn.edu.celtsc.intf.common.id.Id type:public extends:Serializable

表 A.57 cn.edu.celtsc.intf.common.authorization.Qualifier 定义

成　员	返回值/类型	参数说明	说　明
addParent	void	parentQualifierId:Id	为该 Qualifier 添加一个父结点
changeParent	void	oldParentId:Id, newParentId:Id	改变该 Qualifier 的父结点
getChildren	QualifierIterator	无	获取该 Qualifier 的所有子结点
getDescription	String	无	获取该 Qualifier 的描述
getId	Id	无	获取该 Qualifier 的 Id
getParents	QualifierIterator	无	获取该 Qualifier 的所有父结点
getQualifierType	CeltsType	无	获取该 Qualifier 的限定器类型
getReferenceName	String	无	获取该 Qualifier 的固定引用名
isChildOf	boolean	parentId:Id	是否是结点 parentId 的子结点
isDescendantOf	boolean	ancestorId:Id	是否是结点 ancestorId 的子孙结点
isParent	boolean	无	是否有子结点
removeParent	void	parentQualifierId:Id	移除一个父结点
updateDescription	void	description:String	更新该 Qualifier 的描述

A.1.7.3 QualifierIterator 接口

QualifierIterator 为一组 Qualifier 提供顺序访问,每次只能访问一个。

QualifierIterator 接口说明如表 A.58 所示,定义如表 A.59 所示。

表 A.58 cn.edu.celtsc.intf.common.authorization.QualifierIterator 接口说明

cn.edu.celtsc.intf.common.authorization.QualifierIterator 接口说明
import:java.io.Serializable 　　　　cn.edu.celtsc.intf.common.authorization.Qualifier type:public extends:Serializable

表 A.59 cn.edu.celtsc.intf.common.authorization.QualifierIterator 定义

成　员	返回值/类型	参数说明	说　明
hasNextQualifier	boolean	无	是否还有下一个 Qualifier
nextQualifier	Qualifier	无	取下一个 Qualifier

A.1.7.4 Function 接口

Function 由 Id、显示名字(displayName)、描述(description)、类别(category)和限定器类型(QualifierType)组成。Id 是在外部定义的,具体实现应保证 Id 的唯一性。

Function 接口说明如表 A.60 所示,定义如表 A.61 所示。

表 A.60 cn.edu.celtsc.intf.common.authorization.Function 接口说明

cn.edu.celtsc.intf.common.authorization.Function 接口说明
import:java.io.Serializable cn.edu.celtsc.intf.common.base.CeltsType cn.edu.celtsc.intf.common.id.Id type:public extends:Serializable

表 A.61 cn.edu.celtsc.intf.common.authorization.Function 定义

成 员	返回值/类型	参数说明	说 明
getDescription	String	无	获取该 Function 的描述
getFunctionType	CeltsType	无	获取该 Function 的类型
getId	Id	无	获取该 Function 的 Id
getReferenceName	String	无	获取该 Function 的固定引用名
updateDescription	void	description:String	更新该 Function 的描述

A.1.7.5 FunctionIterator 接口

FunctionIterator 为一组 Function 提供顺序访问,每次只能访问一个。

FunctionIterator 接口说明如表 A.62 所示,定义如表 A.63 所示。

表 A.62 cn.edu.celtsc.intf.common.authorization.FunctionIterator 接口说明

cn.edu.celtsc.intf.common.authorization.FunctionIterator 接口说明
import:java.io.Serializable cn.edu.celtsc.intf.common.authorization.Function type:public extends:Serializable

表 A.63 cn.edu.celtsc.intf.common.authorization.FunctionIterator 定义

成 员	返回值/类型	参数说明	说 明
hasNextFunction	boolean	无	是否还有下一个 Function
nextFunction	Function	无	取下一个 Function

A.1.7.6 Authorization 接口

Authorization 指明一个 agentId 在 Qualifier 上下文中如何执行一个 Function。

Authorization 接口说明如表 A.64 所示,定义如表 A.65 所示。

表 A.64 cn.edu.celtsc.intf.common.authorization.Authorization 接口说明

cn.edu.celtsc.intf.common.authorization.Authorization 接口说明
import:java.io.Serializable cn.edu.celtsc. intf.common.base.CeltsType cn.edu.celtsc.intf.common.id.Id cn.edu.celtsc.intf.common.authorization.Qualifier cn.edu.celtsc.intf.common.authorization.Function type:public extends:Serializable

表 A.65 cn.edu.celtsc.intf.common.authorization.Authorization 定义

成 员	返回值/类型	参数说明	说 明
getAgentId	Id	无	获取该 Authorization 相关联的 AgentId
getEffectiveDate	long	无	获取该 Authorization 的生效日期
getExpirationDate	long	无	获取该 Authorization 的失效日期
getFunction	Function	无	获取该 Authorization 的 Function
getModifiedBy	Id	无	获取修改该 Authorization 的 Id
getModifiedDate	long	无	获取该 Authorization 的修改日期
getQualifier	Qualifier	无	获取该 Authorization 的 Qualifier
isActiveNow	boolean	无	该 Authorization 当前是否生效
isExplicit	boolean	无	该 Authorization 是否显式存储,有的授权是显式的,有些是隐式的
updateEffectiveDate	void	effectiveDate:long	更新该 Authorization 生效日期
updateExpirationDate	void	expirationDate:long	更新该 Authorization 失效日期

A.1.7.7 AuthorizationIterator 接口

AuthorizationIterator 为一组 Authorization 提供顺序访问,每次只能访问一个。

AuthorizatonIterator 接口说明如表 A.66 所示,定义如表 A.67 所示。

表 A.66 cn.edu.celtsc.intf.common.authorization.AuthorizationIterator 接口说明

cn.edu.celtsc.intf.common.authorization.AuthorizationIterator 接口说明
import:java.io.Serializable cn.edu.celtsc.intf.common.authorization.Authorization type:public extends:Serializable

表 A.67 cn.edu.celtsc.intf.common.authorization.AuthorizationIterator 定义

成员	返回值/类型	参数说明	说明
hasNextAuthorization	boolean	无	是否还有下一个 Authorization
nextAuthorization	Authorization	无	取下一个 Authorization

A.1.7.8 AuthorizationManager 接口

授权管理器(AuthorizationManager)允许一个应用程序创建授权(Authorization),为授权设置标准,查询授权以决定一个 agentId 在 Qualifier 上下文中如何执行一个 Function。

Authorization 中的主要对象有 Authorization、Function、agentId 和 Qualifier。其他对象还有 Function Type 和 Qualifier type。

Id 是在外部定义的,具体实现应保证 Id 的唯一性。

有两种方法创建 Authorization。一种是使用 agentId、Function 和 Qualifier。另一种是添加生效日期(effective date)和失效日期(expiration date)。如果没有生效日期和失效日期,则生效日期为当天,且永不失效。

AuthorizationManager 接口说明如表 A.68 所示,定义如表 A.69 所示。

表 A.68 cn.edu.celtsc.intf.common.authorization.AuthorizationManager 接口说明

cn.edu.celtsc.intf.common.authorization.AuthorizationManager 接口说明
import:java.io.Serializable cn.edu.celtsc. intf.common.base.CeltsType cn.edu.celtsc.intf.common.id.Id cn.edu.celtsc.intf.common.authorization.Qualifier cn.edu.celtsc.intf.common.authorization.Function cn.edu.celtsc.intf.common.authorization.Authorization type:public extends:Serializable

表 A.69 cn.edu.celtsc.intf.common.authorization.AuthorizationManager 定义

成员	返回值/类型	参数说明	说明
agentExists	boolean	agentId:Id	用户是否存在
createAuthorization	Authorization	agentId:Id, functionId:Id, qualifierId:Id	创建 Authorization
createDatedAuthorization	Authorization	agentId:Id, functionId:Id, qualifierId:Id, effectiveDate:long, expirationDate:long	创建带日期的 Authorization

表 A.69（续）

成员	返回值/类型	参数说明	说明
createFunction	Function	functionId:Id, displayName:String, description:String, functionType:CeltsType, qualifierHierarchyId:Id	创建 Function
createQualifier	Qualifier	qualifierId:Id, displayName:String, description:String, qualifierType:CeltsType, parentId:Id	创建 Qualifier
createRootQualifier	Qualifier	qualifierId:Id, displayName:String, description:String, qualifierType:CeltsType, qualifierHierarchyId:Id	创建根 Qualifier
deleteAuthorization	void	authorization:Authorization	删除 Authorization
deleteFunction	void	functionId:Id	删除 Function
deleteQualifier	void	qualifierId:Id	删除 Qualifier
getAllAZs	AuthorizationIterator	agentId:Id, functionId:Id, qualifierId:Id, isActiveNowOnly:boolean	获取所有 Authorization
getAllAZsByFuncType	AuthorizationIterator	agentId:Id, functionType:CeltsType, qualifierId:Id, isActiveNowOnly:boolean	根据函数类型获取所有 Authorization
getAllUserAZs	AuthorizationIterator	functionId:Id, qualifierId:Id, isActiveNowOnly:boolean	获取所有用户 Authorization
getAllUserAZsByFuncType	AuthorizationIterator	functionType:CeltsType, qualifierId:Id, isActiveNowOnly:boolean	根据函数类型获取所有用户 Authorization
getExplicitAZs	AuthorizationIterator	agentId:Id, functionId:Id, qualifierId:Id, isActiveNowOnly:boolean	获取所有显式 Authorization

表 A.69（续）

成 员	返回值/类型	参数说明	说 明
getExplicitAZsByFuncType	AuthorizationIterator	agentId:Id, functionType:CeltsType, qualifierId:Id, isActiveNowOnly:boolean	根据函数类型获取所有显式 Authorization
getExplicitUserAZs	AuthorizationIterator	functionId:Id, qualifierId:Id, isActiveNowOnly:boolean	获取所有显式用户 Authorization
getExplicitUserAZsByFuncType	AuthorizationIterator	functionType:CeltsType, qualifierId:Id, isActiveNowOnly:boolean	根据函数类型获取所有显式用户 Authorization
getExplicitUserAZsForImplicitAZ	AuthorizationIterator	implicitAuthorization: Authorization	为隐式授权获取显式用户 Authorization
getFunction	Function	functionId:Id	获取 Function
getFunctions	FunctionIterator	functionType:CeltsType	获取所有 Function
getFunctionTypes	TypeIterator	无	获取所有函数类型
getQualifier	Qualifier	qualifierId:Id	获取所有 Qualifier
getQualifierChildren	QualifierIterator	qualifierId:Id	获取限定器子结点
getQualifierDescendants	QualifierIterator	qualifierId:Id	获取限定器子孙结点
getQualifierHierarchies	IdIterator	无	获取限定器层次结构
getQualifierTypes	TypeIterator	无	获取所有限定器类型
getRootQualifiers	QualifierIterator	qualifierHierarchyId:Id	获取所有根限定器
getWhoCanDo	IdIterator	functionId:Id, qualifierId:Id	用户是否能在某上下文执行某函数
isAuthorized	boolean	agentId:Id, functionId:Id, qualifierId:Id	是否授权
isUserAuthorized	boolean	functionId:Id, qualifierId:Id	用户是否授权
supportsDesign	boolean	无	是否支持设计，即是否支持以下方法： createFunction, deleteFunction

表 A.69（续）

成　员	返回值/类型	参数说明	说　明
supportsMaintenance	boolean	无	是否支持维护，即是否支持以下方法：createAuthorization，createDatedAuthorization，createQualifier，createRootQualifier，deleteAuthorization，deleteQualifier，getFunctionTypes，getQualifier，getQualifierChildren，getQualifierDescendents getQualifierHierarchies，getQualifierTypes，getRootQualifiers，getWhoCanDo

A.1.8　工作流(workflow)服务

A.1.8.1　服务描述

工作流服务对系统中的工作流提供支持。

A.1.8.2　Expression 接口

Expression 标识一个在工作步被执行之前应满足的输入条件。

Expression 接口说明如表 A.70 所示，定义如表 A.71 所示。

表 A.70　cn.edu.celtsc.intf.common.workflow.Expression 接口说明

cn.edu.celtsc.intf.common.workflow.Expression 接口说明
import:java.io.Serializable 　　cn.edu.celtsc.intf.common.base.CeltsType type:public extends:Serializable

表 A.71　cn.edu.celtsc.intf.common.workflow.Expression 定义

成　员	返回值/类型	参数说明	说　明
getDescription	String	无	获取该 Expression 的描述
getDisplayName	String	无	获取该 Expression 的显示名字
getType	CeltsType	无	获取该 Expression 的类型

A.1.8.3 ExpressionIterator 接口

ExpressionIterator 为一组 Expression 提供顺序访问,每次只能访问一个。

ExpressionIterator 接口说明如表 A.72 所示,定义如表 A.73 所示。

表 A.72 cn.edu.celtsc.intf.common.workflow.ExpressionIterator 接口说明

cn.edu.celtsc.intf.common.workflow.ExpressionIterator 接口说明
import:java.io.Serializable cn.edu.celtsc.intf.common.workflow.Expression type:public extends:Serializable

表 A.73 cn.edu.celtsc.intf.common.workflow.ExpressionIterator 定义

成员	返回值/类型	参数说明	说明
hasNextExpression	boolean	无	是否还有下一个 Expression
nextExpression	Expression	无	取下一个 Expression

A.1.8.4 Step 接口

工作步(Step)是进程(Process)中的关键元素。Processes 由若干个 Step 组成。一个 Step 包括与其他 Step 的连接、输入条件和输出状态。

Step 接口说明如表 A.74 所示,定义如表 A.75 所示。

表 A.74 cn.edu.celtsc.intf.common.workflow.Step 接口说明

cn.edu.celtsc.intf.common.workflow.Step 接口说明
import:java.io.Serializable cn.edu.celtsc.intf.common.base.CeltsType cn.edu.celtsc.intf.common.id.Id cn.edu.celtsc.intf.common.workflow.Expression type:public extends:Serializable

表 A.75 cn.edu.celtsc.intf.common.workflow.Step 定义

成员	返回值/类型	参数说明	说明
addPredecessor	void	stepId:Id	获取前驱 Step
getDescription	String	无	获取描述
getDisplayName	String	无	获取显示名字
getId	Id	无	获取 Id
getInputConditions	ExpressionIterator	无	获取输入条件

表 A.75（续）

成　员	返回值/类型	参数说明	说　明
getOutputStates	StringIterator	无	获取输出状态
getPredecessors	StepIterator	无	获取所有前驱
getRoleId	Id	无	获取与此 Step 相关联的角色 Id
getSuccessors	StepIterator	无	获取所有后继
isInitial	boolean	无	该 Step 是否为 Process 的第一个
isTerminal	boolean	无	该 Step 是否为 Process 的最后一个
removePredecessor	void	stepId:Id	移除前驱
updateDescription	void	description:String	更新描述
updateDisplayName	void	displayName:String	更新显示名字
updateInputConditions	void	inputConditions: Expression[]	更新输入条件
updateOutputStates	void	outputStates:String[]	更新输出状态
updateRoleId	void	roleId:Id	更新角色 Id

A.1.8.5 StepIterator 接口

StepIterator 为一组 Step 提供顺序访问，每次只能访问一个。

StepIterator 接口说明如表 A.76 所示，定义如表 A.77 所示。

表 A.76 cn.edu.celtsc.intf.common.workflow.StepIterator 接口说明

cn.edu.celtsc.intf.common.workflow.StepIterator 接口说明
import:java.io.Serializable 　　cn.edu.celtsc.intf.common.workflow.Step type:public extends:Serializable

表 A.77 cn.edu.celtsc.intf.common.workflow.StepIterator 定义

成　员	返回值/类型	参数说明	说　明
hasNextStep	boolean	无	是否还有下一个 Step
nextStep	Step	无	取下一个 Step

A.1.8.6 WorkEvent 接口

一个 WorkEvent 是 Step 的一个输出状态，与一个 Agent 和时间戳相关联。

WorkEvent 接口说明如表 A.78 所示，定义如表 A.79 所示。

表 A.78 cn.edu.celtsc.intf.common.workflow.WorkEvent 接口说明

cn.edu.celtsc.intf.common.workflow.WorkEvent 接口说明
import:java.io.Serializable cn.edu.celtsc.intf.common.id.Id cn.edu.celtsc.intf.common.workflow.Step type:public extends:Serializable

表 A.79 cn.edu.celtsc.intf.common.workflow.WorkEvent 定义

成员	返回值/类型	参数说明	说明
getAgentId	Id	无	获取执行该事件的用户 Id
getOutputState	String	无	获取输出状态
getStep	Step	无	获取 Step
getTimestamp	long	无	获取该事件发生的时间戳

A.1.8.7 WorkEventIterator 接口

WorkEventIterator 为一组 WorkEvent 提供顺序访问,每次只能访问一个。

WorkEventIterator 接口说明如表 A.80 所示,定义如表 A.81 所示。

表 A.80 cn.edu.celtsc.intf.common.workflow.WorkEventIterator 接口说明

cn.edu.celtsc.intf.common.workflow.WorkEventIterator 接口说明
import:java.io.Serializable cn.edu.celtsc.intf.common.workflow.WorkEvent type:public extends:Serializable

表 A.81 cn.edu.celtsc.intf.common.workflow.WorkEventIterator 定义

成员	返回值/类型	参数说明	说明
hasNextWorkEvent	boolean	无	是否还有下一个 WorkEvent
nextWorkEvent	WorkEvent	无	取下一个 WorkEvent

A.1.8.8 Work 接口

Work 是 Step 的集合,与一个或多个角色相关联。

Work 接口说明如表 A.82 所示,定义如表 A.83 所示。

表 A.82 cn.edu.celtsc.intf.common.workflow.Work 接口说明

cn.edu.celtsc.intf.common.workflow.Work 接口说明
import:java.io.Serializable cn.edu.celtsc.intf.common.id.Id cn.edu.celtsc.intf.common.workflow.Step cn.edu.celtsc.intf.common.workflow.WorkEvent cn.edu.celtsc.intf.common.base.CeltsType type:public extends:Serializable

表 A.83 cn.edu.celtsc.intf.common.workflow.Work 定义

成　员	返回值/类型	参数说明	说　明
getDescription	String	无	获取描述
getDisplayName	String	无	获取显示名字
getHistory	WorkEventIterator	无	获取历史
getId	Id	无	获取 Id
getNextSteps	StepIterator	无	获取所有角色的后继 Step
getNextStepsForRole	StepIterator	roleId:Id	获取某角色的后继 Step
getProperties	PropertiesIterator	无	获取属性
getPropertiesByType	Properties	propertiesType:CeltsType	获取某类型的属性
getPropertyTypes	TypeIterator	无	获取所有属性类型
getQualifierId	Id	无	获取限定器的 Id
updateDescription	void	description:String	更新描述
updateDisplayName	void	displayName:String	更新显示名字
updateStepOutputState	void	outputState:String	更新输出状态

A.1.8.9 WorkIterator 接口

WorkIterator 为一组 Work 提供顺序访问,每次只能访问一个。

WorkIterator 接口说明如表 A.84 所示,定义如表 A.85 所示。

表 A.84 cn.edu.celtsc.intf.common.workflow.WorkIterator 接口说明

cn.edu.celtsc.intf.common.workflow.WorkIterator 接口说明
import:java.io.Serializable cn.edu.celtsc.intf.common.workflow.Work type:public extends:Serializable

表 A.85 cn.edu.celtsc.intf.common.workflow.WorkIterator 定义

成员	返回值/类型	参数说明	说明
hasNextWork	boolean	无	是否还有下一个 Work
nextWork	Work	无	取下一个 Work

A.1.8.10 Process 接口

Process 是一个有组织的 Step 集合，包括一个初始 Step 和其他后继 Step。

Process 接口说明如表 A.86 所示，定义如表 A.87 所示。

表 A.86 cn.edu.celtsc.intf.common.workflow.Process 接口说明

cn.edu.celtsc.intf.common.workflow.Process 接口说明
import:java.io.Serializable cn.edu.celtsc.intf.common.base.CeltsType cn.edu.celtsc.intf.common.id.Id cn.edu.celtsc.intf.common.workflow.Step cn.edu.celtsc.intf.common.workflow.Work type:public extends:Serializable

表 A.87 cn.edu.celtsc.intf.common.workflow.Process 定义

成员	返回值/类型	参数说明	说明
createInitialStep	Step	displayName:String; description:String; roleId:Id	创建初始 Step
createStep	Step	predecessorStepId:Id; displayName:String; description:String; roleId:Id	创建 Step
createWork	Work	displayName:String; description:String; qualifierId:Id	创建 Work
deleteStep	void	stepId:Id	删除 Step
deleteWork	void	workId:Id	删除 Work
getAllWork	WorkIterator	无	获取所有 Work
getAvailableWork	WorkIterator	无	获取所有有效 Work
getAvailableWorkForRole	WorkIterator	roleId:Id	获取所有对某角色有效 Work
getAvailableWorkForStep	WorkIterator	stepId:Id	获取所有对某 Step 有效 Work

表 A.87（续）

成　员	返回值/类型	参数说明	说　明
getDescription	String	无	获取描述
getDisplayName	String	无	获取显示名字
getId	Id	无	获取 Id
getStep	Step	stepId:Id	获取 Step
getSteps	StepIterator	无	获取所有 Step
getType	CeltsType	无	获取类型
getUnfinishedWork	WorkIterator	无	获取未完成 Work
getUnfinishedWorkForRole	WorkIterator	roleId:Id	获取某角色未完成 Work
getUnfinishedWorkForStep	WorkIterator	stepId:Id	获取某 Step 未完成 Work
getWork	Work	workId:Id	获取 Work
haltWork	void	workId:Id	停止 Work
isEnabled	boolean	无	Process 是否有效
resumeWork	void	workId:Id	恢复停止的 Work
updateDescription	void	description:String	更新描述
updateDisplayName	void	displayName:String	更新显示名字
updateEnabled	void	enabled:boolean	更新有效状态

A.1.8.11 ProcessIterator 接口

ProcessIterator 为一组 Process 提供顺序访问，每次只能访问一个。

ProcessIterator 接口说明如表 A.88 所示，定义如表 A.89 所示。

表 A.88　cn.edu.celtsc.intf.common.workflow.ProcessIterator 接口说明

cn.edu.celtsc.intf.common.workflow.ProcessIterator 接口说明
import:java.io.Serializable 　　　cn.edu.celtsc.intf.common.workflow.Process type:public extends:Serializable

表 A.89　cn.edu.celtsc.intf.common.workflow.ProcessIterator 定义

成　员	返回值/类型	参数说明	说　明
hasNextProcess	boolean	无	是否还有下一个 Process
nextProcess	Process	无	取下一个 Process

A.1.8.12 WorkflowManager 接口

WorkflowManager 负责管理 Process,发现未完成的 Work。

WorkflowManager 接口说明如表 A.90 所示,定义如表 A.91 所示。

表 A.90 cn.edu.celtsc.intf.common.workflow.WorkflowManager 接口说明

cn.edu.celtsc.intf.common.workflow.WorkflowManager 接口说明
import:java.io.Serializable cn.edu.celtsc.intf.common.base.CeltsType cn.edu.celtsc.intf.common.id.Id cn.edu.celtsc.intf.common.workflow.Expression cn.edu.celtsc.intf.common.workflow.Step cn.edu.celtsc.intf.common.workflow.Work cn.edu.celtsc.intf.common.workflow.Process type:public extends:Serializable

表 A.91 cn.edu.celtsc.intf.common.workflow.WorkflowManager 定义

成员	返回值/类型	参数说明	说明
copyProcess	Process	originalProcessId:Id; newDisplayName:String; newDescription:String	拷贝一个已知的 Process,并赋予新的显示名称以及描述
createProcess	Process	displayName:String; description:String	创建 Process
deleteProcess	void	processId:Id	删除 Process
getCompletedWork	WorkIterator	processId:Id	获取未完成 Work
getExpressions	ExpressionIterator	无	获取所有 Expression
getExpressionsByType	ExpressionIterator	expressionType:CeltsType	获取某类型 Expression
getExpressionTypes	TypeIterator	无	获取所有 Expression 类型
getOutputStates	StringIterator	无	获取输出状态
getProcess	Process	processId:Id	获取 Process
getProcesses	ProcessIterator	无	获取所有 Process
getUnfinishedWork	WorkIterator	processId:Id	获取未完成 Work
supportsDesign	boolean	无	是否支持设计,即是否支持以下方法: copyProcess, createProcess, deleteProcess
supportsMaintenance	boolean	无	是否支持维护,即是否支持以下方法: getCompletedWork, getExpressions, getExpressionsByType, getExpression-Types, getOutputStates, getProcess, getProcesses, getUnfinishedWork

A.1.9 XML 服务

A.1.9.1 服务描述

XML 服务对 XML 数据的访问细节进行封装。通过 XML 服务,用户不必了解 XML 文档的解析,即可得到一个文档的对象模型,该模型能够间接对 XML 数据进行访问和修改,减少了直接解析 XML 带来的复杂性。在 XML 服务中还提供一个格式化处理的接口——XMLFormatter,该接口可以对 XML 数据进行格式化,添加缩进,换行等等,提高 XML 数据的可读性。

A.1.9.2 XMLParser 接口

XMLParser 接口负责解析 XML 数据(可能是从文件中读取或者是程序生成的一个字符串),得到 XML 文档的根,以此作为对象模型的入口即可访问文档中的所有数据。

XMLParser 接口说明如表 A.92 所示,定义如表 A.93 所示。

表 A.92 cn.edu.celtsc.intf.common.xml.XMLParser 接口说明

cn.edu.celtsc.intf.common.xml.XMLParser 接口说明
import:cn.edu.celtsc.intf.common.file.File cn.edu.celtsc.intf.common.file.Path type:public

表 A.93 cn.edu.celtsc.intf.common.xml.XMLParser 定义

成　员	返回值/类型	参数说明	说　明
getSpecification	String	无	返回该解析器所对应的规范,如 ims-md,ims-cp 等
parse	Object	docString:String 将被解析的文件路径,可以是相对或者绝对路径	返回被解析文档的入口对象,可以根据该解析器对应的规范转型为特定的对象
parse	Object	file:File 将被解析的文件实例	返回被解析文档的入口对象,可以根据该解析器对应的规范转型为特定的对象
parse	Object	path:Path 将被解析的文件路径	返回被解析文档的入口对象,可以根据该解析器对应的规范转型为特定的对象

A.1.9.3 XMLFormatter 接口

XMLFormatter 接口用于对 XML 数据进行简单的排版。

XMLParser 接口说明如表 A.94 所示,定义如表 A.95 所示。

表 A.94 cn.edu.celtsc.intf.common.xml.XMLParser 接口说明

cn.edu.celtsc.intf.common.xml.XMLParser 接口说明
import:cn.edu.celtsc.intf.common.file.Path type:public

表 A.95　cn.edu.celtsc.intf.common.xml.XMLParser 定义

成　员	返回值/类型	参数说明	说　明
format	String	xmlStr:String	对输入的 XML 数据字符串进行格式化,返回结果字符串
format	void	xmlStr:String filePath:Path	对输入的 XML 字符串进行格式化,格式化后的结果存入 filePath 指定文件

A.1.9.4　XMLFactory 接口

通过 XMLFactory 可以获得 XMLParser 和 XMLFormatter 的实例。

XMLFactory 接口说明如表 A.96 所示,定义如表 A.97 所示。

表 A.96　cn.edu.celtsc.intf.common.xml.XMLFactory 接口说明

cn.edu.celtsc.intf.common.xml.XMLFactory 接口说明
type:public

表 A.97　cn.edu.celtsc.intf.common.xml.XMLFactory 定义

成　员	返回值/类型	参数说明	说　明
getParser	XMLParser	specification:String	获得一个特定规范的 XMLParser,如 ims 元数据规范的 Parser
getFormatter	XMLFormatter	无	获取一个 XMLFormatter 实例

A.2　教育服务接口

A.2.1　Serialize 接口

元数据、学习内容包装服务接口中都集成了 Serialize 接口,用于按照给定的绑定规范输出对应数据元素的字符串。

Serialize 接口说明如表 A.98 所示,常量定义如表 A.99 所示,定义如表 A.100 所示。

表 A.98　cn.edu.celtsc.intf.education.Serialize 接口说明

cn.edu.celtsc.intf.education.Serialize 接口说明
type:public

表 A.99　cn.edu.celtsc.intf.education.Serialize 接口常量

常量	类型	说　明
XML_BINDING	String	Xml 绑定类型

表 A.100 cn.edu.celtsc.intf.education.Serialize 定义

成 员	返回值/类型	参数说明	说 明
getString	String	type:String	按照绑定方法返回字符串
isSupport	boolean	type:String	是否支持某种绑定方法

A.2.2 评估(assessment)服务

A.2.2.1 服务描述

评估服务可以对系统中任意类型的条目(Item)或由条目组成的区域(Section)进行评估。

A.2.2.2 Item 接口

Item 包括问题、回复集、答案以及其他相关指导和媒体。这些元素都被包含在一个 Data 对象中，该对象的内容没有在接口规范中确切说明。Item 由其对应的类型来区分。ItemType 对一个应用程序来说是有意义的，但在接口规范中没有确切定义。与 Item 相关联的全局唯一的 Id 由 AssessmentManager 的 createItem 方法设置。

Item 接口说明如表 A.101 所示，定义如表 A.102 所示。

表 A.101 cn.edu.celtsc.intf.common.assessment.Item 接口说明

cn.edu.celtsc.intf.common.assessment.Item 接口说明
import:java.io.Serializable cn.edu.celtsc.intf.common.base.CeltsType cn.edu.celtsc.intf.common.id.Id type:public extends:Serializable

表 A.102 cn.edu.celtsc.intf.common.assessment.Item 定义

成 员	返回值/类型	参数说明	说 明
getData	Serializable	无	获取该 Item 的 Data
getDescription	String	无	获取该 Item 的描述
getDisplayName	String	无	获取该 Item 的显示名字
getId	Id	无	获取该 Item 的 Id
getItemType	CeltsType	无	获取该 Item 的类型 ItemType
getProperties	PropertiesIterator	无	获取该 Item 的所有属性配置
getPropertiesByType	Properties	propertiesType:CeltsType	获取该 Item 的某种类型的属性配置
getPropertyTypes	TypeIterator	无	获取该 Item 的所有属性类型
updateData	void	data:Serializable	更新该 Item 的 Data
updateDescription	void	description:String	更新该 Item 的描述
updateDisplayName	void	displayName:String	更新该 Item 的显示名字

A.2.2.3 ItemIterator 接口

ItemIterator 为一组 Item 提供顺序访问，每次只能访问一个。所有迭代器的目的就是在接口规范中为通用类型返回多个值，而不使用数组。如果返回值数据量很大，或者是远程访问，返回数组是不合适的。迭代器不允许使用序号(index)访问值，而只允许顺序访问。也就是说不能回头访问曾经访问过的数据。

ItemIterator 接口说明如表 A.103 所示，定义如表 A.104 所示。

表 A.103 cn.edu.celtsc.intf.common.assessment.ItemIterator 接口说明

cn.edu.celtsc.intf.common.assessment.ItemIterator 接口说明
import:java.io.Serializable cn.edu.celtsc.intf.common.assessment.Item type:public extends:Serializable

表 A.104 cn.edu.celtsc.intf.common.assessment.ItemIterator 定义

成 员	返回值/类型	参数说明	说 明
hasNextItem	boolean	无	是否还有下一个 Item
nextItem	Item	无	取下一个 Item

A.2.2.4 ItemTaken 接口

ItemTaken 包含 Item、提交的回答以及这些回答的 Evaluation。

ItemTaken 接口说明如表 A.105 所示，定义如表 A.106 所示。

表 A.105 cn.edu.celtsc.intf.common.assessment.ItemTaken 接口说明

cn.edu.celtsc.intf.common.assessment.ItemTaken 接口说明
import:java.io.Serializable cn.edu.celtsc.intf.common.base.CeltsType cn.edu.celtsc.intf.common.id.Id cn.edu.celtsc.intf.common.assessment.Item cn.edu.celtsc.intf.common.assessment.SectionTaken cn.edu.celtsc.intf.common.assessment.EvaluationIterator type:public extends:Serializable

表 A.106 cn.edu.celtsc.intf.common.assessment.ItemTaken 定义

成　员	返回值/类型	参数说明	说　明
createEvaluation	无	evaluationType：CeltsType	为该 Item 按照指定的 CeltsType 创建 Evaluation
deleteEvaluation	无	evaluationId:Id	删除指定的 Evaluation
getData	可序列化对象	无	获取 ItemTaken 的数据
getDisplayName	字符串	无	获取 ItemTaken 的显示名称
getEvaluations	EvaluationIterator	无	获取该 Item 的所有 Evaluation
getEvaluationByType	EvaluationIterator	evaluationType：CeltsType	获取指定类型的 Evaluation
getId	Id	无	获取该 ItemTaken 的唯一 Id
getItem	Item	无	获取 ItemTaken 所属的 Item
getSectionTaken	SectionTaken	无	获取 ItemTaken 所属的 SectionTaken
updateData	无	data:可序列化对象	为 ItemTaken 更新数据
updateDisplayName	无	displayNames：字符串	为 ItemTaken 更新显示名称

A.2.2.5 ItemTakenIterator 接口

ItemTakenIterator 为一组 ItemTaken 提供顺序访问，每次只能够访问一个。

ItemTakenIterator 接口说明如表 A.107 所示，定义如表 A.108 所示。

表 A.107 cn.edu.celtsc.intf.common.assessment.ItemTakenIterator 接口说明

cn.edu.celtsc.intf.common.assessment.ItemTakenIterator 接口说明
import:java.io.Serializable 　　cn.edu.celtsc.intf.common.assessment.ItemTaken type:public extends:Serializable

表 A.108 cn.edu.celtsc.intf.common.assessment.ItemTakenIterator 定义

成　员	返回值/类型	参数说明	说　明
hasNextItemTaken	布尔值	无	是否还有下一个 ItemTaken
nextItemTaken	ItemTaken	无	返回下一个 ItemTaken

A.2.2.6 Evaluation 接口

Evaluation 是评估报告的接口。

ItemTaken 接口说明如表 A.109 所示，定义如表 A.110 所示。

表 A.109　cn.edu.celtsc.intf.common.assessment.ItemTaken 接口说明

cn.edu.celtsc.intf.common.assessment.ItemTaken 接口说明
import:java.io.Serializable cn.edu.celtsc.intf.common.base.CeltsType cn.edu.celtsc.intf.common.id.Id type:public extends:Serializable

表 A.110　cn.edu.celtsc.intf.common.assessment.ItemTaken 定义

成　员	返回值/类型	参数说明	说　明
getData	可序列化对象	无	从 Evaluation 中取得数据
getDisplayName	字符串	无	获取 Evaluation 的显示名字
getId	Id	无	从 Evaluation 中获得唯一 Id
getModifiedDate	长整数	无	获取 Evaluation 的修改时间
getObjectTaken	Id	无	获取 objectTaken 的 Id
getType	CeltsType	无	获取 Evaluation 的 CeltsType
updateData	无	data:可序列化对象	更新 Evaluation 的数据
updateDisplayName	无	displayName:字符串	更新 Evaluation 的显示名字

A.2.2.7　EvaluationIterator 接口

EvaluationIterator 为一组 Evaluation 提供顺序访问,每次只能够访问一个。

EvaluationIterator 接口说明如表 A.111 所示,定义如表 A.112 所示。

表 A.111　cn.edu.celtsc.intf.common.assessment.EvaluationIterator 接口说明

cn.edu.celtsc.intf.common.assessment.EvaluationIterator 接口说明
import:java.io.Serializable cn.edu.celtsc.intf.common.assessment.Evaluation type:public extends:Serializable

表 A.112　cn.edu.celtsc.intf.common.assessment.EvaluationIterator 定义

成　员	返回值/类型	参数说明	说　明
hasNextEvaluation	布尔值	无	是否还有下一个 Evaluation
nextEvaluation	Evaluation	无	返回下一个 Evaluation

A.2.2.8　Section 接口

Section 包括 0 个或多个 Item 或 Section。Item 或 Section 按照先入先出(FIFO)方式加入一个

Section。SectionType 对一个应用程序来说是有意义的,但在接口规范中没有确切定义。与 Section 相关联的全局唯一的 Id 由 AssessmentManager 的 createSection 方法设置。

Section 接口说明如表 A.113 所示,定义如表 A.114 所示。

表 A.113 cn.edu.celtsc.intf.common.assessment.Section 接口说明

cn.edu.celtsc.intf.common.assessment.Section 接口说明
import:java.io.Serializable cn.edu.celtsc.intf.common.base.CeltsType cn.edu.celtsc.intf.common.id.Id cn.edu.celtsc.intf.common.assessment.Item type:public extends:Serializable

表 A.114 cn.edu.celtsc.intf.common.assessment.Section 定义

成员	返回值/类型	参数说明	说明
addItem	void	item:Item	向该 Section 中添加一个 Item
addSection	void	section:Section	向该 Section 中添加一个 Section
getData	Serializable	无	获取该 Section 的 Data
getDescription	String	无	获取该 Section 的描述
getDisplayName	String	无	获取该 Section 的显示名字
getId	Id	无	获取该 Section 的 Id
getItems	ItemIterator	无	获取该 Section 中所有 Item
getProperties	PropertiesIterator	无	获取该 Section 的所有属性配置
getPropertiesByType	Properties	propertiesType:CeltsType	获取该 Section 的某种类型的属性配置
getPropertyTypes	TypeIterator	无	获取该 Section 的所有属性类型
getSections	SectionIterator	无	获取该 Section 中所有 Section
getSectionType	CeltsType	无	获取该 Section 的类型
orderItems	void	items:Item[]	改变该 Section 中 Item 的顺序
orderSections	void	sections:Section[]	改变该 Section 中 Section 的顺序
removeItem	void	itemId:Id	从该 Section 中删除一个 Item
removeSection	void	sectionId:Id	从该 Section 中删除一个 Section
updateData	void	data:Serializable	更新该 Section 的 Data
updateDescription	void	description:String	更新该 Section 的描述
updateDisplayName	void	displayName:String	更新该 Section 的显示名字

A.2.2.9 SectionIterator 接口

SectionIterator 为一组 Section 提供顺序访问,每次只能访问一个。

SectionIterator 接口说明如表 A. 115 所示,定义如表 A. 116 所示。

表 A. 115 cn. edu. celtsc. intf. common. assessment. SectionIterator 接口说明

cn. edu. celtsc. intf. common. assessment. SectionIterator 接口说明
import:java. io. Serializable cn. edu. celtsc. intf. common. assessment. Section type:public extends:Serializable

表 A. 116 cn. edu. celtsc. intf. common. assessment. SectionIterator 定义

成 员	返回值/类型	参数说明	说 明
hasNextSection	boolean	无	是否还有下一个 Section
nextSection	Section	无	取下一个 Section

A. 2. 2. 10 SectionTaken 接口

SectionTaken 含有 Section 里面的所有 Item 以及 Evaluation。

SectionTaken 接口说明如表 A. 117 所示,定义如表 A. 118 所示。

表 A. 117 cn. edu. celtsc. intf. common. assessment. SectionTaken 接口说明

cn. edu. celtsc. intf. common. assessment. SectionTaken 接口说明
import:java. io. Serializable cn. edu. celtsc. intf. common. base. CeltsType cn. edu. celtsc. intf. common. id. Id cn. edu. celtsc. intf. common. assessment. Item cn. edu. celtsc. intf. common. assessment. ItemTaken cn. edu. celtsc. intf. common. assessment. ItemTakenIterator cn. edu. celtsc. intf. common. assessment. Section cn. edu. celtsc. intf. common. assessment. Evaluation cn. edu. celtsc. intf. common. assessment. EvaluationIterator cn. edu. celtsc. intf. common. assessment. AssessmentTaken type:public extends:Serializable

表 A. 118 cn. edu. celtsc. intf. common. assessment. SectionTaken 定义

成 员	返回值/类型	参数说明	说 明
createEvaluation	Evaluation	evaluationType:CeltsType	按照指定的 CeltsType 为 Section 创建 Evaluation
createItemTaken	ItemTaken	item:Item	在 SectionTaken 的基础上创建 ItemTaken
deleteEvaluation	无	evaluationId:Id	在 Section 中删除指定的 Evaluation

表 A.118（续）

成　员	返回值/类型	参数说明	说　明
deleteItemTaken	无	itemTakenId:Id	删除一个 ItemTaken
getAssessmentTaken	AssessmentTaken	无	获取 SectionTaken 所属的 AssessmentTaken
getData	可序列化对象	无	获取 SectionTaken 的数据
getDisplayName	字符串	无	获取 SectionTaken 的显示名字
getEvaluations	EvaluationIterator	无	获取 Section 中所有的 Evaluation
getEvaluationsByType	EvaluationIterator	evaluationType:CeltsType	获取 Section 中指定 CeltsType 的 Evaluation
getId	Id	无	获取 SectionTaken 的唯一 Id
getItemsTaken	ItemTakenIterator	无	获取该 SectionTaken 的所有 ItemTaken
getSection	Section	无	获得创建 SectionTaken 的 Section
updateData	无	data:可序列化对象	更新 SectionTaken 的数据
updateDisplayName	无	displayName:字符串	更新 SectionTaken 的显示名称

A.2.2.11　SectionTakenIterator 接口

SectionTakenIterator 为一组 SectionTaken 提供顺序访问，每次只能访问一个。

SectionTakenIterator 接口说明如表 A.119 所示，定义如表 A.120 所示。

表 A.119　cn.edu.celtsc.intf.common.assessment.SectionTakenIterator 接口说明

cn.edu.celtsc.intf.common.assessment.SectionTakenIterator 接口说明
import:java.io.Serializable 　　cn.edu.celtsc.intf.common.assessment.SectionTaken type:public extends:Serializable

表 A.120　cn.edu.celtsc.intf.common.assessment.SectionTakenIterator 定义

成　员	返回值/类型	参数说明	说　明
hasNextSectionTaken	布尔值	无	是否还有下一个 SectionTaken
nextSectionTaken	SectionTaken	无	取下一个 SectionTaken

A.2.2.12　Assessment 接口

Assessment 包括 0 个或多个 Section。Section 按照先入先出(FIFO)方式加入一个 Assessment。AssessmentType 对一个应用程序来说是有意义的，但在接口规范中没有确切定义。Assessment 还包括一个 Topic。一个 Assessment 与一个 AssessmentPublished 相关联，该 AssessmentPublished 包括一个 Assessment 和与这个 Assessment 的有效性相关的数据集。一个 Assessment 还与一个 AssessmentTaken 相关联，该 AssessmentTaken 包括一个 Assessment 和与该 Assessment 集成的学生相关的

数据集。

Assessment 接口说明如表 A.121 所示,定义如表 A.122 所示。

表 A.121 cn.edu.celtsc.intf.common.assessment.Assessment 接口说明

cn.edu.celtsc.intf.common.assessment.Assessment 接口说明
import:java.io.Serializable cn.edu.celtsc.intf.common.base.CeltsType cn.edu.celtsc.intf.common.id.Id type:public extends:Serializable

表 A.122 cn.edu.celtsc.intf.common.assessment.Assessment 定义

成　员	返回值/类型	参数说明	说　明
addSection	void	section:Section	向该 Assessment 中添加一个 Section
getAssessmentType	CeltsType	无	获取该 Assessment 的类型
getData	Serializable	无	获取该 Assessment 的 Data
getDescription	String	无	获取该 Assessment 的描述
getDisplayName	String	无	获取该 Assessment 的显示名字
getId	Id	无	获取该 Assessment 的 Id
getItems	ItemIterator	无	获取该 Section 中所有 Item
getProperties	PropertiesIterator	无	获取该 Assessment 的所有属性配置
getPropertiesByType	Properties	propertiesType:CeltsType	获取该 Assessment 的某种类型的属性配置
getPropertyTypes	TypeIterator	无	获取该 Assessment 的所有属性类型
getSections	SectionIterator	无	获取该 Assessment 中所有 Section
getTopic	String	无	获取该 Assessment 的 Topic
orderSections	void	sections:Section[]	改变该 Assessment 中 Section 的顺序
removeSection	void	sectionId:Id	从该 Assessment 中删除一个 Section
updateData	void	data:Serializable	更新该 Assessment 的 Data
updateDescription	void	description:String	更新该 Assessment 的描述
updateDisplayName	void	displayName:String	更新该 Assessment 的显示名字
updateTopic	void	topic:String	更新该 Assessment 的 Topic

A.2.2.13 AssessmentIterator 接口

AssessmentIterator 为一组 Assessment 提供顺序访问,每次只能访问一个。

AssessmentIterator 接口说明如表 A.123 所示,定义如表 A.124 所示。

表 A.123 cn.edu.celtsc.intf.common.assessment.AssessmentIterator 接口说明

cn.edu.celtsc.intf.common.assessment.AssessmentIterator 接口说明
import:java.io.Serializable cn.edu.celtsc.intf.common.assessment.Assessment type:public extends:Serializable

表 A.124 cn.edu.celtsc.intf.common.assessment.AssessmentIterator 定义

成员	返回值/类型	参数说明	说明
hasNextAssessment	boolean	无	是否还有下一个 Assessment
nextAssessment	Assessment	无	取下一个 Assessment

A.2.2.14 AssessmentPublished 接口

AssessmentPublished 接口说明如表 A.125 所示，定义如表 A.126 所示。

表 A.125 cn.edu.celtsc.intf.common.assessment.AssessmentPublished 接口说明

cn.edu.celtsc.intf.common.assessment.AssessmentPublished 接口说明
import:java.io.Serializable cn.edu.celtsc. intf.common.base.CeltsType cn.edu.celtsc.intf.common.id.Id cn.edu.celtsc.intf.common.assessment.Assessment type:public extends:Serializable

表 A.126 cn.edu.celtsc.intf.common.assessment.AssessmentPublished 定义

成员	返回值/类型	参数说明	说明
createAssessmentTaken	AssessmentTaken	agentId:Id	创建一个 AssessmentPublished
deleteAssessmentTaken	void	assessmentTakenId:Id	删除一个 AssessmentPublished
getAssessment	Assessment	无	获取要发布的 Assessment
getAssessmentsTaken	AssessmentTakenIterator	无	获取所有的 AssessmentTaken
getAssessmentsTakenBy	AssessmentTakenIterator	agentId:Id	获取所有与某个学生的 agentId 相关联的 Assessment
getCourseSectionId	Id	无	获取与该 AssessmentPublished 相关联的 CourseSection 的 Id
getData	Serializable	无	获取该 AssessmentPublished 的 Data
getDate	long	无	获取该 AssessmentPublished 的发布日期

表 A.126（续）

成　员	返回值/类型	参数说明	说　明
getDescription	String	无	获取该 AssessmentPublished 的描述
getDisplayName	String	无	获取该 AssessmentPublished 的显示名字
getId	Id	无	获取该 AssessmentPublished 的 Id
updateCourseSectionId	void	courseSectionId:Id	更新该 AssessmentPublished 的 CourseSectionId
updateData	void	data:Serializable	更新该 AssessmentPublished 的 Data
updateDescription	void	description:String	更新该 AssessmentPublished 的描述
updateDisplayName	void	displayName:String	更新该 AssessmentPublished 的显示名字

A.2.2.15 AssessmentPublishedIterator 接口

AssessmentPublishedIterator 为一组 AssessmentPublished 提供顺序访问，每次只能访问一个。AssessmentPublishedIterator 接口说明如表 A.127 所示，定义如表 A.128 所示。

表 A.127 cn.edu.celtsc.intf.common.assessment.AssessmentPublishedIterator 接口说明

cn.edu.celtsc.intf.common.assessment.AssessmentPublishedIterator 接口说明
import:java.io.Serializable cn.edu.celtsc.intf.common.assessment.AssessmentPublished type:public extends:Serializable

表 A.128 cn.edu.celtsc.intf.common.assessment.AssessmentPublishedIterator 定义

成　员	返回值/类型	参数说明	说　明
hasNextAssessmentPublished	boolean	无	是否还有下一个 AssessmentPublished
nextAssessmentPublished	AssessmentPublished	无	取下一个 AssessmentPublished

A.2.2.16 AssessmentTaken 接口

AssessmentTaken 接口说明如表 A.129 所示，定义如表 A.130 所示。

表 A.129 cn.edu.celtsc.intf.common.assessment.AssessmentTaken 接口说明

cn.edu.celtsc.intf.common.assessment.AssessmentTaken 接口说明
import:java.io.Serializable cn.edu.celtsc.intf.common.base.CeltsType cn.edu.celtsc.intf.common.id.Id cn.edu.celtsc.intf.common.assessment.Section type:public extends:Serializable

表 A.130 cn.edu.celtsc.intf.common.assessment.AssessmentTaken 定义

成　员	返回值/类型	参数说明	说　明
createEvaluation	Evaluation	evaluationType:CeltsType	为该 Assessment 创建一个特定类型的评估报告
createSectionTaken	SectionTaken	section:Section	在一个 AssessmentPublished 和学生的 AgengId 的基础上创建一个 SectionTaken
deleteEvaluation	void	evaluationId:Id	删除一个评估报告
deleteSectionTaken	void	sectionTakenId:Id	删除一个 SectionTaken
getAgentId	Id	无	获取接受评估的学生 agentId
getAssessmentPublished	AssessmentPublished	无	获取采用的 AssessmentPublished
getData	Serializable	无	获取该 AssessmentTaken 的 Data
getDate	long	无	获取该 AssessmentTaken 的执行日期
getDisplayName	String	无	获取该 AssessmentTaken 的显示名字
getEvaluations	EvaluationIterator	无	获取该 AssessmentTaken 的所有评估报告
getEvaluationsByType	EvaluationIterator	evaluationType:CeltsType	获取该 AssessmentTaken 的某种类型的评估报告
getId	Id	无	获取该 AssessmentTaken 的 Id
getSectionsTaken	SectionTakenIterator	无	获取该 AssessmentTaken 的所有 SectionsTaken
updateData	void	data:Serializable	更新该 AssessmentTaken 的 Data
updateDisplayName	void	displayName:String	更新该 AssessmentTaken 的显示名字

A.2.2.17 AssessmentTakenIterator 接口

AssessmentTakenIterator 为一组 AssessmentTaken 提供顺序访问，每次只能访问一个。

AssessmentTakenIterator 接口说明如表 A.131 所示，定义如表 A.132 所示。

表 A.131 cn.edu.celtsc.intf.common.assessment.AssessmentTakenIterator 接口说明

cn.edu.celtsc.intf.common.assessment.AssessmentTakenIterator 接口说明
import:java.io.Serializable 　　cn.edu.celtsc.intf.common.assessment.AssessmentTaken type:public extends:Serializable

表 A.132 cn.edu.celtsc.intf.common.assessment.AssessmentTakenIterator 定义

成　员	返回值/类型	参数说明	说　明
hasNextAssessmentTaken	boolean	无	是否还有下一个 AssessmentTaken
nextAssessmentTaken	AssessmentTaken	无	取下一个 AssessmentTaken

A.2.2.18 AssessmentManager 接口

AssessmentManager 主要负责创建和删除 Assessment、AssessmentPublished、Item 和 Section，以及获取 Assessment、AssessmentPublished、Item、Section 和各种实现类型的值。

AssessmentManager 接口说明如表 A.133 所示，定义如表 A.134 所示。

表 A.133 cn.edu.celtsc.intf.common.assessment.AssessmentManager 接口说明

cn.edu.celtsc.intf.common.assessment.AssessmentManager 接口说明
import:java.io.Serializable cn.edu.celtsc.intf.common.assessment.Assessment cn.edu.celtsc.intf.common.assessment.AssessmentPublished cn.edu.celtsc.intf.common.assessment.Item cn.edu.celtsc.intf.common.assessment.Section cn.edu.celtsc.intf.common.base.CeltsType cn.edu.celtsc.intf.common.id.Id type:public extends:Serializable

表 A.134 cn.edu.celtsc.intf.common.assessment.AssessmentManager 定义

成　员	返回值/类型	参数说明	说　明
createAssessment	Assessment	name:String; description:String; assessmentType: CeltsType	创建一个新的 Assessment 并将其加入 Assessment 库
createAssessmentPublished	AssessmentPublished	assessment: Assessment	根据 Assessment 创建一个 AssessmentPublished
createItem	Item	name:String; description:String; itemType: CeltsType	创建一个 Item
createSection	Section	name:String; description:String; sectionType: CeltsType	创建一个 Section.
deleteAssessment	void	assessmentId:Id	从 Assessment 库中删除一个 Assessment
deleteAssessmentPublished	void	assessmentPublishedId:Id	删除一个 AssessmentPublished
deleteItem	void	itemId:Id	删除一个 Item
deleteSection	void	sectionId:Id	删除一个 Section

表 A.134（续）

成　员	返回值/类型	参数说明	说　明
getAssessment	Assessment	assessmentId:Id	根据 Id 获取一个 Assessment
getAssessmentPublished	AssessmentPublished	assessmentPublishedId:Id	根据 Id 获取一个 AssessmentPublished
getAssessments	AssessmentIterator	无	获取所有的 Assessment
getAssessmentsByType	AssessmentIterator	assessmentType:CeltsType	获取特定类型的 Assessment
getAssessmentsPublished	AssessmentPublishedIterator	无	获取所有的 AssessmentPublished
getAssessmentTypes	TypeIterator	无	获取所有的 Assessment 类型
getItem	Item	itemId:Id	根据 Id 获取一个 Item
getItems	ItemIterator	无	获取所有的 Item
getItemsByType	ItemIterator	itemType:CeltsType	获取特定类型的 Item
getItemTypes	TypeIterator	无	获取所有的 Item 类型
getSection	Section	sectionId:Id	根据 Id 获取一个 Section
getSections	SectionIterator	无	获取所有的 Section
getSectionsByType	SectionIterator	sectionType:CeltsType	获取特定类型的 Section
getSectionTypes	TypeIterator	无	获取所有的 Section 类型

A.2.3　课程管理(coursemanagement)服务

A.2.3.1　Course 接口

Course 接口是课程模型的基本接口，按照不同的标准需求可以以此接口进行扩展，Course 接口所提供的是课程最一般化的信息，更具体化的课程在 CourseOffering 接口中提供。

Course 接口说明如表 A.135 所示，定义如表 A.136 所示。

表 A.135　cn.edu.celtsc.intf.education.coursemanagement.Course 接口说明

cn.edu.celtsc.intf.education.coursemanagement.Course 接口说明
import:cn.edu.celtsc.intf.common.base.CeltsType 　　　cn.edu.celtsc.intf.common.id.Id 　　　cn.edu.celtsc.intf.common.base.PropertiesIterator type:public

表 A.136 cn.edu.celtsc.intf.education.coursemanagement.Course 定义

成　员	返回值/类型	参数说明	说　明
getCredits	float	无	获得课程学分数
setCredits	void	credits:float	设置课程学分
getCourseType	CeltsType	无	获得课程类型
setCourseType	void	courseType:CeltsType	设置课程类型
getDescription	String	无	获得课程的基本描述
setDescription	void	description:String	设置课程的描述信息
getDisplayName	String	无	获得课程的显示名称
setDisplayName	void	displayName:String	设置课程的显示名称
getId	Id	无	获得课程 ID
getProperties	PropertiesIterator	无	获得课程相关的配置属性
getStatus	CeltsType	无	获得课程的状态
setStatus	void	statusType:CeltsType	设置课程状态
getTitle	String	无	获得课程标题
setTitle	void	title:String	设置课程标题

A.2.3.2 CourseOffering 接口

Course 所提供的课程是十分泛化的课程，而 CourseOffering 则是针对某个具体学期开设的具体一门课程，对于一个 Course 可以有若干个 CourseOffering，每个 CourseOffering 有自己的名册等信息并有与之相关联的课程章节内容，课程的片断模型由 CourseSection 定义。

CourseOffering 接口说明如表 A.137 所示，定义如表 A.138 所示。

表 A.137 cn.edu.celtsc.intf.education.coursemanagement.CourseOffering 接口说明

cn.edu.celtsc.intf.education.coursemanagement.CourseOffering 接口说明
import:cn.edu.celtsc.intf.common.id.Id cn.edu.celtsc.intf.common.base.IdIterator cn.edu.celtsc.intf.common.base.PropertiesIterator cn.edu.celtsc.intf.common.base.Iterator cn.edu.celtsc.intf.common.base.CeltsType java.io.Serializable type:public extends:Serializable

表 A.138 cn.edu.celtsc.intf.education.coursemanagement.CourseOffering 定义

成　员	返回值/类型	参数说明	说　明
addAsset	void	assetId:Id	向一门课程添加素材
removeAsset	void	assetId:Id	从课程中删除一个素材
getAssets	IdIterator	无	获得课程的全部素材
addStudent	void	studentId:Id; regType:CeltsType	向名册中添加一个学生，并为其注册类型赋值
removeStudent	void	studentId:Id	从该课程注册的学生名册中删除一个学生
changeRegType	void	studentId:Id; regType:CeltsType	变更一个学生的注册类型
getRoster	Iterator	无	得到课程的学生名册
getCourse	Course	无	得到包括此 CourseOffering 的课程实例
getId	Id	无	得到当前 CourseOffering 的 ID
setDescription	void	description:String	设置描述信息
getDescription	String	无	获得描述信息
getDisplayName	String	无	获得显示名称
setDisplayName	void	displayName:String	设置显示名称
getProperties	PropertiesIterator	无	获得配置信息
getStatus	CeltsType	无	获得 CourseOffering 的状态
setStatus	void	statusType:CeltsType	设置 CourseOffering 状态
getTitle	String	无	获得 CourseOffering 标题
setTitle	void	title:String	设置 CourseOffering 标题

A.2.3.3 CourseManager 接口

CourseManager 负责创建删除课程，并且可获得课程成绩的管理及分组管理。

CourseManager 接口说明如表 A.139 所示，定义如表 A.140 所示。

表 A.139 cn.edu.celtsc.intf.education.coursemanagement.CourseManager 接口说明

cn.edu.celtsc.intf.education.coursemanagement.CourseManager 接口说明
import:cn.edu.celtsc.intf.common.base.Manager 　　cn.edu.celtsc.intf.common.id.Id 　　cn.edu.celtsc.intf.common.base.CeltsType type:public extends:Manager

表 A.140 cn.edu.celtsc.intf.education.coursemanagement.CourseManager 定义

成员	返回值/类型	参数说明	说明
createCourse	Course	title:String; number:String; description:String; courseType:CeltsType; courseStatusType:CeltsType; credits:float	创建一门课程,包括课程标题,课容量,描述,课程和状态类型,学分数。返回一个课程实例,拥有课程名、描述和统一的 ID
deleteCourse	void	courseId:Id	根据 ID 删除一门课程

A.2.4 成员管理(membershipmanagement)服务

A.2.4.1 服务描述

成员管理服务负责系统中所有成员关系的管理,包括成员的创建、删除、分组、查询等。

A.2.4.2 Member 接口

Member 是数字教育公共服务平台中虚拟成员的抽象,包括的属性有 DisplayName,Id,CeltsType 和 Properties,Member 通过 MemberManager 统一创建。

Member 接口说明如表 A.141 所示,定义如表 A.142 所示。

表 A.141 cn.edu.celtsc.intf.education.membershipmanagement.Member 接口说明

cn.edu.celtsc.intf.education.membershipmanagement.Member 接口说明
import:cn.edu.celtsc.intf.common.id.Id cn.edu.celtsc.intf.common.base.Properties cn.edu.celtsc.intf.common.base.TypeIterator cn.edu.celtsc.intf.common.base.PropertiesIterator cn.edu.celtsc.intf.common.base.CeltsType java.io.Serializable type:public extends:Serializable

表 A.142 cn.edu.celtsc.intf.education.membershipmanagement.Member 定义

成员	返回值/类型	参数说明	说明
getDisplayName	String	无	获得成员显示的名称
getId	Id	无	获得成员 ID
getType	CeltsType	无	获得成员类型
getPropertiesByType	Properties	propertiesType:CeltsType	获得同类型的所有属性
getPropertyTypes	TypeIterator	无	获得属性的类型
getProperties	PropertiesIterator	无	获得属性

A.2.4.3 MemberIterator 接口

MemberIterator 接口用于 Member 的查询等操作，是获取一组成员对象的迭代器接口。

MemberIterator 接口说明如表 A.143 所示，定义如表 A.144 所示。

表 A.143 cn.edu.celtsc.intf.education.membershipmanagement.MemberIterator 接口说明

cn.edu.celtsc.intf.education.membershipmanagement.MemberIterator 接口说明
import:java.io.Serializable type:public extends:Serializable

表 A.144 cn.edu.celtsc.intf.education.membershipmanagement.MemberIterator 定义

成 员	返回值/类型	参数说明	说 明
hasNextMember	boolean	无	判断是否集合中是否还有成员
nextMember	Member	无	获得下一个成员实例

A.2.4.4 MemberManager 接口

MemberManager 接口提供创建，删除成员，以及得到成员实例的功能。

MemberManager 接口说明如表 A.145 所示，定义如表 A.146 所示。

表 A.145 cn.edu.celtsc.intf.education.membershipmanagement.MemberManager 接口说明

cn.edu.celtsc.intf.education.membershipmanagement.MemberManager 接口说明
import:cn.edu.celtsc.intf.common.id.Id cn.edu.celtsc.intf.common.base.Manager cn.edu.celtsc.intf.common.base.Properties cn.edu.celtsc.intf.common.base.TypeIterator cn.edu.celtsc.intf.common.base.CeltsType java.io.Serializable type:public extends:Serializable

表 A.146 cn.edu.celtsc.intf.education.membershipmanagement.MemberManager 定义

成 员	返回值/类型	参数说明	说 明
createMember	Member	displayName:String; memberType:CeltsType; properties:Properties	通过 dislay name，type，properties 创建一个成员
deleteMember	void	id:Id	通过 ID 删除指定成员

表 A.146（续）

成　员	返回值/类型	参数说明	说　明
getMember	Member	id:Id	根据唯一的 id 获得相应的成员实例，由于其他的属性并不唯一，本部分不提供其他获取实例的方式
getMembers	MemberIterator	无	通过迭代器获得全部成员
getMemberTypes	TypeIterator	无	获得成员的所有类型
getPropertyTypes	TypeIterator	无	获得所有属性类型
getMembersByType	MemberIterator	memberType:CeltsType	获得指定类型的所有成员实例
getMemberSearchTypes	TypeIterator	无	获得全部成员的查询类型
getMembersBySearch	MemberIterator	searchCriteria:Serializable; memberSearchType:CeltsType	按查询类型和查询标准检索成员

A.2.5　组管理(groupmanagement)服务

A.2.5.1　服务描述

组管理服务负责系统中组的管理，分组既可以用于成员，也可以用于学习资源，因此将组作为一种独立的服务进行管理而不是作为成员的特例，可以让分组行为在学习过程中有更广的使用空间。

A.2.5.2　Group 接口

组严格意义上说也可以看作一种成员，在 OSID 的早期版本内，组合成员是相同对待的，但 v3 的新近更新意见是将组与成员分离开来，以便于在其他的地方使用分组。组可以包括成员，也可以有子组，因此组接口中包括一些测试方法，验证成员和组的包含关系。

Group 接口说明如表 A.147 所示，定义如表 A.148 所示。

表 A.147　cn.edu.celtsc.intf.education.groupmanagement.Group 接口说明

cn.edu.celtsc.intf.education.groupmanagement.Group 接口说明
import:cn.edu.celtsc.intf.common.id.Id cn.edu.celtsc.intf.common.base.Properties cn.edu.celtsc.intf.common.base.TypeIterator cn.edu.celtsc.intf.common.base.PropertiesIterator cn.edu.celtsc.intf.education.membershipmanagement.Member cn.edu.celtsc.intf.education.membershipmanagement.MemberIterator cn.edu.celtsc.intf.common.base.CeltsType type:public extends:Member

表 A.148 cn.edu.celtsc.intf.education.groupmanagement.Group 定义

成 员	返回值/类型	参数说明	说 明
setDescription	void	description:String	设置组描述,description 是组特有的描述信息
getDescription	String	无	获得组描述信息
getId	Id	无	获得唯一的组 id
getDisplayName	String	无	获得显示名称
getType	CeltsType	无	获得类型
add	void	memberOrGroup:Member	添加一个结点,可以是成员或者子组
remove	void	memberOrGroup:Member	删除一个结点
getMembers	MemberIterator	includeSubgroups:boolean	获得组的全部成员实例,输入参数可以确定是否递归查找子组
getGroups	GroupIterator	includeSubgroups:boolean	获得全部子组,输入参数可以确定是否递归查找子组
contains	boolean	memberOrGroup:Member; searchSubgroups:boolean	验证一个组或成员是否属于当前的组
getPropertiesByType	Properties	propertiesType:CeltsType	获得同类型的所有属性
getPropertyTypes	TypeIterator	无	获得所有类型
getProperties	PropertiesIterator	无	获得所有属性

A.2.5.3 GroupIterator 接口

GroupIterator 接口用于 Member 的查询等操作,是获取一组成员对象的迭代器接口。GroupIterator 接口说明如表 A.149 所示,定义如表 A.150 所示。

表 A.149 cn.edu.celtsc.intf.education.groupmanagement.GroupIterator 接口说明

cn.edu.celtsc.intf.education.groupmanagement.GroupIterator 接口说明
import:java.io.Serializable type:public extends:Serializable

表 A.150 cn.edu.celtsc.intf.education.groupmanagement.GroupIterator 定义

成 员	返回值/类型	参数说明	说 明
hasNextGroup	boolean	无	判断集合中是否还有组
nextGroup	Group	无	获得下一个组实例

A.2.5.4 GroupManager 接口

GroupManager 接口提供创建,删除组,以及得到组实例的功能。

GroupManager 接口说明如表 A.151 所示，定义如表 A.152 所示。

表 A.151　cn.edu.celtsc.intf.education.groupmanagement.GroupManager 接口说明

cn.edu.celtsc.intf.education.groupmanagement.GroupManager 接口说明
import：cn.edu.celtsc.intf.common.id.Id cn.edu.celtsc.intf.common.base.Manager cn.edu.celtsc.intf.common.base.Properties cn.edu.celtsc.intf.common.base.TypeIterator cn.edu.celtsc.intf.common.base.CeltsType java.io.Serializable type：public extends：Manager

表 A.152　cn.edu.celtsc.intf.education.groupmanagement.GroupManager 定义

成　员	返回值/类型	参数说明	说　明
createGroup	Group	displayName：String； groupType：CeltsType； description：String； properties：Properties	通过 dislay name，type，description，properties 创建一个组
deleteGroup	void	id：Id	通过 ID 删除指定组
getGroup	Group	id：Id	根据唯一的 id 获得相应的组实例
getGroups	GroupIterator	无	通过迭代器获得全部组
getGroupTypes	TypeIterator	无	获得组的所有类型
getPropertyTypes	TypeIterator	无	获得所有属性类型
getGroupsByType	GroupIterator	groupType：CeltsType	获得指定类型的所有组实例
getGroupSearchTypes	TypeIterator	无	获得全部组的查询类型
getGroupsBySearch	GroupIterator	searchCriteria：Serializable； groupSearchType：CeltsType	按查询类型和查询标准检索组

A.2.6　编列(sequencing)服务

A.2.6.1　服务描述

编列服务提供的是与编列活动相关的操作及数据模型。本部分标准给出的编列服务试图不将其接口绑定到某个具体规范，而仅描述数字教育公共服务平台系统中编列活动所需要涉及的行为，并为之设计接口。这些接口包括如编列规则模型，编列活动及活动树模型，也包括编列引擎，编列解析器等。

A.2.6.2　SequenceRule 接口

SequenceRule 接口是编列规则的基本数据模型，其中给出的是对一个编列活动的评估函数，具体的编列规则是由规范所确定的，此处编列规则的模型仅仅是对上层开发的应用接口。

SequenceRule 接口说明如表 A.153 所示，定义如表 A.154 所示。

表 A.153 cn.edu.celtsc.intf.education.sequencing.SequenceRule 接口说明

cn.edu.celtsc.intf.education.sequencing.SequenceRule 接口说明
import:cn.edu.celtsc. cn.edu. celtsc.intf.common java.io.Serializable type:public extends:Serializable

表 A.154 cn.edu.celtsc.intf.education.sequencing.SequenceRule 定义

成员	返回值/类型	参数说明	说明
evaluate	String	iType:CeltsType; iThisActivity:SequenceActivity; iRetry:boolean	根据编列活动,类型参数,获得一个编列规则的评价结果

A.2.6.3 SequenceActivity 接口

SequenceActivity 是编列活动接口,也是编列活动的基本数据模型,此接口提供类似活动树结点结构的管理操作。

SequenceActivity 接口说明如表 A.155 所示,定义如表 A.156 所示。

表 A.155 cn.edu.celtsc.intf.education.sequencing.SequenceActivity 接口说明

cn.edu.celtsc.intf.education.sequencing.SequenceActivity 接口说明
import:cn.edu.celtsc.intf.common.id.Id java.util.Vector java.io.Serializable type:public extends:Serializable

表 A.156 cn.edu.celtsc.intf.education.sequencing.SequenceActivity 定义

成员	返回值/类型	参数说明	说明
addChild	void	ioChild:SequenceActivity	添加一个孩子结点
setChildren	void	ioChildren:Vector; iAll:boolean	为全部孩子结点设值
getChildren	Vector	iAll:boolean	得到当前结点的全部孩子结点
hasChildren	boolean	iAll:boolean	判断当前结点是否拥有子结点
getNextSibling	SequenceActivity	iAll:boolean	获得直接后继兄弟活动结点
getPrevSibling	SequenceActivity	iAll:boolean	获得直接前驱兄弟活动结点
getParent	SequenceActivity	无	获得父活动结点

表 A.156（续）

成　员	返回值/类型	参数说明	说　明
getParentID	Id	无	获得父活动结点 ID
getActiveOrder	int	无	得到相关的兄弟结点的活动种类
getObjStatusSet	Vector	无	获得对象状态集
setDepth	void	iDepth:int	设置活动深度
getDepth	int	无	获得活动深度
setActivityCount	void	iCount:int	设置活动计数
getActivityCount	int	无	获得活动计数
setSelection	void	iSelection:boolean	设置当前活动的选中状态
isSelected	boolean	无	判断当前活动是否被选中

A.2.6.4 SequenceActivityTree 接口

SequenceActivityTree 接口是编列活动基础上的树型结构模型，管理整个编列活动树。

SequenceActivityTree 接口说明如表 A.157 所示，定义如表 A.158 所示。

表 A.157 cn.edu.celtsc.intf.education.sequencing.SequenceActivityTree 接口说明

cn.edu.celtsc.intf.education.sequencing.SequenceActivityTree 接口说明
import:cn.edu.celtsc.intf.common.id.Id java.util.Vector java.io.Serializable type:public extends:Serializable

表 A.158 cn.edu.celtsc.intf.education.sequencing.SequenceActivityTree 定义

成　员	返回值/类型	参数说明	说　明
setRoot	void	iRoot:SequenceActivity	将一个活动设置为活动树的根结点
getRoot	SequenceActivity	无	获得活动树的根结点活动
setLastLeaf	void	iLastLeaf:String	设置最后一个叶结点
getLastLeaf	String	无	获得最后一个叶结点
setCurrentActivity	void	iCurrent:SequenceActivity	设置当前活动结点
getCurrentActivity	SequenceActivity	无	获得当前活动结点
setFirstCandidate	void	iFirst:SequenceActivity	设置第一个候选活动
getFirstCandidate	SequenceActivity	无	获得第一个候选活动
setSuspendAll	void	iSuspendTarget: SequenceActivity	将活动设置为 SuspendAll 状态

表 A.158（续）

成　员	返回值/类型	参数说明	说　明
getSuspendAll	SequenceActivity	无	获得挂起状态 SuspendAll 的活动结点
getActivity	SequenceActivity	iActivityID:Id	获得指定 ID 的结点活动
getObjMap	Vector	obj:String	获得指定学习目标的活动集
getGlobalObjectives	Vector	无	获得学习目标集
clearSessionState	void	无	清除目前活动树的状态
setDepths	void	无	计算当前树的深度
setTreeCount	void	无	设置当前活动树的活动计数

A.2.6.5 Sequencer 接口

Sequencer 接口是编列引擎的基本操作，是联系用户与具体活动树的部件。

Sequencer 接口说明如表 A.159 所示，定义如表 A.160 所示。

表 A.159 cn.edu.celtsc.intf.education.sequencing.Sequencer 接口说明

cn.edu.celtsc.intf.education.sequencing.Sequencer 接口说明
import:cn.edu.celtsc.intf.common.base.IdIterator cn.edu.celtsc.intf.common.id.Id java.io.Serializable type:public extends:Serializable

表 A.160 cn.edu.celtsc.intf.education.sequencing.Sequencer 定义

成　员	返回值/类型	参数说明	说　明
getObjStatusSet	IdIterator	activityId:Id	获得指定 ID 活动的学习目标状态集
setActivityTree	void	iTree: SequenceActivityTree	设置编列活动树
getActivityTree	SequenceActivityTree	无	获得编列活动树
clearSequenceState	void	无	清除编列引擎状态参数
reportSuspension	void	activityId:String iSuspended:boolean	告知编列引擎当前活动成为挂起状态，当此活动结束后，此状态生效
setAttemptDuration	void	activityId:Id iDur:String	告知编列引擎此活动的尝试持续时间改变
setAttemptObjSatisfied	void	activityId:Id objectiveId:Id iStatus:String	告知编列引擎一个活动目标的满足状态改变
setAttemptProgressStatus	void	activityId:Id iProgress:String	告知编列引擎编列活动的过程状态改变

A.2.6.6 SequenceNavigation 接口

SequenceNavigation 是编列导航接口，对应于接收到 IMS SS 中的导航请求时所做的导航行为。

SequenceNavigation 接口说明如表 A.161 所示，定义如表 A.162 所示。

表 A.161 cn.edu.celtsc.intf.education.sequencing.SequenceNavigation 接口说明

cn.edu.celtsc.intf.education.sequencing.SequenceNavigation 接口说明
type:public

表 A.162 cn.edu.celtsc.intf.education.sequencing.SequenceNavigation 定义

成　员	返回值/类型	参数说明	说　明
navigate	void	iRequest:int	处理导航请求
navigate	void	iTarget:String	处理“Choice”导航请求

A.2.6.7 SequenceParser 接口

SequenceParser 是编列解析器接口，其类似 XML 的解析器，直接用于解析包含编列信息的 XML 文件，并提供获得相应结点的方法。现有的编列引擎应该支持 Celtsc 和 IMS Simple Sequence 两种规范。在此接口中使用了 DOM 中的 Node 类，在未来的版本中期望这一操作被隔离出去。

SequenceParser 接口说明如表 A.163 所示，定义如表 A.164 所示。

表 A.163 cn.edu.celtsc.intf.education.sequencing.SequenceParser 接口说明

cn.edu.celtsc.intf.education.sequencing.SequenceParser 接口说明
import:org.w3c.dom.Node 　　cn.edu.celtsc.intf.common.id.Id type:public

表 A.164 cn.edu.celtsc.intf.education.sequencing.SequenceParser 定义

成　员	返回值/类型	参数说明	说　明
initParser	void	seqFileName:String	初始化编列信息解析器
parseFile	boolean	无	解析文件，解析出错则返回 false，正确解析则为 true
getCourseID	Id	无	获得 Course 的 ID
getOrganizationID	Id	无	获得 Organization 的 ID
getScopeID	Id	无	获得 Scope 的 ID
findDefaultOrganization	Node	无	找到 DefaultOrganization 的结点
getSequencingCollection	Node	无	获得编列集的结点
getAttribute	String	iNode:Node; attibuteName:String	得到 XML 结点的属性值

A.2.7 学习对象管理(learning object management)

A.2.7.1 LangString 接口

LangString 是多语言字符串接口。多语言字符串容器用于满足标准中多语言字符串可以一次出现多个的情况。如标准所示:一个多语言字符串的值可以包含多个语义相同的字符串,如不同的翻译或选择性的描述。

LangString 接口说明如表 A.165 所示,定义如表 A.166 所示。

表 A.165 cn.edu.celtsc.intf.education.lom.common.LangString 接口说明

cn.edu.celtsc.intf.education.lom.common.LangString 接口说明
import:cn.edu.celtsc.intf.education.Serialize extends:Serialize type:public

表 A.166 cn.edu.celtsc.intf.education.lom.common.LangString 定义

成　员	返回值/类型	参数说明	说　明
getLang	String	void	获得字符串语种
getContent	String	void	获得字符串内容
setLang	void	Lang:String	设置字符串语种
setContent	void	Content:String	设置字符串内容

A.2.7.2 LangStringContainer 接口

LangStringContainer 是多语言字符串容器接口。多语言字符串容器应用在很多元素中,因此避免了大量的重复接口定义。很多元数据元素即可简单的以该容器子接口的形式出现即可。在应用中,只需要指定多语言容器的名称,即“NAME_”属性,就可以确定具体是哪个元素。

LangStringContainer 接口说明如表 A.167 所示,常量定义如表 A.168 所示,定义如表 A.169 所示。

表 A.167 cn.edu.celtsc.intf.education.lom.common.LangStringContainer 接口说明

cn.edu.celtsc.intf.education.lom.common.LangStringContainer 接口说明
import:cn.edu.celtsc.intf.education.Serialize extends:Serialize type:public

表 A.168 cn.edu.celtsc.intf.education.lom.common.LangStringContainer 接口常量

常量	类型	说明
NAME_TITLE	String	用于标题元素
NAME_KEYWORD	String	用于关键字元素
NAME_DESCRIPTION	String	用于描述元素
NAME_COVERAGE	String	用于覆盖区元素
NAME_TYPICAL_AGE_RANGE	String	用于典型年龄范围元素
NAME_VERSION	String	用于版本元素
NAME_INSTALLATIONREMARKS	String	用于安装描述元素
NAME_OTHERPLATFORMREQUIREMENTS	String	用于其他平台要求元素
NAME_TAXONENTRY	String	用于分类单元条目元素
NAME_TAXONSOURCE	String	用于分类来源元素

表 A.169 cn.edu.celtsc.intf.education.lom.common.LangStringContainer 定义

成　员	返回值/类型	参数说明	说　明
getName	String	void	获取元素类型名称
getLangStrings	LangString[]	void	获得所有字符串
setLangStrings	void	langStrs:LangString[]	设置所有字符串
getByLang	LangString	lang:String	获得规定语种的字符串
emptyLangString	void	void	清空所有字符串
getContentInString	String	void	获得所有字符串内容
contains	boolean	content:String	是否包含指定字符串

表 85 包含了所有的继承了该接口的字符串容器，它们都是简单的继承该接口，没有增加其他成员、方法。

A.2.7.3 SourceValue 接口

SourceValue 是词汇表接口。词汇表学习对象元数据标准中的基本数据类型，也是标准推荐使用的取值列表，以“词汇表”作为数据类型的数据元素的值是一个二元组(来源、值)。

SourceValue 接口说明如表 A.170 所示，常量定义如表 A.171 所示，定义如表 A.172 所示。

表 A.170 cn.edu.celtsc.intf.education.lom.common.SourceValue 接口说明

cn.edu.celtsc.intf.education.lom.common.SourceValue 接口说明
import:cn.edu.celtsc.intf.education.Serialize extends:Serialize type:public

表 A.171 cn.edu.celtsc.intf.education.lom.common.SourceValue 接口常量

常量	类型	说明
CELTS_SOURCE	String[]	CELTS 标准类型的词汇表

表 A.172 cn.edu.celtsc.intf.education.lom.common.SourceValue 定义

成　员	返回值/类型	参数说明	说　明
getName	String	void	获取元素类型名称
getLangStrings	LangString[]	void	获得所有字符串
setLangStrings	void	langStrs:LangString[]	设置所有字符串
getByLang	LangString	lang:String	获得规定语种的字符串
emptyLangString	void	void	清空所有字符串
getContentInString	String	void	获得所有字符串内容
contains	boolean	content:String	是否包含指定字符串

由于在学习对象元数据标准中有很多的词汇表类型元素，因此与多语言字符串容器类似，词汇表作为学习对象元数据标准的一个基本数据结构，被很多元素所继承，用来代表具体的词汇表型数据元素。通过调用 getName 方法来判断当前词汇表的具体类型。规范中表 88 展示了所有的词汇表型数据元素。

A.2.7.4 DateTime 接口

DateTime 是日期时间的接口。日期时间是学习对象元数据标准的基本数据类型，用于标准的表示日期时间，是一个时间点。

DateTime 接口说明如表 A.173 所示，定义如表 A.174 所示。

表 A.173 cn.edu.celtsc.intf.education.lom.common.DateTime 接口说明

cn.edu.celtsc.intf.education.lom.common.DateTime 接口说明
import:cn.edu.celtsc.intf.education.Serialize extends:Serialize type:public

表 A.174 cn.edu.celtsc.intf.education.lom.common.DateTime 定义

成　员	返回值/类型	参数说明	说　明
getDateTime	String	void	获取日期时间
setDateTime	void	dateTime:String	设置日期时间
setDescription	void	desc:Description	设置描述
getDescription	Description	void	获得描述

A.2.7.5 Duration 接口

Duration 是持续时间的接口。持续时间用于描述标准中涉及到学习时长。

Duration 接口说明如表 A.175 所示，定义如表 A.176 所示。

表 A.175 cn.edu.celtsc.intf.education.lom.common.Duration 接口说明

cn.edu.celtsc.intf.education.lom.common.Duration 接口说明
import:cn.edu.celtsc.intf.education.Serialize extends:Serialize type:public

表 A.176 cn.edu.celtsc.intf.education.lom.common.Duration 定义

成　员	返回值/类型	参数说明	说　明
getDuration	String	void	获取时长
setDuration	void	duration:String	设置时长
setDescription	void	desc:Description	设置描述
getDescription	Description	void	获得描述

本部分中表 91 是该接口的子接口以及其功能说明，其子接口只是简单的继承该接口，没有增加其他成员、方法。

A.2.7.6 VCard 接口

VCard 数据类型被广泛的用于描述实体信息，在元数据标准中同样使用 VCard 作为实体信息描述的数据结构。

VCard 接口说明如表 A.177 所示，定义如表 A.178 所示。

表 A.177 cn.edu.celtsc.intf.education.lom.common.VCard 接口说明

cn.edu.celtsc.intf.education.lom.common.VCard 接口说明
import:cn.edu.celtsc.intf.education.Serialize extends:Serialize type:public

表 A.178 cn.edu.celtsc.intf.education.lom.common.VCard 定义

成　员	返回值/类型	参数说明	说　明
getName	String	void	获取 FN
setName	void	name:String	设置 FN
setOrganization	void	org:String	设置单位信息
getOrganization	String	void	获得单位信息
setTel	void	tel:String	设置电话

表 A.178(续)

成　员	返回值/类型	参数说明	说　明
getTel	String	void	获得电话
setEmail	void	email:String	设置电子邮箱
getEmail	String	void	获得电子邮箱
setAddress	void	addr:String	设置地址
getAddress	String	void	获得地址
setContent	void	content:String	输入整个 VCard 数据并解析其中内容
getContent	String	void	返回标准的 VCard 串

A.2.7.7 Entity 接口

Entity 是实体的接口。元数据中通过实体作为 VCard 的载体来描述实体信息。

Entity 接口说明如表 A.179 所示,定义如表 A.180 所示。

表 A.179 cn.edu.celtsc.intf.education.lom.common.Entity 接口说明

cn.edu.celtsc.intf.education.lom.common.Entity 接口说明
import:cn.edu.celtsc.intf.education.Serialize extends:Serialize type:public

表 A.180 cn.edu.celtsc.intf.education.lom.common.Entity 定义

成　员	返回值/类型	参数说明	说　明
getVCard	String	void	获取 VCard 的字符串
setVCard	void	vcard:String	通过字符串方式设置 VCard
getVCardAsObject	void	vcard:VCard	设置 VCard 对象
setVCardAsObject	VCard	void	获得 VCard 对象

A.2.7.8 Identifier 接口

Identifiers 是标识符接口。标识符用来对学习对象、元数据实例等内容进行标识。

Identifier 接口说明如表 A.181 所示,定义如表 A.182 所示。

表 A.181 cn.edu.celtsc.intf.education.lom.common.Identifier 接口说明

cn.edu.celtsc.intf.education.lom.common.Identifier 接口说明
import:cn.edu.celtsc.intf.education.Serialize extends:Serialize type:public

表 A.182 cn.edu.celtsc.intf.education.lom.common.Identifier 定义

成 员	返回值/类型	参数说明	说 明
getCatalog	String	void	获得类别
setCatalog	void	catalog:String	设置类别
getEntry	String	void	获得表项
setEntry	void	entry:String	设置表项

A.2.7.9 Contribute 接口

Contribute 是贡献的接口。贡献元素用于记录对学习对象、学习对象元数据做出贡献的相关记录。Contribute 接口说明如表 A.183 所示,定义如表 A.184 所示。

表 A.183 cn.edu.celtsc.intf.education.lom.common.Contribute 接口说明

cn.edu.celtsc.intf.education.lom.common.Contribute 接口说明
import:cn.edu.celtsc.intf.education.Serialize extends:Serialize type:public

表 A.184 cn.edu.celtsc.intf.education.lom.common.Contribute 定义

成 员	返回值/类型	参数说明	说 明
getRole	Role	void	获得角色
setRole	void	role:Role	设置角色
getEntities	Entity[]	void	获得所有实体
setEntities	void	ents:Entity[]	设置所有实体
addEntity	void	entity:Entity	添加一个实体
emptyEntity	void	void	清空所有实体

A.2.7.10 OrComposite 接口

OrComposite 是或组合接口。或组合用于表示元数据技术类别中多个要求的技术组合方案。OrComposite 接口说明如表 A.185 所示,定义如表 A.186 所示。

表 A.185 cn.edu.celtsc.intf.education.lom.common.OrComposite 接口说明

cn.edu.celtsc.intf.education.lom.common.OrComposite 接口说明
import:cn.edu.celtsc.intf.education.Serialize extends:Serialize type:public

表 A.186 cn.edu.celtsc.intf.education.lom.common.OrComposite 定义

成　员	返回值/类型	参数说明	说　明
getType	Type	void	获得技术类型
setType	void	type:Type	设置技术类型
getName	Name	void	获得技术名称
setName	void	name:Name	设置技术名称
setMinVersion	void	min:String	获得技术的最低版本
getMinVersion	String	void	设置技术的最低版本
setMaxVersion	void	max:String	获得技术的最高版本
getMaxVersion	String	void	设置技术的最高版本

A.2.7.11 Requirement 接口

Requirement 是要求接口。表示使用学习对象所需要的技术上的要求。

Requirement 接口说明如表 A.187 所示，定义如表 A.188 所示。

表 A.187 cn.edu.celtsc.intf.education.lom.common.Requirement 接口说明

cn.edu.celtsc.intf.education.lom.common.Requirement 接口说明
import:cn.edu.celtsc.intf.education.Serialize extends:Serialize type:public

表 A.188 cn.edu.celtsc.intf.education.lom.common.Requirement 定义

成　员	返回值/类型	参数说明	说　明
getOrComposites	OrComposite[]	void	获得所有或组合
setOrComposites	void	ors:OrComposite[]	设置所有或组合
addOrComposite	void	or:OrComposite	添加一个或组合
emptyOrComposite	void	void	清空所有或组合

A.2.7.12 Resource 接口

Resource 是资源接口。资源元素表示该学习对象对其他学习对象的引用记录。

Resource 接口说明如表 A.189 所示，定义如表 A.190 所示。

表 A.189 cn.edu.celtsc.intf.education.lom.common.Resource 接口说明

cn.edu.celtsc.intf.education.lom.common.Resource 接口说明
import:cn.edu.celtsc.intf.education.Serialize extends:Serialize type:public

表 A.190 cn.edu.celtsc.intf.education.lom.common.Resource 定义

成　员	返回值/类型	参数说明	说　明
getIdentifiers	Identifier[]	void	获得所有资源标识符
setIdentifiers	void	ids:Identifier[]	设置所有资源标识符
addIdentifier	void	id:Identifier	添加一个资源标识符
getDescriptions	Description[]	void	获得所有描述信息
setDescriptions	void	descs:Description[]	设置所有描述信息
addDescription	void	desc:Description	添加一个描述信息
emptyDescriptions	void	void	清空所有描述信息

A.2.7.13 Taxon 接口

Taxon 是分类单元接口。分类单元是具有确定标号或术语的结点。这是从通用条目到具体条目的一条细化路径。一般用<标识,条目>二元组来表示。

Taxon 接口说明如表 A.191 所示,定义如表 A.192 所示。

表 A.191 cn.edu.celtsc.intf.education.lom.common.Taxon 接口说明

cn.edu.celtsc.intf.education.lom.common.Taxon 接口说明
import:cn.edu.celtsc.intf.education.Serialize extends:Serialize type:public

表 A.192 cn.edu.celtsc.intf.education.lom.common.Taxon 定义

成　员	返回值/类型	参数说明	说　明
getId	String	void	获得分类单元分类标识
setId	void	id:String	设置分类单元分类标识
getEntry	TaxonEntry	void	获得分类条目
setEntry	void	entry:TaxonEntry	设置分类条目

A.2.7.14 TaxonPath 接口

TaxonPath 是分类路径接口。表示学习对象在某一特定分类系统中的分类路径。

TaxonPath 接口说明如表 A.193 所示,定义如表 A.194 所示。

表 A.193 cn.edu.celtsc.intf.education.lom.common.TaxonPath 接口说明

cn.edu.celtsc.intf.education.lom.common.TaxonPath 接口说明
import:cn.edu.celtsc.intf.education.Serialize extends:Serialize type:public

表 A.194 cn.edu.celtsc.intf.education.lom.common.TaxonPath 定义

成　员	返回值/类型	参数说明	说　明
getSource	TaxonSource	void	获得分类系统的名称
setSource	void	source:TaxonSource	设置分类系统的名称
getTaxons	Taxon[]	void	获得所有分类单元信息
setTaxons	void	taxons:Taxon[]	设置所有分类单元信息
addTaxon	void	taxon:Taxon	添加一个分类单元信息
emptyTaxons	void	void	清空所有分类单元信息

A.2.7.15 General 接口

General 是通用类接口。该顶级元素对应的接口描述了学习对象的通用信息。

General 接口说明如表 A.195 所示,定义如表 A.196 所示。

表 A.195 cn.edu.celtsc.intf.education.lom.General 接口说明

cn.edu.celtsc.intf.education.lom.General 接口说明
import:cn.edu.celtsc.intf.education.Serialize extends:Serialize type:public

表 A.196 cn.edu.celtsc.intf.education.lom.General 定义

成　员	返回值/类型	参数说明	说　明
getIdentifiers	Identifier[]	void	获得所有标识符
setIdentifiers	void	ids:Identifier[]	设置所有标识符
addIdentifier	void	id:Identifier	添加一个标识符
emptyIdentifiers	void	void	清空所有标识符
getTitle	String	void	获得标题
setTitle	void	title:String	设置标题
getLanguages	String[]	void	获得所有语种
setLanguages	void	langs:String[]	设置所有语种
addLanguage	void	taxon:Taxon	添加一个语种
emptyLanguages	void	void	清空所有语种
getDescriptions	Description[]	void	获得所有描述信息
setDescriptions	void	descs:Description[]	设置所有描述信息
addDescription	void	desc:Description	添加一个描述信息
emptyDescriptions	void	void	清空所有描述信息
getKeywords	Keyword[]	void	获得所有关键字

表 A.196（续）

成　员	返回值/类型	参数说明	说　明
setKeywords	void	keys:Keyword[]	设置所有关键字
addKeyword	void	key:Keyword	添加一个关键字
emptyKeywords	void	void	清空所有关键字
getCoverages	Coverage[]	void	获得所有覆盖区
setCoverages	void	covs:Coverage[]	设置所有覆盖区
addCoverage	void	cov:Coverage	添加一个覆盖区
emptyCoverages	void	void	清空所有覆盖区
getStructure	Structure	void	获得结构信息
setStructure	void	struct:Structure	设置结构信息
getAggregationLevel	AggregationLevel	void	获得聚合度信息
setAggregationLevel	void	aggr:AggregationLevel	设置聚合度信息

A.2.7.16 LifeCycle 接口

LifeCycle 是生命期接口。生命期类描述了学习对象的历史和当前状态以及那些对学习对象的发展过程发生作用的实体。

LifeCycle 接口说明如表 A.197 所示，定义如表 A.198 所示。

表 A.197 cn.edu.celtsc.intf.education.lom.LifeCycle 接口说明

cn.edu.celtsc.intf.education.lom.LifeCycle 接口说明
import:cn.edu.celtsc.intf.education.Serialize extends:Serialize type:public

表 A.198 cn.edu.celtsc.intf.education.lom.LifeCycle 定义

成　员	返回值/类型	参数说明	说　明
getVersion	Version	void	获得版本信息
setVersion	void	version:Version	设置版本信息
getStatus	Status	void	获得状态信息
setStatus	void	status:Status	设置状态信息
getContributes	Contribute[]	void	获得所有贡献信息
setContributes	void	cons:Contribute[]	设置所有贡献信息
addContribute	void	con:Contribute	添加一个贡献信息
emptyContributes	void	void	清空所有贡献信息

A.2.7.17 Metametadata 接口

Metametadata 是元-元数据类接口。该类别描述了元数据实例自身的信息。

Metametadata 接口说明如表 A.199 所示，定义如表 A.200 所示。

表 A.199 cn.edu.celtsc.intf.education.lom.Metametadata 接口说明

cn.edu.celtsc.intf.education.lom.Metametadata 接口说明
import:cn.edu.celtsc.intf.education.Serialize extends:Serialize type:public

表 A.200 cn.edu.celtsc.intf.education.lom.Metametadata 定义

成　员	返回值/类型	参数说明	说　明
getIdentifiers	Identifier[]	void	获得所有标识符
setIdentifiers	void	ids:Identifier[]	设置所有标识符
addIdentifier	void	id:Identifier	添加一个标识符
emptyIdentifiers	void	void	清空所有标识符
getContributes	Contribute[]	void	获得所有贡献信息
setContributes	void	cons:Contribute[]	设置所有贡献信息
addContribute	void	con:Contribute	添加一个贡献信息
emptyContributes	void	void	清空所有贡献信息
getMetadataSchemas	String[]	void	获得所有元数据方案
setMetadataSchemas	void	schemas:String[]	设置所有元数据方案
addMetadataSchema	void	void	添加一个元数据方案
emptyMetadataSchemas	void	void	清空所有元数据方案
getLanguage	String	void	获得元数据语言
setLanguage	void	lang:String	设置元数据语言

A.2.7.18 Technical 接口

Technical 是技术类接口。技术类别描述了学习对象的技术要求及其相关特征。

Technical 接口说明如表 A.201 所示，定义如表 A.202 所示。

表 A.201 cn.edu.celtsc.intf.education.lom.Technical 接口说明

cn.edu.celtsc.intf.education.lom.Technical 接口说明
import:cn.edu.celtsc.intf.education.Serialize extends:Serialize type:public

表 A.202 cn.edu.celtsc.intf.education.lom.Technical 定义

成 员	返回值/类型	参数说明	说 明
getFormats	String[]	void	获得所有资源格式
setFormats	void	formats:String[]	设置所有资源格式
addFormat	void	format:String	添加一个资源格式
emptyFormats	void	void	清空所有资源格式
getLocations	String[]	void	获得所有资源路径
setLocations	void	locs:String[]	设置所有资源路径
addLocation	void	loc:String	添加一个资源路径
emptyLocations	void	void	清空所有资源路径
getRequirements	Requirement[]	void	获得所有技术需求
setRequirements	void	reqs:Requirement[]	设置所有技术需求
addRequirement	void	req:Requirement	添加一个技术需求
emptyRequirements	void	void	清空所有技术需求
getSize	long	void	获得资源大小
setSize	void	size:long	设置资源大小
getInstallationRemarks	InstallationRemarks []	void	获得所有学习对象的安装描述信息
setInstallationRemarks	void	install: InstallationRemarks []	设置所有学习对象的安装描述信息
addInstallationRemark	void	install: InstallationRemarks	添加一个学习对象的安装描述信息
emptyInstallationRemarks	void	void	清空所有学习对象的安装描述信息
getOtherPlatformRequire-ments	OtherPlatform Requirements	void	获得其他平台需求
setOtherPlatformRequire-ments	void	other: OtherPlatformRequire-ments	设置其他平台需求
getDuration	Duration	void	获得持续时间
setDuration	void	duration: Duration	设置持续时间

A.2.7.19 Educational 接口

Educational 是教育类接口。该类别描述了学习对象在教育和教学方面的一些关键特征。

Educational 接口说明如表 A.203 所示,定义如表 A.204 所示。

表 A.203 cn.edu.celtsc.intf.education.lom.Educational 接口说明

cn.edu.celtsc.intf.education.lom.Educational 接口说明
import:cn.edu.celtsc.intf.education.Serialize extends:Serialize type:public

表 A.204 cn.edu.celtsc.intf.education.lom.Educational 定义

成员	返回值/类型	参数说明	说明
getLearningResourceTypes	LearningResourceType[]	void	获得所有学习资源类型
setLearningResourceTypes	void	types: LearningResourceTypes []	设置所有学习资源类型
addLearningResourceType	void	type: LearningResourceType	添加一个学习资源类型
emptyLearningResourceTypes	void	void	清空所有学习资源类型
getIntendedEndUserRoles	IntendedEndUserRole[]	void	获得所有终端用户类型
setIntendedEndUserRoles	Void	roles: IntendedEndUserRole []	设置所有终端用户类型
addIntendedEndUserRole	void	role: IntendedEndUserRole	添加一个终端用户类型
emptyIntendedEndUserRoles	void	void	清空所有终端用户类型
getContexts	Context[]	void	获得所有语境
setContexts	void	conts:Context[]	设置所有语境
addContext	void	cont:Context	添加一个语境
emptyContexts	void	void	清空所有语境
getTypicalAgeRanges	TypicalAgeRange[]	void	获得所有语境
setTypicalAgeRanges	void	conts:TypicalAgeRange[]	设置所有语境
addTypicalAgeRange	void	cont:TypicalAgeRange	添加一个语境
emptyTypicalAgeRanges	void	void	清空所有语境
getDescriptions	Description[]	void	获得所有描述信息
setDescriptions	void	descs:Description[]	设置所有描述信息
addDescription	void	desc:Description	添加一个描述信息
emptyDescriptions	void	void	清空所有描述信息
getLanguages	String[]	void	获得所有语种
setLanguages	void	langs:String[]	设置所有语种
addLanguage	void	taxon:Taxon	添加一个语种
emptyLanguages	void	void	清空所有语种
getInteractivityType	InteractivityType	void	获得交互类型

表 A.204（续）

成　员	返回值/类型	参数说明	说　明
setInteractivityType	void	intType: InteractivityType	设置交互类型
getInteractivityLevel	InteractivityLevel	void	获得交互等级
setInteractivityLevel	void	intLevel: InteractivityLevel	设置交互等级
getSemanticDensity	SemanticDensity	void	获得语义密度
setSemanticDensity	void	semanticDens: SemanticDensity	设置语义密度
getDifficulty	Difficulty	void	获得难度
setDifficulty	void	difficulty: Difficulty	设置难度
getTypicalLearningTime	TypicalLearningTime	void	获得典型学习时间
setTypicalLearningTime	void	learningTime: TypicalLearningTime	设置典型学习时间

A.2.7.20　Rights 接口

Rights 是权利类接口。该类别描述了学习对象的知识产权和使用条件等信息。

Rights 接口说明如表 A.205 所示，定义如表 A.206 所示。

表 A.205　cn.edu.celtsc.intf.education.lom.Rights 接口说明

cn.edu.celtsc.intf.education.lom.Rights 接口说明
import:cn.edu.celtsc.intf.education.Serialize extends:Serialize type:public

表 A.206　cn.edu.celtsc.intf.education.lom.Rights 定义

成　员	返回值/类型	参数说明	说　明
getCost	Cost	void	获得是否收费信息
setCost	void	cost:Cost	设置是否收费信息
getCopyrightAndOther Restrictions	CopyrightAndOtherRes- triction[]	void	获得所有版权和其他限制信息
setCopyrightAndOther Restrictions	void	copyrights: CopyrightAndOther Restriction[]	设置所有版权和其他限制信息

表 A.206（续）

成　员	返回值/类型	参数说明	说　明
addCopyrightAndOther Restriction	void	copyright: CopyrightAndOther Restriction	添加一条版权或使用限制信息
emptyCoyprightAnd OtherRestrictions	void	void	清空所有版权限制信息

A.2.7.21　**Relation 接口**

Relation 是关系类接口。该类别定义了学习对象与其他学习对象(目标学习对象)之间的关系。

Relation 接口说明如表 A.207 所示，定义如表 A.208 所示。

表 A.207　cn.edu.celtsc.intf.education.lom.Relation 接口说明

cn.edu.celtsc.intf.education.lom.Relation 接口说明
import:cn.edu.celtsc.intf.education.Serialize extends:Serialize type:public

表 A.208　cn.edu.celtsc.intf.education.lom.Relation 定义

成　员	返回值/类型	参数说明	说　明
getKind	Kind	void	获得学习对象与指定目标的关系种类
setKind	void	kind:Kind	设置学习对象与指定目标的关系种类
getResource	Resource	void	获得与本学习对象关联的资源信息
setResource	void	resource: Resource	设置与本学习对象关联的资源信息

A.2.7.22　**Annotation 接口**

Annotation 是评注类接口。该类别提供了学习对象在教学使用方面的一些评价，以及这些评论的作者和创作时间。

Annotation 接口说明如表 A.209 所示，定义如表 A.210 所示。

表 A.209　cn.edu.celtsc.intf.education.lom.Annotation 接口说明

cn.edu.celtsc.intf.education.lom.Annotation 接口说明
import:cn.edu.celtsc.intf.education.Serialize extends:Serialize type:public

表 A.210　cn.edu.celtsc.intf.education.lom.Annotation 定义

成　员	返回值/类型	参数说明	说　明
getEntity	Entity	void	获得学习对象评注信息对应的实体
setEntity	void	ent:Entity	设置学习对象评注信息对应的实体
getDate	DateTime	void	获得学习对象评注信息的时间
setDate	void	date:DateTime	设置学习对象评注信息的时间
getDescription	Description	void	获得评注信息
setDescription	void	desc:Description	设置评注信息

A.2.7.23　Classification 接口

Classification 是分类类接口。

Classification 接口说明如表 A.211 所示，定义如表 A.212 所示。

表 A.211　cn.edu.celtsc.intf.education.lom.Classification 接口说明

cn.edu.celtsc.intf.education.lom.Classification 接口说明
import:cn.edu.celtsc.intf.education.Serialize extends:Serialize type:public

表 A.212　cn.edu.celtsc.intf.education.lom.Classification 定义

成　员	返回值/类型	参数说明	说　明
getKeywords	Keyword[]	void	获得所有关键字
setKeywords	void	keys:Keyword[]	设置所有关键字
addKeyword	void	key:Keyword	添加一个关键字
emptyKeywords	void	void	清空所有关键字
getTaxonPaths	TaxonPath[]	void	获得所有分类路径
setTaxonPaths	void	paths:TaxonPath[]	设置所有分类路径
addTaxonPath	void	path:TaxonPath	添加一个分类路径
emptyTaxonPaths	void	void	清空所有分类路径
getDescription	Description	void	获得分类描述信息
setDescription	void	desc:Description	设置分类描述信息
getPurpose	Purpose	void	获得分类目的
setPurpose	void	purpose:Purpose	设置分类目的

A.2.7.24　LORoot 接口

LORoot 是学习对象根结点接口。该对象用于只是一个完整的学习对象的根结点。该结点同时提供创建所有 9 个顶层元素的工厂方法。

LORoot 接口说明如表 A.213 所示，定义如表 A.214 所示。

表 A.213 cn. edu. celtsc. intf. education. lom. LORoot 接口说明

cn. edu. celtsc. intf. education. lom. LORoot 接口说明
import：cn. edu. celtsc. intf. education. Serialize extends：Serialize type：public

表 A.214 cn. edu. celtsc. intf. education. lom. LORoot 定义

成　员	返回值/类型	参数说明	说　明
getGeneral	General	void	获得通用类
setGeneral	void	general：General	设置通用类
getLifeCycle	LifeCycle	void	获得生命期类
setLifeCycle	void	life：LifeCycle	设置生命期类
getMetametadata	Metametadata	void	获得元-元数据类
setMetametadata	void	metametadata：Metametadata	设置元-元数据类
getTechnical	Technical	void	获得技术类
setTechnical	void	tech：Technical	设置技术类
getEducationals	Educational[]	void	获得所有教育类
setEducationals	void	keys：Educational[]	设置所有教育类
addEducational	void	key：Educational	添加一个教育类
emptyEducationals	void	void	清空所有教育类
getRelations	Relation[]	void	获得所有关系类
setRelations	void	relations：Relation[]	设置所有关系类
addRelation	void	relation：Relation	添加一个关系类
emptyRelations	void	void	清空所有关系类
getRights	Rights	void	获得权利类
setRights	void	rights：Rights	设置权利类
getAnnotations	Annotation[]	void	获得所有评注类
setAnnotations	void	annos：Annotation[]	设置所有评注类
addAnnotation	void	anno：Annotation	添加一个评注类
emptyAnnotations	void	void	清空所有评注类
getClassifications	Classification[]	void	获得所有分类类

表 A.214（续）

成　员	返回值/类型	参数说明	说　明
setClassifications	void	classes:Classification[]	设置所有分类类
addClassification	void	cla:Classification	添加一个分类类
emptyClassifications	void	void	清空所有分类类
createGeneral	General	void	生成一个通用类实例
createLifeCycle	LifeCycle	void	生成一个生命期类实例
createMetametadata	Metametadata	void	生成一个元-元数据类实例
createTechnical	Technical	void	生成一个技术类实例
createEducational	Educational	void	生成一个教育类实例
createRelation	Relation	void	生成一个关系类实例
createRights	Rights	void	生成一个权利类实例
createAnnotation	Annotation	void	生成一个评注类实例
createClassification	Classification	void	生成一个分类类实例

A.2.7.25　LOFactory 接口

LOFactory 是学习对象工厂接口。该接口使用了设计模式中常用的工厂模式，该工厂用于创建一个完整的学习对象实例。

LOFactory 接口说明如表 A.215 所示，定义如表 A.216 所示。

表 A.215　cn.edu.celtsc.intf.education.lom.LOFactory 接口说明

cn.edu.celtsc.intf.education.lom.LOFactory 接口说明
import:cn.edu.celtsc.intf.education.Serialize extends:Serialize type:public

表 A.216　cn.edu.celtsc.intf.education.lom.LOFactory 定义

成　员	返回值/类型	参数说明	说　明
createRoot	LORoot	void	创建学习对象元数据实例

A.2.7.26　LOAction 接口

LOAction 是学习对象动作接口。该接口用于进行学习对象元数据相关的操作的父类接口。

LOAction 接口说明如表 A.217 所示，定义如表 A.218 所示。

表 A.217 **cn. edu. celtsc. intf. education. lom. LOAction 接口说明**

cn. edu. celtsc. intf. education. lom. LOAction 接口说明
import:cn. edu. celtsc. intf. education. Serialize extends:Serialize type:public

表 A.218 **cn. edu. celtsc. intf. education. lom. LOAction 定义**

成　员	返回值/类型	参数说明	说　明
execute	void	void	执行该动作对应的功能

在本部分的正文中,表 113 中是该接口的子接口,它们规定了对于学习对象的各种操作,通过实现 execute 方法可以将操作具体化。

A.2.8 内容包装(content packaging)

A.2.8.1 HasMetadata 接口

HasMetaData 接口代表一段元数据,在学习内容包中的很多数据元素都包含元数据,因此有必要抽象出来单独的作为接口。

HasMetaData 接口说明如表 A.219 所示,定义如表 A.220 所示。

表 A.219 **cn. edu. celtsc. intf. education. cp. HasMetadata 接口说明**

cn. edu. celtsc. intf. education. cp. HasMetadata 接口说明
import:cn. edu. celtsc. intf. education. Serialize extends:Serialize type:public

表 A.220 **cn. edu. celtsc. intf. education. cp. HasMetadata 定义**

成　员	返回值/类型	参数说明	说　明
getId	String	void	获得元数据标识符
setId	void	id:String	设置元数据标识符
getMetadata	String	void	获得元数据内容
setMetadata	void	metadata:String	设置元数据内容

A.2.8.2 Level 接口

Level 是等级接口,代表学习内容包中结点的共性操作属性接口。

Level 接口说明如表 A.221 所示,定义如表 A.222 所示。

表 A.221 cn.edu.celtsc.intf.education.cp.Level 接口说明

cn.edu.celtsc.intf.education.cp.Level 接口说明
extends:HasMetadata type:public

表 A.222 cn.edu.celtsc.intf.education.cp.Level 定义

成　员	返回值/类型	参数说明	说　明
getTitle	String	void	获得元素标题
setTitle	void	title:String	设置元素标题
getItems	Item[]	void	获得当前结点所有子结点元素
setItems	void	items:Item[]	设置当前结点所有子结点元素
addItem	void	item:Item	顺序地添加一个子结点
emptyItems	void	void	清空所有子结点
addItem	void	item:Item, location:int	按照指定位置插入子结点
deleteItem	void	location:int	删除指定位置的子结点
deleteItem	void	content:String	删除包含指定内容的子结点
getItemById	Item	id:String	根据 ID 获得子结点
getChildren	Iterator	void	返回子结点迭代器
getSize	int	void	返回子结点数量
find	int	content:String	根据内容查找子结点位置

A.2.8.3 Item 接口

Item 是结点接口,表示内容结构中的一个结点。结点中包括了对资源信息的引用,结点终包含的标题信息等属性。

Item 接口说明如表 A.223 所示,定义如表 A.224 所示。

表 A.223 cn.edu.celtsc.intf.education.cp.Item 接口说明

cn.edu.celtsc.intf.education.cp.Item 接口说明
extends:Level type:public

表 A.224 cn.edu.celtsc.intf.education.cp.Item 定义

成　员	返回值/类型	参数说明	说　明
isVisible	boolean	void	元素是否可见?
setVisible	void	visible:boolean	设置元素是否可见
getParameters	String	void	获得当前结点所有参数
setParameters	void	params:String	设置当前结点所有参数
getIDRef	Resource	void	获得结点关联资源
setIDRef	void	idref:Resource	设置结点关联资源
isLeaf	boolean	void	当前结点是否叶结点

A.2.8.4 Organization 接口

Organization 是组织接口,表示对学习内容包清单中所有实际物理资源和所需媒体素材的引用。

Organization 接口说明如表 A.225 所示,定义如表 A.226 所示。

表 A.225 cn.edu.celtsc.intf.education.cp.Organization 接口说明

cn.edu.celtsc.intf.education.cp.Organization 接口说明
extends:Level type:public

表 A.226 cn.edu.celtsc.intf.education.cp.Organization 定义

成　员	返回值/类型	参数说明	说　明
isDefault	boolean	void	是否为默认?
setDefault	void	default:boolean	设置为默认
getStructure	String	void	获得结构信息
setStructure	void	structure:String	设置结构信息

A.2.8.5 Organizations 接口

Organizations 是组织集接口,表示学习内容包清单中一种或多种学习内容的组织方法。

Organizations 接口说明如表 A.227 所示,定义如表 A.228 所示。

表 A.227 cn.edu.celtsc.intf.education.cp.Organizations 接口说明

cn.edu.celtsc.intf.education.cp.Organizations 接口说明
import:cn.edu.celtsc.intf.education.Serialize extends:Serialize type:public

表 A.228 cn.edu.celtsc.intf.education.cp.Organizations 定义

成　员	返回值/类型	参数说明	说　明
getDefaultID	String	void	获得默认结点标识符
setDefaultID	void	default:String	设置默认结点标识符
getOrganizations	Organization[]	void	获得所有组织结点
getOrganization	Organization	id:String	根据标识符获取组织结点
getOrganization	Organization	location:int	根据位置获取组织结点
addOrganization	void	org: Organization, location:int	将组织结点插入到指定位置
setOrganizations	void	orgs: Organization[]	设置所有组织结点
emptyOrganizations	void	void	清空所有组织结点
remove	void	location:int	删除指定位置的组织结点
find	int	id:String	根据标识符查找组织结点位置
iterator	Iterator	void	获得组织结点迭代器
size	int	void	获得组织结点个数
getAllItemID	String[]	void	获得所有 Item 结点标识符
getItemByID	Item	id:String	根据标识符获得 Item 结点

A.2.8.6 ResourceFile 接口

ResourceFile 是资源文件接口,包含了对本地资源文件的引用信息。

ResourceFile 接口说明如表 A.229 所示,定义如表 A.230 所示。

表 A.229 cn.edu.celtsc.intf.education.cp.ResourceFile 接口说明

cn.edu.celtsc.intf.education.cp.ResourceFile 接口说明
extends:HasMetadata type:public

表 A.230 cn.edu.celtsc.intf.education.cp.ResourceFile 定义

成　员	返回值/类型	参数说明	说　明
getHref	String	void	获得资源文件路径
setHref	void	href:String	设置资源文件路径

A.2.8.7 Dependency 接口

Dependency 是依赖接口,表示对引用资源所依赖的文件。

Dependency 接口说明如表 A.231 所示,定义如表 A.232 所示。

表 A.231 cn.edu.celtsc.intf.education.cp.Dependency 接口说明

cn.edu.celtsc.intf.education.cp.Dependency 接口说明
import:cn.edu.celtsc.intf.education.Serialize extends:Serialize type:public

表 A.232 cn.edu.celtsc.intf.education.cp.Dependency 定义

成 员	返回值/类型	参数说明	说 明
getIDRef	String	void	获得对本地资源文件的引用
setIDRef	void	idref:String	设置对本地资源文件的引用

A.2.8.8 Resource 接口

Resource 是资源接口,表示对学习内容包实际物理资源和所需媒体素材的引用。

Resource 接口说明如表 A.233 所示,定义如表 A.234 所示。

表 A.233 cn.edu.celtsc.intf.education.cp.Resource 接口说明

cn.edu.celtsc.intf.education.cp.Resource 接口说明
extends:HasMetadata type:public

表 A.234 cn.edu.celtsc.intf.education.cp.Resource 定义

成 员	返回值/类型	参数说明	说 明
getType	String	void	获得资源 MIME 类型
setType	void	type:String	设置资源 MIME 类型
getXMLBase	String	void	获得 xml:base 属性
setXMLBase	void	base:String	设置 xml:base 属性
getHref	String	void	获得资源文件路径
setHref	void	href:String	设置资源文件路径
getResourceFiles	ResourceFile[]	void	获得所有资源文件
setResourceFiles	void	resources: ResourceFile[]	设置所有资源文件
addResourceFile	void	resources: ResourceFile	添加一个资源文件
emptyResourceFiles	void	void	清空所有资源文件
getDepencencies	Depencency[]	void	获得所有引用文件列表

表 A.234（续）

成　员	返回值/类型	参数说明	说　明
setDepencencies	void	deps: Depencency[]	设置所有引用文件列表
addDepencency	void	dep:Depencency	添加一个引用文件
emptyDepencencies	void	void	清空所有引用文件

A.2.8.9 Resources 接口

Resources 是资源列表接口，表示一个资源引用的集合。

Resources 接口说明如表 A.235 所示，定义如表 A.236 所示。

表 A.235　cn.edu.celtsc.intf.education.cp.Resources 接口说明

cn.edu.celtsc.intf.education.cp.Resources 接口说明
import:cn.edu.celtsc.intf.education.Serialize extends:Serialize type:public

表 A.236　cn.edu.celtsc.intf.education.cp.Resources 定义

成　员	返回值/类型	参数说明	说　明
getXMLBase	String	void	获得 xml:base 属性
setXMLBase	void	base:String	设置 xml:base 属性
getResources	Resource[]	void	获得所有资源结点
getResource	Resource	id:String	根据标识符获取资源结点
getResource	Resource	location:int	根据位置获取资源结点
addResource	void	org: Resource, location:int	将资源结点插入到指定位置
setResources	void	orgs: Resource[]	设置所有资源结点
emtpyResources	void	void	清空所有资源结点
remove	void	id:String	删除指定标识符的资源结点
remove	void	location:int	删除指定位置的资源结点
find	int	id:String	根据标识符查找资源结点位置
iterator	Iterator	void	获得资源结点迭代器
size	int	void	获得资源结点个数
getAllResourceID	String[]	void	获得所有资源标识符

A.2.8.10 ManifestMetadata 接口

ManifestMetadata 是内容清单数据接口，表示内容清单使用的元数据信息。

ManifestMetadata 接口说明如表 A.237 所示，定义如表 A.238 所示。

表 A.237 cn.edu.celtsc.intf.education.cp.ManifestMetadata 接口说明

cn.edu.celtsc.intf.education.cp.ManifestMetadata 接口说明
import:cn.edu.celtsc.intf.education.Serialize extends:Serialize type:public

表 A.238 cn.edu.celtsc.intf.education.cp.ManifestMetadata 定义

成员	返回值/类型	参数说明	说明
getSchema	String	void	获得该学习内容包使用的部分
setSchema	Void	schema:String	设置该学习内容包使用的部分
getSchemaVersion	String	void	获得该学习内容包使用部分的版本
setSchemaVersion	void	schemaVersion:String	设置该学习内容包使用部分的版本

A.2.8.11 Manifest 接口

Manifest 是内容清单接口，表示学习内容包的根结点。

Manifest 接口说明如表 A.239 所示，定义如表 A.240 所示。

表 A.239 cn.edu.celtsc.intf.education.cp.Manifest 接口说明

cn.edu.celtsc.intf.education.cp.Manifest 接口说明
import:cn.edu.celtsc.intf.education.Serialize extends:Serialize type:public

表 A.240 cn.edu.celtsc.intf.education.cp.Manifest 定义

成员	返回值/类型	参数说明	说明
getManifests	Manifest[]	void	获得所有子内容清单
setManifests	void	subManifests:Manifest[]	设置所有子内容清单
addManifest	void	subManifest:Manifest	添加一个子内容清单
emptyManifests	void	void	清空所有子内容清单
getMetadata	ManifestMetadata	void	获得内容清单元数据
setMetadata	void	metadata:ManifestMetadata	设置内容清单元数据

表 A.240（续）

成　员	返回值/类型	参数说明	说　明
getVersion	String	void	获得版本属性
setVersion	void	version:String	设置版本属性
getXMLBase	String	void	获得 xml:base 属性
setXMLBase	void	base:String	设置 xml:base 属性
getId	String	void	获得元数据标识符
setId	void	id:String	设置元数据标识符
getOrganizations	Organizations	void	获得组织列表
setOrganizations	void	orgs:Organizations	设置组织列表
getDefaultOrg	String	void	获得默认组织
setDefaultOrg	void	id:String	设置默认组织
getResources	Resources	void	获得资源列表
setResources	Void	resources:Resources	设置资源列表
getOrganization	Organization	id:String	根据标识符获取组织
getResource	Resource	id:String	根据标识符获取资源
addResource	void	resource:Resource	添加一个资源
deleteResource	void	id:String	根据标识符删除资源

A.2.8.12 CPAction 接口

CPAction 是内容包装动作接口。该接口用于进行内容包装相关操作的父类接口。

CPAction 接口说明如表 A.241 所示，定义如表 A.242 所示。

表 A.241 cn.edu.celtsc.intf.education.cp.CPAction 接口说明

cn.edu.celtsc.intf.education.cp.CPAction 接口说明
import:cn.edu.celtsc.intf.education.Serialize extends:Serialize type:public

表 A.242 cn.edu.celtsc.intf.education.cp.CPAction 定义

成　员	返回值/类型	参数说明	说　明
execute	void	void	执行该动作对应的功能

参 考 文 献

[1] IMS Abstract Framework: White Paper, version 1.0, IMS Global Learning Consortium, Inc. Jul 2003, http://www.imsglobal.org/specificationdownload.cfm

[2] The Open Knowledge Initiative. Open Service Interface Definition, OSID Release: 1.0 rc6.1, 2003

ICS 71.040.01
N 53

中华人民共和国国家标准

GB 29812—2013/IEC 61285:2004

工业过程控制　分析小屋的安全

Industrial-process control—Safety of analyser houses

(IEC 61285:2004,IDT)

2013-11-12 发布　　2014-05-01 实施

中华人民共和国国家质量监督检验检疫总局
中国国家标准化管理委员会　发布

前　　言

本标准的全部技术内容为强制性。

本标准按照 GB/T 1.1—2009 给出的规则起草。

本标准使用翻译法等同采用 IEC 61285:2004《工业过程控制　分析小屋的安全》。

为了方便使用，本标准做了下列编辑性修改：

——归类 5.5.4.4 和 5.5.4.5 为 5.5.4.4.1 和 5.5.4.4.2，为 5.5.4.4 补充标题；

——对原文中个别编辑性错误进行了修正。

本标准由中国机械工业联合会提出。

本标准由全国工业过程测量和控制标准化技术委员会分析仪器分技术委员会(SAC/TC 124/SC 6)归口。

本标准起草单位：中国仪器仪表行业协会、上海工业自动化仪表研究院、西克麦哈克(北京)仪器有限公司、重庆川仪分析仪器有限公司、上海市计量测试技术研究院、上海仪电科学仪器股份有限公司、聚光科技(杭州)股份有限公司、南京分析仪器厂有限公司、北京北分麦哈克分析仪器有限公司、北京分析仪器研究所。

本标准主要起草人：马雅娟、徐建平、方培基、朱明怀、张敏、王巧梅、王森、刘虎、曲长虹、娄兴军。

引 言

过程分析器可用于连续和自动地测量过程介质流的特性,能自动取样,系统设计为无人值守,且维护少。

本标准规定了典型分析小屋(AH)应满足的最低安全要求。对可能出现的各种情况,可通过更严格的地方、行业和企业标准来要求。

测定结果连续不断地传送给过程控制器、操作平台或以文件形式记录下来。过程分析器可用于:

——环境分析;

——人员防护;

——设备防护;

——质量测量/控制;

——过程控制(装置优化);

——节能。

最简单的情况是,分析器传感器直接安装在被测物质中,不需要抽取试样。其他情况是从主介质流取样,然后传送到分析器。系统可以包含多个功能,例如:

——样品提取;

——样品传送;

——样品处理;

——样品流的排放和/或回收;

——公用和辅助物质供给;

——流路切换;

——自动或手动校准和验证系统;

——信号处理;

——性能监测和控制。

GB/T 19768—2005 给出了过程分析器试样处理系统的性能表示。

分析器的各个单元可以组合安装,也可以分开安置。组合分析器和系统有许多优点,把它们集成于一体更具有优势。这些优点包括:

——降低公用设施和信号线缆的安装成本;

——在恶劣环境条件下对人身和复杂部件及设备的防护;

——维护便利;

——安全。

分析器可以参照多种标准设计,有些是隔爆型,有些是本质安全型,有些适用 2 区,有些仅适用非危险区域,不是所有的分析器都能满足每一种要求。

过程装置通常包含所有区域:0 区、1 区、2 区和非危险区域。

分析小屋位置、通风的空气源、分析小屋内及其分析器的区域分类等的选择与经济因素相关。

这些因素还包括取样点到分析小屋的距离、分析小屋所处的区域、从分析小屋到非危险空气气源的距离,以及适合于分析小屋内区域分类的分析器的成本。

工业过程控制　分析小屋的安全

1　范围

本标准规定了安装在分析小屋(AH)内过程分析器测量系统安全操作的要求,以便防备火灾、爆炸和危害健康情况的发生。本标准扩充了 IEC 60079-16 的内容,包括 2 区的分析小屋,并适用于有毒物质的伤害(必须遵循相关的有毒物质危害的国家标准)。

本标准不适用于粉尘防爆的场合。

第 4 章规定了分析小屋的定位及其在过程装置区域内的连接。

第 5 章规定了分析小屋的设计、建造和布局,不涉及安装在其他场所的分析器测量系统的部分,例如样品处理室(SCR)或配电室。

第 6 章规定了减少分析小屋爆炸危险的措施,从而允许设备在电源接通和机壳打开情况下进行维修。

注:对于大多数液体来说,主要限制的是危害人体的蒸气浓度,应低于爆炸(可燃物)下限(LEL)(见第 7 章)。

以正戊烷为例,其 LEL 是 1.4%或 14 000×10^{-6},此浓度会立即危害人的生命和健康。在 30 min 内人员逃离而不受到任何损伤症状或任何不可逆的健康影响的最大浓度仅为 0.5%或 5 000×10^{-6}。

将室内空间划分为 1 区意味着不允许工作人员在不佩带防护设备如呼吸装置的情况下进入这个区域。如果将分析小屋置于 1 区意味着不允许工作人员在不佩戴防护设备的情况下靠近此区域。

第 7 章规定了分析小屋中人员免受有损健康物质危害的防护措施。

2　规范性引用文件

下列文件对于本文件的应用是必不可少的。凡是注日期的引用文件,仅注日期的版本适用于本文件。凡是不注日期的引用文件,其最新版本(包括所有的修改单)适用于本文件。

IEC 60079-16:1990　爆炸性气体环境用电气设备　第 16 部分:分析小屋的人工通风

3　术语和定义

下列术语和定义适用于本文件。

3.1

分析器柜　analyser cabinet

安装有单台或多台分析器的小型密闭柜。进行维护时可从外面打开柜门。

3.2

分析器棚　analyser shelter

一面或多面开放的结构,且空气可无阻碍地自然流通,内部可安装单台或多台分析器。分析器的维修通常可在工作棚的防护下进行。

3.3

分析小屋　analyser house;AH

一种封闭的建筑或是建筑的一部分,安装有单台或多台过程分析器及辅助设备。由有资质的人员进行定期的流程巡检,通常有自然通风或强制通风。并在室内进行分析器的维修保养。

注：本标准术语“AH”范围不考虑建筑结构的配置，不管是房间、柜，还是建筑物，也不管它是整体，还是附属于其他建筑的一部分。

3.4

样品处理室　sample conditioning room;SCR

与分析小屋(AH)隔开的单独的房间，内有样品处理装置、辅助物料或试样排放设备。

3.5

有毒物质　toxic material

从环境大气中吸入的有害健康的物质，不包括经环境大气的皮肤吸附或食道摄取。

3.6

安全监护人员　safety back-up

与在危险工作环境中的人员保持联系，能够协助或给予额外帮助的辅助人员。

3.7

外部和内部的危险　external and internal hazards

“外部”和“内部”爆炸危险两者之间存在区别。当分析小屋建在可燃物质能从外部传入，由此引起分析小屋内可燃性气体和蒸气达到危险浓度的场所时，存在外部爆炸危险。当分析小屋内样品或辅助物料泄漏产生可燃混合物时，存在内部爆炸危险。

3.8

爆炸下限　lower explosive limit;LEL

可燃下限　lower flammable limit;LFL

空气中的可燃性气体或蒸气的浓度低于该浓度，则气体环境不能形成爆炸或燃烧。

3.9

爆炸性气体环境　explosive gas atmosphere

在大气环境条件下，可燃性气体或蒸气与空气的混合物，点燃后，燃烧迅速遍及全部未燃烧混合物的环境。

3.10

危险区域　hazardous area

爆炸性气体环境大量出现或预期出现的数量足以要求对分析器的结构、安装和使用采取专门预防措施的区域(包括0区、1区和2区)。

3.11

非危险区域　non-hazardous area

爆炸性气体环境预期出现的量不足以要求对分析器的结构、安装和使用采取专门预防措施的区域。

3.12

0区　zone 0

爆炸性气体环境连续或长时间存在的区域。

3.13

1区　zone 1

在正常工作状态下，爆炸性气体环境可能产生的区域。

3.14

2区　zone 2

在正常工作状态下，爆炸性气体环境不可能产生的区域，或者，如果产生，也是偶然的，且仅存在很短的时间。

3.15

闪点　flashpoint

在标准条件下，液体蒸发产生一定量可形成可燃性蒸气/空气混合物的最低液体温度。

3.16

点燃温度 ignition temperature(T-rating)

可燃性气体或蒸气与空气形成混合物,在规定的条件下被热表面引燃的最低温度。

4 分析小屋位置和过程装置区域内的连接

确定分析小屋(AH)的位置时应考虑以下因素。

4.1 响应时间

应估计取样点到分析器的管线距离并计算必要的流速以确定产生的滞后时间、样品损耗和流速是否合适。

4.2 公用设施

应估计所有公用设施例如空气、蒸气、电气、样品回路和信号等的连接长度。

4.3 安全

4.3.1 位置

分析小屋(AH)应安置在与有毒或可燃物释放源有一定的安全距离并不易产生这些物质聚积的地方。

4.3.2 应急通道

应确定撤出路线,并保持畅通,且应急通道的朝向尽可能避开危险区域。

4.3.3 区域分类

分析小屋内部和通风空气源的区域分类应由过程装置的安全管理部门或用户来决定。

4.3.4 周边危险

应考虑到分析器或其取样管线在分析小屋或任何相邻房间内产生危险的可能性。

4.4 入口

维修人员和物资供应都需要入口,分析小屋应安置在地面或电梯入口处。应考虑到重型设备例如气瓶和分析器的安全移动/安装要求,同时也应考虑到如热交换器等过程设备的方便维修。

5 分析小屋的设计、构造和布局

5.1 总则

根据试样和分析器的类型、应用的重要性和操作环境,分析器和分析器的取样系统要求不同的防护等级。当建筑物和维护要求不适宜这种工作环境时,应提供如分析小屋这样的附加防护。附加防护可确保满足仪器性能,并便于维护。

房间的选择取决于许多因素例如:

——分析器和/或取样系统所在区域的分类;

——场所的环境条件范围,包括温度、雨量、湿度、雪量、风、尘、沙、阳光直射和腐蚀性气体;

——分析器用户规定的可靠的、准确的和安全的操作环境条件；
——维护期间对设备和人员的防护要求；
——系统组成的可维修性和可达性的要求；
——分析小屋所在区域的过程/环境条件(例如化学品或设备的装载、卸货和运输，噪声、振动、化学泄漏等)。

本章主要阐述了位于危险区域的分析小屋和/或置于有可燃/有毒样品引入的分析小屋。那些处于非危险区域的分析小屋和没有可燃或有毒样品、服务、校准混合物或来源于危险区域的空气引入的分析小屋只需规定分析器准确和可靠操作必要的环境条件。

5.2 通用要求

本章规定了分析小屋安全操作的通用要求，不考虑泄漏或可燃物质(见第6章)或危害健康的物质(见第7章)。

5.3 尺寸和布局

分析小屋的尺寸取决于分析器和辅助设备的数量、尺寸和进入要求。应考虑所有通风装置、排水系统、备件贮存、配电系统、现场记录等。建议最小空间为长宽各2.5 m，内高2.3 m，无障碍最小净高为2.0 m。建议留有30%的备用空间以便以后设备的补充。应避免吊顶、电缆沟和空气流通的死角。

5.4 结构要求

5.4.1 结构材料

结构材料应具有耐火和与之接触物质的抗侵蚀能力。

5.4.2 墙

应确定如抗静电、耐腐蚀、防火和防气候影响的现场要求，然后选择合适的材料。如果设备靠墙，墙需要适当加固。墙壁的渗透应减至最低程度，并使用符合相关结构和安全要求(例如，防水性、阻火性、阻燃性和机械强度等)的合适材料进行密封处理。

5.4.3 地面和地基

地面应该无气孔，防滑和对可能溅落到地面的物质具有耐受能力。地面要求洁净，例如要考虑有轻微的坡度和排水系统。如果设置了地面排水系统，排水系统应是无阻碍地通向分析小屋外，液体能完全排出。应采取防止外面液体进入的措施。这些措施包括增高地面，使其高于外部或在入口处设置台阶或坡道或者对小屋底部适当密封。

5.4.4 门

门应向外开，并能自动关闭。门应安装“紧急逃生锁”，以便一旦锁上，能从里面打开。门上需要安装抗碎安全玻璃。如果主门内外出口受阻碍，需要考虑在远离主门设置第二个门或者紧急出口，例如冲撞逃生板。

注：当分析小屋是建筑物的一部分时，其他安全考虑更重要。

5.4.5 窗

除非分析小屋划分在非危险区域和安置在非危险区域，否则，分析小屋的所有窗应紧固密封以防(危险)蒸气渗入。

5.4.6 屋顶

屋顶设计应能承受合适的载荷(如雪、设备、人等)。

5.5 设备

5.5.1 照明

照明设备或应急灯应随时处于工作状态。最低照度要求应满足正常工作或相关标准的规定。

5.5.2 通讯

如果分析小屋内不能检测到从周围装置发来的安全警报,应在分析小屋内设接收报警功能,应考虑安装一部电话接到有人值守的地方。

5.5.3 管道和阀

在正常工作条件下,分析小屋的管道、容器和设备,应避免任何开口以防止危险物质泄漏到分析小屋。管道内的物质和阀的功能应清楚地标识。切断阀应设置在分析小屋外。废气应收集在密闭的系统中或输送到分析小屋外面的设施中。有故障出现情况下,所有可能输送大量危险物质进入分析小屋的管路,在分析小屋外和分析小屋入口前端都应有自动切断阀、节流器或限流装置。

5.5.4 公用设施

5.5.4.1 危险品量

辅助危险品量应限制在分析器系统运转所需的最低量。

5.5.4.2 危险标识

任何具有火灾、爆炸或有害健康的地方应有明确的标识。

5.5.4.3 窒息剂(例如氮、二氧化碳)

5.5.4.3.1 所有与分析小屋连接的窒息剂管路,在分析小屋外的管路上应安装节流阀或限流装置,限制流速以便符合通风系统的要求。

5.5.4.3.2 当分析小屋内存在潜在的低氧危险(例如,用氮气做仪表空气的备份)时,分析小屋内应安装空气低氧检测器,并可在现场和远程人工值守场所发出故障安全报警。

5.5.4.4 辅助危险品的贮存

5.5.4.4.1 辅助危险品应贮存在分析小屋外。

5.5.4.4.2 如果不可避免要在分析小屋内贮存辅助气或校准气的高压气瓶,应隔离贮存在有连续通风的柜内,或通过安全爆破片和安装在气瓶上的泄压阀直接接到减压站,以防止高压气瓶因火受热而造成的压力升高。从安全爆破片处泄漏的气体应安全地排放到分析小屋外。也可按相关资质部门的安全措施进行。

5.5.5 消防器材

应在门口放置适宜的消防器材。

5.5.6 通风

安装通风设备是为了控制气候、防腐蚀、防窒息、防爆(见第6章)和/或人身安全(见第7章)。

5.5.6.1 总则

所有通风装置都应每小时换气不低于五次。通风空气源最好设在非危险区域，如果不能达到此要求，安装在分析小屋的设备适用于2区或更恶劣区域，可以使用2区的空气。或者在进气口安装一种或多种可燃气体检测器监测，当检测值低于20%LEL时可停止通风。

在通风入口处应安装粉尘过滤器。

5.5.6.2 温度

为了确保监控设备和报警系统的安全性能，分析小屋内的温度应保持在推荐的工作范围。

5.6 标牌/说明/文件

5.6.1 入口

在分析小屋的入口处粘贴标明危险类型的标记标牌，表示仅允许有资质的工作人员进入，标牌包括分析小屋的责任机构的信息（名称、部门、电话号码等）。

5.6.2 报警

如果需要，适用时，分析小屋应产生下列安全相关的现场报警和指示信号：

a) 通风失灵（吹扫和/或正压通风）；

b) 可燃性气体（浓度超过20%LEL）；

c) 有毒气体（浓度超过允许限值）；

d) 缺氧；

注：氧气浓度必须保持在18%以上或法定要求。

e) 火或烟；

f) 自动灭火器释放；

g) 气/火监测仪器失灵。

注1：危险品的相对密度来决定可燃性气体和有毒气体检测器的安装位置。检测较轻气体时，检测器要求放置在屋顶附近，检测较重气体时，检测器要求放置在地面附近。

注2：气体检测器数据记录提供了室内是否符合安全要求的依据。

应在下列场所产生报警：

a) 分析小屋内常用声或可见光（例如，频闪灯）报警；

b) 在连续有人值守的过程场所；

c) 在分析小屋的入口外边应提供分别代表有毒物质、窒息剂和爆炸下限的报警灯光，以及应考虑的其他报警。

注：建议设置非危险状态指示信号。

5.6.3 安全规程

分析小屋安全规程作为文件放置在室内明显位置，分析小屋内的工作人员都应接受充分的培训。

5.6.4 补充数据

下列项目应包含在文件中：

——分析小屋通风系统的设计资料（例如，通风失灵报警的设定点）；

——气体检测系统的设计资料（例如，测量范围、测量组分、报警设置点和纠正措施）；

——所有报警和关闭系统的布线和逻辑图；

——有毒物质的工艺排放系统设计和处理废气污染和在不稳定条件下排气的资料；
——为日常从事有毒物质工作的人员提供清楚易懂和精确的书面操作过程说明(例如，充装辅助材料容器的说明)。

6 分析小屋的防爆

6.1 总则

本章规定了分析小屋通过采取内部通风和使用防护系统防止内部或外部爆炸危险的安全要求。此外，也讨论了利用自然通风保证安全的方法。也应遵守分析器在非危险区域操作中的其他防护措施，但它们不包括在此标准中。

辅助的防护措施可由用户酌情使用。

注：本标准不适用于供应给分析小屋可燃物的危险和可燃物在管路内燃烧或可燃物排放返回到装置的危险，因此，无论分析器是否安装在分析小屋内，阻火器都应安置在取样点附近。

6.2 一般要求

6.2.1 安装在分析小屋内的电气设备应满足分析小屋内部区域分类对应的防爆要求。

6.2.2 出现危险情况，无防爆保护的电气设备应断开，最好自动的或在长期有人值守的场所利用外部手动开关切断。没有适当的授权，不允许重新开启。

6.2.3 应配置外部的隔离开关，以便于在紧急情况下，切断整个分析器小屋电源。没有适当的授权，不允许重新开启。

6.3 采取人工通风的防爆措施

6.3.1 分类

爆炸危险来源如下。

注：GB 3836.14—2000 给出了危险区域分类的指南。

6.3.1.1 外部爆炸危险(见 6.3.2)

注：当分析小屋的出口朝向非危险区域时，可认为与该工厂的危险区域相邻的分析小屋不存在外部的危险。

6.3.1.2 起因于可燃性气体或蒸气的内部爆炸危险(见 6.3.3)。

6.3.1.3 起因于可燃性液体的内部爆炸危险(见 6.3.4)。

6.3.1.4 6.3.1.1、6.3.1.2 和 6.3.1.3 的任何排列或组合。

6.3.2 存在外部爆炸危险的分析小屋的要求

6.3.2.1 与分析小屋连接的 0 区和 1 区分界位置应有空气隔断。

按 5.5.6 供给分析小屋洁净空气，这样可以迫使通风设施在室内产生正压，以防止外部大气侵入。为了达到此目的，合适的方法是在空气管道入口处安装鼓风机，根据效能曲线能够产生 25 Pa～50 Pa 的正压，换气率相当于至少每小时五次。在通风失灵情况下，所有点燃源都应采取安全防护措施。这些点燃源应包括火焰、超过点燃温度以上的表面和非防爆电气设备。

注：公用电源插座上可配有 Ex-e 或 2 区用插座，但是这并不能阻止非防爆设备的连接。对于可能出现危险环境，所有公用电源插座都应关闭。

6.3.2.2 如果已知安装有合适的气体检测器，允许延迟关闭使用有限的一段时间。如果气体检测器检测出预设值，典型值 20%LEL，应立即关闭非防爆设备。但当失去该设备将产生更危险的情况时除外。

6.3.2.3 通风失灵和气体检测器报警指示见 5.6.2。

6.3.3 爆炸危险源自内部可燃性气体或蒸气的分析小屋的要求

注：在下列条件下，输入到分析小屋的可燃性气体或蒸气没有爆炸危险：
——如果输入气体的流量是受限的；且
——如果分析小屋通风方式是一旦气体传输系统发生泄漏、错误操作和破裂等情况，任何有点燃源的地方，可燃性气体或蒸气的泄漏量不会超过 50%LEL。通过安装充足的具有较好局部稀释功能的空气系统可有效改善通风。

6.3.3.1 通风

注：IEC 60079-16:1990 给出了室内通风要求的补充说明。

6.3.3.1.1 按 5.5.6 要求保持室内足够的吹扫供给小屋洁净的空气。

6.3.3.1.2 通风出入口的设置应依据可燃性气体或蒸气的密度，也就是，密度比空气轻时设置在顶部，比空气重时设置在底部。应设置吹扫空气出口，设计其至少距上部和下部出口一半处，以便保持各路风向的畅通，例如重锤百叶窗方法。这些出口应有屏障保护防止昆虫和害虫进入，也可使用其他方法防止其他堆积物像树叶、沙和雪等。依据专用的上下通风口的要求，精心设计通风确保分析小屋各部分都得到吹扫。

6.3.3.1.3 在可燃性气体可能泄漏情况下，气体流速应使可燃物质释放量不得超过国家标准可接受的最大 LEL(通常不大于 50%LEL)，在取样管线入口处固定安装限流器或过流阀，在返回管道中安装止逆阀，把设备失灵造成的可燃物质泄漏减至最小程度。见附录 B。

在通风失灵情况下，所有点燃源都应采取安全防护措施，但当失去该设备将产生更危险的情况时除外。这些点燃源应包括火焰、点燃温度以上的表面和非防爆电气设备。

6.3.3.2 如果已知安装有合适的气体检测器，允许延迟关闭使用有限的一段时间。如果气体检测器检测出预设值，典型值 20%LEL，应立即关闭非防爆设备。但当失去该设备将产生更危险的情况时除外。

6.3.3.3 通风失灵和气体检测器报警指示见 5.6.2。

6.3.3.4 所有向分析小屋输送可燃性气体或蒸气的管路应有清楚的标识，在外面安装易触及的手动和/或自动的关闭阀。

6.3.3.5 可燃样品和辅助气体减压和减流装置(如过流阀、限流阀和孔板等)应安装在分析小屋外。

6.3.3.6 含有可燃性气体或蒸气的设备应安置在离分析小屋尽可能远的地方。

6.3.4 爆炸危险源自内部液体的分析小屋的要求

6.3.4.1 输入液体的闪点都应有文档。

注：本标准适用于闪点在 55 ℃以下的液体，也包括与加热装置接触时可能超过 55 ℃闪点的液体。

6.3.4.2 分析小屋的地面应自动排水，排水口应设置在最低点。

使聚集的液体排出分析小屋外，且不会在分析小屋内外形成爆炸危险。应考虑到预防蒸气从排水口回流(例如：用水封)。

6.3.4.3 即使超出 LEL，也应供给分析小屋洁净的空气，保持房间的吹扫。这取决于蒸气压、溢出物的表面积、蒸发器潜在热量和释放率。

6.3.4.4 供给洁净的空气可延缓可燃混合物的形成，并加快可燃混合物的排放。洁净的空气也能输送蒸气到设置在关键地方的气体检测器，使之易于发现。然而，由于空气循环使蒸气体积增加，扩大了危险性，因此不推荐使用循环空气。见附录 B。

6.3.4.5 吹扫空气的排气口适用于重密度蒸气，故该排气口应安装在排液口的上部可采集蒸气的地方，并在排气口附近安装气体检测器。

6.3.4.6 在通风失灵的情况下，所有点燃源都应采取安全防护措施，但当失去该设备将产生更危险的情况时除外。这些点燃源应包括火焰、超过点燃温度以上的表面和非防爆电气设备。

如果对照6.3.4.5,安装辅助气体检测器,允许延迟关闭使用有限的一段时间。如果气体检测器检测出预设值,典型值20%LEL,应立即关闭非防爆设备。但当失去该设备将产生更危险的情况时除外。通风失灵和气体检测器报警指示见5.6.2。

6.3.4.7 为了减少因分析小屋内设备和部件泄漏造成的爆炸危险,只允许测量需要的最小量的可燃性液体输入到分析小屋内,改进时间特性(降低测量滞后)所需的旁路流量仅输送到分析小屋外边。所有把可燃物质输入到分析小屋的管路都应安装能从分析小屋外切断的关闭阀。

6.3.4.8 为了减小偶然泄漏造成的危险,分析小屋内的取样系统部分应尽可能简单,用最小容量体积和最少数量接头。

取样系统的管路应设计为能限制样品进入分析小屋的流量。

装有取样设备的机柜最好在分析小屋外并装配排液口。装有常压下可气化的高压液体的柜子应装配有安全爆破片。所有排液口和安全爆破片出口应在分析小屋外。

柜内使用的电气设备需要增加吹扫要求。

6.3.5 爆炸危险源自上述情况组合作用的分析小屋的要求

补充适当条款要求,使得分析小屋符合每项单独条款要求。

6.4 基于自然通风的分析小屋的防爆

6.4.1 总则

自然通风的定义是由外界风力和/或分析小屋与外界之间的温度差导致的通风。自然通风不依靠人工的方法。下述6.4.2和6.4.3仅适用于分析小屋和分析器柜。

6.4.2 通风要求

通风率应设计为能稀释和驱散任何分析小屋内的危险释放。

很显然,自然通风机制不能对通风率给予严格的控制。需要分析小屋所处位置的风速、风向和频率的统计数据。从这些数据和分析小屋内设备(不包含环境加热器)的散热量计算出通风口面积。

应使用需求通风面积最小的通风模式(风导或热导),采用超过90%的年风速的最小平均风速来计算风量。风导或热导的计算应基于每小时最少交换10次,否则需要采取下面措施:

——稀释因最危险样品或取样管线的破裂或失灵泄漏出的蒸气,使点燃源周围低于国家标准规定的最大LEL值(应特别注意环境温度下能汽化液体);

——应使用1.6阵风比的最大平均风速来计算风导的通风率。如果通风率超过每小时交换50次,舒适度将降低。

6.4.3 加热要求

根据以上的设计程序,分析小屋内的温度将基本上随环境温度变化,恒温控制的加热能改善温度控制。风扇有助于暖空气的均匀分布。

6.4.4 气体探测器

有必要使用气体探测器发出报警信号,并切断不适合当前危险情况应用的电气设备(但当失去该设备将产生更危险的状态的情况除外)。同时还应关闭载入危险物质进入分析小屋的管线。

7 分析小屋内避免人身健康伤害的措施

7.1 总则

本章用来指导分析小屋中可能有释放造成危及健康的(有毒)物质的情况，这些物质是由于检测或未检测到的泄漏、或在维护、校准和检修中不可避免的操作引起的。本章不适用于与粉尘、雾状和气溶胶、粉末或非挥发物质有关的设施。

7.2 指南

本章作为技术规范和工作人员进入分析小屋进行操作和维修时保护健康防止危险的指南。

注：本章不适用于因分析小屋泄漏造成的相邻房间或过程区域形成的任何危险。

7.3 一般要求

按照第5章要求安装和运行的分析小屋，在正常工作条件下，不会有有毒物质溢出室内，分析小屋内的工作人员不会存在健康危险。即使在异常和特殊情况下，也应限制可能泄漏的频率和程度，使得在分析小屋的工作危险降到最低，并可控制。因此，分析小屋内应有足够的通风，辅助通风措施的程度取决于：

——分析小屋内出现物质的特性和量；

——过程分析设备泄漏的可能性和程度(见附录A)；

——可能释放的有毒物质对工作人员的影响。

应由那些了解危险物质的特性和分析器性质的人员来确定使用这些措施，并与有关的安全管理员协作。

了解7.4～7.7，由此来决定安排采取哪些措施。

7.4 安全措施

7.4.1 分析小屋内不能贮存有毒物质。如果分析小屋内不可避免需要贮存这些有毒备用物质，应遵守以下要求：

——贮存最少数量的物质；

——防止液体容器的过度加热、振动和其他情况导致有毒物质泄漏，如果使用易碎材料做容器，此容器应加装一个保护装置以防泄漏。

7.4.2 输入或输出分析小屋的有毒物质的管线至少应有手动切断装置和部件(如套管、限流器和毛细管)，最好安装在分析小屋外边，以限制传入分析小屋有毒物质的量。通过预先稀释把有毒物质的量减至最低程度，或者像安置色谱进样阀那样安装在分析小屋外，色谱其余部分在分析小屋内。

7.4.3 吹扫和清洗的样品管线上接口应安装在适当的位置，以使装置的接口供给适合的冲洗液流过安全闭锁装置。此预防措施可在维修之前把所有受影响的设备冲洗干净。

7.4.4 分析小屋应有保证能清楚地观察室内的观察窗。

注：观察窗适合安装在门上。

7.4.5 根据设计原理，日常处理有毒物质的部件会有可忽略不计的泄漏，参见附录A。

7.4.6 在分析小屋内，限制不可避免泄漏的日常处理有毒物质的部件，应在内部密闭，并连续不断地吹扫壳体。通过管线将废气排出分析小屋外，如果必要，要进行计量和安全处理，如有可能，应监测废气以发现密闭部件的任何泄漏。

7.4.7 分析小屋应安装固定式气体检测系统，对分析小屋空气中有毒物质能灵敏、快速、可靠地(包括：失灵报警、冗余)响应，并能报告超过额定浓度极限的偏差。

7.4.8　分析小屋应装备应急措施例如电话、紧急寻呼装置或与有人员值守的地方联系的应急按钮。如果过程分析单元设置在分析小屋内，应有一个共同的程序报警系统（例如闪光灯、声警报器）作为工作人员危险的警报，分析小屋应与这个报警系统相连。

7.4.9　当系统设计时，应考虑在恶劣条件下物质的毒性，例如，环境空气中有毒物质的危险量不应超过职业暴露限值（OEL）。

注：在远未达到 LEL 值前，呼吸环境空气可能是不安全的。

处理有毒物质的分析器需要单独安置，并作明显的标识。

在拆卸含有毒或其他危险物质分析器和取样系统前，应对其进行吹扫，否则会产生危险。

对含有毒化合物（例如，湿法化学分析试剂和某些组成材料）分析器维修前和维修期间需要特别小心。不同物质的毒性各异，每一工作行为的实施都要进行全面的安全分析。

毒性校准试样应妥善贮存并通过分析小屋外管线传入。

7.4.10　在没有监视和适当的检测及防护措施条件下，应禁止进入有毒物质可能处于危险浓度（参考有关规定）下的分析小屋。在分析小屋门上或箱体上应设置"可能存在剧毒气体"的警告标识。

7.4.11　分析小屋可配置保持真空（负压）状态的循环排放系统，可以是连续的或需要时提供。该系统相隔不远就应有一个接头连接软管就地排出有毒物质。另外，也可把设备安置在排气罩内，例如，通过与过程单元的负压系统连接，保障排放系统有序地去除有毒物质。

7.5　外部危险

7.5.1　与持续有毒场所连接的入口应安装隔断装置。

7.5.2　按 5.5.6 中的方法提供分析小屋清洁空气，保持足够的压力防止周围区域中有毒物质进入分析小屋形成危险浓度。为此，适合的措施是在空气管道的入口处安装风机，并根据性能曲线产生 25 Pa～50 Pa 的压力，平均输送率为每小时 5 次。

7.5.3　气体探测器的报警应满足 5.6.2 规定的要求。

7.6　异常工作条件下的辅助措施

以上叙述了正常工作条件下在分析小屋内操作过程分析器提供的安全措施。异常工作条件，为了对系统进行清洁和修理部件，需要打开取样管线或取样装置，甚至打开为装置安全不断供给空气的机壳或封堵件等，这将增加分析小屋中泄漏的危险。在此环节，所有管线和机壳均应吹扫，并关闭传输过程物质的部件。当打开装置或管线时，需要：

——使用适合的呼吸装置；

——配置携带便携式气体监测器的安全人员；

——按 7.4.11 要求应用循环系统，排放至空旷处；

——使用永久性或临时性的排气罩。

可能存在有毒气体回流到吹扫管线时，应在吹扫管线安装止逆阀。

7.7　标牌/说明/文件

5.6 所列的标牌/说明/文件相关的事项，对于所有可能存在危害人员健康的分析小屋都是强制的要求。

强制说明页必须显示有：

a)　在分析小屋内工作的工作人员的出勤情况，保持过程场所一直受人工控制；

b)　写明非正常环境下的特殊安全程序：

　　——按照 7.5.2 要求通风失灵，确定必要的替代设备（例如，辅助呼吸装置）；

　　——按照 7.4.7 要求固定式气体检测器失灵，确定必要的替代设备（例如，使用便携式气体检测器，提供安全监护人员）；

——按照7.4.7要求固定式气体报警器报警，确定合适的呼吸装置(例如，过滤装置，加压呼吸装置)和/或执行外部关闭阀。

文件记录有关培训课程，并确定在异常工作条件下(见7.6)需要的辅助措施，可包括如下：

——淋洗过程和淋洗介质的说明；

——气体监测器的型号；

——呼吸装置适合类型(过滤装置、加压呼吸装置)，提供安全监护人员；

——安全监护人员的设备(例如，呼吸装置、对讲机)。

附　录　A
（规范性附录）
分析小屋中部件的泄漏危险

多种结构原理常常组合使用，可显著减少潜在危险。若使用表 A.1 中第 3 列所给的辅助措施，分析小屋可使用限制泄漏危险的一些部件。

例如，使用带有金属铠甲（和适配接头）的非金属软管近似于金属管线。需要仔细考虑每种情况，正确使用此原理。

A.1　可忽略泄漏危险的部件

关于可忽略泄漏危险的部件，在分析小屋内泄漏释放有毒物质达到危险量的可能性很小，此假设是预定功能使用了合适的材料。尽管对测量预定职责和泄漏限制没有可供选择的标准，但是应尽可能选择低泄漏部件和结构，例如，

——用合适的材料紧密加固管路；

——用焊接管连接管路；

——用法兰连接或卡套管接头；

——用舌簧和垫圈结构弹性密封；

——流量计采用全部金属壳体或依据散热测量原理设计的流量计；

——波纹管密封（必须考虑使用期寿命）。

A.2　有限泄漏危险的部件

不符合 A.1 硬性要求的装置应考虑为有限泄漏危险的部件。

下面列出了允许有限泄漏危险装置的判别方法。适用于非铁性材料联结的柔性软管，联结方式有快速接头、带有机械表面 O 型密封圈的密封接头、滑板阀、薄膜泵和带有广口玻璃锥体（可变面积）的流量测量装置。所有装置的光学视窗和管线或用易碎材料制作的容器都应严格检查。应评估可能出现的各种情况，制定应对特殊情况的预案。通过定期的系统泄漏测试减少泄漏危险。

A.2.1　评估部件的指导原则

下面问询表可指导评估部件（见表 A.1）。

a)　能推测过程分析测量设备的部件有：

　1)　可忽略的泄漏危险（表 A.1 第 1 列）；

　2)　有限泄漏危险（表 A.1 第 2 列）。

b)　通过辅助防护或不同设计原理的组合（表 A.1 第 3 列），表 A.1 第 2 列所列的结构原理可减少装置的泄漏率。

最终的评判仅能考虑特殊应用和适合材料选择的要求情况。

表 A.1 部件评估

部件名称	可忽略泄漏危险的部件	有限泄漏危险部件	减少泄漏危险的辅助措施
管线	硬质金属	柔性非金属软管	双套管、金属护套
连接	焊接连接	法兰连接 卡套接头	正确装配检查 泄漏测试
密封	舌簧和垫圈 波纹管密封(见注)	O型圈 填料密封垫	加波纹管密封(见注) 封装
流量测量装置	全金属	玻璃锥体/塑料	
泵	喷射泵 磁性或液压复合泵	机械密封泵 蠕动泵	波纹管密封(见注) 密封盒
制动器	无密封垫阀	软座球阀	可选择波纹管密封(见注)的软座球阀
其他	光学纤维	光学视窗	封装

注：波纹管密封有使用寿命。

附 录 B
（资料性附录）
通风计算（设定在标准状态下）

B.1 示例 1

排放特性	
可燃物质	氢
爆炸下限(LEL)	4%
排放等级	连续
排放率	100 mL/min
燃烧热，ΔH	−241 750 J/mol(22.4 L)
通风特性	
空气交换次数，C	5 次/h
分析器体积	2.5 m^3 =2 500 L
流量	0.208 m^3/min
产生 100%LEL 的空气流量	=0.1/0.04=2.5 L/min
最大爆炸体积理论值	=2.5/208×2 500 L=30 L

通过不完全混合增加此体积，和通过浓度梯度从泄漏点到 4%浓度极限减少此体积。

爆炸云的能量	=30/22.4×0.04×241 750 J=12 950 J
释放功率	=0.1/22.4×241 750/60 J/s=18 J/s=18 W

B.2 示例 2

排放特性	
可燃物质	异构丁烷
爆炸下限(LEL)	1.8%
排放等级	连续
排放率	100 mL/min
燃烧热，ΔH	−131 200 J/mol(22.4 L)
通风特性	
空气交换次数，C	6 次/h
分析器体积	2.5 m^3 =2 500 L
流量	0.25 m^3/min
产生 100%LEL 的空气流量	=0.1/0.018=5.55 L/min
热力学最大爆炸体积	=5.55/250×2 500 L= 55.5 L

通过不完全混合增加此体积，和通过浓度梯度从泄漏点到 1.8%浓度极限减少此体积。

爆炸云的能量	=55.5 /22.4×0.018×131 200 J=5 851 J
释放功率	=0.1/22.4×131 200/60 J/s=9.8 J/s=9.8 W

B.3 示例 3

排放特性	
可燃物质	液体甲苯
爆炸下限(LEL)	0.046 kg/m^3(1.2%体积比)
排放等级	连续
排放率	2 L/min,0.029 kg/s
燃烧热,ΔH	−40 073 J/g
通风特性	
空气交换次数,C	5 次/h(1.39×10^{-3}/s)
产生 100%LEL 的空气流量	=0.029/0.046=0.63 m^3/s
热力学最大爆炸体积	=0.63/1.39×10^3=454 m^3
21 kg 甲苯含量足以填充 3 m×2.5 m×10 m 的空间	
爆炸云的能量	=21×1 000×40 073 J=837 M J
释放功率	=29×40 073 J/s=1.162 MW

B.4 示例 4

排放特性	
可燃物质	液体汽油
爆炸下限(LEL)	0.051 kg/m^3(0.9%体积比)
排放等级	连续
排放率	50 mL/min,5.4×10^{-4} kg/s
燃烧热,ΔH	−36 560 J/g
通风特性	
空气交换次数,C	6 次/h(1.67×10^{-3}/s)
产生 100%LEL 的空气流量	=5.4×10^{-4}/0.051=0.01 m^3/s
热力学最大爆炸体积	=0.01/1.67×10^3=6 m^3
包含 0.3 kg 汽油	
爆炸云的能量	=0.3×1 000×36 560 J=11 MJ
释放功率	=0.54×36 560 J/s=19.7 kW

参 考 文 献

[1] GB/T 19768—2005 过程分析器样品处理系统性能的表述(IEC 61115:1992,*Expression of performance of sample handing systems for process analysers*,IDT)

[2] GB 3836.14—2000 爆炸性气体环境用电气设备 第14部分:危险场所分类(IEC 60079-10:1995,*Electrical apparatus for explosive gas atmospheres—Part 10: Classification of hazardous areas*,IDT)

[3] IEC 61831:1999 *On-line analyser systems-Guide to design and installation*

[4] EEMUA Publication138 Design and installation of on-line analyser system

[5] API RP550 Manual on installation of refinery instuments and control system—Part 11: Process stream analyzers

[6] API RP500 Recommended practices for classification of locations for electrical installations at petroleum facilities

[7] NFPA 496 Purged and pressurizer encloures for electrical equipment—Chapter 9: Purged analyzer rooms or bluildings

[8] ISA S12.13 Part I: Performance requirements: Combustible gas detectors—Part II: Installation, operation, and maintenance of combustible gas detection instruments

[9] Amercian Conference of Govermmental Industrial Hygienist, 1992-1993, "Threshild limit values for chemical substances and physical agents and biological exposure indices"(ISBN 0-936712-99-6)

ICS 71.040.01
N 53

中华人民共和国国家标准

GB/T 29813—2013/IEC/TR 61832:1999

分析器系统　技术咨询和投标评估指南

Analyser systems—Guide to technical enquiry and bid evaluation

(IEC/TR 61832:1999,IDT)

2013-11-12 发布　　　　2014-03-15 实施

中华人民共和国国家质量监督检验检疫总局
中国国家标准化管理委员会　发布

前言

本标准按照 GB/T 1.1—2009 和 GB/T 20000.2—2009 给出的规则起草。

本标准使用翻译法等同采用 IEC/TR 61832:1999《分析系统 技术咨询和报价评估指南》。

与本标准中规范性引用的国际文件有一致性对应关系的我国文件如下：

——GB 3836.2—2010 爆炸性环境 第 2 部分：由隔爆外壳"d"保护的设备(IEC 60079-1:2007，MOD)

——GB 3836.4—2010 爆炸性环境 第 4 部分：由本质安全型"i"保护的设备(IEC 60079-11:2006，MOD)

——GB 3836.5—2004 爆炸性气体环境用电气设备 第 5 部分：正压外壳型"p"(IEC 60079-2:2001，MOD)

——GB 3836.14—2000 爆炸性气体环境用电气设备 第 14 部分：危险场所分类(IEC 60079-10:1995，IDT)

——GB 3836.15—2000 爆炸性气体环境用电气设备 第 15 部分：危险场所电气安装(煤矿除外)(eqv IEC 60079-14:1996)

——GB 3836.17—2007 爆炸性气体环境用电气设备 第 17 部分：正压房间或建筑物的结构和使用(IEC 60079-13:1982，IDT)

——GB/T 6988(所有部分) 电气技术用文件的编制[IEC 61082(所有部分)，IDT]

——GB/T 19001—2008 质量管理体系 要求(ISO 9001:2008，IDT)

——GB/T 19898—2005 工业过程测量和控制 应用软件文档集(IEC 61506:1997，IDT)

——GB/T 26853.1—2011 成套设备、系统和设备文件的分类和代号 第 1 部分：规则和分类表(IEC 61355-1:2008，IDT)

——GB 29812—2013 工业过程控制 分析小屋的安全(IEC 61285:2004，IDT)

——GB/T 29814—2013 在线分析器系统的设计和安装指南(IEC/TR 61831:1999，IDT)

本标准由中国机械工业联合会提出。

本标准由全国工业过程测量和控制标准化技术委员会分析仪器分技术委员会(SAC/TC 124/SC 6)归口。

本标准起草单位：中国仪器仪表行业协会、西克麦哈克(北京)仪器有限公司、上海市计量测试技术研究院、北京北分麦哈克分析仪器有限公司、聚光科技(杭州)股份有限公司、上海精密科学仪器有限公司、南京分析仪器厂有限公司、重庆川仪分析仪器有限公司、北京分析仪器研究所。

本标准主要起草人：马雅娟、方培基、张 波、曲长虹、顾海涛、顾敏杰、刘虎、熊彬烽、娄兴军。

引　言

本标准第 2 章主要阐述了整套分析器系统技术规范的项目名称及其说明。但并非所有的分析器系统都是相同的，对总内容的具体需求是有差别的。然而，本标准的这种编排形式使得一些条款能根据需求自由取舍。建议的做法是，本标准包括所有章节的项目，可酌情作出声明"不适用"。

本标准第 3 章阐述了投标评估程序以及针对评标的具体建议。

本标准使用的"分析器"一词涉及非常多的设备，如在线分析器，过程分析器，质量分析器，质量测量仪，过程质量监控仪，连续排放监测仪，水污染监测仪以及与安全、健康相关的过程监控仪。

在参考其他标准时，应注意行业或地方可能会有强制性的法规要求。

分析器系统　技术咨询和投标评估指南

1　范围

本标准用于指导帮助供应商了解分析器及其辅助系统的技术规范，以及对提交的标书做评估。

本标准本身不涉及设计规范，已刻意忽略了设计指南部分。但应参考相关的具体设计标准，例如德国化工及医药工业过程控制技术用户协会（NAMUR）、工程设备和材料用户协会（EEMUA）、美国仪表协会（ISA）等标准，IEC/TR 61831 技术报告也可作为设计指南的补充。

本标准提供了一个技术框架，期望通过简化技术规范和投标流程，为仪器供应商提供咨询文件和意见反馈的相关程序。

2　规范性引用文件

下列文件对于本文件的应用是必不可少的。凡是注日期的引用文件，仅注日期的版本适用于本文件。凡是不注日期的引用文件，其最新版本（包括所有的修改单）适用于本文件。

IEC 60079-1　爆炸性气体环境用电气设备　第 1 部分：由隔爆外壳“d”保护的设备（Electrical apparatus for explosive gas atmospheres—Part 1：Construction and verification test of flameproof enclosures of electrical apparatus）

IEC 60079-2　爆炸性气体环境用电气设备　第 2 部分：正压外壳型“p”（Electrical apparatus for explosive gas ztmospheres—Part 2：Electrical apparatus—Type of protection “P”）

IEC 60079-10　爆炸性气体环境用电气设备　第 10 部分：危险场所分类（Electrical apparatus for explosive gas ztmospheres—Part 10：Classification of Hazardous areas）

IEC 60079-11　爆炸性气体环境用电气设备　第 11 部分：由本质安全型“i”保护的设备（Electrical apparatus for explosive gas ztmospheres—Part 11：Intrinsic Satety “i”）

IEC 60079-13　爆炸性气体环境用电气设备　第 13 部分：正压房间或建筑物的结构和使用（Electrical apparatus for explosive gas ztmospheres—Part 13：Construction and use of rooms or buildings protected by pressurization）

IEC 60079-14　爆炸性气体环境用电气设备　第 14 部分：危险场所电气安装（煤矿除外）（Electrical apparatus for explosive gas ztmospheres—Part 14：Electrical installations in hazardous areas（other then mines））

IEC 61082（all parts）　电气技术用文件的编制（Preparation of documents used in electrotechnolgy）

IEC 61285　工业过程控制-分析小屋的安全（Industrial-process control—Safety of analyser houses）

IEC 61355　成套设备、系统和设备文件的分类和代号（Classification and designation of documents for plants，systems and equipment）

IEC 61506　工业过程测量和控制　应用软件文档集（Industrial-process measuremrnt and control—Documentation of application software）

IEC/TR 61831　在线分析器系统的设计和安装指南（Guide to the design and installation of on-line analyser systems）

ISO 9000（all parts）　质量管理和质量保证标准（Quality management and quality assurance standards）

VDI/VDE 指令 351.6　表 1 气体分析的企业检测设备与设施[Richtlinie 351.6,Blatt 1:Gasanalytische Betriebsmeßeinrichtungen und anlagen(1978)]

VDI/VDE 指令 351.6　表 2 液体分析的企业检测设备与设施[Richtlinie 351.6,Blatt 2:Flüssigkeitsanalytische Betriebsmeßeinrichtungen und anlagen(1981)]

NFPA 30　易燃、可燃性液体码(Flammable and Combustibles Liquids Code)

EEMUA　出版物 No.138《在线分析器系统的设计和安装(Design and Installation of On-line Analyser Systems)》

EEMUA　出版物 No.138 SI《在线分析器系统的设计和安装　技术咨询和投标评估指南(Design and Installation of On-line Analyser Systems　Aguide to Technical Enquiry and Bid Evaluation)》

NAMUR　矿区机械的情况报告,仪器损耗,管理需要,功能控制[Arbeitsblatt 64:Statusmeldungen "Geräteausfall","Wartungsbedarf","Funktionskontrolle" von Feldgeräten(ENTWURF)]

3　基本说明

3.1　简要方案说明

技术规格书应包含有关分析器安装方案的简要说明,包括分析器系统需要的类型和流程性质及安装位置的说明。

3.2　供货范围

技术规格书应包含分析器流路数目、分析器要求和分析小屋类型、数量和位置(如果需要),以及分析器及其小屋的位号、尺寸规定、文件要求和分析器供应商预期的主要职责,例如,设计、生产、采购、测试、运输到现场、启动和培训等。

3.3　期望供应商答复的问题

应明确地规定供应商需要回答的问题,例如,逐条回答所有不符合技术规范的明显差异,并说明与可选择的方法不相符的技术原因。

应做出与报价有关的图表和数据。

投标中使用的语言和货币应符合要求。

3.4　投标否决的主要依据

为提供投标技术比较的公平基础,所有供应商解答的一致性是必要的。

对供应商应有明确的规定,需要答复的所有不符合项(如 3.3 中规定的)的任何一项,都有可能导致投标被自动否决。

应对取样系统设计的技术能力高度重视,因为这是分析器系统中最易出故障的地方,标准图样或过去相似的应用实例只能用来作为参考,而不能用来作为投标费用的判断。

设计投标应考虑维修要求并应在投标评估中给予考虑。

如果要求,应包括相应的供应商的质量体系认证,例如 ISO 9000 系列。

4　技术规范说明

4.1　供应商/用户接口

交割点应明确用条款确定现场工作接口。

技术规范应明确规定测试、标准物质和临时性设施的要求,并应指明提供这些项目的负责人。

应明确规定所有权的移交,例如,在发货、收货或现场安装的时间等。

若分析器/系统在安装前有贮存的有效期(即数月),应要求供应商说明超过保证期会有什么影响,如果可能,应获得经批准的延长期。

应规定运输责任。

4.2 采购责任

应明确规定是由供应商采购分析器,还是由用户采购交给供应商安装。

若由供应商采购分析器,用户应保留在分析器交由供应商安装之前对其进行检查的权利。

当分析器供应商确定检验分析器日期后,供应商应通知用户。

最终用户在定货前应保留可优先于供应商/合同商选择分析器或其他设备的型号和品牌,以及由此引起费用变化的权利。否则,后续的变动应在改变的定单下执行。

如果最终用户有推荐的或优选的供应商名录,应在询价书中提供。

当分析器免费提供给供应商时,供应商有责任确保安装在整个系统中的分析器符合性能要求。

4.3 实施的标准和规范

技术规范应参考适用的所有规范和标准。起草技术规范时应参考“参考文献”中所列的文件。

供应商应了解技术规范中所列的标准和规范,并在发生争议时提供这些文件。

对用户实施的标准和规范应由用户随技术规范一起提供给供应商。

应规定授权的电气认证,例如,PTB、BASEEFA、UL、FM、CSA 等。

4.4 文件要求

4.4.1 总则

在整个项目过程中,为了解和保证设计的可靠性、功能性和最终产品的操作性,编制相应的文件是必要的。

供应商应按 IEC 61082、IEC 61355 和 IEC 61506 要求来指导文件编制。

4.4.2 报价阶段

要求供应商有控制地答复技术规范,以便获得公正的评价。技术规范中应统一所有需要评估投标的图样和文件。

4.4.3 项目阶段

项目实施期间供应商应提供图样给用户审核。

图样审核应作为项目的重要阶段以保证掌握图样。

取样系统设计的完成和审核,包括规定的现场连接(见 3.1)、泄压阀计算、房屋布局、配电、安全系统逻辑和房屋/分析器系统管理逻辑和控制应是设计的阶段。如果需要,应成为阶段付款计划的一部分。

总的结构图有可能不需要审核,因为该图很难准确地反映真实的建筑,但如果需要,用户应提出在施工前看这些图样(或坚持要求提供图样)的权利,这些图样对保证维修的可达性和下水道及通风管的安置获得指导是非常重要的。

4.4.4 项目完成

技术规范应要求只有在技术规范中所列的所有文件要求完成并审批后才能验收分析器和系统,有效方法是把此要求作为正式阶段付款的条款。

供应商递交的项目完整文件应包括所有设计图样、计算书、材料清单、备件清单、质量保证书和设备操作/维修手册等。

4.5 质量保证书

应规定质量保证要求。

在投标中应要求提供质量保证书。

4.6 通用技术规范

4.6.1 数据图表

数据图表是供应商补充技术规范要求的一种很好的方法。

直接从分析器供应商购买分析器这种简单情况，数据图表足以作为完整的技术规范要求。这些数据图表应是综合的，不仅要有分析器的类型和性能指标要求，而且要有用途、合格证、公用设施和取样要求。

附录A中给出了建议的数据图表的示例。

4.6.2 环境

规定安装分析器和系统的环境条件是重要的。

资料应包括所有相关的环境条件，例如：

——极限温度；

——极限湿度；

——大气压力变化；

——盐度指标（如，沿海地区等）；

——本底污染指标（如，低水平的 H_2S 等）；

——任何腐蚀性化合物的存在和类型的指标；

——特殊的气候要求（如，雪负荷、沙暴侵蚀等）。

房屋设计和通风效果，应要求给出风速和方位的资料。典型的风的资料应包括预期的阵风率，超过90%时间的最小平均风速和超过5%时间的最大平均风速。

4.6.3 危险区域分级

应对涉及安装分析器和系统的场所的区域分级做出明确的规定。特别注意在该等级下分析器装置可能受到的影响。

用户应规定分析小屋内外的区域分级。技术规范应明确地说明在分析小屋内外区域分级可能不同的。

4.6.4 设备的电气认证

当建筑房屋时，室内的区域分级将取决于通风设计和与分析器连接的样品/辅助设施。

同样，设备的认证取决于预定的用途，例如：按通风和安全系统规定，在正常工作条件下，室内应为非危险环境。无论怎样如果要求设备在通风故障的条件下也能工作，就应规定可能遇到的危险，应建议或规定满足区域分级要求的优先方法（例如，IS、Ex“d”、Ex“p”等）。

4.6.5 毒物和腐蚀危险

应明确有毒物质危险存在的正常过程区域、过程样品及校准样品的输入和公用设施，这将影响通风设计,施工方法(例如,管线连接)和检测及防护装备的要求。

应明确对过程区域大气、过程样品及校准样品和公用设施的腐蚀性的处理。应规定最佳施工方法和材料。

减小潜在的泄漏点与维修要求两者应兼顾。

4.6.6 公用设施系统

应规定所有的为公用服务的设施(例如,蒸汽、水、空气和电)。应明确在这些设施系统规定参数(例如,最大压力、流量等等)。公用设施的有效性和质量将影响整个分析系统的费用,例如,缺乏冷却水需增加制冷系统,若蒸气供给不足需增加电伴热等。

公用设施也包括分析器进行分析所需要的服务(例如,载气、化学品),这些应明确是现场直接连接,还是需要贮存容器再注入。

4.6.7 标识

各组成部分需要标签标识,存在危险物质/条件的地方的报警装置也需要标识。

应明确标识是安装的重要组成部分,标签应永久和牢固地固定在应标识的部件上。

应规定适应安装环境的标签制作和安装方法。

当固定标签困难时(例如,小阀门上),标签应贴在合适的规定材料上或贴在邻近的规定设备的面板上。

4.7 分析小屋技术规范

4.7.1 整体布局、系统规定参数和选址

询价书同时提供布局要求的补充说明等,将有助于标记规划位置和危险区域图样(如果适用)。

应明确规定分析器和工作设施(工作平台、柜等等)的所有要求,为以后可能放置分析器留出的位置应标注为"预留",以避免其他的辅助设备,例如,电接线盒使用这个空间。

分析器系统/分析器小屋布局和尺寸应考虑到维修和常规系统检查的可达性。

如果没有规定房屋尺寸,供应商应提出房屋尺寸。

通过现场调查,参考取样设备和危险区域系统规定参数选出最佳场所。应给供应商分析小屋净高、宽度和长度或方向,以及外部设备的布局等系统规定参数极限,作为供应商施工的最大尺寸。

为了安全和减少房屋通风要求的负荷,尽量把潜在危险泄漏源的泄漏危险限制到最低限度。

4.7.2 建筑

应明确规定材料(钢、玻璃纤维增强塑料、混凝土等),墙的结构类型(单层、双层等),地面结构类型(例如,混凝土台、钢地板等),房顶结构类型(例如,倾斜的、平面的等),防火、抗静电和绝缘的要求。

应考虑活动房屋的提升方法,并优先明确给出,即顶部提升或底部提升。底部提升对房屋墙壁的建筑强度要求低,但在现场安装时要求能解决高度问题。

应明确规定屋顶通风易于气体飘散,地面下水道易于排出溢出物和清洗。

技术规范应提示供应商注意在运输和安装上的限制条件,供应商有责任确保其设计有利于运输,即,如果设备需要移动,应提供配套的连接器和连接管。

涂层非常重要,应明确规定现场对颜色及表面涂层处理的要求和实际需要。

4.7.3 通风

应规定是强制通风,还是自然通风。

通风要求应符合 IEC 61285。在 IEC 61285、EEMUA 出版物 No.138 和 NFPA30 等文件中可找到适宜的通风计算方法。

应注意考虑风扇系统的选择。风扇电机的电气认证要求，以及在易燃危险环境中所使用的扇叶、风扇传送带(如果使用)的抗静电装置的要求都是十分重要的。

应确定对室内安全要求带来影响的通风空气的气源。

4.7.4 温度控制

温度控制可采取单加热、加热和制冷、单制冷等方式。

应依据地理位置和设备需求选择确定。

如果选择电子系统，应注意危险区域的分类，并应注意，在通风故障时，电子系统的部件不宜过热。

4.7.5 电源配置

电源配置取决于现场供电情况。然而，可以是简单、低成本的，明确由供应商提供电源配置和进行电压转换，并且在现场提供的三相电源下运行。

电源配置应在项目早期达成一致，尤其是在与危险区域有关的地方，因为目前通常的方法是对危险区域应用系统打包认证。

规定备用电源配置点是合理的。

应考虑并仔细规定应急设施。

技术规范中应详述接地要求。

技术规范应规定配线要求。

电缆的支撑和防护是重要的，应规定适合的电缆固定和支撑方式。

4.7.6 安全系统

当设备故障可能出现或发生室内危险情况时，安全系统将为小屋和工作人员提供防护。设备在设计和正确选型时，安全性应被优先考虑，即正确的通风率、合格的电气认证和减少潜在的危险物质泄漏源。

分析小屋安全系统应依据管理要求和安全标准设计。应规定参考的标准(例如，IEC 61285、IEC 60079 系列等等)。

当确定气体检测系统时，应注意进入室内的危险性物质，以便评估正确的安装位置和校准要求。

4.7.7 监测和报警系统

应规定失电情况下报警器触点常开报警。

如果使用报警器逻辑电路的现场控制面板，应确认在通风故障和气体监测器监测到危险情况下，控制面板仍能正常继续工作。正确的认证说明是必不可少的。

应急报警，如，气体监测报警和通风故障报警，依据相应的地方和行业法规和标准要求(如，IEC 61285)，应在小屋入口处和人工值守的现场有显示。

4.7.8 小屋与控制系统的信号接口

可用硬接线和数据传输线与控制系统联接。

安全系统接入到控制体系，应明确控制体系中正确状态信号。

4.8 取样系统技术规范

4.8.1 取样探头的设计和定位

从过程流水线中取样的正确设计和定位是分析器成功工作的关键。设计指导可参考下列文件：

ISA、NAMUR、VDI/VDE351.6 第 1 部分和第 2 部分、EEMUA 出版物 No.138 等等，来帮助制定详细的技术规范。

技术规范应有探头的正确标识和过程管线上正确方位的指示。

如果这部分由供应商提供，最好让供应商负责探头的最终设计。

技术规范应注意过程管线的说明。

4.8.2 样品处理

分析器供应商应负责样品处理设备的集成和供应。

供应商应通过计算、材料选择、元件选择来承担准确设计的责任。为了帮助供应商，应给供应商提供正确的过程数据、材料明细表、合理的传递/铺设管道的说明和任何特殊的样品处理要求，例如：最长滞后时间、通风和排水装置等。

在取样系统技术规范中应注意隔离布局（过程与排风系统分开）、样品进入小屋的流量限制和维护。

螺纹连接组件应特别注意要考虑到维修拆卸和装配，应明确连接用螺纹的规格和制造商。

需要定期维护的部件，如过滤器、流量计等，应提供有助于对部件安全移动和拆卸合适的排水和/或通风，技术规范中应提出这些设施的要求。

要求伴热的系统应考虑设计，便于维护，例如，最好是把样品处理系统安装在加热箱内。

应明确标识所有取样和排放隔离阀、取样管线两端的流路和分析器位号。

4.8.3 样品传输（过程管线到样品处理系统）

应明确规定哪些部件由供应商提供。并且是否符合管线规格，例如，旁路过滤器、泵等。

供应商负责总的设计，即从取样点到分析器，应要求供应商提供取样滞后时间的计算，以最小的样品流量来达到可接受的滞后时间。

4.8.4 安全（压力和温度的考虑）

取样系统的安全是设计的一个重要方面。

应提供避免危险情况发生的泄压阀或爆破膜（例如，保护设备不受超过其最大设计压力的影响）。应由供应商证明泄压阀的能力，在技术规范中应有设计计算。

4.8.5 分析器的合格评定

要提供分析器合格评定系统。其作用是提供过程/生产人员在有疑问时及定期检验分析器的正确方法，并应规定分析器的检验为人工或自动进行。

应考虑标准样品贮存的稳定性。

需要明确其输入的将是标准样品，还是使用和分析的过程样品，这将影响系统设计。

应规定供应商提供标准样品的分析不确定度限值。

4.9 分析器技术规范

4.9.1 引言

本节应给出分析器、位置和位号的说明。如果分析器有独立的控制单元，也应给出位置和辅设电缆距离的要求。

4.9.2 系统供应商责任

如果分析器是系统的一部分，而该系统是由一个系统供应商提供的，那么系统供应商应对订货、采购和安装负责。在技术规范阶段应阐明责任,当系统最终在现场安装时,采购商和系统供应商不会发生免责问题。

供应商和用户双方应保持联系,供应商有责任使用户了解采购进展和发货前的检验情况,用户应要求参加验收。

4.9.3 分析器的电气认证

分析器电气性能应适合其安装的位置,应尽全力保证遵守在危险区域使用的安全(即认证、一致性/批准和列表与标准相符)。

4.9.4 分析器的性能要求

应规定分析器的性能要求,包括可靠性、准确性、稳定性、重复性、循环时间、响应时间等。见附录E参考文献和2中所列的相关性能标准。

一般评定这些特定分析的性能要求应在参比条件下测量,即所有规定的不确定度限值应在参比方法能力之内。

4.9.5 制造材料

应给出确保分析器供应商了解可能与分析器接触的所有材料的说明,包括样品中的痕量组分和可能存在于大气中的腐蚀性组分。

应给出所有适合制造材料的推荐清单。

4.9.6 信号接口要求

与控制系统连接可以是硬连接或数据连接。

应规定所有的信号(模拟的和数字的),包括所有与分析器系统有关的控制信号(例如,检验系统的控制和显示)。

应考虑分析器和其系统三个重要的状态信号,即故障、维修请求和停运。附录B给出了定义和示例。

应注意确保分析器信号与控制系统同步,尤其在使用检验系统时。在获得新数据时,循环分析器需传输给控制系统。

信号连接可在分析器和控制系统之间、分析器系统和报警指示装置之间、分析器系统和安全系统之间、分析器和取样系统/公用设施部件之间进行。

4.10 检验和测试

4.10.1 分析器在供应商生产厂

在分析器交付系统供应商或用户之前,建议去见证某些性能试验。应检查各种功能和测试分析器的零点漂移及量程漂移。

在这阶段不必对分析器进行全面的校准检查。然而,如果有必要,应做交叉干扰的测试。

在技术规范中系统供应商应给出明确的验收要求。

保留陪同系统供应商检验员在分析器供应商生产厂分析器交付前检验的权利。

4.10.2 分析器和系统在系统供应商生产厂

推荐对系统进行全面检验,包括分析器的性能。

检验和测试将需要一定的消耗品,例如,公用设施和测试溶液。

尽可能将分析器与取样系统一起测试。

应进行泄漏的测试。

应进行泄压阀的测试。

应进行校准检验。

5 投标评估

5.1 目的

本章的目的是设计一个程序，用正确的应答形式、技术优势的评判和比较评审的方法，对询价书得到公平一致的应答评价。

应使用比较评审程序。在投标前，预期的供应商应已经对资金进行了评估，并有能力(机构、场地和人力)完成需要的工作。

在附录C中给了一个比较程序的示例。

5.2 正确的投标应答

供应商应以一致的和固定的格式应答询价书。

应明确地规定所有可接受的或不可接受的条款和条件。应明确地逐条举出差异。对于不符合规定的情况，供应商应提供给用户另一种选择或阐明没有满足询价书条款和条件的原因。

投标书的格式应与询价书的结构一致。如果供应商没有按照要求的方式应答，要明确地说明对询价书的理解，否则，由于询价书中有些疑问和疑虑条款，那么，该投标应考虑被拒绝。

5.3 技术优势

仅在技术内容上对投标进行判断并评估与用户要求的依从度。

根据分析器系统成功设计和运行相对重要性确定权重，对关键项目评分比较。

5.4 技术说明限制

不同供应商很可能对技术规范有不同的理解。

应仔细研究投标，确保提供的内容符合功能和安全模式方面的所有要求。在此阶段不应与供应商接触，否则，供应商会有机会影响最终候选供应商名录。

5.5 投标资质会

一旦确定了供应商候选名录，在投标评估过程中就应涉及投标资质会。

应邀请供应商候选名录列入的供应商从技术上讨论标书，以确保对要求的充分了解和解决次要的设计问题。

详细讨论相关的不符合项。

投标资质会讨论供应商的项目组织和进度表。

建议项目负责人和负责技术报价的设计工程师应随同供应商出席会议。

投标资质会后，在此阶段，相关的供应商在同一个技术平台上，应能更新反映所有成本的投标。

5.6 投标评估核对清单

在附录D中提供了一个核对清单的例子，有助于投标评估过程的执行和归档。

附 录 A
（资料性附录）
分析器技术规范表

<table>
<tr><td>公司名称</td><td>分析器技术规范表 1
分析器和系统数据</td><td>日期</td></tr>
<tr><td colspan="2">设备组成
设备部件
设备子部件
设备编号(P 和 ID 号码)
设备组装</td><td>分析器位号
功能
配合
冗余测量
分析器图</td></tr>
<tr><td colspan="3">说明
取样点
安全保护措施　　　　目的</td></tr>
<tr><td>取样点过程</td><td>No.</td><td>分析器</td></tr>
<tr><td colspan="2" rowspan="3">项目　　最小值　平均值　最大值　单位
绝对压力　　Pa
温度　　℃
流量　　m^3/h(标况下)
黏度　　cP[1)]/cSt[2)]
密度　　kg/m^3
状态
1 bar[3)] 沸点　　℃
1 bar 冰点　　℃
1 bar/20 ℃密度　　kg/m^3
pH
悬浮固体浓度
颗粒度
其他信息
参比/毒性/临界/爆炸</td><td>测量原理
测量范围
测量分析范围
制造厂
分析器传感器型号
输出信号
机壳 IP/NEMA
过载保护类型
合格证号
温度　系数　测量值
压力　测量值
绝对准确度
重现性
检测限
零点漂移
响应时间　　T_{10}　　T_{90}</td></tr>
<tr><td>环境要求</td></tr>
<tr><td>环境温度
相对湿度</td></tr>
</table>

1) 1 cP$=10^{-3}$ Pa·s

2) 1 St$=1$ cm^2/s

3) 1 bar$=10^5$ Pa

表（续）

取样点	**位置**
样品点 管路/设备 材料 海拔 探头长度 探头取向 探头材料 探头连接 环境温度 电气区域分级 温度分级 其他信息	分析器 位置/海拔　分析小屋　m　区域　m 环境温度 电气区域分级 温度分级 辅件 型号 位置 公用设施　压力　温度　部件/标识 零点-气/液 校准气-气/液 蒸气 空气 水
样品传输 类型 取样点到分析器的距离　m 到分析器的最大传输时间　min	电源　V　Hz　kW 辅助电源　V　Hz　kW
分析器系统性能要求	**样品回收点**
可达性 误差 检测限 响应时间　T_{10}　T_{90}	目的　说明　海拔　压力 快速循环/恢复 分析器通风/排水 分析器吹扫
设备	
测量类型	**校准/调节**
控制　备份 遥控传感头　在线	类型 周期　d　持续时间　min
信号	
测量值 失灵	停运 测量要求
失灵条件	

版本号：

表（续）

公司名称	分析器技术规范表 2 辅助信息	日期

设备组成 设备组装	分析器位号 功能

技术规范	制造厂	型号	位置		责任
分析器			分析器小屋	区域	
辅件					
失灵					
维护请求					
停运					
分析器特殊信号组成					

过程
分析器
取样点
样品条件
样品回收
样品传送管路　　长度　　m　　类型　　内径　　mm

评价意见

PCS/公用设施/管道接口	分析器图样

样品供应
样品回收
辅助气体/液体
电源

PAT-PCS 信号源　　见电气图 No.

测量值
位置

失灵
位置

停运
位置

版本号：

表（续）

公司	分析小屋技术规范数据表			日期
	项目	编号	位置	

1. 公用设施

	说　明	物质状态			贮存条件		
		气体	液体	固体	容器	数量	位置

2. 分析小屋潜在的危险材料

	说　明	危险状态			LEL 值	OEL 值	沸点 ℃
		爆炸	毒性	腐蚀			

3. 安全要求

环境条件

室内　入口　其他

爆炸：　Y/N　　爆炸条件：

毒物：　Y/N　　温度分级：

爆炸分级：

爆炸保护设备

灯光：　Y/N　　进一步：

通风：　Y/N

紧急开关：　Y/N　　位置：

防护用气体检测器：　爆炸：　Y/N　毒性：　Y/N

组分/测量范围　参考值　传感器位置　指示器位置

4. 通风

型号：　空气变化/h：　min：　max：

温度：　可控：　Y/N　可控温度：　min　℃　max：　℃

通风损失、报警位置：Y/N　1：　2：

5. 设备

气锁入口：　Y/N　　地面排水：　Y/N　　灭火器：　Y/N

应急门：　Y/N　　洗 涤 槽：　Y/N　　型　号：

设备安全报警器　Y/N　　电　话：　Y/N　　位　置：

6. 分析小屋入口报警标识

1.　　2.

3.　　4.

7. 评价意见

附 录 B
（资料性附录）
分析器状态报警 “故障”、“维护请求”和“停运”

这些定义和示例从 NAMUR 64 工作表摘录。

B.1 故障

定义：分析器或相关模块故障，因此测量值无效。

示例：温度控制（黏度计水浴、色谱柱箱）；

传感器故障（无响应、开路、驱动高/低、污染等等）；

光源故障（分析器）；

无样品流量（分析器）。

处理方法：设备工作人员从闭环控制切换到手动操作；

DCS 关闭设备；

自动或由设备工作人员通知维修人员。

B.2 维护请求

定义：磨损余量已达最低限度，但测量值还有效。因此分析器需要维护。

示例：载气压力低（色谱）；

光源强度低（光学分析器）；

自动调零达极限（分析器）；

过滤器压差高（样品系统）；

样品回收罐液位高（样品系统）。

处理方法：自动或设备工作人员通知维修人员，进行维护。

B.3 停运

定义：分析器停运，因此测量值无效。

示例：参数正在输入分析器；

分析器校准状态；

pH 计电极的清洗。

处理方法：设备工作人员从闭环控制切换到手动操作；

设备工作人员安排实验室分析；

DCS 保持最后的测量值。

B.4 下列表格概括了三种重要的分析器状态信号和它们关联的影响

测量信号	分析器系统工作		
	正确	错误	
有效		维修请求	
无效	不工作	失灵	← 对控制系统运转的要求
		↑ 对维修的请求	

附 录 C
（资料性附录）
比较投标评估程序的示例

C.1 总则

比较评审过程应分为两个阶段。

第一阶段按照技术满足性评价标书使候选供应商名录缩减到不超过3家。在此阶段应不与有关供应商联系，将不考虑费用和其他非技术方面。

第二和最后阶段评价应扩大到包括费用和其他非技术方面。两个阶段的比较评审应是有联系的，且与投标资质会相关的供应商携带的技术和每个标书的工作内容处于平等状态，以确保在非技术问题基础上作出公正的评估。

C.2 比较评审——第一阶段

在此阶段不应与供应商有联系。

C.2.1 确定关键范围

评价应分出合适的关键范围。

示例：

项目	范围
1	综合标书质量和偏差
2	样品系统的设计
3	防护设计
4	维护可达性布局
5	公用工程
6	通风
7	电源分配
8	安全系统
9	分析器
10	交货和项目进度表

应按下列1～5个等级判定关键项目：

1＝项目省略；

2＝项目不满足要求；

3＝项目需要小的附加条件才能满足要求；

4＝项目完全满足要求；

5＝项目超过要求。

投标资质会上，得分5的项目将标记出来，可降低成本。

C.2.2 权重函数

关键项目应依据相关的整个安全和分析器系统的功能设计的重点给出权重数。

权重数应按1～10个等级提供，用来增加关键项目的得分。

在确定了权重数和总的得分后，得出归一化数，在标书符合要求（每项 4 分）的最大得分的 0～100%的基础上计算最后得分。

如果在随后的投标资质会的谈判中，大多数或所有关键项目的标志范围内，投标都超过要求，就可能产生超过 100%的分数。

权重数应由用户在收到标书前确定。

示例：

项目	范围	权重
1	综合报价质量和偏差	5.0
2	样品系统设计	10.0
3	防护设计	4.0
4	维修通道的布局	6.0
5	公用设施	1.0
6	通风	5.0
7	电力配置	2.0
8	安全系统	9.0
9	分析器出售	6.0
10	交付和计划进度表	7.0
	总计：	55.0

归一化数＝100/(55×4)＝0.454 5

最后得分为（得分×关键项目的权重因子）×归一化数。

最高的三个得分标书会被列入候选供应商名录，就可开始更详细的技术评估。

在最后阶段之前需要处理费用方面问题，并对技术得分不高而经济上有吸引力的供应商提出拒绝的理由。若在投标之前同意上述筛选方法，应提供提出必要的理由为该决定辩护。

C.3 比较评审——第二阶段

再次报价应服从第二和最终阶段的比较评审。

C.3.1 投标资质会

投标资质会应是选择签约供应商的第二和最后阶段。

会后相关的供应商在同一个技术平台上，并给出反映所有间接成本的更新后的标书。

C.3.2 确定关键范围

在此不必关注进一步的技术评价和经济考量。第二阶段评价应分出适合的非技术关键范围。

示例：

项目	范围
1	费用
2	交货和项目进度表
3	支持/售后服务能力
4	其他非技术准则

对于费用和交货，得分应按以下 1～5 个等级：

1＝超过预算 20%或更多；

2＝超过预算 10%～20%；

3＝在 10%预算以内；

4=低于预算 10%～20%；

5=低于预算 20%或更少。

对于剩下的准则，得分应按以下 1～3 个等级：

1=不接受；

2=有保留的接受；

3=完全接受。

C.3.3 权重函数

依据以下 1～3 个等级评审标准的重要性，给出评价关键项目的权重数：

1=不重要；

2=重要；

3=非常重要。

在接受最终报价之前应确定权重因子，例如：

项目	范围	权重
1	相对于预算的费用	2.0
2	交货和项目进度表	2.0
3	售后支持能力	1.0
4	可靠性	3.0
5	经验	3.0
6	其他的承诺(工作负荷)	2.0

以权重数的关键项目得分的总分，作出最终的选择，例如：

权重因子乘以相应的关键项目的得分。

在确定每个项目的权重数和总和的结果后，最后的评价可通过归一化数相乘被校正成目前的结果作为所能实现的最大得分的百分率。

项目 1 和项目 2 最大得分为 5，项目 3 到项目 6 的最大得分为 3，可能的总的最大得分等于 5×(2+2)+3×(1+3+3+2)=47。

在此示例中归一化数=100/47=2.127 7。

附　录　D
（资料性附录）
报价评估检查表示例

	用户			供应商		用户		
项目	正文	供给（Y/N/O[a]）	注解	验收（Y/N）	意见（备选）	判定（1～5）	权重因素	得分
	报价质量和协定							
1.3.3 和 3.2	技术规范中最大偏差	[Y]		[]				
1.3.3、1.3.4 和 3.2	给出不符合的技术原因	[N]		[]				
	样品系统的设计							
2.8.2 和 2.8.3	管路规范的一致性	[Y]	见附录 A 管道规范	[]				
	安全系统							
2.6.5	样品的毒性危险	[Y]	见附录 B					
2.7.6	按 IEC 61285 的布局	[Y]						
	通风	[Y]		[]				
2.7.3	通风失灵的对策	[Y][O[a]]	分析器关闭危险区域分级	[][]				

[a] 可选项目。

附 录 E
参考文献

E.1 国际标准

ISO 3171 Petroleum liquids—Automatic pipeline sampling

IEC 60529 Degrees of protection provided by enclosures(IP Code)

IEC 60746(all parts) Expression of performance of electrochemical analyzers

IEC 61115 Expression of performance sample handling system for process analyzers

IEC 61207-1 Expression of performance of gas analyzers—Part1:General

IEC 61508(all parts) Functional safety of electrical/electronic/programmable electronic safety—related system

E.2 欧洲标准和指令

Directive 94/9/EC ATEX Directive

WIB Guide to the ATEX Directive
Clarification of the European Legislation for Products for use in Potentially Explosive Atmospheres

EN54 Components of Automatic Fire Detection System—Part 5:Heat Sensitive Detectors—Point Detectors containing a Static Element
Part 7:Specification for Point-type Smoke Detectors using Scattered Light,Transmitted Light,or lionization

EN50014 Electrical Apparatus for Potentially Explosive Atmospheres-General Requirements

EN50016 Electrical Apparatus for Potentially Explosive Atmospheres-Pressurized Apparatus "p"

EN50018 Electrical Apparatus for Potentially Explosive Atmospheres-Flameproof Enclosure "d"

EN50019 Electrical Apparatus for Potentially Explosive Atmospheres-Increased Safety "e"

EN50020 Electrical Apparatus for Potentially Explosive Atmospheres-Intrinsic Safety "i"

EN50054 Electrical Apparatus for the Detection and Measurement of Combustible Gases-General Requirements and Test Methods

EN50057 Electrical Apparatus for the Detection and Measurement of Combustible Gases-Performance Requirements for Group II Apparatus Indicating up to 100% Lower Explosive Limit

注:EN54 是由欧洲标准化委员会(CEN)出版的;
EN50014/50016/50018/50019/50020/50054/50057 是由 CENELEC 出版的。

E.3 国家标准(英国)

BS3116 Specification for Automatic Fire Alarm Systems in Buildings—Part4:Control and Indicating Equipment

BS5345 Code of Practice for the Selection, Installation and Maintenance of Electrical Apparatus for use in Potentially Explosive Atmospheres(other than mining applications or explosive processing and manufacture)

BS5446 Specification for Components of Automatic Fire Alarm Systems for Residential Premises—Part1:Point-Type Smoke Detectors

BS5839 Fire Detection and Alarm Systems in Buildings—Part 1:Code of Practice for Installation and Servicing

Part 2:Specification for Manual Call Points

BS5925 Design of Buildings—Code of Practice for Ventilation, Principles and Designing for Natural Ventilation

BS6467 Electrical Apparatus with Protection by Enclosure for use in the Presence of Combustible Dusts—Part 1:Specification for Apparatus

Part 2:Guide to Selection, Installation and Maintenance

BS6739 Code of Practice for Instrumentation in Process Control Systems—Installation, Design and Practice

BS6941 Specification for Electrical Apparatus for Explosive Atmospheres with Type of Protection N

BS7535 Guide to the use of Electrical Apparatus Complying with BS5501 or BS6941 in the Presence of Combustible Dusts

VDI/DIN Handbuch Reinhaltung der Luft, Beuth Verlag, Berlin

VDI/VDE Richtlinie2187: Einheitliche Anzeige—Bedienoberflache auf Personalcomputern fur digitale Feldgerate, Beuth—Verlag, Berlin, 1996

NFPA496 Standard for Purged and Pressurized Enclosures for Electrical Equipment

NFPA70 National Electrical Code

NFPA497 A Recommended Practice for Classification of Class 1 Hazardous (Classified) Locations for Electrical Installations in Chemical Processing Areas

40 CFR EPA Regulations

29 CFR Part 1910(Occupational and Health Standards for General Industry) and Part 1990 (Carcinogen Policy)

E.4 国家委员会/协会指导文件

ACGIH USA-Industrial Hygiene Guidelines

API555 Process Analyzers

API Manual of Petroleum Measurement Standards—Part 8:Chapter 8.2:Automatic Sampling of Petroleum Products(ANSI/ASTM D4177)

EEMUA Publication No.175 Code of practice for Calibration and Checking Process Analyzers (Formerly IP 340)

IP Electrical Safety Code Revision of Chapter 3 of Part 1 of the Model Code of Safe Practice in the Petroleum Industry

ISA Practical Guides for Measurement and Control—Analytical Instrumentation, ISBN 1-55617-581-7

ISA Principles of Sample Handling and Sample Systems Design for Process Analysis, ISBN 877664-189-3

ISA RP76.01 Analyzer System Inspection and Acceptance

NACE MR-01-75-Sulphide Stress Cracking Resisitant Metallic Material for Oil Field Equipment

NAMUR Arbeitsblatt 16:Planung von Prozebanalysentechnischen PLT—Einrichtungen(1985)

NAMUR Empfehlung 21:Elektro—Magnetische Vertraglichkeit von Betriebsmitteln der Prozeb-und Laborleittechnik—Storfestigkeitsanforderungen und Funkent-storung(1983)

NAMUR Arbeitsblatt 35:Abwicklung von PLT—Projekten(1983)

NAMUR Empfehlung 43:Vereinheitlichung des Signalpegels fur die Ausfallinformation von digitalen Meb-umformern mit analogem Ausgangssignal(1994)

Richtlinien fur die Vermeidung der Verfachren durch explosionsfahige Atmosphare mit Beispielsammlung-Explosionsschutz-Richtlinien-(EX-RL), Fachausschub "Chemie" des Hauptverbandes der gewerblichen Berufsgenossenschaften.

Merkblatt ZH 1/8.3 "Einsatz von orsfesten Gaswarneinrichtungen fur den Explosionsschutz",Berufsgenossenschaft der chemischen Industrie

UK HSE Guidance Note EH40-Occupaational Exposure Limits

UK Health and Safety at Work Act

UK Factories Act

UK SI 808-The lionizing Radiations(Sealed Sources)Regulations

UK Radioactive Substances Act

E.5 其他文件

a) Kemps Engineering Year Book

b) Crane—Flow of Fluids Through Valves, Fittings and Pipes[Publication 410M(Metric Edition)]

c) Perry and Chilton—Chemical Engineers Handbook

d) Fisher Controls—Control Valve Handbook

ICS 71.040.01
N 53

中华人民共和国国家标准

GB/T 29814—2013/IEC/TR 61831:1999

在线分析器系统的设计和安装指南

On-line analyser systems—Guide to design and installation

(IEC/TR 61831:1999,IDT)

2013-11-12 发布　　2014-03-15 实施

中华人民共和国国家质量监督检验检疫总局
中国国家标准化管理委员会　发布

前言

本标准按照 GB/T 1.1—2009 和 GB/T 20000.2—2009 给出的规则起草。

本标准使用翻译法等同采用 IEC/TR 61831:1999《在线分析器系统的设计和安装指南》。

与本标准中规范性引用的国际文件有一致性对应关系的我国文件如下：

——GB 12476(所有部分)可燃性粉尘环境用电气设备[IEC 61241(所有部分),IDT]

——GB/T 18403(所有部分)气体分析器性能表示[IEC 61207(所有部分),IDT]

——GB/T 19768—2005 过程分析器样品处理系统性能表示(IEC 61115:1992,IDT)

——GB/T 20245(所有部分)电化学分析器性能表示[IEC 60746(所有部分),IDT]

——GB/T 20438(所有部分)电气/电子/可编程电子安全相关系统的功能安全[IEC 61508(所有部分),IDT]

——GB 29812—2013 工业过程控制 分析小屋的安全(IEC 61285:2004,IDT)

为了方便使用,本标准做了下列编辑性修改：

——用"参考文献"代替"附录 K"；

——重新编排公式中各项注释的顺序；

——将规范性引用文件中资料性附录引用的标准和文献整理到参考文献。

请注意本文件的某些内容可能涉及专利。本文件的发布机构不承担识别这些专利的责任。

本标准由中国机械工业联合会提出。

本标准由全国工业过程测量和控制标准化技术委员会分析仪器分技术委员会(SAC/TC 124/SC 6)归口。

本标准起草单位：中国仪器仪表行业协会、西克麦哈克(北京)仪器有限公司、重庆川仪分析仪器有限公司、上海市计量测试技术研究院、北京北分麦哈克分析仪器有限公司、上海精密科学仪器有限公司、聚光科技(杭州)股份有限公司、南京分析仪器厂有限公司、北京分析仪器研究所。

本标准主要起草人：马雅娟、方培基、熊彬烽、张波、曲长虹、顾敏杰、陈英斌、刘虎、娄兴军。

引　言

尽管在分析器和样品系统的技术性能，以及相关安全性等方面已经有了各种各样的标准，然而在整个在线分析器系统的设计和安装方面缺乏相应的指导，本标准正是为此所制定的。

虽然在线分析器的用户实际应用不同，但是基本方法和途径是相似的。因此，本标准有利于实现工业标准化，降低设计和运行成本并提高安全性。

贯穿全文的分析器一词是指各种在线分析器：过程分析器、质量分析器、质量测量仪表和过程质量监测仪。

参考欧洲标准或国际标准时，也应符合我国相应法规要求。

在线分析器系统的设计和安装指南

1 总则

1.1 范围

本标准适用于在线分析器系统，指导在线分析器系统供应商和用户确立或设计从过程取样到终端输出显示或控制一套完整的分析器系统。

1.2 规范性引用文件

下列文件对于本文件的应用是必不可少的。凡是注日期的引用文件，仅注日期的版本适用于本文件。凡是不注日期的引用文件，其最新版本（包括所有的修改单）适用于本文件。

GB 3836.14—2000 爆炸性气体环境用电气设备 第14部分：危险场所分类（IEC 60079-10:1995,IDT）

GB 3836.15—2000 爆炸性气体环境用电气设备 第15部分：危险场所电气安装（煤矿除外）（eqv,IEC 60079-14:1996）

GB 3836.17—2007 爆炸性气体环境用电气设备 第17部分：正压房间或建筑物的结构和使用（IEC 60079-13:1982,IDT）

GB 4208—2008 外壳防护等级（IP代码）（IEC 60529:2001,IDT）

GB/T 27867—2011 石油液体管线自动取样法（ISO 3171:1998,IDT）

IEC 60079-1:2007 爆炸性气体环境 第1部分：由隔爆外壳“d”保护的设备（Electrical apparatus for explosive gas atmospheres—Part 1:Flameproof enclosure “d”）

IEC 60079-2:2001 爆炸性气体环境用电气设备 第2部分：正压外壳型“p”（Electrical apparatus for explosive gas atmospheres—Part 2:Pressurized enclosures “p”）

IEC 60079-11:2005 爆炸性气体环境 第11部分：由本质安全型“i”保护的设备（Electrical apparatus for explosive gas atmospheres—Part 11:Intrinsic safety“i”）

IEC 60079-15:2000 爆炸性气体环境用电气设备 第15部分：危险场所电气安装（煤矿除外）（Electrical apparatus for explosive gas atmospheres—Part 15:Electrical installation in hazardous areas (other than mines)

IEC 60746（所有部分） 电化学分析器性能表示（Expression of performance of electrochemical analyzers）

IEC 61115 过程分析器样品处理系统性能表示（Expression of performance of sample handling systems for process analyzers）

IEC 61207 气体分析器性能表示（Expression of performance of gas analyzers）

IEC 61241（所有部分） 可燃性粉尘环境用电气设备（Electrical apparatus for use in the presence of combustible dust）

IEC 61285 工业过程控制 分析小屋的安全要求（Industral-process control—Safety of analyzer houses）

IEC 61508（所有部分） 电气/电子/可编程电子安全相关系统的功能安全（Functional safety of

electronc/programmable electronic safety related systems)

BS 3116 建筑物中自动火警系统的标准 第4部分:控制和显示设备(Specification for Automatic Fire Alarm Systems in buildings—Part 4:Control and Indicating Equipment)

BS 5306 住房用灭火装置及设备(Code of practice for fire extinguishing installations and equipment on premises)

BS 5445 火灾自动探测系统元件(Components of automatic fire detection systems)

BS 5446 自动火灾检测系统的组成(Components of Automatic Fire Detection Systems)

BS 5839 建筑物的火灾探测和报警系统(Fire Detection and Alarm Systems in Building—Part 1: Code of Practice for Installation and Servicing—Part 2:Specification for Manual Call Points)

BS 7535 符合BS 5501或BS 6941标准的电气设备在可燃性尘埃环境中的使用指南(Guide to the use of Electrical Apparatus Complying with BS 5501 or BS 6941 in the Presence of Combustible Dusts)

EN 50016 潜在爆炸性环境用电气设备 正压"p"的设备(Electrical Apparatus for Potentially Explosive Atmospheres—Pressurized Apparaturs "p")

EN 50054 关于检测和测量易燃气体的电气设备 一般要求和测试方法(Electrical Apparatus for the Detection and Messurement of Combustible Gases—General Requirements and Test Methods)

EN 50057 关于检测和测量易燃气体的电气设备 指示爆炸下限不高于100%的第Ⅱ组设备的性能要求(Electrical Apparatus for the Detection and Messurement of Combustible Gases—Performance Requirements for Group Ⅱ Apparatus Indicating up to 100% Lower Explosive Limit)

EEMUA 175 校准和检查过程分析器的操作标准(原版IP 340)[Code of Practice for Calibration and Checking Process Analysers(Formerly IP 340)]

1.3 基础评价

分析器的有效性和适用性一般由以下一个或几个方面来评价:

a) 过程设备、公用工程条件和离线的可操作性;
b) 在设备失常、操作和协同操作及启动方式改变的情况下,产品降级和再加工成本的限制;
c) 控制产品尽可能保持技术规范和最小质量损失;
d) 维持设备的高效率,例如锅炉、窑炉、蒸馏塔和反应器;
e) 防腐性;
f) 人员和设备的安全性;
g) 污染的测量和控制。

1.4 补充评价

也应考虑以下方面:

a) 分析器和与之相连的采样系统的安装通常是复杂的,需要有专人负责其设计和维护;
b) 对分析器通常不是根据实验室测试成本的降低来评价,因为这种节省通常会与维护费用的增长相抵消。为提高分析器的有效使用,需提供非连续的实验室重复测试分析。为了满足规定要求和分析器系统需求,仍需要实验室设备;
c) 单流路分析器首先需要考虑的是样品的更新时间和系统动态控制不匹配或者存在不可接受的交叉污染的风险等问题,尤其是当分析器作为自动控制线路一部分时,一个单点故障可能导致多个回路控制的失效;
d) 为了有效使用,分析器可采用防护形式安装。

1.5 可靠性

为了获得可靠的操作，需要考虑以下方面：

a) 取样系统恰当的设计；

b) 可靠的公用工程；

c) 对低温、太阳辐射、雨水、灰尘和腐蚀的恰当防护；

d) 分析器系统组件易于维护；

e) 定期维护；

f) 电磁辐射防护。

1.6 设计

设计应有利于在线分析器工作时方便快捷地进行维护、调节和维修。需要注意，组件的安装应易于作业，而不需要拆除或移动其他组件，也不需要使用轻便梯子或其他临时措施。整个设计应使危险的或有害的气体和蒸气排放及液体溢出的可能性降到最低。

1.7 集成化

分析器的集成化有几个经济上的优势，例如：

a) 单一房屋；

b) 集成仪器电缆管路和桥架；

c) 公用的电、水、气和压缩空气源，公用的下水、通风和清洗管路；

d) 更加便于维修。

1.8 现场安装

当出现以下情况时，应选用现场安装：

a) 当集成的成本与预期优势不相符时；

b) 当集成的结果导致样品传送时间滞后过长时；

c) 当预期有样品处理问题时，例如，蜡质样品、痕量组分。

1.9 预组装系统

预组装的分析器具有便利和经济吸引力。可包括一个或多个分析器和相应的样品处理系统和公共接口，但必须注意分析器系统与总体设备的安装匹配。

这种组装方式有许多优点：

a) 由专业供应商设计的系统和其工厂制造的通常优于那些施工人员在现场的组装；

b) 有效地减少了对细节的设计以及现场施工人员的工作量；

c) 工厂制造不受气候和施工人员条件的影响；

d) 现场的工人并不一定要受过专门的技能训练或是具有相关的工作经验；

e) 系统可在模拟条件下进行全面的测试，主要设计、设备和制造问题可在发货前解决；

f) 使用已验证的设计能节约费用和提高可靠性；

g) 所有相关文件可由专业供应商合并成单独的档案。

2 健康和安全

2.1 引言

要求分析器系统的设计、安装和操作对工作人员和现场无危险。

主要危险是引燃易燃物质和接触有毒物质。着火的来源可以是机械的、热力的、声能、光学的和电磁辐射，可能是那些通常只与电气设备连接的物件。更重要的是，工作人员进入分析器系统要避免其他危险的发生，例如烧伤、电击和被锋利边缘割伤等。

应参照有关的国家、行业和地方强制性的安全标准和法规要求。

对于易燃气体和蒸气，危险区域分级国家和国家之间会不同。但有两种方法是共同接受的，一个是起源于欧洲的“区域”概念，另一个来源于北美的“分界”概念。本标准依据欧洲和 IEC 标准，参考分级定义为 0 区域、1 区域和 2 区域，其等同于北美分级 1 分界（包括 0 区域和 1 区域）和 2 分界（包含 2 区域）。

对于易燃粉尘，危险区域目前分为两个区域，两个粉尘区域是 Z 区域和 Y 区域（等于气/蒸气的 1 区和 2 区）。IEC 标准已按照与气体和蒸气相似的命名原则，只是在字首加一个 2，给出 20 区域、21 区域和 22 区域。

除非提及具体的易燃气/蒸气或易燃粉尘，危险区域分类将参考采用 0 区、1 区和 2 区形式，在这种情况下将等同于 Z 区和 Y 区（IEC 术语中 20 区、21 区和 22 区）。

在室内安装分析器时，依据 IEC 61285。

2.2 预防火灾和爆炸

2.2.1 易燃气体和蒸气

一般来说分析器与其他任何电子设备在危险区域的安装条件是相同的，这些条件列在 IEC 60079-14 和 GB 3836.14—2000。这些用于设备制造的标准组成了 IEC 60079 其他部分，IEC 60079 系列分别包含了各种使用类型的防护，例如：

a) IEC 60079-1:2007 隔爆 Ex“d”；

b) IEC 60079-2:2001 正压防爆 Ex“p”；

c) IEC 60079-11:2005 本质安全 Ex“i”。

分析器与其他电子设备不同，在许多情况下，它会把危险物质带入电气防护壳内，因此需要特别考虑电气安全认证。

IEC 60079-2 处理 Ex“p”的防护类型，包含两种情况，一种是来源于外部设备的易燃物质泄漏，一种是内部泄漏。

对于内部泄漏采用的方法首先是设计时通过减少防护壳内部的接缝，以最大程度减少潜在的泄漏，来降低爆炸的可能性，并确保一旦内部易燃物泄漏，不会产生危险状况。这可利用下列的一种或几种方法来实现。

a) 外壳内的管道密封连接，该措施可防止液体样品泄漏；

b) 限制带有潜在点火源的内部组件，使用经过认证的 1 区或 0 区的设备；

c) 用空气稀释机壳内的气体，使气体浓度低于爆炸下限（LEL）的 20%；

d) 通过限流阀/截止阀来限制外部的泄漏源；

e) 用惰性气体密封机壳。

当使用稀释吹扫或增压的惰性气体时，如果防护气体供给失灵，为了确保危险条件不发展，应安装压力和流量报警器。接收报警后采取的措施将依据机壳外部的气体是否是 0 区、1 区和 2 区，和机壳内是否有一些其他防护。

上述措施的采用可将事故的影响程度降至最低，例如：

a) 尽可能少地使用那些可能在泄漏情况下会被释放出有潜在危险物质的量；

b) 用于分析器的样品使用尽可能低的工作压力和温度；

c) 减少安装在主要设备机壳内未认证的电气设备的功耗；

d） 设计时保证表面温度不高于气体或蒸气的着火点。

2.2.2 易燃粉尘

许多粉尘是易燃的，如果这种粉尘可能存在，并与分析器系统接触，那么安装在这种危险区域的电子设备和系统应遵守易燃粉尘的有关标准（例如，IEC 61241、BS 7535）。

在有易燃粉尘存在情况下，使用的电子设备应依据下列准则进行选择：

a） 结构上应避免粉尘的聚集、摩擦和热量的增加；

b） 渗入防护要考虑到区域分级和粉尘的性质；

c） 最大表面温度要考虑到粉尘的最低点燃温度。

在区域 Z 的设备应遵循渗入防护 IP6X（粉尘防护 GB 4208—2008）。

在区域 Y 的设备应遵循最小渗入防护 IP5X（粉尘防护 GB 4208—2008）。

在机壳内少量的粉尘被点燃，会蔓延到外部空气中（引燃），渗入防护 IP6X 适用各种区域分级。

2.2.3 易燃气体、蒸气和易燃粉尘

在可能同时出现易燃气体或蒸气和易燃粉尘的设施上，区域分级应考虑出现两种危险的可能性，该区域分类应反映两种危险情况的结果。

2.3 有毒危险防护

当设计系统时应考虑物质的毒性，以避免某些物质在大气中的含量超过职业暴露极限值（OEL）。这些值应依据有关的国家和行业标准。

值得注意的是，许多物质的短期暴露极限值远小于燃烧极限值。

分析器单独隔离处理有毒物质，并有明显的标识（见 3.4.2）。

注意在对含有毒或其他危险物质的采样系统拆卸前应加以吹扫清洗。

有些分析器包含有毒的组分，在维修期间加以小心，例如湿化学法分析器的一些试剂和某些构成材料。

有毒的校准样品应在分析小屋外贮存并通过管线引入（见 4.12 第 6 段）。

2.4 现场安全

当分析器系统被用于保证现场或过程的安全（例如，预防危险事件或检测污染物的流失）时，应依据 IEC 61508 的要求进行相关的设计、安装和操作。

2.5 辐射危险

依据有关的国家法规，含放射源的设备及防护罩上应有明显的标识。

2.6 安全设施

气体检测和报警系统对于易燃和有毒物质是必要的（见 3.9）。

易燃物质的工作场所内放置易取得的灭火器和灭火毯，同时还应备有火情监测器和自动灭火设备（见 3.9）。

逃生设备是必不可少的（见 3.5.3）。

在放置有毒、酸或碱物质的工作场所应具有洗眼槽和快速到达的淋浴设备。

2.7 手动关闭装置

手动关闭装置应安装在靠近分析器的地方。

在用分析器柜、分析器棚、分析小屋的情况下，手动关闭装置应装在其外部。

这些装置应隔离分析器及辅助设备的样品、载气和电源。

应为室内通风扇安装一个单独的关闭装置。

2.8 噪声

应注意分析小屋内的噪声强度，其应符合国家法规。

大多数噪声的来源是通风系统和水冷却单元。

2.9 报警指示

报警灯应安装在分析小屋外，且所有入口和通道都可以看见。分析小屋内状态灯应显示报警和正常状态两种情况，例如正常状态显示绿灯，提供一个自动防故障装置。

在有视觉报警装置的分析小屋内也应有一个有声报警装置。在高噪声强度的区域里应使用高可见度的闪光灯。

3 分析器防护

3.1 引言

分析器和分析器取样系统依据分析器的类型、应用的重点和工作环境的要求来变更防护等级。当分析器自身情况与工作环境不匹配，应提供附加的防护。这些附加的防护可确保仪器正常运行和设备的维修。

具体的分析器系统选择的安装方式取决于以下几方面：

a) 安装分析器的区域分级；

b) 有关的安全机构或用户提出的特殊要求；

c) 分析器现场的环境条件(例如，温度、湿度、风、雨、雪、粉尘/沙、阳光辐射、腐蚀性气体、地震活度等)；

d) 分析器供应方对可靠性、准确性和/或安全操作的环境要求；

e) 在维修操作期间对设备和人员的防护；

f) 系统组件的维修和可达性要求；

g) 经济上的考虑(例如，总体费用和资金消耗)。

本节主要叙述位于危险区域分析器的安装和/或危险样品的传送。分析器位于安全区域和传送非易燃或无毒样品、维护、校准混合物，无潜在窒息性物质释放，或空气从危险区域的传入，只需要对分析器准确和可靠的操作提供必要的环境，而对通风没有特殊要求。

可考虑以下四种防护形式：

a) 分析器机壳；

b) 分析器机柜；

c) 分析器棚；

d) 分析小屋。

与分析小屋有关的安全方面的要求见 IEC 61285，在本标准中为达到清晰连贯不可避免地会对 IEC 61285 重复说明。

3.2 定义

下述定义适用于本标准。

3.2.1

分析器防护　housing

下列所有定义的通用术语。当涉及分析小屋时，依据 IEC 61285 的术语定义为分析小屋(AH)。

3.2.2

分析器机壳　analyser case

仪器的外围组成部分。

3.2.3

分析器机柜　analyser cabinet

单个或组合安装分析器的小型密闭柜。进行维护时从外打开柜门。

3.2.4

分析器棚　analyser shelter

一面或多面开放的结构且空气可无障碍地自然通过，内部可安装一台或多台分析器。分析器的维修通常可在工作棚的防护内进行。

3.2.5

分析小屋(AH)　analyser house

一种封闭的建筑或是建筑的一部分，安装有一台或多台在线分析器及辅助设备。由有资质人员进行定期的巡检，通常有自然通风或强制通风。并在室内进行分析器的维修保养。

3.3　分析器防护的选择

3.3.1　分析器机壳

例如 pH 计、电导率仪等分析器可直接在露天安装(仅用机壳遮蔽)，并提供应遵守的危险区域分级和环境条件。

此方法的优点是机壳周围自然通风，因此易燃气体或蒸气及爆炸气体在机壳外无聚集的风险。这是最低成本的安装方法。其缺点是没有对设备或维修人员的环境保护。应详细规定设备使其腐蚀性破坏程度最小，这些设备运行寿命可能不如安装在柜内、棚内的或室内的分析器。当分析器要求加热或大量维修时，不适用这种防护方式。

3.3.2　分析器机柜

分析器可单独或组合安装在柜内，分析器机柜将依次根据柜的位置、结构、通风等级和是否在柜内有释放源等，在柜内安装符合相应危险等级的设备。

环境条件应与分析器制造商的说明一致，且设备易于维修。分析器柜为分析器提供了一个提高环境防护而成本较低的方法。

当分析器机柜需要通风时，通常采用自然通风。自然通风方法的优点是通风稳定和无机械故障。但是自然通风仅能较好地保持环境的危险区域分级，并且所有设备都需要相应认证。

当使用自然通风，并不可避免地使用无认证的分析器，以及柜安装在危险区域时，需要对分析器采用附加防护措施，像正压吹扫，以防止任何易燃物质进入柜内与分析器内潜在的火源接触。如果分析器设计会引起易燃物质的内部释放的风险，则需考虑辅助措施(见 2.2.1)。

柜的缺点是除从正面维修外，分析器的可达性困难，对分析器安装的尺寸有操作限制，且没有对维修人员提供防护。

3.3.3　分析器棚

这种结构可用于安装位置符合危险区域分级的分析器，同时环境条件也符合分析器制造商规定。

当设备只需最低限度防护时,使用分析器棚是很方便的。

在处理高毒性材料时,分析器棚有优势。

其优点是便于组合式分析器维修,同时可为维修人员提供一些防护措施,也能提供持久的自然通风。

其缺点是不能提供设施来改变危险区域分级,仅能对设备提供最低限度的环境保护。

3.3.4 分析小屋(AH)

分析小屋的安装成本最高,但对需要高级别防护、定期检查、高维修率的分析器来说是合理的。这些分析器可安装在分析小屋,为分析器的操作和维修提供一个可控环境,并可降低长期的维修费用。

这种防护类型的优点是能对抗极端的环境条件。

对通风系统有自然通风系统和强制通风系统两种选择。

自然通风系统受限于环境和分析小屋内的区域分级,最好是与周围大气区域分级相同。其优点是安装简单和价格低廉,因为自然通风是永久的,无机械故障。

强制通风系统能严格控制室内环境且分析小屋内区域分级可根据防护系统进行选择。其优点是在室内可使用无认证的设备,提供的通风空气来自安全区域并可操作通风系统和报警系统。

3.4 区域分级和有毒危险

3.4.1 电气区域分级

分析小屋、分析器机柜或分析器棚的区域分级应按照 GB 3836.14—2000 和相关美国石油协会(IP)标准。对易燃粉尘环境区域分级应依据相关标准 IEC 61241。在有关安全规范中,分析小屋是"密闭或开放的处所",室内所有设备和防护措施的使用都应符合区域分级。

值得注意的是与分析小屋有关的危险物质(例如氢气作为载气、分析的样品、校准样品),也可影响分析小屋、分析器棚或分析器柜所处位置的区域分级。

适用于本标准的区域分级,参照 GB 3836.14—2000 定义的 0 区、1 区和 2 区,相当于北美分级的 1 分界(包括 0 区和 1 区)和 2 分界(包括 2 区)。

除非提及具体的易燃气体/蒸气或易燃粉尘,危险区域分级都参照采用 0 区、1 区和 2 区形式,在这种情况下,等效 Z 区和 Y 区(IEC 术语中 20 区、21 区和 22 区)。

3.4.2 毒性危险

分析毒性材料时对分析小屋的通风要求是应确保在正常或任何可能失灵的条件下这些物质不超过职业暴露极限(OEL)。禁止进入没有监督、探测和防护装置,且有毒物质超过 OEL 以上的操作间。室内可能存在较高浓度的有毒气体时,应在门或外壳上给出警告标识。OEL 的等级应由国家和相关组织规定。

3.5 制造和安装

3.5.1 总则

制造类型考虑下面几个方面,应由用户规定。

3.5.2 分析器的防护

下列原则适用于所有类型的分析器安装:

制造的材料应阻燃、耐油和耐化学腐蚀。也应考虑其他的环境因素,例如,高湿、霜冻、日晒和地震活动等。

在制造施工中应关注材料的性能指标，将静电荷积累的可能性降到最低，尤其是使用如玻璃纤维增强塑料（玻璃钢）等材料和屏蔽接地时。

制造施工应尽量减少腐蚀的影响，在必要的地方应采用适合的防腐涂料，并注意避免因采用不同金属，例如：不锈钢与低碳钢直接连接而引起的电蚀。

穿板应减至最小并符合制造和安全要求，对穿板（带合适的穿板接头）或转换件（防火墙的穿板由海上平台开发原理图见附录J）。如果空间宝贵，则使用转换件可提供更紧凑的布局。

外壳用来承载设备时，应保证有足够的钢性使振动最小。设备安装在墙上时，要求有合适的加固措施。

如有必要，采用抗震结构和柔性管路把振动敏感的分析器与管路系统或结构振动分开。

照明设施应为操作和维修提供充足的照明。照明灯或应急灯要随时保持工作，并且至少适用于危险区域2区的安装或处理危险样品的照明。

当超过极限温度和/或高湿条件下时，应考虑使用供暖和空调，加热器表面温度应不超过区域分级允许的温度范围（GB 3836.14—2000），加热器外壳应有防护，以免工作人员意外接触。

由于环境温度或分析小屋释放的热量导致不能接受的高温时应考虑使用空气调节。

应考虑控制环境温度的各种形式，房屋的内墙、房顶材料及结构设计时应尽量减少热量损失。这也适用于最大限度地减少由于阳光辐射产生的房屋内热量的增加。

采用空心墙应确保易燃物质不在墙内聚集。

在线分析器分析液体样品时应采用措施排出溢出物和/或清洗物质，提供有一定坡度的地板并设置下水道。

3.5.3 分析小屋(AH)

以下几点适用于分析小屋：

建筑一般是砖、混凝土、钢或玻璃钢。

应提供向外开，最好无锁，并且会自动关闭的门。所有的门都需要加装“紧急逃生锁”，以便即使用锁，也能从内快速打开。门安装的位置应便于在紧急情况下从房间的任何方位逃生。单个门能否满足需求取决于分析室的大小和房屋逃生通道的规定。如果正门和逃生通道会被从内或外阻碍，那么要求远离正门提供一个第二道门或紧急出口作为替代的逃生通道（例如，紧急逃生板）。

门的位置、大小和通风至少应方便室内设备的搬移。

分析小屋门上的任何窗户只限于观察并不能打开。除非用户或安全管理机构不允许，每扇门应有合适材料的安全窗。

无障碍室内净高度至少为2 m。应避免汇集气体的死角和沟槽。设备像样品处理单元、气瓶、校准样品容器、试验取样点应安装在室外并有适当的防雨设施，除非用户有其他的规定。

屋顶应倾斜避免积水。在最高点设置排气口以防止气体积聚。屋顶设计也应考虑到由于雪、屋顶安装设备和人员适当的上下而增加的负荷。

分析小屋建在混凝土基础上，地基经过防渗材料处理，至少比周围地区高0.1 m，并向室外适当倾斜，以便液体排放和清洗。

分析小屋内的地板应防滑，所用涂料应对任何可能接触到地板物质有防御作用。

3.6 分析器防护的通风要求

3.6.1 总则

分析器防护可通过自然通风和强制通风达到通风目的。

自然通风定义为由外界风力和/或室内外热梯度所诱导的通风。自然通风不依赖机械设备。

强制通风定义为通过机械方式达到通风,如风扇。

3.6.2 分析器机壳

就分析器机壳而言,应遵循制造商的安装要求,而通风的特殊设计考虑一般是不必要的。分析器可正压吹扫机壳以符合危险区域分级的要求,但本节中,正压吹扫作为单独的事项,在 2.2.1 中叙述。

3.6.3 分析器棚

分析器棚很少能控制通风,且棚内的设计仅集中通过消除滞留区域来防止气体和液体的聚集。这种类型的设计不能有效减小由粉尘增加而引起的危险。

3.6.4 分析器机柜和分析小屋

分析小屋和分析器机柜是需要通风的封闭结构,其中视情况可能包含分析器和正压吹扫设备。这种结构的目的是为对其内的分析器及辅助设备的环境提供一定程度的控制,以便于操作和维护。出于该原因和安全因素,有必要特别关注通风的设计。

凡涉及含尘空气(易燃的或惰性的)通风,应考虑对空气的过滤,尤其是自然通风,过滤会对排气口百叶窗的大小和限制空气流速有显著的影响。

分析小屋可以用强制和自然方式进行通风,但是,考虑经济因素,分析器机柜通常是自然通风。

无论使用何种通风方式(自然或强制),设计计算都应最少置换 5 次/h 为基础或必须达到下列条件:

a) 根据可能的点燃方式,将最危险样品或辅助管线破裂或故障溢出的蒸气稀释到国家允许的爆炸下限(LEL),以百分率表示(一般是 20%LEL,决不能高于 50%LEL)。特别注意那些在环境温度下汽化的液体样品;
b) 将由于任何一种样品或辅助管线意外损坏,而进入分析小屋或分析器机柜内的有毒气体/蒸气稀释到职业暴露极限(OEL)以下;
c) 稀释分析小屋或分析器机柜内的因任何一种样品或辅助管线意外破裂而释放的窒息剂以确保在大气压下氧气浓度不低于 18%~19.5%;
d) 有助于保持室内温度在用户和/或分析器可靠操作要求规定的极限内。

主要的通风设计以平均稀释速率和通过室内的空气通道为基础。置换速率太低,局部混合作用可能太低,导致泄漏的扩散差。在某种情况下,会产生气体的聚集。可考虑有再循环系统中的附加设施来改善,但应注意,这些再循环率不计入室内产生气体的稀释和防护要求的基本通风内。

通风气流的流动方式应通过烟雾试验来证实,以识别不良空气的分布。

3.7 自然通风的设计

3.7.1 通风要求

设计的通风率应能稀释和消除在分析小屋或分析器机柜内的任何释放的气体和蒸气。

由于其本身的性质,自然通风的机理不能严格控制通风率。要求统计室内指定位置的风速、风向和频率的数据,从这些数据和室内设备的散热量(环境加热器除外),可以计算出通风的面积。

无论哪种模式的通风(风引起或热引起),应采用比较小的使用面积。风速的计算应使用一年中超过 90%的最小平均风速。风或热引起的通风计算应作为设计条件的基础,在 3.6.4 中叙述。

风引起的通风率也应使用 1.6 的风速比来计算最大平均风速,计算通风率。如果通风率超过 50 次/h,则降低舒适程度。

3.7.2 加热要求

采用上述设计过程中，室内温度将随外界环境而变化，为改善对温度的控制，可使用恒温控制加热器。加热堆尺寸大小应在满负荷加热时，产生的空气最高温度在 50 ℃～55 ℃之间，室内通过加热器的空气置换应不超过 20 次/h～30 次/h。

采用上述热输入可发现通常额定温度设置为 20 ℃，但在最冷的天气温度下会有所降低，通过计算热对流引起的通风率可预测这一低值。但不建议在地面增加热输入，该方式不节能。

可以使用风扇来帮助热空气扩散。

暖空气应在小屋下半部扩散，并尽可能靠近较低的通风口。

附录 D 给出一个实例。

3.8 强制通风的设计

3.8.1 通风要求

设计的通风速率应能稀释和排除室内任何危险气体。

室内通风，在空气内部压力和流动模式的设计时，旨在防止比空气尘埃轻或重的可燃或有毒气体进入房间。在 3.8.4 中讨论空气由进口进入和排出室内。在操作条件下的最小压差应是 25 Pa (0.25 mbar)。在超压 0.2 kPa～0.5 kPa(2 mbar～5 mbar)下操作正常，这符合具有良好安全系数的基本要求，而且不会造成人员不适和给房间的结构带来不当的压力。

计算应使用 3.6.4 中的基本设计条件。

在附录 F 中表明了计算方法。

3.8.2 进气系统

应通过带遮雨帽的进气管进气。空气来自不存在易燃或有毒气体的非危险区域。

进气管道直径应设计成空气的最大流速不超过 15 m/s。任何通过危险区域进入分析器的管道应密封。如有可能，应尽量避免进气管道经过危险区域 1 区。

在某些情况下，距离安全区域可能太远。在这种情况下，可从危险区域 2 区提取空气，并满足下列几点：

a) 分析小屋设备应经过认证适用于危险区域的 1 区或至少适用于危险区域的 2 区。可选择一个或多个检测器检测空气的入口，当示值超过 20%LEL 时，终止空气流通，但应考虑通风故障的影响和室内气体检测器的使用(见 3.9)。
b) 除非在允许的工作制度和其他规定的安全规程条件下，否则不能带电维修。
c) 万一通风故障或检测到可燃气体，应隔离开维修设备。

3.8.3 风扇要求

强制通风设备应安装在建筑物外并应有合适的防护。通风应采用离心式或轴流式风扇。风道中安装的电机应适合于处理易燃样品的在 1 区运行。且如果存在可燃尘埃，无论是否使用过滤器，都应适用于 Z 区。

对双通风机系统应考虑尽量减少通风故障时非认证设备的断开。为了便于设备维修，风扇应与单向阀并联并有合适的机械隔离方法。风扇电机的电源应相互独立。

风道内应安装过滤器，过滤器应是易清洗和更换的，过滤器面积大小应能满足在预计现场灰尘严重的情况下，清洗/更换频率不超过每月 1 次。

3.8.4 空气分布要求

室内空气的流向应能确保遍及室内所有设备而与风向和强弱无关。空气进出孔的位置和数量取决于室内处理危险物质的性质[例如:密度大于或小于或等于空气的密度,毒性和浓度应达到爆炸下限(LEL)、职业暴露极限(OEL)或缺氧],空气出口应有百叶窗或重力平衡装置。至少50%的出口能在全方位通风条件下使用。强制通风的计算见附录E。

再循环风扇的使用有助于空气的分布,以保证能排除任何泄漏。一般不需要,但有人在正常工作和维修期间,在会引起有毒危险聚集的死角就非常重要了。

3.8.5 加热要求

分析小屋内温度一般控制在20 ℃。但是,在极端条件下,依据设备和/或维修限值要求,应通过加热和制冷系统保持室内温度在10 ℃~30 ℃。

在热带条件下,高湿是一个问题,室内温度应比环境至少高5 ℃,以防止水蒸气凝结在墙和设备上。如果由于环境温度高,不能提高室内温度,就应考虑提供空调或空气除湿。

在计算建筑物内的基础温度和加热器的大小时,应考虑到分析器,样品管线及其伴热加热器的散热,以及阳光辐射到墙和屋顶时释放的热量。出于经济的原因,如果把来自分析器的热量计算在内,加热器大小可减小,但当关闭分析器时,温度不得低于5 ℃。

加热应采用电或蒸气加热器。电加热器表面温度应低于200 ℃,或在任何操作条件下,包括风扇失灵,以区域内气体/粉尘组别中温度较低者为准。若通风空气来自危险区域2区,则加热器正常工作的表面温度不应超过在本区的气体/粉尘组别的温度等级。

暴露的表面温度超过60 ℃时,必须保护工作人员防止意外灼伤。

3.9 分析器防护安全的监测器和报警器

3.9.1 总则

分析器的安全监测和报警系统复杂程度有很大差异,从简单的分析器报警到发布指令,如吹扫故障,从气体检测器、火灾检测器和通风监测器系统的相互作用得到输入信息,启动报警、自动关闭、释放灭火剂和联动通风系统的控制。

分析器安装的主要安全装置是按照标准的要求(如1区和2区)对设备进行的设计。易燃气体,有毒气体和氧缺乏监测器仅作为辅助安全装置安装,检测头分布在分析小屋、机柜或工作棚的关键点上。检测探头和辅助电子装置应适用于在危险期间的连续操作,例如保证对危险区域1区易燃物质的检测。

当处理易燃物质时,分析器(尤其那些工厂操作的关键部位)应最好取得危险区域1区认证。当有通风和/或易燃物质报警器时,允许继续工作。

如果分析器没有取得1区或2区的认证。如果可能,应按欧洲标准EN 50016设计一个空气吹扫系统,否则,该分析器只能按普通设备使用。每个需要吹扫的分析器应有它自己独立的吹扫系统。

所有与分析小屋相关联的关闭/报警逻辑,通常安装在分析小屋内,并应合并所有逻辑显示器、键盘操作报警/关闭强制开关和设备复位开关。

在易燃危险中应用,允许在通风故障和/或易燃气检测期间连续运行,但与关闭/报警系统相关的分析器防护照明和设备,包括所有启动器、逻辑和报警显示器,应经认证可用于按通风故障或气体检测条件分类的预期区域(通常是危险区域1区)。

对所有或部分关闭系统应采用的不间断电源(UPS)。

下面3.9.2~3.9.8给出了一些示例,覆盖了安全方面的要求,以及建议适用的报警/关闭。

3.9.2 通风故障

强制通风的分析小屋一般应有通风故障的预防措施。

应使用低流量开关明确地指出通过室内的气流故障，应注意确保由于过滤单元泄漏、并联风扇再循环气路造成的气流等报警没有被检测到。该开关应设置为在气流降低到60%设计流量以下时显示流量故障。可用长达1 min的延时，防止受短期干扰，误报警。

在室内和其他有人的地方，低流量检测器应可发出声、光报警信号。

对于易燃危险环境，使用除了适合1区工作以外的设备，低流量检测应执行下列切断功能：

a) 立即隔离未认证的设备；

b) 立即关闭所有墙上的电源插座；

c) 没有易燃气体检测器的情况下，24 h内，隔离2区认证的设备；

d) 对吹扫设备，吹扫故障与上述c)中隔离2区设备一样断开吹扫设备。

在没有易燃气体的情况下，若通风设备在预置期限(如24 h～72 h)内任意时间内不能修复，可考虑隔离经过1区认证的分析器。

对于易燃危险环境，当通风修复后，至少要在室内交换10倍分析小屋体积的空气，才能重新开通关闭的设备，当确定通风空气流量后，通风应由延时计时器自动控制。现场手动复位装置，重新接通电源。

对于易燃危险关闭总的要求和符合以上断开要求的典型逻辑在附录G和附录H中详细介绍。

对于室内有毒危险，通风系统的低流量检测器应启动下列切断功能：

a) 立即关闭进入室内的高浓度有毒样品；

b) 在没有毒气检测器的情况下，立即断开低浓度的有毒样品进入室内。如果有毒气检测器功能，应根据用户的判断给出一个滞后时间；

c) 应按上述a)和b)关闭相关的分析器。

如果在室内有些分析器有辅助的管道排出系统，或设计了帮助室内通风安全排出有毒气体的排气罩(常常与分析器处理的样品中不可避免的高浓度有毒成分有关)，然而，无论室内的通风情况如何，在没有毒气检测器情况下，排气系统出现故障应考虑下列切断功能：

a) 立即隔离相关的高浓度有毒样品进入室内；如果有毒气检测器功能，应给出长达24 h的延时时间；

b) 按a)关闭相关的分析器。

修理通风时应自动关闭分析器电源并停止向分析器输入样品，直到通风系统置换至少10倍室内体积的空气后，才允许部分手动复位设备。

通风机应有接地的开/关装置。

分析小屋内应提供分析小屋和外面大气压差的醒目指示。

3.9.3 易燃气体或蒸气检测

如果使用易燃气体检测器，应依据通过分析器系统或通风系统在室内释放的气体性质来校准和定位。

对于检测易燃气体的设备应参考有关国家标准或EN 50054和EN 50057。

在室内和有人操作场所气体检测应发出声、光报警信号。

气体检测器应在室外安装有可视信号的报警器，一般是一个明显的或独特颜色的闪光灯。建议使用的颜色是黄色。如果有毒气体检测(见3.9.4)也存在这种情况，可组合为气体报警器。

气体检测器应有如下两个等级的切断功能的报警器。

a) 在20%LEL检测值时立即隔离非认证设备；

b) 在20%LEL检测值时立即关闭墙上插座；

c) 在60%LEL检测值时立即隔离2区的认证设备；

d) 对吹扫设备，在吹扫故障和60%LEL检测值同时发生时应启动隔离吹扫设备。

如果在预期的时间(如24 h～72 h)内，仍然为60%LEL气体检测值，应考虑使用隔离1区认证的分析器。

以上切断功能应独立于通风故障切断功能。

易燃气体检测器是一个附加的安全装置，除了允许2区切断时任选延时时间和移出吹扫设备要求外，它不能替代通风故障的切断功能。

由气体检测设备测出的危险条件消失后(20%LEL以下)，室内空气至少置换10倍分析小屋体积的空气后，关闭设备的电源才能接通。气流恢复/确定且气体爆炸下限值低于20%LEL检测值时，由延时器自动控制通风。手动复位设备，重新接通电源。

关机要求和满足上述切断要求的实例见附录G和附录H。

3.9.4 有毒气体检测

如果在室内处理有毒气体应提供有毒气体的检测器。

有毒气体检测器的配置，应依据预期释放的有毒气体成分的性质来考虑。位置也应考虑可能从分析器或通过通风系统释放的有毒气体。

有毒气体含量高于预置的报警极限时，检测器应在室内及任何有人操作的场所发出声、光报警信号。

气体检测器应在室外安装有可见信号的报警器，一般是一个明显的或独特颜色的闪光灯。建议使用的颜色是黄色。如果可燃气体检测(见3.9.4)也存在这种情况，可组合为气体报警器。

有毒气体检测器应设有下列切断功能：

a) 立即隔离所有进入室内的有毒样品；

b) 关闭相关的分析器。

在出现通风和/或有毒气体排放系统故障情况下，应可独立执行上述切断功能。

除了在相关的废气排放系统出现故障时允许有限(不超过24 h)连续运行分析器处理高浓度的有毒物质，或室内主通风出现故障时允许连续运行分析器处理稀释过的样品以外，有毒气体检测器可作为附加的安全装置，但它不应替代通风故障的切断功能。

在有毒气体检测器报警时，可考虑提供备用通风来提高稀释率。如果提供了后备通风，则上述切断功能将取决于有毒气体浓度是否降低。但是，这不应延迟报警和对原始危险检测的原因分析及处理。

3.9.5 缺氧检测

如果有潜在的氧气不足的可能，例如：大量释放可被用来分析器机壳吹扫、载气、灭火剂等的氮气或二氧化碳，应提供缺氧检测器。

在氧气含量低于预置的报警极限(在标准条件下，一般浓度在18%～19.5%之间)时，检测器应在室内及任何有人操作的场所发出声、光报警信号。

缺氧应在室外启动可见信号的报警器，通常是不同颜色或独特颜色的闪光灯，为区别可燃/有毒气体报警信号，推荐使用蓝色。

3.9.6 火灾探测和防火措施

在室外门附近应提供手动火警警报装置。

用烟雾、火焰或热等类型的检测器来探测火灾。

检测到火灾，可提供自动或手动启动灭火装置，注意：因环境原因(蒙特利尔议定书)不能使用像卤代烷1301这样的卤代烃，而目前替代品二氧化碳其本身就是危险来源。

虽然,要求火灾探测器控制启动自动灭火,但应提供人工灭火装置。对于自动灭火,最好选择公认的自动灭火装置避免灭火剂误操作。

火灾探测器应在室内及任何有人操作的位置上的发出声、光报警信号。

火灾探测器应在室外启动可见报警器,一般是明显的或特别颜色的闪光灯。建议的颜色是红色。

若探测到火灾,应考虑将下列设备自动隔离:

a) 任何进入室内含有易燃物质的管道;

b) 通风机;

c) 室内所有电源。

安装的灭火装置,应能切断流通的空气,自动地切断通风的出入口,且分析小屋门应自动关闭。

应在房门上标明灭火剂系统的状态。最低要求应显示出灭火剂发射的情况。推荐的颜色是:蓝色—闭锁、绿色—手动、淡黄色—自动、红色—已用过。除了红色代表已用过以外,其他状态可依据工作人员的习惯选择。

火灾探测器和防护系统的设计应参考有关标准(例如 BS 3116、BS 5306、BS 5445、BS 5446 和 BS 5839)得到进一步的信息。

3.9.7 吹扫设备

在危险区域内,内部无释放可燃物质的非认证设备,吹扫是必要的。如果分析小屋是按 2 区要求设计的,除了辅助的通风系统和/或易燃气体检测器关闭外,则不要求在吹扫故障时设备关闭,见 3.9.2 和 3.9.3。

内部有易燃物质释放的设备的吹扫应具有附加的防护功能,利用稀释或惰性物质来防止泄漏的可燃气体在设备内聚集。

吹扫故障关闭功能由分析器附件的设备类型决定(参考 GB 3836.15—2000),这些是对 3.9.2 和 3.9.3 中所述通风故障和/或易燃气体检测器的补充。

所有吹扫的设备应具有 Ex"P"认证。

在任何情况下净化吹扫应发出声、光报警器信号。

3.9.8 报警

下列与分析小屋有关的现场报警器/显示器,应发出报警信号并显示:

a) 通风流量低[1];

b) 易燃物质存在(超过 20%LEL)[1];

c) 风扇 1 不工作;

d) 风扇 2 不工作;

e) 如果适用,排出系统故障;

f) 任何独立分析器空气吹扫系统故障的总报警[1];

g) 如果适用,出现有毒气体(长期职业暴露极限 OEL)[1];

h) 如果适用,缺氧[1];

i) 如果适用,火灾探测;

j) 如果适用,释放灭火剂[1];

k) 时间延时定时器运行中;

l) 正常条件恢复后完成换气 10 次;

m) 运行常闭/报警旁路[1]。

---

1) 这些报警器,单独或作为总的报警,也都应传送到永久人工操作控制室。

4 取样系统

4.1 引言

分析器的传感元件不直接安装在工艺管线中，需要提供取样系统。

取样系统作用应确保分析器在最短滞后时间和状态(温度、压力、清洁度、流速)内获得工业流程中有代表性的样品，这样，分析器才能正常运行。取样系统应包括所有适合安全运行所必要的组件，探头、阀、过滤器、冷凝器、压力调节器、泄压阀、凝聚过滤器、管线、泵和所有其他必要的设备都是必不可少的。

取样系统的设计应使用快速循环系统和样品回收技术使产品/材料的浪费最小。IEC 61115 给出了采样系统的设计试验，包含了检验样品处理系统性能的试验说明。

4.2 定义

4.2.1

分析器响应时间 analyser response time

a) 对连续分析器，在分析器进样处达到阶跃变化的 95%所用时间，即 3 个时间常数。

b) 对循环分析器，为完成一个循环所需时间。

4.2.2

分析滞后时间 analysis time lag

取样系统滞后时间和分析器响应时间之和，即从取样到分析结果之间的时间。

4.2.3

旁路过滤器 by-pass filter

仅分析器的样品经过过滤介质的过滤器。快速回路经过滤器室，可冲刷过滤器滤芯，达到自身清洁作用。

4.2.4

旁路系统 by-pass system

从流程到排气口或排水口的样品循环系统。

4.2.5

快速循环回路 fast-circulating loop

从流程到流程的样品循环系统，样品通常经回路内置旁路过滤器流出。

4.2.6

多流路系统 multi-stream systems

该系统是由两个或多个样品流路共用一台分析器构成。

4.2.7

总滞后时间 overall time lag

分析滞后时间和过程滞后时间的总和。

4.2.8

探头 probe

插入管线抽取用于分析器样品的装置。

4.2.9

过程滞后时间 process lag

从实施控制到过程分析器取样点产生结果变化的时间。

4.2.10

取样点　sample point

源流体的采集样品的位置。

4.2.11

取样系统滞后时间　sampling system lag

从样品的采集到输入分析器的传输时间。

4.3　一般要求

分析器系统的总滞后时间，包括过程滞后时间、取样系统滞后时间和分析器响应时间，应符合具体过程的测量和控制要求。

取样系统的滞后时间可通过分析器定位接近取样点，或增加样品的流速保持在可接受的限度(例如，快速循环回路、旁路的排气排水或选择其他排泄方式)。

取样系统及其组件以便于维修方式安装。

待测样品的物理或化学性质在取样系统中不应变化，除非分析有特殊的要求。

取样系统应设计为在设备失常条件下，可防止分析器可能的污染和损坏。但是，如果做不到这一点，应提供安全报警和停机装置。

应提供校准设备和/或实验室验证样品(见 4.12)。

4.4　取样点位置

对于分析器在主流程线上选择位置正确的取样点，最佳位置应综合考虑下列几点：

a)　取样点应设置在过程中预期能给出最准确的过程流性质和组分的位置上；

b)　取样点应设置在过程中有利于过程控制，避免不必要的时间滞后；

c)　取样点应设置在能利用快速循环回路过程压差的位置上；

d)　选择位置应尽可能使温度、压力、干燥度或其他条件接近分析器的要求，以便尽可能少地使用辅助取样系统元件，例如，样品冷凝器、压力调节器、泄压阀等；

e)　样品取出点位置应靠近扶梯或固定平台；

f)　分析器和实验室过程样品取出点应分开(见 4.12)。

特别应注意避免在可能有污染，或工业流程中可能聚集气体/蒸气/液体烃/尘的地方采样。

若样品取自水平方向则气体样品应从顶端取，而液体样品从侧面取。若样品取自垂直管线，液体样品的流向只能朝上。

当需要从含有两相混合物(例如，液相和气相)或不互溶液体(例如，水中油或油中水)中抽取出有代表性的样品时，应注意确保足够的均匀性和一致性。

应由探头取样，探头应插入过程管线中，以避免壁效应。在附录 A 中列举了探头的示例。在流程中特殊位置的采样时有必要采用特殊探头。

取样探头的设计应确保不会发生由共振的影响引起的故障。附录 B 给出了必要的计算。

对于从液相中取出样品，取样系统各个部分的压力应高于样品的蒸气压以防闪蒸。

当热的液体样品压力降低时，应注意防止减压过程中出现的气蚀或闪蒸，例如，在减压阀上部安装冷凝器。

当降低样品压力时，特别是气体、应考虑引起冷凝和结冰的焦耳汤姆逊效应，例如，湿度分析会引起样品降解，可使用样品预热和/或减压阀阀体加热的方法。

取样探头的设计应使滞后时间最小，当液体汽化取样时，保持液体样品体积最小是非常重要的，这样可减少滞后时间。

4.5　快速循环系统

使用快速循环系统可最少损耗样品，减少取样系统滞后时间。

附录C指出，由管线尺寸，样品粘度和压力下降的原理来确定样品流速及滞后时间，或为了满足样品滞后时间的限制，通过已知压降确定合适的管线尺寸。

如果可能，快速循环回路应利用横跨整个流程的压力差，例如，横跨流程泵。即从泵的出口泄压回流到泵的入口。

快速循环回路应避免下列来源的压差：

a）控制阀。通常可产生可变压差，并对控制功能产生不利的影响；

b）节流孔板。通常造成高能量损失，产生相对低的压差；

快速循环回路不能安装在测量流量的孔板上，因为这会影响测量的准确性。

当取样点和返流点分离较远时，应特别注意确保没有流量测量仪表或应急隔离阀被旁路。

由快速循环回路进入分析器的样品流通常应经过有自净功能的旁路过滤器。

为避免额外的维修要求，在快速循环回路上不应安装泵。但是，如果不可避免地安装泵及其辅助过滤器不应降解样品，例如，产生高剪切速率(离心的)的泵不适宜非牛顿流体样品(燃油)，泵也不应影响分析或分析器功能；再如，如果没有内置压力补偿，用真空泵抽取氧分析器的样品会改变校准。

在循环回路中应提供指示和足够调整流量的设备。

4.6　旁路系统

使用旁路系统可减少取样系统的滞后时间，例如，当汽化液体用于气体分析时。

在不产生环境危害和下列情况时，可使用旁路系统：

a）不产生返流，例如在低压下的气体和/或蒸气；

b）由于回收费用高于产品价值，样品返流不经济；

c）样品返流可引起污染或降解；

d）提高样品系统的性能(如，多流路系统的应用见4.9)。

应特别注意当处理有毒和易燃物质时，排气口或排水口的位置，可使用不同的，但是有低压返流的封闭管道(阻火帽)或泄放系统，提供预防措施，从而减小压力对分析过程的影响(如：要求在大气压下对样品性能分析的分析器)，流速应尽可能小使风险最小化。

4.7　样品回收系统

样品回收系统是使用机械方法使低压产品返回流程。低压产品可从旁路样品流和/或分析器出口得到(见4.11.3)。

典型的样品回收系统是带有泵的容器，容器内的泵由液位开关控制。

4.8　特殊要求

蒸气样品应伴热和保温以保持样品处于一个使样品在分析器和取样系统中的任何位置都能避免凝结的温度是必要的。

蒸气分析的液体样品应该：

a）尽可能靠近样品取样点完全气化，并维持蒸汽状态直至取样系统和分析器。为减少取样滞后时间，在流程中使用缩小管径的探头(如孔径3 mm～6 mm)；

b）通过快速循环回路输入并在分析器附近汽化。

快速循环回路的取样点到蒸发器之间的液体体积应减到最小[如在100 kPa(1 bar)压力下蒸发时，液化石油气的体积扩大约300倍]。

必要时,提供伴热和保温,尤其是补充汽化器吸收的热。

气体样品在取样点或快速循环回路处尽量减压以降低滞后时间。应对减压器伴热和保温,以补偿由焦耳汤姆逊效应引起的热损耗。必要时,样品管路应保温和伴热以避免冷凝。

应特别考虑管路中样品包括两相混合或不相溶液体的要求,在要求混合物分析时,应从稳流段取样,GB/T 27867—2011 专门针对原油提出了有关两相取样的要求。

应提供样品管路和分析器的冲洗设备:

a) 所有样品流中样品在 38 ℃时粘度大于 500 cSt(1 cSt=10^{-6} m^2/s)的;

b) 有可能固化的;

c) 使用腐蚀性和有毒物质的;

d) 用户规定的其他方面。

应考虑提供在减压部位的泄压阀,使设备在设计的额定值下工作,且应在热交换器和最近的隔离阀之间使用热传输设备。

泄压阀的大小和位置应能在超压条件下防止这点部位的压力不超过最大工作压力的 150%。应遵守和咨询国际/国家和地方的压力容器和管道规范及条例。

4.9 多流路系统

在一些分析应用中可考虑使用多流路切换系统。一个多流路系统和多个单流路系统相比的价格评估应考虑单流路系统的更高的可靠性。

选择多流路系统应考虑以下几点:

a) 发生故障时,进入分析器的所有样品流信息的丢失;

b) 样品相互污染的可能性;

c) 经过取样系统的样品流交叉污染的可能性(如试验性的或小规模工厂);

d) 单个样品流的重复性分析间的滞后时间增加;

e) 非连续/循环分析器的同步取样;

f) 由于多流路取样系统采用了复杂的开关布置,样品选择单元和读取单元增加了故障的可能性;

g) 由于取样系统的复杂性,增加了维修的问题。

通过下列方法减小污染的可能性:

1) 取样系统的设计,应通过旁路样品回路,在样品分析开始之前用待测样品彻底冲洗整个流体切换阀;

2) 应确保整个管路系统的每个部分都没有前次分析的样品残留;

3) 采用双阻断系统阀分隔正在分析的样品流和未被选择的样品流;

4) 分析器设计应能确保前一个样品分析完成后下一个样品就流到入口部位;

5) 从样品流选择系统到分析器采用的共用管路长度尽可能的短、内径尽可能的小。

附录 I 给出了多流路分析器的样品流选择系统的典型布局。

4.10 制造

4.10.1 总则

循环回路管道尺寸的大小可参考附录 C,并考虑了响应时间的要求。

管道包括第一隔离阀,应与流程管路的规格一致。

快速循环回路被认为是过程系统的一部分,并应考虑相应的管路规格。

对其他样品系统,通常要符合过程管路的规格,它是一些限制流速的设备如:压力调节器、限流器或小孔径管材。

样品管路上的接头数量应最少,连接方法应符合有关的管路说明。

样品管路应提供排水口和排气口,管路的布局应避免产生死角。管路应适当倾斜便于排水和通风。

在设备或分析器关闭时,应提供过程减压和安全处置的预防措施。

对于液相取样系统应伴热和保温以确保在任何气候条件下,样品能维持流速。

4.10.2 材料选择

应选择样品线和从样品探头到分析器入口的主要组件,以确保不会对样品的特性产生不利影响。

特殊或腐蚀性设备(如烟道气)的材料应由供应商和用户协商。

应注意避免使用不同类金属引起的局部电蚀(例如不锈钢和铜的接触)。如果对样品线有特殊的防护措施,如蒸气伴热和保温,那么就应确保设备的材料适合新的条件。应考虑的典型问题是氯化物和硫化物对不锈钢的强腐蚀。有关这些问题的详细资料见美国防腐工程师协会(NACE)标准。

测量物理或化学活性成分的低浓度样品[如,低于 100 mg/L(ppm)的水分或 H_2S]需要特殊考虑,在取样系统的结构设计和材料选择时应特别注意使表面的吸附和解吸影响最小。

a) 所有内表层应是光滑的;一般选择 316 不锈钢材料,它不会与样品中的组分发生化学反应(例如,100 ℃以上时不锈钢可导致 NO_2 还原为 NO_x 影响烟道气的测量);
b) 样品系统材料的化学和物理性质应胜任使用条件以及那些被用户认可的材料;
c) 样品线长度和取样系统的体积应尽可能小;
d) 样品线和所有组件的温度一般应保持恒定并应避免露点(气体)或沸点(液体);
e) 样品在样品线内流速应尽可能在合理的高速。

4.10.3 冲洗设备

当使用样品冲洗设备时,洗涤剂应直接从取样点下游处注入。应考虑增加几个点使系统内的每个部分都能冲洗到。

如果有交叉污染的危险应提供双阻断阀。

4.10.4 堵塞物的清除

应提供安全清理堵塞物的设备在可能出现堵塞物时使用,例如含催化剂的流体。在这种情况下可设置反冲装置(使用蒸气或氮气)或专门设计安装在取样点的管路通道上。

4.10.5 伴热和保温

伴热可以是电、蒸汽或热的液体。

对于分析器系统的伴热要求应提供单独的隔离和控制。决不能将分析器系统的伴热与过程设备相连。

设计应确保整个系统得到合理的均匀的管线温度,没有过热或过冷点。

为了维修,保温应易拆卸,尽可能使用预制保温套。或者,取样系统部分可以放置在加热保温盒中。

应考虑热和冷表面的绝缘以保护操作人员。

在样品线,包括保温层,以及电缆或其他设备之间应保留足够的空间。

4.10.6 减少泄漏危险

为了使因样品偶然泄漏导致的危险最小,应使分析小屋的取样系统部分尽可能地简单,即体积最小和接口数量最少。

应设计取样系统的管道限制样品流进分析小屋的量,有助于满足 3.6.4a)、b)和 c)的要求。

装有取样设备的所有柜子应安装排放孔且如果在大气压下蒸发的高压液体应安装保险膜。柜内使用电子设备必须提高通风要求。

4.10.7 设备安装

设备和采样系统设计时要确保那些可能需要维护的组件(例如,过滤器、减压阀和流量计)都可以从阶梯或者永久平台上快速接触到,并易于拆卸。

应很方便地将辅助设备(如流量计和阀门等)与就近的分析器编为一组,但是在室内设置的组件应是最少并满足操作。

样品隔离阀应安装在室外邻近位置。应根据样品的兼容性和要求的关闭速度来选择阀门。

4.10.8 仪器装置

快速回路,样品流流过每个分析器和任何旁路流,都应标识。

经用户同意,在接近环境温度,低压和低流量的条件下可用玻璃管流量计作为清洁和非腐蚀样品的低危险设备的现场指示器。在使用的地方应有机械防护措施和在管故障时防止划伤的保护罩。对于高危设备通常使用不锈钢流量计或其他认可方法(如,孔板流量计、涡流流量计或差压流量计)。但应注意采取紧凑连接,特别是在靠近分析器流速比较低的情况下的来减少死体积。

如果需要,应在分析器入口指示样品的压力和温度。

应在样品系统相应的位置如调压器的上游和下游、过滤器的上游和下游、泵的出入口、泄压阀等处显示压力。

应在样品系统相应的位置如热交换器后,伴热的出入口等指示温度。

应考虑在紧急情况下的远程关闭(见 2.6 和 3.9)。

4.10.9 标识

在样品输出和返回点,截止阀和样品线应作识别并永久标识。

4.11 排出物的处理

4.11.1 总则

易燃和有毒物质应用安全的方法处理,并按 GB 3836.14—2000 和 IP 电气安全规程重新评估区域分级。

4.11.2 蒸气

在可能的地方应使用认可的密闭排气系统处理排出气。如果可能应避免通过现场通风管道将排出物直接排入大气。但是如果不能避免,分析器系统的设计应能确保排放物绝对少。

许多循环分析器,例如色谱仪,在大气压下进行取样和操作,且不允许排入密闭系统。为使排入大气中的样品最少,应使用称为“最少污染样品系统”。允许样品流过分析器的样品阀进入密闭的排放系统或甚至返回流程,而分析器仍在运行,通过样品阀的放空,并在进样前,给出一定的时间与大气平衡(见附录I典型的装置图)。

尽管在大气压下取样,但色谱柱、检测器和其他系统排放口的背压变化和/或返回污染对色谱操作有明显的影响,要求这些排放口完全独立。

大气排放管线应满足制造商对背压的限制,孔径最好不小于 10 mm。

所有通风管道的顶部都应装有防雨装置,且如果必要,应防止风对分析器的影响。每个出口应在最低点安装带水冷凝容器的排放阀或其他方法(例如,水封)。

在易燃蒸气排放口应考虑使用阻火器。

4.11.3 液体

液体烃样品最好直接返回过程或排入工业废水系统，清除方法取决于样品性质（如腊质）和含量。

根据实际的环境，处置烃类物质应避免排入含油污的下水道或敞开的污水系统中。

要求样品直接返回过程时，可利用与每台分析器系统相连的泵或经样品回收系统，如带可控泵的共用收集罐。

收集罐应有：

a) 自动抽取泵；

b) 高、低液位报警；

c) 适当的溢流排放系统（借助于U型或类似的密封）；

d) 如果样品的蒸汽压高于大气压，常压排放需有阻火器；

e) 手动排放阀。

分析器安装时其出口应高于排放口的高度，分析器的排放管线应直接与排放口连接而不用阀。

排放管线应有足够的尺寸以防止对分析器系统产生背压并有一定的斜度和必要的通风以防气阻。

当废水排入废水系统时应注意确保排放系统能适应一些特殊情况，如有毒、易燃、腐蚀或腊质液体。

4.12 校准装置

所有分析器的校准都应定期检验。校准和检验在线分析器所用的原理和方法参见相关的标准或参考英国工程设备和材料用户协会EEMUA 175。

校准检验的周期依据分析器的类型，其运行和操作对输出的重要性。

分析器校准取样点应具有对每种待取样品流的抽取设备。取样点应设置在分析小屋外，高于地面或升降平台不超过1.5 m。经恰当的密封与废水池直接相连的漏斗或凹槽应安装在低于每个液体取样点的0.5 m的地方。应考虑由取样点引起的区域分级的改变。

分析器检验取样点应在所有样品条件设备的下游并且输入分析器的样品点应具有代表性。

检验样品的抽取不应影响分析器的工作。检验样品点不应作为过程实验室的取样点。

注：当安装实验室过程取样点和取样系统完全隔开。但是在过程管线的相同点上，注意应提供单独对分析器系统加上样品系统的检验，并应避免样品系统干扰的可能性。

应提供将校准样品输入分析器内的设备。对有毒的样品或可能爆炸的容器应放在分析小屋的外面并从室外安装固定的管路。应有足够至少10次校准的容量。

在做必要的校准时，样品应加压到分析器样品入口的额定的压力和流速条件。在使用高粘度样品和在常温下易凝固或分层的样品时，应加热容器。但应注意确认样品性质是热稳定性的，应在容器的下半部分加热，使样品能够不断地循环混合。

校准样品容器应易于充满，排空和清洁。应考虑给予可运到实验室的可搬运的容器。

校准气钢瓶应放置在小屋外的钢瓶架上，并防止阳光直晒和极端的温度。气瓶减压阀（气瓶供方认可的）对提供给分析器要求条件下的气体来说是必要的。气瓶的安放应方便替换。

有些标准混合气在长期存放后尤其是如果放在10 ℃～40 ℃以外的环境下时会变得不均匀。应向混合气供方征求意见。用加热来保持钢瓶温度在10 ℃以上，会因为热流而促进混合，加热应在气瓶下半部。

应避免校准气和过程样品的交叉污染，如机械分离或安装并使用双截止阀。在附录I中给出了典型的布局。

4.13 自动校准

在本节有两个不同的系统。

a) 定时或手动启动,校准样品进入分析器,自动校准(如量程和零点)并作相应的再调整。

b) 定时或手动启动,校准样品进入分析器,将结果与校准介质相比较。

方法 a)是全自动校准,一般用于远程或分析器漂移(无论什么原因)严重时。通常是有极限的,当重新校准超过预定值时就报警。

方法 b)是分析器验证(通常称为确认)且其目的是使操作者对分析器建立信心,当在自动模式时如果分析器漂移出预定值时报警。

在这两种情况下应提供足够的设备:

a) 防止产品与验证/校准介质的交叉污染;

b) 确保在验证或自动校准期间工业控制系统知道操作和任何控制器传递的错误行为。

c) 确保验证/校准样品对分析器是有用的。

5 分析器的通信

5.1 引言

本节简述了从分析器及其各种用途到其目标的信号传递。

5.2 信号传递

传递分析器测量值的基本方法有三种。

a) 连续模拟 典型的有 pH 值、红外、氧、黏度分析器等。

b) 循环模拟 典型的是色谱仪。

c) 数字通信 典型的有数据信息通路(如优选与其他设备兼容的具有国际上接受的协议)

连续和循环信号,通常为 4 mA～20 mA,应是隔离的。

通常连续和循环分析器的独立模拟输出量,经由串行连接/数据总线传递的数字化测量信号作为第二种输出正逐步成为规范。

另外,在分析器(室)和控制室之间的信号传递可有开/关通讯状态,描述如下:

a) 前面章节提到的所有报警;

b) "来读"信号,通常循环分析器在一个周期结束时出现的变化,告知读出仪器(计算机),获得一个可利用的新数据;

c) "运行停止报警",告知读出仪器,分析器停止运行。这可能是分析器处于校准/验证状态中;

d) "维护请求"告知读出仪器,分析器已检测到不正常工作,然而,分析器的输出仍有效,应采取纠正措施避免未来产生无效的示值;

e) "故障报警"告知读出仪器,分析器有故障并且输出无效;

f) "验证/校准"告知读出仪器,分析器正在验证或校准之中;

g) "验证/校准请求"信号,通常来自控制室,要求对分析器执行验证或校准;

h) "流路",使用中流路的选择/标识。

开/关量信息可通过简单的触点闭合和使用辨别的输入到接收系统或包含串行线路/数据总线的传递来提供。

5.3 安全

应特别注意与信号传递有关的可能危险。

使用正压吹扫的方法使分析器适用于危险区域的运行,吹扫应特别注意,例如吹扫系统失压时,不仅主电源必须断开而且数据传输线也应隔离。

当分析器维修或因故障切断(通风故障/气体检测等)而关闭/隔离时,应特别注意分析器的电路部分，经外部传送的线路仍然带电，会造成起火和/或电击危害。数字触点可能有非本安电压，数字信息通路可能未验证等。应考虑在安全区域或经过认证的机壳内安装专用的隔离继电器，自动切断没有认证的通讯电缆。

5.4 电缆

应仔细考虑信号传输的线路，尤其是在分析小屋内，将本安信号、非本安信号和电源线间的隔离可能有困难。

光纤信号电缆在使用时无需考虑电缆的特殊隔离要求。然而，需考虑的是如果被意外损坏，它们自身可能有着火的危险。

5.5 线性化

很多分析器产生非线性输出。为了更好地使用结果，通常要求输出结果是线性的。线性化通常由变送器完成。

5.6 信号的使用

分析器信号的使用一般归为三类：

a) 用作信息的显示或记录，或通过开放回路控制；

b) 通过常规的控制器控制，通常借助于串联回路。常受限于限定的控制范围，使分析器只能微调，这样就保证了在分析器故障时，设备不会产生严重的干扰；

c) 通过设备控制计算机进行设备控制和优化。根据这种类型的应用，要求更“专用”的数字信号。

5.7 报警

除了 3.9.8 所列举的报警外，个别分析器常针对特殊的自身条件和原因产生相应的报警。

这种类型的报警分两类：

a) 停运和故障，结果是错的且不能应用于控制；

b) 维修请求，如果分析器不维护，结果将来是错误的，信号现在仍可用于控制。

5.8 验证/校准

在验证/校准运行期间，分析器不能用于控制且“告知”设备控制器。通用的方法是在验证/校准运行时，装置最后的显示信号被保持。

循环分析器在验证/校准期间，应特别注意确保任何设备计算机不会被引用的数据干扰（见附录 F)。

附 录 A
（资料性附录）
管道公称尺寸（NPS）不小于 2″的过程分析管线上的典型取样探头

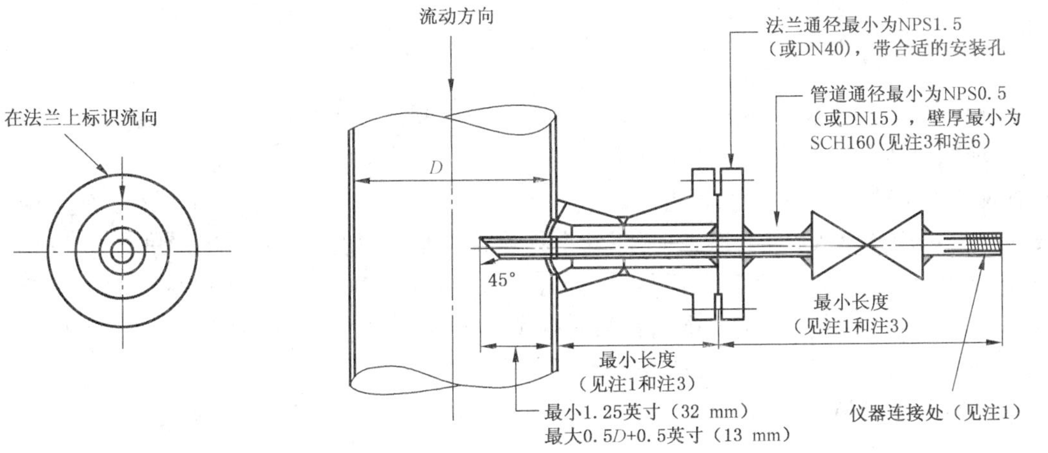

注 1：所有材料、法兰类型、管接头、阀、压力等级、连接件、仪器部件、仪器连接部件、焊接部件和热处理都应与管线的特性一致。

注 2：探头不应安装在过程线的底部以避免杂质和/或水夹带进样品。

注 3：为了探头的体积最小，限制探头尺寸，如图所示，必要时应提供双阀。当液体样品蒸发时，应使用加倍超强管线和缩径阀。

注 4：法兰上应打上探头位号和流向。

注 5：此探头仅推荐用于单相态过程取样。

注 6：对于快速回路使用的探头大小，如果必须支路连接，可增大探头尺寸，以满足回路流量的要求。

注 7：应注意探头设计以确保其不会因共振而出故障。

附 录 B
（资料性附录）
取样探头长度的确定

B.1 引言

在流体中的探头，常常因流体阻力而朝流向方向弯曲和因插入流体产生的涡旋分离(vortex shedding)效应而与流体方向有一定角度的振动。

弯曲应力可以由探头的尺寸、探头的材料属性、流体的速度和流体的密度来计算。实际中所提供的探头是按适合涡旋分离效应来设计的时候，这个计算就不是必须的。(见 B.3.3 和 B.3.4)对于所有实际设计中，由涡旋分离引起的振动效应是主要因素。必须要注意保证设计出的探头能够避免因共振效应引起故障的可能。如果条件允许探头在其固有频率振荡，探头将很易在其与法兰的焊接处断裂。因此，所有取样探头必须做这方面的检查并确定相应的长度。

参考 ANSI/ASTM D4177 [40]。

B.2 涡旋分离理论

在管道中，当流体流过垂直于流向的圆柱体(取样探头)时，会在圆柱体的一侧形成漩涡。当流体流速和因此雷诺数增加时，漩涡的尺寸随之增大、漩涡范围延长，最终发生分离，随后在圆柱体的另一侧又形成一个漩涡。一个漩涡分离，另一个漩涡形成。这个现象就叫“涡旋分离”，发生这个现象的频率称作“分离频率”。

研究发现，漩涡对圆柱体的作用力在垂直于流体流动方向上。因此，轮流交替产生的漩涡从横向对圆柱体施加周期性的作用力。经实验发现，当“分离频率”等于圆柱体固有频率时，圆柱体将发生共振。共振将在超过引起振动的频率的速率到最大 2 倍初始速率下持续。这个速率取决于机械阻尼，阻尼增加，速率的灵敏度将变小。

下面公式推导假设探头的直径不变且重量沿长度均匀分布。但是有些探头的重量集中在末端，在这种情况下，建议使用的探头长度要比计算的长度短。

还应注意探头从顶端到其支撑点的计算长度应总是长于插入管道的长度。这将为弯曲应力计算增加一个安全系数，因为并不是整个探头都受到流动液体的冲击，但这并不影响对涡旋分离的计算。

B.3 计算

B.3.1 固有频率

圆柱体的固有频率(f_n)以赫兹为单位的计算如式(B.1)：

$$f_n = F_m \frac{A}{2\pi}\sqrt{\frac{EIg}{W_c L^4}} \qquad \text{(B.1)}$$

式中：

f_n ——圆柱体的固有频率(Hz)；

F_m——有效质量因素：考虑到由圆柱体周围的流体及其振动产生的附加质量的常数，对于气体 $F_m=1$，对水和其他液体 $F_m=0.9$；

A ——下表中每种振动方式的常数；

方式	1	2	3	4
A	3.52	22.4	61.7	121

E ——弹性系数(kgf[1)]/cm^2)；
I ——直径的惯性力矩(cm^4)；
g ——从 kg 换算到 kgf 的重力加速度常数(981 cm/s^2)；
L ——圆柱体长度(cm)；
W_c——单位长度的质量(kg/cm)。

对于短探头通常仅第一种方式有意义。

因此变为式(B.2)：

$$f_n = F_m \times \frac{0.56}{L^2}\sqrt{\frac{EIg}{W_c}} \quad \cdots\cdots(B.2)$$

探头直径以 mm 为单位，材料密度单位为 kg/m^3，我们得到：

$$W_c = \frac{\rho V}{L} = \frac{\rho A_p L}{L} = \rho A_p = \frac{\rho\pi}{4}(d_o^2 - d_i^2)\times 10^{-8}\ \text{kg/cm}$$

和

$$I = \frac{\pi}{64}\times(d_o^4 - d_i^4) = \frac{\pi}{64}(d_o^2 - d_i^2)(d_o^2 + d_i^2)\times 10^{-4}\ \text{cm}^4$$

式中：

A_p ——探头的横面面积(mm^2)；
d_o ——探头外径(mm)；
d_i ——探头内径(mm)。

探头长度以 mm 为单位并替换 I 和 W_c，得式(B.3)：

$$f_n = F_m \times \frac{0.56}{L^2}\times 10^2\sqrt{\frac{E\times\frac{\pi}{64}(d_o^2 - d_i^2)(d_o^2 + d_i^2)\times 10^{-4}\times g}{\frac{\rho\pi}{4}(d_o^2 - d_i^2)\times 10^{-8}}}$$

$$= F_m \times \frac{0.56}{L^2}\times 10^4\sqrt{\frac{E\times 981\times(d_o^2 + d_i^2)}{\rho\times 16}}$$

$$= F_m \times \frac{4.38\times 10^4}{L^2}\sqrt{\frac{E\times(d_o^2 + d_i^2)}{\rho}} \quad \cdots\cdots(B.3)$$

式中：

E ——探头材料的弹性系数(kgf/cm^2)；
ρ ——探头材料的密度(kg/m^3)；
d_o——探头外径(mm)；
d_i——探头内径(mm)；
L ——探头长度(mm)。

B.3.2 分离频率

圆柱体的分离频率如式(B.4)所示：

$$f_s = \frac{S\times V}{D}\times 1\ 000 \quad \cdots\cdots(B.4)$$

1) 1 kgf=9.18 N。

式中：

f_s——圆柱体的分离频率；

S——斯特鲁哈尔数(Strouhal number)；

V——流体流过圆柱体的速度，(m/s)；

D——圆柱体在流向上的深度，并可由其直径取代，(mm)。

斯特鲁哈尔数是在整理式(B.4)中定义的无量纲的数。它取决于雷诺数(Reynolds number)、圆柱体的形状和末端效应的影响。经典理论指出圆柱体的最大斯特鲁哈尔数为0.198，但考虑的结构类型的实际值可能在0.15～0.45之间变化，API第8.2章推荐的取样探头实际可接受常数为0.2。

使式(B.3)和式(B.4)这两个式相等，按式(B.5)求L_v，可计算出探头允许长度L_v，在这个长度下可确保探头涡流分离引起的频率不超过其固有频率：

$$L_v^2=\frac{F_m\times 4.38\times d_o\times 10}{S\times V}\sqrt{\frac{E\times(d_o^2+d_i^2)}{\rho}} \qquad \text{(B.5)}$$

式中：

L_v——涡流分离限定的探头允许长度(mm)；

d_o——探头外径(mm)；

d_i——探头内径(mm)；

V——流体速度(m/s)；

E——探头材料的弹性系数(kgf/cm^2)；

ρ——探头材料的密度(kg/m^3)。

使用下列假设条件：

a) 在最恶劣的情况下实际质量系数为0.9，如液体；

b) 探头为"短"的，且仅以第一种方式振动；

c) 斯特鲁哈尔数为0.2；

d) 使用最大设计速率(V_m)等于根据API第8章建议的流体速率加上最小20%安全系数。

可简化为式(B.6)：

$$L_v^2=\frac{164\times d_o}{V_m}\sqrt{\frac{E\times(d_o^2+d_i^2)}{\rho}} \qquad \text{(B.6)}$$

利用上述假设求出的取样探头最大允许长度应比理论值少10%(对于液体)和15%(对于气体)。这样既给出了合格的安全系数，又保持了实际设计的容量，尤其是对可伸缩式探头设计时。

B.3.3 弯曲应力(探头垂直)

把探头看作一个安装在流体中的均匀的圆形截面管。

管线中流动的流体冲击探头产生一个与流体密度(ρ_f)和流体速度的平方(V^2)成比例的差压Δp。比例常数实际上是由系数0.5乘以阻力系数(C_D)组成。当雷诺数在2 000到200 000时，有限圆柱体长宽比为5，其C_D介于0.6和0.8之间。当长宽比增加，阻力系数也增加，对无限长圆柱体其C_D值介于0.9和1.5之间。有限圆柱体的末端效应会减小阻力系数，由于它会导致上游端的压力减低和下游端的压力增高。

为了进行这些计算，将使用最极端的条件，例如，在流体流速为V_f时进行弯曲应力计算，使用阻力系数为1.5，这将给出充分的表示，即便是一个细长的探头在一个大直径的管路中时。

$$\Delta p=C_D\times\frac{0.5\rho_f V_f^2}{g}$$

使用$C_D=1.5$带入式(B.7)：

$$\Delta p=7.5\times\frac{\rho_f V_f^2}{g}\times 10^{-3} \qquad \text{(B.7)}$$

式中：

Δp ——通过探头的压力差(kgf/cm²)；

ρ_f ——流体密度(kg/m³)；

V_f ——流体流速(m/s)；

g ——由 kg 转换到 kgf 的重力加速度常数(981 cm/s²)。

作用在探头上的阻力(F)是压力和与流体呈一定的角度并暴露在流量中的面积(A)的计算结果。这个力(F)均匀地散布在整个暴露面积上，可被定以为 rLd_o，其中(r)是探头暴露长度与探头全部无支撑长度的比值；(d_o)是探头外径；(L)是探头无支撑长度。

计算探头支撑分布力的弯曲距可用探头暴露的长度(rL)的中心点的点负荷来代表。探头支撑的弯曲距(M)是由于流体作用在探头上造成的，可通过所给式(B.8)计算：

$$M = 7.5 \times \frac{\rho_f V_f^2}{g} \times rLd_o \times (L - 0.5rL) \times 10^{-6} \quad \cdots\cdots\cdots\cdots (B.8)$$

式中：

M ——探头支撑的弯曲力矩(kgf /cm)；

d_o ——探头外径(mm)；

L ——无支撑探头长度(mm)；

r ——探头暴露部分的长度与无支撑长度之比值。

计算流量引起的弯曲应力(σ_f)用弯曲距除以探头的剖面系数。

$$\sigma_f = \frac{M}{Z}$$

用式(B.8)替代 M，用筒形断面替代 Z 得到：

$$\sigma_f = \frac{7.5 \times \dfrac{\rho_f V_f^2}{g} \times rLd_o \times (L - 0.5rL)}{0.098 \times \left(\dfrac{d_o^4 - d_i^4}{d_o}\right)} \times 10^{-3} \quad \cdots\cdots\cdots\cdots (B.9)$$

式中：

σ_f ——流量导致的探头支撑的弯曲应力(kgf/cm²)；

d_i ——探头内径(mm)。

为了求出探头最大无支撑长度，弯曲应力不应超过材料的弹性(或比例的)极限(σ_e)。整理式(B.9)求得 L_{bf}：

$$L_{bf} = \frac{113.22}{V_f \times d_o}\sqrt{\frac{\sigma_e \times (d_o^4 - d_i^4)}{\rho_f \times r(r - 0.5r)}} \quad \cdots\cdots\cdots\cdots (B.10)$$

式中：

L_{bf} ——流量导致弯曲的探头最大无支撑长度(mm)；

σ_e ——探头材料的弹性极限值(kgf/cm²)。

为了证明涡旋分离设计标准适合实际流体流速的范围，可以在极限情况下，比较按涡旋分离式(B.6)L_v 和按弯曲应力式(B.10)L_{bf} 来找到在那个理论最大设计流体流速下可能开始超过探头材料的弹性极限的弯曲应力。

在极限情况下按弯曲应力标准给出最大的探头长度，参见式(B.10)，探头完全暴露在流体中，即 $r=1$，并且探头截面是实心的，即 $d_i=0$。

在极限情况下按涡旋分离标准给出最大的探头长度，参见式(B.6)，当探头外径等于内径时，即 $d_i=d_o$。

在式(B.6)中，用 V_f 替代 V_m，并用以下的极限参数：最小弹性极限 2 400 kgf/cm²(典型的碳钢)，杨氏模数 $E=2\times10^6$ kgf/cm² 和密度 7 500 kg/m³，分别给出下面的示例：水(1 000 kg/m³)、在绝对标准状态下的空气密度(1.29 kg/m³)和在 2×10^4 kPa (200 bar)、绝对温度下的空气密度(258 kg/m³)。

最大探头长度	水	空气 在 1×10^2 kPa 大气压力下	空气 在 2×10^4 kPa 大气压力下
涡流分离 L_v	$\frac{61.5\times d_o}{\sqrt{V_f}}$	$\frac{61.5\times d_o}{\sqrt{V_f}}$	$\frac{61.5\times d_o}{\sqrt{V_f}}$
弯曲 L_{bf}	$\frac{248.1\times d_o}{V_f}$	$\frac{6\,906\times d_o}{V_f}$	$\frac{488.4\times d_o}{V_f}$
$L_v/L_{bf}\geqslant1$ 时	16 m/s	12.610 m/s	63 m/s

可以看出:即便是在极端情况下,弯曲应力公式始用于取样探头设计前,流体流速往往超出了正常的管道实际最大流速设计值。当设计流速低于上表所示的值时,涡旋分离计算限制了探头最大长度。

B.3.4 弯曲应力(水平探头)

以上计算可应用在水平安装的探头上,但计算必须加上由探头自身重量造成的附加弯曲应力。当液体流作用在与探头重量垂直的方向时,这将是最值得注意的。

由于材料重量造成的探头支撑的弯曲矩,按式(B.11)应是:

$$M=\frac{\rho gL}{g}\times\frac{\pi(d_o^2-d_i^2)}{4}\times\frac{L}{2}\times10^{-10} \quad\cdots\cdots(\text{B.11})$$

式中:

M ——探头支撑的弯曲力矩(kgf/cm);

ρ ——探头材料密度(kg/m³);

d_o ——探头外径(mm);

d_i ——探头内径(mm);

L ——无支撑探头长度(mm);

g ——kg 转换到 kgf 转换的重力加速度常数(981 cm/s²)。

由于探头材料的重量导致的探头支撑上的弯曲应力,按式(B.12)将是:

$$\sigma_w=\frac{\rho L\times\frac{\pi(d_o^2-d_i^2)}{4}\times\frac{L}{2}}{0.098\left(\frac{d_o^4-d_i^4}{d_o}\right)}\times10^{-7} \quad\cdots\cdots(\text{B.12})$$

式中:

σ_w——重量导致的探头支撑的弯曲应力(kgf/cm²)。

假设用涡流分离设计的探头的尺寸来计算流体最大流速,在这个流速下产生的应力可能超过了材料的弹性极限。使用所得到的探头尺寸。这可通过替代方程式(B.9)和式(B.12)中探头尺寸、材料性质和流体性质做到。为求探头水平安装时能承受最大流体流速,即材料的弹性极限应力等于流体流量和自身重量产生的应力之和时。

因此和以前相同假设,在完全暴露的极端情况下实心探头($d_i=0$),在流体流速为 V_f,其支撑的总的混合弯曲应力,按式(B.13)将是:

$$\sigma_t=\frac{L^2\times10^{-7}}{d_o^2}\left[(4.007\times d_o\times\rho)+(390\times\rho_f\times V_f^2)\right] \quad\cdots\cdots(\text{B.13})$$

式中:

σ_t——探头支撑总的弯曲应力(kgf/cm²)。

为从这个方程中求解出最大允许值，我们必须知道探头长度。

对于通过涡流分离设计的探头，式(B.6)给出了探头长度的求法。使用此例，一种液体的最大设计流速大约是 5 m/s，如前所述，杨氏模数为 2×10^6 kgf/cm²，材料密度为 7 500 kg/m³ 和极端情况下无限细的圆柱体($d_i=d_o$)式(B.14)为：

$$L_v=27.5\times d_o \qquad \text{(B.14)}$$

使用水作为流动液体(密度 1 000 kg/m³)，替代方程式(B.13)中的 L 和使 σ_t 等于材料弹性极限 σ_e，按式(B.15)可求出极端的组合弯曲应力的流体流速：

$$V_f=\sqrt{81.37-0.077\,1\times d_o} \qquad \text{(B.15)}$$

当探头外径不超过 50 mm 时。式(B.15)得出了一个在 8.8 m/s 和 9 m/s 之间的最大流体流速。

同样以空气为例(在 1 bar 绝对压力下，密度为 1.29 kg/m³ 和在 200 bar 绝对压力下，密度为 258 kg/m³)，在大气压下典型的最大设计流速(使用火炬气)可高达 100 m/s 和在高压下可高达 30 m/s，由组合弯曲应力给出相应的最大容许流速为 690 m/s 和 43 m/s。

在所有情况下，如果探头长度是按满足涡流分离标准设计的，那么在水平方位安装时，只要流体流速不超过他们的最大设计流速，探头就不会因弯曲应力而损坏。

附 录 C
（资料性附录）
取样系统计算

C.1 样品管线的滞后时间和压力降

C.1.1 引言

计算图表(见 C.4)给出了样品管线中滞后时间和压力降的图解算法。下列是在基本公式中使用的 SI 单位。

C.1.2 压力降

$$\Delta p=\lambda\times\frac{L}{d}\times\frac{\rho V^2}{2}$$

C.1.3 流速

对于层流

$$V=\frac{\Delta p}{L}\times\frac{1}{\rho}\times d\times\frac{2d}{64\nu}$$

或对于湍流

$$V=\sqrt{\frac{\Delta p}{L}\times\frac{1}{\rho}\times d\times\frac{2}{\lambda}}$$

对于层流

$$\lambda=\frac{64}{Re}$$

或对于湍流

λ 是 V、d、ν 和相关管道粗糙度的函数。

一个实用的取值为 $\lambda=0.032$

C.1.4 滞后时间

滞后时间是流速的倒数。

C.1.5 术语和符号

见表 C.1。

表 C.1 术语和符号

符号	参数	常用单位	SI 单位	倍数
Δp	压力降	mbar	N/m^2	10^2
L	长度	m	m	
d	内径	mm	m	10^{-3}
ρ	密度	kg/dm^3	kg/m^3	10^3
V	流速	m/s	m/s	
η	绝对黏度	cP	Ns/m^2	10^{-3}
ν	动力学黏度	cSt	m^2/s	10^{-6}
λ	摩擦系数			

表 C.1（续）

符号	参数	常用单位	SI 单位	倍数
T	滞后时间	s/m	s/m	
Q	体积流量	m^3/h	m^3/s	2.78×10^{-4}
Re	雷诺数			
注：$kg/dm^3=g/cm^3$；$N/m^2=Pa$。				

C.1.6 图解算法

根据下列条件可获得样品管线上的样品速度和滞后时间：

Ⅰ $\Delta p/L=33$ mbar/m
$\rho=0.8$ kg/dm^3
$d=13.8$ mm(1/2 in 管线壁厚度系列号 80)
$\nu=40$ cSt

Ⅱ $\Delta p/L=33$ mbar/m
$\rho=0.8$ kg/dm^3
$d=13.8$ mm(1/2 in 管线壁厚度系列号 80)
$\nu=$分别是 10 cSt 和 1 cSt

1) 从 $A(\Delta p/L=33$ mbar/m)开始。
2) 通过 $B(\rho=0.8$ kg/dm^3)画一条直线到 C。
3) 从 C 通过 $D1(d=13.8$ mm)画一条直线到 E。

4) 从 $D2(d=13.8$ mm)画垂直射线到横穿黏度线($\nu=40$ cSt)。
5) 从与黏度线的交点画水平线到 $F1$。
6) 从 E 通过 $F1$ 画一条直线，若此线与 $Re>2\ 000$ 的值无交点，则此线划到 $V1$。
7) $V1=0.63$ m/s。
8) 滞后时间与流速呈反比，且 $T=1.6$ s/m。
9) 为了确定体积流量，从 T_1 或 T_2 开始画一条直线，通过 $d=13.8$ mm 分别到 $Q1=0.35\ m^3/h$ 和 $Q2=1.05\ m^3/h$。

4) 从 $D2(d=13.8$ mm)画垂直射线分别到横穿黏度线($\nu=10$ cSt 和 $\nu=1.0$ cSt)。如果与黏度线没有交点(此例为 $\nu=1.0$ cSt)，那么流动为湍流，从 7)继续进行。
5) 从与黏度线(此例为 $\nu=10$ cSt)的交点画水平线到 $F2$。
6) 从 E 通过 $F2$ 画一条直线，若此线与 $Re>2\ 000$ 的值相交，那么流动为湍流，从 7)继续进行。
7) 重新从 E 通过 $\lambda=0.032$ 画一条直线到 $V2=2$ m/s。
8) 滞后时间与流速呈反比，且 $T=0.5$ s/m。

C.2 部件的等值长度和压力降

C.2.1 引言

为了估算样品管线每单位长度上的压力降($\Delta p/L$)，利用样品速度和滞后时间的图解算法(见 C.4)，必须以样品管路的直线长度为单位算出阀和配件的等值长度。对不易给出等值长度的流量控制阀、压力调节器、流量计、海拔高度的变化等引起压力降加以考虑，然后将这个等值长度与直线管道的长度相加，才能得到压力降数值(Δp)。

为了有助于处理这个过程，表 1 给出了阀和样品系统通用的管道接头的等值长度，表 2 给出了控制阀、流量计、过滤器等造成的压力降的指南。

在搜集这些资料中参考了：

a) 流体通过的阀、接头和管路[41]；

b) 化学工程师手册——第5节流体和颗粒机理[42]；

c) Fisher 控制公司——控制阀手册[43]。

这些数据可用于气体和液体并使估算值在严格计算值的±20%偏差以内。

在用于气体时，应注意每段样品管路气体正确的密度，例如，压力调节器的上游和下游。当液体温度有较大变化时，应注意确保每段样品管道正确的密度和黏度，例如，热交换器的上游和下游。

C.2.2 等值长度

样品系统中最常用的管子规格是管壁厚度系列号40的清洁商业钢管和 ANSI Class 300 或低于该压力等级的接头。表 C.2 中这种规格管子的摩擦系数 $\lambda=0.032$，这一数值对于分析器样品系统是相当典型的。

等值长度以管路内径(d)的倍数给出，并可直接用于管道工程、阀和相关的标称内径高达25 mm 的接头。

表 C.2 中给出的等值长度是管子内径 d 的倍数，可直接用于公称内径≤25 mm 的管子、阀门和接头。

表 C.2 阀或接口的等值长度

阀类型	接头类型	等值长度
球阀	通用	270d
	Y型(45°杆)	115d
	Y型(导向盘)	43d
角阀	通用	120d
	导向盘	43d
闸阀	通用	6d
	缩颈	40d
止逆阀	平旋形	80d
	提升型(叶片导向盘)	480d
	提升型(45°)	43d
	浮球型(在线)	120d
	浮球型(提升)	270d
球阀	全孔	3d
	缩颈	50d
旋塞阀	直通	14d
	三通直流	24d
	三路支流	72d
截止阀	球型	315d
	角型(通用)	160d
	角型(45°杆)	275d
	角型(45°导向盘)	43d
	Y型(45°杆)	235d
	Y型(导向盘)	43d

表 C.2（续）

阀类型	接头类型	等值长度
标准弯头	90°	23d
	45°	13d
标准三通	直流	15d
	支流	46d
斜角弯头	90°	46d
	45°	12d
圆角弯头	r=1d	15d
	r=1.5d～4d	10d
	r=5d～6d	13d
	r=8d～10d	21d
	r=12d～16d	28d
回流弯头	封闭型	40d
	r=1d	24d
	r=1.5d～4d	18d
	r=5d～6d	24d
	r=8d～10d	37d
	r=12d～16d	53d
骤缩(参考较小管路)		$16[1-(d/d_1)^2]d$
骤扩(参考较小管路)		$32[1-(d/d_1)^2]d$
入口		24d
出口		32d
具有 C_V 值的阀[US 加仑/分和内径(δ)英寸]		$\frac{19\,400\times\delta^4}{C_V^2}\times d$
具有 C_V 值的阀[US 加仑/分和内径(δ)英寸]		$\frac{28\,000\times\delta^4}{C_V^2}\times d$
具有 C_g 值的阀[换算成 C_V(US)]		$C_V=C_g/30$

可以利用下列规则调整等值长度以适应其他管道工程、阀和接头：

a) 对于 ANSI Class 400/600 LB(Sch . 80)、900 LB(Sch . 120)、1 500 LB(Sch. 160)的管子，表 C.2 中数据可直接引用；

b) 使用 ANSI 类阀和标准孔的管路接头或其他接口乘以$(d_1/d_2)^4$，这里，d_1是实际的管路内径，d_2是与阀类配套的管路系统或其标准尺寸的接口内径；

c) 当样品管路的直径不只一种时，所有管道应选择其中一种直径乘以$(d_1/d_3)^4$，这里，d_1是参比管路内径，d_3是所选管路内径；

在这种情况下，用于上述 b)中的管道直径(d_1)应与参比直径一致；

d) 对于管子及与其连接的接头，接头(弯头、T 型弯管、收缩管、扩张管、进口和出口)以及球形阀的等值长度可从表中得到。尽管如此，仍推荐使用制造商给出的阀的 C_V 的数据来计算等值长度；

e) Tube 管的等值长度应按其内径计算。

C.2.3 压力降折算

为了确定压力降计算 $\Delta p/L$，与流量控制阀、流量计、过滤器、海拔变化等相关的压力降必须从总的管道压差中除去。

表 C.3 给出了一些压力降折算，可用于无制造商数据时的帮助计算。

表 C.3 样品系统部件压力降的折算

特　点	折　算
流量控制阀	建议通过这个阀引起至少 30% 系统总压力降
可变面积流量计	在最大流量时，尺寸合适的流量计为 60 mbar
流量指示计(球型) (瓣型)	200 mbar 300 mbar
过滤器	参考制造商的数据。对于适合尺寸的过滤器应是 100～150 mbar。如果有 C_V 值则参见表 C.1
冷却器	参考制造商的数据或确定管道布局并参见表 C.1
海拔变化	对于液体，由海拔高度变化引起的压力变化为： $\Delta p_H = \frac{\Delta H(m)\rho_1}{10.2}$ bar 这里：ρ_1 为在线情况下的液体密度。对于气体，海拔高度变化可忽略不计
速度变化	在大多数应用中速度差影响可忽略不计

C.2.4 摩擦系数中大的偏差

从雷诺知识的了解中，可找到真实管路的摩擦系数（对层流 $\lambda = 64/Re$ 和对湍流参见 Mooday Charts(即 Crane 文献中)给出的 λ。

如果 λ 偏离到 0.032±20% 以上，可按下列方法改进估算值：

a) 对于层流，Re 低于 1 600，阀和接头的等值长度应乘以 0.032 $Re/64$。重新估算。

b) 对于湍流，可使用下列 λ 值：

Re 范围	λ
2 000～3 000	0.046
3 000～6 000	0.041
6 000～10 000	0.037
10 000～50 000	0.032
50 000 以上	0.025

阀和接口的等值长度应乘以 $0.032/\lambda$ 进行修改，且此 λ 值应该用于图解算法指南(见 C.1.6)的第 7)步骤，重新估算。

对于光滑的管路(如管材)在 Re 为 15 000 以上时，摩擦系数与上述值差别很大。在这种情况下，用上述常用管道摩擦系数按表 C.1 预测等值长度，但在图解算法中用下列 λ 值：

Re 范围	λ
15 000～20 000	0.027
20 000～100 000	0.021

使用上述数据和图解算法,通过已知的样品系统管路和压力降可确定线速度、雷诺数(Re)、滞后时间等来克服摩擦损耗。或者,已知要求的滞后时间和样品管路,通过反向的图解算法,可用来计算线速度、Re,估算压力降来克服摩擦损耗。

C.3 样品系统计算的示例

C.3.1 示例1

图C.1显示了一个分析器系统。分析器要求从一个快速回路系统中经旁路过滤器取1.0 L/min的样品,过程样品点到分析器的样品系统滞后不超过60 s。从旁路过滤器排水处经样品处理系统到分析器的滞后时间预计为45 s。

已知流速、旁路过滤器出口压力和快速回路流量调节阀上的必要压力降符合下列快速回路结构和过程数据处理的最大滞后时间要求。

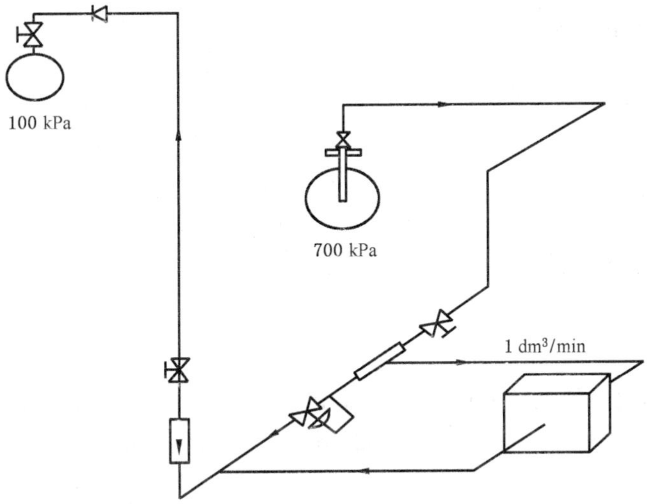

图 C.1 分析器系统取样示意图

从过程到过滤器出口的快速回路部分:

1/2″目录160号管路中的0.5 m样品探头

1/2″类600型闸阀

1/2″目录中20 m 40号管

4×90°弯头

1/2″类300型闸阀

旁路过滤器(全孔部件)

返回到过程的快速回路部分:

调节阀

VA流量计

分析器样品返回用1/2″三通

1/2″类 300 型闸阀

1/2″目录中 30 m 40 号管

3×90 度弯头

止逆阀(提升型)

1/2″类 300 型闸阀

返回过程的穿墙入口

取样点压力=7.0 bar

返回点压力=1.0 bar

旁路过滤器海拔高度=1.0 m 以上

取样点海拔高度=6.0 m 以上

返回点海拔高度=9.0 m 以上

液体黏度=8.0 cSt

液体密度=0.8 kg/dm^3

C.3.1.1 回路流速

要求从过程到过滤器出口的滞后时间为 15 s。

1/2″目录中 160 号管路长度=0.5 m

1/2″目录中 40 号管路长度=20.0 m

估算阀和接头的长度=0.3 m

$15=0.5/V_{160}+20.3/V_{40}$

目录中 160 号管内径=11.84 mm

目录中 40 号管内径=15.8 mm

$$15=\frac{1}{V_{40}}[0.5\times(\frac{11.84}{15.8})^2+20.3]$$

$V_{40}=1.37$ m/s

回路流速=1.37 m/s

注意经过调节阀和 VA 流量计的快速回路部分的流量低于其余快速回路流量 1.0 L/min。这表现在 1.37 m/s 的回路流速降低了 6%。因为系统的这一部分与整个快速环路相比较短，在下列计算中这一影响可忽略不计。

C.3.1.2 旁路过滤器出口的压力

已知阀和接头的等值长度，过滤器参考 1/2″目录中 40 号管路(否则指定 $d=15.8$ mm)。使用表 C.1：

探头入口损耗	$24d\times[\frac{15.8}{d}]^4=0.9$ m
0.5 m1/2″目录中 160 号管	$0.5\times[\frac{15.8}{d}]^4=1.58$ m
1/2″类 600 型闸阀	$6d\times[\frac{15.8}{d}]^4=0.14$ m
($d=13.87$ mm—目录 80)	
骤扩($d=11.84$ mm)	$32[1-(\frac{d}{15.8})^2]^2\times d\times[\frac{15.8}{d}]^4=0.23$ m
90°弯头(4 off)	$23d\times4=1.45$ m
1/2″类 300 型闸阀	$6d=0.10$ m

旁路过滤器—满孔（看作三通接头）	$15d=0.24$ m
阀和接头总的等值长度（L_{eq}过程到过滤器）	$=4.64$ m
流速 V_{40}	$=1.37$ m/s
黏度	$=8.0$ cSt
雷诺数(Re)	$=1\ 000\times1.37\times15.8\div8.0=2\ 708$

对于这个 Re，摩擦系数 $\lambda=0.046$ 更合适并应修正等值长度。

修正的 L_{eq}　　$=4.64\times0.032\div0.046=3.23$ m。

参见 C.4 中的图解算法并使用 $\lambda=0.046$：

a) 从 $V=1.37$ m/s 经 $\lambda=0.046$ 画线到 E；

b) 从 E 经 $D1=15.8$ mm 画线到 C；

c) 从 C 经 $B=0.8$ kg/dm^3 画线到 A；

d) 从 A 读出 $\Delta p/L$。

$\Delta p/L=21.5$ mbar/m

$L=L_{eq}+$直管长度$=3.23+20=23.23$ m

因此可给出管道加阀和接头造成的压力降：

$\Delta p=23.23\times21.5=499$ mbar$=0.5$ bar

过程取样点和过滤器之间的海拔高度变化为：

探头海拔高度－过滤器海拔高度$=6.0-1.0=5.0$ m。

从表 C.2，$\Delta p_H=H\times0.8\div10.2=0.39$ bar

过滤器出口压力为：过程压力$-\Delta p+\Delta p_H=7.0-0.5+0.39=6.89$ bar

旁路过滤器出口压力$=6.89$ bar

C.3.1.3　流量调节器上的压力降

已知全部快速环路的阀和接口的等值长度，参考 1/2″目录中 40 号管(除非指定 $d=15.8$ mm)。使用表 C.1：

从 C.2.2b)中的阀和接头(包括过滤器)		4.64 m
1/2″三通	$15d$	0.24 m
1/2″类 300 型闸阀	$6d$	0.10 m
90°弯头(3off)	$23d\times3$	1.09 m
1/2″止逆阀(提升型)	$480d$	7.58 m
1/2″类 300 型闸阀	$6d$	0.1 m
样品返回出口损耗	$32d$	0.51 m
阀和接头总的等值长度(L_{eq})(整个快速环路)		14.26 m

提供的更合适的摩擦系数 $\lambda=0.046$(见 C.3.1.2 以上)：

修正的 $L_{eq}=9.92$ m

$\Delta p/L=21.5$ mbar/m

$L=L_{eq}+$直管长度$=9.92+20+30=59.92$ m

因此可给出管道加阀和接头造成的压力降

$\Delta p=59.92\times21.5=1\ 288$ mbar$=1.29$ bar

过程取样点和过滤器之间的海拔高度变化为：

探头海拔高度－过滤器海拔高度$=6.0-9.0=-3.0$ m。

从表 C.2，$\Delta p_H=-3.0\times0.8\div10.2=-0.24$ bar

由 VA 流量计导致的压力降允许量＝60 mbar＝0.06 bar

经过流量调节器的压力降为：取样点压力—$\Delta p+\Delta p_H$—VA 流量计允许量—样品返回压力

Δp_V－7.0－1.29－0.24－0.06－1.0＝4.41 bar

调节阀压力降＝4.41 bar

从已知的要求 Δp_V 和流速可计算出 C_V 以确保阀的正确尺寸。

C.3.2 示例 2

对于在 C.3.1 中描述的系统，求出了分析器加调节系统可操作的最低 Δp＝2.5 bar。求出了快速回路的最大流速和关联的旁路过滤器出口的滞后时间。

C.3.2.1 快速回路流速

考虑到快速回路的压力降，可以估算由快速回路管道，阀和接头造成的的最大 Δp：

Δp＝取样点－VA 流量计折算值－$\Delta p_V+\Delta p_H$－样品返回

Δp_V＋VA 流量计折算值＝分析器要求的压力降（三通接头中的压力降可忽略不计。此例中选择 2.5 bar）。

从 C.3.1.3 得：Δp_H＝ －0.24 bar

Δp＝7.0－2.5－0.24－1.0＝3.26 bar

由表 C.1，阀和接头的等值长度＝14.26 m（见 C.3.1.3）

摩擦系数是未知数，假设 λ＝0.032。

L＝ L_{eq}＋直管长度＝14.26＋20＋30＝64.26 m

最大 $\Delta p/L$＝3.26×1 000÷64.26＝50.7 mbar/m

使用 C.4 中的图解算法，使用 λ＝0.032：

a） 从 A＝50.7 mbar/m 通过 B＝0.8 kg/dm³ 画线到 C；

b） 从 C 通过 $D1$＝15.8 mm 画线到 E；

c） 从 $D2$＝15.8 mm 画垂直线与 V＝8.0 Cst 相交。从交点画平行线至 F；

d） 从 E 通过 F 画线到 Re。如果 Re＞2 000，为湍流，再从 E 开始，通过 λ＝0.032 画线至 V；

e） 从 V 读出速度。

V＝2.8 m/s

验算 Re＝1 000×2.8×15.8÷80＝5 530

由此 Re 可得适当的摩擦系数 λ＝0.041

修正的 L_{eq}＝14.26×0.032÷0.041＝11.13 m

L＝61.13 m

$\Delta p/L$＝53.3 mbar/m

使用 C.4 中图解算法，使用 λ＝0.041 重复上述 a）到 e）的步骤。

V＝2.25 m/s

验算 Re＝4448。由此可得 λ 仍然是 0.041。

所以快速环路流速＝2.25 m/s

C.3.2.2 过滤器滞后时间

参考 C.3.1.1，快速回路滞后时间为：

$$t=\frac{1}{2.25}\times\left[0.5\times\left(\frac{11.84}{15.8}\right)^2+20.3\right]=9.15\ \text{s}$$

C.4 取样时间滞后的图解算法

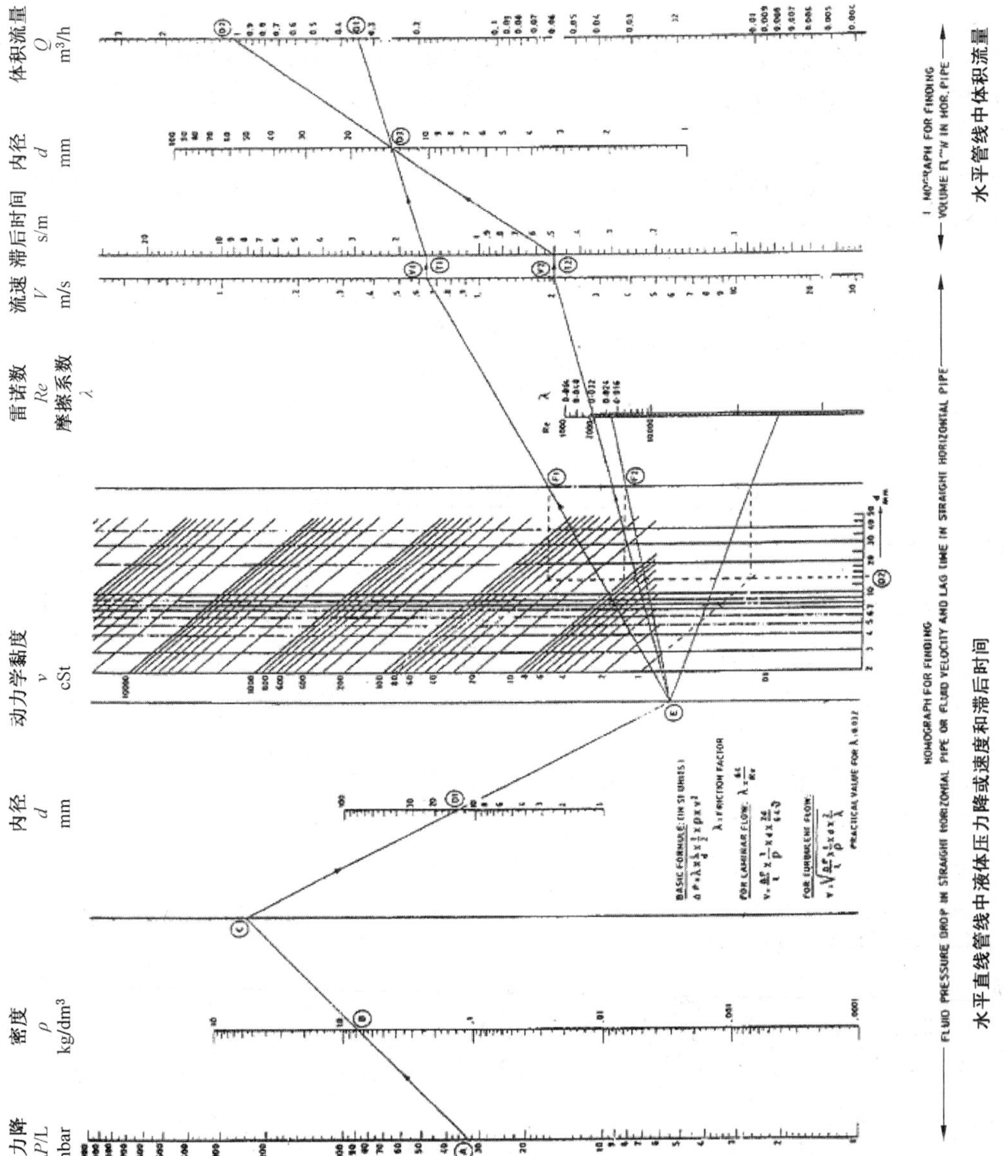

压力降
ΔP/L
mbar
密度
ρ
kg/dm³
内径
d
mm
动力学黏度
v
cSt
雷诺数
Re
摩擦系数
λ
流速
V
m/s
滞后时间
s/m
内径
d
mm
体积流量
Q
m³/h
水平直线管线中液体压力降或速度和滞后时间
水平管线中体积流量

图 C.2 图解法

附 录 D
（资料性附录）
自然通风计算

D.1 引言

下面的示例是一个装有蒸馏分析器的单层钢板分析小屋（见图 D.1），其大小为 1.5 m×2.0 m×2.5 m（高），分析器及公用设施的最小散热量估计为 200 W。要求其通风的空气置换速率至少为 5 次/h（GB 29812/IEC 61285）。

计算自然通风百叶窗尺寸的目的是为了确保达到 IEC 61285 中最小通风速率的要求。大多数情况下自然通风速率会超过这个最小值。

参考文献：

a） BS 5925——自然通风的通风原理和设计实施规程[44]；

b） Kemps 工程年鉴——加热、通风和空气调节[45]。

假设把小屋设置在有遮蔽的区域和城市地形最恶劣的条件下，房屋风压系数为 $\Delta C_p=0.1$。

D.2 百叶窗尺寸

D.2.1 热力通风

散热量等建筑物传热损失与空气流通吸热损失之和，见式(D.1)：

$$H_T=UA(T_1-T_2)+0.33NV(T_1-T_2) \qquad \cdots\cdots(D.1)$$

式中：

H_T——散热量(W)；

U——墙壁总的热传导系数[W/(m²·℃]；

A——小屋总表面积(m²)；

T_1——室内温度(℃)；

T_2——室外温度(℃)；

N——每小时的空气置换次数；

V——小屋容积(m³)。

暴露在空气速度高达 3 m/s 情况下钢板的 U 为 5.58[W/(m²·℃]。

$A=20.5\ m^2$，$V=7.5\ m^3$，热输入＝200 W，最小通风率为交换 5 次/h：

$\Delta T=T_1-T_2=1.57$ ℃

将 $\Delta T=1.0$ ℃用于计算。

可以算出在房屋温度为 20 ℃，每小时交换 5 次空气的情况下的通风面积。

由 BS 5925 中表 11，得式(D.2)：

$$Q_b=C_dA_b\sqrt{\frac{2\times\Delta T\times gH}{\theta}} \qquad \cdots\cdots(D.2)$$

式中：

Q_b——通过小屋的最低空气流量＝空气置换 5 次/h 或 0.010 42 m³/s；

C_d——所有通风口的排气系数为 0.61；

g——重力常数为 9.81 m/s²；

H ——上下通风口之间的高度差为 1.9 m；

ΔT——小屋内与小屋外的温度差为 1.0 ℃；

θ ——小屋内温度为 293 K。

因此：$A_b = 0.048\ m^2$。

假设相对的两面墙上设有 4 个通风口，上边 2 个，下边 2 个，并且面积大小都相等，那么：

$$\frac{1}{A_b^2} = \frac{1}{(A_V + A)^2} + \frac{1}{(A_V + A)^2} = \frac{1}{4A_V^2} + \frac{1}{4A_V^2}$$

则 $A_V = \dfrac{A_B}{\sqrt{2}}$

所以，有效通风面积 $= 0.034\ m^2$/百叶窗。

D.2.2 风力通风

在此示例中，气象学数据给出了 90%以上时间最低风速为 1.5 m/s，然而 5%的时间会出现高达 16 m/s 的阵风。

通常在现场 10 m 高处测量平均风速并且据此预测分析小屋顶部的风速。为了达到符合最低通风要求的设计目的，使用最低风速系数计算要求的通风孔面积。最大风速将给出了一个最大的数据：在给定的百叶窗尺寸预计风导致的最大通风率。

这一数据从 BS 5925 表 8 中的数据和公式 5 得到式(D.3)：

$$\frac{U_r}{U_m} = KZ^a \qquad \cdots\cdots (D.3)$$

式中：

U_r ——分析小屋顶部的平均风速；

U_m ——10 m 高程的平均风速 $= 1.5$ m/s；

K ——0.21；

Z ——分析小屋顶部高度 $= 2.5$ m；

a ——对于城市地形为 0.33。

注 1：如果要求使用较少受遮蔽物影响位置的不同的"K"和"a"值，在 BS 5925 表 8 中给出了与农村和市区/城市地形有关的数据并总结如下：

开阔平原的农村	$K=0.68$	$a=0.17$
避风的乡村	$K=0.52$	$a=0.2$
市区	$K=0.35$	$a=0.25$
城市	$K=0.21$	$a=0.33$

大多数分析器防护安装在相对拥挤的高大建筑物中(大于 10 m)并相互贴近，所以大多数选择最不利情况下城市地形数据作为最具有代表性安装设计标准。在低建筑单元/建筑高度(低于 10 m)的现场，市区地形数据会被更多地应用。

因此：$U_r = 0.43$ m/s

可以计算出空气置换速率为 5 次/h 时的通风面积。

从 BS 5925 表 11，得式(D.4)：

$$Q_w = C_d A_w U_r \sqrt{\Delta C_p} \qquad \cdots\cdots (D.4)$$

式中：

Q_w ——所需通过分析小屋的最低空气流量 = 空气置换 5 次/h，即：0.010 42 m^3/s；

C_d ——0.61；

ΔC_p——防护处风的平均压差系数 $= 0.1$。

注 2：典型使用风的平均风压差系数 ΔC_p 可依据遮蔽防护程度在 0.1～1.0 之间选取。$\Delta C_p = 1.0$ 是典型的装置周围无遮挡物，$\Delta C_p = 0.1$ 是典型的遮蔽建筑物，周围有其他建筑或障碍物。这遮蔽的位置也是大多数分析器

室所处的位置使用 ΔC_p 为 0.1 做为最不利的考虑。

因此：$A_w=0.125\ m^2$。

假设相对的两面墙上设有 4 个百叶窗，上面 2 个，下面 2 个，并且面积大小都相等，面积均为 A_V (m^2)，那么：

$$\frac{1}{A_w^2}=\frac{1}{4A_V^2}+\frac{1}{4A_V^2}$$

则 $A_V=\frac{A_w}{\sqrt{2}}$所以风力百叶窗的有效通风面积$=0.089\ m^2$。

比较热力和风力计算的面积，两个通风面积中较小的一个是从热力计算推导出来的。显示了热效应要优先考虑，以满足需要的通风速率。因此，百叶窗的设计面积应基于热力计算的结果。

所以设计的百叶窗面积$=0.034\ m^2$。

注 3：这里是有效面积，需要依据阻塞因素调整百叶窗设计。

D.3 温度控制

D.3.1 无附加供热设施的小屋

上述计算得出的通风面积应符合自然通风要求和下列极端情况：

a) 最小的通风流量为空气置换 5 次/h，是基于分析器和公用设施的最小散热量；

b) 取阵风比率因子为 1.6，现场风况时(约为一年中 5%时间)的参考风速为 16 m/s。用式(D.3)小屋高度处为 4.55 m/s，用式(D.4)计算出空气置换速率为 20.2 次/h；

c) 小屋温度将随环境温度而变化。

D.3.2 带风扇辅助附加供热设施的小屋

这种情况下的通风计算，是在以下假设条件下进行的：当热量引起的空气流量超过风扇引起的空气流量时，后者不会对前者造成影响。例如，当小屋内温度为 20 ℃，而屋外的温度为 −5 ℃，根据式(D.2)，空气置换速率将是 25 次/h。而屋外温度为 19 ℃时，空气置换次数/小时将取决于风扇。

对于自然通风的分析小屋，试图在所有外部环境温度下都将屋内温度控制在 20 ℃是不现实的，热量输入往往过量。此时应确定一个折中的温度，对于上述情况，当屋外年最低温度为 −5 ℃时，可允许屋内最低温度为 10 ℃。

所以：最高 $\Delta T=15$ ℃

由式(D.2)可求得热量引起的空气置换速率为 22.6 次/h。

由式(D.1)可求出，保持室内温度为 10 ℃时，输入热量应为 1.9 kW。

分析仪散热量为 200 W，因此，要求加热器提供的热量为 1.7 kW

注 1：在计算的这一阶段，输入的热量可以被考虑是过量的，可以采取两个办法加以缩减：

a) 降低小屋最低温度；

b) 通过各种办法提高小屋的绝热性能。如果提高小屋的绝热性能，那么就有必要按上述 D.2 方法重新计算百叶窗的开孔面积。

现在需要确定风扇的大小，为了安全起见，应限制空气离开加热器片的最高温度，最高温度发生在最大加热量时，即小屋的温度低于 20 ℃时，此时，最大的 ΔT 为外部温度 20 ℃−15 ℃=5 ℃时。

将散热片出口的空气最高温度限制在 50 ℃，见式(D.5)。

$$\text{加热器对空气的加热量}=0.33NV(\Delta T_H) \qquad \cdots\cdots(D.5)$$

式中：

ΔT_H——空气通过加热器时增加的温度。

在这里：ΔT_{H}=50 ℃－5 ℃=45 ℃

替换公式(D.5)中的 ΔT_{H} 和加热器加热量，我们得出：NV=115

所以：风扇空气置换率=15 次/h。

注 2：在这里空气置换率 15 次/h 可能过多，有两种方法可以缩减：

a) 通过提高加热器的最高温度；

b) 通过降低小屋的最低温度以缩减热量输入需求并重复上述计算。

对带有风扇辅助供热的小屋的总结：

a) 有效百叶窗面积设计为每个百叶窗 0.034 m^2；

b) 百叶窗数量=4；

c) 百叶窗位置设计在相对的两面墙上，每边 2 个，1 上 1 下；

d) 最低空气置换速率为 5 次/h；

e) 加热器对风扇产生的空气流动供热量=1.7 kW；

f) 风扇通风量为 15 次/h 空气置换；

g) 空气最高温度(离开加热器时) = 50 ℃；

h) 小屋最低温度=10 ℃(室外为－5 ℃时)；

i) 小屋最高温度=环境温度(如果高于 20 ℃时)；

j) 最大空气置换速率=20 次/h(因为设计的最大 ΔT 为 15 ℃，此时应减少风量，限制热通风流量为 19.8 次/h)。

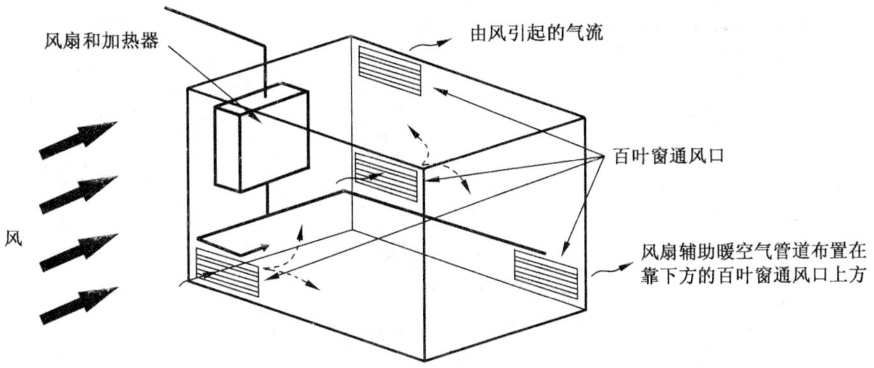

图 D.1 由风引起的自然通风原理示意图—通风百叶窗布局和推荐的暖空气分布

附 录 E
（资料性附录）
强制通风计算

在房屋实际的泄漏面积的计算中，应假设有全部受控制和非受控制的泄漏，如：通风口、风门挡板、门缝、电缆入口等。排气口看作排放系数为 0.61 的简单孔板近似总面积，按式(E.1)计算排气口面积：

$$A=\frac{Q}{0.61\sqrt{2gh}} \qquad \cdots\cdots\cdots\cdots(E.1)$$

可简化为：

$$A=\frac{Q}{0.77\sqrt{p}}$$

式中：

A ——总泄漏面积(m^2)；

Q ——在特定尺寸的小屋内提供特定换气次数所需的通风流量(m^3/s)；

g ——重力加速度(9.81 m/s^2)；

h ——小屋的正压(空气的米数)；

p ——小屋的正压(Pa)。

最低正压为 25 Pa 时，可得 $A=Q/3.8$。

允许的最低流量应相当于小屋空气置换 5 次/h。

附 录 F
(资料性附录)
计算机数据验证/校准程序示例

如果工厂的操作者要求在一个分析周期中检验，分析器的第一个信号仍是分析器的过程样品信号。反之，在验证周期结尾，例如三个周期后，下一个信号是校准信号，尽管过程样品可以流过切换阀系统。

下列图表说明了节点及为了防止混乱推荐的信号时序，并推荐一个信号顺序以防止混淆。

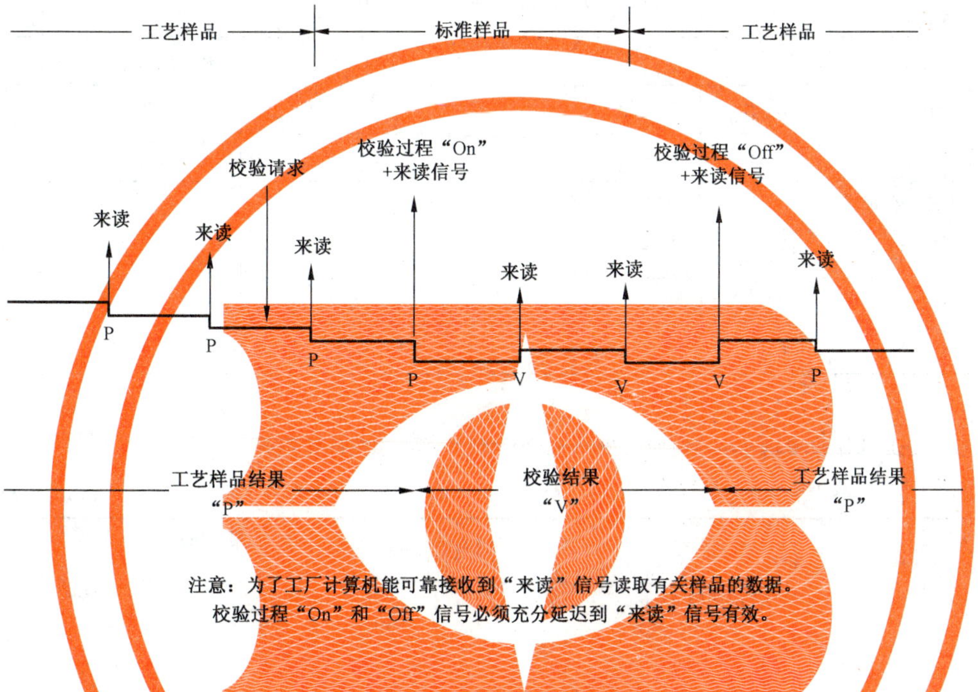

图 F.1

注：过程验证的“ON”和“OFF”信号应充分滞后“come read”信号，使得工厂计算机可接受相应样品的“来读”信号。

附　录　G
（资料性附录）
带强制通风的小屋——易燃危险作业推荐的关断控制操作汇总表

表 G.1　易燃危险作业推荐的关断控制操作汇总表

	电源插座	无证设备	I 区[a] 认证设备	EX"p"认证设备 （无内部电源）	EX"p"认证设备 （内部电源）	II 区认证 设备
Ex"p"故障				仅报警	见 BS 5345[46]	
检验故障	关闭	关闭				[c]
检验加 Ex"p"故障	关闭	关闭		[c]	[c]	[c]
室内 20%LEL 检测	关闭	关闭				
室内 60%LEL 检测	关闭	关闭	[b]	[b]	[b]	关闭
Ex"p"故障和 60%LEL 检测	关闭	关闭		关闭	关闭	关闭

[a] EX(d)、EX(e)、EX(i)等。

[b] 在 60%LEL 气体检测超过预定周期如 24 h～72 h 以上，可考虑关闭这设备。

[c] 在预测周期（一般不超过 24 h）后关闭。

附　录　H
（资料性附录）
带强制通风的分析小屋——通风故障和易燃气体检测关断逻辑

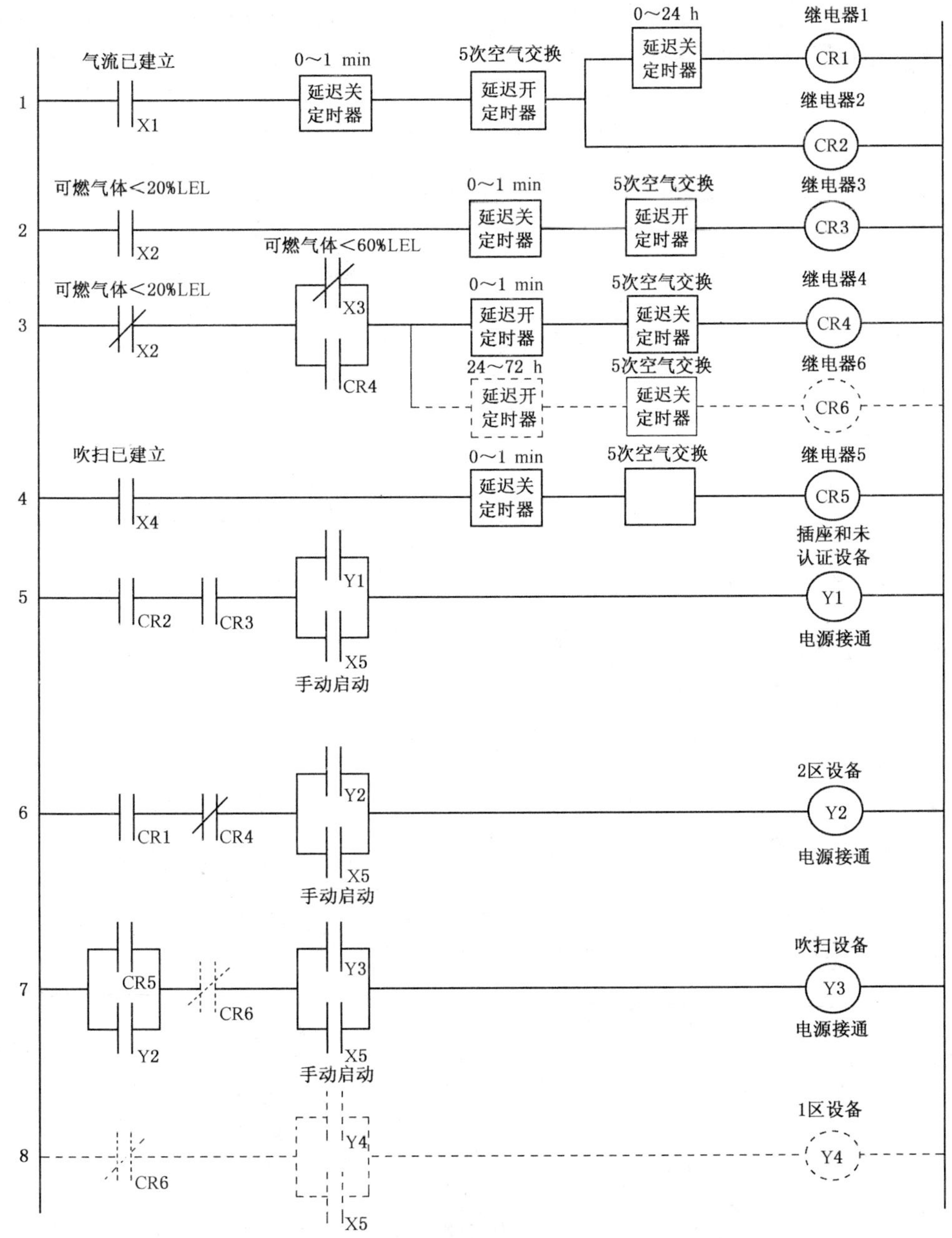

图 H.1

注 1:在失电状态下假设逻辑输入触点打开。

注 2:3.9.2 和 3.9.3 中推荐的易燃气体检测的关闭逻辑。

注 3:假设逻辑输出是断电隔离。

注 4:当在下述情况下假设逻辑输入 X 切换:

——产生气流；

——气体检测器分别低于 20%LEL 和 60%LEL；

——快速现场手动启动开关；

——开始吹扫。

注 5：如果不使用易燃气体检测省略第 2 和第 3 行，在第 5 和第 6 行中删除 CR_3 和 CR_4。

注 6：如果使用易燃气体检测，0～24 h 滞后(关断)定时器可以从第 1 行中删除继电器 1，在这种情况下应从第 6 行中删除 CR_1。

注 7：在 60%LEL 气体检测超过预定滞后时间时，插入虚线部分表示选择小屋断电。

注 8：第 4 行和第 7 行要求每个系统冗余。

附 录 I
(资料性附录)
典型分析器系统的示意图

I.1 多流路分析样品的流路选择设计

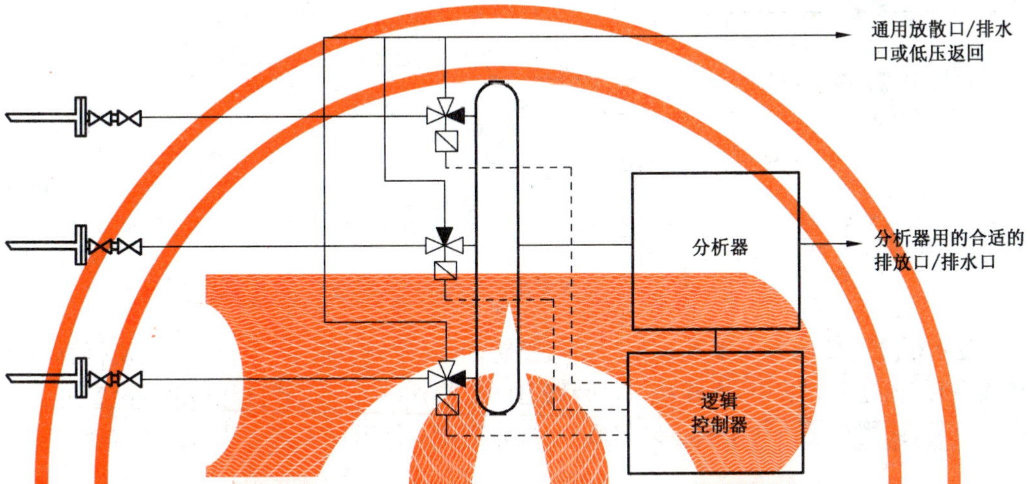

图 I.1 相似压力和组分的工艺流程的多流路取样(如大气中取样)

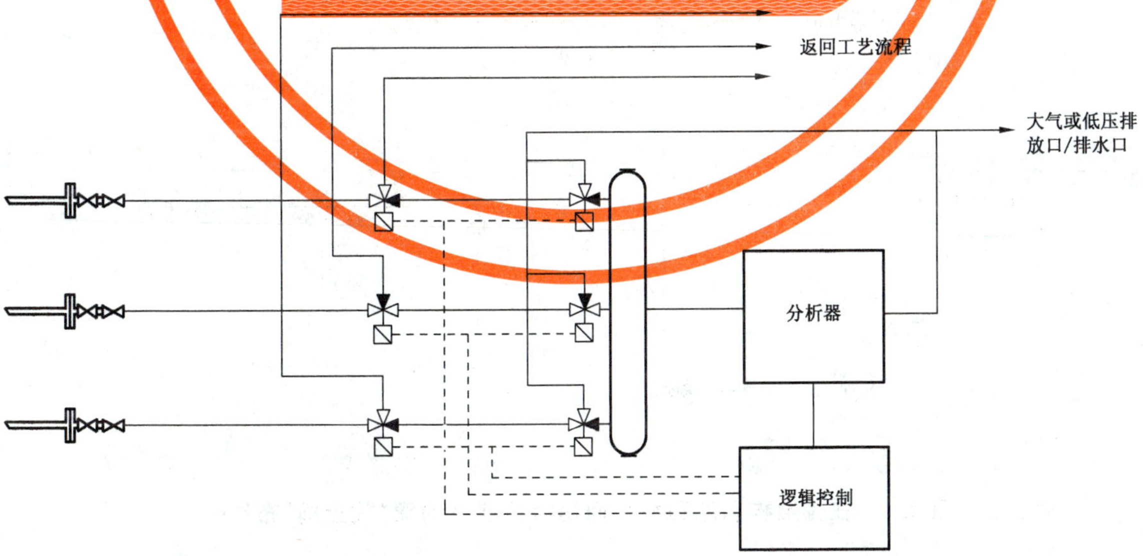

图 I.2 对不同压力和/或组分的工艺流程的多流路取样—示例为典型的双“截止阀”布局

I.2 “最小污染”取样和分析设计

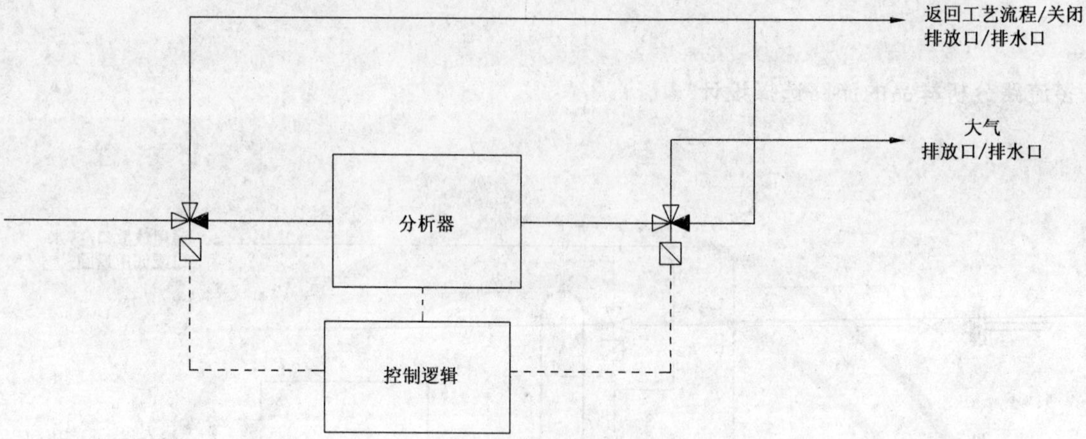

图 I.3 “最小污染”取样和分析设计

图 I.3 显示了分析器向大气排放的方式。一般地，可以在分析前有一个稳定周期（例如，样品注入色谱的载气中）。在这种方式中，主样品通过旁路返回工艺管线或封闭式排气/排液系统。

在整个分析（或进样）中，两个阀可以切换，通过分析器直接返回工艺管线或封闭式排放系统。

I.3 在校准样和流程样之间切换的典型的双“截止阀”布局

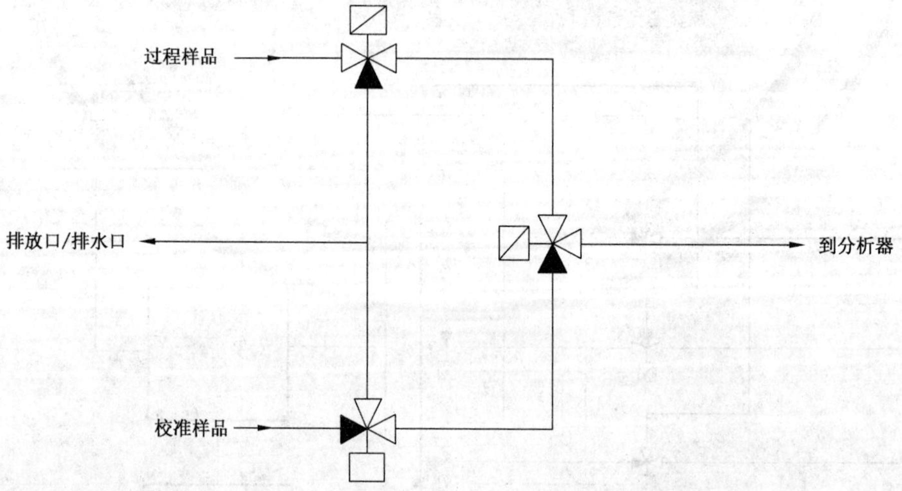

图 I.4 在校准样和流程样之间切换的典型的双“截止阀”布局

附 录 J
（资料性附录）
典型穿板的示意图

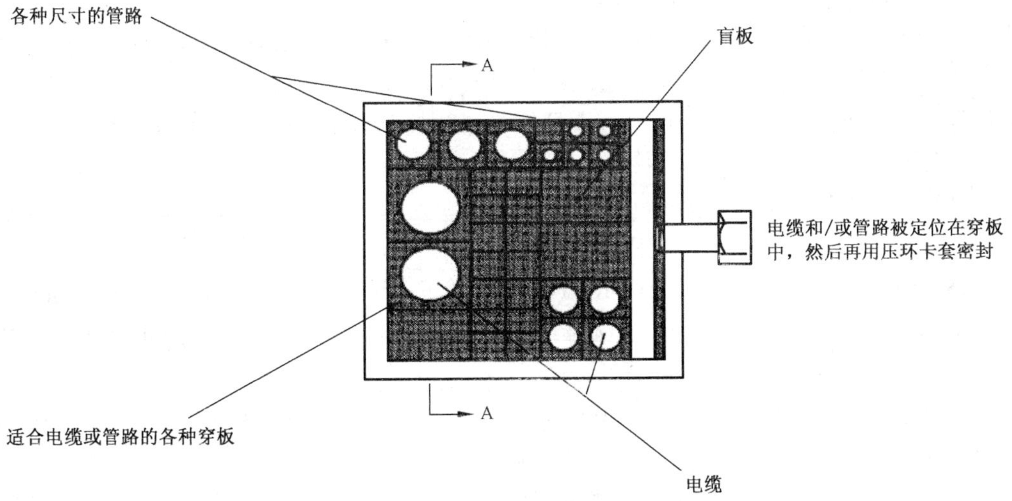

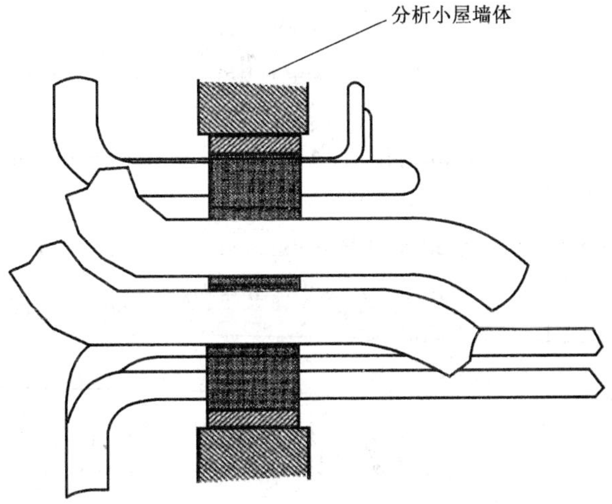

A-A向截面图

图 J.1 典型穿板的示意图

参 考 文 献

[1] ISO 3171:1988,Petroleum liquids—Automatic pipeline sampling.

[2] Diretctive 94/9/EC,ATEX Directive.

[3] WIB,Guide to the ATEX Directive. Clarification of the European Legislation for Products for use in Potentially Explosive Atmospheres.

[4] EN 50014 Electrical Apparatus for Potentially Explosive Atmospheres—General Requirements.

[5] EN 50018 Electrical Apparatus for Potentially Explosive Atmospheres—Flameproof Enclosure"d".

[6] EN 50019 Electrical Apparatus for Potentially Explosive Atmospheres—Increased Safety "e".

[7] EN 50020 Electrical Apparatus for Potentially Explosive Atmospheres—Intrinsic Safety"i".

注:EN 50054 是由欧洲标准化委员会(CEN)颁布的,EN 50014/016/018/019/020/057 是由欧洲电子技术标准委员会(CENELEC)颁布的。.

[8] BS 6739 Code of Practice for Instrumentation in Process Control Systems—Installation, Design and Practice.

[9] BS 6941 Specification for Electrical Apparatus for Explosive Atmospheres with Type of Protection N.

[10] VDI/DIN Handbuch Reinhaltung der Luft,Beuth Verlag,Berlin.

[11] VDI/VDE Richtlinie 3516,Blatt 1:Gasanalytische BetriebsmeBeinrichtungen und anlagen (1978).

[12] VDI/VDE Richtlinie 3516,Blatt 2:Fiussigkeitsanalytische BetriebsmeBeinrichtungen und anlagen (1981).

[13] VDI/VDE,Richtlineie 2187:Einheliche Anzeige—Bedienoberflache auf Personalcomputern fur digitale Feldgerate. Beuth—Verlag,Berlin,1996.

[14] NFPA 496,Standard for Purged and Pressurised Enclosures for Electrical Equiqment.

[15] NFPA 30,Flammable and Combustibles Liquids Code.

[16] NFPA 70,National Electrical Code.

[17] NFPA 497,A Recommended Practice for Classification of Class I Hazardous (Classified) Locations for Electrical installations in Chemical Processing Aress.

[18] 29 CFR Part 1910 (Occupational and Health Standards for General Industry) and Part 1990 (Carcinogen Policy).

[19] CFR EPA Regulations.

[20] ACGIH,USA—Industrial Hygiene Guidelines.

[21] API 555,Process Analysers.

[22] EEMUA Publication No. 138,Design and Installation of On—Line Analyser Systems: A Guide to Technical Enquiry and Bid Evaluation.

[23] IP Electrical Safety Code,Revision of Chapter 3 of Part 1 of the Model Code of Safe Practice in the Petroleum Industry.

[24] ISA,Practical Guides for Measurement and Control—Analytical Instrumentation,ISBN 1-55617-581-7.

[25] ISA, Principles of Sample Handing and Sample Systems Design for Process Analysis, ISBN 877664-189-3.

[26] ISA, RP76.01, Analyser System Inspection and Acceptance.

[27] NACE, MR-01-75—Sulphide Stress Cracking Resistant Metallic Material for Oil Field Equipment.

[28] NAMUR, Arbeitsblatt 16: Planung von ProzeBanalysentechnischen PLT—Einrichtungen (1985).

[29] NAMUR, Empfehlung 21: Elektro—Magnetische Vertraglichkeit von Betriebsmitteln der Proze-und Laborleittechnik- Storfestigkeisanforderungen und Funkentstorung(1993).

[30] NAMUR, Arbeitsblatt 35: Abwicklung von PLT—Projekten(1993).

[31] Empfehlung 43: Vereinheitlichung des Signalpegals fur die Ausfallinformation von digitalen MeB-umformern mit analogern Ausgangssignal(1994).

[32] NAMUR, Arbeitsblatt 64: Statusmeldungen "Gerateausfall", "Wartungsbedarf", "Funktions-kontrolle" von Feldgeraten(ENTWURF).

[33] Richtlinien fur die Vermeidung der Verfahren durch explosionsfahige Atmosphare mit Beispielsammlung—Explosionsschutz—Richtlinien (EX-RL). Fachausschu "Chemie" des Hauptverbandes der gewerblichen Berufsgenossenschaften.

[34] Merkblatt ZH 1/8.3 "Elinsatz von ortsfesten Gaswarneinrichtungen fur den Explosionsschutz". Berufsgenossenschaft der chemischen Industrie.

[35] UK USE—Guidance Note EH 40—Occupational Exposure Limits.

[36] UK Health and Safety at Work Act.

[37] UK Factories Act.

[38] UK SI 808—The Ionising Radiations (Sealed Sources) Regulations.

[39] UK Radioactive Substances Act.

[40] API, Manual of Petrleum Measurement Standards—Part 8: Chapter 8.2 Automatic Sampling of Petroleum Products(ANSI/ASTM D4177).

[41] Crane-Flow of Fluids Through Valves, Fittings and Pipes[Publication 410 M(Metric Edition)].

[42] Perry and Chilton—Chemical Engineers Handbook.

[43] Fisher Controls—Control Valve Handbook.

[44] BS 5925 Design of Building—Cod of Practice for Ventilation Principles and Designing for Natural Ventilation.

[45] Kemps Engineering Year Book.

[46] BS 5345 Code of Practice for the Selection, Installation and Maintenance of Elextrical Apparatus for use in Potentially Explosive Atmospheres(other than mining applications or explosive processing and manufacture.